# GRUNDBAU
# IN BEISPIELEN TEIL 2

# GRUNDBAU IN BEISPIELEN TEIL 2

## NACH EUROCODE 7

### Kippen, Gleiten, Grundbruch, Setzungen, Flächengründungen, Rissanalysen an Gebäuden, flach gegründete Stützkonstruktionen

von

**Prof. Dr.-Ing. Wolfram Dörken**

**Prof. Dipl.-Ing. Erhard Dehne**

**Prof. Dr.-Ing. Kurt Kliesch**

7., überarbeitete und aktualisierte Auflage

Reguvis

**Bibliografische Information der Deutschen Nationalbibliothek**
Die Deutsche Nationalbibliothek verzeichnet diese Publikation in der Deutschen Nationalbibliografie; detaillierte bibliografische Daten sind im Internet über http://dnb.d-nb.de abrufbar.

Reguvis Fachmedien GmbH
Amsterdamer Str. 192
50735 Köln
www.reguvis.de

Beratung und Bestellung:
Tel.: +49 (0) 221 97668-306
Fax: +49 (0) 221 97668-237
E-Mail: bau-immobilien@reguvis.de

ISBN: 978-3-8462-1137-3



Herstellung: Günter Fabritius
Satz: Prof. Dr.-Ing. Kurt Kliesch, Frankfurt University of Applied Sciences
Druck und buchbinderische Verarbeitung: Appel & Klinger Druck und Medien GmbH, Schneckenlohe

Printed in Germany

# Vorwort zur 7. Auflage

Die DIN EN 1997-1, DIN EN 1997-1/ NA und DIN 1054 bilden das verbindliche Regelwerk für geotechnische Nachweise und werden im Handbuch Eurocode 7 Teil 1 (2015) zusammengefasst. Es bildet die Grundlage für die seit 1993 aufgelegte dreiteilige Buchreihe „Grundbau in Beispielen“, die seit 2014 vom Bundesanzeiger Verlag und ab 2019 in dessen Fachmedienbereich Reguvis herausgegeben wird.

Die Grundidee der 1. Auflage (siehe auch Auszug des Vorwortes zur 1. Auflage) soll auch bei dieser 7. Auflage des Teils 2 beibehalten werden: der Schwerpunkt liegt auch wieder auf der umfangreichen Sammlung und der anwendungsbezogenen Darstellung von Beispielen, Aufgaben (mit Lösungen), Fragen und Antworten.

Für die vorliegende Auflage wurde Teil 2 auf den neuesten Stand gebracht und die Beispiele ergänzt und aktualisiert. Für die Abschnitte „Nachweise der Gebrauchstauglichkeit: Setzungsberechnungen" und „Flach gegründete Stützwände“ wurde eine Neuordnung vorgenommen.

An vielen Stellen wurden Verbesserungen vorgenommen. Diese gehen zum Teil auf Zuschriften unserer Leser zurück, für die ich mich auch im Namen meiner Kollegen Dörken und Dehne an dieser Stelle recht herzlich bedanken möchte. Herr Dörken ist leider 2017 verstorben.

Wir danken dem Bundesanzeiger Verlag für die gute Zusammenarbeit und Herrn Cristhian Patino Garcia für die Aktualisierung und Überarbeitung von Formeln und Diagrammen. Bei Frau Barbara Schneider möchten wir uns für das kritische und konstruktive Lektorat der Texte bedanken.

Ein geringer Teil der überarbeiteten Zeichnungen wurde durch mich mit Hilfe des CAD-Programms Mini-CAD, Version 7 der Software-Firma GGU GmbH, Braunschweig erstellt. Dieses Programm wurde mir freundlicherweise von der Firma Civil-Serve GmbH, Steinfeld zur Verfügung gestellt.

Für die tatkräftige Unterstützung mit Rat und Tat sowie ihr Verständnis danke ich meiner Frau Patricia Kliesch.

Meinem Mitautor Herrn Dehne danke ich vielmals für die gute Zusammenarbeit auch bei dieser Neuauflage.

Wir sind für Anregungen, Verbesserungs- und Korrekturvorschläge unserer Leser sehr dankbar. Wir haben den Inhalt dieser Veröffentlichung mit großer Sorgfalt geprüft, möchten aber um Verständnis dafür bitten, dass aus den Angaben, Abbildungen und Beschreibungen usw. keine juristischen Ansprüche hergeleitet werden können. Wir können auch keine Verantwortung für Irrtümer oder für Informationen über Berechnungen und Bauverfahren übernehmen, die sich als irreführend erweisen. Dies gilt selbstverständlich auch für die früher erschienenen Teile dieser Buchreihe.

Frankfurt am Main, September 2020, Prof. Dr.-Ing. Kurt Kliesch

# Vorwort zur 1. Auflage (Auszug)

Die erfreulich vielen positiven Kritiken und Ermunterungen nach dem Erscheinen von Teil 1 haben uns ermutigt, in gleicher Form Teil 2 von "Grundbau in Beispielen" vorzulegen.

Wie bereits im Vorwort von Teil 1 gesagt, vertreten wir seit den 60er Jahren die Fachgebiete Bodenmechanik, Erd- und Grundbau an der Fachhochschule Frankfurt am Main und deren Vorgängerschulen. Daneben stehen wir als Gutachter mit der Bauwirtschaft, mit Behörden und Gerichten in Verbindung.

Aufgrund dieser Tätigkeiten sind wir ständig damit beschäftigt, aus der Fülle des sich schnell erweiternden Wissensstoffs unserer Fachgebiete den Teil herauszufiltern, der für unser Lehrangebot und unsere praktische Tätigkeit am wichtigsten ist.

Vor allem aber waren wir stets auf der Suche nach praxisbezogenen Beispielen, nach Aufgaben und Anwendungen, nach Fragen und Antworten zur Veranschaulichung des Lehrstoffs und für Klausuren, Übungen und Diplomarbeiten, aber auch als Grundlage für unsere Beratungen und grundbaustatischen Berechnungen für die Praxis. Denn wir stellten immer wieder fest, dass nur die durch Beispiele untermauerten Erfahrungen wirksam weitergegeben werden können. ("Ein gutes Beispiel ist besser als die beste Predigt.")

In der unübersehbaren Fülle von Literatur und in den vorhandenen Lehrbüchern fanden wir nur eine sehr begrenzte Zahl von Beispielen, die schon nach wenigen Klausuren und Übungen "verbraucht" waren. Der Wunsch nach weiteren Berechnungsvorlagen wurde immer wieder an uns herangetragen. Daher haben wir uns vorgenommen, die wichtigsten Beispiele aus unserer inzwischen umfangreichen Sammlung in einer Buchreihe zu veröffentlichen.

Auch der vorliegende 2. Teil der Beispielsammlung, der sich mit den wichtigsten grundbaustatischen Berechnungsverfahren befasst, kann kein Lehrbuch im üblichen Sinne sein: Um möglichst viele Beispiele, Kontrollfragen, Lückentexte und Aufgaben zu bringen, musste der erläuternde Text ziemlich knapp gehalten bleiben und konnte auch nicht überall didaktisch folgerichtig aufgebaut werden. Die Erarbeitung zusätzlicher Literatur, vor allem der wichtigsten Grundbaunormen, ist daher für den Leser notwendig. Ein Anspruch auf Vollständigkeit besteht nicht: Teilgebiete des Grundbaus, die nur wenige Rechenbeispiele enthalten können, wurden stark gekürzt oder mussten ganz entfallen.

Zur besseren Übersicht wurden im fortlaufenden Text nur Beispiele geringeren Umfangs aufgenommen. Größere zusammenhängende, evtl. abschnittsübergreifende Beispiele wurden jeweils in einem besonderen Abschnitt "Weitere Beispiele" gebracht.

Am Ende eines jeden Abschnitts kann der Kenntnisstand mit Hilfe von "Kontrollfragen" überprüft werden. Diese Fragen sollen das Verständnis für Zusammenhänge fördern und dazu anregen, ein ständig parates Grundwissen zu erwerben. Sie sollen nicht dazu verleiten, stereotype Antworten auswendig zu lernen. Ein Abschnitt "Aufgaben" enthält Fragen, die sich nicht direkt mit Hilfe des Textes beantworten lassen. Die zugehörigen "Lösungen" sind am Ende des Buchs zu finden.

Unser Plan, bereits jetzt umfassend das Neue Sicherheitskonzept in der Geotechnik vorzustellen und durch Beispiele zu erläutern, konnte wegen großer Verzögerungen bei der Veröffentlichung der DIN 1054, T. 100 zunächst nur ansatzweise verwirklicht werden.

Frankfurt, Mai 1995

Prof. Dr.-Ing. Wolfram Dörken, Prof. Dipl.-Ing. Erhard Dehne

**Benutzerhinweise**

□ bedeutet: „Box“, eingerahmter Bereich für Rechenbeispiele

⇒ bedeutet: weitere Einzelheiten siehe z.B.

# Inhaltsverzeichnis

# 1 Grundlagen der geotechnischen Bemessung

## 1.1 Begriffe

Das Nachweiskonzept wird im Handbuch Eurocode 7, Band 1 geregelt. Das Handbuch fasst die Festlegungen der DIN EN 1997-1, des Nationalen Anhangs DIN EN 1997-1/ NA und der Ergänzenden Regelungen in der Neufassung der DIN 1054 zusammen.

Folgende Begriffe sind bei der Anwendung des Nachweiskonzepts wichtig:

**Nennwert** Wert, der unmittelbar als Bemessungswert und nicht über Teilsicherheitsbeiwerte oder sonstige Sicherheitsbeiwerte festgelegt wird (z. B. Bemessungsquerschnitt, □ 1.01).

**Charakteristischer Wert** Wert einer Einwirkung oder eines Widerstands der mit dem Index „*k*" gekennzeichnet wird (□ 1.01). Er soll im Bezugszeitraum unter Berücksichtigung der Nutzungsdauer des Bauwerks und der entsprechenden Bemessungssituation mit einer vorgegebenen Wahrscheinlichkeit nicht über- oder unterschritten werden.

Der charakteristische Wert ist - nach Handbuch Eurocode 7, Band 1 - der wichtigste repräsentative Wert für Einwirkungen. Für veränderliche Einwirkungen werden in dieser Norm folgende zusätzliche repräsentative Werte definiert: Kombinationswert, nicht-häufiger Wert, häufiger Wert, quasiständiger Wert.

In dieser Norm wird die Schreibweise „charakteristischer Wert einer Größe" nur bei Einwirkungen und Widerständen verwendet, bei denen die o. a. Definition uneingeschränkt gilt. Dagegen wird die vereinfachte Schreibweise „charakteristische Größe" für alle abgeleiteten Größen verwendet. Diese sind entweder das Ergebnis einer statischen Berechnung mit charakteristischen bzw. repräsentativen Eingangswerten der Einwirkungen bzw. charakteristischen Eingangswerten der Widerstände oder Ergebnis einer Korrelation mit charakteristischen Werten der Bodenkenngrößen.

**Beanspruchung** Sie kommt zustande durch die gleichzeitig zu betrachtenden Einwirkungen bzw. einer Kombination von Einwirkungen auf ein Tragwerk oder auf seine Teile oder auf den betrachteten Ort (z. B. den Querschnitt) eines Tragwerks.

**Einwirkung** Kraft- oder Verformungsgröße, die auf das Tragwerk oder auf den Baugrund einwirkt (□ 1.01). Die verschiedenen Formen der Einwirkungen sind in DIN EN 1990 und DIN EN 1990/NA definiert, die Werte aus DIN EN 1991 und DIN EN 1991-1-1/NA zu entnehmen.

**Einwirkungskombination** Gleichzeitig auftretende Einwirkungen, die für den betrachteten Nachweis zu berücksichtigen sind.

**Widerstand** Schnittgröße bzw. Spannung im oder am Tragwerk oder im Baugrund, die eine Folge der Festigkeit bzw. der Steifigkeit der Baustoffe oder des Baugrunds ist (□ 1.01).

□1.01: Beispiele: Begriffe

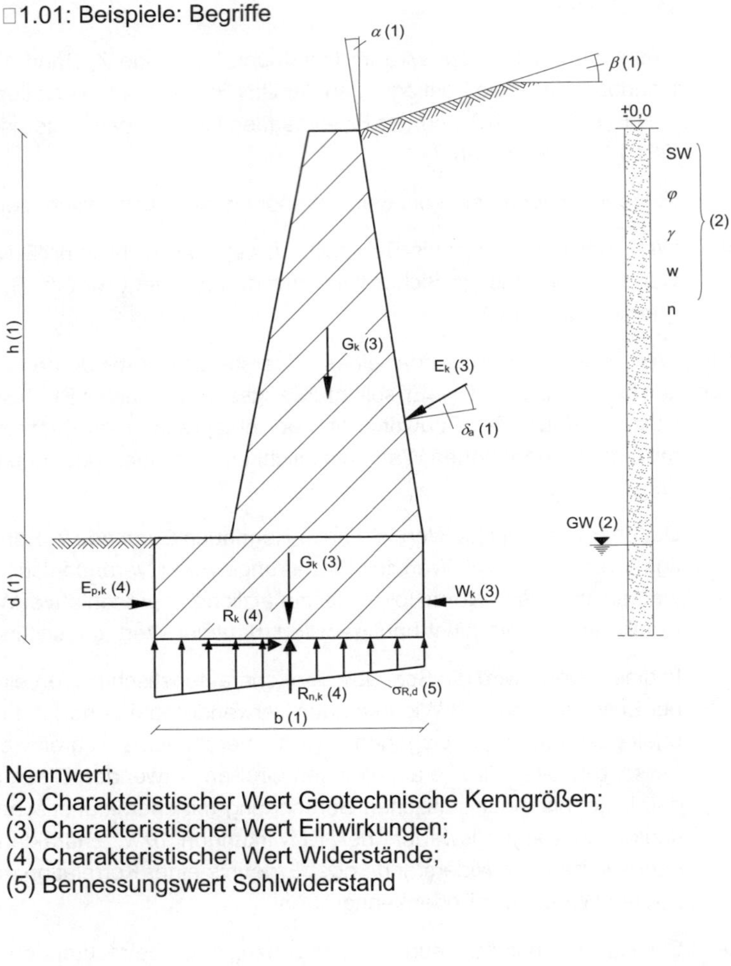


Nennwert;
(2) Charakteristischer Wert Geotechnische Kenngrößen;
(3) Charakteristischer Wert Einwirkungen;
(4) Charakteristischer Wert Widerstände;
(5) Bemessungswert Sohlwiderstand

**Teilsicherheitsbeiwert** Beiwert, mit dem der Bemessungswert von Einwirkungen, von Beanspruchungen oder von Tragwiderständen aus den repräsentativen bzw. charakteristischen Werten bestimmt wird.

**Bemessungswert** Wert einer Einwirkung, einer Beanspruchung oder eines Widerstands, der durch den Index „*d*" (design) gekennzeichnet und dem Nachweis eines Grenzzustands zugrunde gelegt wird.

**Bemessungswert der Beanspruchung:** Er ergibt sich durch Multiplikation mit dem Teilsicherheitsbeiwert aus Tabelle 2 (□ 1.02).

**Bemessungswert des Widerstands:** Er ergibt sich durch Division durch den Teilsicherheitsbeiwert aus Tabelle 3 (□ 1.03).

**Grenzzustände** — **Grenzzustandsbedingung:** In dieser werden Bemessungswerte in Form einer Ungleichung zum Nachweis eines Grenzzustands gegenübergestellt.

**Anmerkung:** Die Grenzzustandsbedingung ist dann erfüllt, bzw. der Nachweis der Sicherheit gegen Eintritt eines Grenzzustands ist dann erbracht, wenn die Summe der Bemessungswerte der maßgebenden Einwirkungen bzw. Beanspruchungen kleiner ist als die Bemessungswerte der maßgebenden Widerstände. Sie dürfen höchstens gleich groß sein.

**ULS** — **Grenzzustand der Tragfähigkeit (ULS):** Versagen des Bauwerks durch Verlust der Tragfähigkeit: englisch. Ultimate Limit State. ULS ist der Oberbegriff für die nachfolgend in der Bemessung unterschiedenen Grenzzustände EQU, UPL, HYD und GEO.

**EQU** — **Grenzzustand des Verlusts der Lagesicherheit (EQU):** Versagen des Bauwerks durch Verlust des Gleichgewichts ohne Bruch, z. B. durch Aufschwimmen oder durch hydraulischen Grundbruch.

**UPL** — **Grenzzustand des Verlusts der Lagesicherheit (UPL: Aufschwimmen):** Versagen des Bauwerks durch Verlust des Gleichgewichts ohne Bruch, z. B. durch Aufschwimmen oder anderer vertikaler Einwirkungen.

**HYD** — **Grenzzustand des Verlusts der Lagesicherheit (HYD: Hydraulischer Grundbruch):** Versagen des Bauwerks durch Verlust des Gleichgewichts ohne Bruch, z. B. durch hydraulischen Grundbruch, innere Erosion und Piping im Boden.

**STR** — **Grenzzustand des (inneren) Versagens von Bauwerken und Bauteilen:** Inneres Versagen oder sehr große Verformungen von Bauteilen bzw. eines Bauwerks durch Festigkeitsverlust der Baustoffe.

**GEO** — **Grenzzustand des Versagens des Baugrunds:** Versagen oder sehr große Verformung des stützenden Baugrunds, z. B. durch Grundbruch, Gleiten oder durch Versagen des Erdwiderlagers.

**GEO-2** — **Grenzzustand des Versagens des Baugrunds: Nachweisverfahren 2:** Nachweisverfahren 2: siehe Abschnitt 1.8.4; das Nachweisverfahren 2 wird bei Flächengründungen z.B. bei Versagen durch Grundbruch und Gleiten und bei Ermittlung des Erdwiderstands angewandt. Ansonsten wird es z.B. zur Ermittlung des Herausziehwiderstandes von Ankern und von Pfahlwiderständen umgesetzt (siehe Dörken/ Dehne/ Kliesch, Teil 3).

**GEO-3** — **Grenzzustand des Versagens des Baugrunds: Nachweisverfahren 3:** Nachweisverfahren 3: siehe Abschnitt 1.8.4; das Nachweisverfahren 3 wird bei Versagen durch Böschungsbruch oder Geländebruch, ggf. einschließlich der auf oder in ihm stehenden Bauwerke, durch Bruch im Boden oder Fels, ggf. auch zusätzlich durch Bruch in mittragenden Bauteilen (siehe Dörken / Dehne/ Kliesch, Teil 3) angewandt.

**Anmerkung:** nach Handbuch Eurocode 7, Band 1: DIN 1997-1/ NA wird das Nachweisverfahren 1 GEO-1 nicht angewandt.

**SLS** **Grenzzustand der Gebrauchstauglichkeit (SLS):** Zustand des Tragwerks, bei dessen Überschreitung die für die Nutzung festgelegten Bedingungen nicht mehr erfüllt sind. Englisch: Serviceability Limit State.

**Anmerkung:** Dabei wird unterschieden zwischen einem umkehrbaren Grenzzustand, bei dem keine bleibende Überschreitung des Grenzzustands nach Entfernen der maßgebenden Einwirkung eintritt und einem nicht umkehrbaren Grenzzustand, bei dem eine bleibende Überschreitung des Grenzzustands nach dem Entfernen der maßgebenden Einwirkung erfolgt.

**Bemessungssituation** Bei einer Bemessungssituation werden Einwirkungen, ihre Kombination, Anordnungen, Verformungen und Imperfektionen festgelegt, die untereinander verträglich und bei einem bestimmten Nachweis gleichzeitig zu berücksichtigen sind.

**Sicherheitsbegriff** Bei der Formulierung des Handbuches Eurocode 7, Band 1 wurde von der ursprünglichen Absicht, einen Sicherheitsbegriff auf probabilistischer Grundlage einzuführen, erheblich abgewichen. Verschiedene Teilsicherheitsbeiwerte wurden so lange verändert, bis das Ergebnis der Einzelnachweise dem ehemaligen Berechnungskonzept (Globalsicherheitskonzept) entsprach.

**Sohldruckbeanspruchung** (Bemessungswert der Sohl-) Druckspannung in der Gründungssohle aus der ungünstigsten Kombination der Einwirkungen (Kräfte und Momente).

**Sohlwiderstand** (Bemessungswert der Sohl-) Druckspannung in der Gründungssohle aus den Widerständen des Baugrunds.

**Tragwerk** Anordnung von tragenden und aussteifenden Bauteilen, die miteinander so verbunden sind, dass sie ein bestimmtes Maß an Tragwiderstand aufweisen (z. B. Fundamente, Stützen, Riegel, Decken, Trennwände).

## 1.2 Allgemeine Regeln für Sicherheitsnachweise

Nach Handbuch Eurocode 7, Band 1: DIN EN 1997-1, Abschnitt 2 sind bei Sicherheitsnachweisen folgende allgemeine Regeln zu beachten:

**a)** Vor allem ist nachzuweisen, dass die Grenzzustände der Tragfähigkeit (ULS) und der Gebrauchstauglichkeit (SLS) (siehe Abschnitte 1.4 und 1.5) mit hinreichender Wahrscheinlichkeit ausgeschlossen sind. Die Nachweise sind nach Punkt b) des vorliegenden Abschnitts zu erbringen, wenn nicht die unter Punkt c) des vorliegenden Abschnitts genannten Möglichkeiten angewendet werden.

**b)** Der Sicherheitsnachweis ist dann rechnerisch erbracht, wenn die Grenzzustandsbedingungen eingehalten werden. Hierbei sind die jeweils ungünstigsten Mechanismen, Kombinationen und hydraulischen Bedingungen zu untersuchen und die Gleichgewichtsbedingungen einzuhalten. Wenn ein unterer und ein oberer charakteristischer Wert vorliegen, ist der ungünstigere in der Berechnung zu verwenden.

**c)** In einfachen Fällen, insbesondere bei Flachgründungen nach Abschnitt 4.6 und bei Böschungen sowie beim Verbau von Baugruben und Gräben nach DIN 4124, dürfen Tabellenwerte verwendet werden. In schwierigen Fällen kann die Beobachtungsmethode nach Abschnitt 1.6 zweckmäßig sein.

**d)** Zufällige Abweichungen von streuenden Einwirkungen, von Beanspruchungen infolge von Einwirkungen (z. B. Schnittgrößen, Spannungen und Dehnungen) und von Widerständen sind durch Teilsicherheitsbeiwerte und sonstige Sicherheitselemente (z. B. Bemessungswasserstände) zu erfassen, um das geforderte Sicherheitsniveau zu erreichen.

**e)** Für die Einhaltung der Regeln für Sicherheitsnachweise hat ein Sachverständiger für Geotechnik bzw. ein Fachplaner der Geotechnik zu sorgen. ⇒ siehe Handbuch Eurocode 7, Abschnitt 1.3.

## 1.3 Geotechnische Kategorien

Nach Handbuch Eurocode 7, Band 1: DIN 1054, Abschnitt 2.1 richten sich die Mindestanforderungen an Umfang und Qualität geotechnischer Untersuchungen, Berechnungen und Überwachungsmaßnahmen nach den drei Geotechnischen Kategorien (GK), siehe auch Handbuch Eurocode 7, Band 2: DIN 4020.

Die Einordnung in diese Kategorien wird zu Beginn der Planung vorgenommen, kann durch spätere Befunde revidiert werden und gilt nicht unbedingt für die gesamte Baumaßnahme.

**GK 1**

**Geotechnische Kategorie GK 1:** Baumaßnahmen mit geringem Schwierigkeitsgrad hinsichtlich Standsicherheit und Gebrauchstauglichkeit. Im Zweifelsfall sollte ein Sachverständiger für Geotechnik hinzugezogen werden.

Voraussetzung: setzungsarmer und tragfähiger Baugrund; nahezu waagerechtes Gelände; Grundwasser unterhalb der Baugruben- und Gründungssohle.

Beispiele sind Einfamilienhäuser, eingeschossige Hallen und Garagen, wenn kein Nachweis in Hinblick auf Erdbeben erforderlich ist, und wenn die Standsicherheit von z.B. Nachbargebäuden, Verkehrswegen und Leitungen nicht durch die Bauarbeiten beeinträchtigt wird.

**GK 2**

**Geotechnische Kategorie GK2:** Baumaßnahmen mit normalem Schwierigkeitsgrad. Durch einen Sachverständigen für Geotechnik ist ein geotechnischer Bericht nach Handbuch Eurocode 7, Band 2: DIN 4020 auf der Grundlage von routinemäßigen Baugrunduntersuchungen im Feld und Labor zu erstellen. GK 2 erfordert eine ingenieurmäßige Bearbeitung und einen rechnerischen Nachweis.

Voraussetzung: durchschnittliche Baugrundverhältnisse zwischen GK 1 und GK 3; kein schädlicher Einfluss durch dichte oder steife Baugrubenumschließung; Grundwasser höher als Baugruben- und Gründungssohle; Wasserhaltung mit üblichen Maßnahmen beherrschbar;

Beispiele hierzu sind Flächenfundamente (Streifen - und Einzelfundamente), Gründungsplatten, Pfahlgründungen, Stützwände, Baugruben, Brückenpfeiler und Widerlager, Aufschüttungen, Erdarbeiten, Baugrundanker, andere Verankerungen, Tunnel in hartem, ungeklüftetem Gestein.

**GK 3** **Geotechnische Kategorie GK 3:** Baumaßnahmen mit hohem Schwierigkeitsgrad bzw. Baumaßnahmen, die nicht in die Geotechnischen Kategorien GK 1 oder GK 2 eingeordnet werden können. Ein Sachverständiger für Geotechnik hat mitzuwirken. Bauwerke oder Baumaßnahmen, bei denen die Beobachtungsmethode angewendet werden soll, sind in die Geotechnische Kategorie GK 3 einzustufen, wenn keine begründeten Ausnahmen vorliegen.

⇒ Merkmale und Beispiele, Handbuch Eurocode 7, Band 1: DIN 1054, dort Anhang AA.

⇒ Handbuch Eurocode 7, Band 1: DIN 1054, Abschnitt 2.1 und Handbuch Eurocode 7, Band 2: DIN 4020.

## 1.4 Grenzzustände der Tragfähigkeit (ULS)

### 1.4.1 Grenzzustand EQU, UPL und HYD: Verlust der Lagesicherheit

Bei den erforderlichen Nachweisen der praktischen Problemfälle

EQU: Sicherheit gegen Verlust der Lagesicherheit des als starr angesehenen Bauwerks oder Baugrunds („Kippen"); Englisch: Equilibrium

UPL: Sicherheit gegen Aufschwimmen, Sicherheit gegen Abheben; Englisch: Uplift

HYD: Sicherheit gegen hydraulischen Grundbruch; Englisch: Hydraulic

werden nach Handbuch Eurocode 7, Band 1: DIN EN 1997-1, Abschnitt 2.4.7 die Bemessungswerte von günstigen und ungünstigen Einwirkungen in den Grenzzustandsbedingungen einander gegenübergestellt. Widerstände treten in den Grenzzuständen EQU, UPL, HYD nicht auf.

Zum Nachweis der Sicherheit gegen „Kippen" siehe zusätzlich Abschnitt 2.

### 1.4.2 Grenzzustand GEO-2: Versagen von Bauwerken und Bauteilen

Hier gilt nach Handbuch Eurocode 7, Band 1, Abschnitt 2.4.7:

**a)** Beim erforderlichen Nachweis ausreichender Abmessungen von Bauwerken und Bauteilen (praktische Problemfälle z. B. Gleiten, Grundbruch) werden die Bemessungswerte der Beanspruchungen den Bemessungswerten der Widerstände in den Grenzzustandsbedingungen gegenübergestellt, und zwar unabhängig davon, ob sich der Grenzzustand der Tragfähigkeit im Bauwerk oder im Baugrund einstellt.

**b)** Bei der Bemessung eines Bauwerks oder einzelner Bauteile wird im Grenzzustand GEO-2 im Allgemeinen wie folgt vorgegangen:

1. Bauwerk entwerfen und statisches System festlegen.
2. Charakteristische Werte $F_{k,i}$ der Einwirkungen ermitteln, z. B. aus Eigengewicht, Erddruck, Wasserdruck oder Verkehr, ggf. charakteristische Werten oder andere repräsentative Werte der Gründungslasten nach Abschnitt 1.8.1.1 vorgeben.

   **Anmerkung:** Nach Handbuch Eurocode 7, Band 1 gelten die in den Technischen Baubestimmungen DIN EN 1991 und DIN EN 1991-1-1/NA geregelten Lastannahmen und die Erddruckwerte nach DIN 4085 als charakteristische Werte der Einwirkungen.

3. Charakteristische Beanspruchungen $E_{k,i}$ in Form von Schnittgrößen (z. B. Querkräfte, Auflagerkräfte, Biegemomente) oder Spannungen (z. B. Normalspannungen, Schubspannungen, Vergleichsspannungen) in maßgebenden Schnitten durch das Bauwerk und in Berührungsflächen zwischen Bauwerk und Baugrund ermitteln, und zwar getrennt nach Ursachen.

   **Anmerkung:** Die Handbuch Eurocode 7, Band 1 ermittelten charakteristischen Beanspruchungen für Bauteile aus Holz gelten als Schnittgrößen für die Bemessung nach DIN EN 1995 und DIN EN 1995/NA.

4. Charakteristische Widerstände $R_{k,i}$ des Baugrunds, z. B. Erdwiderstand, Grundbruchwiderstand, Pfahlwiderstand oder Herausziehwiderstand von Ankern durch Berechnung, Probebelastung oder aufgrund von Erfahrungswerten bestimmen.
5. Bemessungswerte $E_{d,i}$ der Beanspruchungen durch Multiplikation der charakteristischen Beanspruchungen $E_{k,i}$ mit den Teilsicherheitsbeiwerten für Einwirkungen ermitteln.
6. Bemessungswerte $R_{d,i}$ der Widerstände des Baugrunds ermitteln durch Division der charakteristischen Widerstände $R_{k,i}$ durch die Teilsicherheitsbeiwerte für Bodenwiderstände sowie die Bemessungswiderstände $R_{d,i}$ der Bauteile bestimmen, z. B. widerstehende Druck-, Zug-, Querkräfte, Biegemomente oder Spannungen, und zwar nach den Regeln der jeweiligen Bauartnormen (insbesondere nach DIN EN 1992, 1993 und 1995 und entsprechende Nationale Anhänge).

   **Anmerkung:** Die nach Handbuch Eurocode 7, Band 1 ermittelten charakteristischen Beanspruchungen für Bauteile aus Holz gelten als Schnittgrößen für die Bemessung nach DIN EN 1995 und DIN EN 1995/NA.

7. Die Grenzzustandsbedingung

$$\sum E_{d,i} \leq \sum R_{d,i} \qquad (1.01)$$

mit den Bemessungswerten $E_{d,i}$ der Beanspruchungen und den Bemessungswiderständen $R_{d,i}$. nachweisen.

### 1.4.3 Grenzzustand GEO-3: Verlust der Gesamtstandsicherheit

Beim erforderlichen Nachweis der Gesamtstandsicherheit (praktische Problemfälle zum Beispiel: Böschungsbruch, Geländebruch (siehe Dörken/ Dehne/ Kliesch Teil 3) werden nach Handbuch Eurocode 7, Band 1, Abschnitte 2.4.7 und 11 die Grenzzustandsbedingungen mit Bemessungseinwirkungen, Bemessungswerten für die Scherfestigkeit und ggf. Bemessungswiderständen von mittragenden Bauteilen aufgestellt. Der Grenzzustand tritt immer im Baugrund ein, u. U. auch zusätzlich in mittragenden Bauteilen (siehe Abschnitt 12 der Handbuch Eurocode 7, Band 1.

**Anmerkung:** Zur Duktilität des Gesamtsystems und zu Varianten der Nachweisführung siehe Handbuch Eurocode 7, Band 1, Abschnitte 2.4.7 und 11.

## 1.5 Grenzzustände der Gebrauchstauglichkeit (SLS)

Nach Handbuch Eurocode 7, Band 1, Abschnitt 6.6 gilt für diese Grenzzustände:

**a)** Sie beziehen sich im Regelfall auf einzuhaltende Verformungen bzw. Verschiebungen. Im Einzelfall können auch weitere Kriterien maßgebend sein, siehe DIN EN 1991 und DIN EN 1991-1-1/ NA.

**b)** Sie sind mit charakteristischen Werten der Einwirkungen zu führen (Tabelle □ 1.03). Dabei sind Größe, Dauer und Häufigkeit der Einwirkungen zu berücksichtigen.

⇒ Handbuch Eurocode 7, Band 1, Abschnitt 6.6.

## 1.6 Beobachtungsmethode

Nach Handbuch Eurocode 7, Band 1, Abschnitt 2.7 werden bei der Beobachtungsmethode die üblichen geotechnischen Untersuchungen und Berechnungen (Prognosen) mit ständigen messtechnischen Kontrollen von Bauwerk und Baugrund verbunden, und zwar während der Bauphase und u. U. auch bei der späteren Nutzung.

Sie sollte dann angewendet werden, wenn das Baugrundverhalten aufgrund von vorab durchgeführten Baugrunduntersuchungen und von rechnerischen Nachweisen allein nicht mit ausreichender Zuverlässigkeit vorhergesagt werden kann. ⇒ Handbuch Eurocode 7, Band 1, Abschnitt 2.7.

## 1.7 Baugrund

**a)** In Dörken / Dehne / Kliesch: Grundbau in Beispielen, Teil 1, Abschnitte 1 bis 4 sind Geotechnische Untersuchungen sowie die Arten des Baugrunds entsprechend Handbuch Eurocode 7, Band 2: DIN 4020 bis DIN 4023 sowie seine Klassifikation nach DIN 18196 ausführlich beschrieben worden. ⇒ Handbuch Eurocode 7, Band 1, Abschnitt 3.

**b)** Charakteristische Werte von Bodenkenngrößen nach Handbuch Eurocode 7, Band 2: DIN 4020 sind auf der Grundlage von Bodenaufschlüssen nach DIN 4021, von Labor- und Feldversuchen sowie aufgrund weiterer Informationen für jede angetroffene Bodenart so festzulegen, dass die Ergebnisse der damit durchgeführten Berechnungen auf der sicheren Seite liegen. ⇒ Handbuch Eurocode 7, Band 1, Abschnitt 3.

# 1.8 Einwirkungen, Beanspruchungen und Widerstände

## 1.8.1 Einwirkungen und Beanspruchungen

Beim Nachweis der Sicherheit gegen Aufschwimmen (UPL) und der Sicherheit gegen hydraulischen Grundbruch (HYD), beim Nachweis sicherer Abmessungen von Bauwerken und Bauteilen (GEO-2), beim Nachweis der Gesamtstandsicherheit (GEO-3) und beim Nachweis der Gebrauchstauglichkeit (SLS) wird in Handbuch Eurocode, Band 1: DIN 1054, Abschnitt A 2.4.2.1 unterschieden zwischen

- Einwirkungen in Form von Gründungslasten aus einem aufliegenden Tragwerk
- grundbauspezifischen Einwirkungen und
- dynamischen Einwirkungen.

Diese können auch gleichzeitig auftreten.

### 1.8.1.1 Gründungslasten

Die Gründungslasten können der statischen Berechnung des aufliegenden Tragwerks entnommen werden. Sie sind für die weitere Berechnung und Bemessung als Schnittgrößen in Höhe der Oberkante der Gründungskonstruktion für jede kritische Einwirkungskombination in den maßgebenden Bemessungssituationen anzugeben, und zwar für den Grenzzustand der Tragfähigkeit (ULS) und der Gebrauchstauglichkeit (SLS).

⇒ Handbuch Eurocode 7, Band 1: DIN 1054, Abschnitt A 2.4.2.3.

### 1.8.1.2 Grundbauspezifische Einwirkungen

Hierbei handelt es sich nach Handbuch Eurocode 7, Band 1: DIN 1054, Abschnitt A 2.4.2.1 um

- Eigenlasten der Grundbauwerke
- Erddruck

- Flüssigkeitsdruck
- Seitendruck und negative Mantelreibung
- Veränderliche statische Einwirkungen
- Verformungen des Baugrunds
- Wechselwirkung von Baugrund und Bauwerk
- Weiträumige Verformungen des Baugrunds
- Einfluss der Verwitterung von Fels oder felsähnlichen Böden
- Physikalisch oder chemisch verursachte Volumenänderungen.

⇒ Handbuch Eurocode 7, Band 1: DIN 1054, Abschnitt A 2.4.2.1

#### 1.8.1.3 Dynamische Einwirkungen

Derartige Einwirkungen auf den Baugrund aus Regellasten auf Verkehrsflächen, aus Baubetrieb sowie aus der dynamischen Belastung von Bauwerken nach DIN EN 1997-1-7 dürfen nach Handbuch Eurocode 7, Band 1: DIN 1054, Abschnitt A 2.4.2.1 als veränderliche statische Einwirkungen berücksichtigt werden.

Bezüglich Erdbebeneinwirkungen siehe DIN EN 1998-5/NA.

⇒ Handbuch Eurocode 7, Band 1, Abschnitt 2.4.2

#### 1.8.1.4 Charakteristische Beanspruchungen

Beim Ansatz der Grenzzustandsbedingung für den Grenzzustand G werden nach Abschnitt 1.4.2 die Bemessungswerte der Beanspruchung benötigt.

⇒ Handbuch Eurocode 7, Band 1, Abschnitt 2.4.7

### 1.8.2 Widerstände von Boden und Fels

#### 1.8.2.1 Scherfestigkeit

Als charakteristische Werte der Scherfestigkeit dürfen nach Handbuch Eurocode 7, Band 1, Abschnitte 2.4.5 und 3.3.6 die vorsichtigen Schätzwerte des Mittelwerts nach Abschnitt 1.7 b) angesetzt werden, wenn keine oberen oder unteren charakteristischen Werte nach Handbuch Eurocode 7, Band 1, Abschnitt 2.4.5.2 (8) in die Berechnung eingeführt werden. ⇒ Handbuch Eurocode 7, Band 1, Abschnitt 3.3.6.

#### 1.8.2.2 Steifigkeit

Nach Handbuch Eurocode 7, Band 1, Abschnitte 2.4.5.2 und 3.3.7 darf die Steifigkeit von Boden und Fels in den Grenzzuständen GZ1B und GZ 2 durch charakteristische Werte in Form von vorsichtigen Schätzwerten der Mittelwerte von Steifigkeitsparametern bzw. durch obere und untere charakteristische Werte von Steifigkeitsparametern nach Abschnitt 1.7 b) erfasst werden. ⇒ Handbuch Eurocode 7, Band 1, Abschnitt 3.3.7.

#### 1.8.2.3 Sohlwiderstände

Bei Sohlwiderständen handelt es sich nach Handbuch Eurocode 7, Band 1, Abschnitt 1.5.2.7 um die größtmöglichen Bodenreaktionen, die sich unter Gründungskörpern einstellen, wenn die Scherfestigkeit des Bodens bzw. der Sohlreibungswinkel zwischen Bauwerk und Boden bis zum Bruchzustand des Bodens ausgeschöpft ist. Das betrifft vor allem den Gleitwiderstand nach Abschnitt 6.5.2 und den Grundbruchwiderstand nach Abschnitt 6.5.3.

Die Nachweise für die Grenzzustände (GEO-2) Grundbruch und Gleiten sowie der Gebrauchstauglichkeit (SLS: Nachweis der Setzungen) dürfen in bestimmten Fällen (Regelfälle nach Handbuch Eurocode 7, Band 1: DIN 1054, Abschnitt A 6.10) durch die Verwendung von Erfahrungswerten für den Bemessungswert des Sohlwiderstands ersetzt werden.

#### 1.8.2.4 Erdwiderstand (passiver Erddruck)

Der voll mobilisierte charakteristische Erdwiderstand ergibt sich nach Handbuch Eurocode 7, Band 1: DIN 1054, Abschnitt A 9.5.6 aus den charakteristischen Werten des Reibungswinkels, der Kohäsion und des Winkels $\delta_p$ zwischen der Erdwiderstandskraft und der Normalen zur Wand. Hierbei sind die Nennwerte von Geländeneigung und Wandneigung zu berücksichtigen.

Der Winkel $\delta_p$ stellt sich ohne Relativbewegung zwischen Wand und Boden zu $\delta_p = 0$ ein. Mit zunehmender Relativbewegung steigt er auf einen positiven oder negativen Höchstwert an, der bei ausreichender Rauigkeit der Wand die Größe des charakteristischen Werts $\varphi'_k$ des Reibungswinkels erreichen kann. Eine günstig wirkende Vertikalkomponente der Erdwiderstandskraft darf jedoch nicht größer angesetzt werden als es der Nachweis $\sum V = 0$ zulässt (siehe Abschnitt 7).

⇒ Handbuch Eurocode 7, Band 1, Abschnitt A 9.5.6.

### 1.8.3 Bemessungssituationen bei geotechnischen Bauwerken

#### 1.8.3.1 Einwirkungskombinationen

Nach Handbuch Eurocode 7, Band 1, Abschnitt A 2.4.2 sind Einwirkungskombinationen als Zusammenstellungen von Einwirkungen (nach Ursache, Größe, Richtung und Häufigkeit), die an den Grenzzuständen des Bauwerks beteiligt und gleichzeitig möglich sind, zu verstehen.

### 1.8.3.2 Bemessungssituationen

Nach Handbuch Eurocode 7, Band 1, Abschnitt 2.2 ergeben sich die folgenden unterschiedlichen Bemessungssituationen (BS):

**BS-P** **Bemessungssituation BS-P (Persistant):** Sie entspricht der „**ständigen** Bemessungssituation" nach DIN EN 1990, die die üblichen Nutzungsbedingungen des Tragwerks wiedergeben.

Die Bemessungssituation BS-P ist, abgesehen von Bauzuständen, maßgebend für alle ständigen und vorübergehenden Bemessungssituationen des aufliegenden Tragwerks.

**BS-T** **Bemessungssituation BS-T (Transient):** Sie entspricht der „**vorübergehenden** Bemessungssituation" nach DIN EN 1990.

Die Bemessungssituation BS-T ist maßgebend für vorübergehende Beanspruchungen in Bauzuständen des aufliegenden Tragwerks.

**BS-A** **Bemessungssituation BS-A (Accidental):** Sie entspricht der „**außergewöhnlichen** Bemessungssituation" nach DIN EN 1990.

Der Bemessungssituation BS-A ist maßgebend für außergewöhnliche Bemessungssituationen des aufliegenden Tragwerks, soweit sich diese ungünstig auf die Gründung auswirken wie z.B. Anprall, Explosion, extremes Hochwasser oder Ankerausfall.

**BS-E** **Bemessungssituation BS-E (Erdbeben; Earthquake):** Sie entspricht der „Bemessungssituation infolge **Erdbeben**" nach DIN EN 1990.

⇒ Handbuch Eurocode 7, Band 1, Abschnitt 2.2.

## 1.8.4 Teilsicherheitsbeiwerte

### 1.8.2.3 Teilsicherheitsbeiwerte für Einwirkungen und Beanspruchungen

Beim Ansatz der Teilsicherheitsbeiwerte für Einwirkungen (Tabelle □ 1.02) sind nach Handbuch Eurocode 7, Band 1: DIN1054, Abschnitt A 2.4.7.6.1 folgende Regeln zu beachten:

**a)** Beim Nachweis werden die Einwirkungen nach Abschnitt 1.4.2 stets als charakteristische Werte in die Berechnung eingeführt.

Erst bei der Aufstellung der Grenzzustandsbedingung werden die mit den charakteristischen Werten $F_k$ der Einwirkungen ermittelten charakteristischen Beanspruchungen $E_k$ in Form von Schnittgrößen oder Spannungen in Bemessungswerte $E_d$ der Beanspruchungen umgerechnet, und zwar mit Hilfe des Teilsicherheitsbeiwerts $\gamma_f$ für Einwirkungen:

$$E_d = E_k \cdot \gamma_F \qquad \text{bzw.} \qquad E_d = \sum E_{k,i} \cdot \gamma_F \qquad (1.02)$$

**c)** In der Gleichung (1.02) steht der Beiwert $\gamma_F$ jeweils für die in Tabelle □ 1.02 auf den Einzelfall der Einwirkung bezogenen Teilsicherheitsbeiwerte.

**d)** Eine Unterscheidung von günstigen und ungünstigen ständigen Einwirkungen ist im Grenzzustand GEO-2 nicht erforderlich.

**e)** Wenn die charakteristischen Werte in Bemessungswerte umgerechnet werden, ist eine Einwirkung bzw. eine Beanspruchung immer als einheitliches Ganzes zu betrachten. Wird eine Einwirkung bzw. eine Beanspruchung in Komponenten zerlegt, so werden diese jeweils mit den gleichen Teilsicherheitsbeiwerten belegt.

⇒ Handbuch Eurocode 7, Band 1, Abschnitt 2.4.7.

### 1.8.4.2 Teilsicherheitsbeiwerte für Widerstände

Beim Ansatz der Teilsicherheitsbeiwerte für Widerstände (Tabelle □ 1.03) sind nach Handbuch Eurocode 7, Band 1, Abschnitt 2.4.7 folgende Regeln zu beachten:

**a)** Beim Nachweis der bodenmechanisch bzw. felsmechanisch bedingten Abmessungen und der von der Materialfestigkeit abhängigen Abmessungen von Bauwerken und von Bauteilen (STR und GEO-2) werden - nach Abschnitt 1.4.2 - die charakteristischen Bodenwiderstände bzw. die charakteristischen Bauteilwiderstände $R_k$ in Bemessungswerte $R_d$ umgerechnet, und zwar mit Hilfe des Teilsicherheitsbeiwerts $\gamma_F$ für Widerstände:

$$R_d = \frac{R_d}{\gamma_R} \tag{1.03}$$

**b)** Beim Nachweis der Gesamtstandsicherheit (GEO-3) werden die charakteristischen Werte der Scherfestigkeit in Bemessungswerte der Scherfestigkeit umgerechnet, und zwar mit Hilfe der Teilsicherheitsbeiwerte $\gamma_{\varphi'}$ und $\gamma_{c'}$ bzw. $\gamma_{cu}$ für Widerstände:

$$\tan\varphi'_d = \frac{\tan\varphi'_k}{\gamma_{\varphi'}} \tag{1.04 a}$$

$$c'_d = \frac{c'_k}{\gamma_{c'}} \tag{1.04 b}$$

$$c_{u;d} = \frac{c_{u;k}}{\gamma_{cu}} \tag{1.05}$$

⇒ Handbuch Eurocode 7, Band 1, Abschnitt 2.4.7.

Der Beiwert $\gamma_R$ steht hier für die in Tabelle □ 1.03 jeweils auf den Einzelfall des Widerstands bezogenen Teilsicherheitsbeiwerte.

□1.02: Teilsicherheitsbeiwerte für Einwirkungen und Beanspruchungen sowie für Geotechnische Kenngrößen (aus Handbuch Eurocode 7, Band 1: DIN 1054, Abschnitte A 2.4.7.6.1 und A 2.4.7.6.2

| Einwirkung | Formelzeichen | Bemessungssituation BS-P | BS-T | BS-A | BS-E |
|---|---|---|---|---|---|
| **HYD und UPL: Grenzzustand des Versagens (hydraulischer Grundbruch; Aufschwimmen)** | | | | | |
| Stabilisierende ständige Einwirkungen | $\gamma_{G,stb}$ | 0,95 | 0,95 | 0,95 | |
| Destabilisierende ständige Einwirkungen | $\gamma_{G,dst}$ | 1,05 | 1,05 | 1,00 | |
| Destabilisierende veränderliche Einwirkungen | $\gamma_{Q,dst}$ | 1,50 | 1,30 | 1,00 | 1,00 |
| Strömungskraft bei günstigem Untergrund | $\gamma_H$ | 1,45 | 1,45 | 1,25 | |
| Strömungskraft bei ungünstigem Untergrund | $\gamma_H$ | 1,90 | 1,90 | 1,45 | |
| Reibungswert tanφ' des dränierten Bodens und Reibungswert $\tan\varphi_u$ des undränierten Bodens | $\gamma_{\varphi'}$; $\gamma_{\varphi u}$ | | 1,00 | | |
| Kohäsion c' des dränierten Bodens und Scherfestigkeit $c_u$ des undränierten Bodens | $\gamma_{c'}$; $\gamma_{cu}$ | | 1,00 | | |
| **EQU: Grenzzustand des Verlustes der Lagesicherheit („Kippen")** | | | | | |
| Günstige ständige Einwirkungen | $\gamma_{G,stb}$ | 0,90 | 0,90 | 0,95 | |
| Ungünstige ständige Einwirkungen | $\gamma_{G,dst}$ | 1,10 | 1,05 | 1,00 | 1,00 |
| Ungünstige veränderliche Einwirkungen | $\gamma_Q$ | 1,50 | 1,25 | 1,00 | |
| **STR und GEO-2: Grenzzustand des Versagens von Bauwerken, Bauteilen und Baugrund** | | | | | |
| Beanspruchungen aus ständigen Einwirkungen allgemein[a] | $\gamma_G$ | 1,35 | 1,20 | 1,00 | |
| Beanspruchungen aus ständigen Einwirkungen aus Erdruhedruck | $\gamma_{G,E0}$ | 1,20 | 1,10 | 1,00 | 1,00 |
| Beanspruchungen aus günstigen ständigen Einwirkungen[b] | $\gamma_{G,inf}$ | 1,00 | 1,00 | 1,00 | |
| Beanspruchungen aus ungünstigen veränderlichen Einwirkungen | $\gamma_Q$ | 1,50 | 1,30 | 1,10 | |
| Reibungswert tanφ' des dränierten Bodens und Reibungswert $\tan\varphi_u$ des undränierten Bodens | $\gamma_{\varphi'}$; $\gamma_{\varphi u}$ | | 1,00 | | |
| Kohäsion c' des dränierten Bodens und Scherfestigkeit $c_u$ des undränierten Bodens | $\gamma_{c'}$; $\gamma_{cu}$ | | 1,00 | | |
| **GEO-3: Grenzzustand des Versagens durch Verlust der Gesamtstandsicherheit** | | | | | |
| Ständige Einwirkungen | $\gamma_G$ | 1,00 | 1,00 | 1,00 | |
| Ungünstige veränderliche Einwirkungen | $\gamma_Q$ | 1,30 | 1,20 | 1,00 | |
| Reibungswert tanφ' des dränierten Bodens und Reibungswert $\tan\varphi_u$ des undränierten Bodens | $\gamma_{\varphi'}$; $\gamma_{\varphi u}$ | 1,25 | 1,15 | 1,10 | 1,00 |
| Kohäsion c' des dränierten Bodens und Scherfestigkeit $c_u$ des undränierten Bodens | $\gamma_{c'}$; $\gamma_{cu}$ | 1,25 | 1,15 | 1,10 | |
| **SLS: Grenzzustand der Gebrauchstauglichkeit** | | | | | |
| Ständige Einwirkungen bzw. Beanspruchungen | $\gamma_G$ | | | | 1,00 |
| Veränderliche Einwirkungen bzw. Beanspruchungen | $\gamma_Q$ | | 1,00 | | |

[a] einschließlich ständigem und veränderlichem Wasserdruck
[b] nur im Sonderfall nach DIN 1054: 8.3.4 (2).

□1.03: Teilsicherheitsbeiwerte für Widerstände (aus Handbuch Eurocode 7, Band 1: DIN 1054, Abschnitt A 2.4.7.6.3)

| Widerstand | Formelzeichen | Bemessungssituation | | | |
|---|---|---|---|---|---|
| | | BS-P | BS-T | BS-A | BS-E |
| **STR und GEO-2: Grenzzustand des Versagens von Bauwerken, Bauteilen und Baugrund** | | | | | |
| **Bodenwiderstände** | | | | | |
| Erdwiderstand und Grundbruchwiderstand | $\gamma_{R,e}$, $\gamma_{R,v}$ | 1,40 | 1,30 | 1,20 | 1,00 |
| Gleitwiderstand | $\gamma_{R,h}$ | 1,10 | 1,10 | 1,10 | |
| **Pfahlwiderstände aus Probebelastungen** | | | | | |
| Fußwiderstand | $\gamma_b$ | 1,10 | 1,10 | 1,10 | 1,00 |
| Mantelwiderstand (Druck) | $\gamma_s$ | 1,10 | 1,10 | 1,10 | |
| Gesamtwiderstand (Druck) | $\gamma_t$ | 1,10 | 1,10 | 1,10 | |
| Mantelwiderstand (Zug) | $\gamma_{s,t}$ | 1,15 | 1,15 | 1,15 | |
| **Pfahlwiderstände aus Erfahrungswerten** | | | | | |
| Druckpfähle | $\gamma_b$, $\gamma_s$, $\gamma_t$ | 1,40 | 1,40 | 1,40 | 1,00 |
| Zugpfähle (nur Ausnahmefälle) | $\gamma_{s,t}$ | 1,50 | 1,50 | 1,50 | |
| **Herauszieh-Widerstände** | | | | | |
| Boden- und Felsnägel | $\gamma_a$ | 1,40 | 1,30 | 1,20 | 1,00 |
| Verpresskörper von Verpressankern | $\gamma_a$ | 1,10 | 1,10 | 1,10 | |
| Flexible Bewehrungselemente | $\gamma_a$ | 1,40 | 1,30 | 1,20 | |
| **Widerstand des Stahlzuggliedes** | | | | | |
| Verpressanker | $\gamma_M$ | 1,15 | 1,15 | 1,15 | 1,00 |
| **GEO-3: Grenzzustand des Versagens durch Verlust der Gesamtstandsicherheit** | | | | | |
| **Scherfestigkeit (siehe Tabelle □ 1.02: identisch!)** | | | | | |
| Reibungswert tan$\varphi$' des dränierten Bodens und Reibungswert tan$\varphi_u$ des undränierten Bodens | $\gamma_{\varphi'}$; $\gamma_{\varphi u}$ | 1,25 | 1,15 | 1,10 | 1,00 |
| Kohäsion c' des dränierten Bodens und Scherfestigkeit $c_u$ des undränierten Bodens | $\gamma_{c'}$; $\gamma_{cu}$ | 1,25 | 1,15 | 1,10 | |
| **Herauszieh-Widerstände (siehe STR und GEO-2: identisch!)** | | | | | |
| Boden- und Felsnägel | $\gamma_a$ | 1,40 | 1,30 | 1,20 | 1,00 |
| Verpresskörper von Verpressankern | $\gamma_a$ | 1,10 | 1,10 | 1,10 | |
| Flexible Bewehrungselemente | $\gamma_a$ | 1,40 | 1,30 | 1,20 | |

**Anmerkung:** Die Teilsicherheitsbeiwerte z.B. $\gamma_b$, $\gamma_s$, $\gamma_t$, $\gamma_{s,t}$ für Pfahlwiderstände nach Tabelle □ 1.03 sind – bis auf die BS-E - nicht weiter nach Bemessungssituationen differenziert, weil eine ausreichende Abstufung bereits auf der einwirkenden Seite nach Tabelle □ 1.02 vorgenommen worden ist.

## 1.9 Kontrollfragen

- Globalsicherheitskonzept / Sicherheitskonzept nach DIN 1054 (2003) und nach Handbuch Eurocode 7 (2011)? Unterschiede im Sicherheitsbegriff? Sicherheitsbedingung? Sicherheitsnachweise? Globale Sicherheiten? Teilsicherheiten?
- Nennwert?
- Charakteristischer Wert? Index? Repräsentativer Wert?
- Einwirkungen? Einwirkungskombinationen?
- Einwirkungen in Form von Gründungslasten? Grundbauspezifische Einwirkungen? Dynamische Einwirkungen?
- Beanspruchungen? Ermittlung der charakteristischen Beanspruchungen?
- Widerstände? Widerstände von Boden und Fels?
- Was versteht man unter Sohlwiderständen? Um welche handelt es sich vor allem?
- Was ist beim Ansatz von Erdwiderstand zu beachten?
- Teilsicherheitsbeiwerte? Wozu werden sie verwendet?
- Teilsicherheitswerte für Einwirkungen und Beanspruchungen? Wovon hängt ihre unterschiedliche Größe ab? Praktische Anwendung?
- Teilsicherheitsbeiwerte für Widerstände? Wovon hängt ihre unterschiedliche Größe ab? Praktische Anwendung?
- Wie erhält man den Bemessungswert einer Einwirkung, einer Beanspruchung oder eines Widerstands?
- Grenzzustand? Welche Grenzzustände werden unterschieden? Nachweis der Einhaltung einer Grenzzustandsbedingung?
- Grenzzustand des Verlustes der Lagersicherheit (EQU, UPL, HYD)? Nennen Sie praktische Problem-fälle der Sicherheit! Welche Widerstände treten in diesem Grenzzustand auf?
- Grenzzustand des Versagens von Bauwerken und Bauteilen (GEO-2)? Praktische Problemfälle? Wie geht man bei der Bemessung eines Bauwerks oder einzelner Bauteile im GEO-2 vor?
- Grenzzustand des Verlustes der Gesamtstandsicherheit (GEO-3)? Praktische Problemfälle?
- Grenzzustand der Gebrauchstauglichkeit (SLS)? Was ist in diesem Grenzzustand einzuhalten?
- Wie ergeben sich die Bemessungssituationen für den Grenzzustand ULS? BS-P, BS-T, BS-A, BS-E?
- Sohldruck / Sohlspannung/ Sohlwiderstand, Sohldruckbeanspruchung?
- Welche Bauteile können zu einem Tragwerk gehören?
- Nachweise in „einfachen Fällen"?
- Wie wird erreicht, dass die Regeln für Sicherheitsnachweise eingehalten werden?
- Was versteht man unter einer Geotechnischen Kategorie? Welche werden unterschieden? Einordnung einer Baumaßnahme in eine GK?
- Wann wird die Beobachtungsmethode angewendet? Wie geht man dabei vor?
- Wie werden die charakteristischen Werte von Bodenkenngrößen bestimmt?

# 2 Nachweise der Tragfähigkeit (ULS)

## 2.1 Begriffe

Grenzzustand der Tragfähigkeit (ULS): Versagen des Bauwerks durch Verlust der Tragfähigkeit. Englisch: Ultimate Limit State. ULS ist der Oberbegriff für die nachfolgend in der geotechnischen Bemessung unterschiedenen Grenzzustände EQU, UPL, HYD und GEO. Mit der geotechnischen Bemessung wird die Gefahr des Verlusts der Standsicherheit (ULS) quantifiziert und eingestuft.

Für den Grenzzustand GEO wird die Bemessung nach Nachweisverfahren GEO-2 und GEO-3 unterschieden.

Folgende Nachweise der Tragfähigkeit (ULS) sind in der Regel zu führen:

- Kippen
- Gleiten
- Grundbruch

Gegebenenfalls sind folgende zusätzlichen Nachweise der Tragfähigkeit zu führen bei Versagen:

- Aufschwimmen
- Hydraulischer Grundbruch
- Böschungs- und Geländebruch
- Pfähle
- Boden- und Felsnägel, Verpressanker und Flexible Bewehrungselemente wie z.B. Geotextile
- Tiefe Gleitfuge bei verankerten Stützwänden

Grenzzustand der Gebrauchstauglichkeit (SLS): Zustand des Tragwerks, bei dessen Überschreitung die für die Nutzung festgelegten Bedingungen nicht mehr erfüllt sind. Englisch: Serviceability Limit State.

Folgende Nachweise der Gebrauchstauglichkeit (SLS) sind in der Regel zu führen:

- Zulässige Ausmitte („Kippen“) bzw. zulässige Verdrehung
- Zulässige Verschiebung („Gleiten“)
- Zulässige Setzungen

Der geotechnische Standsicherheitsnachweis umfasst sowohl die Bemessung im Grenzzustand der Tragfähigkeit als auch den Grenzzustand der Gebrauchstauglichkeit. Nur wenn beide Nachweise erfüllt sind, ist ausreichende Standsicherheit gegeben. Sie wird auch als „Äußere Standsicherheit“ bezeichnet.

**Kippen (EQU)**

Wird die auf das Bauwerk wirkende Horizontalkraft gegenüber der Vertikalkraft zu groß, kippt das Bauwerk (□ 2.01 a).

□ 2.01: Gefährdung der Standsicherheit

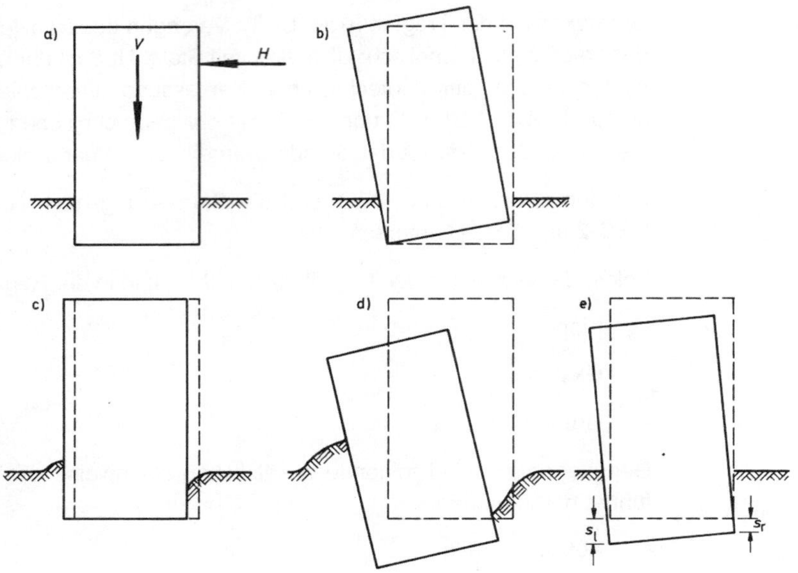


**Aufschwimmen (UPL)**

Verlust der Lagesicherheit eines Gründungskörpers, eines gesamten Bauwerks, einer Bodenschicht oder einer Baugrubenkonstruktion infolge der hydrostatischen Auftriebskraft von Wasser (□ 2.01 e).

⇒ Dörken / Dehne / Kliesch Teil 1, Abschnitt 7.02

**Hydraulischer Grundbruch**

Verlust der Lagesicherheit eines Gründungskörpers, eines gesamten Bauwerks, einer Bodenschicht oder einer Baugrubenkonstruktion infolge des nach oben gerichteten Strömungsdrucks von strömendem Grundwasser.

⇒ Dörken / Dehne / Kliesch Teil 1, Abschnitt 7.04

**Gleiten (GEO-2)**

Ein Bauwerk gleitet, wenn die Horizontalkraft größer wird als die Reibungskraft in seiner Sohlfläche und ein evtl. vorhandener horizontaler Bodenwiderstand (□ 2.01 b).

**Grundbruch (GEO-2)**

Ein Grundbruch tritt ein, wenn die Scherfestigkeit des Baugrunds durch die angreifende Kraft überschritten wird. Dabei bilden sich Gleitflächen im Baugrund, deren Form durch den anstehenden Boden bestimmt wird (□ 2.01 c).

**Böschungs- und Geländebruch (GEO-3)** In Böschungen oder um ein Stützbauwerk herum können sich durch Überschreiten der Scherfestigkeit des Baugrunds Gleitflächen bilden, wenn die Böschung zu steil ist (□ 2.01 f) oder der Geländesprung, in dem das Stützbauwerk steht, zu hoch ist (□ 2.01 g).

⇒ Dörken / Dehne / Kliesch Teil 3, Abschnitt 3

**Einwirkungen (Lasten, Kräfte)** **Ständige Einwirkungen (Lasten):** Summe der unveränderlichen Einwirkungen, also das Gewicht der tragenden oder stützenden Bauteile und der unveränderlichen, von den tragenden Bauteilen dauernd aufzunehmenden Einwirkungen, z. B. Auffüllungen, Fußbodenbeläge, Putz, ständig wirksame Erd- und Wasserdrücke (nach DIN EN 1991).

**Veränderliche Einwirkungen („Verkehrslasten"):** Veränderliche oder bewegliche Belastung des Bauteils, z. B. Personen, Einrichtungsstücke, unbelastete leichte Trennwände, Lagerstoffe, Maschinen, Fahrzeuge, Kranlasten, Wind, Schnee, Brückenlasten, wechselnde Erd- und Wasserdrücke, Eisdruck (nach DIN EN 1991).

**Gesamtlast**: Ständige Lasten und Verkehrslasten.

**Setzungen** Infolge der Einwirkungen drückt sich der Baugrund zusammen: das Bauwerk setzt sich gleichmäßig oder stellt sich schief (□ 2.01 d; Abschnitt 3). Hierfür ist der Nachweis der Gebrauchstauglichkeit infolge vertikaler Kräfte zu führen (Abschnitt 3)

## 2.2 Einwirkungen und Beanspruchungen in der Sohlfläche

### 2.2.1 Charakteristische Beanspruchungen

**a)** Nach Handbuch Eurocode 7, Band 1: DIN 1054, Abschnitt 2.4.2.3 muss zum Nachweis der Tragfähigkeit (ULS: GEO-2) und der Gebrauchstauglichkeit (SLS) von Flächengründungen die resultierende charakteristische Beanspruchung in der Sohlfläche ermittelt werden. Sie ergibt sich aus den charakteristischen Werten $F_{k,i}$ der betrachteten unabhängigen Einwirkungen nach Abschnitt 1.8.1 unter Berücksichtigung der Bodenreaktion an der Stirnseite des Gründungskörpers nach Abschnitt 2.3.

**b)** Dynamische Einwirkungen sind nach Abschnitt 1.8.1.3 zu berücksichtigen. Stoßbeiwerte sind bei der Bemessung von Gründungskörpern nur dann zu berücksichtigen, wenn die Stoßbelastung unmittelbar auf den Gründungskörper wirkt.

**c)** Beim Nachweis des Grenzzustands der Tragfähigkeit (GEO-2) und der Gebrauchstauglichkeit (SLS) von (starren) Einzel- und Streifenfundamenten darf der charakteristische Sohldruck nach Handbuch Eurocode 7, Band 1: DIN EN 1997-1, Abschnitt 8.8 (2) als geradlinig begrenzt angenommen werden (siehe Abschnitt 4.1). Bei Gründungsbalken (Trägerrosten) und Gründungsplatten sowie bei Streifenfundamenten in Längsrichtung sollte die Wechselwirkung von Gründung und Baugrund bei der Sohldruckverteilung berücksichtigt werden (siehe Abschnitt 6). ⇒ EWB.

**d)** Die charakteristische Beanspruchung des Gründungskörpers wird nach Handbuch Eurocode 7, Band 1: DIN 1054, Abschnitt 2.4.2.3 dadurch erhalten, dass die Schnittgrößen bestimmt werden, und zwar unter Ansatz der charakteristischen Sohldruckverteilung nach c) und den charakteristischen Werten der Einwirkungen an der Oberfläche des Gründungskörpers.

### 2.2.2 Bemessungswerte der Beanspruchungen

**a)** Der Bemessungswert $V_d$ der Beanspruchung rechtwinklig zur Fundamentsohlfläche besteht nach Handbuch Eurocode 7, Band 1: DIN EN 1997-1, Abschnitt 2.4.7.3.2 aus zwei Anteilen: Einmal aus dem ständigen Anteil $V_{G,k}$ der charakteristischen Beanspruchung, multipliziert mit dem Teilsicherheitsbeiwert $\gamma_G$ nach Tabelle □ 1.01 (siehe Abschnitt 1) für den Grenzzustand GEO-2, zum anderen aus dem veränderlichen Anteil $V_{Q,k}$ der charakteristischen Beanspruchung, multipliziert mit dem Teilsicherheitsbeiwert $\gamma_Q$ nach Tabelle □ 1.01 (siehe Abschnitt 1) für den Grenzzustand GEO-2:

$$V_d = V_{G,k} \cdot \gamma_G + V_{Q,k} \cdot \gamma_Q \qquad (2.01)$$

**b)** Der Bemessungswert $H_d$ der Beanspruchung parallel zur Fundamentsohlfläche besteht nach Handbuch Eurocode 7, Band 1: DIN EN 1997-1, Abschnitt 2.4.7.3.2 ebenfalls aus zwei Anteilen: Einmal aus dem ständigen Anteil $H_{G,k}$ der charakteristischen Beanspruchung, multipliziert mit dem Teilsicherheitsbeiwert $\gamma_G$ nach Tabelle □ 1.01 (siehe Abschnitt 1) für den Grenzzustand GEO-2, zum anderen aus dem veränderlichen Anteil $H_{Q,k}$ der charakteristischen Beanspruchung, multipliziert mit dem Teilsicherheitsbeiwert $\gamma_Q$ nach Tabelle □ 1.01 (siehe Abschnitt 1) für den Grenzzustand GEO-2:

$$H_d = H_{G,k} \cdot \gamma_G + H_{Q,k} \cdot \gamma_Q \qquad (2.02)$$

**c)** Wenn die Bemessungsbeanspruchung in der Fundamentsohlfläche in zwei Richtungen x und y gleichzeitig wirkt, gilt der Ansatz

$$H_d = \sqrt{H_{d,x}^2 + H_{d,y}^2} \qquad (2.03)$$

Die Größen $H_{d,x}$ und $H_{d,y}$ sind in Anlehnung an b) zu ermitteln.

**d)** Die Bemessungswerte der Beanspruchungen im Gründungskörper werden nach Handbuch Eurocode 7, Band 1: DIN EN 1997-1, Abschnitt 2.4.7.3.2 aus den charakteristischen Schnittgrößen infolge von ständigen und veränderlichen Einwirkungen erhalten, die mit den Teilsicherheitsbeiwerten $\gamma_G$ bzw. $\gamma_Q$ nach Tabelle □ 1.01 (siehe Abschnitt 1) für den Grenzzustand GEO-2 zu multiplizieren sind.

## 2.3 Bodenreaktionen und Bodenwiderstände

Nach Handbuch Eurocode 7, Band 1: DIN EN 1997-1, Abschnitt 6.5 spielen folgende Reaktionen und Widerstände eine Rolle:

**a)** Bodenreaktionen an der Stirnseite des Fundamentkörpers. Dabei handelt es sich einmal um einen Erdwiderstand, der gegebenenfalls beim Nachweis der Sicherheit gegen Gleiten an der Stirnseite des Gründungskörpers angesetzt wird (siehe hierzu Abschnitt 2.5).

Zum anderen geht es um ein Kräftepaar, das bei ausreichend tiefer Einbindung des Gründungskörpers eine Verdrehung desselben behindert. ⇒ Handbuch Eurocode 7, Band 1: DIN EN 1997-1, Abschnitt 6.5.4 „Stark exzentrische Belastung".

**b)** Gleitwiderstand: siehe hierzu Abschnitt 2.5

**c)** Grundbruchwiderstand: siehe hierzu Abschnitt 2.6

## 2.4 Kippen

**a) Nachweis der Tragfähigkeit (Grenzzustand EQU):**

**Sohlfläche**

Bei einem Gründungskörper auf nichtbindigen und bindigen Böden ist der Nachweis der Sicherheit gegen Gleichgewichtsverlust durch Kippen (EQU) in der Sohlfuge zu führen, obwohl die Kippkante unbekannt ist. Näherungsweise darf nach Handbuch Eurocode 7, Band 1: DIN EN 1997-1, Abschnitt 6.5.4 an seiner Stelle nachgewiesen werden, dass die fiktive Kippkante am Fundamentrand (Drehpunkt D) liegt.

**Bemessungsmoment**

Das einwirkende („ungünstige") Bemessungsmoment $M_{E,d}$ um den Drehpunkt D ergibt sich zu

$$M_{E,d}^{D} = (\sum M_{G,k,dst}^{D}) \cdot \gamma_{G,dst} + (\sum M_{Q,k,dst}^{D}) \cdot \gamma_{Q} \leq M_{R,d}^{D} \quad (2.04)$$

Das widerstehende („haltende") Bemessungsmoment $M_{R,d}$ um den Drehpunkt D errechnet sich zu

$$M_{R,d}^{D} = (\sum M_{G,k}^{D}) \cdot \gamma_{G,stb} \quad (2.05)$$

$M_{E,d}^{D}$ das Bemessungsmoment $M_{E,d}$ um den Drehpunkt D aus einwirkenden („ungünstigen") ständigen (Index: *G,k,dst*) und veränderlichen Einwirkungen (Index: *Q,k,dst*)

$\gamma_{G,dst}$ der Teilsicherheitsbeiwert für ungünstige ständige Einwirkungen im Grenzzustand EQU nach Tabelle □ 1.02 (Abschnitt 1);

$\gamma_{Q}$ der Teilsicherheitsbeiwert für ungünstige veränderliche Einwirkungen im Grenzzustand EQU nach Tabelle □ 1.02 (Abschnitt 1);

$M_{R,d}^{D}$ das Bemessungsmoment $M_{R,d}$ um den Drehpunkt D aus widerstehenden („haltenden" = „günstigen") ständigen Einwirkungen (Index: *G,k*)

$\gamma_{G,stb}$ der Teilsicherheitsbeiwert für günstige ständige Einwirkungen im Grenzzustand EQU nach Tabelle □ 1.02 (Abschnitt 1).

Zusätzlich muss der Nachweis der Gebrauchstauglichkeit (SLS) geführt und damit nachgewiesen werden, dass die Sohldruckresultierende eine zulässige Ausmittigkeit nicht überschreitet.

**b) Nachweis der Gebrauchstauglichkeit (Grenzzustand SLS):**

**Ausmitte**

Der Nachweis der Gebrauchstauglichkeit (SLS) ist nach Handbuch Eurocode 7, Band 1: DIN 1054, Abschnitt A 6.6.5 erbracht, wenn die Sohldruckresultierende eine zulässige Ausmittigkeit nicht überschreitet.

Es werden hierfür folgende 2 Bedingungen gestellt:

1. Bedingung: die Ausmittigkeit der Sohldruckresultierenden aus ständigen und veränderlichen Einwirkungen führt zu einer „klaffenden Fuge", die bei Rechteckfundamenten nicht größer als 1/3 der Seitenlänge, bei Kreisfundamenten 0,6 m des Radius ist.

2. Bedingung: die Ausmittigkeit der Sohldruckresultierenden aus ständigen Einwirkungen führt nicht zu einer klaffenden Fuge

**Sohldruckresultierende**

Die Sohldruckresultierende ist die resultierende charakteristische Beanspruchung in der Sohlfläche. Hierbei wird nach Handbuch Eurocode 7, Band 1: DIN 1054, Abschnitt A 6.6.5 unterschieden zwischen zwei maßgebenden Sohldruckresultierenden:

1. Resultierende der ungünstigsten Kombinationen aus ständigen und veränderlichen Einwirkungen für die Bemessungssituationen BS-P und BS-T. Die größte Ausmittigkeit ist maßgebend.

2. Resultierende ausschließlich aus ständigen Einwirkungen für die Bemessungssituationen BS-P und BS-T. Die größte Ausmittigkeit ist maßgebend.

Für die Bemessungssituationen BS-A und BS-E darf auf einen Nachweis der Sicherheit gegen Kippen verzichtet werden.

**Zulässige Ausmittigkeit: Klaffende Fuge**

1. Bedingung: die Ausmittigkeit der Sohldruckresultierenden aus ständigen und veränderlichen Einwirkungen darf höchstens so groß werden, dass die Gründungssohle des Fundaments noch bis zu ihrem Schwerpunkt durch Druck belastet wird (2. Kernweite, d.h. "klaffende Fuge" maximal bis zur Fundamentmitte).

Bei Fundamenten mit einem Grundriss in Form eines rechteckigen oder kreisförmigen Vollquerschnitts muss somit die resultierende charakteristische Beanspruchung die Sohlfläche innerhalb eines Bereichs schneiden, der

- beim rechteckigen Vollquerschnitt durch die Ellipse (□ 2.02) nach der Gleichung

$$\left(\frac{x_e}{b_x}\right)^2 + \left(\frac{y_e}{b_y}\right)^2 = \frac{1}{9} \qquad (2.06)$$

- beim kreisförmigen Vollquerschnitt durch einen Kreis mit dem Radius

$$r_e = 0,59 \cdot r \qquad (2.07)$$

begrenzt ist.

□ 2.02: Grundriss eines Rechteckfundaments; Bezeichnungen bei zweiachsiger Ausmittigkeit (aus Handbuch Eurocode 7, Band 1: DIN 1054, Abschnitt A 6.6.5)

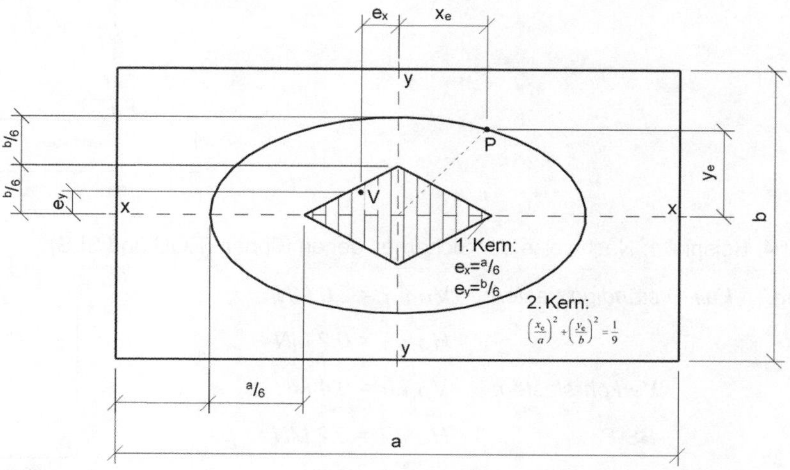


Dabei sind:

$e_x$, $e_y$ die Ausmittigkeiten der resultierenden charakteristischen Beanspruchung in der Sohlfläche in Richtung der Fundamentachsen $x$ und $y$ mit den höchstzulässigen Werten $x_e$ und $y_e$

$b_x$, $b_y$ die dazugehörigen Fundamentbreiten

$r$ der Radius des kreisförmigen Fundaments.

**Zulässige Ausmittigkeit: Keine klaffende Fuge**

2. Bedingung: die Ausmittigkeit der Sohldruckresultierenden aus ständigen Einwirkungen darf höchstens so groß werden, dass keine klaffende Fuge auftritt. Hierdurch soll eine Plastifizierung des Bodens unter Dauerlast verhindert werden.

Bei Rechteckfundamenten ist diese Bedingung eingehalten, wenn die Sohldruckresultierende innerhalb der 1. Kernweite liegt (schraffierte Fläche in □ 2.02).

**c) Bauwerke mit weit auskragenden Teilen**

Besonders sorgfältig ist die Sicherheit gegen Kippen von Fundamenten unter Bauwerken mit weit auskragenden Teilen zu bestimmen, bei denen kleine Änderungen der Horizontalkräfte eine rasche Vergrößerung der Ausmittigkeit bewirken. ⇒ Dehne 1982.

**d) Kippen in einer Arbeitsfläche des Gründungskörpers**

Der Nachweis der Sicherheit gegen Kippen nach EQU mittels der Gleichungen (2.04) und (2.05) nach EQU geführt (□ 2.03).

□ 2.03: Beispiel: Nachweis der Sicherheit gegen Kippen in der Arbeitsfuge

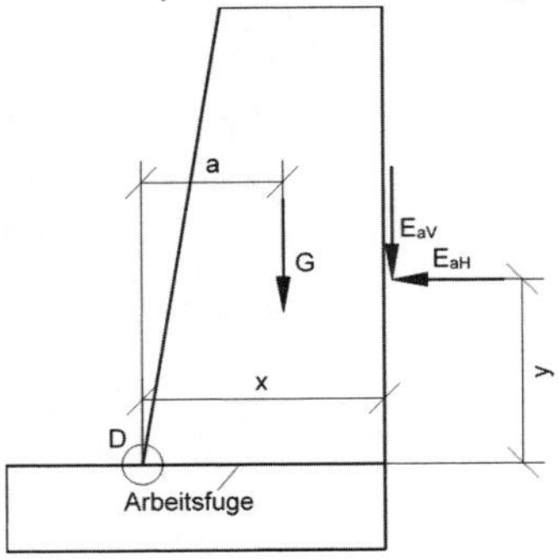


□ 2.04: Beispiel 1: Nachweise der Sicherheit gegen Kippen (EQU und SLS)

***Geg.:*** *Fall 1) ständige Lasten:* $V_{G,k,1} = 2{,}0\ MN$

$H_{G,k,1} = 0{,}2\ MN$

*Verkehrslasten:* $V_{Q,k,1} = 0{,}4\ MN$

*BS-P* $H_{Q,k,1} = 0{,}2\ MN$

*Fall 2) ständige Lasten:* $V_{G,k,2} = 2{,}0\ MN$

$H_{G,k,2} = 0{,}4\ MN$

*Verkehrslasten:* $V_{Q,k,2} = 0{,}4\ MN$

*BS-P* $H_{Q,k,2} = 1{,}0\ MN$

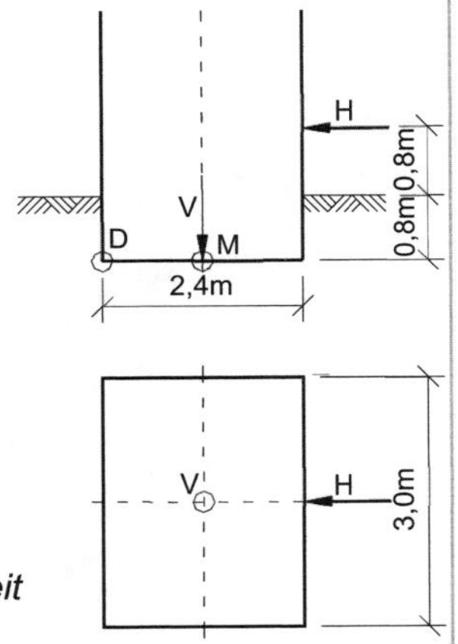


***Ges.:*** *Für den dargestellten Gründungskörper ist die Sicherheit gegen Kippen bei folgenden Belastungen zu überprüfen:*

*Hinweis: Aktiver Erddruck und Erdwiderstand sollen unberücksichtigt bleiben.*

*$V_{Q,k}$ und $H_{Q,k}$ entstehen aus der gleichen Ursache.*

***Lösg.: Fall 1)***

***Nachweis der Tragfähigkeit (Nachweisverfahren EQU):***

*Einwirkendes (ungünstiges; „treibendes“) Moment $M_{E,k}$ um den Drehpunkt D*

$$\sum M^{D}_{G,k,dst} = 0{,}2 \cdot 1{,}6 = 0{,}32\ MNm\ ;\ \gamma_{G,dstb} = 1{,}1$$

$$\sum M^{D}_{Q,k,dst} = 0{,}2 \cdot 1{,}6 = 0{,}32\ MNm\ ;\ \gamma_{Q} = 1{,}5$$

$$\Rightarrow \quad M^{D}_{E,d} == 0{,}32 \cdot 1{,}1 + 0{,}32 \cdot 1{,}5 = 0{,}832\ MNm$$

□ 2.04: Fortsetzung Beispiel 1: Nachweise der Sicherheit gegen Kippen (EQU und SLS)

*Widerstehendes (günstiges; „haltendes“) Moment $M_{R,k}$ um den Drehpunkt D*

$$M_{R,k}^{D} = \sum M_{G,k}^{D} = 2{,}0 \cdot 1{,}2 = 2{,}4 \ MNm \ ; \gamma_{G,stb} = 0{,}9$$

$$\Rightarrow \quad M_{R,d}^{D} = 2{,}4 \cdot 0{,}9 = 2{,}16 \ MNm$$

*Nachweis:* $M_{E,d}^{D} = 0{,}83 \ MNm < 2{,}16 \ MNm$ *ist erbracht*

***Nachweis der Gebrauchstauglichkeit (SLS)***

1. *Bedingung: bei einfacher (einachsiger) Ausmittigkeit vereinfacht sich der Nachweis* $\left(\frac{x_e}{b_x}\right)^2 + \left(\frac{y_e}{b_y}\right)^2 = \frac{1}{9}$ *zu:* $e^{g+p} \le \frac{b}{3}$ *bzw.* $\frac{a}{3}$ *(2.Kernweite)*

   *Die ungünstigste Kombination der charakteristischen Werte ergibt sich hier durch Ansatz der ständigen und veränderlichen Einwirkungen:*

$$e^{g+q} = \frac{\sum M_{G+Q}^{M}}{\sum V_{G+Q}} = \frac{(200+200) \cdot 1{,}6}{2000+400} = 0{,}27 \ m < \frac{b}{3}$$

2. *Bedingung: Hierbei darf bei Ansatz der ständigen Lasten (G,k) keine klaffende Fuge auftreten. Somit ist nachzuweisen:*

$$\frac{e_a}{a} + \frac{e_b}{b} \le \frac{1}{6} \qquad \textit{(1. Kernweite).}$$

   *Bei einfacher (einachsiger) Ausmittigkeit vereinfacht sich dieser Nachweis zu*

$$e^{g} \le \frac{b}{6} \ \text{bzw.} \ \frac{a}{6}.$$

$$e^{g} = \frac{\sum M_{G}^{M}}{\sum V_{G}} = \frac{200 \cdot 1{,}6}{2000} = 0{,}16 \ m < \frac{b}{6}$$

*Die Sicherheit gegen Kippen reicht aus.*

***Fall 2) Nachweis der Tragfähigkeit (Nachweisverfahren EQU):***

*Einwirkendes (ungünstiges; „treibendes“) Moment $M_{E,k}$ um den Drehpunkt D*

$$\sum M_{G,k,dst}^{D} = 0{,}4 \cdot 1{,}6 = 0{,}64 \ MNm \ ; \gamma_{G,dstb} = 1{,}1$$

$$\sum M_{Q,k,dst}^{D} = 1{,}0 \cdot 1{,}6 = 1{,}60 \ MNm \ ; \gamma_{Q} = 1{,}5$$

$$\Rightarrow \quad M_{E,d}^{D} = 0{,}64 \cdot 1{,}1 + 1{,}6 \cdot 1{,}5 = 3{,}104 \ MNm$$

*Widerstehendes (günstiges; „haltendes“) Moment $M_{R,k}$ um den Drehpunkt D*

$$M_{R,k}^{D} = \sum M_{G,k}^{D} = 2{,}0 \cdot 1{,}2 = 2{,}4 \ MNm \ ; \gamma_{G,stb} = 0{,}9$$

□ 2.04: Fortsetzung Beispiel 1: Nachweise der Sicherheit gegen Kippen (EQU und SLS)

$\Rightarrow \quad M_{R,d}^{D} = 2{,}4 \cdot 0{,}9 = 2{,}16 \; MNm$

*Nachweis:* $M_{E,d}^{D} = 3{,}10 \; MNm > 2{,}16 \; MNm$ *ist nicht erbracht*

***Nachweis der Gebrauchstauglichkeit (SLS)***

1. *Bedingung: die ungünstigste Kombination der charakteristischen Werte ergibt sich hier durch Ansatz der ständigen und veränderlichen Einwirkungen:*

$$e^{g+q} = \frac{\sum M_{G+Q}^{M}}{\sum V_{G+Q}} = \frac{(400+1000)\cdot 1{,}6}{2000+400} = 0{,}93 \; m > \frac{b}{3}$$

2. *Bedingung:*

$$e^{g} = \frac{\sum M_{G}^{M}}{\sum V_{G}} = \frac{400 \cdot 1{,}6}{2000} = 0{,}32 \; m < \frac{b}{6}$$

*Der Nachweis gegen Kippen wird im Fall 2) wegen der Nachweise GEO-2 und SLS*

*(1. Bedingung) nicht erbracht. Es ist keine ausreichende Sicherheit gegen Kippen gegeben.*

## 2.5 Gleiten

**Gleitwiderstand**

**a)** Nach Handbuch Eurocode 7, Band 1: DIN 1054, Abschnitt A 6.5.3 wird der charakteristische Gleitwiderstand $R_k$ von Gründungskörpern im Grenzzustand GEO (Nachweisverfahren GEO-2) aus der Normalkraftkomponente der charakteristischen Beanspruchung in der Sohlfläche nach Abschnitt 2.2.1 und den charakteristischen Werten der Scherparameter bestimmt.

**b)** Zur Unterscheidung zur Definition des charakteristischen Grundbruchwiderstands $R_{v,k}$ (siehe Abschnitt 2.6) wird der charakteristische Gleitwiderstand $R_k$ im Weiteren $R_{h,k}$ genannt.

**c)** Der charakteristische Gleitwiderstand $R_{t,k}$ in der Sohlfläche ergibt sich wie folgt:

**b1)** Bei rascher Beanspruchung eines wassergesättigten Bodens (Anfangszustand) aus:

$$R_{h,k} = A \cdot c_{u;d} \qquad (2.08)$$

**b2)** Bei vollständiger Konsolidierung des Bodens (Endzustand) aus:

$$R_{h,k} = V_K' \cdot \tan \delta_k \qquad (2.09)$$

**b3)** Bei vollständiger Konsolidierung des Bodens (Endzustand) und wenn die Bruchfläche durch den Boden verläuft - wie z. B. bei Anordnung eines Fundamentsporns - aus:

$$R_{h,k} = V_K{}' \cdot \tan\varphi'_k + A \cdot c'_k \tag{2.10}$$

Hierin ist:

$A$ Maßgebende Sohlfläche für die Kraftübertragung.

$c_{u,k}$ Charakteristischer Wert der Scherfestigkeit des undränierten Bodens.

$V_k$‘ Komponente der charakteristischen Beanspruchung in der Sohlfläche, die rechtwinklig zur Sohlfläche bzw. Bruchfläche gerichtet ist bzw. in der Bruchfläche liegt und aus der ungünstigsten Kombination senkrechter und waagerechter Einwirkungen (in der Regel ständige Einwirkungen) berechnet wird.

$\delta_k$ Charakteristischer Wert des Sohlreibungswinkels.

$\varphi'_k$ Charakteristischer Wert des Reibungswinkels des Bodens in der Bruchfläche durch den Boden.

$c'_k$ Charakteristischer Wert der Kohäsion des Bodens in der Bruchfläche durch den Boden.

Zwischenzustände mit Teilkonsolidierung sind in Sonderfällen auch zu beachten.

**c)** Wenn der Sohlreibungswinkel $\delta_k$ nicht speziell bestimmt wird, darf er bei Ortbetonfundamenten gleich dem charakteristischen Wert $\varphi'_k$ des Reibungswinkels gesetzt werden. Er darf jedoch $\varphi'_k = 35°$ nicht überschreiten. Bei vorgefertigten Fundamenten ist er auf $2/3 \cdot \varphi'_k$ abzumindern, wenn die Fertigteile nicht im Mörtelbett verlegt werden.

$$\delta_k = \varphi'_k \leq 35° \text{ bzw. } \delta_k = 2/3 \cdot \varphi'_k \leq 35° \tag{2.11}$$

**d)** Der Bemessungswert des Gleitwiderstands $R_{t,d}$ wird nach Abschnitt 1.8.4.2 aus dem charakteristischen Gleitwiderstand $R_{t,k}$ durch Division durch den Teilsicherheitsbeiwert $\gamma_{R,h}$ (Tabelle □ 1.03, siehe Abschnitt 1) im Grenzzustand GEO-2 erhalten aus:

$$R_{h,d} = \frac{R_{h,k}}{\gamma_{R,h}} \tag{2.12}$$

Bei undränierten Tonen in der Sohlfläche und bei Gefahr, dass Wasser oder Luft in die Sohlfläche eindringen kann, muss folgende Bedingung erfüllt sein

$$R_{h,d} = \frac{R_{h,k}}{\gamma_{R,h}} \leq 0{,}4 \cdot V_k{}' \tag{2.12a}$$

**Nachweis der Sicherheit gegen Gleiten (GEO-2)**

**a)** Nach Handbuch Eurocode 7, Band 1: DIN 1054, Abschnitt A 6.5.3 ist in Hinblick auf eine ausreichende Sicherheit gegen Gleiten nachzuweisen, dass für den Grenzzustand GEO-2 die Bedingung

$$H_d \leq R_{h,d} + R_{p;d} \tag{2.13}$$

erfüllt ist. Hierin ist:

$H_d$ Bemessungswert der Beanspruchung parallel zur Fundamentsohlfläche nach Abschnitt 2.2.2.

$R_{h,d}$ Bemessungswert des Gleitwiderstands nach dem Stichwort „Gleitwiderstand" (siehe oben am linken Textrand).

$R_{p;d}$ Bemessungswert des Erdwiderstands parallel zur Sohlfläche an der Stirnseite des Fundaments.

Für den Fall, dass beim Nachweis der Sicherheit gegen Gleiten an der Stirnseite des Gründungskörpers eine Bodenreaktion angesetzt werden soll, ist ihre Größe als charakteristischer Erdwiderstand $R_{p;k}$ nach Abschnitt 1.8.4.2 zu bestimmen. Hiernach ergibt sich der größte zulässige Bemessungswert $R_{p;d}$ aus dem charakteristischen Erdwiderstand $R_{p;k}$ durch Division durch den Teilsicherheitsbeiwert $\gamma_{R,e}$ nach Tabelle 1.03 (siehe Abschnitt 1) für den Grenzzustand GEO-2 nach der Gleichung:

$$R_{P;d} = \frac{R_{p;k}}{\gamma_{R,e}} \tag{2.14}$$

**b)** Wenn die Sohlfläche des Fundaments in Gleitrichtung ansteigt und bei Fundamenten mit einem Sporn ist außerdem eine ausreichende Sicherheit gegen Gleiten in Bruchflächen nachzuweisen, die nicht in der Sohlfläche des Fundaments, sondern durch den Boden verlaufen. Für die Berechnung des charakteristischen Gleitwiderstands $R_{h,k}$ ist dann die Gleichung (2.10) maßgebend.

**c)** Der Nachweis der Sicherheit gegen Gleiten muss bei Einzel- und Streifenfundamenten unter Bauteilen sowie bei flach gegründeten Stützkonstruktionen für jedes Fundament einzeln erbracht werden.

Bei Flächengründungen, Trägerrostfundamenten und bei Einzel- und Streifenfundamenten, die zu Fundamentgruppen verbunden sind und dadurch wie ein einheitlicher Gründungskörper wirken, darf der Nachweis der Gleitsicherheit für das Gesamtbauwerk geführt werden.

**d)** In Bauzuständen oder wenn spätere, zeitlich begrenzte Abgrabungen neben dem Fundament zu erwarten sind, bei denen die Bodenreaktion auf die Stirnfläche vorübergehend wegfällt, darf für den Nachweis der Sicherheit gegen Gleiten der Lastfall BS-T nach Abschnitt 1.8.3.3 zugrunde gelegt werden.

**Hoch liegende Weichschicht**

Bei einer Schicht kleinerer Scherfestigkeit in geringer Tiefe unterhalb der Gründungssohle ist zu beachten, dass das Fundament auch zusammen mit dem unterhalb der Gründungssohle liegenden Bodenkörper an der Oberkante dieser Schicht ( 2.05 b) und nicht nur direkt in der Sohlfuge ( 2.05 a) gleiten kann. ⇒ Dehne 1982.

2.05: Beispiele: Gleiten a) in der Sohlfuge, b) an der Oberkante einer Schicht geringerer Scherfestigkeit

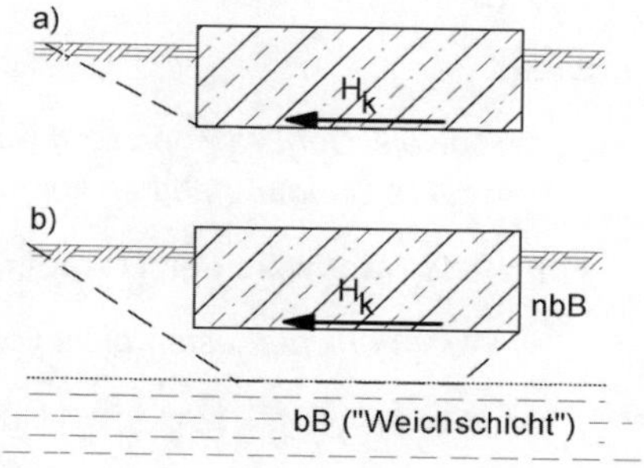


**Nachweis der Sicherheit gegen „Gleiten“**

**(SLS)**

Der Nachweis der Gebrauchstauglichkeit (SLS) ist nach Handbuch Eurocode 7, Band 1: DIN 1054, Abschnitt A 6.6.6 erbracht, wenn eine der folgenden Bedingungen erfüllt ist (siehe auch Abschnitt 3.1.2):

- $H_d \leq R_{h,d}$ (2.15)

  Es wird dann keine Bodenreaktion (Erdwiderstand) $R_{p;d}$ nach (2.14) angesetzt. Die Teilsicherheitsbeiwerte werden gemäß GEO-2 für Werte $\gamma_G \geq 1{,}0$; $\gamma_Q \geq 1{,}0$ und nicht für SLS: $\gamma_G = 1{,}0$; $\gamma_Q = 1{,}0$ eingesetzt!

- $H_{G,k} \cdot 1{,}0 + H_{Q,k} \cdot 1{,}0 \leq \frac{2/3 \cdot R_{h,k}}{1{,}0} + \frac{1/3 \cdot R_{p;k}}{1{,}0}$ (2.16)

⇒ Berechnungsbeispiele: 2.06 und 2.07

2.06: Beispiel 2: Nachweise der Sicherheit gegen Gleiten (GEO-2 und SLS)

***Geg.:*** *Baugrund UM, steifplastisch*

$\gamma_k = 19{,}5\ kN/m^3$

$\varphi_k = 25°$

$c_k = 3\ kN/m^2$

*Fall 1:* $V = V_{G,k} = 300\ kN/m$

$H = H_{G,k} = 85\ kN/m$

*Fall 2* $V = V_{G,k} + V_{Q,k} = 280 + 20 = 300\ kN/m$

$H = H_{G,k} + H_{Q,k} = 55 + 30 = 85\ kN/m$

*Mit* *a)* $V_{Q,k}$, $H_{Q,k}$ *(stammen aus gleicher Ursache)*

*b)* $V_{Q,k}$, $H_{Q,k}$ *(stammen aus unterschiedlicher Ursache)*

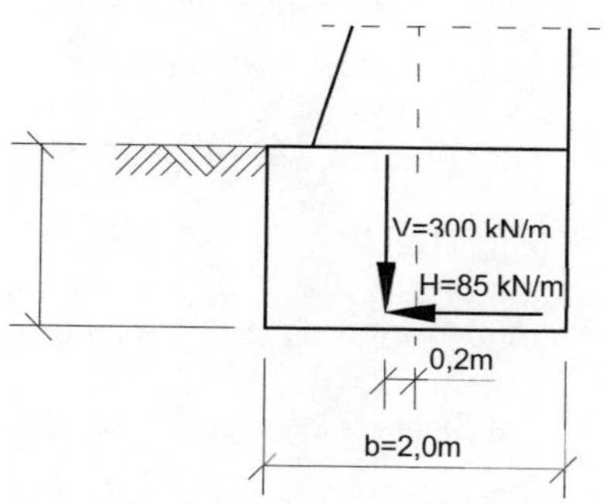

□ 2.06: Fortsetzung Beispiel 2: Nachweise der Sicherheit gegen Gleiten (GEO-2 und SLS)

***Ges.:*** *Für die dargestellte Stützwand ist die Sicherheit gegen Gleiten zu überprüfen (BS-P).*

***Lösung:***

*Hinweis: Der Erdwiderstand wird hier aus Sicherheitsgründen nicht angesetzt, da weitere Baumaßnahmen vor der Stützwand geplant sind.*

***Fall 1) 1.1 Nachweis der Tragfähigkeit (GEO-2)***

*Veränderliche Lasten nicht vorhanden.*

$$H_d = H_{G,k} \cdot \gamma_G = 85 \cdot 1{,}35 = 114{,}8 \ kN/m$$

$$R_{h,k} = V_K' \cdot \tan\delta_k = 300 \cdot \tan 25° = 139{,}9 \ kN/m$$

$$\Rightarrow \quad R_{h,d} = \frac{R_{h,k}}{\gamma_{R,h}} = \frac{139{,}9}{1{,}10} = 127{,}2 \ kN/m$$

$$H_d = 114{,}8 \ kN/m < R_{t,d} = 127{,}2 \ kN/m$$

*Die Sicherheit gegen Gleiten (GEO-2) ist gegeben.*

*Ausnutzungsgrad:* $\mu = \frac{H_d}{R_{h,d}} = \frac{114{,}8}{127{,}2} = 90\%$

***1.2 Nachweis der Gebrauchstauglichkeit (SLS)***

*Dieser Nachweis ist bereits erfüllt, weil die Sicherheit gegen Gleiten (GEO-2) ohne Bodenreaktion nachgewiesen wurde (siehe Abschnitt 3.1.2).*

*Als alternativer Nachweis gilt:* $\gamma_G = 1{,}0; \gamma_Q = 1{,}0; \gamma_{R,h} = 1{,}0; \gamma_{R,e} = 1{,}0$

$$H_d = H_{G,k} \cdot \gamma_G = 85 \cdot 1{,}0 = 85 \ kN/m$$

$R_{h,k} = 139{,}9 \ kN/m$ *(s.o.);* $R_{t,d} = 139{,}9 \ kN/m$; $R_{p,d}$ hier vernachlässigt

*Damit wird:* $H_d = 85 \ kN/m < R_{h,d} = 139{,}9 \ kN/m$

*Die Sicherheit gegen Gleiten (SLS) ist gegeben.*

***Fall 2) 2.1 Nachweis der Tragfähigkeit (GEO-2)***

*a) Die Verkehrslastanteile stammen aus gleicher Ursache*

$$H_d = H_{G,k} \cdot \gamma_G + H_{Q,k} \cdot \gamma_Q = 85 \cdot 1{,}35 + 30 \cdot 1{,}50 = 119{,}3 \ kN/m$$

$$R_{h,k} = V_K' \cdot \tan\delta_k = (280 + 20) \cdot \tan 25° = 139{,}9 \ kN/m$$

□ 2.06: Fortsetzung Beispiel 2: Nachweise der Sicherheit gegen Gleiten (GEO-2 und SLS)

$$R_{h,d} = \frac{R_{h,k}}{\gamma_{R,h}} = \frac{139{,}9}{1{,}10} = 127{,}2 \ kN/m$$

*Damit wird*

$$H_d = 119{,}3 \ kN/m < R_{h,d} + R_{P;d} = 127{,}2 \ kN/m + 0 = 127{,}2 \ kN/m$$

*Die Sicherheit gegen Gleiten (GEO-2) ist gegeben.*

b) *Die Verkehrslastanteile stammen aus unterschiedlichen Ursachen, d.h. die ungünstigste Lastkombination ergibt sich durch Vernachlässigung von* $V_{Q,k}$.

$$R_{h,k} = V_K' \cdot \tan\delta_k = 280 \cdot \tan 25° = 130{,}6 \ kN/m$$

$$R_{h,d} = \frac{R_{h,k}}{\gamma_{R,h}} = \frac{130{,}6}{1{,}10} = 118{,}7 \ kN/m$$

*Damit wird:* $H_d = 119{,}3 \ kN/m > R_{h,d} + R_{P;d} = 118{,}7 \ kN/m$

*Die Sicherheit gegen Gleiten (GEO-2) ist nicht gegeben. Das Ergebnis liegt aber im noch hinnehmbaren Bereich, da*

*Ausnutzungsgrad:* $\mu = \frac{H_d}{R_{h,d}} = \frac{119{,}3}{118{,}7} = 100{,}5\% \approx 100\%$ und $c_k$ noch nicht berücksichtigt.

***2.2 Nachweis der Gebrauchstauglichkeit (SLS)***

*Muss nicht gesondert ausgeführt werden (s. Fall 1)*

*Die Sicherheit gegen Gleiten (SLS) ist gegeben.*

□ 2.07: Beispiel 3: Nachweise der Sicherheit gegen Gleiten (GEO-2 und SLS) an einer Grenzschicht

***Geg.:*** *Der auf der nächsten Seite dargestellte Gründungskörper*

$$V = V'_k = 2400 \ kN/m$$

$$H = H_{G,k} = 800 \ kN/m$$

***Ges.:*** *Nachweis gegen Gleiten bei den angegebenen Lasten (ständige Lasten, BS-P)*

*Hinweis: Erdwiderstand kann im zulässigen Maße berücksichtigt werden.*

□ 2.07: Fortsetzung Beispiel 3: Nachweise der Sicherheit gegen Gleiten (GEO-2 und SLS) an einer Grenzschicht

***Lösung:***

***1. Nachweis der Tragfähigkeit (GEO-2)***

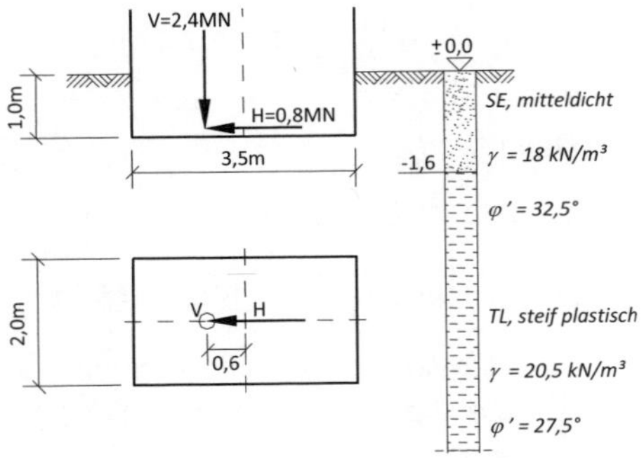


***a) Untersuchung in der Sohlfuge***

*Bemessungswert der Einwirkung:*

$$H_d = H_{G,k} \cdot \gamma_G = 800 \cdot 1{,}35 = 1080{,}0 \quad kN/m$$

*Gleitwiderstand:*

$$R_{h,k} = V_K' \cdot \tan\delta_k = 2400 \cdot \tan 32{,}5° = 1529{,}0 \; kN/m$$

*Erdwiderstand:*

*$\varphi'_k = 32{,}5°$; $\alpha = 0$; $\beta = 0$; $\delta_p = 0 \Rightarrow K_p = 3{,}32$ ($\Rightarrow$ Dörken/ Dehne/ Kliesch, Teil 1)*

$$E_{p,k} = R_{P;k} = 0{,}5 \cdot \gamma_k \cdot d^2 \cdot K_P \cdot B = 0{,}5 \cdot 18 \cdot 1{,}0^2 \cdot 3{,}32 \cdot 2{,}0 = 59{,}8 \; kN/m$$

*Ansetzbarer Bemessungswert:*

$$R_{P;d} = \frac{R_{p;k}}{\gamma_{R,e}} = \frac{59{,}8}{1{,}40} = 42{,}7 \; kN$$

*Bemessungswert des Gleitwiderstands:*

$$R_{h,d} = \frac{R_{h,k}}{\gamma_{R,h}} = \frac{1529{,}0}{1{,}10} = 1390{,}0 \; kN/m$$

*Damit wird*

$$H_d = 1080{,}0 \; kN/m < R_{h,d} + R_{P;d} = 1390{,}0 \; kN/m + 42{,}7 \; kN/m = 1432{,}7 \; kN/m$$

*Die Sicherheit gegen Gleiten (GEO-2) ist gegeben.*

*Ausnutzungsgrad:* $\mu = \frac{H_d}{R_{h,d}} = 1432{,}7 = 75\%$

***b) Untersuchung in der Grenzschicht SE/ TL***

*Da in unmittelbarer Nähe unter der Gründungssohle eine „schlechtere" Bodenschicht ansteht, ist die Möglichkeit des Gleitens entlang der Oberfläche dieser Schicht zu überprüfen.*

□ 2.07: Fortsetzung Beispiel 3: Nachweise der Sicherheit gegen Gleiten (GEO-2 und SLS) an einer Grenzschicht

*Dieser Grenzbereich wird durch die Baumaßnahme nicht beeinträchtigt, so dass die Kohäsion angesetzt werden kann.*

*Berücksichtigung der Ausmittigkeit:*

*In Anlehnung an die Vorgehensweise bei der Grundbruchberechnung (siehe Abschnitt 2.6) und beim Tabellenverfahren (siehe Abschnitt 5.3) wird hier mit einer Ersatzfläche A' gerechnet:*

$$a' = 3{,}5 - 2 \cdot 0{,}6 = 2{,}3 \;\; m; \;\; b' = b = 2{,}0 \;\; m$$

*Gleitwiderstand:*

$$R_{h,k} = V_K' \cdot \tan \varphi'_k + A \cdot c'_k$$

*Mit der Vertikalkraft, der Bodenauflast bis zur Schichtgrenze, der Kohäsionskraft in der Grenzschicht und dem Reibungswinkel des Bodens TL wird*

$$R_{h,k} = (V_K' + \gamma_k \cdot h \cdot A') \cdot \tan \varphi'_k + a' \cdot b' \cdot c'_k$$

$$= (2400 + 18 \cdot 0{,}6 \cdot 2{,}3 \cdot 2{,}0) \cdot \tan 27{,}5° + 2{,}3 \cdot 2{,}0 \cdot 2$$

$$= 1275{,}2 + 9{,}2 = 1284{,}4 \;\; kN$$

*Erdwiderstand:*

$$E_{p,k} = R_{P;k} = 0{,}5 \cdot \gamma_k \cdot d^2 \cdot K_P \cdot B = 0{,}5 \cdot 18 \cdot 1{,}6^2 \cdot 3{,}32 \cdot 2{,}0 = 153{,}0 \;\; kN/m$$

*Ansetzbarer Bemessungswert:*

$$R_{P;d} = \frac{R_{p;k}}{\gamma_{R,e}} = \frac{153{,}0}{1{,}40} = 109{,}3 \;\; kN$$

*Bemessungswert der Einwirkung:*

$$H_d = H_{G,k} \cdot \gamma_G = 800 \cdot 1{,}35 = 1080{,}0 \;\; kN/m$$

*Bemessungswert des Gleitwiderstands:*

$$R_{h,d} = \frac{R_{h,k}}{\gamma_{R,h}} = \frac{1284{,}4}{1{,}10} = 1167{,}6 \;\; kN/m$$

*Damit wird*

$$H_d = 1080{,}0 \;\; kN/m < R_{h,d} + R_{P;d} = 1167{,}6 \;\; kN/m + 109{,}3 \;\; kN/m = 1276{,}9 \;\; kN/m$$

*Die Sicherheit gegen Gleiten (GEO-2) ist gegeben.*

□ 2.07: Fortsetzung Beispiel 3: Nachweise der Sicherheit gegen Gleiten (GEO-2 und SLS) an einer Grenzschicht

***1.2 Nachweis der Gebrauchstauglichkeit (SLS): siehe Abschnitt 3.1.2***

***a) Untersuchung in der Sohlfuge***

*$\gamma_G$ = 1,35; $\gamma_Q$ = 1,50 (also die Werte für GEO-2 und nicht für SLS: $\gamma_G$ = 1,0; $\gamma_Q$ = 1,0)*

$$H_d = H_{G,k} \cdot \gamma_G = 800 \cdot 1{,}35 = 1080{,}0 \ kN/m$$

$R_{h,k} = 1529{,}0 \ kN/m$ *(s.o.)*; $R_{t,d} = 1390{,}0 \ kN/m$ *(s.o.)*

*Damit wird:* $H_d = 1080{,}0 \ kN/m < R_{h,d} = 1390{,}0 \ kN/m$

*Die Sicherheit gegen Gleiten (SLS) ist gegeben.*

*Als alternativer Nachweis gilt:* $\gamma_G$ *= 1,0;* $\gamma_Q$ *= 1,0;* $\gamma_{R,h}$ *= 1,0;* $\gamma_{R,e}$ *= 1,0*

$$H_d = H_{G,k} \cdot \gamma_G = 800 \cdot 1{,}0 = 800 \ kN/m$$

$R_{h,k} = 1529{,}0 \ kN/m$ *(s.o.)*; $R_{t,d} = 1529{,}0 \ kN/m$; $R_{P;d} = \frac{R_{p;k}}{1{,}0} = \frac{59{,}8}{1{,}0} = 59{,}8 \ kN$

*Damit wird:* $H_d = 800 \quad kN/m < (\frac{2 \cdot 1529{,}0}{3} + \frac{1 \cdot 59{,}8}{3}) \ kN/m$

$$H_d = 800 \quad kN/m < 1039 \quad kN/m$$

*Die Sicherheit gegen Gleiten (SLS) ist gegeben.*

***b) Untersuchung in der Grenzschicht SE/ TL***

$$R_{h,d} = \frac{R_{h,k}}{\gamma_{R,h}} = \frac{1284{,}4}{1{,}10} = 1167{,}6 \ kN/m$$

$R_{h,k} = 1284{,}4 \ kN/m$ *(s.o.)*; $R_{t,d} = 1167{,}6 \ kN/m$ *(s.o.)*

*Damit wird:* $H_d = 1080{,}0 \ kN/m < R_{h,d} = 1167{,}6 \ kN/m$

*Die Sicherheit gegen Gleiten (SLS) ist gegeben.*

*Als alternativer Nachweis gilt:* $\gamma_G$ *= 1,0;* $\gamma_Q$ *= 1,0;* $\gamma_{R,h}$ *= 1,0;* $\gamma_{R,e}$ *= 1,0*

$$H_d = H_{G,k} \cdot \gamma_G = 800 \cdot 1{,}0 = 800 \ kN/m$$

$R_{h,k} = 1284{,}4 \ kN/m$ *(s.o.)*; $R_{t,d} = 1284{,}4 \ kN/m$; $R_{P;d} = \frac{R_{p;k}}{1{,}0} = \frac{153{,}0}{1{,}0} = 153{,}0 \ kN$

*Damit wird:* $H_d = 800 \quad kN/m < (\frac{2 \cdot 1284{,}4}{3} + \frac{153{,}0}{3}) \ kN/m$

$$H_d = 800 \quad kN/m < 907 \quad kN/m$$

*Die Sicherheit gegen Gleiten (SLS) ist gegeben.*

**Nicht ausreichende Sicherheit gegen Gleiten**

Reicht die Sicherheit gegen Gleiten nicht aus, dann können folgende Maßnahmen ergriffen werden:

- Vergrößerung der Eigenlast (z. B. Verbreiterung des Gründungskörpers bzw. der Stützwand),
- Vergrößerung des wirksamen Erdwiderstands (z. B. durch Bodenaustausch),
- Vergrößerung des wirksamen Erdwiderstands (z.B. durch Vergrößerung der Einbindetiefe),
- Verkleinerung der einwirkenden Horizontalkraft (z. B. durch Schräglegen der Gründungssohle),
- Einbringung einer Spundwand vor dem Wandfuß oder
- Sohlabtreppung ( 2.08).

Neigung und Abtreppung werden so vorgenommen, dass die Wandrückseite tiefer liegt als die Luftseite ( 2.08), weil anderenfalls die Frostsicherheit nicht mehr ausreicht.

2.08: Beispiele: Maßnahmen zur Erhöhung der Sicherheit gegen Gleiten

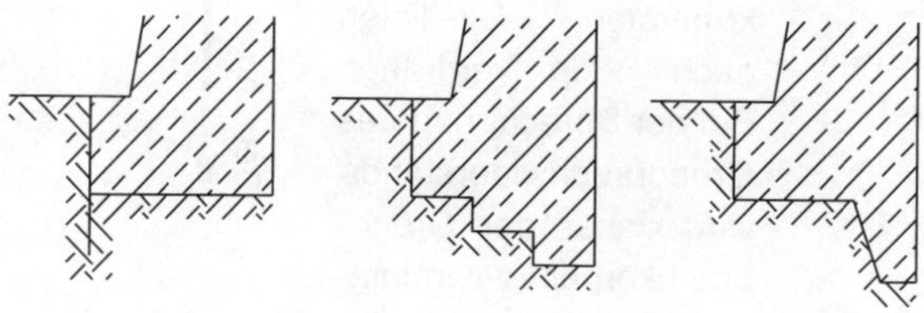

# 2.6 Grundbruch

## 2.6.1 Grundlagen

Mit zunehmender Belastung nehmen die Setzungen eines Fundaments immer mehr zu, wobei der Setzungszuwachs überproportional größer wird. Schließlich "versinkt" das Fundament ohne weitere Laststeigerung im Baugrund. Dann ist die Grenzbelastung erreicht und der Grundbruch eingetreten. Unter und neben dem Fundament wird die Scherfestigkeit des Bodens überschritten. Daher bilden sich Gleitflächen, auf denen ein „Grundbruchkörper" unter und neben dem Fundament seitlich nach oben rutscht.

**Anmerkung**: Ein Grundbruch kann auch eintreten, wenn der Scherwiderstand des Bodens bei gleich bleibender Last abnimmt, wenn eine seitliche Auflast entfernt wird oder wenn der Grundwasserspiegel ansteigt.

Den Eintritt des Grundbruchs erkennt man einmal daran, dass sich die Geländeoberfläche neben dem Fundament infolge des herausgedrückten Bodens aufwölbt. Zum anderen nähert sich die Last-Setzungs-Linie einer lotrechten oder steil abfallenden Tangente ($R_{ULS}$) (□ 2.09).

□ 2.09: Beispiel: Last-Setzungs-Linie: a) nichtbindiger (nbB) b) bindiger Boden (bB)

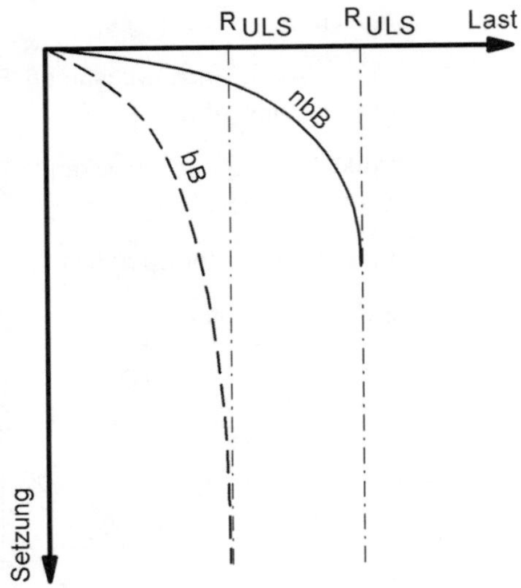


Versuche haben gezeigt (z. B. Mitteilungen der Deutschen Forschungsgesellschaft für Bodenmechanik, Hefte 22, 28 und 29), dass sich bei Annäherung an die Grenzbelastung des Baugrunds direkt unter der Gründungssohle ein Bodenkeil (B'BC) ausbildet, der die seitlich lagernden Bodenmassen unter Überwindung der Scherfestigkeit auf gekrümmten Gleitlinien nach oben verdrängt. Bei der Berechnung des Grundbruchwiderstands wird daher der Grundbruchkörper vereinfachend aus einer Geraden B'C unter dem Winkel 45° + $\varphi/2$ („aktive Rankine-Zone"), einer logarithmischen Spirale CD und einer Geraden DE unter dem Winkel 45° - $\varphi/2$ („passive Rankine-Zone") zusammengesetzt, wobei die beiden Geraden die Kurve tangieren. Die Q-Kräfte am Bodenkeil sind gleich groß. Daher spielt es keine Rolle, ob der Grundbruch einseitig oder auf beiden Seiten des Fundaments eintritt (□ 2.10).

Bei der Berechnung des Grundbruchwiderstands (siehe Abschnitte 2.6.2 und 2.6.3) werden die Scherwiderstände des Bodens nur unterhalb der Gründungsebene berücksichtigt. Die Bodenschichten oberhalb der Gründungsebene gehen bei waagerechter Sohlfläche und horizontalem Gelände nur als Auflast ein.

Bei geneigtem Gelände bzw. bei geneigter Sohlfläche siehe Abschnitt 2.6.4.

**Norm: DIN 4017**

DIN 4017 Baugrund – Berechnung des Grundbruchwiderstands von Flachgründungen.

**Anwendungsbereiche**

Bei der Berechnung des Grundbruchwiderstands nach DIN 4017 sind folgende Anwendungsbereiche zu beachten:

**Fundamente:** Lotrecht oder schräg und mittig oder ausmittig belastete Streifenfundamente und gedrungene Fundamente, wenn sie als starr angenommen werden können (siehe Abschnitt 4) und flach gegründet sind ($d/b \leq 2$ mit

**Geschichteter Boden:** Hier darf wie bei homogenem Baugrund gerechnet werden, wenn die Werte der Reibungswinkel der einzelnen Schichten um nicht mehr als 5° vom gemeinsamen arithmetischen Mittelwert abweichen. Zur Mittelwertbildung der Bodenkenngrößen sind die einzelnen Schichtparameter entsprechend ihrem Einfluss auf den Grundbruchwiderstand wie folgt gewichtet zu erfassen:

a) Die Wichten entsprechend dem Anteil der Teilfläche der Einzelschicht an der Gesamtfläche des Grundbruchkörpers;

b) Reibungswinkel und die Kohäsion entsprechend den Teilabschnitten der Gleitfläche in den Einzelschichten. Vergleichsrechnungen haben jedoch gezeigt, dass man auch hier ausreichend genau wie unter a) verfahren kann.

Maßgebend ist die nach Abschnitt 2.6.2 iterativ für den Mittelwert des Reibungswinkels zu bestimmende Gleitfläche. Wenn die Reibungswinkel der Einzelschichten um mehr als 5° vom arithmetischen Mittelwert abweichen, dann sind z. B. die ungünstigsten Gleitflächen nach dem Verfahren der DIN 4084 mit starren Bruchkörpern auf geraden Gleitlinien zu bestimmen.

Wird eine weiche Schicht von einer festeren überlagert, so ist zu prüfen, ob Durchstanzen (siehe Abschnitt 2.6.4) maßgebend ist.

**Einwirkungen** Beim Nachweis der Grundbruchsicherheit sind zu berücksichtigen: Lasten oberhalb der Oberkante des Gründungskörpers, Eigenlast des Gründungskörpers, Last aus Sohlwasserdruck, Lasten aus Erddruck und seitlichem Wasserdruck, andere Horizontallasten am Gründungskörper, vor allem die zur Sohlfläche parallel wirkende Komponente der Bodenreaktion an der Stirnseite des Fundaments, gegebenenfalls zusätzliche Massenkräfte (Strömungskraft) und dynamische Lasten.

**Grundbruchwiderstand** Widerstand des Bodens beim Eintreten des Grundbruchs.

**Sohldruckresultierende** Die resultierende Kraft aus allen Einwirkungen in der Sohlfuge.

Für den Grundbruchwiderstand gilt nach Handbuch Eurocode 7, Band 1: DIN EN 1997-1, Abschnitt 6.5.2:

**a)** Der charakteristische Grundbruchwiderstand $R_{v,k}$ im Grenzzustand GEO (Nachweisverfahren GEO-2) ist nach DIN 4017 zu ermitteln. Dabei sind Neigung und Ausmittigkeit der resultierenden charakteristischen Beanspruchung in der Sohlfläche nach Abschnitt 2.2.1 zu berücksichtigen.

**b)** Wenn die resultierende charakteristische Beanspruchung in der Sohlfläche bestimmt wird, darf eine Bodenreaktion $B_k$ an der Stirnseite des Fundaments wie eine charakteristische Einwirkung angesetzt werden. Diese darf jedoch höchstens so groß sein wie die parallel zur Sohlfläche angreifende charakteristische Beanspruchung aus den Einwirkungen nach Abschnitt 1.8.1. Außerdem darf sie mit Rücksicht auf die Grenzzustandsbedingung an der Stirnseite und auf die Verschiebungen beim Wecken des Erdwiderstands höchstens mit der Größe

$$B_k = 0,5 \cdot E_{p,k} \tag{2.17}$$

angesetzt werden.

**c)** Der Bemessungswert $R_{V,d}$ des Grundbruchwiderstands ergibt sich nach Abschnitt 1.8.4.2 aus dem charakteristischen Grundbruchwiderstand $R_{V,k}$ durch Division durch den Teilsicherheitsbeiwert $\gamma_{R,v}$ (siehe oben und Tabelle □ 1.03 in Abschnitt 1) für den Grenzzustand GEO-2 aus:

$$R_{V,d} = \frac{R_{V,k}}{\gamma_{R,v}} \tag{2.18}$$

**Nachweis der Grundbruchsicherheit**

Für den Nachweis einer ausreichenden Sicherheit gegen Grundbruch gilt Handbuch Eurocode 7, Band 1: DIN EN 1997-1, Abschnitt 6.5.2:

**a)** Für den Grenzzustand GEO-2 muss die Bedingung

$$V_d \leq R_{V,d} \tag{2.19}$$

erfüllt sein. Hierin ist:

$V_d$ Bemessungswert der Beanspruchung senkrecht zur Fundamentsohlfläche nach Abschnitt 2.2.2;

$R_{V,d}$ Bemessungswert des Grundbruchwiderstands (siehe oben am linken Textrand unter dem Stichwort „Grundbruchwiderstand“).

**b)** Die möglicherweise maßgebenden Kombinationen von ständigen und veränderlichen Einwirkungen sind zu untersuchen, insbesondere

**b1)** die Kombination der größten Normalkraft $V_{k,max}$ mit der zugehörigen größten Tangentialkraft $H_{k,max}$ und

**b2)** die Kombination der kleinsten Normalkraft $V_{k,min}$ mit der zugehörigen größten Tangentialkraft $H_{k,max}$.

**c)** Bei Einzel- und Streifenfundamenten unter Bauteilen sowie bei flach gegründeten Stützwänden ist der Nachweis der Grundbruchsicherheit für jedes Fundament für den Grenzzustand GEO-2 einzeln zu führen.

Bei Flächengründungen, Trägerrostfundamenten und bei Einzel- und Streifenfundamenten mit geringem gegenseitigen Abstand sowie bei Einzel- und Streifenfundamenten, die durch einen steifen Überbau zu Fundamentgruppen verbunden sind und über die gesamte Grundfläche des Bauwerks als einheitlicher Gründungskörper wirken, kann es in Sonderfällen, z. B. bei geneigtem Gelände oder bei einer tiefer liegenden weichen Bodenschicht, notwendig sein, zusätzlich den Nachweis der Grundbruchsicherheit für das Gesamtbauwerk zu führen. Dieser Nachweis darf auch als Nachweis der Gesamtstandsicherheit im Grenzzustand GEO-3 nach Handbuch Eurocode 7, Band 1: DIN EN 1997-1, Abschnitt 6.5.1 geführt werden.

**d)** In Bauzuständen oder wenn spätere, zeitlich begrenzte Abgrabungen neben dem Fundament zu erwarten sind, bei denen die Bodenreaktion auf die Stirnfläche vorübergehend entfällt, dann darf für den Nachweis der Grundbruchsicherheit die Bemessungssituation BS-T nach Abschnitt 1.8.3.3 zugrunde gelegt werden.

Für den Nachweis der Grundbruchsicherheit wird die normal zur Sohlfläche wirkende Komponente des Grundbruchwiderstands $R_V$ verwendet (siehe Abschnitt 2.6.2 und 2.6.3).

## 2.6.2 Grundbruchwiderstand bei lotrecht mittiger Belastung

$\boldsymbol{R_{V,k}}$ Die normal auf die Sohlfläche wirkende Komponente $R_{V,k}$ des Grundbruchwiderstands ergibt sich nach DIN 4017, Abschnitt 7.2.1 bei lotrecht mittiger Belastung aus der Gleichung:

$$R_{V,k} = a \cdot b \cdot \sigma_{0f} \quad \text{bzw.} \tag{2.20}$$

$$R_{V,k} = a \cdot b \cdot (\underbrace{c_k \cdot N_{c0} \cdot \nu_c \cdot i_c}_{\text{Kohäsion}} + \underbrace{\gamma_1 \cdot d \cdot N_{d0} \cdot \nu_d \cdot i_d}_{\text{Gründungstiefe}} + \underbrace{\gamma_2 \cdot b \cdot N_{b0} \cdot \nu_b \cdot i_b}_{\text{Fundamentbreite}})$$

Einfluss der Kohäsion, Gründungs- tiefe, Fundament- breite

Hierin ist:

$R_{V,k}$ Grundbruchwiderstand (beim Ansatz charakteristischer Werte)

$\sigma_{0f}$ $R_{V,k}$ / $a \cdot b$ = mittlere Sohlnormalspannung im Grenzzustand

$b$ Breite des Gründungskörpers bzw. Durchmesser des Kreisfundaments, $b < a$

$a$ Länge des Gründungskörpers

$d$ kleinste maßgebende Einbindetiefe des Gründungskörpers

$c_k$ Kohäsion des Bodens unterhalb der Sohle; hierbei ist $c_k$ = c' oder $c_k = c_u$

$N_{c0}$ Tragfähigkeitsbeiwert im Kohäsionsglied ((□ 2.11) oder (2.21))

$N_{d0}$ Tragfähigkeitsbeiwert im Tiefenglied ((□ 2.11) oder (2.22))

$N_{b0}$ Tragfähigkeitsbeiwert im Breitenglied ((□ 2.11) oder (2.23))

$\nu_{c,d,b}$ Formbeiwerte (□ 2.13)

$\gamma_1$ Wichte des Bodens oberhalb der Sohle

$\gamma_2$ Wichte des Bodens unterhalb der Sohle.

**Anmerkung:** Die Horizontale durch die Gründungssohle B'B (□ 2.10) wird als "rechnerische Oberfläche" und der im Bereich der Einbindetiefe liegende Boden als Auflast $\gamma \cdot d$ betrachtet. Die Reibung in den Fugen AB und A'B' und der Scherwiderstand im Gleitflächenbereich EF bleiben unberücksichtigt (zusätzliche Sicherheit).

**Tragfähigkeitsbeiwerte**

Nach DIN 4017, Abschnitt 7.2.2 hängen die Grundwerte $N_{c0}$, $N_{d0}$ und $N_{b0}$ der Tragfähigkeitsbeiwerte vom Reibungswinkel ab. Sie können aus □ 2.11 entnommen oder nach den Gleichungen (2.19), (2.20) und (2.21) berechnet werden. Für den Fall $\varphi = 0$ gilt $N_{c0}$ = 5,14, $N_{d0}$ = 1 und $N_{b0}$ = 0:

Hierbei ist $\varphi_k = \varphi'$ oder $\varphi_k = \varphi_u$

□ 2.11 Tragfähigkeitsbeiwerte (aus DIN 4017)

| $\varphi_k$ | $N_{c0}$ | $N_{d0}$ | $N_{b0}$ |
|---|---|---|---|
| 0° | 5,14 | 1,0 | 0,0 |
| 5° | 6,5 | 1,5 | 0,0 |
| 10° | 8,5 | 2,5 | 0,5 |
| 15° | 11,0 | 4,0 | 1,0 |
| 20° | 15,0 | 6,5 | 2,0 |
| 22,5° | 17,5 | 8,0 | 3,0 |
| 25° | 20,5 | 10,5 | 4,5 |
| 27,5° | 25,0 | 14,0 | 7,0 |
| 30° | 30,0 | 18,0 | 10,0 |
| 32,5° | 37,0 | 25,0 | 15,0 |
| 35° | 46,0 | 33,0 | 23,0 |
| 37,5° | 58,0 | 46,0 | 34,0 |
| 40° | 75,0 | 64,0 | 53,0 |
| 42,5° | 99,0 | 92,0 | 83,0 |

$$N_{c0} = \frac{(N_{d0} - 1)}{\tan\varphi} \tag{2.21}$$

$$N_{d0} = \tan^2\left(45° + \frac{\varphi}{2}\right) \cdot e^{\pi \cdot \tan\varphi} \tag{2.22}$$

$$N_{b0} = (N_{d0} - 1) \cdot \tan\varphi \tag{2.23}$$

**Formbeiwerte**

Nach DIN 4017, Abschnitt 7.2.3 sind die Formbeiwerte $\nu_c$, $\nu_d$ und $\nu_b$ für die hauptsächlich vorkommenden Fundamentgrundrisse der Tabelle □ 2.12 zu entnehmen. Sie gilt für $a' > b'$. Bei lotrecht mittiger Belastung ist $a' = a$ und $b' = b$ zu setzen.

□ 2. 12 Formbeiwerte (aus DIN 4017); hierbei ist $\varphi = \varphi_k = \varphi'$ oder $\varphi = \varphi_k = \varphi_u$

| Grundrissform | $\nu_c$ ($\varphi \neq 0$) | $\nu_c$ ($\varphi = 0$) | $\nu_d$ | $\nu_b$ |
|---|---|---|---|---|
| Streifen | 1,0 | 1,0 | 1,0 | 1,0 |
| Rechteck | $\frac{(\nu_d \cdot N_{d0} - 1)}{N_{d0} - 1}$ | $1 + 0{,}2 \cdot \frac{b'}{a'}$ | $1 + \frac{b'}{a'} \cdot \sin\varphi$ | $1 - 0{,}3 \cdot \frac{b'}{a'}$ |
| Quadrat/Kreis | $\frac{(\nu_d \cdot N_{d0} - 1)}{N_{d0} - 1}$ | 1,2 | $1 + \sin\varphi$ | 0,7 |

**Grundbruchkörper**

Tiefe und Länge des Grundbruchkörpers (□ 2.13) werden bei lotrecht mittiger Belastung, horizontaler Sohle und horizontalem Gelände aus folgenden Gleichungen erhalten:

Hierbei sind $\varphi = \varphi_k = \varphi'$ oder $\varphi = \varphi_k = \varphi_u$

$$d_s = b \cdot \sin(45 + \frac{\varphi}{2}) \cdot e^{(45 + \frac{\varphi}{2}) \cdot \frac{\pi}{180} \cdot \tan\varphi} = b \cdot \sin\alpha \cdot e^{\bar{\alpha} \cdot \tan\varphi} \tag{2.24}$$

$$l_s = \frac{b}{2} + b \cdot \tan(45 + \frac{\varphi}{2}) \cdot e^{\frac{\pi}{2} \cdot \tan\varphi} = \frac{b}{2} + b \cdot \tan\alpha \cdot e^{\frac{\pi}{2} \cdot \tan\varphi} \tag{2.25}$$

□ 2.13: Beispiel: Tiefe $d_s$ und Länge $l_s$ des Grundbruchkörpers als Funktion des Reibungswinkels (Bild A.2 aus DIN 4017)

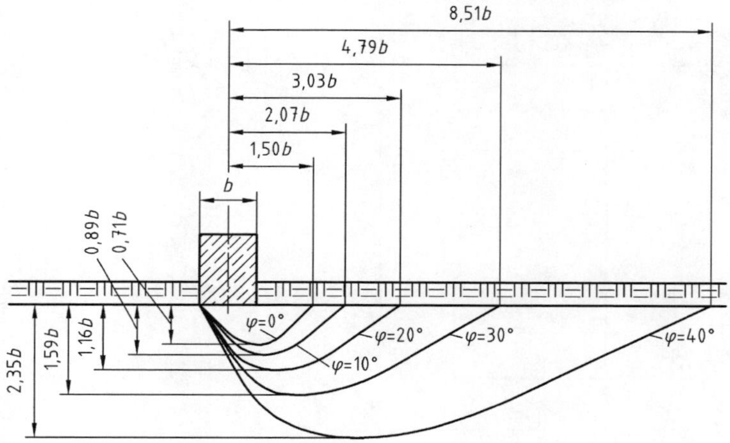


$$\alpha = 45° + \frac{\varphi}{2} \qquad (2.26) \qquad \overline{\alpha} = \frac{\alpha \cdot \pi}{180°} = Bogenma\ss \qquad (2.27)$$

Weitere Gleichungen zur Konstruktion des Gleitflächenbildes: siehe DIN 4017, Anhang A.

⇒ Berechnungsbeispiele: 2.14, 2.15 und 2.16

## 2.14 Beispiel 4: Nachweis gegen Grundbruch: Lotrecht mittige Belastung (homogener Baugrund)

***Geg.:*** *Fälle a), b) und c) siehe nächste Seite; Bemessungssituation BS-P;*

*nur vertikale und mittige einwirkende Kräfte ($V = V_{G,k}$ bzw. $V = V_{Q,k}$)*

***Ges.:*** *maximale Werte für $V = V_{G,k}$ für die Nachweise Kippen (EQU), Gleiten (GEO-2) sowie Grundbruch (GEO-2)*

***Lösung:***

*Die gegebenen Werte können als charakteristische Werte betrachtet werden.*

1. *Nachweis gegen Kippen: $e = 0$ ⇒ Nachweis ist erbracht bzw. nicht erforderlich*
2. *Nachweis gegen Gleiten: $H_{G,k} = H_{Q,k} = 0$ ⇒ Nachweis ist erbracht bzw. nicht erforderlich*
3. *Nachweis gegen Grundbruch*

□ 2.14 Fortsetzung Beispiel 4: Nachweis gegen Grundbruch: Lotrecht mittige Belastung (homogener Baugrund)

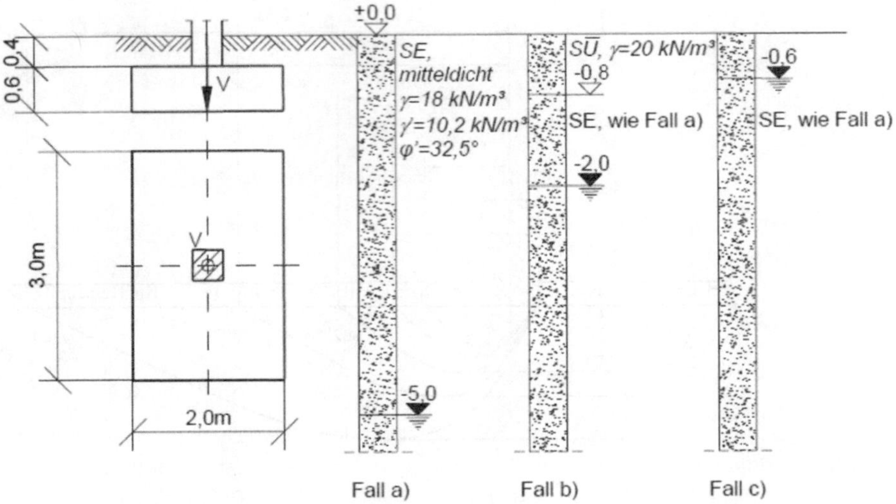


***Fall a)** Zunächst muss geprüft werden, ob das Grundwasser innerhalb der Grundbruchscholle liegt:*

$d_s = b \cdot \sin\alpha \cdot e^{\alpha \cdot \tan\varphi'} = 2,0 \cdot \sin 61,25° \cdot e^{1,0685 \cdot \tan 32,5°} = 3,46\ m$ ; $\alpha$ *in Bogenmaß nach (2.27)*

*Das Grundwasser kann unberücksichtigt bleiben.*

*Vorwerte:*

$$N_{d0} = 25; \quad \nu_d = 1 + \frac{2,0}{3,0} \cdot \sin 32,5° = 1,36$$

$$N_{b0} = 15; \quad \nu_b = 1 - 0,3 \cdot \frac{2,0}{3,0} = 0,80$$

*Grundbruchwiderstand:*

$$R_{V,k} = 3,0 \cdot 2,0 \cdot (0 + 18 \cdot 1,0 \cdot 25 \cdot 1,36 + 18 \cdot 2,0 \cdot 15 \cdot 0,80) = 6264\ kN$$

$$\Rightarrow \quad R_{V,d} = \frac{6264}{1,40} = 4474\ kN$$

*Bemessungsbeiwert der Beanspruchung senkrecht zur Fundamentsohle:*

$$V_d = V_{G,k} \cdot \gamma_G + V_{Q,k} \cdot \gamma_Q = V_{G,k} \cdot 1,35 + V_{Q,k} \cdot 1,50$$

*Die Bestimmungsgleichung für die zulässige Belastung lautet somit:*

$$1,35 \cdot V_{G,k} + 1,50 \cdot V_{Q,k} \le 4474\ kN$$

□ 2.14 Fortsetzung Beispiel 4: Nachweis gegen Grundbruch: Lotrecht mittige Belastung (homogener Baugrund)

*Annahme 1: Bei der Belastung handelt es sich nur um ständige Lasten:*

$$V_d = 1{,}35 \cdot V_{G,k} + 1{,}50 \cdot V_{Q,k} \leq 4474 \ kN$$

$$\Rightarrow V_{G,k} \leq \frac{4474}{1{,}35} = 3315 \ kN$$

*Annahme 2: Bei der Belastung sind 30% Anteile aus veränderlichen Lasten (Verkehrslasten, Nutzlasten):*

$$V_{G,k} = V_k \cdot 0{,}7 \ bzw. \ V_{Q,k} = V_k \cdot 0{,}3$$

$$1{,}35 \cdot V_k \cdot 0{,}7 + 1{,}50 \cdot V_k \cdot 0{,}3 \leq 4474 \ kN$$

$$\Rightarrow V_k \leq \frac{4474}{0{,}945 + 0{,}450} = 3207 \ kN$$

$$\Rightarrow V_{G,k} \leq 3207 \cdot 0{,}7 = 2245 \ kN \ und \ V_{Q,k} \leq 3207 \cdot 0{,}3 = 962 \ kN$$

***Fall b)***

*Da der Boden von GOK bis zur Gründungssohle wechselt und das Grundwasser innerhalb der Grundbruchscholle liegt, müssen sowohl für $\gamma_1$ als auch für $\gamma_2$ „gewogene Mittelwerte" berechnet werden:*

$$\gamma_{1,\mathrm{m}} = \frac{0{,}8 \cdot 20 + 0{,}2 \cdot 18}{0{,}8 + 0{,}2} = 19{,}60 \ kN/m^3 \ ;$$

$$\gamma_{2,\mathrm{m}} = \frac{1{,}0 \cdot 18 + 2{,}46 \cdot 10{,}2}{3{,}46} = 12{,}45 \ kN/m^3$$

*Einflusstiefe $d_s$ siehe Fall a).*

*Grundbruchwiderstand:*

$$R_{V,k} = 3{,}0 \cdot 2{,}0 \cdot (0 + 19{,}60 \cdot 1{,}0 \cdot 25 \cdot 1{,}36 + 12{,}45 \cdot 2{,}0 \cdot 15 \cdot 0{,}80) = 5791 \ kN$$

$$\Rightarrow R_{V,d} = \frac{5791}{1{,}40} = 4136 \ kN$$

*Bestimmungsgleichung für die zulässige Belastung:*

$$1{,}35 \cdot V_{G,k} + 1{,}50 \cdot V_{Q,k} \leq 4136 \ kN$$

*<u>Annahme 1</u> (s. Fall a):*

$$\Rightarrow V_{G,k} \leq \frac{4136}{1{,}35} = 3064 \ kN$$

□ 2.14 Fortsetzung Beispiel 4: Nachweis gegen Grundbruch: Lotrecht mittige Belastung (homogener Baugrund)

*Annahme 2 (s. Fall a):*

$$\Rightarrow V_k \leq \frac{4136}{0{,}945 + 0{,}450} = 2965\ kN$$

$$\Rightarrow V_{G,k} \leq 2965 \cdot 0{,}7 = 2076\ \ kN\ \ und\ \ V_{Q,k} \leq 2965 \cdot 0{,}3 = 890\ \ kN$$

***Fall c)***

*Da das Fundament 0,4 m im Grundwasser steht, wirkt die entlastende Auftriebskraft (Sohlwasserdruckkraft):*

$$D = \gamma_{\mathrm{w}} \cdot h_{\mathrm{w}} \cdot a \cdot b = 10 \cdot 0{,}4 \cdot 3{,}0 \cdot 2{,}0 = 24\ \ kN\ .$$

*Mit der gemittelten Wichte*

$$\gamma_{1,\mathrm{m}} = \frac{0{,}6 \cdot 18 + 0{,}4 \cdot 10{,}2}{1{,}0} = 14{,}88\ \ kN/m^3\ \ \textit{und}$$

$$\gamma_2 = \gamma' = 10{,}20\ \ kN/m^3$$

*wird der Grundbruchwiderstand*

$$R_{V,k} = 3{,}0 \cdot 2{,}0 \cdot (0 + 14{,}88 \cdot 1{,}0 \cdot 25 \cdot 1{,}36 + 10{,}20 \cdot 2{,}0 \cdot 15 \cdot 0{,}80) = 4504\ \ kN$$

$$\Rightarrow R_{\mathrm{n,d}} = \frac{4504}{1{,}40} = 3217\ \ kN$$

*Bestimmungsgleichung für die zulässige Belastung:*

$$1{,}35 \cdot (V_{G,k} - D) + 1{,}50 \cdot V_{Q,k} \leq 3217\ \ kN$$

$$1{,}35 \cdot V_{G,k} - 1{,}35 \cdot 24 + 1{,}50 \cdot V_{Q,k} \leq 3217\ \ kN$$

*Annahme 1 (s. Fall a):*

$$V_{G,k} \leq \frac{3217 + 32{,}4}{1{,}35} = \frac{3249{,}4}{1{,}35} = 2407\ kN$$

*Annahme 2 (s. Fall a):*

$$\Rightarrow V_k \leq \frac{3249{,}4}{0{,}945 + 0{,}450} = 2329\ kN$$

$$\Rightarrow V_{G,k} \leq 2329 \cdot 0{,}7 = 1630\ \ kN\ \ und\ \ V_{Q,k} \leq 2329 \cdot 0{,}3 = 699\ \ kN$$

□ 2.15 Beispiel 5: Nachweis gegen Grundbruch: Anfangs- und Endstandsicherheit

***Geg.**: nur vertikale und mittige einwirkende Kräfte ($V^g = V_{G,k}$ bzw. $V^p = V_{Q,k}$)*

*Fall a) Grundwasser auf Kote –1,8m*

*Fall b) Grundwasser auf Kote –2,5 m.*

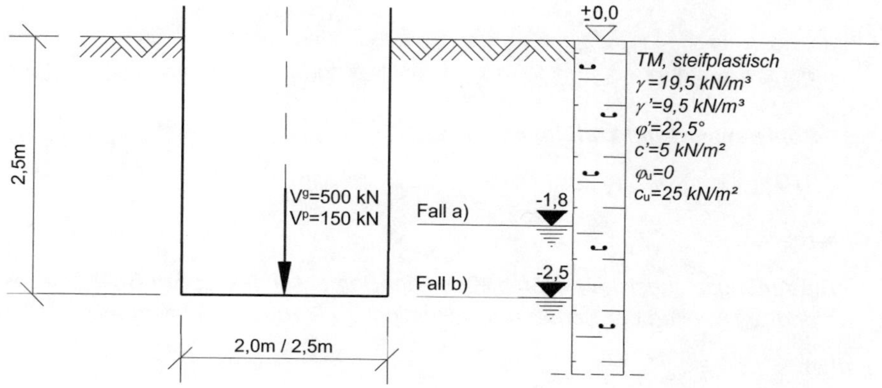


***Ges.**: Nachweis Grundbruch (GEO-2) für Anfangs- und Endstandsicherheit*

***Lösung:***

***Grundbruchwiderstand für die Anfangsfestigkeit ($\varphi_u$, $c_u$);***

*Beiwerte:* $N_{c0} = 5{,}14\ ;\ \nu_c = 1 + 0{,}2 \cdot \dfrac{2{,}0}{2{,}5} = 1{,}160$

$N_{d0} = 1{,}0\ ;\ \nu_d = 1 + \dfrac{2{,}0}{2{,}5} \cdot \sin 0° = 1{,}000$

$N_{b0} = 0\ ;\ \nu_b =$ *nicht erforderlich*

***Fall a)*** $R_{V,k} = 2{,}5 \cdot 2{,}0 \cdot (25 \cdot 5{,}14 \cdot 1{,}160 + (1{,}8 \cdot 19{,}5 + 0{,}7 \cdot 9{,}5) \cdot 1{,}0 \cdot 1{,}0 + 0) = 954\ kN$

***Fall b)*** $R_{V,k} = 2{,}5 \cdot 2{,}0 \cdot (25 \cdot 5{,}14 \cdot 1{,}160 + 19{,}5 \cdot 2{,}5 \cdot 1{,}0 \cdot 1{,}0 + 0) = 989\ kN$

***Grundbruchwiderstand für die Endfestigkeit ($\varphi'$, $c'$):***

*Beiwerte:* $N_{c0} = 17{,}5\ ;\ \nu_c = \dfrac{1{,}306 \cdot 8{,}0 - 1}{8{,}0 - 1} = 1{,}350$

$N_{d0} = 3{,}0\ ;\ \nu_d = 1 + \dfrac{2{,}0}{2{,}5} \cdot \sin 22{,}5° = 1{,}306$

$N_{b0} = 3{,}0\ ;\ \nu_b = 1 - 0{,}3 \cdot \dfrac{2{,}0}{2{,}5} = 0{,}760$

□ 2.15 Fortsetzung Beispiel 5: Nachweis gegen Grundbruch: Anfangs- und Endstandsicherheit

***Fall a)***

$$R_{V,k} = 2{,}5 \cdot 2{,}0 \cdot (5 \cdot 17{,}5 \cdot 1{,}350 + (1{,}8 \cdot 19{,}5 + 0{,}7 \cdot 9{,}5) \cdot 8{,}0 \cdot 1{,}306 + 9{,}5 \cdot 2{,}0 \cdot 3{,}0 \cdot 0{,}760)$$

$$= 2988 \; kN$$

***Fall b)***

$$R_{V,k} = 2{,}5 \cdot 2{,}0 \cdot (5 \cdot 17{,}5 \cdot 1{,}350 + 19{,}5 \cdot 2{,}5 \cdot 8{,}0 \cdot 1{,}306 + 9{,}5 \cdot 2{,}0 \cdot 3{,}0 \cdot 0{,}760) = 3354 \; kN$$

***Sohlwasserdruckkraft im Fall a):***

$$D = \gamma_w \cdot h_w \cdot a \cdot b = 10 \cdot 0{,}7 \cdot 2{,}0 \cdot 2{,}5 = 35 \; kN$$

*Sicherheiten:*

*Die Anfangsstandsicherheiten müssen der Bemessungssituation BS-T, die Endstandsicherheiten der Bemessungssituation BS-P zugeordnet werden.*

***Fall a)***

***Anfangsstandsicherheit (BS-T):***

$$R_{V,d} = \frac{954}{1{,}30} = 734 \; kN$$

$$V_d = 1{,}20 \cdot (500 - 35) + 1{,}30 \cdot 150 = 753 \; kN$$

$$V_d = 753 \; kN > R_{V,d} = 734 \; kN$$

*Die Sicherheit ist nicht gegeben (Nachweis nicht erbracht)!*

***Endstandsicherheit:***

$$R_{V,d} = \frac{2988}{1{,}40} = 2134 \; kN$$

$$V_d = 1{,}35 \cdot (500 - 35) + 1{,}50 \cdot 150 = 853 \; kN$$

$$V_d = 853 \; kN < R_{V,d} = 2134 \; kN$$

*Die Sicherheit ist gegeben (Nachweis erbracht)!*

***Fall b)***

***Anfangsstandsicherheit:***

$$R_{V,d} = \frac{989}{1{,}30} = 761 \; kN \; ; \; V_d = 1{,}20 \cdot 500 + 1{,}30 \cdot 150 = 795 \; kN$$

$$V_d = 795 \; kN > R_{V,d} = 761 \; kN$$

*Die Sicherheit ist nicht gegeben (Nachweis nicht erbracht)!*

□ 2.15 Fortsetzung Beispiel 5: Nachweis gegen Grundbruch: Anfangs- und Endstandsicherheit

***Endstandsicherheit:***

$$R_{V,d} = \frac{3354}{1{,}30} = 2396\ kN$$

$$V_d = 1{,}35 \cdot 500 + 1{,}50 \cdot 150 = 900\ kN$$

$$V_d = 900\ kN < R_{V,d} = 2396\ kN$$

*Die Sicherheit ist gegeben (Nachweis erbracht)!*

*In beiden Fällen ist die Anfangsstandsicherheit der kritische Zustand.*

□ 2.16: Beispiel 6: Fundamentbemessung (geschichteter Baugrund)

***Geg.:*** *Bemessungssituation BS-P, nur vertikale und mittige einwirkende Kräfte ($V^g = V_{G,k}$ bzw. $V^p = V_{Q,k}$), quadratische Stütze (0,5 m/0,5 m), Einbindetiefe: 1,2 m*

***Ges.:*** *Fundamentabmessungen*

***Lösung:***

***1. Vorbemerkungen:***

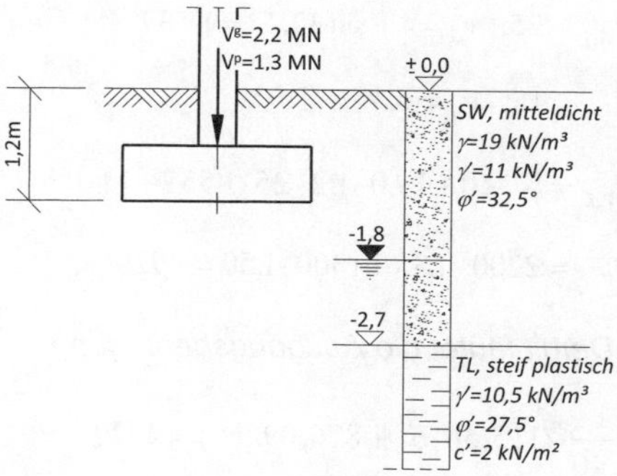


- *Dem Stützenquerschnitt entsprechend wird ein Quadratfundament gewählt.*
- *Da die Last lotrecht und mittig angreift, entfallen die Nachweise gegen Kippen und Gleiten.*
- *Die Bemessung wird nach den Grundbruchkriterien durchgeführt:*

*a) Überschlägige Ermittlung der zulässigen Sohlnormalspannung $\sigma_{0,zul}$ unter Berücksichtigung der beeinflussten Bodenschichten (z.B. nach dem „Tabellenverfahren" Abschnitt 5.3)*

- *Bestimmung der erforderlichen Fundamentfläche* $A_{erf} = \dfrac{V_{vorh}}{\sigma_{zul}}$.
- *Aufteilung in die Seitenlängen a und b.*
- *Kontrolle mit Hilfe der direkten Standsicherheitsnachweise.*
- *Korrekturen, falls erforderlich („trial and error").*

*b) Sofern nur zwei Schichten an der Lastabtragung beteiligt sind, werden die Fundamentabmessungen zweckmäßig mit Hilfe von zwei Annahmen ermittelt und anschließend zwischen diesen Grenzfällen interpoliert.*

□ 2.16: Fortsetzung Beispiel 6: Fundamentbemessung (geschichteter Baugrund)

**2. *Überschlägliche Ermittlung der Fundamentabmessungen nach Verfahren b):***

*Die angegebenen Werte können als charakteristische Werte betrachtet werden:*

$V^g = F_{v,k} = N_k = N_{G,K} = V_{G,K}$

$H^g = F_{h,k} = H_{G,k} = T_{G,K}$

- *Da der angreifenden Last $V_d$ (Fundamenteigenlast und Bodenauflast bleiben zunächst unberücksichtigt) ein mindestens gleichgroßer Grundbruchwiderstand $R_{V,d}$ entgegen wirken muss, lautet die Ausgangsbedingung*

$$R_{V,d} = \frac{R_{V,k}}{\gamma_{R,v}} = V_{G,k} \cdot \gamma_G + V_{Q,k} \cdot \gamma_Q$$

- *Vereinfachend wird (in diesem Fall) der Grundwasserspiegel zunächst in die Gründungssohle gelegt.*
- *<u>Annahme 1:</u> Unterhalb der Gründungssohle steht nur Boden SW an.*

  *Grundbruchwiderstand:*

$N_{d0} = 25;\ \nu_d = 1 + \sin 32{,}5° = 1{,}537$

$N_{b0} = 15;\ \nu_b = 0{,}7$

$R_{V,k} = b^2 \cdot (0 + 19{,}0 \cdot 1{,}2 \cdot 25 \cdot 1{,}537 + 11{,}0 \cdot b \cdot 15 \cdot 0{,}7) = 115{,}50 \cdot b^3 + 876{,}09 \cdot b^2$

$R_{V,k} = 2200 \cdot 1{,}35 + 1300 \cdot 1{,}50 = 4920\ kN$

  *Damit lautet die Ausgangsbedingung*

$$\frac{1}{1{,}40} \cdot (115{,}50 \cdot b^3 + 876{,}09 \cdot b^2) = 4920$$

  *mit der brauchbaren Lösung b ≈ 2,45 m.*

- *<u>Annahme 2:</u> Unterhalb der Sohle steht nur Boden TL an.*

*Anmerkung: für die Ermittlung der Beiwerte ist der Reibungswinkel $\varphi_k$ des Bodens maßgebend, **auf** dem der Gründungskörper steht.*

*Somit wird*

$$N_{c0} = 25;\ \nu_c = \frac{1{,}462 \cdot 14 - 1}{14 - 1} = 1{,}497$$

$N_{d0} = 14;\ \nu_d = 1 + \sin 27{,}5° = 1{,}462$

$N_{b0} = 7;\ \nu_b = 0{,}7$

□ 2.16: Fortsetzung Beispiel 6: Fundamentbemessung (geschichteter Baugrund)

$$R_{V,k} = b^2 \cdot (2 \cdot 25 \cdot 1{,}497 + 19{,}0 \cdot 1{,}2 \cdot 14 \cdot 1{,}462 + 10{,}5 \cdot b \cdot 7 \cdot 0{,}7)$$

*Damit lautet die Ausgangsbedingung*

$$\frac{1}{1{,}40} \cdot (51{,}45 \cdot b^3 + 514{,}52 \cdot b^2) = 4920$$ *mit der brauchbaren Lösung b ≈ 3,15 m.*

- *Um eine sinnvolle Interpolationsgrenze zu finden, wird die Tiefe der Grundbruchscholle für Annahme 1 bestimmt:*

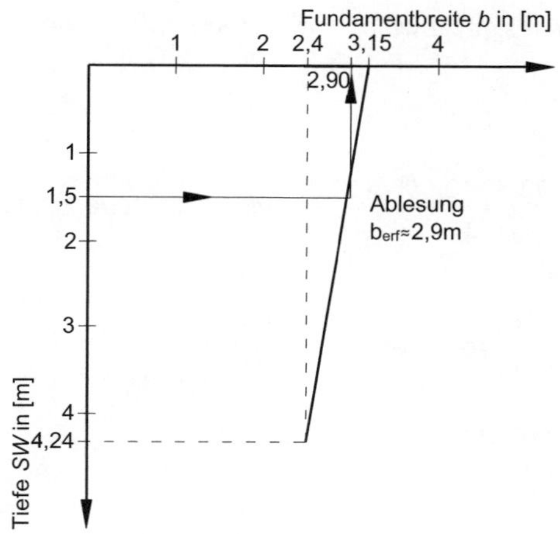


*Mit* $\alpha = 45° + \frac{1}{2} \cdot 32{,}5° = 61{,}25°$ *wird*

$$d_s = 2{,}45 \cdot \sin 61{,}25° \cdot e^{1{,}0685 \cdot \tan 32{,}5°} = 4{,}24 \ m$$

*Interpretation: Wenn der Boden SW bis $d_s$ = 4,24 m unter Gründungssohle reicht, bleibt der Boden TL ohne Einfluss. Damit lässt sich die erforderliche Fundamentbreite näherungsweise durch geradlinige Interpolation ermitteln:*

*Um die bisher vernachlässigte Eigenlast des Fundamentes und die Bodenauflast zu berücksichtigen, wird b = 3,2 m gewählt.*

***3. Standsicherheitsnachweis:***

*Für die Seitenabmessungen a = b = 3,2 m wird die Sicherheit gegen Grundbruch mit der „Methode des gewogenen Mittels" (DIN 4017, Beiblatt 1, Ausgabe 11.2006) bestimmt:*

*Hierbei ist $\varphi_k = \varphi'$*

- *In 1. Näherung wird die Einflusstiefe $d_{s0}$ mit dem Reibungswinkel $\varphi_0$ des direkt unter der Gründungssohle anstehenden Bodens berechnet:*

$$d_{s,0} = 3{,}2 \cdot \sin\left(45° + \frac{32{,}5°}{2}\right) \cdot e^{1{,}0685 \cdot \tan 32{,}5°} = 5{,}54 \ m$$

□ 2.16: Fortsetzung Beispiel 6: Fundamentbemessung (geschichteter Baugrund)

- *Für diese Einflusstiefe beträgt das gewogene Mittel* $\overline{\varphi_0}$ *aller betroffenen Schichten* $\overline{\varphi_0} = \dfrac{h_0 \cdot \varphi_0 + h_1 \cdot \varphi_1 + ... + h_n \cdot \varphi_n}{d_{s,0}} = \dfrac{1{,}5 \cdot 32{,}5° + 4{,}04 \cdot 27{,}5°}{5{,}54} = 28{,}9°$

  *Abweichung* $\Delta_1$ *dieses Mittelwerts* $\overline{\varphi_0}$ *vom Ausgangswert* $\varphi_0$*:*

$$\Delta_1 = \left| \frac{\varphi_0 - \overline{\varphi_0}}{\varphi_0} \right| \cdot 100 = \frac{32{,}5° - 28{,}9°}{32{,}5°} \cdot 100 = 11{,}1\%$$

  *Da dieser Wert größer ist als die zulässige Abweichung von 3%, muss eine Iteration angeschlossen werden:*

- *1. Iteration:*

  *Für den Mittelwert* $\varphi_{m,1} = \dfrac{\varphi_0 + \overline{\varphi_0}}{2} = \dfrac{32{,}5° + 28{,}9°}{2} = 30{,}7°$ *wird eine neue Einflusstiefe berechnet:*

$$d_{s,1} = 3{,}2 \cdot \sin\left(45° + \frac{30{,}7°}{2}\right) \cdot e^{1{,}0533 \cdot \tan 30{,}7°} = 5{,}20 \ m$$

  *Damit werden die vorangegangenen Rechenschritte wiederholt:*

$$\overline{\varphi_1} = \frac{1{,}5 \cdot 32{,}5° + 3{,}7 \cdot 27{,}5°}{5{,}20} = 28{,}9°$$

$$\Delta_2 = \frac{30{,}7° - 28{,}9°}{30{,}7°} \cdot 100 = 5{,}9\% > 3\%$$

- *2. Iteration:*

$$\varphi_{m,2} = \frac{30{,}7° + 28{,}9°}{2} = 29{,}8°$$

$$d_{s,2} = 3{,}2 \cdot \sin\left(45° + \frac{29{,}8°}{2}\right) \cdot e^{1{,}0455 \cdot \tan 29{,}8°} = 5{,}04 \ m$$

$$\overline{\varphi_2} = \frac{1{,}5 \cdot 32{,}5° + 3{,}54 \cdot 27{,}5°}{5{,}04} = 29{,}0°$$

$$\Delta_3 = \frac{29{,}8° - 29{,}0°}{29{,}8°} \cdot 1{,}00 = 2{,}7\% < 3\%$$

  *Die Iteration kann abgebrochen werden.*

- *Der für die Grundbruchberechnung maßgebende Reibungswinkel beträgt:*

$$\varphi = \frac{29{,}8° + 29{,}0°}{2} = 29{,}4°$$

□ 2.16: Fortsetzung Beispiel 6: Fundamentbemessung (geschichteter Baugrund)

*Mit der Einflusstiefe* $d_s = 3,2 \cdot \sin\left(45° + \frac{29,4°}{2}\right) \cdot e^{1,0420 \cdot \tan 29,4°} = 5,0\ m$

*werden die gewogenen Mittelwerte berechnet:* Hierbei ist $c_k = c$

$$c = \frac{h_0 \cdot c_0 + h_1 \cdot c_1 + ... + h_n \cdot c_n}{d_s} = \frac{1,5 \cdot 0 + 3,5 \cdot 2}{5} = 1,4\ kN/m^2$$

$$\gamma_2 = \frac{h_0 \cdot \gamma_0 + h_1 \cdot \gamma_1 + ... + h_n \cdot \gamma_n}{d_s} = \frac{0,6 \cdot 19 + 0,9 \cdot 11 + 3,5 \cdot 10,5}{5,0} = 11,6\ kN/m^3$$

- *Grundbruchwiderstand:*

*Für $\varphi$ = 29,4° betragen die Beiwerte*

$$N_{c0} = 28,8\ ;\ \nu_c = \frac{1,491 \cdot 17,0 - 1}{17,0 - 1} = 1,522$$

$$N_{d0} = 17,0\ ;\ \nu_d = 1 + \sin 29,4° = 1,491$$

$$N_{b0} = 9,3\ ;\ \nu_b = 0,700$$

*Das ergibt einen Grundbruchwiderstand von*

$$R_{V,k} = 3,2^2 \cdot (1,4 \cdot 28,8 \cdot 1,522 + 19 \cdot 1,2 \cdot 17,0 \cdot 1,491 + 11,6 \cdot 3,2 \cdot 9,3 \cdot 0,700) = 9000\ kN$$

- *Weitere Vertikallasten:*

*(charakteristische) Fundamenteigenlast (für eine angenommene Fundamenthöhe von 1,0 m): $G_F = G_{F,k}$*

$$G_F = 25 \cdot 3,2^2 \cdot 1,0 = 256\ kN$$

*(charakteristische) Bodenauflast (exemplarisch; sonst für große Einbindetiefen): $G_B = G_{B,k}$*

$$G_B = 19\ \left(3,2^2 - 0,5^2\right) 0,2 = 38\ kN.$$

- *Sicherheitsnachweis:*

$$V_d = V_{G,k} \cdot \gamma_G + V_{Q,k} \cdot \gamma_Q = (2200 + 256 + 38) \cdot 1,35 + 1300 \cdot 1,50 = 5317\ kN$$

$$V_d = 5317\ kN < R_{V,d} = \frac{9000}{1,40} = 6429\ kN$$

*Die Sicherheit gegen Grundbruch ist gegeben.*

*Ausnutzungsgrad:* $\mu = \frac{5317}{6429} = 83\%$

**$\sigma_{0f}$**

Trägt man den Sohldruck $\sigma_{0f}$ im Grenzzustand der Belastung ($R_{v,k}$) über der Fundamentbreite auf, so ergibt sich für ein Streifenfundament eine Sohldruck-figur, die sich aus einem gleichmäßig verteilten Kohäsions- und Tiefenanteil und einem zur Mitte hin anwachsenden Breitenanteil zusammensetzt (□ 2.17).

□ 2.17: Beispiel: Sohldruckfigur im Grenzzustand der Belastung

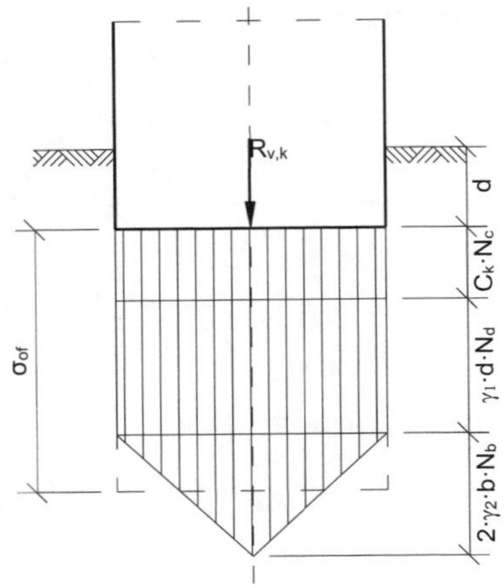


**Maßgebende Einbindetiefe**

**Kellerwände:** Bei Fundamenten unter Kellerwänden ist der Abstand von der Gründungssohle bis Oberkante Kellerfußboden als (kleinste) Einbindetiefe maßgebend, wenn das Ausweichen des Fundaments nach dieser Seite durch ausreichend dicke Kellerquerwände oder einen massiv ausgebildeten Kellerfußboden verhindert wird (□ 2.18 a).

**Nicht tragfähiger Boden:** Liegt über dem tragfähigen Boden eine Bodenschicht, deren Scherfestigkeit nicht in Rechnung gestellt werden kann, so sollte als maßgebende Einbindetiefe nur die Dicke des tragfähigen Bodens angesetzt werden (□ 2.18 b).

□ 2.18: Beispiele: Maßgebende Einbindetiefe bei a) Fundamenten unter Kellerwänden, b) nicht tragfähigem Boden

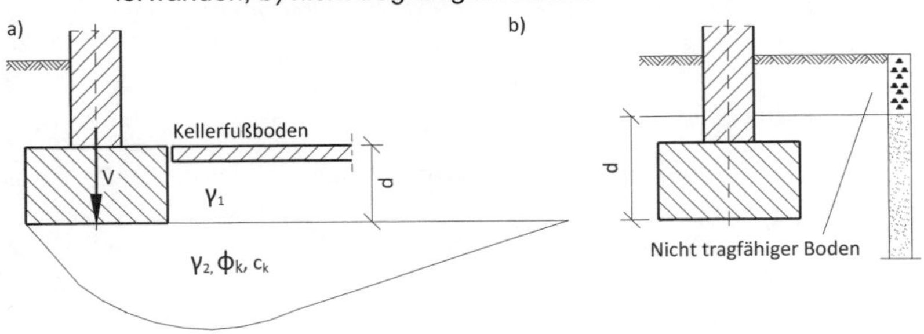


## 2.6.3 Grundbruchwiderstand bei schräger und / oder ausmittiger Belastung

Bei schräger und / oder ausmittiger Belastung bildet sich der Grundbruchkörper vor der Fundamentseite, auf der die Ausmittigkeit liegt bzw. auf welche die Last hinweist. Mit zunehmender Ausmittigkeit und Neigung der Last verschiebt er sich immer mehr zu dieser lastzugewandten Seite hin. Außerdem wird er flacher, und ein (unsymmetrischer) Bodenkeil bildet sich nur noch unter einem Teil des Fundaments aus (□ 2.19 a).

**Ausmittigkeit** Die Ausmittigkeit der Last wird rechnerisch nach DIN 4017, Abschnitt 7.2.7 dadurch erfasst, dass die tatsächliche Fundamentfläche durch eine rechnerische (reduzierte) Fläche (Ersatzfläche) nach der Gleichung

$$A' = b_x \cdot b_y = a' \cdot b' \qquad (2.28)$$

ersetzt wird, die symmetrisch zur Last liegt (*b*' < *a*'). Die rechnerische Länge a' und die rechnerische Breite *b*' ergeben sich

a) für den Fall □ 2.19 b) zu

$$a' = b'_x = b_x - 2 \cdot e_x \qquad (2.29)$$

bzw.

$$b' = b'_y = b_y - 2 \cdot e_y \qquad (2.30)$$

und

b) für den Fall □ 2.19 c) zu

$$b' = b'_x = b_x - 2 \cdot e_x \qquad (2.31)$$

bzw.

$$a' = b'_y = b_y - 2 \cdot e_y \qquad (2.32)$$

Groß- und Modellversuche haben ergeben, dass dieser Ansatz beträchtlich auf der sicheren Seite liegt (Dörken 1969).

□ 2.19: Grundbruch unter ausmittig belasteten Fundamenten bei einheitlicher Schichtung im Bereich des Grundbruchkörpers (aus DIN 4017)

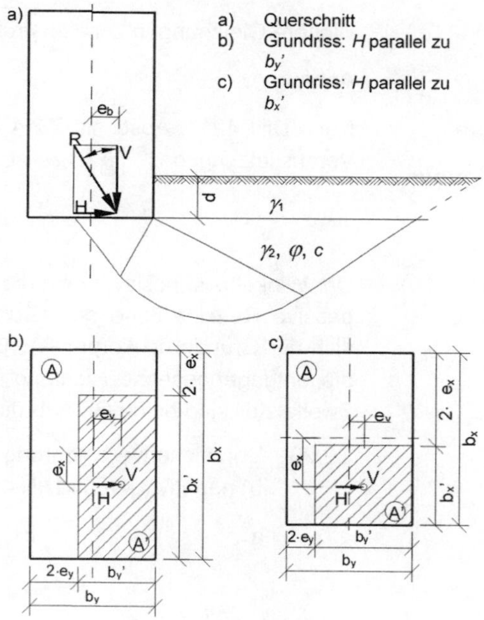


**Grundbruchkörper** Tiefe und Länge des Grundbruchkörpers □ 2.19 a) werden bei ausmittiger Belastung aus folgenden Gleichungen erhalten:

**a) Lotrechte, ausmittige Belastung ($e \neq 0$; $\delta_s = 0$):**

$$d_s = b' \cdot \sin(45 + \frac{\varphi}{2}) \cdot e^{(45+\frac{\varphi}{2}) \cdot \frac{\pi}{180} \cdot \tan\varphi} \qquad (2.33)$$

$$l_s = \frac{b'}{2} + b' \cdot \tan(45 + \frac{\varphi}{2}) \cdot e^{\frac{\pi}{2} \cdot \tan\varphi} \qquad (2.34)$$

**b) Schräge ausmittige Belastung ($e \neq 0$; $0 < \delta_s < \varphi$):**

$$d_s = b' \cdot \sin\vartheta_2 \cdot e^{\alpha_1 \cdot \tan\varphi_k} \qquad (2.35)$$

$$l_s = \frac{b'}{2} + \frac{b' \cdot 2 \cdot \cos\upsilon_1 \cdot \sin\vartheta_2}{\sin(90° - \varphi_k)} \cdot e^{\alpha_2 \cdot \tan\varphi_k} \qquad (2.36)$$

Hierin ist:

$\alpha$ siehe Gleichungen (2.24) und (2.25)

$$\vartheta_1 = 45° - \frac{\varphi_k}{2} \tag{2.37}$$

$$a = \frac{1 - \tan^2 \vartheta_1}{2 \cdot \tan \delta_s} \tag{2.38}$$

$$\tan \alpha_2 = a + \sqrt{a^2 - \tan^2 \vartheta_1} \tag{2.39}$$

$$\vartheta_2 = \alpha_2 - \vartheta_1 \mathrel{\hat{=}} \alpha_1 \tag{2.40}$$

Weitere Gleichungen zur Konstruktion des Gleitflächenbildes: siehe DIN 4017, Anhang A.

**Last-neigungs-**

Nach DIN 4017, Abschnitt 7.2.4 ergibt sich der Lastneigungswinkel unter der Voraussetzung, dass $|\delta| < \varphi_K$ ist, aus:

$$\tan \delta = \frac{T}{N} \tag{2.41}$$

Der Winkel $\delta$ ist positiv, wenn die Tangentialkomponente $T$ in Richtung auf die passive Rankine-Zone des Grundbruchkörpers weist (□ 2.20 a). Verschiebt sich der Grundbruchkörper – z. B. infolge unterschiedlicher Einbindetiefe – in die entgegengesetzte Richtung, so ist dieser Winkel negativ (□ 2.20 b). Im Zweifelsfall sind beide Grundbruchkörper zu untersuchen.

□ 2.20: Vorzeichenvereinbarung für den Lastneigungswinkel: a) positiv, b) negativ (gemäß DIN 4017)

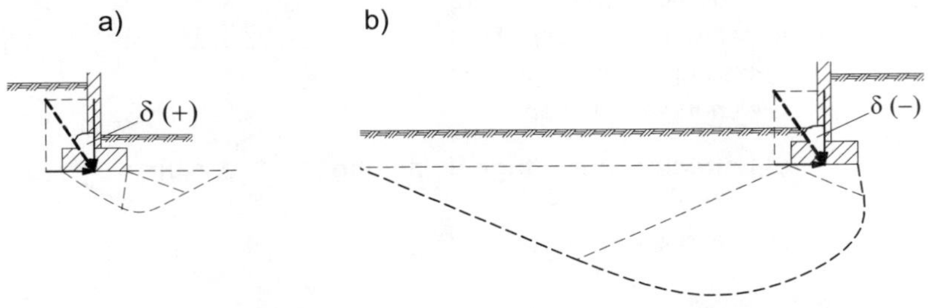


Die Lastneigungsbeiwerte $i_c$, $i_d$ und $i_b$ können nach DIN 4017, Abschnitt 7.2.4 in Abhängigkeit vom Lastneigungswinkel $\delta$ und dessen Vorzeichen (□ 2.20) aus □ 2.21 entnommen werden.

□ 2.21 Lastneigungsbeiwerte (aus DIN 4017)

| Fall | Lastneigungswinkel | $i_c$ | $i_b$ | $i_d$ |
|---|---|---|---|---|
| $\varphi > 0$ und $c \geq 0$ | $\delta > 0$ | $\frac{i_d \cdot N_{d0} - 1}{N_{d0} - 1}$ | $(1 - \tan\delta)^{m+1}$ | $(1 - \tan\delta)^{m}$ |
| | $\delta < 0$ | | $\cos\delta \cdot (1 - 0{,}04 \cdot \delta)^{(0{,}64 + 0{,}028 \cdot \varphi)}$ | $\cos\delta \cdot (1 - 0{,}0244 \cdot \delta)^{(0{,}03 + 0{,}04 \cdot \varphi)}$ |
| $\varphi = 0$ und $c \geq 0$ | $\delta > 0$ und $\delta < 0$ | $0{,}5 + 0{,}5 \cdot \sqrt{1 - \frac{T}{A' \cdot c}}$ | Entfällt, da $N_{b0} = 0$ | 1,0 |
| Winkel sind in Grad [°] einzusetzen. | | | | |

Der Exponent $m$ in □ 2.21 ergibt sich aus

$$m = m_a \cdot \cos^2 \omega + m_b \cdot \sin^2 \omega \qquad (2.42)$$

mit

$$m_a = \frac{\left(2 + \frac{a'}{b'}\right)}{\left(1 + \frac{a'}{b'}\right)} \qquad (2.43)$$

und

$$m_b = \frac{\left(2 + \frac{b'}{a'}\right)}{\left(1 + \frac{b'}{a'}\right)} \qquad (2.44)$$

□ 2.22: Zur lotrechten und zu den Seiten der Lastflächen schräg angreifende Kraft (gemäß DIN 4017)

$\omega$ ist der im Grundriss gemessene Winkel von $T$ gegenüber der Richtung von $a'$ (□ 2.22).

**$R_{V,k}$** Die normal auf die Sohlfläche wirkende Komponente des Grundbruchwiderstands $R_{V,k}$ ergibt sich bei ausmittiger und / oder schräger Belastung nach DIN 4017 aus der Gleichung:

$$R_{V,k} = a' \cdot b' \cdot \sigma_{0f} \text{ bzw.} \qquad (2.45)$$

$$R_{V,k} = a' \cdot b' \cdot (\underbrace{c_k \cdot N_{c0} \cdot \nu_c \cdot i_c}_{\text{Kohäsion}} + \underbrace{\gamma_1 \cdot d \cdot N_{d0} \cdot \nu_d \cdot i_d}_{\text{Gründungstiefe}} + \underbrace{\gamma_2 \cdot b' \cdot N_{b0} \cdot \nu_b \cdot i_b}_{\text{Fundamentbreite}})$$

Einfluss der Kohäsion, Gründungstiefe, Fundamentbreite

Hierin sind die Bezeichnungen wie in Gleichung (2.20) zu verwenden. Außerdem ist:

$b'$ rechnerische (reduzierte) Breite des Gründungskörpers bzw. Durchmesser des Kreisfundaments, $b' < a'$ (siehe □ 2.19 b) und c) sowie Gleichungen (2.37) bis (2.38), *a'* rechnerische (reduzierte) Länge des Gründungskörpers (siehe □ 2.19 b) und c) sowie Gleichungen (2.37) bis (2.40),

$i_{c,d,b}$ Lastneigungsbeiwerte (□ 2.21).

⇒ Berechnungsbeispiele: □ 2.23 bis □ 2.25

□ 2.23: Beispiel 7: Schräge und ausmittige Belastung (homogener Baugrund)

***Geg.:** Bemessungssituation BS-P,*

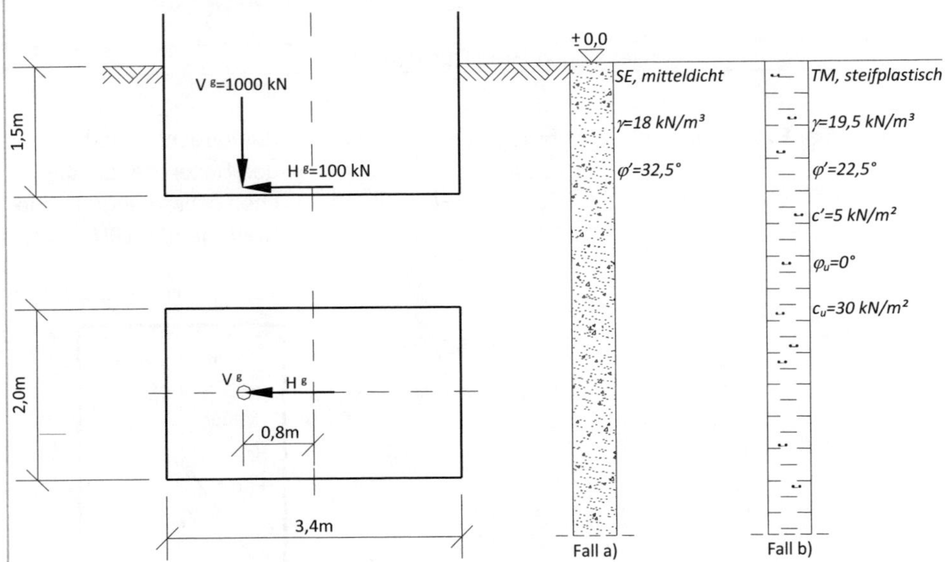


$V^g = V_{G,k}$ *bzw.* $V^p = V_{Q,k}$ *und* $H^g = T_{G,k} = H_{G,k}$ *bzw.* $H^p = H_{Q,k} = T_{Q,k}$

***Ges.**: Überprüfung der Sicherheit gegen Grundbruch.*

***Lösung:***

*Die angegebenen Werte können als charakteristische Werte betrachtet werden.*

*Ersatzfläche:* $2{,}0 - 0 = 2{,}0 \ m \hat{=} a'$

$3{,}4 - 2 \cdot 0{,}8 = 1{,}8 \ m \hat{=} b'$

*Die H-Kraft greift parallel zur kleineren Seite an.*

*Neigung der Resultierenden R:*

$$\tan\delta = \frac{H}{V} = \frac{100}{1000} = 0{,}100; \ \delta > 0$$

***Fall a)*** *Beiwerte:* $N_{d0} = 25; \ \nu_d = 1 + \frac{1{,}8}{2{,}0} \cdot \sin 32{,}5° = 1{,}484$

□ 2.23: Fortsetzung Beispiel 7: Schräge und ausmittige Belastung (homogener Baugrund)

*Die Neigungsbeiwerte sind für*

- *H parallel b'*
- *$\varphi_u = 0$; $c_u > 0$; $\delta > 0$; $\omega = 90°$ zu ermitteln:*

$$i_d = 1$$

$$i_c = 0,5 + 0,5 \cdot \sqrt{1 - \frac{H}{A' \cdot c_u}} = 0,5 + 0,5 \cdot \sqrt{1 - \frac{100}{2,0 \cdot 1,8 \cdot 30}} = 0,5 + 0,5 \cdot 0,272 = 0,636$$

***Grundbruchwiderstand:***

$$R_{V,k} = 2,0 \cdot 1,8 \cdot (30 \cdot 5,14 \cdot 1,180 \cdot 0,636 + 19,5 \cdot 1,5 \cdot 1,0 \cdot 1,000 \cdot 1,0 + 0) = 522 \quad kN$$

*Nachweis der Grundbruchsicherheit (Bemessungssituation BS-T):*

$$V_d = 1000 \cdot 1,20 = 1200 \quad kN$$

$$R_{V,d} = \frac{522}{1,30} = 402 \quad kN$$

*Damit wird*

$$V_d = 1200 \ kN > R_{V,d} = 402 \ kN,$$

*so dass Sicherheit gegen Grundbruch nicht gegeben ist.*

***Endstandsicherheit ($\varphi_k = \varphi'$, $c_k = c'$):***

*Beiwerte:* $N_{c0} = 17,5; \quad \nu_c = \frac{1,344 \cdot 8,0 - 1}{8,0 - 1} = 1,393$

$$N_{d0} = 8,0; \quad \nu_d = 1 + \frac{1,8}{2,0} \cdot \sin 22,5° = 1,344$$

$$N_{b0} = 3,0; \quad \nu_b = 1 - 0,3 \cdot \frac{1,8}{2,0} = 0,730$$

*Die Neigungsbeiwerte sind für*

- *H parallel b'*
- *$\varphi' > 0$; $c' \geq 0$; $\delta > 0$; $\omega = 90°$ zu ermitteln:*

*m = 1,526 (s. Fall a)*

*$i_d$ = 0,852*

*$i_b$ = 0,766;* $i_c = \frac{0,852 \cdot 8,0 - 1}{8,0 - 1} = 0,831$

□ 2.23: Fortsetzung Beispiel 7: Schräge und ausmittige Belastung (homogener Baugrund)

***Grundbruchwiderstand:***

$$R_{V,k} = 2{,}0 \cdot 1{,}8 \cdot (5 \cdot 17{,}5 \cdot 1{,}393 \cdot 0{,}831 + 19{,}5 \cdot 1{,}5 \cdot 8{,}0 \cdot 1{,}344 \cdot 0{,}852 + $$
$$+ 19{,}5 \cdot 1{,}8 \cdot 3{,}0 \cdot 0{,}730 \cdot 0{,}766)$$
$$= 1541 \quad kN$$

*Nachweis der Grundbruchsicherheit (Bemessungssituation BS-P):*

$$V_d = 1000 \cdot 1{,}35 = 1350 \quad kN$$

$$R_{V,d} = \frac{1541}{1{,}40} = 1101 \quad kN$$

*Damit wird*

$$V_d = 1350 \;\; kN > R_{V,d} = 1101 \;\; kN,$$

*so dass auch hier keine Sicherheit gegen Grundbruch gegeben ist.*

□ 2.24: Beispiel 8: Schräge und ausmittige Belastung (homogener Baugrund)

***Geg.:*** *Bauwerks- und Baugrundverhältnisse wie im vorangehenden Beispiel; jedoch Ausmittigkeit e = 0,30 m.*

***Ges.:*** *Überprüfung der Sicherheit gegen Grundbruch.*

***Lösung:***

*Ersatzfläche:*

$$2{,}0 - 0 = 2{,}0 \mathrel{\hat{=}} b'$$

$$3{,}4 - 2 \cdot 0{,}30 = 2{,}8 \;\; m \mathrel{\hat{=}} a'$$

*Die H-Kraft greift parallel zur größeren Seite an. Neigung der Resultierenden R:*

$$\tan\delta = \frac{H}{V} = \frac{100}{1000} = 0{,}100; \;\; \delta > 0$$

***Fall a)***

*Beiwerte:*

$$N_{d0} = 25; \;\; \nu_d = 1 + \frac{1{,}8}{2{,}8} \cdot \sin 32{,}5° = 1{,}384$$

$$N_{b0} = 15; \;\; \nu_b = 1 - 0{,}3 \cdot \frac{1{,}8}{2{,}8} = 0{,}786$$

*Die Neigungsbeiwerte sind für*

- *H parallel a'*

□ 2.24: Fortsetzung Beispiel 8: Schräge und ausmittige Belastung (homogener Baugrund)

- *$\varphi' > 0$; $c' \geq 0$; $\delta > 0$; $\omega = 0°$ zu ermitteln:*

$$m_a = \frac{2 + \frac{a'}{b'}}{1 + \frac{a'}{b'}} = \frac{2 + \frac{2,8}{2,0}}{1 + \frac{2,8}{2,0}} = 1,417$$

$$m = m_a \cdot \cos^2 \omega + m_b \cdot \sin^2 \omega = 1,417 \cdot 1,0 + 0 = 1,417$$

*Damit wird:*

$$i_d = (1 - \tan \delta)^m = (1 - 0,1)^{1,417} = 0,861$$

$$i_b = (1 - \tan \delta)^{m+1} = (1 - 0,1)^{2,471} = 0,775$$

*Grundbruchwiderstand:*

$$R_{V,k} = 2,8 \cdot 2,0 \cdot (0 + 18 \cdot 1,5 \cdot 25 \cdot 1,384 \cdot 0,861 + 18 \cdot 2,0 \cdot 15 \cdot 0,786 \cdot 0,775) = 6346 \ kN$$

*Nachweis der Grundbruchsicherheit:*

$$V_d = 1000 \cdot 1,35 = 1350 \ kN$$

$$R_{V,d} = \frac{6346}{1,40} = 4533 \ kN$$

*Damit wird*

$V_d = 1350 \ kN < R_{V,d} = 4533 \ kN$, *so dass Sicherheit gegen Grundbruch gegeben ist.*

***Fall b)***

***Anfangsstandsicherheit ($\varphi_k = \varphi_u$, $c_k = c_u$):***

*Beiwerte:* $N_{c0} = 5,14$; $\nu_c = 1 + 0,2 \cdot \frac{2,0}{2,8} = 1,143$

$N_{d0} = 1,0$; $\nu_d = 1 + \frac{2,0}{2,8} \cdot \sin 0° = 1,000$

$N_{b0} = 0$;

$\nu_b$ *: nicht erforderlich*

*Die Neigungsbeiwerte sind für*

- *H parallel a'*
- *$\varphi_u = 0$; $c_u > 0$; $\delta > 0$; $\omega = 0°$ zu ermitteln:*

$i_d = 1$

□ 2.24: Fortsetzung Beispiel 8: Schräge und ausmittige Belastung (homogener Baugrund)

$$i_c = 0,5 + 0,5\sqrt{1 - \frac{H}{A' \cdot c_u}} = 0,5 + 0,5\sqrt{1 - \frac{100}{2,8 \cdot 2,0 \cdot 30}} = 0,5 + 0,5 \cdot 0,636 = 0,818$$

*Grundbruchwiderstand:*

$$R_{V,k} = 2,8 \cdot 2,0 \cdot (30 \cdot 5,14 \cdot 1,143 \cdot 0,818 + 19,5 \cdot 1,5 \cdot 1,0 \cdot 1,0 \cdot 1,0 + 0) = 970 \quad kN$$

*Nachweis der Grundbruchsicherheit (Bemessungssituation BS-T):*

$$V_d = 1000 \cdot 1,20 = 1200 \quad kN; \qquad R_{V,d} = \frac{970}{1,30} = 746 \quad kN$$

*Damit wird*

$$V_d = 1200 \ kN > R_{V,d} = 746 \ kN,$$

*so dass Sicherheit gegen Grundbruch nicht gegeben ist.*

***Endstandsicherheit ($\varphi_k = \varphi'$, $c_k = c'$):***

*Beiwerte:* $N_{c0} = 17,5; \; \nu_c = \frac{1273 \cdot 8,0 - 1}{8,0 - 1} = 1,312$

$$N_{d0} = 8,0; \; \nu_d = 1 + \frac{2,0}{2,8} \cdot \sin 22,5° = 1,273$$

$$N_{b0} = 3,0; \; \nu_b = 1 - 0,3 \cdot \frac{2,0}{2,8} = 0,786$$

*Die Neigungsbeiwerte sind für*

- *H parallel a'*
- *$\varphi' > 0$; $c' \geq 0$; $\delta > 0$; $\omega = 90°$ zu ermitteln:*

  *m = 1,417 (s. Fall a)*

  $i_d = 0,861$

  $i_b = 0,775$

  $$i_c = \frac{0,861 \cdot 8,0 - 1}{8,0 - 1} = 0,841$$

**Grundbruchwiderstand:**

$$R_{V,k} = 2,8 \cdot 2,0 \cdot (5 \cdot 17,5 \cdot 1,312 \cdot 0,841 + 19,5 \cdot 1,5 \cdot 8,0 \cdot 1,273 \cdot 0,861 + 19,5 \cdot 2,0 \cdot 3,0 \cdot 0,786 \cdot 0,775) = 2376 \quad kN$$

*Nachweis der Grundbruchsicherheit (Bemessungssituation BS-P):*

□ 2.24: Fortsetzung Beispiel 8: Schräge und ausmittige Belastung (homogener Baugrund)

$V_d = 1000 \cdot 1{,}35 = 1350 \quad kN$ ; $\qquad R_{V,d} = \frac{2376}{1{,}40} = 1697 \quad kN$

*Damit wird*

$V_d = 1350 \ kN < R_{V,d} = 1697 \ kN$,

*so dass in diesem Fall Sicherheit gegen Grundbruch gegeben ist.*

□ 2.25: Beispiel 9: Nachweis der Sicherheit gegen Grundbruch

***Geg.:*** *Bemessungssituation BS-P,*

$V^g = V_{G,k}$

$V^p = V_{Q,k}$ *und*

$H^g = T_{G,k} = H_{G,k}$

$H^p = H_{Q,k} = T_{Q,k}$

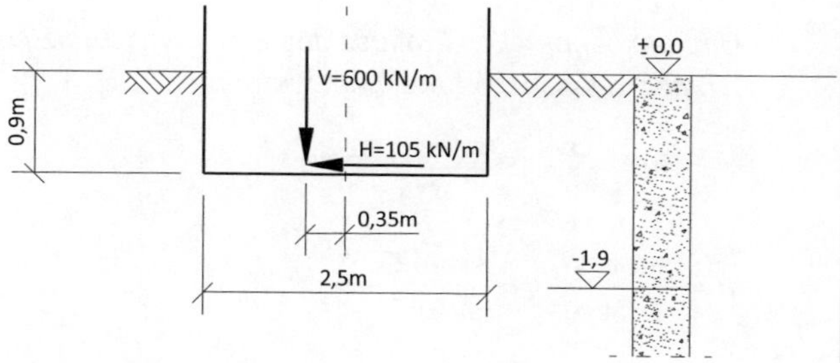


*Charakteristische*

*Bodenkennwerte:*

$\varphi_k' = 35°$; $\gamma_k = 19 \ kN/m^3$;

$\gamma_k' = 11 \ kN/m^3$

***Fall 1:*** *ständige Lasten:* $V = V^g = 600 \ kN/m$; $H = H^g = 105 \ kN/m$

*veränderliche Lasten: entfallen*

***Fall 2:*** *ständige Lasten:* $V^g = 500 \ kN/m$; $H^g = 80 \ kN/m$

*veränderliche Lasten:* $V^p = 100 \ kN/m$; $H^p = 25 \ kN/m$

$V^p$, $H^p$ *stammen aus der gleichen Ursache*

***Ges.:*** *Sicherheit gegen Grundbruch*

***Lösung:***

***Fall 1:*** *Ausmittigkeit der Resultierenden:* $e^g_{vorh} = 0{,}35 \ m < \frac{b}{3} = 0{,}83 \ m$

*Reduzierte Breite:* $b' = 2{,}50 - 2 \cdot 0{,}35 = 1{,}80 \ m$

*Beiwerte:*

$N_{d0} = 33$; $\nu_d = 1{,}0$ *(Streifenfundament)*

$N_{b0} = 23$; $\nu_b = 1{,}0$ *(Streifenfundament)*

□ 2.25: Fortsetzung Beispiel 9: Nachweis der Sicherheit gegen Grundbruch

*Neigungsbeiwerte für den Fall*

- *H parallel b';*
- *$\varphi' > 0$; $c' \geq 0$; $\delta > 0$; $\omega = 90°$*

$$\tan\delta = \frac{H}{V} = \frac{105}{600} = 0{,}175;\ \ \delta > 0$$

*Mit m = 2 (Streifenfundament) wird*

$$i_\mathrm{d} = (1-0{,}175)^2 = 0{,}681$$

$$i_\mathrm{b} = (1-0{,}175)^{2+1} = 0{,}562$$

*Um den eventuellen Einfluss des Grundwassers zu überprüfen, muss die Tiefe der Grundbruchscholle berechnet werden:*

$$\vartheta_\mathrm{a} = 45° - \frac{\varphi}{2} = 45° - \frac{35°}{2} = 27{,}5°$$

$$a = \frac{1-\tan^2\vartheta_1}{2\cdot\tan\delta_\mathrm{s}} = \frac{1-\tan^2 27{,}5°}{2\cdot 0{,}175} = 2{,}083$$

$$\tan\alpha_2 = a + \sqrt{a^2 - \tan^2\vartheta_1} = 2{,}083 + \sqrt{2{,}083^2 - \tan^2 27{,}5°} = 4{,}10 \rightarrow \alpha_2 = 76{,}3°$$

$$\vartheta_2 = \alpha_2 - \vartheta_1 = 76{,}3° - 27{,}5° = 48{,}8° \mathrel{\hat{=}} \alpha_1$$

*Damit wird*

$$d_\mathrm{s} = b'\cdot\sin\vartheta_2\cdot e^{\alpha_1\cdot\tan\varphi} = 1{,}80\cdot\sin 48{,}8°\cdot e^{0{,}852\cdot\tan 35°} = 2{,}46\ \ m$$

*und* $\gamma_{2,\mathrm{m}} = \frac{19{,}0\cdot 1{,}0 + 11{,}0\cdot 1{,}46}{2{,}46} = 14{,}25\ \ kN/m^3$

*Grundbruchwiderstand:*

$$R_{V,k} = 1{,}8\cdot(0 + 19\cdot 0{,}9\cdot 33\cdot 1{,}0\cdot 0{,}681 + 14{,}25\cdot 1{,}8\cdot 23\cdot 1{,}0\cdot 0{,}562) = 1289\ \ kN/m$$

*Nachweis der Grundbruchsicherheit (Bemessungssituation BS-P):*

$V_d = 600\cdot 1{,}35 + 0 = 810\ \ kN/m$; $\qquad R_{V,d} = \frac{1289}{1{,}40} = 921\ \ kN/m$

*Damit wird* $V_d = 810\ \ kN/m < R_{V,d} = 921\ \ kN/m$

*⇒ Sicherheit gegen Grundbruch ist gegeben.*

*Ausnutzungsgrad:* $\mu = \frac{810}{921} = 88\%$

□ 2.25: Fortsetzung Beispiel 9: Nachweis der Sicherheit gegen Grundbruch

***Fall 2:*** *Die aus der gleichen Ursache herrührenden veränderlichen Lasten wirken insgesamt ungünstig, so dass keine besonderen Untersuchungen der Lastkombinationen erforderlich sind.*

*Ausmittigkeit der Resultierenden:* $e^{g+p}{}_{vorh} = 0{,}35\ m < \frac{b}{3} = 0{,}83\ m$

*Reduzierte Breite:* $b' = 2{,}50 - 2 \cdot 0{,}35 = 1{,}80\ m$

*Beiwerte:* $N_{d0} = 33;\ \nu_d = 1{,}0$ *(Streifenfundament)*

$N_{b0} = 23;\ \nu_b = 1{,}0$ *(Streifenfundament)*

*Neigungsbeiwerte für den Fall*

- *H parallel b';*
- $\varphi' > 0;\ c' \geq 0;\ \delta > 0;\ \omega = 90°$

$$\tan\delta = \frac{T_{G,k} + T_{Q,k}}{V_{G,k} + V_{Q,k}} = \frac{80 + 25}{500 + 100} = 0{,}175;\ \delta > 0$$

$i_d = 0{,}681$ *(s. Fall 1)*

$i_b = 0{,}562$ *(s. Fall 1)*

*Tiefe der Grundbruchscholle:*

$d_s = 2{,}46\ m$ *(s. Fall 1)*

*Damit wird*

$\gamma_{2,m} = 14{,}25\ kN/m^3$ *(s. Fall 1)*

*Grundbruchwiderstand:*

$R_{V,k} = 1289\ kN/m$

*Nachweis der Grundbruchsicherheit (Bemessungssituation BS-P):*

$$V_d = 500 \cdot 1{,}35 + 100 \cdot 1{,}50 = 825\ kN/m\ ;\ R_{V,d} = \frac{1289}{1{,}40} = 921\ kN\,7\,m$$

*Damit wird:*

$V_d = 825\ kN/m < R_{V,d} = 921\ kN/m \Rightarrow$ *Sicherheit gegen Grundbruch gegeben ist.*

*Ausnutzungsgrad:* $\mu = \frac{825}{921} = 90\%$

□ 2.25: Fortsetzung Beispiel 9: Nachweis der Sicherheit gegen Grundbruch

***Fall 2:*** *Die aus der gleichen Ursache herrührenden veränderlichen Lasten wirken insgesamt ungünstig, so dass keine besonderen Untersuchungen der Lastkombinationen erforderlich sind.*

*Ausmittigkeit der Resultierenden:* $e^{g+p}_{vorh} = 0{,}35\ m < \frac{b}{3} = 0{,}83\ m$

*Reduzierte Breite:* $b' = 2{,}50 - 2 \cdot 0{,}35 = 1{,}80\ m$

*Beiwerte:* $N_{d0} = 33;\ \nu_d = 1{,}0$ *(Streifenfundament)*

$N_{b0} = 23;\ \nu_b = 1{,}0$ *(Streifenfundament)*

*Neigungsbeiwerte für den Fall*

- *H parallel b';*
- $\varphi' > 0;\ c' \geq 0;\ \delta > 0;\ \omega = 90°$

$$\tan\delta = \frac{T_{G,k} + T_{Q,k}}{V_{G,k} + V_{Q,k}} = \frac{80 + 25}{500 + 100} = 0{,}175;\ \delta > 0$$

$i_d = 0{,}681$ *(s. Fall 1)*

$i_b = 0{,}562$ *(s. Fall 1)*

*Tiefe der Grundbruchscholle:*

$d_s = 2{,}46\ m$ *(s. Fall 1)*

*Damit wird*

$\gamma_{2,m} = 14{,}25\ kN/m^3$ *(s. Fall 1)*

*Grundbruchwiderstand:*

$R_{V,k} = 1289\ kN/m$

*Nachweis der Grundbruchsicherheit (Bemessungssituation BS-P):*

$V_d = 500 \cdot 1{,}35 + 100 \cdot 1{,}50 = 825\ kN/m$ ; $R_{V,d} = \frac{1289}{1{,}40} = 921\ kN7m$

*Damit wird:*

$V_d = 825\ kN/m < R_{V,d} = 921\ kN/m \Rightarrow$ *Sicherheit gegen Grundbruch ist gegeben.*

*Ausnutzungsgrad:* $\mu = \frac{825}{921} = 90\%$

## 2.6.4 Sonderfälle

**Geländeneigung**

Eine Geländeneigung (□ 2.26) wird nach DIN 4017: Abschnitt 7.2.5 mit Hilfe von Geländeneigungsbeiwerten (□ 2.27) erfasst, die vom Geländeneigungswinkel $\beta$ abhängen. Sie gelten unter der Voraussetzung, dass $\beta < \varphi$ ist und für Gründungskörper, deren Längsachse etwa parallel zur Böschungskante verläuft (□ 2.26). Für $\beta > \varphi$ und $c >> 0$ ist eine Geländebruchuntersuchung nach DIN 4084 durchzuführen (Rechenbeispiel □ 2.28).

□ 2.26: Formelzeichen bei Grundbruch unter einem ausmittig und schräg belasteten Streifenfundament in geneigtem Gelände (aus DIN 4017)

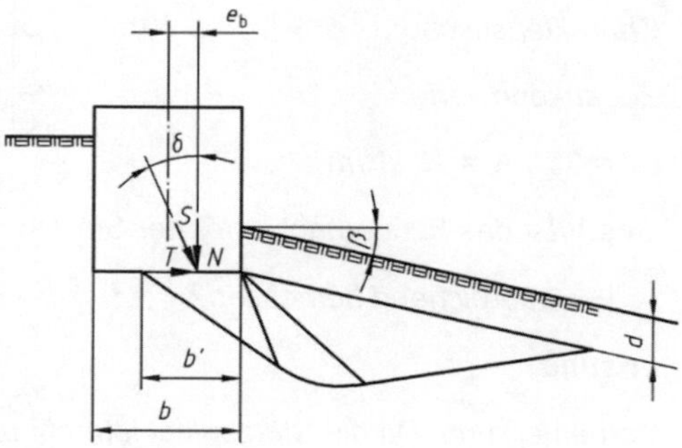


Hierbei gilt: $\varphi_k = \varphi$, $c_k = c$

□ 2.27: Geländeneigungsbeiwerte (aus DIN 4017)

| Fall | $\lambda_c$ | $\lambda_d$ | $\lambda_b$ |
|---|---|---|---|
| $\varphi > 0$ und $c \geq 0$ | $\frac{N_{d0} \cdot e^{-0{,}0349 \cdot \beta \cdot \tan\varphi} - 1}{N_{d0} - 1}$ | $(1 - \tan\beta)^{1{,}9}$ | $(1 - 0{,}5 \cdot \tan\beta)^6$ |
| $\varphi = 0$ und $c \geq 0$ | $1 - 0{,}4 \cdot \tan\beta$ | 1,0 | Entfällt, da $N_{b0} = 0$ |
| Winkel sind in [°] einzusetzen. | | | |

Mit den Geländeneigungsbeiwerten werden die drei Summanden in der Gleichung für den Grundbruchwiderstand (2.45) multipliziert (2.46):

$$R_{V,k} = a' \cdot b' \cdot \sigma_{0f} \text{ bzw.} \tag{2.46}$$

$$R_{V,k} = a' \cdot b' \cdot (c_k \cdot N_{c0} \cdot \nu_c \cdot i_c \cdot \lambda_c + \gamma_1 \cdot d \cdot N_{d0} \cdot \nu_d \cdot i_d \cdot \lambda_d + \gamma_2 \cdot b' \cdot N_{b0} \cdot \nu_b \cdot i_b \cdot \lambda_b)$$

□ 2.28: Beispiel 10: Fundament an einer Böschung

***Geg.:*** *Bemessungssituation BS-P,*

$V^g = V_{G,k}$

$V^p = V_{Q,k}$

*GE, mitteldicht*

*Charakteristische Bodenkennwerte:*

$\varphi_k' = 35°$; $\gamma_k = 18\ kN/m^3$;

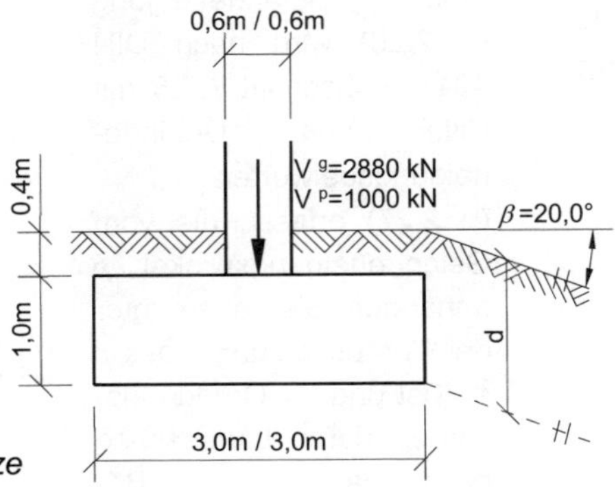


***Ges.:*** *Ist das Fundament unter der Stütze ausreichend bemessen?*

***Lösung:***

*Vorbemerkung: Da die Stützenlast lotrecht und mittig angreift, entfallen die Nachweise gegen Kippen und Gleiten. Der Standsicherheitsnachweis erfolgt nach Grundbruch-Kriterien.*

*Fundamenteigenlast:*

$$G_F = 25 \cdot 3{,}0^2 \cdot 1{,}0 = 225\ kN$$

*Bodenauflast:*

$$G_B = 18 \cdot \left(3{,}0^2 - 0{,}6^2\right) 0{,}4 = 62\ kN$$

***Grundbruchwiderstand:***

*Beiwerte:*

$$N_{d0} = 33;\ \nu_d = 1 + \sin 35° = 1{,}574;$$

$$N_{b0} = 23;\ \nu_b = 0{,}700$$

*Geländeneigungsbeiwerte für den Fall* $\varphi' > 0$:

$$\lambda_d = (1 - \tan\beta)^{1,9} = (1 - \tan 20°)^{1,9} = 0{,}423$$

$$\lambda_b = (1 - 0{,}5 \cdot \tan\beta)^6 = (1 - 0{,}5 \cdot \tan 20°)^6 = 0{,}300$$

*Definition der Einbindetiefe: siehe Aufgabenstellung.*

$$R_{V,k} = 3{,}0^2 \cdot (0 + 18 \cdot 1{,}4 \cdot 33 \cdot 1{,}574 \cdot 0{,}423 + 18 \cdot 3{,}0 \cdot 23 \cdot 0{,}7 \cdot 0{,}300) = 7331\ kN$$

*Nachweis der Grundbruchsicherheit (Bemessungssituation BS-P):*

$$V_d = (2880 + 225 + 62) \cdot 1{,}35 + 1000 \cdot 1{,}50 = 5776\ kN$$

□ 2.28: Fortsetzung Beispiel 10: Fundament an einer Böschung

$$R_{V,d} = \frac{7331}{1,40} = 5236 \quad kN$$

*Damit wird*

$$V_d = 5776 \; kN > R_{V,d} = 5236 \; kN$$

*Ausnutzungsgrad:* $\mu = \frac{5776}{5236} = 1{,}10 = 110\%$

*Der Einfluss der Geländeneigung verringert den Widerstand so stark, dass keine ausreichende Sicherheit gegeben ist.*

**Berme**

Zur Berücksichtigung der Breite einer Berme *s* eines Fundaments an einer Böschung (□ 2.29) ist nach DIN 4017, Abschnitt 7.2.8 der Grundbruchwiderstand nach den Gleichungen (2.20) bzw. (2.46) in Verbindung mit den Geländeneigungsbeiwerten nach (□ 2.27) und einer Ersatzeinbindetiefe *d'* nach Gleichung (2.47) zu führen (Rechenbeispiel □ 2.30).

□ 2.29: Berücksichtigung der Bermenbreite (aus DIN 4017)

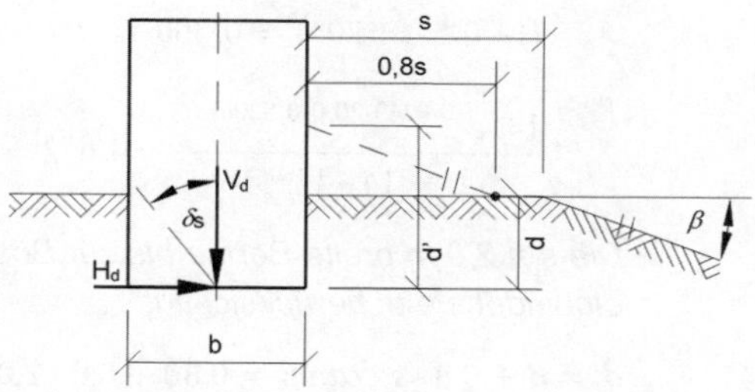


$$d' = d + 0,8 \cdot s \cdot \tan \beta \qquad (2.47)$$

Eine Vergleichsrechnung mit $\beta = 0$ und $d' = d$ ist erforderlich. Der kleinere Wert für den Grundbruchwiderstand ist maßgebend.

□ 2.30: Beispiel 11: Einzelfundament neben einer Böschung (Berücksichtigung der Bermenbreite)

***Geg.:*** *Bemessungssituation BS-P,*

$V^g = V_{G,k}$

$V^p = V_{Q,k}$

*UL, steif plastisch*

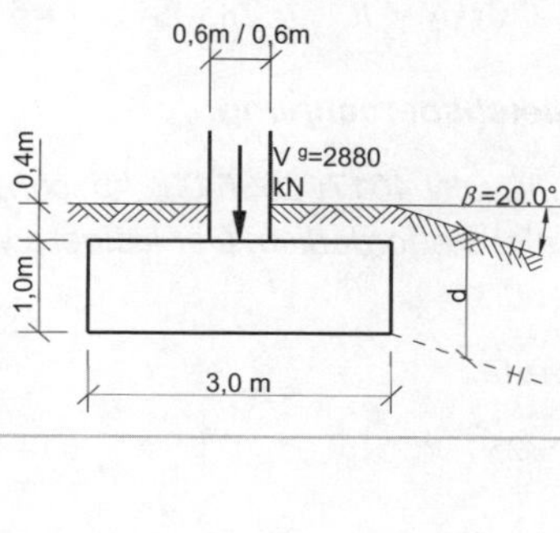

□ 2.30: Fortsetzung Beispiel 11: Einzelfundament neben einer Böschung (Berücksichtigung der Bermenbreite)

*Charakteristische Bodenkennwerte:* $\varphi_k' = 27{,}5°$; $c_{k'} = 2\ kN/m^2$; $\gamma_k = 20{,}5\ kN/m^3$

***Ges.:*** *Für das Streifenfundament in der Nähe einer Böschung ist die Sicherheit gegen Grundbruch zu überprüfen.*

***Lösung:***

*Beiwerte:*

$N_{c0} = 25\ ;\ \nu_c = 1{,}0$

$N_{d0} = 14\ ;\ \nu_d = 1{,}0$

$N_{b0} = 7\ ;\ \nu_b = 1{,}0$

$\lambda_d = (1 - \tan 20°)^{1,9} = 0{,}423$

$\lambda_b = (1 - 0{,}5 \cdot \tan 20°)^6 = 0{,}300$

$$\lambda_c = \frac{14 \cdot e^{-0,0349 \cdot 20,0 \cdot 0,5206} - 1}{14 - 1} = 0{,}672$$

*Die s = 2,0 m breite Berme bis zur Böschung wird durch Einführen einer Ersatz-einbindetiefe d' berücksichtigt:*

$d' = d + 0{,}8 \cdot s \cdot \tan\beta = 0{,}80 + 0{,}8 \cdot 2{,}0 \cdot \tan 20° = 1{,}38\ m$

***Grundbruchwiderstand:***

$R_{V,k} = 1{,}5 \cdot (2 \cdot 25 \cdot 1{,}0 \cdot 0{,}672 + 20{,}5 \cdot 1{,}38 \cdot 14 \cdot 1{,}0 \cdot 0{,}423 + 20{,}5 \cdot 1{,}5 \cdot 7 \cdot 1{,}0 \cdot 0{,}300)$
$= 399\ kN/m$

*Nachweis der Grundbruchsicherheit (Bemessungssituation BS-P):*

$$V_d = 200 \cdot 1{,}35 = 270\ kN\ ;\ R_{V,d} = \frac{399}{1{,}40} = 285\ kN$$

*Damit wird*

$V_d = 270\ kN < R_{V,d} = 285\ kN$ *Es ist Sicherheit gegen Grundbruch gegeben.*

***Vergleichsberechnung:***

*Gemäß DIN 4017: 2006-03, Abschn. 7.2.8 ist eine Vergleichsrechnung mit $\beta = 0$ und d' = d erforderlich. Der kleinere Wert für den Grundbruchwiderstand ist maßgebend.*

*Beiwerte:*

$N_{c0} = 25\ ;\ \nu_c = 1{,}0\ ;$ $N_{d0} = 14\ ;\ \nu_d = 1{,}0\ ;$ $N_{b0} = 7\ ;\ \nu_b = 1{,}0$

□ 2.30: Fortsetzung Beispiel 11: Einzelfundament neben einer Böschung (Berücksichtigung der Bermenbreite)

*Mit $\beta = 0$ wird $\lambda_c = \lambda_d = \lambda_b = 1{,}0$*

*Grundbruchwiderstand:*

$$R_{V,k} = 1{,}5 \cdot (2 \cdot 25 \cdot 1{,}0 \cdot 1{,}0 + 20{,}5 \cdot 0{,}8 \cdot 14 \cdot 1{,}0 \cdot 1{,}0 + 20{,}5 \cdot 1{,}5 \cdot 7 \cdot 1{,}0 \cdot 1{,}0)$$

$$= 742 \ kN/m$$

*Dieser Grundbruchwiderstand ist größer als der zuvor berechnete und somit nicht maßgebend.*

**Sohlneigung** Bei der Berechnung des Grundbruchwiderstands wird der Einfluss der schrägen Sohlfläche nach DIN 4017, Abschnitt 7.2.6 durch Sohlneigungsbeiwerte $\xi_c$, $\xi_d$ und $\xi_b$ berücksichtigt (□ 2.31). Die Sohlneigungsbeiwerte sind in Abhängigkeit vom Neigungswinkel $\alpha$ der Sohlfläche und dem Reibungswinkel $\varphi$ des Bodens der Tabelle □ 2.32 zu entnehmen. Hierbei gilt: $\varphi_k = \varphi$.

□ 2.31: Vorzeichenvereinbarung für den Sohlneigungswinkel $\alpha$ (aus DIN 4017)

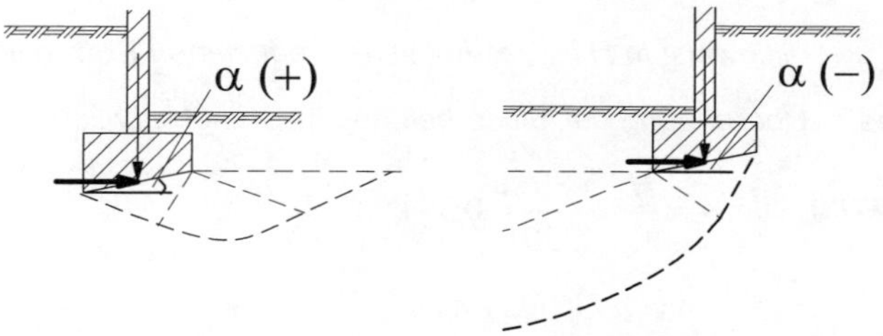


Außerdem ist $\alpha$ mit dem Vorzeichen nach □ 2.31 einzusetzen. Der Winkel $\alpha$ ist positiv, wenn die Horizontalkomponente $N_h$ (= $H_k$ = $T_k$) in Richtung der passiven Rankine-Zone zeigt (□ 2.31 a); verschiebt sich der Grundbruchkörper in die entgegengesetzte Richtung, so ist dieser Winkel negativ (□ 2.31 b). Im Zweifelsfall sind beide Grundbruchkörper zu untersuchen.

□ 2.32: Sohlneigungsbeiwerte (aus DIN 4017)

| Fall | $\xi_c$ | $\xi_d$ | $\xi_b$ |
|---|---|---|---|
| $\varphi > 0$ und $c \geq 0$ | $e^{-0{,}045 \cdot \alpha \cdot \tan\varphi}$ | $e^{-0{,}045 \cdot \alpha \cdot \tan\varphi}$ | $e^{-0{,}045 \cdot \alpha \cdot \tan\varphi}$ |
| $\varphi = 0$ und $c \geq 0$ | $1 - 0{,}0068 \cdot \alpha$ | $1{,}0$ | Entfällt, da $N_{b0} = 0$ |
| Winkel sind in [°] einzusetzen. | | | |

⇒ Berechnungsbeispiel: □ 2.33.

□ 2.33: Beispiel 12: Fundament mit geneigter Sohlfläche

***Geg.:*** *Bemessungssituation BS-P,*

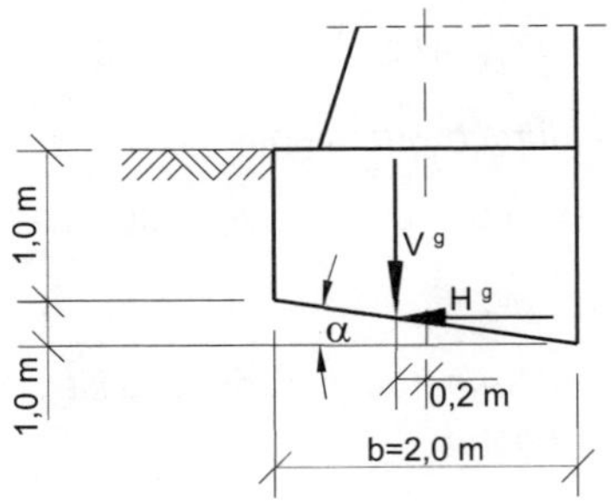


$V = V^g = V_{G,k} = 220$ *kN/m*

$H = H^g = H_{G,k} = 80$ *kN/m*

*SW, mitteldicht*

*Charakteristische*

*Bodenkennwerte:*

$\varphi_k' = 32{,}5°$; $\gamma_k = 18$ *kN/m³;*

*Um ausreichende Sicherheit gegen Gleiten zu erreichen, muss die Sohle der dargestellten Stützwandgründung geneigt werden.*

*Hinweis: In H ist der Anteil des reduzierten Erdwiderstands bereits enthalten.*

***Ges.:*** *Überprüfung der Sicherheit gegen Grundbruch.*

***Lösung:*** $\tan\delta = \frac{H}{V} = \frac{80}{220} = 0{,}364; \ \delta > 0$

$$b' = 2{,}00 - 2 \cdot 0{,}20 = 1{,}60 \ m$$

***Grundbruchwiderstand:***

*Beiwerte:*

$N_{d0} = 25; \ \nu_d = 1{,}0$ *(Streifenfundament)*

$N_{b0} = 15; \ \nu_b = 1{,}0$ *(Streifenfundament)*

$$\tan\alpha = \frac{0{,}30}{2{,}00} = 0{,}1500 \ \rightarrow \alpha = 8{,}53°$$

*Sohlneigungsbeiwert:*

$$\xi_d = \xi_b = e^{-0{,}045 \cdot 8{,}53° \cdot \tan 32{,}5°} = 0{,}783$$

*Die Neigungsbeiwerte sind für den Fall*

- *H parallel b';*
- $\varphi' > 0$; $c' \geq 0$; $\delta_E > 0$; $\omega = 90°$ *zu ermitteln:*

$$\tan\delta = \frac{H}{V} = \frac{80}{220} = 0{,}364$$

*Mit m = 2 (Streifenfundament) wird*

□ 2.33: Fortsetzung Beispiel 12: Fundament mit geneigter Sohlfläche

$$i_{\mathrm{d}} = (1 - 0,364)^2 = 0,404$$

$$i_{\mathrm{b}} = (1 - 0,364)^{2+1} = 0,257$$

***Grundbruchwiderstand:***

$$R_{V,k} = 1,60 \cdot (0 + 18 \cdot 1,0 \cdot 25 \cdot 1,0 \cdot 0,404 \cdot 0,783 + 18 \cdot 1,6 \cdot 15 \cdot 1,0 \cdot 0,257 \cdot 0,783)$$
$$= 367 \quad kN / m$$

*Nachweis der Grundbruchsicherheit (Bemessungssituation BS-P):*

$$V_d = 220 \cdot 1,35 = 297 \quad kN$$

$$R_{V,d} = \frac{367}{1,40} = 262 \quad kN$$

*Damit wird*

$$V_d = 297 \ kN > R_{V,d} = 262 \ kN$$

*Die erforderliche Grundbruchsicherheit wird nicht erreicht.*

**Durchbrochene Sohlfläche**

Bei Fundamentgründungen mit durchbrochener Sohlfläche dürfen nach Handbuch Eurocode 7, Band 1 (2011), Abschnitt 6.5.2.2: DIN 1054 (2010), A(12) die äußeren Abmessungen als maßgebend angenommen werden, solange die Summe der Aussparungen nicht mehr als 20 % der gesamten umrissenen Sohlfläche ausmacht (□ 2.34).

□ 2.34: Beispiele: Fundamente mit durchbrochener Sohlfläche

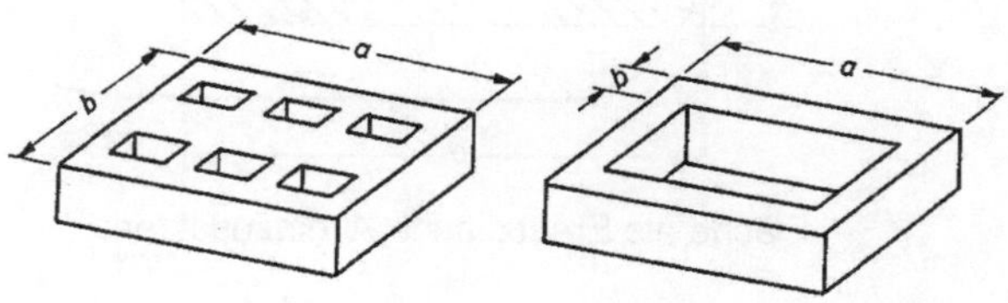


**Einspringende Sohlfläche**

Fundamente mit einspringender Sohlfläche A (□ 2.35) können nach Smoltczyk (1976) näherungsweise in einen rechtwinkligen Grundriss mit den rechnerischen Abmessungen $a$ und $b_r = A/a$ umgewandelt werden.

□ 2.35: Beispiele: Fundamente mit einspringender Sohlfläche

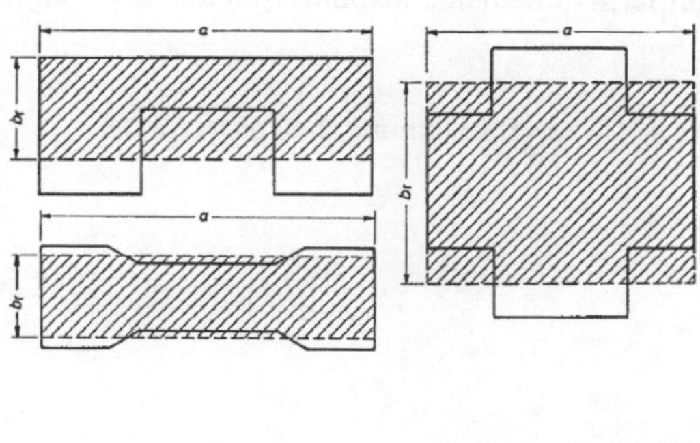

**Spezielle Sohlflächen** Bei Fundamenten mit speziellen Sohlflächen ( 2.36) können bei den in 2.36 a und 2.36 b dargestellten Formen als maßgebende Breite *b* und maßgebende Einbindetiefe *d* die in der Zeichnung angegebenen Abmessungen angesetzt werden. Bei der Querschnittsfläche ( 2.36 c) ist jeweils ein Nachweis für die Kombinationen $b_1$ und $d_1$ sowie $b_2$ und $d_2$ erforderlich.

□ 2.36: Beispiele: Spezielle Sohlflächen

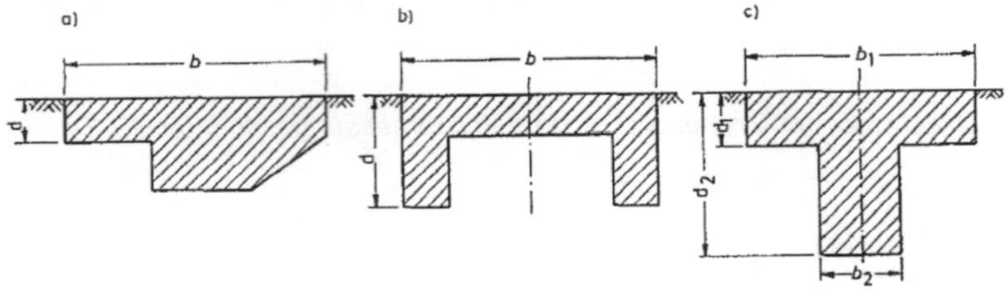


**Kreisförmige Sohlflächen** Bei ausmittig belasteten kreisförmigen oder beliebig geformten Sohlflächen ( 2.37) können die Formbeiwerte für die dargestellten Werte *a*' und *b*' berechnet werden. Bei der Ermittlung des Grundbruchwiderstandes ist die schraffierte

□ 2.37: Beispiele: Fundamente mit kreisförmiger beliebig geformter Sohl-

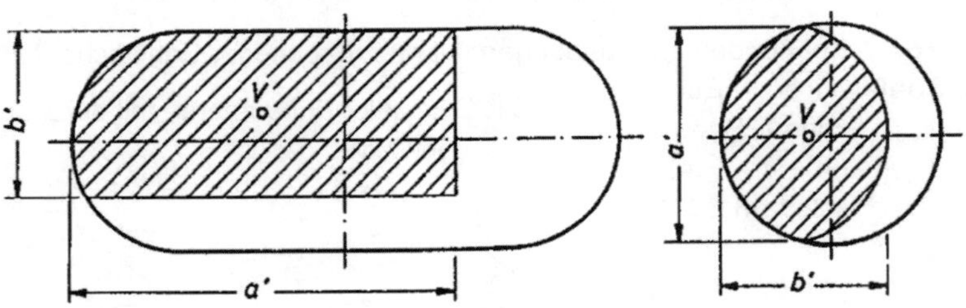


Fläche als Ersatzfläche *A*' einzusetzen.

**Ringfundamente** Nach Handbuch Eurocode 7, Band 1, Abschnitt 6.5.2.2: DIN 1054, A(11) ist bei Ringfundamenten die Ringbreite für die Ermittlung des Grundbruchwiderstands maßgebend.

**H nicht achsenparallel** In diesem Fall kann die Resultierende über den Stellungswinkel $\omega$ direkt in den Lastneigungsbeiwerten berücksichtigt werden ( 2.38).

⇒ Berechnungsbeispiel: 2.38.

□ 2.38: Beispiel 12: Nicht achsenparallele Belastung: Nachweis der Sicherheit gegen Grundbruch

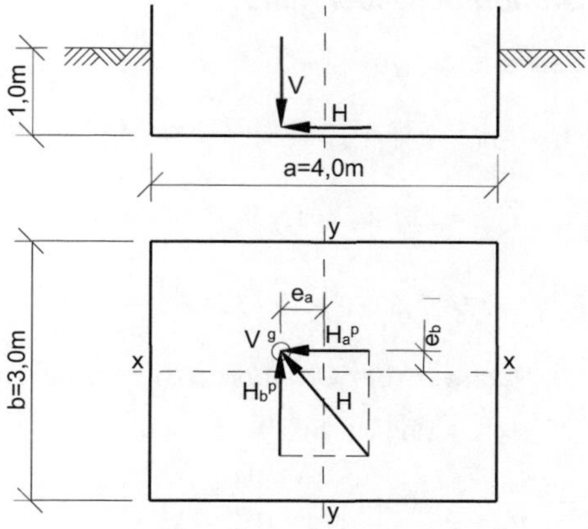


***Geg.:*** *Bemessungssituation BS-T*

*(Bauzustand)*

$V = V^g = V_{G,k} = 3000\ kN$

$H_a = H_a^p = H_{Q,k,a} = 210\ kN$

$H_b = H_b^p = H_{Q,k,b} = 250\ kN$

$e_a = 0{,}50m$

$e_b = 0{,}25m$

*SW, mitteldicht*

*Charakteristische Bodenkennwerte:*

$\varphi_k' = 35°;\ \gamma_k = 19\ kN/m^3;$

***Ges.:*** *Überprüfung der Sicherheit gegen Grundbruch.*

***Lösung:*** *Ersatzfläche:* $4{,}00 - 2 \cdot 0{,}50 = 3{,}00\ m \hat{=} a'$

$3{,}00 - 2 \cdot 0{,}25 = 2{,}50\ m \hat{=} b'$

*Resultierende Horizontallast:* $H = \sqrt{H_a^2 + H_b^2} = \sqrt{210^2 + 250^2} = 326{,}5\ kN$

*Lastneigungswinkel der resultierenden Last*

$$\tan\delta = \frac{H}{V} = \frac{326{,}5}{3000} = 0{,}109 \rightarrow \delta = 6{,}2°$$

*Winkel zwischen x-Achse und resultierender Horizontallast*

$$\cos\omega = \frac{H_a}{H} = \frac{210}{326{,}5} = 0{,}6432 \rightarrow \omega = 50{,}0°$$

*Neigungsbeiwerte:* $\delta = \delta_E$!

$$m_a = \frac{2 + \frac{3{,}0}{2{,}5}}{1 + \frac{3{,}0}{2{,}5}} = 1{,}455\ ; \qquad m_b = \frac{2 + \frac{2{,}5}{3{,}0}}{1 + \frac{2{,}5}{3{,}0}} = 1{,}545$$

$$m = 1{,}455 \cdot \cos^2 50{,}0° + 1{,}545 \cdot \sin^2 50{,}0° = 1{,}508$$

$$i_d = (1 - tan\,\delta_E)^m = (1 - 0{,}109)^{1{,}508} = 0{,}840;$$

$$i_b = (1 - tan\,\delta_E)^{m+1} = (1 - 0{,}109)^{2{,}508} = 0{,}749$$

□ 2.38: Fortsetzung Beispiel 12: Nicht achsenparallele Belastung: Nachweis der Sicherheit gegen Grundbruch

***Grundbruchwiderstand:***

*Beiwerte:*

$$N_{d0} = 33; \; \nu_d = 1 + \frac{2{,}5}{3{,}0} \cdot \sin 35° = 1{,}478$$

$$N_{b0} = 23; \; \nu_b = 1 - 0{,}3 \cdot \frac{2{,}5}{3{,}0} = 0{,}750$$

$$R_{V,k} = 3{,}0 \cdot 2{,}5 \cdot (0 + 19 \cdot 33 \cdot 1{,}478 \cdot 0{,}840 + 19 \cdot 2{,}5 \cdot 23 \cdot 0{,}750 \cdot 0{,}749) = 10.441 \; kN$$

*Nachweis der Grundbruchsicherheit (Bemessungssituation BS-T):*

$$V_d = 3.000 \cdot 1{,}20 = 3.600 \; kN$$

$$R_{V,d} = \frac{10.441}{1{,}30} = 8.032 \; kN$$

*Damit wird*

$$V_d = 3.600 \; kN < R_{V,d} = 8.032 \; kN$$

*so dass Sicherheit gegen Grundbruch gegeben ist.*

**Schlanke Baukörper**

Bei schlanken Baukörpern mit weit über die Sohlfläche auskragenden Bauteilen oder mit überwiegend waagerechter Beanspruchung kann - durch die Schwerpunktverlagerung infolge ungleichmäßiger Setzung - außer der Sicherheit gegen Kippen (siehe Abschnitt 2.4) auch die Sicherheit gegen Grundbruch empfindlich beeinflusst werden.

Nach Handbuch Eurocode 7, Band 1, Abschnitt 6.5.4 müssen besondere Vorkehrungen getroffen werden, wenn die Ausmittigkeit der Lastresultierenden bei Rechteckfundamenten 1/3 der Seitenlänge, bei Kreisfundamenten 0,6 des Radius überschreitet.

In Anlehnung an die nicht mehr gültige DIN 1054 (11.76), Abschnitt 4.1.3.2 wird empfohlen, für ein solches Bauwerk bei vorgegebener Schiefstellung von

$$\tan\alpha = \frac{W}{h_s \cdot A} \tag{2.48}$$

die Sicherheit gegen Versagen durch Grundbruch nachzuweisen.

Hierin ist:

$W$ = Widerstandsmoment der Sohlfläche

$h_s$ = Höhe des Bauwerksschwerpunkts über der Sohle

$A$ = Sohlfläche.

Bei Flach- und Flächengründungen ist es nach Handbuch Eurocode 7, Band 1, Abschnitt 6.5.4: DIN 1054, A(3) und Anmerkung 1 (A) ansonsten ausreichend, wenn die Sicherheit gegen Gleichgewichtsverlust durch Kippen (Grenzzustand EQU) nachgewiesen ist. Zusätzlich müssen die Nachweise zur Gebrauchstauglichkeit nach Handbuch Eurocode 7, Band 1, Abschnitt 6.5.4: DIN 1054, A 6.6.5 erbracht werden. Ein Grundbruchversagen ist dann ausgeschlossen.

**Nachbarlasten** Der stabilisierende Einfluss von ständig wirkenden Nachbarlasten $V_N$ innerhalb des Einflussbereichs der Gleitscholle (□ 2.39) kann rechnerisch näherungsweise durch Vergrößerung der Einbindetiefe berücksichtigt werden. In die Grundbruchgleichung wird statt der vorhandenen Einbindetiefe *d* eine Ersatzeinbindetiefe *d'* eingeführt (Dehne 1982):

□ 2.39: Beispiel: Einfluss von Nachbarlasten

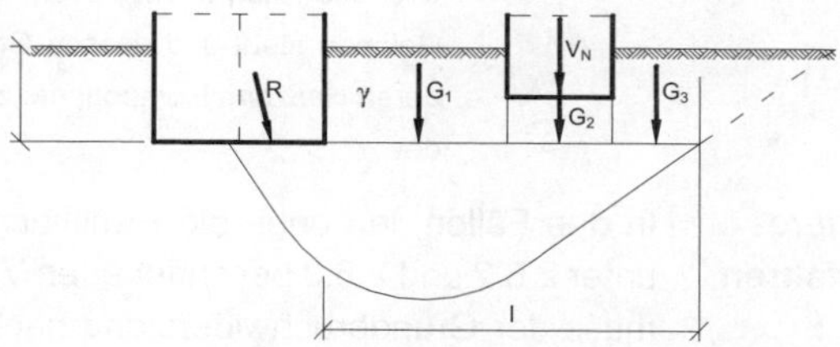


$$d' = \frac{G_1 + G_2 + G_3 + V_N}{l \cdot \gamma} \qquad (2.49)$$

**Anmerkung:** Die Möglichkeit eines Grundbruchs auf der gegenüberliegenden Fundamentseite ist zu überprüfen (z.B. bei allseitig gleicher Einbindetiefe). Bei schräger und/oder ausmittiger Belastung dürfen nur Nachbarlasten in Richtung der Lastneigung bzw. der Ausmittigkeit berücksichtigt werden.

⇒ Smoltczyk (1976)

**Geländeeinschnitte** Bei Geländeeinschnitten im Bereich der Gleitscholle kann anstelle der vorhandenen Einbindetiefe *d* eine reduzierte Einbindetiefe d' in die Grundbruchgleichung eingesetzt werden (Dehne 1982) (□ 2.40):

□ 2.40: Beispiel: Einfluss von Geländeeinschnitten

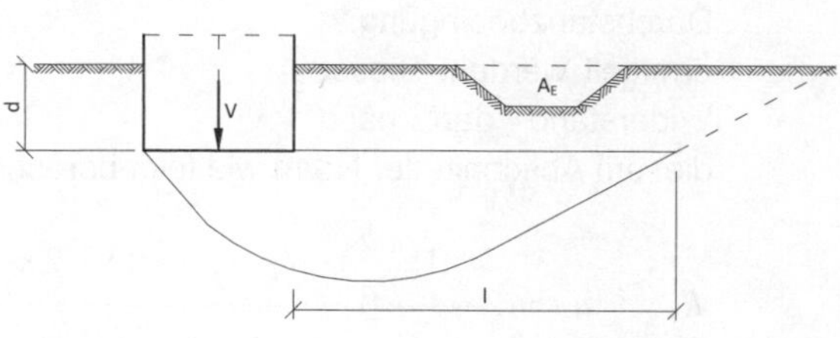


$$d' = d - \frac{A_E}{l} \qquad (2.50)$$

mit $A_E$ = Einschnittsfläche in m²

**Über-lagerung von Einflüssen** Ungleiche Geländehöhen und die Einflüsse einer Lastneigung, einer Geländeneigung und einer Sohlneigung bestimmen je für sich die Seite des Gründungskörpers, an der sich beim Grundbruch der maßgebliche Bruchkörper ausbildet. Bei Überlagerung von Einflüssen, die für sich entgegengesetzte Lagen des Bruchkörpers bewirken würden, ist nach DIN 4017, Abschnitt 7.2.9 der Grundbruchwiderstand für beide Bruchrichtungen getrennt zu untersuchen. Der kleinere Wert ist maßgebend.

**Anmerkung:** Als Beispiel wird in DIN 4017, Abschnitt 7.2.9 auf den Grundbruch unter einem Gründungskörper verwiesen, der an einem Geländesprung oder auf geneigtem Gelände steht und dessen Gründungssohle mit einer Last beansprucht wird, deren Horizontalkomponente zur Fundamentseite gerichtet ist, die tiefer einbindet.

**Andere Verfahren** In den Fällen, in denen die Ermittlung des Grundbruchwiderstands nach den unter 2.6.2 und 2.6.3 beschriebenen Verfahren nicht angewendet werden kann, muss der Grundbruchwiderstand nach DIN 4017, Abschnitt 7.3 durch besondere Verfahren (z. B. Verfahren der Plastizitätstheorie und Verfahren nach DIN 4084, siehe Dörken / Dehne/ Kliesch, Teil 3) ermittelt werden.

**Durch-stanzen** Wenn der Baugrund aus weichem oder breiigem, wassergesättigtem, bindigem Boden und einer festeren Deckschicht mit einem Reibungswinkel $\varphi$ > 25° (□ 2.41) besteht, deren Dicke $d_1$ geringer ist als das Zweifache der Fundamentbreite $b$, muss der Grundbruchwiderstand nach 4017, Anhang B auch nach der Durchstanzbedingung ermittelt werden. Dieser Widerstand darf nach diesem Abschnitt der Norm wie folgt berechnet werden:

□ 2.41: Beispiel: Fundament auf geschichtetem Untergrund (Durchstanzen, aus DIN 4017)

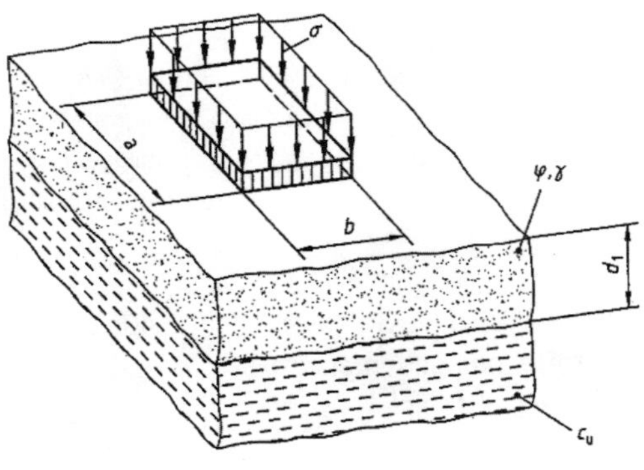


$$R_{V,k} = a \cdot b \cdot \frac{2 \cdot (1 + \frac{b}{a}) \cdot N_c \cdot c_{u,k} + (3 + 2 \cdot \frac{b}{a}) \cdot A^* \cdot \lambda \cdot \gamma \cdot d_1}{(3 + 2 \cdot \frac{b}{a}) \cdot e^{-B^* \cdot \lambda} - 1} \quad (2.51)$$

Dabei ist:

$$N_c = (2 + \pi) \cdot \left(1 + 0{,}2 \cdot \frac{b}{a}\right) \quad (2.52)$$

$$\lambda = \frac{d_1}{a} + \frac{d_1}{b} \quad (2.53)$$

Für biegesteife Fundamente gilt näherungsweise:

$$B^* = 1{,}66 \cdot 10^{-6} \cdot \varphi^3 - 3{,}02 \cdot 10^{-4} \cdot \varphi^2 + 1{,}38 \cdot 10^{-2} \cdot \varphi \qquad (2.54)$$

$$A^* = 1{,}11 \cdot 10^{-6} \cdot \varphi^3 - 2{,}01 \cdot 10^{-4} \cdot \varphi^2 + 9{,}17 \cdot 10^{-3} \cdot \varphi \qquad (2.55)$$

Für schlaffe Lasteinleitung gilt näherungsweise:

$$B^* = 3{,}92 \cdot 10^{-7} \cdot \varphi^3 - 7{,}97 \cdot 10^{-5} \cdot \varphi^2 + 3{,}98 \cdot 10^{-3} \cdot \varphi \qquad (2.56)$$

$$A^* = 2{,}61 \cdot 10^{-7} \cdot \varphi^3 - 5{,}31 \cdot 10^{-5} \cdot \varphi^2 + 2{,}66 \cdot 10^{-3} \cdot \varphi \qquad (2.57)$$

In den Gleichungen (2.54) bis (2.57) ist der Reibungswinkel $\varphi = \varphi_k$ in Grad (°) einzusetzen.

## 2.7 Kontrollfragen

- Folgende Begriffe sind zu erläutern: Aufschwimmen, Böschungs- und Geländebruch, Gleiten, Grundbruch, Kippen, Setzungen.
- Welche Lasten gehören zu den ständigen Lasten / zu den Verkehrslasten?
- Welche Sicherheit geht bei Aufschwimmen verloren?
- Woraus ergibt sich die charakteristische Beanspruchung in der Sohlfläche einer Flächengründung?
- Sind bei der Bemessung von Gründungskörpern dynamische Einwirkungen zu berücksichtigen?
- Wie kann der charakteristische Sohldruck bei Einzel- und Streifenfundamenten beim Nachweis für den ULS und SLS angenommen werden? Was ist bei Gründungsplatten und – in Längsrichtung – bei Streifenfundamenten zu beachten?
- Aus welchen beiden Anteilen besteht der Bemessungswert der Beanspruchung rechtwinklig zur Fundamentsohlfläche / parallel zur Sohlfläche?
- Welche Bodenreaktionen / Bodenwiderstände spielen nach Handbuch Eurocode 7 eine Rolle?
- Skizzieren Sie die Bewegungen eines Gründungs- / Bodenkörpers beim Kippen, Gleiten, Grundbruch, bei Setzungen und Schiefstellungen, bei Auftrieb sowie bei Böschungs- und Geländebruch!
- Welcher Grenzzustand liegt beim Nachweis der Tragfähigkeit gegen Kippen in der Sohlfläche vor?
- Warum kann ein Nachweis der Sicherheit gegen Gleichgewichtsverlust durch Kippen in der Sohlfuge eigentlich nicht geführt werden? Was muss an seiner Stelle nachgewiesen werden?
- Zulässige Ausmittigkeit der Sohldruckresultierenden beim rechteckigen / beim kreisförmigen Vollquerschnitt beim Nachweis der Tragfähigkeit / beim Nachweis der Gebrauchstauglichkeit nach DIN Handbuch Eurocode 7?
- Was versteht man unter der Sohldruckresultierenden? Wie erhält man sie?
- Bei welchen Bauwerken ist die Sicherheit gegen Kippen von Fundamenten besonders sorgfältig zu bestimmen?
- Wie wird der Nachweis der Sicherheit gegen Kippen in einer Arbeitsfläche des Gründungskörpers bestimmt?
- Wie wird der charakteristische Gleitwiderstand von Gründungskörpern im ULS bestimmt: a) im Anfangszustand, b) im Endzustand?
- Ansatz des Sohlreibungswinkels bei Ortbetonfundamenten / vorgefertigten Fundamenten?
- Wie erhält man den Bemessungswert des Gleitwiderstands?
- Nachweis der Sicherheit gegen Gleiten? Wie kann der Erdwiderstand dabei angesetzt werden?

- Bestimmung der Sicherheit gegen Gleiten, wenn die Sohlfläche des Fundaments in Gleitrichtung ansteigt / bei hoch liegender Weichschicht?
- Mögliche Maßnahmen bei nicht ausreichender Sicherheit gegen Gleiten?
- Der Eintritt eines Grundbruchs ist im Einzelnen zu erklären.
- Gleitlinien? Gleitflächen? Gleitschollen?
- Wann kann ein Grundbruch auch dann eintreten, wenn sich die Belastung nicht ändert?
- Wie erkennt man an der Geländeoberfläche / an der Last-Setzungslinie, dass der Grundbruch eingetreten ist?
- Wo treten die Gleitschollen in der Umgebung des Fundaments aus der Bodenoberfläche aus?
- Aktive / passive Rankine-Zone?
- Zeichnen Sie die Bruchfigur bei lotrecht mittiger Belastung!
- In welchen Bodenschichten werden die Scherwiderstände bei der Berechnung des Grundbruchwiderstands berücksichtigt? In welchen nicht? Rechnerische Oberfläche?
- Anwendungsbereiche bei der Berechnung des Grundbruchwiderstands?
- Welche Lagerungsdichte muss mindestens vorhanden sein, damit eine Grundbruchberechnung nach DIN 4017 durchgeführt werden kann?
- Welche Scherparameter werden dabei zugrunde gelegt?
- Was ist ein einfach verdichteter / ein vorbelasteter Boden?
- Wie erhält man das gewogene Mittel der Wichten von zwei Bodenschichten?
- Wie berechnet man die Grundbruchsicherheit bei geschichtetem Baugrund durch Iteration mit Hilfe des gewogenen Mittels der Bodenkenngrößen?
- Welche Einwirkungen werden beim Nachweis der Sicherheit gegen Grundbruch berücksichtigt? Sohldruckresultierende?
- Nach welcher Norm wird der charakteristische Grundbruchwiderstand im ULS (GEO-2) ermittelt?
- Ansatz einer Bodenreaktion an der Stirnseite des Fundaments?
- Wie bestimmt man den Bemessungswert des Grundbruchwiderstands?
- Nachweis der Grundbruchsicherheit?
- Maßgebende Kombinationen von ständigen und veränderlichen Einwirkungen?
- Die Gleichung zur Berechnung des Grundbruchwiderstands nach DIN 4017 ist mit allen Einflüssen zu beschreiben. Aus welchen Anteilen setzt sie sich zusammen?
- Wovon hängen die Tragfähigkeitsbeiwerte / die Formbeiwerte ab?
- Bestimmung der Tiefe und Länge des Grundbruchkörpers bei mittiger Belastung?
- Wie sieht die rechnerische Sohldruckfigur im Grenzzustand der Belastung (beim Grundbruch) aus? Einzelne Anteile?
- Welche Einbindetiefe ist bei Fundamenten unter Kellerwänden bei der Berechnung des Grundbruchwiderstands maßgebend?
- Einbindetiefe bei nichttragfähigem Boden über der tragfähigen Schicht?
- Wo kommen ausmittig belastete Gründungskörper in der Praxis vor?
- Wie sieht die Gleitscholle / die Gleichung für den Grundbruchwiderstand bei schräger und / oder ausmittiger Belastung aus?
- Wie wird die Ausmittigkeit / die Fundamentform bei der Berechnung des Grundbruchwiderstands berücksichtigt?
- Bestimmung der Tiefe und Länge des Grundbruchkörpers bei ausmittiger Belastung?
- Wie wird die Lastneigung bei der Berechnung des Grundbruchwiderstands erfasst?
- Berücksichtigung einer Geländeneigung / einer Berme / einer geneigten Sohlfläche?

- Fundament in / neben einer Böschung?
- Berücksichtigung einer durchbrochenen Sohlfläche?
- Ersatzfläche bei einspringenden / bei kreisförmigen Querschnitten?
- Berechnung des Grundbruchwiderstands bei nicht seitenparalleler H-Last?
- Was ist bei der Berechnung der Grundbruchsicherheit von schlanken Baukörpern mit weit über die Sohlfläche auskragenden Bauteilen / bei überwiegend waagerechter Beanspruchung zu beachten?
- Berücksichtigung des Einflusses von Nachbarlasten / von Einschnitten im Gleitschollenbereich?
- Wie werden Überlagerungen von Einflüssen erfasst?
- Ermittlung des Grundbruchwiderstands nach der Durchstanzbedingung?

## 2.8 Aufgaben

**Aufgaben Kippen und Gleiten:**

2.8.1 Für eine Stützwand soll die Sicherheit gegen Kippen überprüft werden. Der Nachweis für Gesamtlast liefert $e < b/3$. Welcher Nachweis ist noch erforderlich?

2.8.2 Nachweis der Sicherheit gegen Gleiten in der Sohlfuge: a) Berücksichtigung der Kohäsion $c'$? b) Fertigteilbauweise?

2.8.3 Wie groß sind zulässige Ausmittigkeit ($e_{zul}$) und klaffende Fuge (k) beim Nachweis der Sicherheit gegen Kippen für ständige Last / Gesamtlast?

2.8.4 Warum wird die Sohlnormalspannung einer Stützwand aus Bodeneigengewicht und Auflast getrennt ermittelt?

2.8.5 Wie wird die Reibung beim Nachweis der Sicherheit gegen Gleiten berücksichtigt: a) in der Sohlfuge, b) in der Arbeitsfuge?

2.8.6 Ein Fundament muss eine Stützenlast $V$ = 500 kN und ein Moment $M$ = 200 kNm aufnehmen. Ges.: Welchen Abstand $x$ vom Lastangriffspunkt muss die Fundamentmitte haben, damit in der Sohlfuge keine Ausmittigkeit entsteht?

2.8.7 Nachweis der Sicherheit gegen Kippen a) in der Arbeitsfuge, b) in der Sohlfuge?

2.8.8 Geg.: Gewichtsstützwand, Trapezquerschnitt mit lotrechter Rückseite ohne Talsporn, freie Standhöhe 3 m, Einbindetiefe 1 m, obere Wandbreite 0,4 m, Hinterfüllung Sand mit $\gamma$ = 18 kN/m³, $\varphi'$ = 32,5°, $\delta$ = 0, $\gamma_{Beton}$ = 23 kN/m³. Ges.: Untere Wandbreite $b$, bei der die Sicherheit gegen Kippen gerade noch ausreicht (Der Erdwiderstand vor der Wand soll vernachlässigt werden).

2.8.9 Infolge einer benachbarten Baumaßnahme wird der Grundwasserspiegel unter einem Fundament gleichmäßig abgesenkt. Welche Auswirkungen hat dies auf die Sicherheit gegen a) Kippen, b) Gleiten, c) Grundbruch sowie auf d) die Setzungen?

**Aufgaben Grundbruch:**

2.8.10 Geg.: Streifenfundament, $b$ = 1,5 m, $d$ = 1,0 m; $V_{vorh}$ = 238 kN/m (mittig, einschließlich Fundamenteigenlast). Baugrund: Sand, schluffig, $\varphi'$ = 30°, $\gamma$ = 18,5 kN/m³. Ges.: Zusätzlich mögliche Belastung $\Delta V$ im BS-T.

2.8.11 Geg.: Rechteckfundament, $a$ = 3,0 m, $b$ = 2,0 m; Gründungstiefe bei - 1,0 m; $V_{vorh}$ = 2 MN (mittig, einschließlich Fundamenteigenlast). Baugrund: ± 0,0 bis - 8,5 m: Sand, $\gamma$ = 18,0 kN/m³, $\gamma'$ = 11,0 kN/m³, $\varphi'$ = 31°. Grundwasserspiegel bei - 7,0 m. Ges.: Änderung der Sicherheit gegen Grundbruch, wenn der Grundwasserspiegel auf - 4,4 m ansteigt.

2.8.12 Streifenfundament, $b$ = 1,5 m; Gründungstiefe bei -1,8 m; $V_{vorh}$ = 820 kN/m (mittig, einschließlich Fundamenteigenlast). Baugrund: Sand, $\varphi'$ = 35°, $\gamma$ = 18,0 kN/m³. Ges.: Wie tief könnte eine Baugrube neben dem Fundament ausgehoben werden, damit im Bauzustand noch ausreichende Sicherheit gegen Grundbruch gegeben ist?

2.8.13 Geg.: a) Quadratfundament, $a = b$ = 2,0 m; Gründungstiefe bei - 1,0 m; b) Rechteckfundament, $a$ = 4,0 m, $b$ = 1,0 m; Gründungstiefe bei - 1,0 m. Baugrund: SE, $\varphi'$ = 30°, $\gamma$ = 18,0 kN/m³. Ges.: Welches Fundament kann eine größere mittige Last $V$ aufnehmen? (Logische und rechnerische Begründung!)

2.8.14 Geg.: Quadratfundament, $a = b$ = 3,0 m; Gründungstiefe bei - 1,7 m; $V_{vorh}$ = 3,35 MN (mittig, einschließlich Fundamenteigenlast). Baugrund: UL, $\gamma$ = 22,0 kN/m³, $\gamma'$ = 12,0 kN/m³, $\varphi'$ = 25°, $c'$ = 1 kN/m². Ges.: Bis auf welche Kote darf das Grundwasser ansteigen, damit noch ausreichende Sicherheit gegen Grundbruch gegeben ist?

2.8.15 Maßgebende Scherfestigkeit bei der Berechnung der Grundbruchsicherheit von Fundamenten auf bindigem Baugrund?

2.8.16 Geg.: Streifenfundament und Quadratfundament. Breite, Einbindetiefe und Baugrund gleich. Welches Fundament hat die größere Grundbruchsicherheit?

2.8.17 Geg.: Streifenfundament, mittig mit $V$ = 180 kN/m belastet (einschließlich Fundamenteigenlast), Gründungstiefe 1 m unter Geländeoberfläche, Grundwasserspiegel 0,5 m oberhalb der Gründungssohle. Baugrund: einfach verdichteter Lehm: $\gamma$ = 20,5 kN/m³, $\gamma'$ = 10,5 kN/m³, $\varphi'$ = 22,5°, $c'$ = 5 kN/m², $c_u$ = 25 kN/m². Ges.: Fundamentbreite $b$ für ausreichende Grundbruchsicherheit.

2.8.18 Geg.: Stützenquerschnitt $b$ = 0,4 m, $a$ = 0,6 m mit $V$ = 5,24 MN. Baugrund: bis - 0,8 m: Auffüllung ($\gamma$ = 16,0 kN/m³, $\varphi'$ = 30°); bis - 1,4 m: Schluff ($\gamma$ = 19,0 kN/m³, $\varphi'$ = 25,0°, $c'$ = 1,5 kN/m²); darunter Kies ($\gamma$ = 17,5 kN/m³, $\gamma'$ = 10,5 kN/m³, $\varphi'$ = 30,0°). Grundwasserspiegel bei - 6,5 m. Unter der Stütze soll ein Rechteckfundament mit dem gleichen Seitenverhältnis wie die Stütze und ausreichender Sicherheit gegen Grundbruch im Lastfall 1 hergestellt werden (Gründungssohle auf - 1,4 m). Ges.: Seitenabmessungen des Rechteckfundaments.

2.8.19 Geg.: Streifenfundament ohne Einbindetiefe, $b$ = 1 m. Grundwasserspiegel in Höhe der Geländeoberfläche. Weicher bindiger Baugrund: $\gamma'$ = 10,0 kN/m³, $c_u$ = 50 kN/m², $\varphi_u \approx 0$. Ges.: Grundbruchlast bei plötzlicher Belastung?

2.8.20 Geg.: Streifenfundament, $b$ = 1,3 m, $V$ = 180 kN/m (einschließlich Fundamenteigenlast), Einbindetiefe 0,4 m. Baugrund: Lehm ($\gamma$ = 22,0 kN/m³, $\varphi'$ = 27,5°, $c'$ = 10,0 kN/m²). Ges.: Zulässige Ausmittigkeit bei Grundbruchsicherheit nach BS-T.

2.8.21 Geg.: Streifenfundament, $b$ = 3,0 m, Einbindetiefe 2,5 m, Moment um den Sohlenmittelpunkt $M$ = 374 kN/m, $H$ = 205 kN/m, $V$ = 518 kN/m. Baugrund: mS, $n$ = 0,35, $w$ = 0,05, $\varphi'$ = 35,0°, $c$ = 0. Ges.: Zulässige Vertikalbelastung.

2.8.22 Geg.: Streifenfundament, $b$ = 2,5 m, Einbindetiefe 2,5 m, Ausmittigkeit 0,35 m, Lastneigung 10°. Baugrund: a) Ton, steif, normal konsolidiert $\gamma/\gamma'$ = 18/8 kN/m³, $\varphi_u$ = 0, $c_u$ = 45 kN/m², Grundwasserspiegel in Fundamentsohle; b) Lehm, weich, normal konsolidiert, $\gamma$ = 19,0 kN/m³, $\varphi_u$ = 15,0°, $c_u$ = 20,0 kN/m², kein Grundwasser; c) Sand, $\gamma/\gamma'$ = 19,0/11 kN/m³, $\varphi'$ = 34,0°, Grundwasserspiegel 1 m unter Fundamentsohle. Ges.: Lotrechte Komponente der Bruchlast.

2.8.23 Geg.: Quadratfundament, b = 2,5 m, Einbindetiefe 1,5 m, Belastung (BS-T): $V$ = 300 kN, $H_{(a)}$ = 6 kN (in Richtung der Seite a), $H_{(b)}$ = 55 kN (in Richtung der Seite b), $e_a$ = 0,25 m, $e_b$ = 0,4 m. Baugrund: Ton (normal konsolidiert) $\gamma$ = 19,0 kN/m³, $\varphi_u$ = 17,0°, $c_u$ = 8,0 kN/m², kein Grundwasser. Ges.: $V_{zul}$

## 2.9 Weitere Beispiele

□ 2.42: Beispiel 13: Anfangsstandsicherheit eines Fertigbauteils

***Geg.:*** *Das dargestellte Fertigteil aus Stahlbeton (Länge 5,0 m; $\gamma$=25 kN/m³) soll in die vorbereitete Baugrube gesetzt werden.*

*TA, steif plastisch*

*Bodenkennwerte:*

$\gamma$ = 20 kN/m³

$\varphi'$ = 17,5°

$c'$ = 10kN/m²

$\varphi_u$ = 5°

$c_u$ = 20kN/m²

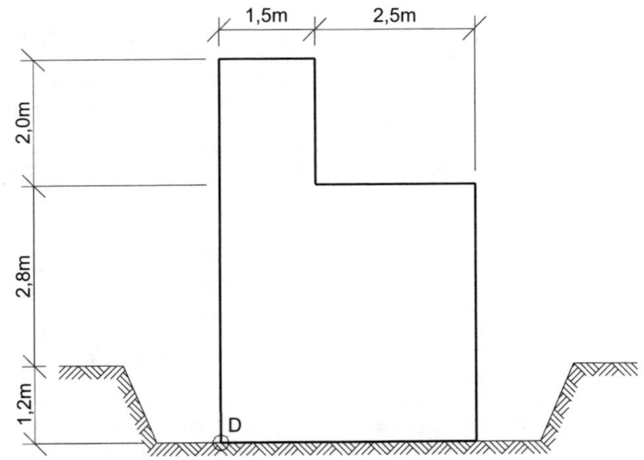


***Ges.:*** *Anfangsstandsicherheit.*

***Lösung:***

*Eigenlast:*

$$G_1 = 25 \cdot 1,5 \cdot 6,0 \cdot 5,0 = 1125,0 \ kN$$

$$G_2 = 25 \cdot 2,5 \cdot 4,0 \cdot 5,0 = 1250,0 \ kN$$

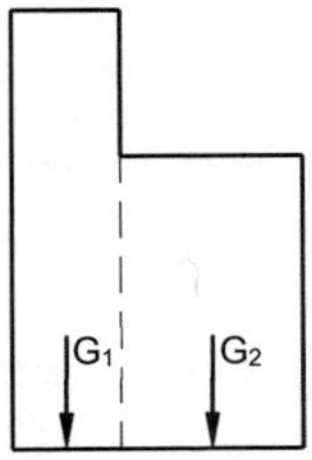


*Angriffspunkt der Resultierenden (bezogen auf die Kante D):*

$$c = \frac{M_{(D)}}{\sum V} = \frac{1125,0 \cdot \frac{1,5}{2} + 1250,0 \cdot \left(1,5 + \frac{2,5}{2}\right)}{1125,0 + 1250,0} = \frac{4281,3}{2375,0} = 1,80 \ m$$

□ 2.42: Fortsetzung Beispiel 13: Anfangsstandsicherheit eines Fertigbauteils

$$e = \frac{4,0}{2} - 1,80 = 0,20 \quad m$$

*Ersatzfläche:* $5,0 - 0 = 5,0 \mathrel{\hat{=}} a'$

$$4,0 - 2 \cdot 0,20 = 3,6 \mathrel{\hat{=}} b'$$

*Beiwerte (für $\varphi_K = \varphi_u$, $c_k = c_u$):*

$$N_{c0} = 6,5; \quad \nu_c = 1 + 0,2 \cdot \frac{3,6}{5,0} = 1,144 \quad (\varphi \approx 0)$$

$$N_{d0} = 1,5; \quad \nu_d = 1 + \frac{3,6}{5,0} \cdot \sin 5° = 1,063$$

$$N_{b0} = 0$$

$\nu_b$ *: nicht erforderlich*

*Grundbruchwiderstand:*

*Da das Fertigteil in die offene Baugrube gesetzt wird, kann die Einbindetiefe nur anteilig in Rechnung gestellt werden:*

*gew.:* $d \approx \frac{1,2}{2} = 0,6 \quad m$ *(genauere Berechnung ⇒ Dehne 1982)*

$$R_{V,k} = 5,0 \cdot 3,6 \cdot (20 \cdot 6,5 \cdot 1,144 + 20 \cdot 0,6 \cdot 1,5 \cdot 1,063) = 3021 \quad kN$$

*Nachweis der Grundbruchsicherheit (BS-T):*

$$V_d = 2375 \cdot 1,20 = 2850 \quad kN$$

$$R_{V,d} = \frac{2850}{1,30} = 2324 \; kN$$

*Damit wird*

$$V_d = 2850 \; kN > R_{V,d} = 2324 \; kN,$$

*so dass Sicherheit gegen Grundbruch nicht gegeben ist.*

***Anmerkung:*** *Da die erforderliche Sicherheit auch bei Ansatz der vollen Einbindetiefe nicht erreicht werden kann, müssten besondere Sicherungsmaßnahmen eingeplant werden.*

□ 2.43: Beispiel 14: Zulässige Ausmittigkeit (bezüglich des Grundbruchs)

***Geg.:*** *Bemessungssituation BS-P, Skizze siehe nächste Seite*

*$V^g = V_{G,k}$ bzw. $V^p = V_{Q,k}$*

*TA, steif plastisch*

*Bodenkennwerte: $\gamma$ = 22 kN/m³; $\varphi'$ = 25°; c' = 20kN/m²; $\varphi_u$ = 5°;* $c_u$ = 20kN/m²

□ 2.43: Fortsetzung Beispiel 14: Zulässige Ausmittigkeit (bezüglich des Grundbruchs)

**Ges.**: *Wie groß darf die Ausmittigkeit der Last V bei den gegebenen Verhältnissen werden?*

***Lösung:*** *Beiwerte:*

$N_{c0} = 20{,}5;\ \nu_c = 1{,}0$

$N_{d0} = 10{,}5;\ \nu_d = 1{,}0$

$N_{b0} = 4{,}5;\ \nu_b = 1{,}0$

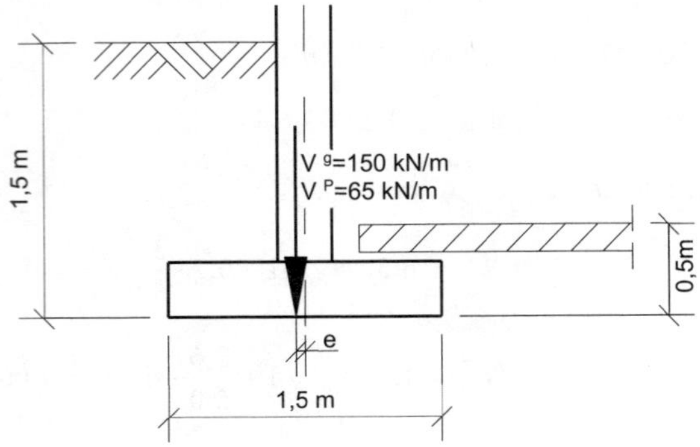


*Grundbruchwiderstand:*

$$R_{V,k} = b' \cdot (20 \cdot 20{,}5 \cdot 1{,}0 + 22 \cdot 1{,}5 \cdot 10{,}5 \cdot 1{,}0 + 22 \cdot b' \cdot 4{,}5 \cdot 1{,}0) = 99{,}0 \cdot b'^2 + 756{,}52376 \cdot b'$$

*Nachweis der Grundbruchsicherheit (Bemessungssituation BS-P):*

$$V_d = 150 \cdot 1{,}35 + 65 \cdot 1{,}50 = 300 \quad kN/m$$

$$R_{V,d} = \frac{R_{V,k}}{1{,}40} = \frac{99{,}0 \cdot b'^2 + 756{,}52376 \cdot b}{1{,}40}$$

*Die Bemessungsgleichung lautet somit:*

$$V_d = 300 \quad kN/m = \frac{99{,}0 \cdot b'^2 + 756{,}52376 \cdot b}{1{,}40},$$

*Hieraus berechnet sich die Gleichung*

$$b'^2 + 7{,}641 b' - 4{,}242 = 0$$

*mit der brauchbaren Lösung:* $b' = 0{,}52 m$

*Mit* $b' = b - 2e$ *wird* $e_{\text{zul}} = \frac{b - b'}{2} = \frac{1{,}50 - 0{,}52}{2} = 0{,}49 \quad m < \frac{b}{3}$

*Die berechnete Ausmittigkeit liegt noch im für Gesamtlast zulässigen Bereich.*

□ 2.44: Beispiel 15: Abhängigkeit der Grundbruchlast von der Ausmittigkeit

**Geg.**: *Bemessungssituation BS-P, Skizze siehe nächste Seite*
$V^g = V_{G,k}$ *bzw.* $V^p = V_{Q,k}$ *und* $H^g = T_{G,k} = H_{G,k}$; $H^p = H_{Q,k} = T_{Q,k}$

*SE, mitteldicht*

*Bodenkennwerte:* $\gamma = 20\ kN/m^3$; $\varphi' = 32{,}5°$; $\frac{H}{V} = 0{,}268$

□ 2.44: Fortsetzung Beispiel 15: Abhängigkeit der Grundbruchlast von der Ausmittigkeit

*Fälle*

*a) $e_1 = 0$*

*b) $e_2 = 0,125$ m*

*c) $e_3 = 0,250$ m*

*d) $e_4 = 0,375$ m*

*e) $e_5 = 0,500$ m*

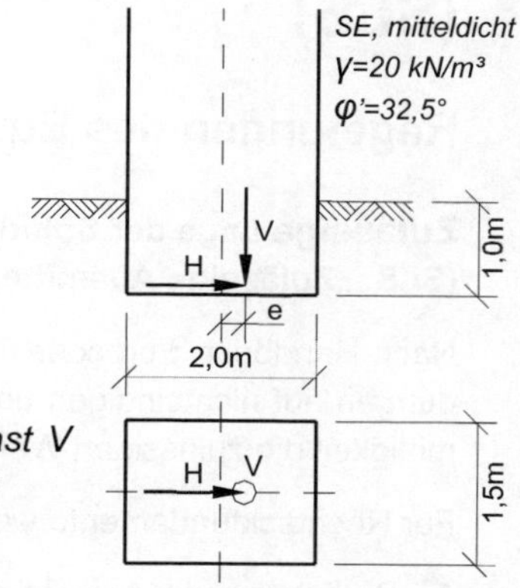


***Ges.**: Wie groß darf die Ausmittigkeit der Last V bei den gegebenen Verhältnissen werden?*

***Lösung:***

*Beispielhafte Berechnung der Bruchlast für den Fall b):*

*Ersatzfläche:* $2,00 - 2 \cdot 0,125 = 1,75 \quad m \mathrel{\hat{=}} a'$

$1,50 - 0 = 1,50 \mathrel{\hat{=}} b'$

*Beiwerte:* $N_{d0} = 25; \; \nu_d = 1 + \dfrac{1,50}{1,75} \cdot \sin 32,5° = 1,461$

$N_{b0} = 15; \; \nu_b = 1 - 0,3 \cdot \dfrac{1,50}{1,75} = 0,743$

*Die Neigungsbeiwerte sind für*

- *H parallel a'*
- *$\varphi' > 0$; $c' \geq 0$; $\delta > 0$; $\omega = 0°$ zu ermitteln:*

$$m_a = \frac{2 + \frac{1,75}{1,50}}{1 + \frac{1,75}{1,50}} = 1,462 \; ; m = 1,462 \cdot \cos^2 0° + 0 = 1,462$$

$$i_d = (1 - 0,268)^{1,462} = 0,634 \; ; \quad i_b = (1 - 0,268)^{1,462+1} = 0,464$$

*Grundbruchwiderstand:*

$$R_{V,k} = 1,50 \cdot 1,75 \cdot (0 + 20 \cdot 1,0 \cdot 25 \cdot 1,461 \cdot 0,634 + 20 \cdot 1,5 \cdot 15 \cdot 0,743 \cdot 0,464) = 1623 \quad kN$$

*Beispielhafte Berechnung der Bruchlast für den Fall d)*

*Ersatzfläche:* $2,00 - 2 \cdot 0,375 = 1,25 \quad m \mathrel{\hat{=}} b'$

$1,50 - 0 = 1,50 \mathrel{\hat{=}} a'$

*Beiwerte:* $N_{d0} = 25; \; \nu_d = 1 + \dfrac{1,25}{1,50} \cdot \sin 32,5° = 1,448$

# 3 Nachweise der Gebrauchstauglichkeit (SLS)

## 3.1 Regelungen des Eurocode 7

### 3.1.1 Zulässige Lage der Sohldruckresultierenden (SLS: „Zulässige Ausmitte; „Kippen")

Nach Handbuch Eurocode 7, Band 1: DIN 1054, Abschnitt A 6.6.5 bei Gründungen auf nichtbindigen und bindigen Böden in der Sohlfläche darf die Ausmittigkeit die zulässigen Werte nicht überschreiten .

Für Rechteckfundamente werden folgende 2 Bedingungen gestellt:

1. Bedingung: die Ausmittigkeit der Sohldruckresultierenden aus ständigen und veränderlichen Einwirkungen führt zu einer „klaffenden Fuge", die bei Rechteckfundamenten nicht größer als 1/3 der Seitenlänge, bei Kreisfundamenten 0,6 m des Radius ist. Diese Bedingung ist erfüllt, wenn die Sohldruckresultierende innerhalb der 2. Kernweite angreift (Fläche der Ellipse ohne schraffierte Fläche in □ 2.02).
2. Bedingung: die Ausmittigkeit der Sohldruckresultierenden aus ständigen Einwirkungen führt nicht zu einer klaffenden Fuge. Diese Bedingung ist erfüllt, wenn die Sohldruckresultierende innerhalb der 1. Kernweite angreift (schraffierte Fläche in □ 2.02).

⇒ Formeln und Anwendung: siehe Abschnitt 2.4 und □ 2.02.

□ 2.02 **(Kopie)**: Grundriss eines Rechteckfundaments; Bezeichnungen bei zweiachsiger Ausmittigkeit (aus Handbuch Eurocode 7, Band 1: DIN 1054, Abschnitt A 6.6.5)

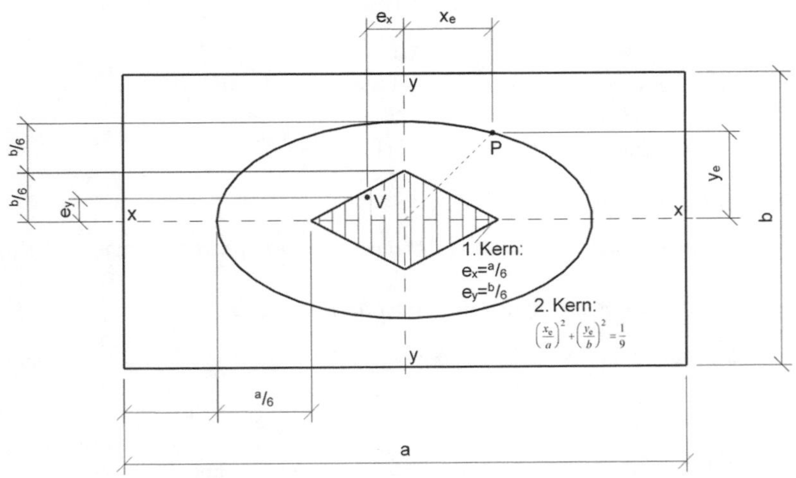


Dabei sind:

$e_x$, $e_y$ die Ausmittigkeiten der resultierenden charakteristischen Beanspruchung in der Sohlfläche in Richtung der Fundamentachsen *x* und *y* mit den höchstzulässigen Werten $x_e$ und $y_e$

$b_x$, $b_y$ die dazugehörigen Fundamentbreiten

### 3.1.2 Zulässige Verschiebungen in der Sohldruckresultierenden (SLS: „Gleiten")

a) Bei Flach- und Flächengründungen ist der Nachweis gegen unzuträgliche Verschiebungen des Fundaments in der Sohlfläche nach Handbuch Eurocode 7, Band 1: DIN 1054, Abschnitt A 6.6.6 dann erbracht, wenn

- auf der Stirnseite des Fundaments bei der Überprüfung der Sicherheit gegen Gleiten keine Bodenreaktion angesetzt wird, oder
- wenn mindestens mitteldicht gelagerte nichtbindige Böden bzw. mindestens steife bindige Böden vorliegen und wenn beim Ansatz von 2/3 des Werts des charakteristischen Gleitwiderstands eine Bodenreaktion von weniger als 1/ 3 des charakteristischen Erdwiderstands vor der Stirnseite des Fundamentkörpers zur Herstellung des Gleichgewichts der charakteristischen Kräfte parallel zur Sohlfläche erforderlich ist.

b) Wenn der Erdwiderstand vor der Stirnseite des Gründungskörpers von Flach- oder Flächengründungen in höherem Maße in Anspruch genommen wird als unter a) angegeben oder wenn der Boden nicht den unter a) genannten Anforderungen entspricht, muss nach Handbuch Eurocode 7, Band 1: DIN 1054, Abschnitt A 6.6.6 Folgendes nachgewiesen werden: Beim Ansatz der charakteristischen Werte der ständigen und der regelmäßig auftretenden veränderlichen Einwirkungen sowie beim Ansatz der charakteristischen Werte der seltenen oder einmaligen planmäßigen Einwirkungen dürfen keine unzuträglichen Verschiebungen des Fundaments in der Sohlfläche auftreten.

⇒ Formeln und Anwendung: siehe Abschnitt 2.5 und (2.15) sowie (2.16)

**Auszug aus Abschnitt 2.5:** Der Nachweis der Gebrauchstauglichkeit (SLS) ist erbracht, wenn eine der folgenden Bedingungen erfüllt ist:

- $$H_d \leq R_{h,d} \tag{2.15}$$

Es wird dann keine Bodenreaktion (Erdwiderstand) $R_{p;d}$ nach (2.14) angesetzt. Die Teilsicherheitsbeiwerte werden gemäß GEO-2 für Werte $\gamma_G \geq 1{,}0$; $\gamma_Q \geq 1{,}0$ und nicht für SLS: $\gamma_G = 1{,}0$; $\gamma_Q = 1{,}0$ eingesetzt!

- $$H_{G,k} \cdot 1{,}0 + H_{Q,k} \cdot 1{,}0 \leq \frac{2/3 \cdot R_{h,k}}{1{,}0} + \frac{1/3 \cdot R_{p;k}}{1{,}0} \tag{2.16}$$

### 3.1.3 Zulässige Setzungen

a) Die Größe der Setzungen von Flach- und Flächengründungen darf nach Handbuch Eurocode 7, Band 1, Abschnitt 6.6.2: DIN 1054, Anmerkung 1 zu A(3) nach DIN 4019 (siehe Abschnitt 3.2) ermittelt werden.

b) Bei nichtbindigen Böden müssen nach Handbuch Eurocode 7, Band 1, Abschnitt 6.6.2: DIN 1054, A(17) bei der Setzungsermittlung regelmäßig auftretende veränderliche Einwirkungen berücksichtigt werden.

Bei bindigen Böden dürfen veränderliche Einwirkungen bei der Ermittlung von Konsolidationssetzungen vernachlässigt werden, wenn deren Einwirkungszeit erheblich kleiner ist als die Zeitspanne, die zum Ausgleich des Porenwasserüberdrucks erforderlich ist.

c) Besonders bei wassergesättigten, bindigen Böden sind zur Abschätzung der Setzungen aus zyklisch wirkenden Lasten nach Handbuch Eurocode 7, Band 1, Abschnitt 6.6.2: DIN 1054, A(18) besondere Untersuchungen durchzuführen, z. B. mit Hilfe der Beobachtungsmethode (siehe Abschnitt 1.6).

d) Bei der Ermittlung der rechnerischen Setzungen der einzelnen Gründungselemente eines Gebäudes oder anderer baulicher Anlagen muss nach Handbuch Eurocode 7, Band 1, Abschnitt 6.6.2: DIN 1054, A(19) auch die Konstruktion des Tragwerks berücksichtigt werden (siehe z.B. EVB).

e) Wenn die Setzungen bei der Bemessung des Tragwerks berücksichtigt werden, sind sie nach Handbuch Eurocode 7, Band 1, Abschnitt 6.6.2: DIN 1054, A(20) entweder als charakteristische Werte in Form von vorsichtigen Schätzwerten des Mittelwerts oder als charakteristische Werte der kleinsten und der größten zu erwartenden Setzungen anzugeben (siehe hierzu auch Abschnitt 1.8.2.2).

f) Wird die Tragfähigkeit der Gründung nach Abschnitt 5.3 („Tabellenverfahren„) bestimmt, dann können nach Handbuch Eurocode 7, Band 1, Abschnitt 6.6.2: DIN 1054, A(21) bei mittig belasteten Fundamenten die in Abschnitt 5.3.3.1 angegebenen Setzungen auftreten. Bei einer Erhöhung des aufnehmbaren Sohldrucks nach den Abschnitten 5.3.3.2 bzw. 5.3.4.2 sind die zu erwartenden Setzungen je nach der gewählten Erhöhung zu vergrößern.

### 3.1.4 Zulässige Verdrehungen (Ergänzung zu SLS: „Kippen")

a) Bei Einhaltung der zulässigen Ausmittigkeit der Sohldruckresultierenden nach Abschnitt 3.1.1 treten nach Handbuch Eurocode 7, Band 1, Abschnitt 6.6.2: DIN 1054, A(17) bei Einzel- und Streifenfundamenten auf mindestens mitteldicht gelagertem nichtbindigem Boden bzw. mindestens steifem bindigem Boden keine unzuträglichen Verdrehungen des Bauwerks auf.

b) Wenn Schäden am Bauwerk oder an dessen Umgebung durch ungleichmäßige Setzungen entstehen können, dann sind nach Handbuch Eurocode 7,

Band 1: DIN 1054, Abschnitt A 6.6.25, A(5) die Verdrehungen in Anlehnung an Abschnitt 3.1.3 zu ermitteln.

## 3.2 Setzungsberechnungen

### 3.2.1 Grundlagen

**Konsolidation** Vertikale Bewegung eines Bauwerks durch Zusammendrückung oder Gestaltänderung des Baugrunds unter Eigen- oder Bauwerkslast, wobei das überschüssige Porenwasser entweicht. Sie setzt sich zusammen aus dem

- Setzungsanteil aus primärer Konsolidation des Bodens ("Konsolidationssetzung"), dem
- Anteil der Sofortsetzungen (volumenbeständige Gestaltänderung wassergesättigter bindiger Böden) und dem
- sekundären Setzungsanteil (u. a. Kriecherscheinungen im Boden).

**Anmerkung:** Nur die Konsolidationssetzung kann durch die im Folgenden beschriebenen Verfahren näherungsweise erfasst werden. Die beiden anderen Setzungsanteile können nur zum Teil berücksichtigt werden, z.B. die Sofortsetzungen durch den Korrekturbeiwert (□ 3.05).

**Norm** DIN 4019

**Ursachen** Ursachen ungleichmäßiger Setzungen:

a) Zusammendrückung (Konsolidierung) des Baugrundes unter statischer Last.

b) Seitliches Ausweichen des Baugrunds infolge Grundbruchs (siehe Abschnitt 2).

c) Dynamische Einwirkungen (Verkehr, Maschinen, Sprengungen), vor allem bei nichtbindigen Böden.

d) Horizontale Bewegungen von Bauwerken (z. B. von Baugrubenwänden).

e) Austrocknen des Baugrunds (Schrumpfen bindiger Böden).

f) Grundwasserabsenkung (Eigenlaständerung durch wegfallenden Auftrieb).

g) Frost- und Tauwirkungen.

h) Zusammenbruch unterirdischer Hohlräume (Bergbau, Auslaugung von Salzstöcken).

**Anmerkung**: Durch Setzungsberechnungen können nur die Einflüsse a) und f) erfasst werden.

**Böden** Nichtbindige Böden setzen sich bei Belastung oder dynamischen Einwirkungen durch Kornumlagerungen. Porenwasser kann wegen der großen Durchlässigkeit schnell entweichen. Ihre Setzungen liegen wegen ihrer großen Steifigkeit im Millimeterbereich (Ausnahme: sehr lockere Lagerung) und treten praktisch unmittelbar nach Lastaufbringung ein.

Die Setzungen bindiger Böden können dagegen wegen ihres Wabengefüges im Zentimeter- oder sogar Dezimeterbereich liegen. Die Dauer der Setzungen kann bei ihnen wegen der geringen Durchlässigkeit Monate und Jahre betragen (⇒ Dörken / Dehne 2002). Bei Entlastung können die Setzungen teilweise wieder zurückgehen (Hebung), wenn entsprechend Wasser nachgesogen werden kann.

**Lasten**

Wegen der Sofortsetzungen nichtbindiger Böden sind bei Setzungsberechnungen neben den ständigen Lasten auch vorübergehend auftretende Lasten zu berücksichtigen. Bei bindigen Böden werden dagegen nur die langfristig wirkenden Verkehrslasten angesetzt.

**Gleichmäßige Setzungen**

Gleichmäßige Gebäudesetzungen sind unschädlich, solange sie keine Funktionsstörungen (Leitungsanschlüsse, Dichtungen) hervorrufen. Allerdings wächst mit ihnen auch die Gefahr ungleichmäßiger Setzungen und daraus resultierender Schäden. Daher werden von Skempton / Mc Donald (Smoltczyk 1990) für gewöhnliche Hochbauten bei 1,5facher Sicherheit folgende zulässige Setzungen genannt: Einzelfundament: 6 cm (auf Ton) bis 4 cm (auf Sand). Gründungsplatte: 6...10 cm (auf Ton) bis 4...6 cm (auf Sand).

**Ungleichmäßige Setzungen**

Ungleichmäßige Setzungen können je nach Größe der Setzungsunterschiede, nach statischer Konstruktion und Baustoff zu Schäden führen: Risse, Durchbiegungen, Schiefstellungen, Bruch von Bauteilen.

Ursachen ungleichmäßiger Setzungen:

a) Unregelmäßigkeiten im Baugrund (□ 3.01 a, b)

b) Gegenseitige Beeinflussung benachbarter Bauwerke (□ 3.01 c)

c) Ungleiche Tiefenlage benachbarter Fundamente (□ 3.01 d)

d) Ungleiche Größe benachbarter Fundamente (□ 3.01 e)

e) Unterschiedliche Gründungssysteme unter einem Bauwerk (□ 3.01 f)

f) Schräge Belastung eines Fundaments (□ 3.01 g)

g) Ausmittige Belastung eines Fundaments (□ 3.01 h)

h) Überlagerung der Baugrundspannungen unter einem lang gestreckten Fundament (□ 3.01 i)

i) Asymmetrie des Fundaments (□ 3.01k).

□3.01: Beispiel: Ursachen ungleichmäßiger Setzungen

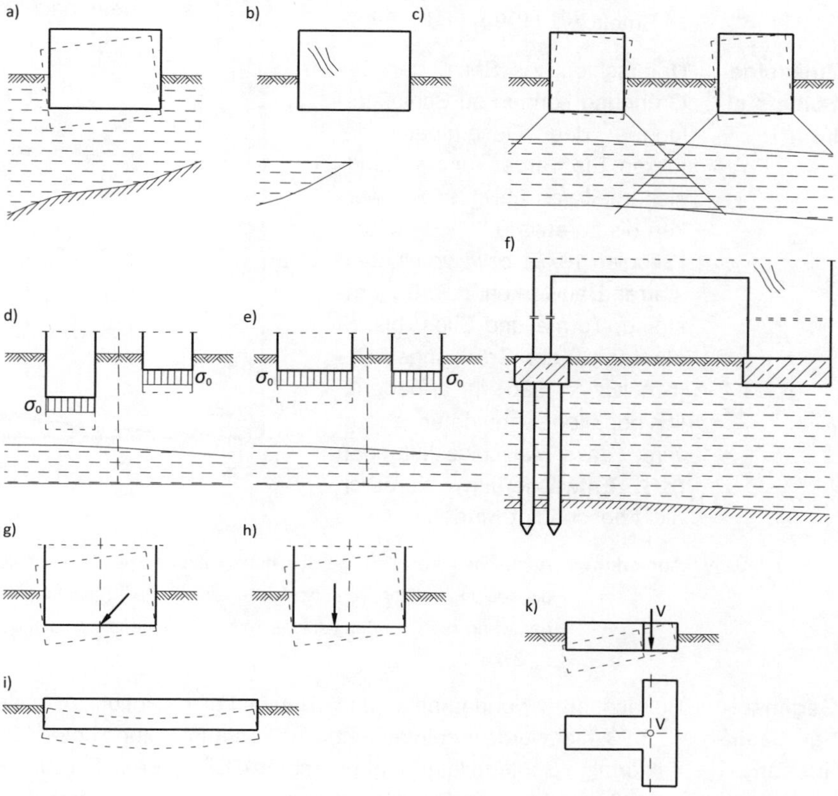


**Zulässige Setzungsunterschiede**

Unterschiedliche Anforderungen an das Bauwerk (z. B. die Forderung nach völliger Rissfreiheit in Hinblick auf Dichtigkeit einerseits bzw. bewusster Zulassung von "Schönheitsrissen" in Hinblick auf Wirtschaftlichkeit der Gründung andererseits) erfordern unterschiedliche Kriterien für zulässige Setzungsunterschiede. Statisch bestimmte Konstruktionen können wesentlich größere Setzungsunterschiede schadlos überstehen als statisch unbestimmte. Die verwendeten Baustoffe sind unterschiedlich setzungsempfindlich: Holz- und Stahlbauten wesentlich weniger als Stahlbeton- oder sogar Spannbetonbauwerke, Mauerwerksbauten aus kleinen Steinen weniger als aus großen Blöcken.

Einen Anhalt für zulässige Setzungsunterschiede von benachbarten Fundamenten unter einem gemeinsamen Bauwerk können daher nur Erfahrungswerte geben (□ 3.02). Aus Wirtschaftlichkeitsgründen wird das Kriterium $s/L \leq 1/300$ in Hinblick auf die relativ geringfügige Zahl der dabei möglichen architektonischen Schäden in der Praxis am meisten verwendet.

⇒ Smoltczyk (1990) und □ 3.43

**Zulässige Schiefstellung**

Unterschiedliche Setzungen der Gründung können zu Schiefstellungen des Gesamtbauwerks führen. Sie werden für die Standsicherheit von üblichen Bauwerken bis zu etwa 0,3 % der Höhe (Stiegler 1979) bzw. von hohen starren Bauwerken, z.B. Schornsteine, Türme und Silos, bis zu etwa 0,4% der Gründungsbreite (Smoltczyk 1990) für unbedenklich gehalten, wenn dafür gesorgt wird, dass Anschlussleitungen (z.B. Entwässerung) hierdurch nicht beschädigt werden.

□ 3.02: Beispiel: Zulässige Setzungsunterschiede benachbarter Fundamente

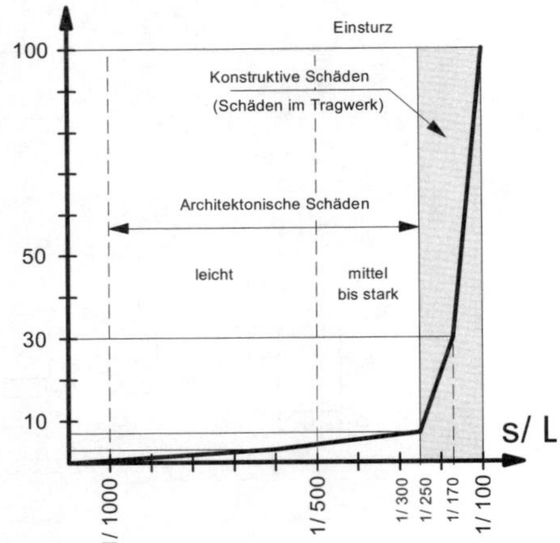


**Anmerkung:** Auch eine lotrecht mittige Belastung kann zu einer Schiefstellung führen, wenn die setzungsempfindliche Schicht ungleichmäßig mächtig ansteht (□ 3.01a) oder wenn die Gründungsfläche nicht mindestens zweiachsig symmetrisch ist (□ 3.01k).

**Gegenseitige Beeinflussung**

Benachbarte Fundamente und Bauwerke beeinflussen sich gegenseitig (□ 3.03, hier wurde vereinfachend eine Lastausbreitung unter 45° und eine dreieckförmige Sohldruckfigur angenommen). Diese Beeinflussung ist erfahrungsgemäß erst dann von Bedeutung, wenn der Fundamentabstand geringer ist als die dreifache Fundamentbreite.

□ 3.03: Beispiel: Gegenseitige Beeinflussung von Nachbarfundamenten

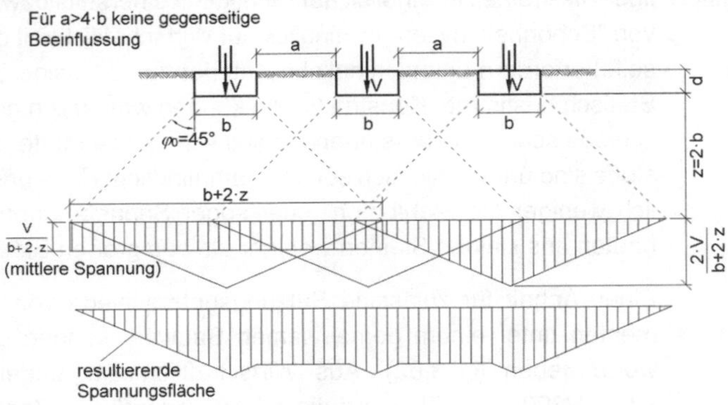

In der Praxis spielt die gegenseitige Beeinflussung häufig bei der Gründung eines Neubaus neben einem Altbau eine Rolle. Im Grenzbereich zwischen beiden Bauwerken überlagern sich die Baugrundspannungen (□ 3.04). In den meisten Fällen wird der Baugrund unter dem Altbau durch die zusätzlichen Spannungen aus dem Neubau ungleichmäßig zusammengedrückt: der Altbau zeigt Risse auf der Seite des Neubaus (□ 3.04a). In selteneren Fällen lässt sich der Baugrund unter dem Altbau durch die Zusatzspannungen aus dem Neubau nicht mehr maßgeblich zusammendrücken: der Neubau neigt sich vom Altbau weg (□ 3.04b).

□ 3.04: Beispiel: Gegenseitige Beeinflussung Neubau/Altbau

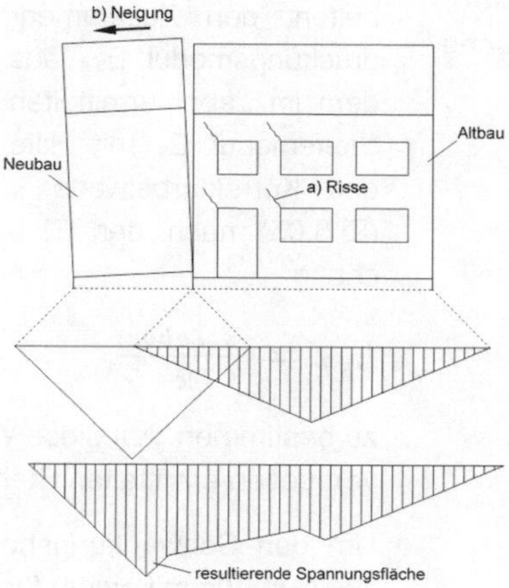


**$E_s$, $E_{s,k}$** Für Setzungsberechnungen (aus Konsolidation) wird der Steifemodul $E_s$ - oder besser der Zusammendrückungsmodul (= charakteristischer Wert) $E_{s,k}$ - der von den Bauwerksspannungen beeinflussten Baugrundschichten benötigt.

**Steifemodul $E_s$; feinkörnige Böden** Der Steifemodul $E_s$ wird aus Labor- und Feldversuchen oder aus Setzungsmessungen bestimmt (siehe Dörken / Dehne/ Kliesch, Teil 1, Abschnitt 4.09). Bei feinkörnigen Böden wird der Steifemodul $E_s$ aus der Druck-Setzungs-Linie (Zusammendrückungsversuch im Labor mit Sonderproben aus den setzungsempfindlichen Schichten) bestimmt. Die auf diese Weise berechneten Setzungen weichen jedoch oft erheblich von den tatsächlich gemessenen ab, weil nur – in Form einzelner Stichproben - ein sehr geringes Bodenvolumen erfasst werden kann und Störungen der Proben sowie versuchstechnische Vereinfachungen (behinderte Seitendehnung) unvermeidlich sind.

**Anmerkung:** Hinzu kommt, dass der Steifemodul $E_s$ keine Bodenkonstante für die jeweilige Schicht ist. Er hängt nicht nur von der Lastgröße, sondern auch von der Fundamentfläche ab: je größer die Fläche, desto größer ist auch der Steifemodul.

**$E_{s,k}$ im Frankfurter Ton“** Aus immer wieder verifizierten Setzungsmessungen an Hochhäusern in Frankfurt am Main wurde seit den 1970er Jahren für den so genannten „Frankfurter Ton“ in der Frankfurter Innenstadt folgende empirische Formel für den Zusammendrückungsmodul ermittelt (Moormann):

$$E_{S,k} = 7\,(1 + 0{,}35 \cdot z)\ [\mathrm{MN/m^2}] \qquad (3.01)$$

Daher sollte möglichst mit dem Zusammendrückungsmodul $E_{s,k}$ gerechnet werden, der aus Setzungsmessungen mit in etwa gleich großen Fundamenten auf demselben Baugrund zurückgerechnet worden ist (□ 3.29).

**Korrekturbeiwerte für Laborversuche**

Nur wenn keine Setzungsmessungen vorliegen, kann man sich damit behelfen, den Zusammendrückungsmodul $E_{s,k}$ aus dem im Labor ermittelten Steifemodul $E_s$ mit Hilfe des Korrekturbeiwerts $\kappa$ (□ 3.05) nach der Gleichung

□ 3.05: Korrekturbeiwerte $\kappa$ für Laborversuche (Anhaltswerte nach DIN 4019, Teil 1: 1981; zurückgezogen)

| (Haupt-) Bodenart | $\kappa \approx$ |
|---|---|
| Sand und Schluff | 0,67 |
| Ton, normal konsolidiert | 1 |
| Ton, überkonsolidiert | 0,5 bis 1 |

$$E_{s,k} = \frac{E_{s\,(Labor)}}{\kappa} \qquad (3.02)$$

zu bestimmen. Auf diese Weise werden die Unzulänglichkeiten des aus Laborversuchen ermittelten Steifemoduls $E_s$ wenigstens zum Teil ausgeglichen.

Um den Schwankungsbereich der Setzungen eingrenzen zu können, wird zweckmäßig mit einem für die setzungsempfindliche Schicht möglichen oberen und unteren Grenzwert für $E_{s,k}$ gerechnet.

**Steifemodul $E_s$; grobkörnige Böden**

Bei grobkörnigen Böden wird der Steifemodul $E_s$ wird indirekt aus Feldversuchen (Sondierungen) oder aus Setzungsmessungen bestimmt (siehe Dörken / Dehne/ Kliesch, Teil 1, Abschnitt 4.09). Mit den Sondierergebnissen wird ein ausreichendes Bodenvolumen und damit das Baugrundverhalten gut erfasst. In diesem Fall wird der Korrekturwert auf $\kappa = 1$ gesetzt.

**Grenztiefe**

Die praktische Erfahrung zeigt, dass die setzungserzeugenden Spannungen nur bis zur "Grenztiefe" (DIN 4019: „Setzungseinflusstiefe") berücksichtigt werden sollten, da sich andernfalls zu große rechnerische Setzungswerte ergeben.

Für den Fall, dass der mittlere Sohldruck $\sigma_0$ beträchtlich größer ist als die Aushubentlastung $\gamma \cdot d$ (siehe Abschnitt 3.2.2), kann die Grenze der setzungsempfindlichen Schicht nach DIN 4019 in der Tiefe (Grenztiefe $d_s$) unter Gründungssohle angenommen werden, in der die Spannungen aus der setzungserzeugenden Bauwerkslast ($\sigma_0 - \gamma \cdot d$) kleiner sind als 20% der Überlagerungsspannungen $\sigma_ü$. Dies ist etwa zwischen $d_s = b$ (bei Gründungsplatten) bis $d_s = 2\,b$ (bei Streifen- und Einzelfundamenten) der Fall.

**Anmerkung:** Bei ausgedehnten Gründungsplatten mit geringem Sohldruck kann die Grenztiefe auch kleiner als $b$, bei hoch belasteten Streifen- und Einzelfundamenten auch größer als $2 \cdot b$ werden. Auch ein unter Auftrieb stehender Baugrund bewirkt eine Vergrößerung der Grenztiefe. Beginnt in der Nähe der rechnerisch ermittelten Grenztiefe eine weiche Schicht, so sollte die Grenztiefe vergrößert werden.

Unterscheiden sich der mittlere Sohldruck $\sigma_0$ und die Aushubentlastung $\gamma \cdot d$ nicht wesentlich, so wird mit dem vollen Sohldruck $\sigma_0$ (ohne Abzug von $\gamma \cdot d$) gerechnet. Bei der Setzungsberechnung ist in diesem Fall der Wiederbelastungsast der Druck-Setzungs-Linie maßgebend (□ 3.06).

**Fundamentbreite**

Da die Einflusstiefe eines Fundaments von seiner Breite abhängt (siehe oben) und bis in eine Tiefe von $z = 3\,b$ unter Gründungssohle reichen kann (□ 3.07, hier dargestellt durch die 5%-Isobare, siehe Abschnitt 3.2.2), beansprucht ein breites Fundament ein größeres Bodenvolumen als ein schmales und setzt sich daher - bei gleicher Sohlnormalspannung - auch mehr.

Das Verhältnis der Setzungen von zwei Fundamenten verschiedener Fläche, Belastung und Form kann durch folgendes Modellgesetz näherungsweise beschrieben werden:

$$\frac{s_1}{s_2} = \frac{c_1 \cdot \sigma_{01} \cdot \sqrt{A_1}}{c_2 \cdot \sigma_{02} \cdot \sqrt{A_2}} \qquad (3.03)$$

Hierin ist:

$s_{1,2}$ Setzungen

$\sigma_{1,2}$ Sohldrücke bei den Fundamenten 1 und 2

$A_{1,2}$ Fundamentflächen

$c_{1,2}$ Formbeiwerte (□ 3.08)

Häufig wird die vereinfachte Form des Modellgesetzes für den Fall benötigt, dass die Setzungen zweier Fundamente gleicher Form gleich groß sein sollen (□ 3.43):

□ 3.06: Beispiel: Abschnitte der Druck-Setzungs-Linie (nach DIN 4019)

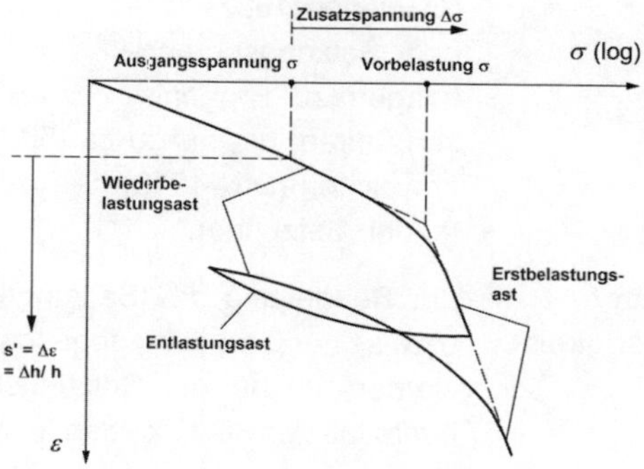


□ 3.07: Beispiel: Einflusstiefe von Fundamenten (5%-Isobare)

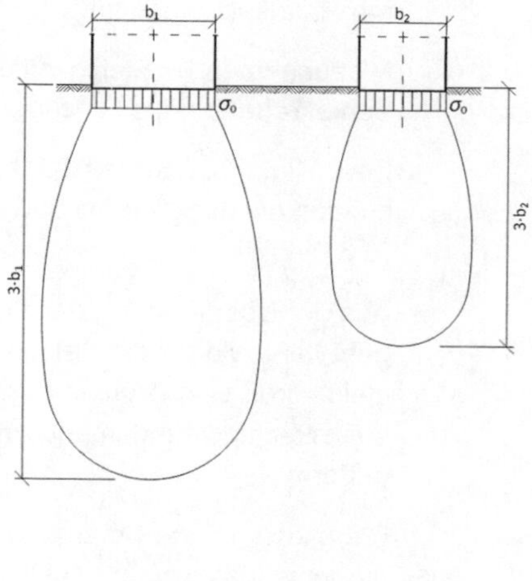


□ 3.08: Formbeiwerte *c*

| Seitenverhältnis *a/b* | 1,0 | 1,5 | 4,0 | 10 | 100 |
|---|---|---|---|---|---|
| Formbeiwert $c \approx$ | 1,0 | 1,0 | 0,9 | 0,7 | 0,4 |

$$\sigma_{01} \cdot \sqrt{A_1} = \sigma_{02} \cdot \sqrt{A_2} \qquad (3.04)$$

**Anmerkung:** Das Ergebnis dieser Näherungsberechnung sollte durch eine Setzungsberechnung überprüft werden, da das Modellgesetz die Grenztiefe (siehe oben) nicht berücksichtigt und den Tiefeneinfluss breiter Fundamente überbewertet.

□ 3.09: Beispiel: Setzungsmulde unter einer

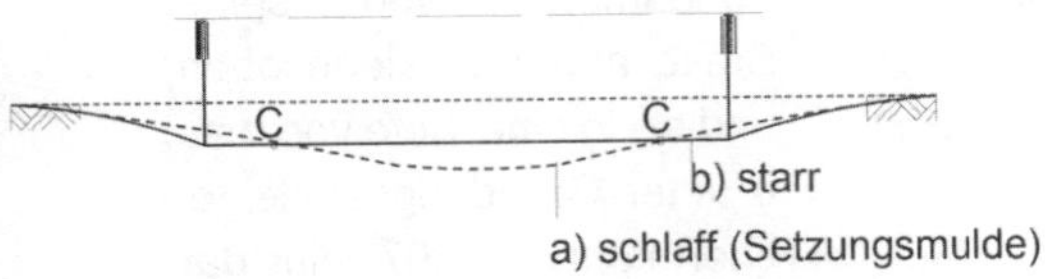


**Genauigkeit** Wegen vereinfachter Annahmen, vielfältiger Einflüsse und notwendiger Mittelbildungen (⇒ Dehne 1982) können Setzungsberechnungen zu Ergebnissen führen, die bis zu ca. 50 % von den tatsächlich eintretenden Setzungen abweichen (DIN 4019). Sie liefern also nur die Größenordnung der zu erwartenden Setzungen.

**Biegefestigkeit** Zur Beurteilung des Setzungsverhaltens muss die Steifigkeit des Bauwerks bzw. seiner Gründung abgeschätzt (siehe Abschnitt 4) und danach entschieden werden, ob bei der Setzungsberechnung eher der schlaffe oder der starre Grenzfall der Steifigkeit anzunehmen ist.

Für den Grenzfall "schlaffes (biegeweiches) Fundament" werden die Setzungen verschiedener Fundamentpunkte ermittelt und aufgetragen. Die Verbindungslinie der Setzungsordinaten liefert die Setzungsmulde, die erhebliche Setzungsunterschiede zwischen der größeren Mittensetzung und den kleineren Randsetzungen zeigt (□ 3.09 a).

Mit zunehmender Steifigkeit der Gründung nimmt diese die Biegemomente und Scherkräfte auf: die Setzungsunterschiede werden entsprechend geringer.

Ein vollkommen starrer Baukörper kann sich nicht verformen, so dass die Setzungen bei mittiger Last und gleichmäßigem Baugrund überall gleich groß sind (□ 3.09 b).

Aus der Überlagerung der Setzungsmulden für schlaffe und starre Lastflächen geht hervor, dass die Setzungen in bestimmten Punkten der Fundamentfläche gleich groß sind (Punkte C in □ 3.09). Diese "kennzeichnenden Punkte" liegen beim Rechteckfundament $0{,}74 \cdot b/2$ bzw. $0{,}74 \cdot a/2$ von den Fundamentachsen entfernt.

**Starre Fundamente** Die gleichmäßige Setzung eines gedrungenen, mittig belasteten, starren Fundaments lässt sich nach DIN 4019 annähernd nach einer der folgenden Möglichkeiten näherungsweise berechnen:

- als der 0,75-fache Wert der Setzung des Flächenmittelpunktes eines schlaffen Fundaments
- als Setzung im kennzeichnenden Punkt des Fundaments
- aus Tabellen für starre Fundamente.

**Langgestreckte Fundamente** Bei lang gestreckten Fundamenten ($a > 2\,b$) ist es zweckmäßig, als Maß der gleichmäßigen Fundamentsetzung den Mittelwert aus den Setzungen für die End-, Mittel- und Viertelpunkte der großen Hauptachse des schlaff angenommenen Fundaments zu betrachten. Je größer das Verhältnis $a : b$ wird, desto weniger unterscheiden sich die Setzungen der Mittel- und Viertelpunkte.

### 3.2.2 Baugrundspannungen

**Zweck**

Für die Setzungsberechnung (siehe Abschnitte 3.2.3 bis 3.2.6) müssen die lotrechten Baugrundspannungen (Spannungen in verschiedenen Tiefen des Baugrunds) bekannt sein, denn sie bewirken Zusammendrückungen des Baugrunds und damit die Setzungen der Fundamente.

**Arten**

**Überlagerungsspannungen ($\sigma_{ü}$).** Baugrundspannungen infolge Eigenlast des Bodens, die bereits vor dem Aufbringen der Bauwerkslast vorhanden waren und unter denen der Baugrund in der Regel bereits konsolidiert ist. Die Überlagerungsspannungen entsprechen dem über der betrachteten Tiefe lastenden Gewicht des Bodens bis zur Geländeoberfläche. Sie sind unter Berücksichtigung des Grundwasserstands zu ermitteln:

$$\sigma_{ü} = \sum_{i=0}^{i=n} \gamma_i \cdot d_i \tag{3.05}$$

Hierin ist:

$\gamma_i$ Wichte des Bodens (in einer Schicht)

*n* berücksichtigte Anzahl der Schichten bis zur betrachteten Tiefe

$d_i$ Schichtdicke einer Schicht

**Spannungen infolge Baugrubenaushubs ($\sigma_a$).** Die (meist kurzfristige) Entlastung des Baugrunds durch den Baugrubenaushub beträgt:

$$\sigma_a = \sum_{i=0}^{i=d} \gamma_i \cdot d_i \text{ , wobei d die Gründungstiefe ist} \tag{3.06}$$

**Spannungen infolge Bauwerkslast ($\sigma_z$).** Die Erstellung des Bauwerks bewirkt Baugrundspannungen und damit eine Zusammendrückung des Baugrunds: das Bauwerk setzt sich. Da ein Teil der Bauwerkslast jedoch den Eigenlastzustand des Baugrunds, der durch den Baugrubenaushub kurzfristig gestört wurde, wieder herstellen muss, kann bei einfach verdichteten Böden (das sind Böden, die lediglich durch ihre Eigenlast konsolidiert wurden) nur der Differenzbetrag

$$\sigma_1 = \sigma_z - \sigma_a \tag{3.07}$$

eine Setzung hervorrufen (setzungserzeugende Spannung $\sigma_1$).

**Anmerkung:** Zur Berechnung der Baugrundspannungen aus der Bauwerkslast kann der in der Gründungssohle wirkende Sohldruck infolge lotrechter Belastung gleichmäßig verteilt angenommen werden (siehe Abschnitt 4.1).

**Ausbreitung**

Die Ausbreitung der Baugrundspannungen infolge Bauwerkslast kann stark vereinfacht an einem Walzenmodell veranschaulicht werden (□ 3.10). Hiernach breiten sich die Spannungen mit zunehmender Tiefe seitlich aus, konzentrieren sich unter der Last und nehmen mit der Tiefe ab.

**Berechnungsgrundlagen** Die heute üblichen Setzungsberechnungen gehen auf die Ansätze von Boussinesq (1885) zurück, der den Baugrund vereinfachend als elastisch - isotropen Halbraum auffasste. Das ist ein dreidimensionaler Raum, der durch eine unendlich ausgedehnte, waagerechte Ebene (in Höhe der Gründungssohle) halbiert wird. Die obere Hälfte ist leer, die untere ist ein homogener, gewichtsloser, elastischer Körper mit einheitlichem Elastizitätsmodul.

**Anmerkung:** Durch Einführung eines Konzentrationsfaktors $\nu$ (Fröhlich 1934) kann dabei das tatsächlich anisotrope Verhalten des Baugrunds berücksichtigt werden: $\nu = 2$: kreisförmige Isobaren (Linien gleicher Vertikalspannungen), $\nu = 3$: elastisch - isotroper Halbraum, $\nu = 4$: Der E-Modul nimmt geradlinig mit der Tiefe zu, $\nu = 3...4$: kommt dem tatsächlichen Baugrund in Mitteleuropa am nächsten (□ 3.11).

□ 3.10: Beispiel: Ausbreitung der Baugrundspannungen infolge Bauwerkslast (Walzenmodell)

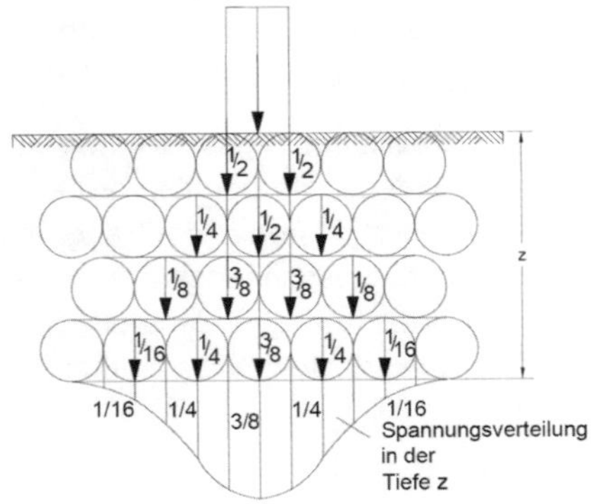


□ 3.11: Beispiel: Isobaren für verschiedene Konzentrationsfaktoren (nach Fröhlich)

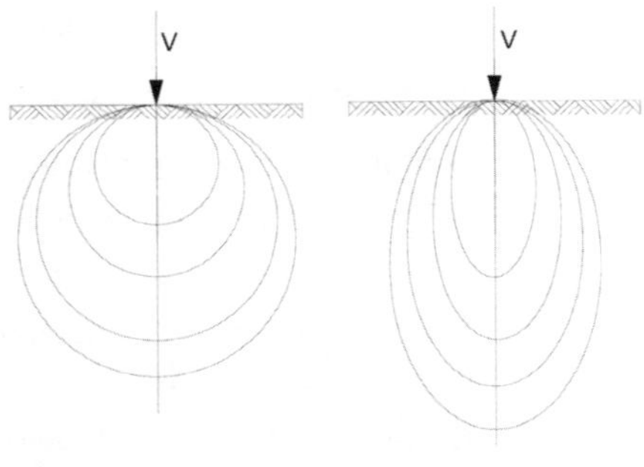


**Punktlast** Die lotrechte Baugrundspannung unter einer Punktlast *P* (in kN) kann in einem beliebigen Punkt in der Tiefe *z* (in m) im Abstand *r* (in m) von der Last (□ 3.13) nach dem Rechenansatz von Boussinesq für den elastisch-isotropen Halbraum mit Hilfe von Einflusswerten *i* (□ 3.12) nach der Gleichung berechnet werden:

**Anmerkung:** Mit der Gleichung (3.07) für die Punktlast kann näherungsweise der Einfluss von Einzelfundamenten auf benachbarte Baukörper bestimmt werden, wenn der Abstand zwischen beiden nicht zu gering ist.

$$\sigma_z = \sigma(z) = i \cdot \frac{P}{z^2} = \left\{\frac{3}{2 \cdot \pi} \cdot \left[\frac{1}{(x/z)^2+1}\right]^{5/2}\right\} \cdot \frac{P}{z^2} \qquad (3.08)$$

□ 3.12: Einflusswerte *i* für die lotrechten Baugrundspannungen infolge einer Punktlast *P*

| *r/z* | 0 | 0,1 | 0,2 | 0,4 | 0,6 | 0,8 | 1,0 | 1,2 | 1,4 | 1,6 | 1,8 | 2,0 |
|---|---|---|---|---|---|---|---|---|---|---|---|---|
| *i* | 0,4775 | 0,4657 | 0,4329 | 0,3295 | 0,2214 | 0,1386 | 0,0844 | 0,0513 | 0,0312 | 0,0200 | 0,0129 | 0,0085 |

□ 3.13: Beispiel: Baugrundspannung infolge Punktlast P (Linienlast

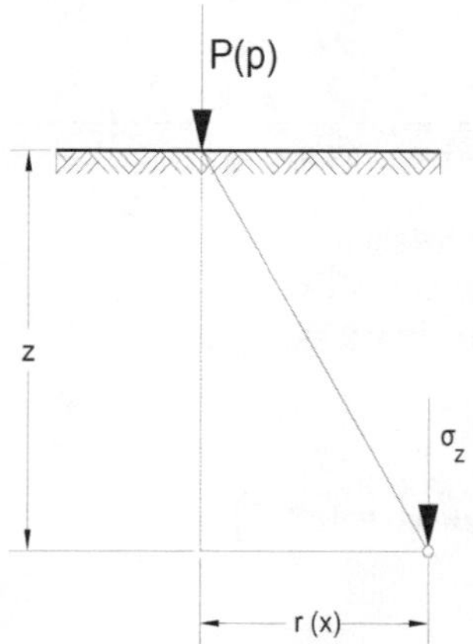


□ 3.14: Beispiel: Baugrundspannungen infolge einer Punktlast *P* in a) horizontalen und c) vertikalen Schnitten sowie in b) Isobaren

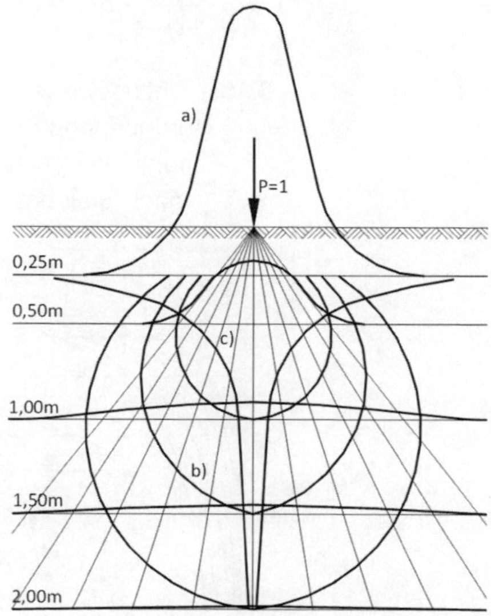


Eine gute Übersicht über Größe und Verteilung der Baugrundspannungen - z. B. infolge einer Punktlast *P* - erhält man durch Auftragung in horizontalen oder vertikalen Schnitten oder in Form von Isobaren (□ 3.14).

Die Auftragung in horizontalen Schnitten liefert "Glockenkurven", die mit der Tiefe immer flacher werden und deren "Spannungsinhalt" immer gleich groß ist. Aus den Glockenkurven lassen sich Linien gleicher Baugrundspannungen (Isobaren) ermitteln, aus denen ersichtlich ist, wie weit die Spannungen aus dem Bauwerk den Baugrund beeinflussen. Die 5%-Isobare reicht beispielsweise bis in eine Tiefe, die etwa der dreifachen Fundamentbreite entspricht (□ 3.07).

Die Auftragung der Baugrundspannungen in Vertikalschnitten ("Lastkurven") wird bei Setzungsberechnungen (siehe Abschnitt 3.2.3 und 3.2.4) benötigt.

**Linienlast** Die lotrechten Baugrundspannungen unter einer Linienlast *p* (in kN/m) können für einen beliebigen Punkt in der Tiefe *z* (in m) und im Abstand *x* (in m) (□ 3.12) - ebenfalls nach Boussinesq - mit Hilfe von Einflusswerten *i* (□ 3.15) nach der Gleichung berechnet werden:

$$\sigma_z = i \cdot \frac{p}{z} \qquad (3.09)$$

□ 3.15: Einflusswerte *i* für die lotrechten Baugrundspannungen infolge einer Linienlast *p*

| *x/z* | 0 | 0,1 | 0,2 | 0,4 | 0,6 | 0,8 | 1,0 | 1,2 | 1,4 | 1,6 | 1,8 | 2,0 |
|---|---|---|---|---|---|---|---|---|---|---|---|---|
| *i* | 0,6366 | 0,6241 | 0,5886 | 0,4731 | 0,3442 | 0,2367 | 0,1592 | 0,1069 | 0,0727 | 0,0502 | 0,0354 | 0,0255 |

**Rechteckige Flächenlast** Die Baugrundspannung in der Tiefe *z* (in m) unter dem Eckpunkt einer schlaffen (biegeweichen) Flächenlast $\sigma_0$ (in kN/m²) erhält man nach Steinbrenner (1934) mit dem Einflusswert *i* (□ 3.16, □ 3.17) aus der Gleichung

$$\sigma_z = \sigma(z) = i \cdot \sigma_0 \qquad (3.09)$$

$$\sigma(z) = \left\{\frac{1}{2 \cdot \pi}\left[\frac{\pi}{180} \cdot arctan\left(\frac{a \cdot b}{z \cdot \sqrt{a^2+b^2+z^2}}\right) + \frac{a \cdot b \cdot z}{z \cdot \sqrt{a^2+b^2+z^2}} \cdot \left(\frac{1}{a^2+b^2} + \frac{1}{b^2+z^2}\right)\right]\right\} \cdot \sigma_0$$

□ 3.16: Einflusswerte *i* für die lotrechten Baugrundspannungen unter dem Eckpunkt einer schlaffen Rechtecklast (nach Steinbrenner)

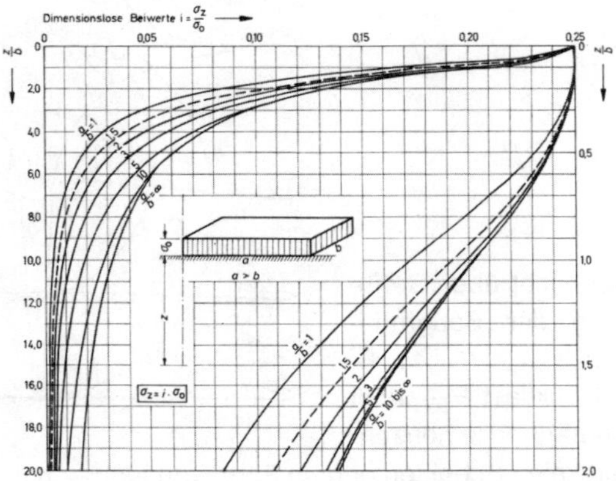


□ 3.17: Einflusswerte *i* für die lotrechten Baugrundspannungen unter dem Eckpunkt einer schlaffen Rechtecklast (nach Steinbrenner)

| Tiefe/Breite z/b | Dimensionslose Beiwerte $i = \sigma_z / \sigma_0$ | | | | | | |
|---|---|---|---|---|---|---|---|
| | a/b = 1,0 | a/b = 1,5 | a/b = 2,0 | a/b = 3,0 | a/b = 5,0 | a/b = 10,0 | a/b = ∞ |
| 0,25 | 0,2473 | 0,2482 | 0,2483 | 0,2484 | 0,2485 | 0,2485 | 0,2485 |
| 0,50 | 0,2325 | 0,2378 | 0,2391 | 0,2397 | 0,2398 | 0,2399 | 0,2399 |
| 0,75 | 0,2060 | 0,2182 | 0,2217 | 0,2234 | 0,2239 | 0,2240 | 0,2240 |
| 1,00 | 0,1752 | 0,1936 | 0,1999 | 0,2034 | 0,2044 | 0,2046 | 0,2046 |
| 1,50 | 0,1210 | 0,1451 | 0,1561 | 0,1638 | 0,1665 | 0,1670 | 0,1670 |
| 2,00 | 0,0840 | 0,1071 | 0,1202 | 0,1316 | 0,1363 | 0,1374 | 0,1374 |
| 3,00 | 0,0447 | 0,0612 | 0,0732 | 0,0860 | 0,0959 | 0,0987 | 0,0990 |
| 4,00 | 0,0270 | 0,0383 | 0,0475 | 0,0604 | 0,0712 | 0,0758 | 0,0764 |
| 6,00 | 0,0127 | 0,0185 | 0,0238 | 0,0323 | 0,0431 | 0,0506 | 0,0521 |
| 8,00 | 0,0073 | 0,0107 | 0,0140 | 0,0195 | 0,0283 | 0,0367 | 0,0394 |
| 10,00 | 0,0048 | 0,0070 | 0,0092 | 0,0129 | 0,0198 | 0,0279 | 0,0316 |
| 12,00 | 0,0033 | 0,0049 | 0,0065 | 0,0094 | 0,0145 | 0,0219 | 0,0264 |
| 15,00 | 0,0021 | 0,0031 | 0,0042 | 0,0061 | 0,0097 | 0,0158 | 0,0211 |
| 18,00 | 0,0015 | 0,0022 | 0,0029 | 0,0043 | 0,0069 | 0,0118 | 0,0177 |
| 20,00 | 0,0012 | 0,0018 | 0,0024 | 0,0035 | 0,0057 | 0,0099 | 0,0159 |

Teilt man die Gründungsfläche in Rechtecke auf, so können die Spannungen unter jedem beliebigen Punkt *P* innerhalb und außerhalb dieser Fläche ermittelt werden (□ 3.18).

□ 3.18: Beispiel: Einflusswerte *i* für beliebige Punkte: Aufteilung in Rechtecke

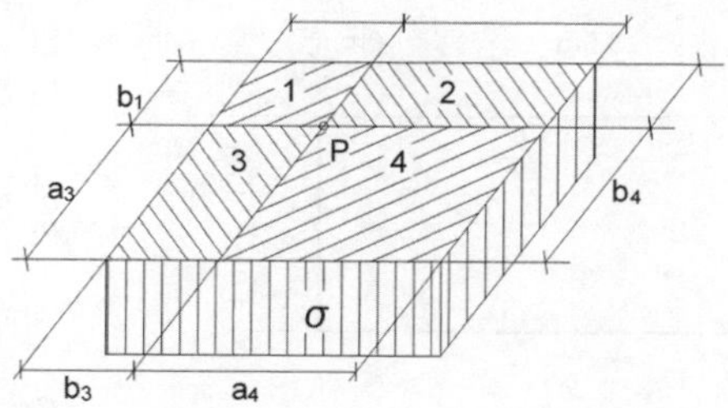


**Anmerkung:** Bei der Einteilung in Rechtecke muss immer darauf geachtet werden, dass alle Rechtecke einen Eckpunkt in dem Punkt haben, unter dem die Spannung gesucht wird. Bei einem außerhalb der Grün-dungsfläche liegenden Punkt wird das Fundament zu einer fiktiven Fläche bis zu diesem P erweitert und der überschüssige Teil anschließend wieder abgezogen (□ 3.19).

□ 3.19: Beispiel 16: Baugrundspannungen infolge einer Flächenlast

***Geg.:*** *vertikal und mittig einwirkende Kräfte ($V = V_{G,k}$)*

***Ges.:*** *Größe und Verteilung der Bauwerksspannungen unter den Punkten A bis D in 5,0 m Tiefe unter der Geländeoberkante*

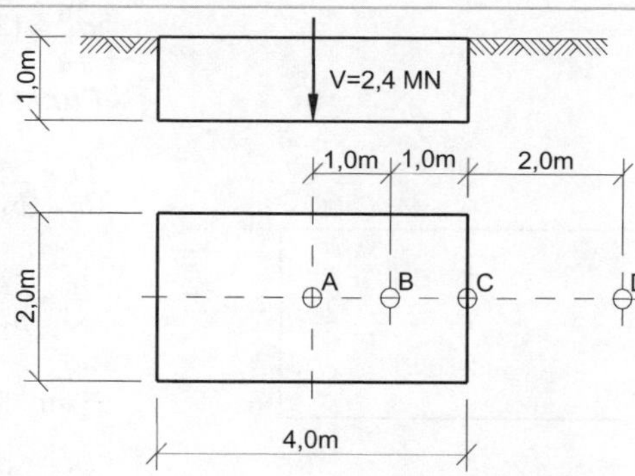


***Lösung:***

*Die Bauwerksdrücke berechnen sich ab Gründungssohle, so dass hier gilt:*

$$z = 5,0 - 1,0 = 4,0 \ m$$

*Mittlerer Sohldruck:* $\sigma_{0,\mathrm{m}} = \dfrac{2400}{4,0 \cdot 2,0} = 300 kN/m^2$

***Punkt A:***

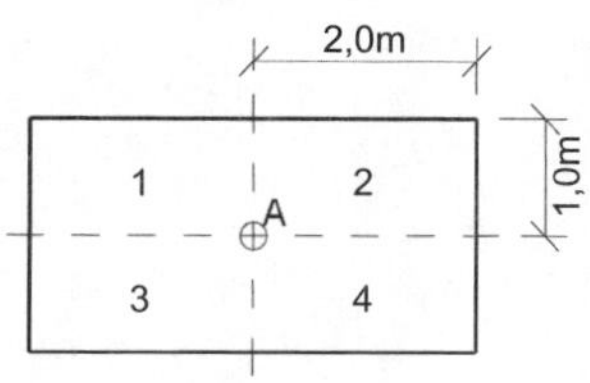


$$a_1 = a_2 = a_3 = a_4 = 2,0 \ m$$

$$b_1 = b_2 = b_3 = b_4 = 1,0 \ m$$

$$\Rightarrow \ \frac{a}{b} = \frac{2,0}{1,0} = 2,0 \, ; \ \frac{z}{b} = \frac{4,0}{1,0} = 4,0$$

$$\Rightarrow \ i = 0,0475$$

$$\sigma_z^A = 4 \cdot i \cdot \sigma_{0,\mathrm{m}} = 4 \cdot 0,0475 \cdot 300 = 57,0 \ kN/m^2$$

□ 3.19: Fortsetzung Beispiel 16: Baugrundspannungen infolge einer Flächenlast

***Punkt B:***

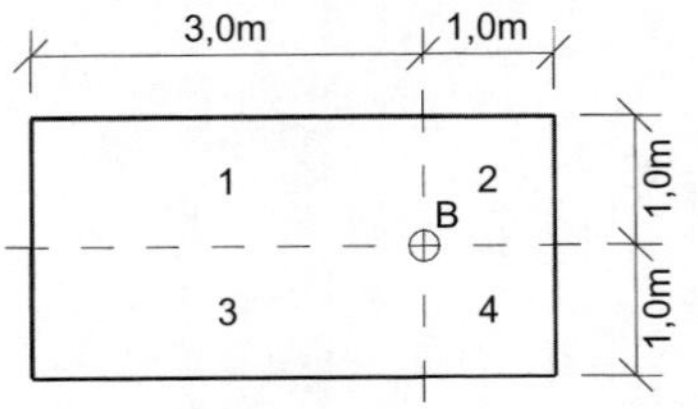


$$\frac{a_1}{b_1} = \frac{a_3}{b_3} = \frac{3,0}{1,0} = 3,0$$

$$\frac{z_1}{b_1} = \frac{z_3}{b_3} = \frac{4,0}{1,0} = 4,0$$

$$\Rightarrow\ i_1 = i_3 = 0,0604$$

$$\frac{a_2}{b_2} = \frac{a_4}{b_4} = \frac{1,0}{1,0} = 1,0$$

$$\frac{z_2}{b_2} = \frac{z_4}{b_4} = \frac{4,0}{1,0} = 4,0$$

$$\Rightarrow\ i_2 = i_4 = 0,0270$$

$$\sigma_z^B = (2 \cdot 0,0604 + 2 \cdot 0,0270) \cdot 300 = 52,4\ kN/m^2$$

***Punkt C:***

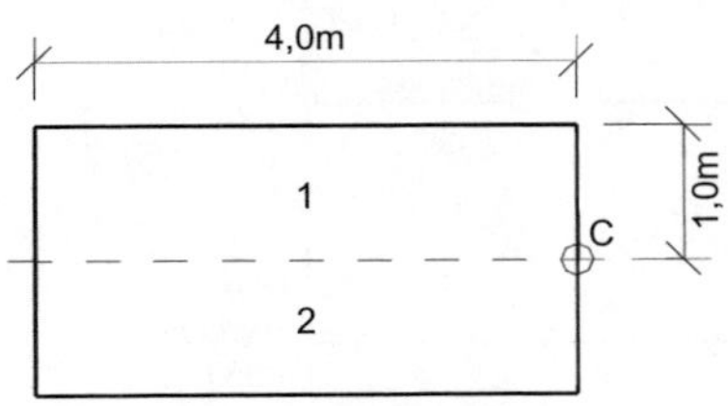


$$\frac{a_1}{b_1} = \frac{a_2}{b_2} = \frac{4,0}{1,0} = 4,0$$

$$\frac{z_1}{b_1} = \frac{z_2}{b_2} = \frac{4,0}{1,0} = 4,0$$

$\Rightarrow\ i_1 = i_2 = 0,0658$ (interpoliert)

$$\sigma_z^C = 2 \cdot 0,0658 \cdot 300 = 39,5\ kN/m^2$$

***Punkt D:***

*Vorbemerkung: Das Fundament muss bis zum maßgebenden Punkt zu einem fiktiven Fundament erweitert und der überschüssige Anteil anschließend wieder abgezogen werden.*

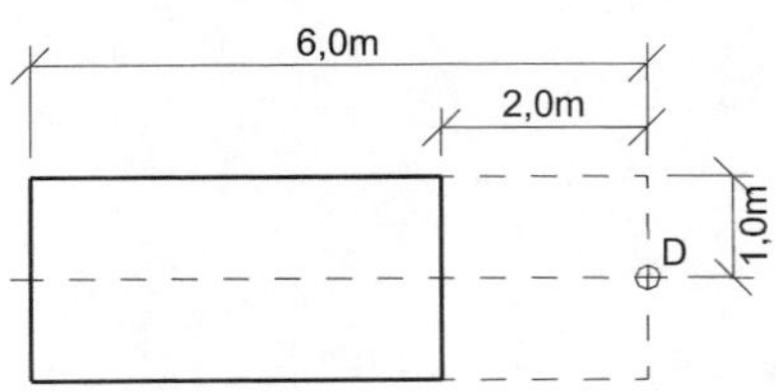


$$\frac{a}{b} = \frac{6,0}{1,0} = 6,0$$

$$\frac{z}{b} = \frac{4,0}{1,0} = 4,0$$

$$\Rightarrow\ i = 0,0721$$

$$\frac{a}{b} = \frac{2,0}{1,0} = 2,0$$

□ 3.19: Fortsetzung Beispiel 16: Baugrundspannungen infolge einer Flächenlast

$$\frac{z}{b} = \frac{4,0}{1,0} = 4,0$$

$$\Rightarrow i = 0,0475$$

$$\sigma_z^D = (2 \cdot 0,0721 - 2 \cdot 0,0475) \cdot 300 = 14,8 \ kN/m^2$$

*Darstellung der Druckverteilung:*

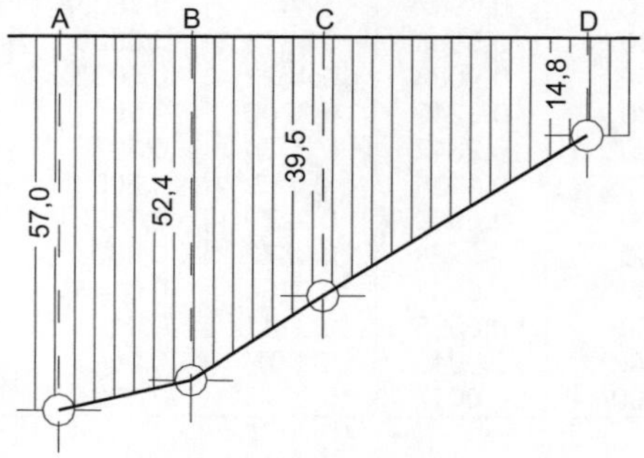


**Kennzeichnender Punkt**

Weil die Setzung eines mittig belasteten Fundaments im kennzeichnenden Punkt für den schlaffen und starren Grenzfall gleich und damit unabhängig von der Fundamentsteifigkeit ist (siehe Abschnitt 3.2.1), werden die Baugrundspannungen häufig unter diesem Punkt berechnet (□ 3.20, □ 3.21).

□ 3.20: Beispiel: Einflussbeiwerte *i* für die lotrechten Spannungen unter dem kennzeichnenden Punkt K.P. einer Rechtecklast (nach Kany)

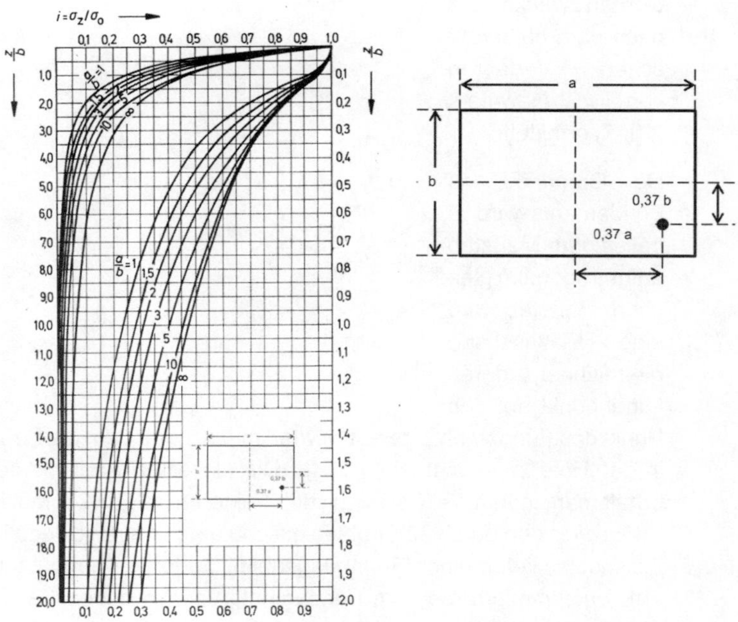

□ 3.21: Einflusswerte *i* für die lotrechten Spannungen unter dem **kennzeichnenden Punkt K.P.** einer Rechtecklast (nach Kany)

| Tiefe/Breite z/b | Dimensionslose Beiwerte $i = \sigma_z / \sigma_0$ | | | | | | |
|---|---|---|---|---|---|---|---|
| | a/b = 1,0 | a/b = 1,5 | a/b = 2,0 | a/b = 3,0 | a/b = 5,0 | a/b = 10,0 | a/b = ∞ |
| 0,05 | 0,9811 | 0,9879 | 0,9884 | 0,9894 | 0,9895 | 0,9897 | 0,9896 |
| 0,10 | 0,8984 | 0,928 | 0,9372 | 0,9425 | 0,9443 | 0,9447 | 0,9447 |
| 0,15 | 0,7898 | 0,8358 | 0,8623 | 0,8755 | 0,8824 | 0,883 | 0,8839 |
| 0,20 | 0,6947 | 0,757 | 0,7883 | 0,8127 | 0,8335 | 0,8262 | 0,8264 |
| 0,30 | 0,5566 | 0,6213 | 0,6628 | 0,7053 | 0,7301 | 0,7376 | 0,7387 |
| 0,50 | 0,4088 | 0,4622 | 0,5032 | 0,555 | 0,6032 | 0,6264 | 0,6299 |
| 0,70 | 0,3249 | 0,3706 | 0,4041 | 0,4527 | 0,5066 | 0,5473 | 0,5552 |
| 1,00 | 0,2342 | 0,2786 | 0,3078 | 0,3488 | 0,4008 | 0,4504 | 0,4674 |
| 1,50 | 0,1438 | 0,183 | 0,2098 | 0,2387 | 0,2779 | 0,3303 | 0,3604 |
| 2,00 | 0,0939 | 0,1279 | 0,1475 | 0,1749 | 0,2057 | 0,2479 | 0,2883 |
| 3,00 | 0,0473 | 0,0672 | 0,0823 | 0,1043 | 0,128 | 0,1575 | 0,2025 |
| 5,00 | 0,0183 | 0,0268 | 0,0345 | 0,0502 | 0,0646 | 0,0838 | 0,1251 |
| 7,00 | 0,0095 | 0,0141 | 0,0185 | 0,0264 | 0,0384 | 0,0541 | 0,0905 |
| 10,00 | 0,0045 | 0,007 | 0,0093 | 0,0135 | 0,021 | 0,0328 | 0,0633 |
| 20,00 | 0,0012 | 0,0015 | 0,0024 | 0,0035 | 0,0058 | 0,0105 | 0,0318 |

**Beliebige Flächenlast** Baugrundspannungen in der Tiefe *z* unter beliebig begrenzten Flächenlasten *p* (Sohldruckspannungen □$_0$ oder □$_1$ in kN/m²) werden zweckmäßig nach dem halbgrafischen Verfahren von Newmark (1947) ermittelt.

□ 3.22: Beispiel: Fundamentgrundriss mit Einflusskarte von Newmark

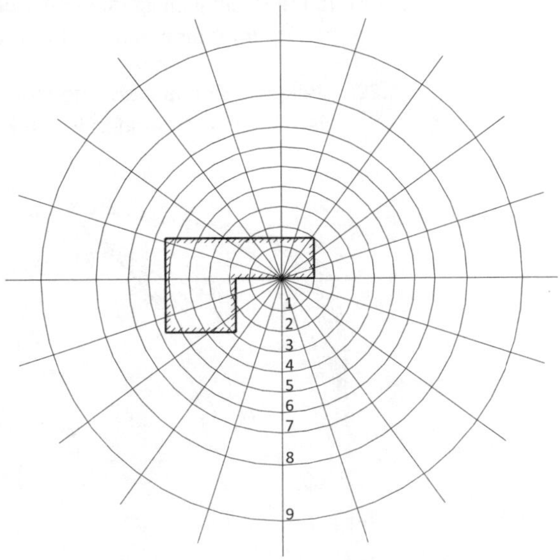


Der Grundriss des Fundaments wird in beliebigem Maßstab aufgetragen. Im gleichen Maßstab wird eine Einflusskarte ge-zeichnet, deren Mittel-punkt auf den Punkt des Fundaments gelegt werden muss, unter dem die Baugrundspannung in der Tiefe z gesucht ist (□ 3.22). Die einzelnen Radien *r* der Ein-flusskarte erhält man, indem die Tiefe z mit den Faktoren *r/z* (□3.23) multipliziert wird. Die Kreise wer-den durch 20 Strahlen gleichmäßig unterteilt. Jede Masche des Einflussnetzes liefert einen Spannungsanteil 0,005 · *p*. Die Anzahl *n* der Maschen wird aufsummiert, die vom Fundamentgrundriss bedeckt sind und dabei die Größe von nur teilweise bedeckten Maschen geschätzt und dazugerechnet. Die gesuchte Baugrundspannung in der Tiefe *z* ist dann

$$\sigma_z = n \cdot 0{,}005 \cdot p \quad (3.11)$$

□ 3.23: Kreisradien *r* für die Einflusskarte von Newmark

| Kreis Nr. | 0 | 1 | 2 | 3 | 4 | 5 | 6 | 7 | 8 | 9 | 10 |
|---|---|---|---|---|---|---|---|---|---|---|---|
| $\sigma_z/p$ | 0,0 | 0,1 | 0,2 | 0,3 | 0,4 | 0,5 | 0,6 | 0,7 | 0,8 | 0,9 | 1,0 |
| $r/z$ | 0,0 | 0,270 | 0,400 | 0,518 | 0,637 | 0,766 | 0,918 | 1,110 | 1,387 | 1,908 | ∞ |

Soll die Baugrundspannung in der Tiefe *z* unter verschiedenen Punkten des Fundamentgrundrisses ermittelt werden, so kann die Einflusskarte auf Transparentpapier gezeichnet und auf die betreffenden Punkte gelegt werden. Werden die Spannungen in unterschiedlichen Tiefen *z* gesucht, so kann die vorhandene Einflusskarte beibehalten und der Fundamentmaßstab entsprechend verändert werden.

Das Newmark-Verfahren kann vor allem bei der Berechnung von Spannungsüberlagerungen von benachbarten Fundamenten zeitsparend eingesetzt werden. Bei Fundamenten mit unterschiedlichen Sohldrücken $p_1$, $p_2$, $p_3$, ... werden die Maschen $n_1$, $n_2$, $n_3$, ... für jedes Fundament getrennt aufsummiert. Die Gesamtspannung ergibt sich dann zu

$$\sigma_z = 0{,}005 \cdot (n_1 \cdot p_1 + n_2 \cdot p_2 + \ldots + n_n \cdot p_n) \quad (3.12)$$

Auf der Grundlage des Newmark-Verfahrens hat Metzke (1966) ein Einflusskarten-Verfahren zur direkten Setzungsberechnung entwickelt.

### 3.2.3 Lotrecht mittige Belastung

#### 3.2.3.1 Lösungen mit geschlossenen Formeln

**Setzung nur einer Schicht**

Nach DIN 4019 kann die Setzung für den Fall von z.B. 3 Schichten ($E_{S,k,i}$ = const.) nach der Gleichung

$$s = \sigma_1 \cdot b \cdot \left\{ \frac{f_1}{E_{s,k,1}} + \frac{f_2 - f_1}{E_{s,k,2}} + \frac{f_3 - f_2}{E_{s,k,3}} \right\} \quad (3.13)$$

bestimmt werden.

Hierin bedeutet:

$\sigma_0$ mittlerer setzungserzeugender Sohldruck unter dem Fundament

*b* Breite des Fundaments

$f_1$, $f_2$, $f_3$ Setzungsbeiwert je Schichtgrenze nach □ 3.24 bzw. □ 3.25 (für die Eckpunktsetzung eines schlaffen Fundaments) und nach □ 3.26 bzw. □ 3.27 (für die Setzung im kennzeichnenden Punkt = Setzung des starren Fundaments)

□ 3.24: Einflusswerte *f* für die Setzungen des Eckpunkts einer schlaffen Rechtecklast (nach Kany)

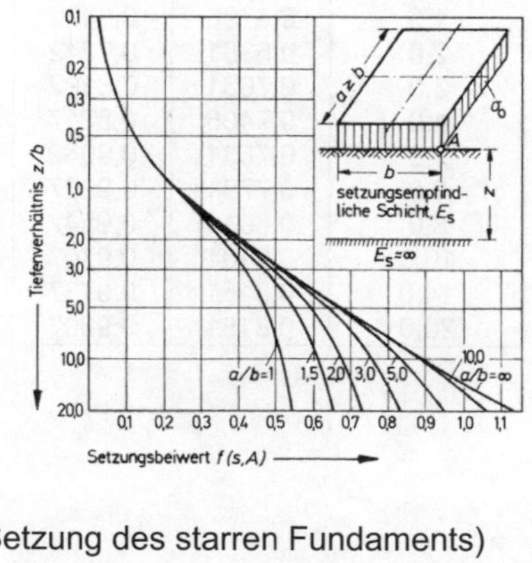

$E_{s,k,1}$, $E_{s,k,2}$, $E_{s,k,3}$ mittlerer Zusammendrückungsmodul je Schicht innerhalb der Grenztiefe $d_s$ (siehe Abschnitt 3.2.1).

**Anmerkung:** Die Gleichung gilt für vorbelasteten Boden. Bei einfach verdichtetem Boden wird statt $\sigma_0$ die Spannung $\sigma_1 = \sigma_0 - \gamma \cdot d$ eingesetzt.

⇒ Berechnungsbeispiele □ 3.28 bis □ 3.31.

□ 3.25: Einflusswerte *f* für die Setzungen des Eckpunkts einer schlaffen Rechtecklast (nach Kany)

| Tiefe/Breite | Setzungsbeiwerte *f* | | | | | |
|---|---|---|---|---|---|---|
| z/b | a/b = 1,0 | a/b = 1,5 | a/b = 2,0 | a/b = 3,0 | a/b = 5,0 | a/b = 10,0 | a/b = ∞ |
| 0,000 | 0,0000 | 0,0000 | 0,0000 | 0,0000 | 0,0000 | 0,0000 | 0,0000 |
| 0,125 | 0,0313 | 0,0313 | 0,0313 | 0,0313 | 0,0313 | 0,0313 | 0,0313 |
| 0,375 | 0,0931 | 0,0933 | 0,0933 | 0,0934 | 0,0934 | 0,0934 | 0,0934 |
| 0,625 | 0,1512 | 0,1528 | 0,1531 | 0,1533 | 0,1533 | 0,1534 | 0,1534 |
| 0,875 | 0,2027 | 0,2073 | 0,2085 | 0,2096 | 0,2093 | 0,2094 | 0,2094 |
| 1,250 | 0,2684 | 0,2799 | 0,2835 | 0,2859 | 0,2858 | 0,2861 | 0,2861 |
| 1,750 | 0,3289 | 0,3525 | 0,3615 | 0,3678 | 0,3691 | 0,3696 | 0,3696 |
| 2,500 | 0,3919 | 0,4328 | 0,4517 | 0,4665 | 0,4713 | 0,4726 | 0,4726 |
| 3,500 | 0,4366 | 0,4940 | 0,5249 | 0,5525 | 0,5672 | 0,5713 | 0,5716 |
| 5,000 | 0,4771 | 0,5514 | 0,5961 | 0,6431 | 0,6740 | 0,6850 | 0,6862 |
| 7,000 | 0,5025 | 0,5884 | 0,6437 | 0,7077 | 0,7602 | 0,7862 | 0,7904 |
| 9,000 | 0,5171 | 0,6098 | 0,6717 | 0,7467 | 0,8168 | 0,8596 | 0,8692 |
| 11,000 | 0,5267 | 0,6238 | 0,6901 | 0,7725 | 0,8564 | 0,9154 | 0,9324 |
| 13,500 | 0,5350 | 0,6361 | 0,7064 | 0,7960 | 0,8926 | 0,9702 | 0,9984 |
| 16,500 | 0,5413 | 0,6454 | 0,7190 | 0,8143 | 0,9217 | 1,0176 | 1,0617 |
| 19,000 | 0,5450 | 0,6509 | 0,7263 | 0,8251 | 0,9390 | 1,0471 | 1,1060 |
| 20,000 | 0,5462 | 0,6537 | 0,7286 | 0,8286 | 0,9447 | 1,0570 | 1,1219 |

□ 3.26: Einflusswerte *f* für die Setzungen des **kennzeichnenden Punkts** einer Rechtecklast (nach Kany)

| Tiefe/Breite | Setzungsbeiwerte *f* | | | | | | |
|---|---|---|---|---|---|---|---|
| z/b | a/b = 1,0 | a/b = 1,5 | a/b = 2,0 | a/b = 3,0 | a/b = 5,0 | a/b = 10,0 | a/b = ∞ |
| 0,2 | 0,1764 | 0,1816 | 0,1842 | 0,1865 | 0,1870 | 0,1870 | 0,1870 |
| 0,4 | 0,2891 | 0,3072 | 0,3203 | 0,3288 | 0,3340 | 0,3354 | 0,3354 |
| 0,6 | 0,3711 | 0,3997 | 0,4213 | 0,4401 | 0,4545 | 0,4604 | 0,4618 |
| 0,8 | 0,4361 | 0,4737 | 0,5023 | 0,5307 | 0,5563 | 0,5696 | 0,5733 |
| 1,0 | 0,4881 | 0,5347 | 0,5693 | 0,6066 | 0,6430 | 0,6656 | 0,6723 |
| 1,5 | 0,5796 | 0,6472 | 0,6963 | 0,7505 | 0,8073 | 0,8596 | 0,8779 |
| 2,0 | 0,6381 | 0,7242 | 0,7848 | 0,8530 | 0,9280 | 1,0041 | 1,0403 |
| 3,0 | 0,7031 | 0,8192 | 0,8948 | 0,9860 | 1,0890 | 1,1971 | 1,2808 |
| 4,0 | 0,7406 | 0,8717 | 0,9573 | 1,0710 | 1,1940 | 1,3281 | 1,4553 |
| 5,0 | 0,7631 | 0,9042 | 0,9983 | 1,1305 | 1,2695 | 1,4251 | 1,5923 |
| 6,0 | 0,7791 | 0,9267 | 1,0268 | 1,1735 | 1,3255 | 1,5006 | 1,7058 |
| 8,0 | 0,8011 | 0,9547 | 1,0648 | 1,2305 | 1,4045 | 1,6086 | 1,8888 |
| 10,0 | 0,8101 | 0,9707 | 1,0908 | 1,2645 | 1,4485 | 1,6826 | 2,0348 |
| 14,0 | 0,8151 | 0,9787 | 1,1118 | 1,2935 | 1,5045 | 1,7866 | 2,2458 |
| 20,0 | 0,8151 | 0,9807 | 1,1158 | 1,3235 | 1,5705 | 1,8926 | 2,4758 |

□ 3.27: Einflusswerte *f* für die Setzungen des kennzeichnenden Punkts einer Rechtecklast (nach Kany)

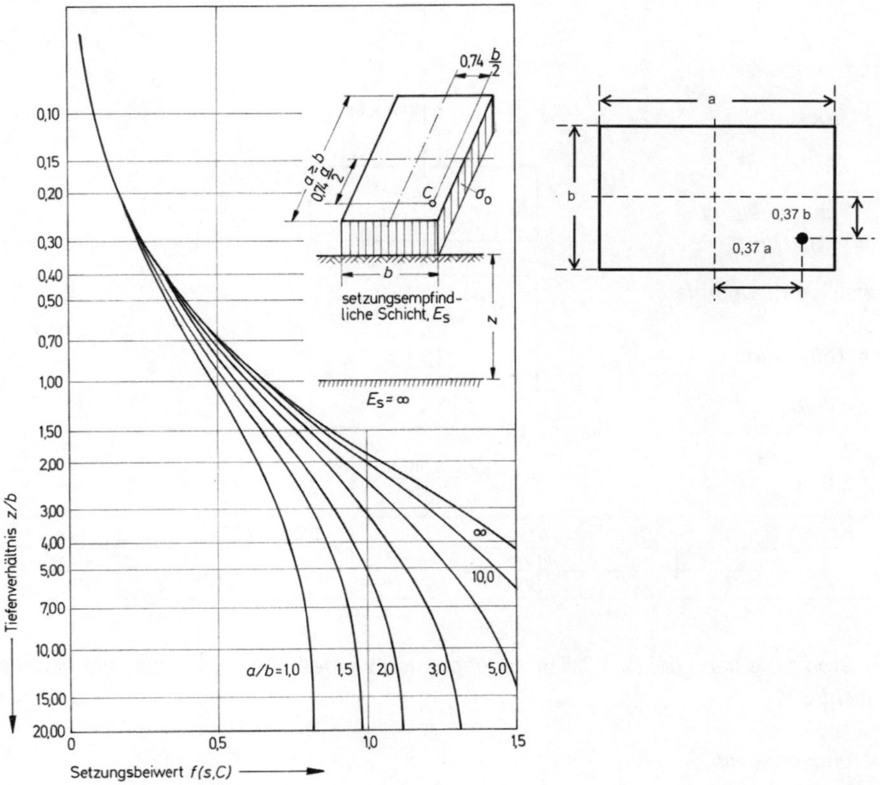


□ 3.28: Beispiel 17: Ermittlung des Zusammendrückungsmoduls $E_{s,k}$ aus einer Setzungsmessung

***Geg.:*** *Siehe Systemskizze auf der nächsten Seite,*

*Vertikale und mittige einwirkende Kräfte ($V = V_{G,k}$).*

*Bei dem Fundament unter der Stütze einer Tiefgarage wurde eine Endsetzung von s = 2,8 cm gemessen.*

***Ges.:*** *Für die Planung eines benachbarten Bauwerks soll der Zusammendrückungsmodul $E_{s,k}$ unter den gegebenen Verhältnissen ermittelt werden.*

***Lösung:***

*Vorbemerkung:* *Mit der gemessenen Setzung kann der Zusammendrückungsmodul durch Umstellung der geschlossenen Formel zur Setzungsermittlung berechnet werden:*

□ 3.28: Fortsetzung Beispiel 17: Ermittlung des Zusammendrückungsmoduls $E_{s,k}$ aus einer Setzungsmessung

$$E_{s,k} = \frac{\sigma_1 \cdot b \cdot f}{s}$$

*Baugrunddrücke:*

*Sohldruck*

$\sigma_0$ = 225 kN/m²

*Aushubentlastung*
$\sigma_a$ = 60 kN/m²

*Setzungserzeugender Druck*
$\sigma_1$ = 165 kN/m²

*Grenztiefe:*

$$\frac{a}{b} = \frac{3{,}0}{2{,}0} = 1{,}5$$

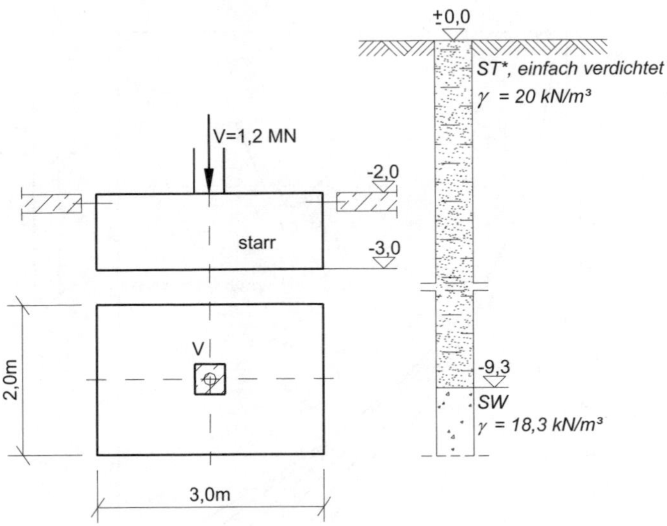


| Kote | z | d+z | $\sigma_ü$ | $0{,}2\sigma_ü$ | z/b | i | $i\cdot\sigma_1$ |
|---|---|---|---|---|---|---|---|
| m | m | m | kN/m² | kN/m² | 1 | 1 | kN/m² |
| -6,5 | 3,5 | 6,5 | 130,0 | 26,0 | 1,75 | 0,1555 | 25,6 |

*Die Grenztiefe kann bei $d_s \approx 3{,}5$ m angenommen werden. Sie liegt somit innerhalb der Schicht ST*.*

*Setzungsbeiwert:* $\frac{a}{b} = 1{,}5\ ;\ \frac{z}{b} = \frac{d_s}{b} = \frac{3{,}5}{2{,}0} = 1{,}75 \qquad \Rightarrow f = 0{,}6857$

*Zusammendrückungsmodul:* $E_{s,k} = \frac{165{,}0 \cdot 2{,}0 \cdot 0{,}6857}{0{,}028} = 8081\ \frac{kN}{m^2} \approx 8\ \frac{MN}{m^2}$

□ 3.29: Beispiel 18: Setzungsberechnung mit Hilfe geschlossener Formeln (homogener Baugrund)

**Geg.:** *Vertikal und mittig: siehe Systemskizze auf der nächsten Seite, einwirkende Kräfte ($V = V_{G,k}$).*

**Fall a)** *Es handelt sich um einen Erweiterungsbau des vorangegangenen Beispiels.*

**Fall b)** *Von dem Boden ST* wurde im Labor ein Zusammendrückungsversuch mit folgenden Ergebnissen durchgeführt. (⇒ Dörken / Dehne / Kliesch, Teil 1):*

| Belastung σ | kN/m² | 50 | 100 | 200 | 300 | 400 |
|---|---|---|---|---|---|---|
| bezog. Setzung s' | % | 5,1 | 6,5 | 8,1 | 8,9 | 9,5 |

□ 3.29: Fortsetzung Beispiel 18: Setzungsberechnung mit Hilfe geschlossener Formeln (homogener Baugrund)

***Ges.:*** *Ermittlung der Setzung für Fall a) und b)*

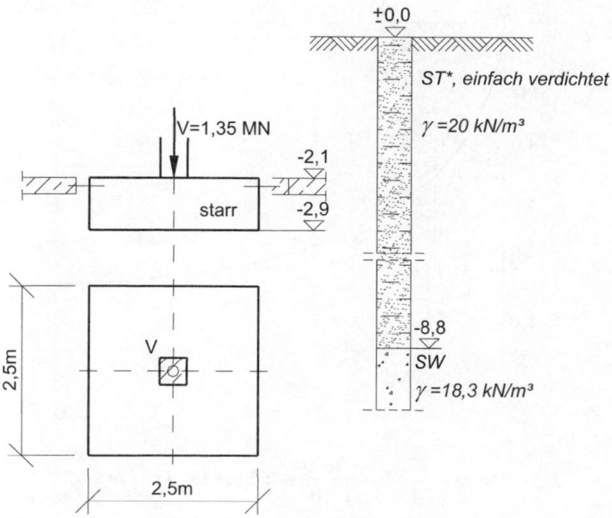


***Lösung:***

*Im SLS sind die Teilsicherheitsbeiwerte $\gamma_G = \gamma_Q = 1{,}0$; d.h. die Einwirkungen bleiben unverändert.*

*Baugrundspannungen:*

*Sohlnormalspannung*

*$\sigma_0$ = 236,0 kN/m²*

*Aushubentlastung*

*$\sigma_a$ = 58,0 kN/m²*

*Setzungserzeugende Spannung $\sigma_1$ = 178,0 kN/m²*

*Grenztiefe:* $\frac{a}{b} = 1{,}0$

| Kote | z | d+z | $\sigma_ü$ | 0,2 $\sigma_ü$ | z/b | i | $i \cdot \sigma_1$ |
|---|---|---|---|---|---|---|---|
| m | m | m | kN/m² | kN/m² | 1 | 1 | kN/m² |
| -6,7 | 3,8 | 6,7 | 134,0 | 26,8 | 1,50 | 0,1438 | 25,6 |

*Die Grenztiefe kann bei $d_s \approx 3{,}8$ m angenommen werden.*

***Fall a)*** *Da die vorliegenden Verhältnisse mit der vorangegangenen Baumaßnahme weitgehend übereinstimmen (s. vorhergehendes Beispiel), kann mit einem repräsentativen Zusammendrückungsmodul von $E_{s,k}$ = 8 MN/m² gerechnet werden.*

*Setzungsbeiwert:* $\frac{a}{b} = 1{,}0\ ,\ \frac{z}{b} = \frac{d_s}{b} = \frac{3{,}8}{2{,}5} = 1{,}5 \Rightarrow f = 0{,}5796$

*Setzung:*

$$s = \frac{178{,}0 \cdot 2{,}5 \cdot 0{,}5796}{8000} = 0{,}032\ m \mathrel{\hat{=}} 3{,}2\ cm$$

***Fall b)*** *Der Steifemodul kann aus der Druck-Setzungs-Linie eines als Sekantensteigung im Intervall $\sigma_a$ und $\sigma_0$ ermittelt werden:*

□ 3.29: Fortsetzung Beispiel 18: Setzungsberechnung mit Hilfe geschlossener Formeln (homogener Baugrund)

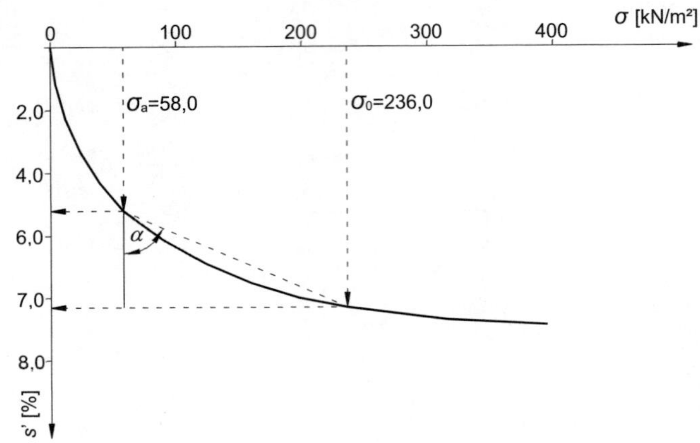


$$E_s \mathrel{\hat{=}} \tan\alpha \; \frac{236{,}0 - 58{,}0}{(7{,}1 - 5{,}5)\cdot 10^{-2}} \approx 11.125 \quad kN/m^2$$

*Zusammendrückungsmodul:*

$$E_{s,k} = \frac{E_{S\,(Labor)}}{\kappa} = \frac{11.125}{0{,}67} = 16.604 \quad kN/m^2$$

*Setzung:*

$$s = \frac{178 \cdot 2{,}5 \cdot 0{,}5796}{16.604} = 0{,}016 \quad m \quad \hat{=}\, 1{,}6 \quad cm$$

□ 3.30: Beispiel 19: Setzungsberechnung mit Hilfe geschlossener Formeln (geschichteter Baugrund)

***Geg.:*** *Ein Fundament unter der Stütze einer Tiefgarage;*

*vertikal und mittig einwirkende Kräfte ($V = V_{G,k}$)*

*$E_m = E_{s,k}$*

***Ges.:*** ***D****ie Setzung soll ermittelt werden.*

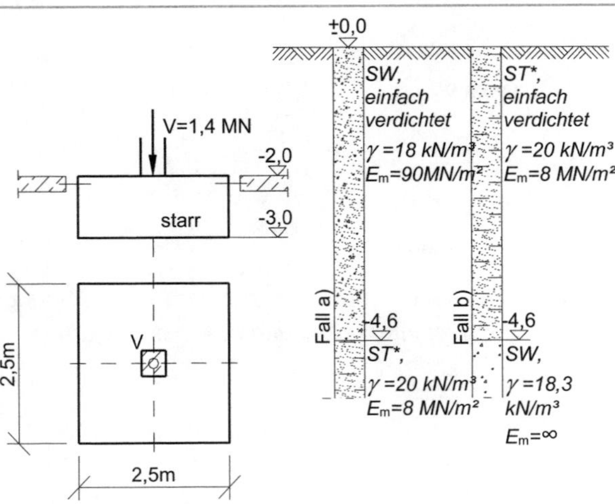

□ 3.30: Fortsetzung Beispiel 19: Setzungsberechnung mit Hilfe geschlossener Formeln (geschichteter Baugrund)

***Lösung: Fall a)*** *Baugrundspannungen:*

*Sohlnormalspannung* $\sigma_0 = \frac{1400}{2,5^2} + 25 \cdot 1,0 = 249,0 \ kN/m^2$

*Aushubentlastung* $\sigma_a = 18 \cdot 3,0 = 54,0 \ kN/m^2$

*Setzungserzeugende Spannung* $\sigma_1 = 249,0 - 54,0 = 195,0 \ kN/m^2$

*Grenztiefe:* $\frac{a}{b} = 1,0$

| Kote | z | d+z | $\sigma_ü$ | $0,2\sigma_ü$ | z/b | i | $i \cdot \sigma_1$ |
|---|---|---|---|---|---|---|---|
| m | m | m | kN/m² | kN/m² | 1 | 1 | kN/m² |
| -7,0 | 4,0 | 7,0 | 130,8 | 26,2 | 1,60 | 0,1338 | 26,1 |

*Die Grenztiefe kann bei $d_s \approx 4,0$ m angenommen werden. Sie reicht bis in die Schicht ST*.*

*Setzungsbeiwerte:* *Schicht SW:* $\frac{a}{b} = 1,0$ ; $\frac{z_1}{b} = \frac{4,6 - 3,0}{2,5} = 0,64 \Rightarrow f_1 = 0,3841$

*Schicht ST*:* $\frac{a}{b} = 1,0$ ; $\frac{z_2}{b} = \frac{d_s}{b} = \frac{4,0}{2,5} = 1,60 \Rightarrow f_2 = 0,5913$

*Setzung:* $s = \frac{\sigma_1 \cdot b \cdot f_1}{E_{s,k,1}} + \frac{\sigma_1 \cdot b(f_2 - f_1)}{E_{s,k,2}}$

$$= \frac{195,0 \cdot 2,5 \cdot 0,3841}{90000} + \frac{195,0 \cdot 2,5 \ (0,5913 - 0,3841)}{8000} = 0,002 + 0,013 = 0,015 \ m \mathrel{\hat{=}} 1,5 \ cm$$

***Fall b)*** *Baugrundspannung:*

*Sohlnormalspannung* $\sigma_0 = \frac{1400}{2,5^2} + 25 \cdot 1,0 = 249,0 \ kN/m^2$

*Aushubentlastung* $\sigma_a = 20 \cdot 3,0 = 60,0 \ kN/m^2$

*Setzungserzeugende Spannung* $\sigma_1 = 249,0 - 60,0 = 189,0 \ kN/m^2$

*Grenztiefe:* $\frac{a}{b} = 1,0$

| Kote | z | d+z | $\sigma_ü$ | $0,2\sigma_ü$ | z/b | i | $i \cdot \sigma_1$ |
|---|---|---|---|---|---|---|---|
| m | m | m | kN/m² | kN/m² | 1 | 1 | kN/m² |
| -6,8 | 3,8 | 6,8 | 132,3 | 26,5 | 1,52 | 0,1418 | 26,8 |

*Die Grenztiefe kann bei $d_s \approx 3,8$ m angenommen werden. Sie reicht bis in die Schicht SW, für die vom Baugrundsachverständigen jedoch mit $E_m \approx \infty$ angegeben wurde. Ihr Einfluss kann bei der Setzungsberechnung somit vernachlässigt werden.*

□ 3.30: Fortsetzung Beispiel 19: Setzungsberechnung mit Hilfe geschlossener Formeln (geschichteter Baugrund)

*Setzungsbeiwert:* $\frac{a}{b} = 1{,}0\ ;\ \frac{z_1}{b} = \frac{4{,}6-3{,}0}{2{,}5} = 0{,}64 \quad \Rightarrow f_1 = 0{,}3841$

*Setzung:*

$$s = \frac{\sigma_1 \cdot b \cdot f_1}{E_{s,k,1}} + 0 = \frac{189{,}0 \cdot 2{,}5 \cdot 0{,}3841}{8000} = 0{,}023\ m \mathrel{\hat{=}} 2{,}3\ cm$$

□ 3.31: Beispiel 20: Setzungsberechnung bei geneigt geschichtetem Baugrund

**Geg.:** *Das mittig belastete Quadratfundament;*

*Der aus dem Boden SW resultierende Setzungsanteil kann vernachlässigt werden ($E_s \approx \infty$).*

*$C_L$: Kennzeichnender Punkt, links*

*CR: Kennzeichnender Punkt, rechts*

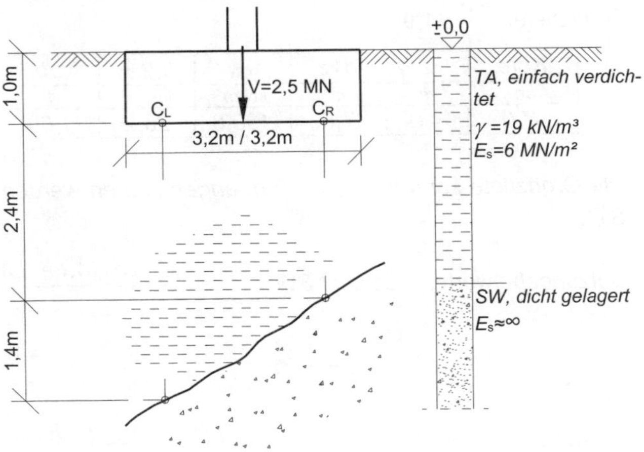


*„einfach verdichtet" = normal konsolidiert*

**Ges.:** *Die Setzung und die Schiefstellung sollen unter der Voraussetzung freier Beweglichkeit ermittelt werden.*

**Lösung:** *Baugrundspannungen:*

*Sohlnormalspannung* $\sigma_0 = \frac{2500}{3{,}2^2} = 244{,}1\ kN/m^2$

*Aushubentlastung* $\sigma_a = 19 \cdot 1{,}0 = 19{,}0\ kN/m^2$

*Setzungserzeugende Spannung* $\sigma_1 = \sigma_0 - \sigma_a = 225{,}1\ kN/m^2$

*Grenztiefe:* *Bei den gegebenen Verhältnissen kann der Schichtwechsel zum Boden SW als Grenztiefe angesetzt werden.*

*Setzungsbeiwerte:*

$$\frac{a}{b} = 1{,}0\ ;\ \frac{z_L}{b} = \frac{d_{s,L}}{b} = \frac{3{,}8}{3{,}2} = 1{,}19 \Rightarrow f_1 = 0{,}5229$$

$$\frac{z_R}{b} = \frac{d_{s,R}}{b} = \frac{2{,}4}{3{,}2} = 0{,}75 \Rightarrow f_2 = 0{,}4199$$

□ 3.31: Fortsetzung Beispiel 20: Setzungsberechnung bei geneigt geschichtetem Baugrund

*Korrekturbeiwert:* $\kappa = 1{,}0$

*Setzungen:*

$$s_L = \frac{225{,}1 \cdot 3{,}2 \cdot 0{,}5229 \cdot 1{,}0}{6000} = 0{,}0628 \ m\,; \quad s_R = \frac{225{,}1 \cdot 3{,}2 \cdot 0{,}4199 \cdot 1{,}0}{6000} = 0{,}0504 \ m$$

*Schiefstellung:*

$$\tan\alpha = \frac{s_L - s_R}{0{,}74b} = \frac{0{,}0628 - 0{,}0504}{0{,}74 \cdot 3{,}2} = 0{,}0052 \Rightarrow \alpha = 0{,}30° \ \textit{(1:191)}$$

### 3.2.3.2 Lösungen mit Hilfe der lotrechten Baugrundspannungen

**DSL** Setzungen können auch mit Hilfe der lotrechten Spannungen im Boden ermittelt werden (DIN 4019), wenn eine Druck-Setzungs-Linie (DSL) als Ergebnis eines Kompressionsversuchs (siehe Dörken / Dehne / Kliesch, Teil 1) mit Bodenproben aus der setzungsempfindlichen Schicht vorliegt (□ 3.32b).

**Anmerkung:** Maßgebend ist bei einfach verdichteten (= normal konsolidierte) Böden der Erstbelastungsast, bei vorbelasteten (=überkonsolidierten) Böden der Wiederbelastungsast der Drucksetzungslinie.

**Spannungen** Für Setzungsberechnungen kann genügend genau von einer geradlinig begrenzten Sohldruckfigur ausgegangen werden.

Bis zur Grenztiefe (siehe Abschnitt 3.2.1) werden die Überlagerungsspannungen $\sigma_ü$ und die setzungserzeugenden Spannungen $i \cdot \sigma_1$ (bei einfach verdichteten Böden) bzw. $i \cdot \sigma_0$ (bei vorbelasteten Böden) z.B. für einen Fundamenteckpunkt oder für den kennzeichnenden Punkt aufgetragen (□ 3.32a).

Die in beliebiger Tiefe *z* unter der Gründungssohle wirkende Spannung ist die Summe aus der Überlagerungsspannung $\sigma_ü$ und der Spannung $i \cdot \sigma_1$ bzw. $i \cdot \sigma_0$ aus dem Bauwerk. Für diese Spannungssumme lässt sich im Druck-Setzungs-Diagramm die bezogene (spezifische) Setzung $s_2'$ ablesen. Dieser Wert ist aber zu groß, weil der Baugrund bereits unter dem Spannungsanteil $\sigma_ü$ konsolidiert ist. $s_2'$ muss also noch um die bezogene (spezifische) Setzung $s_ü'$ infolge der in dieser Tiefe *z* wirksamen Überlagerungsspannung $\sigma_ü$ vermindert werden.

**Anmerkung:** Die Differenzbildung ist notwendig, weil die Druck-Setzungs-Linie keine Gerade ist und nur auf diese Weise der maßgebende Spannungsbereich der Druck-Setzungs-Linie getroffen wird. Aus diesem Grund wird auch die Druck-Setzungs--Linie zweckmäßig genau unter dem entsprechenden Spannungsbereich dargestellt (□ 3.32).

□ 3.32: Beispiel: a) Überlagerungsspannungen $\sigma_ü$ und setzungserzeugende Spannungen $i \cdot \sigma_1$; b) Druck-Setzungs-Linie

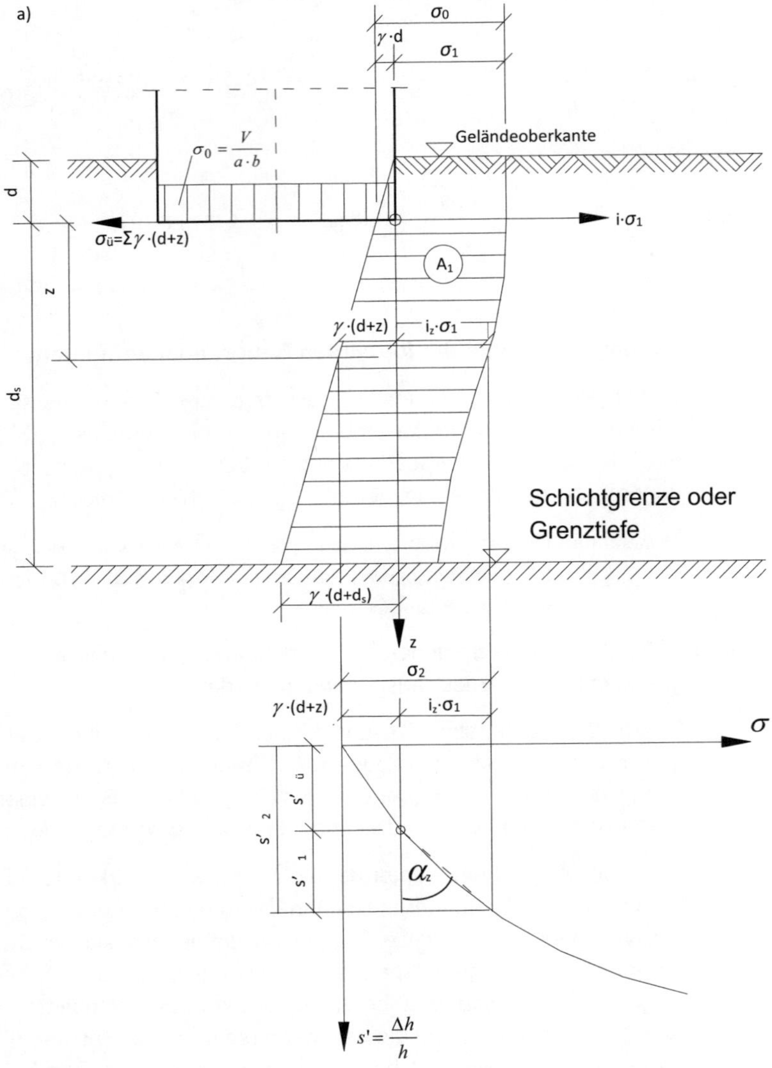


In dem maßgebenden Spannungsbereich ist der Steifemodul $E_s$

$$E_{s_z} \text{ (entspricht } \tan \alpha_z\text{)} = \frac{i_z \cdot \sigma_1}{s'_1} \tag{3.14}$$

und der entsprechende Setzungsanteil

$$\Delta s_1 = \frac{i_z \cdot \sigma_1}{E_{s_z}} \cdot d_z \tag{3.15}$$

Durch Integration über die Schichtdicke $d_s$ und Berücksichtigung des Zusammendrückungsmoduls $E_{s,k}$ (siehe Abschnitt 3.2.1) ergibt sich die gesamte Konsolidationssetzung zu

$$s_1 = \int_0^{d_s} \frac{i \cdot \sigma_1}{E_{s,k,z}} \cdot d_z \tag{3.16}$$

Bei einem konstant angenommenen mittleren Zusammendrückungsmodul $E_{s,k}$ (siehe Abschnitt 3.2.1) erhält man daraus

$$s_1 = \frac{1}{E_{s,k}} \int_0^{d_s} i \cdot \sigma_1 \cdot d_z = \frac{i \cdot \sigma_1 \cdot d_s}{E_{s,k}} = \frac{A_1}{E_{s,k}} \tag{3.17}$$

Dem Produkt $i \cdot \sigma_1 \cdot d_s$ entspricht die Fläche der setzungserzeugenden Spannungen (□ 3.32).

**Anmerkung:** Statt $\sigma_1$ ist bei vorbelasteten Böden $\sigma_0$ einzusetzen.

Die bei geringer Dicke $d_s$ der setzungsempfindlichen Schicht vertretbare Annahme eines konstanten mittleren Steifemoduls $E_s$ führt bei großen Schichtdicken zu ungenauen Ergebnissen. In diesem Fall wird die setzungsempfindliche Schicht in mehrere Teilschichten unterteilt und für jede Teilschicht die Teilsetzung berechnet. (Berechnungsbeispiel □ 3.33).

□ 3.33: Beispiel 21: Setzungsberechnung mit Hilfe der lotrechten Baugrundspannungen

***Geg.:*** *Vertikale und mittige einwirkende Kräfte ($V = V_{G,k}$)*

*das mittig belastete Quadratfundament (a = b = 2,5 m);*

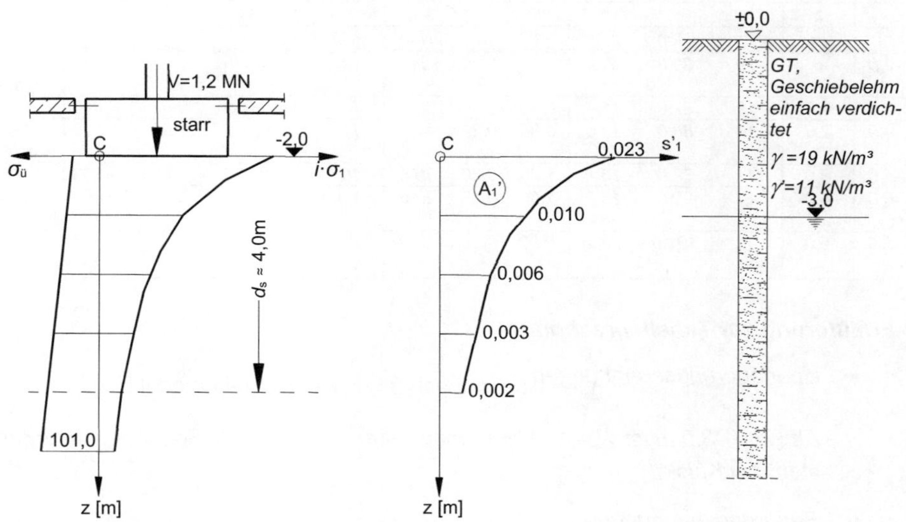


*Von dem bis in größere Tiefe anstehenden Geschiebelehm liegt eine Druck-Setzungs-Linie vor. (⇒ Dörken / Dehne/ Kliesch, Teil 1): siehe nächste Seite*

□ 3.33: Fortsetzung Beispiel 21: Setzungsberechnung mit Hilfe der lotrechten Baugrundspannungen

***Ges.:*** *Die Setzung soll berechnet werden.*

*Druck-Setzungs-Linie*

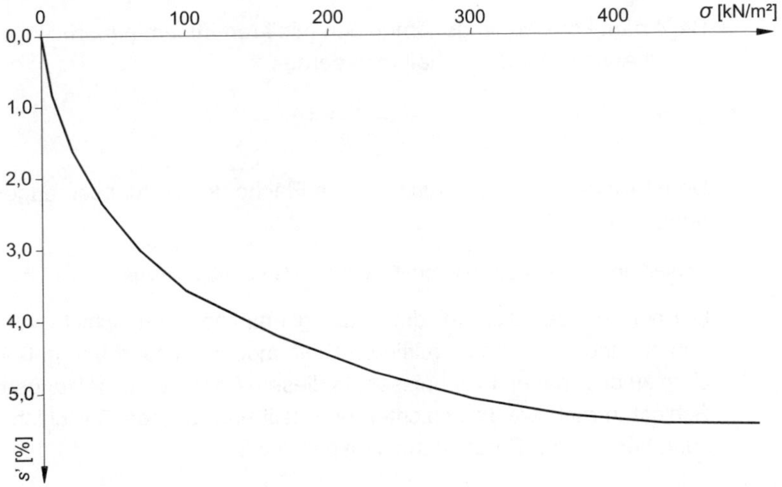


***Lösung:*** *Die Berechnung erfolgt zweckmäßig in Tabellenform.*

| 1 | 2 | 3 | 4 | 5 | 6 | 7 | 8 | 9 | 10 | 11 | 12 | 13 |
|---|---|---|---|---|---|---|---|---|---|---|---|---|
| Kote | Sohl-abst. | Überlagerungs-spannungen | | | Setzungserzeu-gende Spannungen | | | Ges.-spg. | Spezifische Setzung | | | Bemer-kung |
| | z | $\gamma$ | $\sigma_ü$ | $0{,}2\sigma_ü$ | z/b | i | $i\cdot\sigma_1$ | $\sigma_2$ | $s'_2$ | $s'_ü$ | $s'_1$ | |
| m | m | kN/m³ | kN/m² | kN/m² | 1 | 1 | kN/m² | kN/m² | 1 | 1 | 1 | - |
| -2,0 | 0 | 19 | 38,0 | 7,6 | 0 | 1,00 | 154,0 | 192,0 | 0,045 | 0,022 | 0,023 | = s' oben |
| -3,0 | 1,0 | 19 | 57,0 | 11,4 | 0,40 | 0,48 | 73,9 | 130,9 | 0,039 | 0,029 | 0,010 | |
| -4,0 | 2,0 | 11 | 68,0 | 13,6 | 0,80 | 0,29 | 44,7 | 112,7 | 0,037 | 0,031 | 0,006 | = s' mittl. |
| -5,0 | 3,0 | 11 | 79,0 | 15,8 | 1,20 | 0,20 | 30,8 | 109,8 | 0,036 | 0,033 | 0,003 | |
| -6,0 | 4,0 | 11 | 90,0 | 18,0 | 1,60 | 0,13 | 20,0 | 110,0 | 0,037 | 0,035 | 0,002 | = s' unten |
| -7,0 | 5,0 | 11 | 101,0 | 20,2 | 2,00 | 0,09 | 13,9 | | | | | $0{,}2\sigma_ü > i\cdot\sigma_1$ |

***Erläuterung zur Tabellenrechnung***

- *Überlagerungsspannungen*

  *Ab Kote –3,0 m ist $\gamma'$ = 11 kN/m³ maßgebend; d.h., in der Spannungsfigur entsteht ein Knick.*

- *Baugrundspannungen*

  *Sohlnormalspannung* $\sigma_0 = \dfrac{1200}{2{,}5^2} = 192{,}0 \;\; kN/m^2$

  *Aushubentlastung* $\sigma_a = 19 \cdot 2{,}0 = 38{,}0 \;\; kN/m^2$

□ 3.33: Fortsetzung Beispiel 21: Setzungsberechnung mit Hilfe der lotrechten Baugrundspannungen

*Setzungserzeugende Spannung* $\sigma_1 = 192{,}0 - 38{,}0 = 154{,}0 \;\; kN/m^2$

- *Berechnung der Spannungen für den kennzeichnenden Punkt bei einem Seitenverhältnis*

$$\frac{a}{b} = 1{,}0$$

- *Grenztiefe $d_s \approx 4{,}0$ m. Der darunterliegende Baugrund bleibt unberücksichtigt.*
- *Spezifische Setzungen*

*Die dem jeweiligen Drucksetzungsbereich zuzuordnenden spezifischen Setzungen werden in der Weise ermittelt, dass die Gesamtspannungen $\sigma_2 = \sigma_ü + i \cdot \sigma_1$ berechnet (Spalte 9) und hierfür aus der Druck-Setzungs-Linie die entsprechenden spezifischen Setzungen $s'_2$ abgelesen werden (Spalte 10).*

*Entsprechend wird mit den Überlagerungsspannungen $\sigma_ü$ verfahren (Spalte 11). Die maßgebenden spezifischen Setzungen erhält man schließlich als Differenz $s'_1 = s'_2 - s'_ü$ (Spalte 12).*

***Setzungsermittlung:***

*Die Größe der Setzung entspricht dem Inhalt der von den $s'_1$-Werten bis zur Grenztiefe beschriebenen Fläche $A'_1$. Hierbei wird diese Fläche – ausreichend genau – mit der „Keplerschen Fassformel" berechnet:*

$$s_1 = A'_1 = \frac{d_s}{6} \cdot (s'_{1,oben} + 4 \cdot s'_{1,mitte} + s'_{1,unten}) = \frac{4{,}0}{6} \cdot (0{,}023 + 4 \cdot 0{,}006 + 0{,}002) = 0{,}033 \;\; m$$

$$= 3{,}3 \;\; cm$$

*Mit dem Korrekturbeiwert $\kappa = 0{,}67$ (□ 3.05) ergibt sich eine rechnerische Setzung von*

$$s = \kappa \cdot s_1 = 0{,}67 \cdot 3{,}3 = 2{,}2 \;\; cm$$

## 3.2.4 Schräge und / oder ausmittige Belastung

### 3.2.4.1 Lösungen mit geschlossenen Formeln

**Anteile** Eine ausmittige Belastung bewirkt eine Setzung und eine Schiefstellung (Verkantung) eines Fundaments. Diese können näherungsweise durch Überlagerung der Setzungsanteile aus mittiger Last und aus dem Moment infolge der Ausmittigkeit bestimmt werden.

**Anmerkung:** Auch Horizontallasten in der Gründungssohle rufen Schiefstellungen der Fundamente hervor, und zwar in Richtung der Last zunehmend (Gedankenmodell: wird ein schwimmendes Brett geschoben, so sinkt es im Bugbereich ein). Da Horizontallasten jedoch nur einen bemerkenswerten setzungserzeugenden Einfluss ausüben, wenn sie mehr als 20 % der Vertikallast ausmachen, bleiben sie häufig unberücksichtigt.

**Rechteck** Unter der Voraussetzung, dass keine klaffende Fuge auftritt, können Setzung und Schiefstellung eines Rechteckfundaments auf homogenem Boden mit konstantem Steifemodul $E_{s,k}$ (elastisch - isotroper Halbraum, $v = 3$) nach der Gleichung

$$s = s_m + s_x + s_y \tag{3.18}$$

bestimmt werden (DIN 4019).

Hierin bedeuten (□ 3.34):

$s$ Gesamtsetzung der Eck- oder Randpunkte

$s_m$ Setzungsanteil infolge mittiger Last (zu berechnen nach Abschnitt 3.2.3)

□ 3.34: Beispiel: Setzung und Schiefstellung eines starren Rechteckfundamentes (DIN 4019)

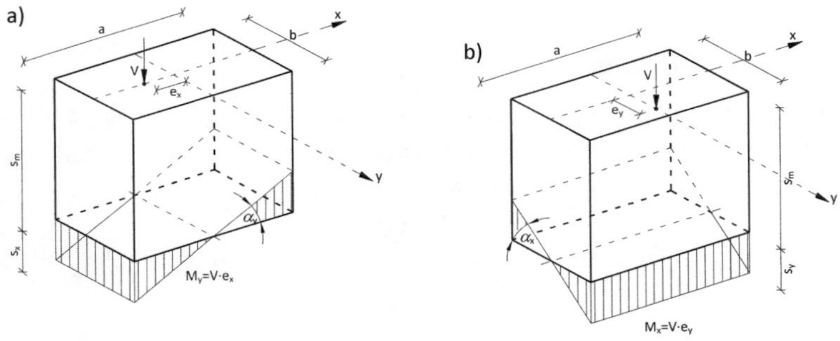


$s_x$ Setzungsanteil aus dem Moment $M_y = V \cdot e_x$ um die y-Achse (z.B. 3 Schichten):

$$s_x = \frac{a}{2} \cdot \tan\alpha_y = \frac{a}{2} \cdot \frac{M_y}{b_E^3} \cdot \left\{ \frac{f_{x,1}}{E_{s,k,1}} + \frac{f_{x,2} - f_{x,1}}{E_{s,k,2}} + \frac{f_{x,3} - f_{x,2}}{E_{s,k,3}} \right\} \tag{3.19}$$

$s_y$ Setzungsanteil aus dem Moment $M_x = V \cdot e_y$ um die x-Achse (z.B. 3 Schichten):

$$s_y = \frac{b}{2} \cdot \tan\alpha_x = \frac{b}{2} \cdot \frac{M_x}{b_E^3} \cdot \left\{ \frac{f_{y,1}}{E_{s,k,1}} + \frac{f_{y,2} - f_{y,1}}{E_{s,k,2}} + \frac{f_{y,3} - f_{y,2}}{E_{s,k,3}} \right\} \tag{3.20}$$

$A$ Länge der Grundfläche

$b$ Bezugslänge der Grund-fläche, i. allg. die kürzere Fundamentseite

$f_x$, $f_y$ Einflusswerte für die Schiefstellung (□ 3.35).

$$b_E = \frac{2}{\sqrt{\pi}} \cdot b \tag{3.21}$$

□ 3.35: Einflusswerte $f_x$ und $f_y$ für die Schiefstellung eines starren Rechteckfundaments (nach Dehne 1982; Tabelle: Patino Garcia, 2020)

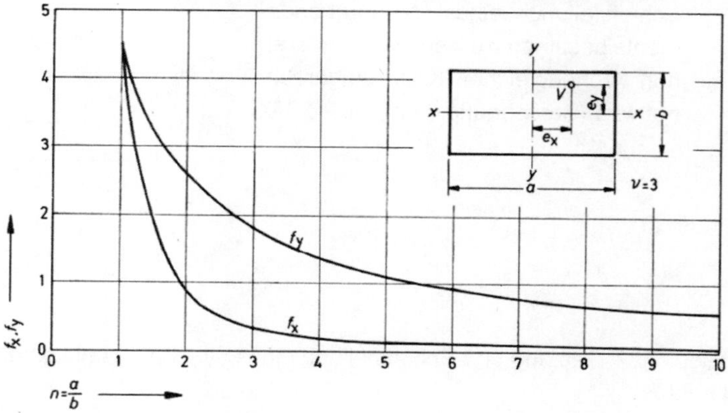


| a/b | fx | fy | a/b | fx | fy |
|---|---|---|---|---|---|
| 1 | 4,53 | 4,53 | 3,6 | 0,25 | 1,53 |
| 1,2 | 3,11 | 3,89 | 3,8 | 0,21 | 1,45 |
| 1,4 | 2,27 | 3,43 | 4 | 0,19 | 1,38 |
| 1,6 | 1,65 | 3,09 | 4,2 | 0,17 | 1,32 |
| 1,8 | 1,21 | 2,82 | 4,4 | 0,16 | 1,26 |
| 2 | 0,91 | 2,61 | 4,6 | 0,14 | 1,20 |
| 2,2 | 0,69 | 2,42 | 4,8 | 0,14 | 1,15 |
| 2,4 | 0,57 | 2,25 | 5 | 0,13 | 1,10 |
| 2,6 | 0,48 | 2,08 | 6 | 0,12 | 0,93 |
| 2,8 | 0,40 | 1,95 | 7 | 0,10 | 0,78 |
| 3 | 0,35 | 1,82 | 8 | 0,09 | 0,68 |
| 3,2 | 0,30 | 1,71 | 9 | 0,07 | 0,61 |
| 3,4 | 0,27 | 1,61 | | | |

Für einen starren Gründungsstreifen der Breite $b$ (□ 3.36) ergibt sich nach DIN 4019, die Schiefstellung bei homogenem Boden mit konstantem Steifemodul $E_{s,k}$ (elastisch - isotroper Halbraum, $v = 3$) und unter der Voraussetzung, dass $e \leq b/4$ ist, aus

$$\tan \alpha_x = \frac{12 \cdot M}{\pi \cdot b^2 \cdot E_m} \tag{3.22}$$

Die Schiefstellung eines starren Kreisfundaments mit dem Radius $r$ (□ 3.36) erhält man unter der Voraussetzung, dass $e \leq r/3$ ist, nach DIN 4019, aus

$$\tan\alpha = \frac{9 \cdot M}{16 \cdot r^3 \cdot E_m} \qquad (3.23)$$

Nach dieser Gleichung kann auch die Schiefstellung eines Quadratfundaments bestimmt werden, wenn es in einen flächengleichen Kreis umgerechnet wird (Berechnungsbeispiel □ 3.37).

□ 3.36: Beispiel: Setzung und Schiefstellung eines starren Streifen- oder Kreisfundaments

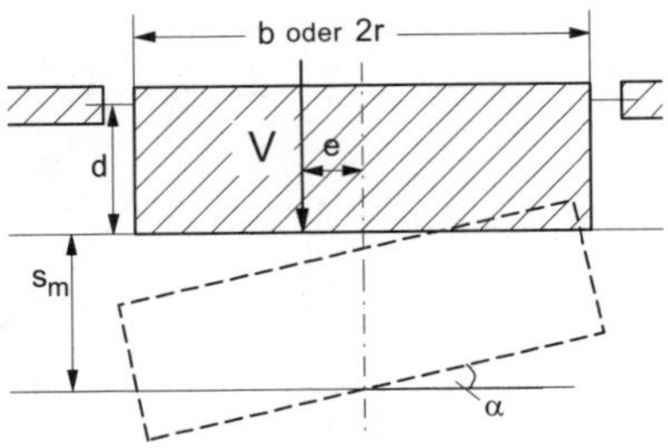


□ 3.37: Beispiel 22: Setzung und Schiefstellung eines einfach ausmittig belasteten Fundaments

***Geg.:*** *Vertikale und einfach ausmittige einwirkende Kräfte* $(V = V_{G,k} + V_{Q,k})$

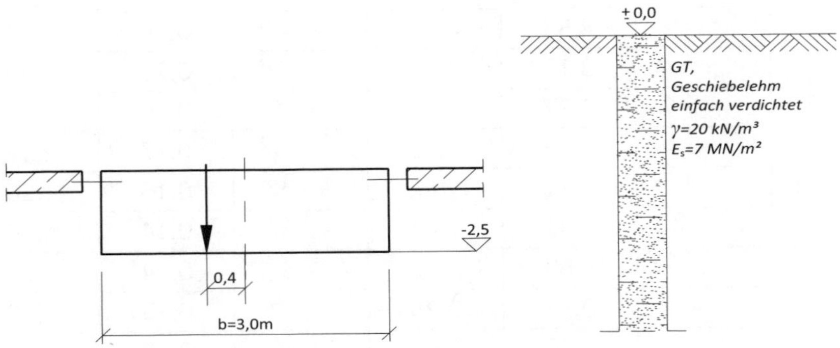


***Fall a)*** *Quadratfundament, a = 3,0m*

***Fall b)*** *Rechteckfundament, a = 4,0m*

***Ges.:*** *Setzung / Schiefstellung*

***Lösung:*** *Hier ist* $e^{g+p} = 0,4\ m < \frac{b}{6} = \frac{3,0}{6} = 0,5\ m$ *, so dass die Ausmittigkeit im zulässigen Bereich liegt.*

***Fall a)*** *Baugrundspannungen:*

*Sohlnormalspannung* $\sigma_0 = \frac{1500}{3,0^2} = 166,7\ kN/m^2$

*Aushubentlastung* $\sigma_a = 20 \cdot 2,5 = 50,0\ kN/m^2$

*Setzungserzeugende Spannung* $\sigma_1 = 166,7 - 50,0 = 116,7\ kN/m^2$

☐ 3.37: Fortsetzung Beispiel 22: Setzung und Schiefstellung eines einfach ausmittig belasteten Fundaments

*Grenztiefe:* $\frac{a}{b} = 1,0$

| Kote | z | d+z | $\sigma_ü$ | $0,2\sigma_ü$ | z/b | i | $i\cdot\sigma_1$ |
|---|---|---|---|---|---|---|---|
| m | m | m | kN/m² | kN/m² | 1 | 1 | kN/m² |
| -6,0 | 3,5 | 6,0 | 120,0 | 24,0 | 1,17 | 0,2035 | 23,7 |

*Die Grenztiefe kann bei $d_s \approx 3,5$ m angenommen werden.*

*Gleichmäßiger Setzungsanteil:*

$$\frac{z}{b} = \frac{d_s}{b} = \frac{3,5}{3,0} = 1,17\ ; \quad \frac{a}{b} = 1,0 \qquad \Rightarrow f = 0,5192$$

$$\Rightarrow s_m = \frac{116,7 \cdot 3,0 \cdot 0,5192 \cdot 2}{7000 \cdot 3} = 0,017\ m \mathrel{\hat{=}} 1,7\ cm$$

*Schiefstellung infolge $M = V \cdot e$ :*

*Das Quadratfundament wird in eine Ersatz-Kreisfläche mit dem Radius $r_E$ umgerechnet:*

$$r_E = \frac{b}{\sqrt{\pi}} = 0,564 \cdot 3,0 = 1,70\ m$$

*Die Bedingung*

$$e_{vorh} = 0,40\ m < \frac{r_E}{3} = \frac{1,70}{3} = 0,56\ m \text{ ist erfüllt.}$$

*Schiefstellung:*

$$\tan\alpha = \frac{9 \cdot M \cdot \kappa}{16 \cdot r_E^3 \cdot E_s} = \frac{9 \cdot 1500 \cdot 0,40 \cdot 0,67}{16 \cdot 1,70^3 \cdot 7000} = 0,0066 \Rightarrow \alpha = 0,377°$$

*Gesamtsetzungen an den Fundamentkanten:*

$$s = s_m \pm \frac{b}{2} \cdot \tan\alpha = 1,70 \pm \frac{300}{2} \cdot 0,0066 = 1,7 \pm 1,0 \Rightarrow \quad s_{max} = 2,7\ cm;$$

$$s_{min} = 0,7\ cm$$

***Fall b)*** *Baugrundspannungen:*

*Sohlnormalspannung:* $\sigma_0 = \frac{1500}{3,0 \cdot 4,0} = 125,0\ kN/m^2$

*Aushubentlastung:* $\sigma_a = 20 \cdot 2,5 = 50,0\ kN/m^2$

*Setzungserzeugende Spannung* $\sigma_1 = 125,0 - 50,0 = 75,0\ kN/m^2$

*Grenztiefe:* $\frac{a}{b} = \frac{4,0}{3,0} = 1,3\overline{3}$

| Kote | z | d+z | $\sigma_ü$ | $0,2\sigma_ü$ | z/b | i | $i\cdot\sigma_1$ |
|---|---|---|---|---|---|---|---|
| m | m | m | kN/m² | kN/m² | 1 | 1 | kN/m² |
| -5,5 | 3,0 | 5,5 | 110,0 | 22,0 | 1,0 | 0,2635 | 19,8 |

□ 3.37: Fortsetzung Beispiel 22: Setzung und Schiefstellung eines einfach ausmittig belasteten Fundaments

*Die Grenztiefe kann bei $d_s \approx 3{,}0$ m angenommen werden.*

*Gleichmäßiger Setzungsanteil:*

$$\frac{z}{b} = \frac{d_s}{b} = \frac{3{,}0}{3{,}0} = 1{,}0\,;\ \frac{a}{b} = 1{,}3\overline{3} \qquad \Rightarrow f = 0{,}5189$$

$$\Rightarrow s_m = \frac{75{,}0 \cdot 3{,}0 \cdot 0{,}5189 \cdot 2}{7000 \cdot 3} = 0{,}011\ m \mathrel{\hat{=}} 1{,}1\ cm$$

*Schiefstellung infolge $M = V \cdot e$:*

*Mit $\frac{a}{b} = 1{,}3\overline{3}$ kann ein Setzungsbeiwert $f_y = 3{,}6$ abgelesen bzw. durch Interpolation ermittelt werden.*

*Um damit den Verdrehungswinkel tan $\alpha_x$ ermitteln zu können, muss zunächst die Breite b des Rechteckfundaments in die Breite $b_E$ einer flächengleichen Ellipse umgerechnet werden:*

$$b_E = \frac{2}{\sqrt{\pi}} \cdot b = \frac{2}{\sqrt{\pi}} \cdot 3{,}0 = 3{,}39m$$

$$tan\,\alpha_x = \frac{M \cdot f_y \cdot \kappa}{b_E^3 \cdot E_s} = \frac{1500 \cdot 0{,}40 \cdot 3{,}6 \cdot 0{,}67}{3{,}39^3 \cdot 7000} = 0{,}0053 \Rightarrow \alpha = 0{,}304°$$

*Gesamtsetzungen an den Fundamentkanten:*

$$s = 1{,}1 \pm \frac{300}{2} \cdot 0{,}0053 = 1{,}1 \pm 0{,}8 \Rightarrow \qquad s_{max} = 1{,}9\ cm;\ s_{min} = 0{,}3\ cm$$

### 3.2.4.2 Lösungen mit Hilfe der lotrechten Baugrundspannungen

**Sohldruckfigur** Die bei Setzungsberechnungen vereinfachend angenommene geradlinig begrenzte Sohldruckfigur ist bei ausmittiger Belastung trapez- oder dreieckförmig (siehe Abschnitt 4). Eine trapezförmige Sohldruckfigur wird in ein Rechteck und ein Dreieck zerlegt, und die Baugrundspannungen und Setzungen werden aus beiden Anteilen getrennt berechnet.

**Baugrundspannungen** Die Baugrundspannungen aus der rechteckförmigen Sohldruckfigur werden nach den in Abschnitt 3.2.3 beschriebenen Verfahren bestimmt.

Zur Ermittlung der Baugrundspannungen aus dreieckförmigen Sohlnormalspannungsfiguren sind in DIN 4019, Formeln und Diagramme enthalten.

**Setzungen** Die Setzungen aus den auf diese Weise erhaltenen Baugrundspannungen werden, wie in Abschnitt 3.2.3.2 beschrieben, bestimmt.

**Anmerkung:** Auch der setzungserzeugende Einfluss einer eventuell vorhandenen horizontalen Last kann mit den in DIN 4019 enthaltenen Formeln und Diagrammen bestimmt werden.

Ausführliche Rechenbeispiele: ⇒ Flächengründungen und Fundamentsetzungen (1959).

### 3.2.4.3 Schwerpunktverlagerung und Stabilität

Bei Bauwerken mit hoch liegendem Schwerpunkt (Türme, Schornsteine... □ 3.46) treten durch die Schiefstellung zusätzliche Momente auf, die eine weitere Schiefstellung zur Folge haben können. Der Nachweis der Sicherheit gegen Instabilität wird nach der zurückgezogenen DIN 4019, Teil 1 (1981), Abschn. 7, wie folgt geführt (□ 3.38):

Rechteckiger Grundriss

$$\eta_s = \frac{b^2 \cdot E_{s,k} \cdot \pi}{G \cdot h_s \cdot 12} \geq 2 \qquad (3.24)$$

Kreisförmiger Grundriss

$$\eta_s = \frac{r^3 \cdot E_{s,k} \cdot 16}{G \cdot h_s \cdot 9} \geq 2 \qquad (3.25)$$

**Anmerkung:** Dieser Nachweis ersetzt nicht den Nachweis der Sicherheit gegen Grundbruch und gegen Kippen (siehe Abschnitte 2.4 und 2.6).

□ 3.38: Beispiel: Bauwerk mit hochliegendem Schwerpunkt

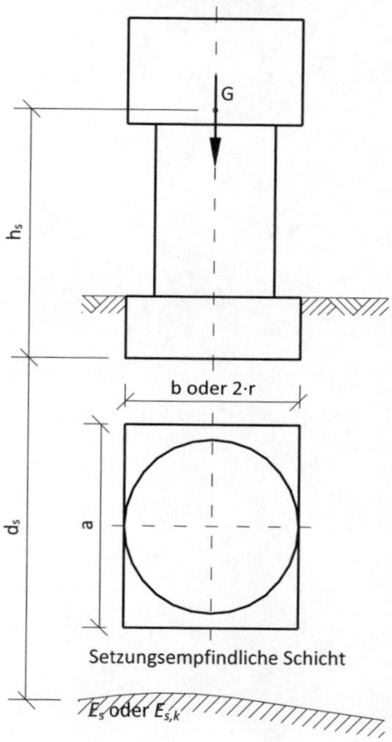


□ 3.39: Beispiel 23: Sicherheit gegen Instabilität

***Geg.:*** *Trinkwasser-Hochbehälter (siehe nächste Seite); vertikale und mittige einwirkende Kräfte ($G_i = V_{G,k,i}$)*

***Lasten:***

| | | |
|---|---|---|
| *Behälter:* | *$G_B$ = 6,4 MN;* | |
| *Stiel:* | *$G_S$ = 1,7 MN* | |
| *Fundament:* | *$G_F$ = 2,1 MN* | |
| ***Baugrund:*** | *Geschiebelehm* | *$E_{s,k}$ = 20 MN/m²* |

***Ges.:*** *Die Sicherheit gegen Instabilität ist zu überprüfen.*

□ 3.39: Fortsetzung Beispiel 23: Sicherheit gegen Instabilität

***Lösung:*** *Schwerpunktlage:*

$$h_s = \frac{6{,}4\left(3{,}0+22{,}0+\frac{4{,}0}{2}\right)+1{,}7\left(3{,}0+\frac{22{,}0}{2}\right)+2{,}1\cdot\frac{3{,}0}{2}}{6{,}4+1{,}7+2{,}1}$$

$$= 19{,}6\ m$$

*Sicherheit (kreisförmiger Grundriss):*

$$\eta_s = \frac{r^3 \cdot E_{s,k}}{H \cdot h_s \cdot f_r} = \frac{3{,}0^3 \cdot 20 \cdot 16}{(6{,}4+1{,}7+2{,}1) \cdot 19{,}6 \cdot 9}$$

$$= 4{,}8$$

$$\eta_s > \eta_{s,erf} = 2{,}0$$

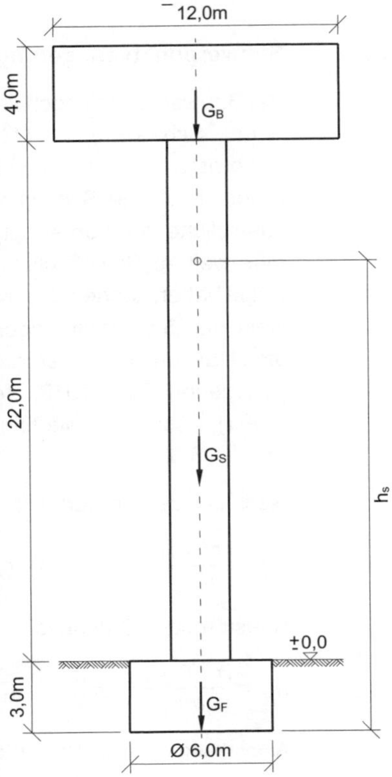


### 3.2.5 Setzungen infolge von Grundwasserabsenkung

Im Bereich einer Grundwasserabsenkung entfällt die Auftriebswirkung im Boden, und seine Wichte erhöht sich um maximal 10 kN/m³ je Meter Absenkung. Die daraus resultierenden Baugrundspannungen nehmen also vom ursprünglichen Grundwasserspiegel aus geradlinig mit der Tiefe zu und bleiben unterhalb des abgesenkten Grundwasserspiegels konstant (□ 3.40).

□ 3.40: Beispiel: Setzungserzeugende Spannungen infolge einer Grundwasserabsenkung

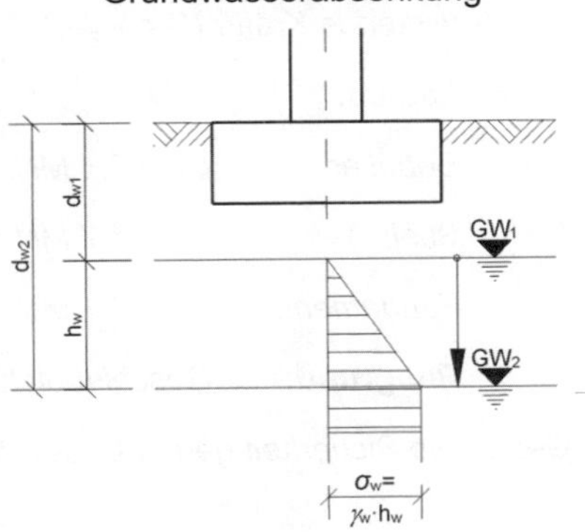


Die Setzungen infolge dieser Spannungsfigur können nach dem in Abschnitt 3.2.4 beschriebenen Verfahren bestimmt wer-den (□ 3.41).

□ 3.41: Beispiel 24: Setzung infolge Grundwasserabsenkung

***Geg.:*** *Quadratfundament (a = b = 2,5 m) vertikale und mittige einwirkende Kräfte ($V = V_{G,k}$)*

*Grundwasserabsenkung um 2,0 m*

*$E_m = E_{s,k}$*

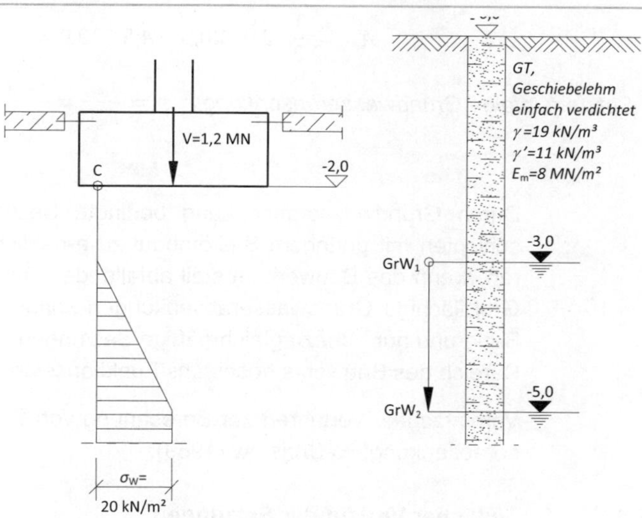


***Ges.:*** *Setzung*

***Lösung:***

***Vorbemerkungen**:*

*Setzungen infolge Grundwasserabsenkung stellen einen Sonderfall der Kon-solidationssetzung dar:*

*im Absenkungsbereich entfällt die Auftriebswirkung, so dass sich die Wichte des Bodens erhöht ($\gamma' \Rightarrow \gamma$).*

*Baugrundspannungen:*

*Sohlnormalspannung* $\sigma_0 = \frac{1200}{2{,}5^2} = 192{,}0\ kN/m^2$

*Aushubentlastung* $\sigma_a = 19 \cdot 2{,}0 = 38{,}0\ kN/m^2$

*Setzungserzeugende Spannung* $\sigma_1 = 192{,}0 - 38{,}0 = 154{,}0\ kN/m^2$

*Grenztiefe:* *Bedingung:* $0{,}2 \cdot \sigma_{\ddot{U}} \approx i \cdot \sigma_1 + \sigma_w$

*Für die Berechnung der Überlagerungsspannungen $\sigma_{ü}$ ist der Zustand vor der Grundwasserabsenkung maßgebend.*

$\frac{a}{b} = 1{,}0\ ;\ \sigma_w = 20\ kN/m^2$

| Kote | z | $\sigma_{ü}$ | $0{,}2\sigma_{ü}$ | z/b | i | $i \cdot \sigma_1$ | $\sigma_w$ | $i \cdot \sigma_1 + \sigma_w$ |
|---|---|---|---|---|---|---|---|---|
| *m* | *m* | *kN/m²* | *kN/m²* | *1* | *1* | *kN/m²* | *kN/m²* | *kN/m²* |
| *-9,5* | *7,5* | *128,5* | *25,7* | *3,0* | *0,0473* | *7,3* | *20,0* | *27,3* |

*Die Grenztiefe kann bei $d_s \approx 7,5$ m angenommen werden.*

*Spannungsfläche infolge Grundwasserabsenkung:*

□ 3.41: Fortsetzung Beispiel 24: Setzung infolge Grundwasserabsenkung

$$A_{\sigma_w} = \frac{1}{2} \cdot 2{,}0 \cdot 20{,}0 + 4{,}5 \cdot 20{,}0 = 110{,}0 \quad \frac{kN}{m}$$

*Setzung infolge Grundwasserabsenkung:* $s = \frac{A_{\sigma w}}{E_{s,k}} = \frac{110{,}0}{8000} = 0{,}014 \quad m \mathrel{\hat{=}} 1{,}4 \quad cm$

Durch Grundwasserabsenkung bedingte Setzungen können bei Bodenschichten mit geringem Steifemodul zu erheblichen Bauwerksschäden führen, wenn das Bauwerk im steil abfallenden Teil eines Absenktrichters liegt. Großflächige Grundwasserabsenkungen können dagegen bei homogenem Baugrund nur nahezu gleichmäßige Setzungen zur Folge haben, so dass im Bereich des Bauwerks höchstens Funktionsstörungen zu erwarten sind.

Vereinfachtes Verfahren zur Berechnung von Setzungen infolge Grundwasserabsenkung: ⇒ Christow (1969).

### 3.2.6 Zeitlicher Verlauf der Setzungen

**ZSL**

Während des Kompressionsversuchs wird der zeitliche Verlauf der Zusammendrückung der Bodenprobe registriert und als Zeit-Setzungs-Linie (ZSL) für jede einzelne Laststufe aufgetragen (Dörken / Dehne / Kliesch, Teil 1).

**Modellgesetz**

Der in der Natur (auf der Baustelle) zu erwartende zeitliche Setzungsverlauf lässt sich näherungsweise mit Hilfe eines Modellgesetzes nach Terzaghi abschätzen:

$$t_N = t_V \cdot \frac{h_N^2}{h_V^2} \tag{3.26}$$

Hierin bedeuten:

$t_N$ Setzungszeit der Konsolidation in der Natur

$t_V$ Setzungszeit im Versuch

$h_N$ Schichtdicke des in der Natur in [m]

$h_V$ Probenhöhe im Versuch in [m]

**Randbedingung: Entwässerungsmöglichkeit**

Wenn die Entwässerung der setzungsempfindlichen Schicht nur nach einer Seite möglich ist, so muss für $h_N$ die doppelte Schichtdicke eingesetzt werden.

Die Versuchszeit $t_V$ wird aus derjenigen Zeit-Setzungs-Linie abgelesen, die der Spannungserhöhung von $\sigma_a$ (Spannungen infolge Baugrubenaushubs) auf $i \cdot \sigma_1$ bzw. $i \cdot \sigma_0$ (setzungserzeugende Spannungen in Schichtmitte) am besten entspricht (□ 3.42).

Alternativ kann die Setzungszeit für eine beidseitig drainierte Schicht über Bodenkennwerte nach DIN 4019 wie folgt ermittelt werden:

$$t_N = \frac{h_N^2}{4 \cdot c_V} \qquad \text{mit} \qquad c_V = \frac{k \cdot E_{S,k}}{\gamma_w} \tag{3.27}$$

Hierin bedeuten:

$t_N$ Setzungszeit der Konsolidation in der Natur

$h_N$ Schichtdicke in der Natur [m]

$c_V$ Konsolidationsbeiwert [m²/s]

$E_{s,k}$ Zusammendrückungsmodul in [MN/ m²]

$K$ Durchlässigkeitskeitsbeiwert in [m/ s]

Die Setzung zum Zeitpunkt t vor dem Ende der Konsolidation (= Zeitpunkt $t_0$) kann ermittelt werden:

$$\frac{s\,(t)}{s\,(t_0)} = \left(\frac{4 \cdot \frac{t}{t_0}}{\pi}\right)^{0,5} \tag{3.28}$$

mit

s(t) Setzung zum Zeitpunkt $t \leq 0{,}2\ t_0$

$s(t_0)$ Setzung zum Zeitpunkt $t_0$ (Ende der Konsolidation): Berechnung nach Abschnitten 3.2.1 bis 3.2.5

Für den Zeitpunkt $0{,}2 < t \leq t_0$ ergibt sich die Setzung zum Zeitpunkt t zu:

$$\frac{s\,(t)}{s\,(t_0)} = 1 - 0{,}5 \cdot e^{\left(0{,}5 - 8 \cdot \frac{t}{\pi \cdot t_0}\right)} \tag{3.29}$$

□ 3.42: Beispiel 25: Zeitlicher Verlauf der Setzungen

***Geg.:*** *Quadratfundament*

*Vertikale und mittige einwirkende Kräfte ($V = V_{G,k}$)*

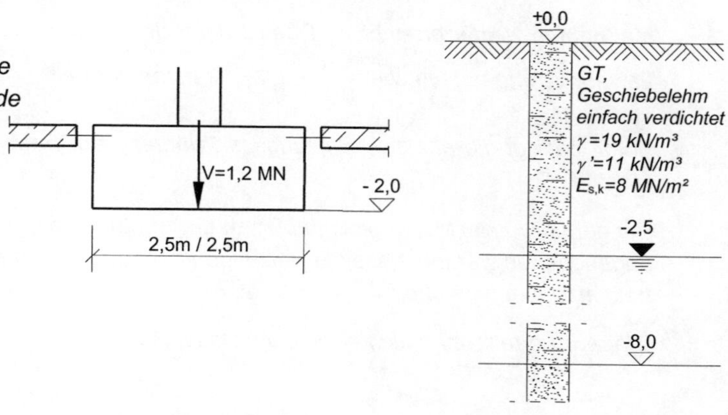

□ 3.42: Fortsetzung Beispiel 25: Zeitlicher Verlauf der Setzungen

*siehe Zeit-Setzungs-Linie des Drucksteigerungsbereichs* $50 \le \sigma_0 \le 200 \;\; kN/m^2$

*Mit einer 3,4 cm hohen Bodenprobe aus dem Geschiebelehm wurden im Labor Zeit-Setzungs-Linien für verschiedene Drucksteigerungsbereiche ermittelt.*

*Zeit-Setzungs-Linie des Drucksteigerungsbereichs* $50 \le \sigma_0 \le 200 \;\; kN/m^2$

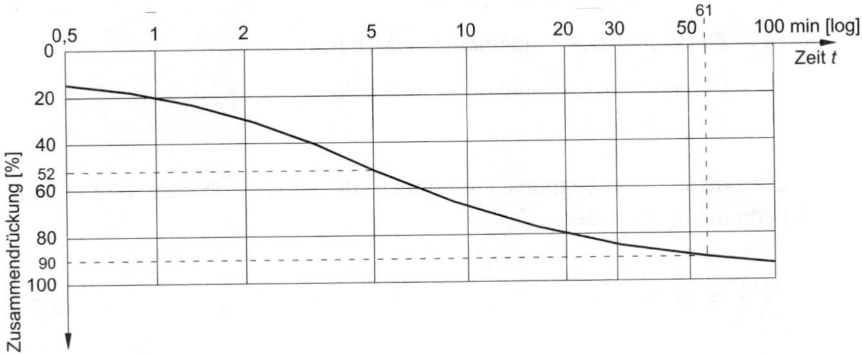


**Ges.:** *a) Setzung am Ende der neunmonatigen Bauzeit*

*b) Zeitdauer bis zum 0,9-fachen Wert der Gesamtsetzung*

***Lösung:***

*Die dargestellte Linie (Labor) kommt der durch die Baumaßnahme bewirkten Laststeigerung von*

$$\sigma_a = \gamma \cdot d = 38 \;\; kN/m^2 \qquad \textit{auf} \qquad \sigma_0 = \frac{V}{a \cdot b} = 192 \;\; kN/m^2$$

*am nächsten und wird somit der nachfolgenden Berechnung zugrunde gelegt.*

***zu a)*** *Setzungen können erst dann eintreten, wenn die ursprüngliche Belastung von* $\sigma_a = 38 \;\; kN/m^2$ *in Höhe der Baugrubensohle durch die Belastung aus der Baumaßnahme wieder erreicht ist. Das ist unter der Annahme einer gleichmäßigen Laststeigerung nach etwa* $\frac{9 \cdot 38}{192} = 1,78$ *Monaten der Fall.*

*Somit beträgt die effektive Setzungszeit während der Bauzeit 9 - 1,78 = 7,22 Monate.*

*Bei der vorausgesetzten gleichmäßigen Lastzunahme darf nach aller Erfahrung angenommen werden, dass die Setzungen denen aus einer Vollbelastung in der halben Zeit entsprechen.*

*Die reduzierte rechnerische Setzungszeit ist also*

□ 3.42: Fortsetzung Beispiel 25: Zeitlicher Verlauf der Setzungen

$$t_{\text{red}} = t_{\text{N}} = \frac{1}{2} \cdot 7{,}22 \cdot 30 \cdot 24 \cdot 60 = 155952 \text{ min}$$

*Unter der Voraussetzung, dass der Geschiebelehm nach unten (in den Boden SW) und nach oben (kapillarbrechende Schicht unter den Fundamenten in Verbindung mit einer notwendigen Dränung) entwässert, ergibt sich aus dem Modellgesetz eine Versuchszeit von*

$$t_{\text{V}} = \frac{155952 \cdot 3{,}4^2}{600^2} = 5{,}0 \text{ min}$$

*und damit aus der Zeit-Setzungs-Linie eine Zusammendrückung von ≈ 52%.*

*Nach neunmonatiger Bauzeit sind also etwa 52% der Gesamtsetzungen eingetreten.*

***zu b)*** *Um den Zeitpunkt der 0,9-fachen Gesamtsetzung bestimmen zu können, muss aus der Zeit-Setzungs-Linie die zugehörige Versuchszeit abgelesen werden:*

$$t_{\text{V}} \approx 61 \text{ min}$$

*Dem entspricht eine tatsächliche Zeitdauer von etwa*

$$t_{\text{N}} = \frac{t_{\text{V}} \cdot h_{\text{N}}^2}{h_{\text{V}}^2} = \frac{61 \cdot 600^2}{3{,}4^2} = 1899654 \text{ min} \approx 44 \textit{ Monate.}$$

## 3.3 Kontrollfragen

Zulässige Lage der Sohldruckresultierenden? Sind bei ihrer Einhaltung Verdrehungen von Einzel- und Streifenfundamenten zu erwarten?

- Wann ist bei Flach- und Flächengründungen der Nachweis gegen unzuträgliche Verschiebungen der Sohlfläche nach Handbuch Eurocode 7, Band 1 (2011) erbracht?
- Nach welcher Norm darf die Größe der Setzungen von Flach- und Flächengründungen ermittelt werden?
- Müssen bei der Setzungsberechnung veränderliche Einwirkungen berücksichtigt werden?
- Konsolidation? Aus welchen Setzungsanteilen setzt sie sich zusammen? Welche davon können rechnerisch näherungsweise erfasst werden?
- Wie kommen Setzungen zustande? Welche Ursachen haben sie? Welche davon können näherungsweise durch Setzungsberechnungen erfasst werden?
- Norm?
- Setzungsverhalten von nichtbindigen / bindigen Böden?
- Unter welcher Voraussetzung können bei Entlastung Hebungen eintreten?
- Lastansatz bei Setzungsberechnungen?
- Folgen von gleichmäßigen / ungleichmäßigen Gebäudesetzungen?
- Ursachen ungleichmäßiger Setzungen? (Skizzen!)
- Setzungsunempfindliche / setzungsempfindliche Kon-struktionen / Baustoffe?

- Erfahrungswerte für zulässige Setzungsunterschiede?
- Erfahrungswerte für zulässige Schiefstellungen?
- Wann können auch bei lotrecht mittiger Belastung Schiefstellungen auftreten?
- Ab welchem Fundamentabstand etwa beeinflussen sich Fundamente gegenseitig?
- Die gegenseitige Beeinflussung von drei gleich großen Fundamenten im Abstand *a* mit gleich großen Sohlnormalspannungen ist an Hand einer Skizze zu erläutern. Die Lastausbreitung im Baugrund ist dabei vereinfachend unter 45° und die Spannungsverteilung in horizontalen Ebenen dreieckförmig anzunehmen.
- Die gegenseitige Beeinflussung eines Altbaus und eines Neubaus ist an Hand einer Skizze zu erläutern. Die Lastausbreitung im Baugrund ist dabei ver-ein-fachend unter 45°, die Spannungsverteilung in horizontalen Ebenen dreieckförmig anzunehmen.
- Steifemodul? Verformungsmodul? Ermittlung, Unter-schiede, Genauigkeit?
- Korrekturbeiwert $\kappa$?
- Grenztiefe? Wie tief reicht sie etwa? Ermittlung?
- Erläutern Sie die Tiefenwirkung von zwei verschieden breiten Streifenfundamenten mit gleich großer Sohlnormalspannung!
- Modellgesetz zur Erzielung von ungefähr gleich großen Setzungen von zwei Fundamenten?
- Genauigkeit von Setzungsberechnungen?
- Theoretische Grenzfälle der Steifigkeit bei Setzungs-berechnungen?
- Setzungsmulde eines schlaffen / starren Fundaments? Kennzeichnende Punkte?
- Möglichkeiten für die näherungsweise Bestimmung der Setzung eines gedrungenen / lang gestreckten starren Fundaments?
- Arten von Baugrundspannungen?
- Überlagerungsspannungen? Berechnung?
- Praktische Beispiele für "schlaffe" / "starre" Fundamente?
- Spannungen infolge Baugrubenaushubs? Berechnung?
- Spannungen infolge Bauwerkslast? Setzungserzeugende Spannung?
- Einfach verdichteter / vorbelasteter Boden?
- Annahme der Sohlnormalspannungsverteilung bei Setzungsberechnungen?
- Modell zur Erläuterung der Verteilung der Baugrund-spannungen?
- Baugrundmodell von Boussinesq zur Berechnung von Baugrundspannungen?
- Lotrechte Baugrundspannungen infolge einer Punkt-last?
- Lotrechte Baugrundspannungen infolge einer Linien-last?
- Lotrechte Baugrundspannungen infolge einer rechteckigen Flächenlast?
- Für welchen Grenzfall der Steifigkeit / Fundamentpunkt gilt die Steinbrennertafel?
- Verfahren zur Bestimmung der Baugrundspannungen unter einem beliebigen Punkt innerhalb / außerhalb einer rechteckigen Flächenlast?
- Beschreiben Sie das Verfahren von Newmark!
- Normen für Setzungsberechnungen?
- Welche Angaben über den Baugrund werden für Setzungsberechnungen benötigt?
- Verfahren zur Setzungsberechnung in DIN 4019?
- Die einzelnen Größen in der "geschlossenen Formel" zur Berechnung der Setzungen bei mittiger Last sind zu erläutern.
- Setzungsberechnung bei geschichtetem Baugrund?
- Erläutern Sie die Setzungsberechnung mit Hilfe der lotrechten Baugrundspannungen!
- Setzungsberechnung bei schräger und/oder ausmittiger Belastung?

- Schwerpunktverlagerung und Stabilität?
- Berechnung von Setzungen infolge von Grundwasser-absenkung?
- Der zeitliche Setzungsverlauf einer Gründung auf nichtbindigem / bindigem Baugrund ist als Funktion wachsender Bauwerkslast aufzutragen!
- Wie kann man näherungsweise den zeitlichen Verlauf der Setzungen bestimmen?
- Vergleichen Sie den Einfluss einer dünnen / einer dicken setzungsempfindlichen Schicht auf Größe und zeitlichen Verlauf der Setzungen! (Skizzen!).
- Beschreiben Sie die Wirkung eines Bodenaustauschs auf die Setzungen eines Bauwerks!

## 3.4 Aufgaben

Hinweis: $V = V_{G,k}$ beziehungsweise $V = V_{G,k} + V_{G,k}$ ; $E_m = E_{s,k}$

3.4.1 Geg.: Rechteckfundament, $a$ = 4,5 m, $b$ = 3,0 m; Gründungstiefe bei - 1,0 m; $V$ = 5,4 MN (mittig, einschließlich Fundamenteigenlast). Baugrund: ± 0,0 bis - 1,6 m: Sand, $\gamma$ = 18,0 kN/m³, $E_s = \infty$; - 1,6 bis - 3,4 m: Schluff, $\gamma$ = 20,0 kN/m³; - 3,4 bis - 16,2 m: Sand $\gamma$ = 18,5 kN/m³, $E_s = \infty$. Ges.: Größe des Verformungsmoduls $E_m$ der Schluffschicht, wenn eine Endsetzung von 6 cm gemessen wurde.

3.4.2 Geg.: Quadratfundament, $a = b$ = 3,0 m; Gründungstiefe bei - 2,0 m; $V$ = 3,8 MN (mittig, einschließlich Fundamenteigenlast). Baugrund: ± 0,0 bis - 8,0 m: Ton, $\gamma$ = 19,0 kN/m³, $E_s$ = 3 MN/m², einfach verdichtet; - 8,0 bis - 14,5 m: Sand, $E_s = \infty$. Ges.: Änderung der Setzung, wenn die Fundamentabmessungen auf $a = b$ = 4,0 m vergrößert werden.

3.4.3 Geg.: Unter einem Fundament (Einbindetiefe $d$ = 1 m) steht bis in 2,75 m Tiefe unter Gründungssohle Lehm an. Beim Kompressionsversuch mit einer Probe von 3,92 cm Höhe aus diesem Boden war die Setzung bei der maßgebenden Laststufe nach 18,4 Stunden abgeschlossen. Ges.: Gesamtsetzungszeit.

3.4.4 Wann hat sich eine 2,2 m dicke Schicht auf 80% zusammengedrückt, wenn bei einer aus dieser Schicht entnommenen Probe von 2 cm Höhe nach 18 Stunden 80% der Gesamtsetzung eingetreten war?

3.4.5 Die auf ein Fundament wirkende Last ($V_1$) wird verdoppelt ($V_2 = 2\ V_1$). Wie groß ist die Setzung unter $V_2$: $s_2 = 2\ s_1$; $s_2 < 2\ s_1$; $s_2 > 2\ s_1$? (Begründung!).

3.4.6 Während der Bauzeit steigt die Bauwerkslast praktisch linear mit der Zeit an, um am Ende der Bauzeit konstant zu bleiben. Wie verläuft die zugehörige Setzungskurve a) bei nichtbindigem Boden, b) bei stark bindigem Boden?

3.4.7 Geg.: Fundament 1: Quadrat, $b$ = 2 m, $\sigma_{01}$ = 200 kN/m²; Fundament 2: Rechteck 1 : 10, $b$ = 1 m. Die Fundamente tragen im Achsabstand von 4,5 m eine statisch unbestimmte Konstruktion, in der leichte architektonische Schäden ("Schönheitsrisse") auftreten dürfen. Fundament 1 setzt sich um 1 cm. Ges.: Zulässige Belastung für Fundament 2 nach dem Modellgesetz (siehe Abschnitt 3.2.1).

3.4.8 Wenn sich zwei verschieden große Fundamente unter demselben Bauwerk bei homogenem Baugrund gleichsetzen sollen, so muss die Sohlnormalspannung ...

3.4.9 Konstruktive Maßnahme bei einem lang gestreckten Baukörper, bei dem größere Setzungsunterschiede zu erwarten sind?

3.4.10 Wie bestimmt man a) den Steifemodul $E_s$, b) den Zusammendrückungsmodul $E_m$?

3.4.11 Geg.: Zylindrischer Öltank, Durchmesser 20 m, Gründungstiefe 2 m; (Behältereigenlast vernachlässigbar); Ölfüllhöhe 13 m; Wichte Öl $\gamma$ = 9 kN/m³. Baugrund: Sand (Feuchtwichte 18,5 kN/m³), in den - in 4 m Tiefe unter Gründungssohle - eine 2 m dicke, einfach verdichtete Tonschicht (Feuchtwichte 19,8 kN/m³, $E_m$ = 5 MN/m²) eingelagert ist. Ges.: Durchbiegung des schlaffen Behälterbodens durch Setzung der Tonschicht (Die Setzung des Sandes kann vernachlässigt werden).

3.4.12 Geg.: Lotrecht mittig belastetes Einzelfundament. In welchem Fall ist nicht die aufgrund einer Grundbruchberechnung erhaltene zulässige Last $V_{zul}$ für die Bemessung des Fundaments maßgebend?

3.4.13 Geg.: Streifenfundament, das näherungsweise als Linienlast $V$ = 300 kN/m aufgefasst wird. Scheitel eines Abwasserkanals 2 m neben und 3 m unter der Linienlast. Ges.: Lotrechte Spannung im Scheitel des Abwasserkanals infolge der Linienlast.

3.4.14 Geg.: Rechteckfundament $b$ = 2.0 m, $a$ = 4,0 m, Einbindetiefe 0,8 m. Mittige Last $V$ = 1600 kN (einschließlich Fundamentlast). Ges.: Baugrundspannung in 4,0 m Tiefe unter Fundamentsohle infolge der gegebenen Bauwerkslast unter a) einem Eckpunkt, b) dem Mittelpunkt, c) einem Punkt, der innerhalb des Fundamentgrundrisses liegt und von der Fundamentecke 0,4 m (in Richtung der Schmalseite) und 1,6 m (in Richtung der Längsseite) entfernt liegt, d) einem Punkt, der außerhalb des Fundamentgrundrisses liegt und von der Fundamentecke 0,5 m (in Richtung der Schmalseite) und 1,0 m (in Richtung der Längsseite) entfernt liegt. Annahme: Schlaffer Gründungskörper.

3.4.15 Für den Punkt a) in Aufgabe 3.4.15 soll die Baugrundspannung nach dem Newmark-Verfahren bestimmt werden.

3.4.16 Geg.: 2 quadratische Stützenfundamente. Fundament 1: $V_1$ = 930 kN, Fundament 2: $V_2$ = 1400 kN (beide einschließlich Fundamenteigenlast). Zulässige Sohlnormalspannung unter Fundament 1: 363 kN/m² (aus anderer Berechnung). Ges.: a) Fundamentbreiten, wenn die zulässige Sohlnormalspannung unter Fundament 2 ebenfalls 363 kN/m² betragen soll, b) Breite des Fundaments 2 nach dem Modellgesetz (siehe Abschnitt 3.1.2).

3.4.17 Geg.: 2 Quadratfundamente, $b$ = 1 m; Achsabstand 2 m, beide mit $V$ = 400 kN (einschließlich Fundamenteigenlast) belastet. Baugrund: Sand (angenommen $E_m = \infty$), in den von 2 m Tiefe bis 6 m Tiefe unter den Gründungssohlen eine Tonschicht ($E_m$ = 2 MN/m²) eingelagert ist. Ges.: Setzung eines Quadratfundaments infolge Einwirkung des Nachbarfundaments. (Es genügt, für das Nachbarfundament eine Einzellast anzusetzen und die Baugrundspannungen in der Oberkante, in der Mitte und in der Unterkante der Tonschicht zu ermitteln und geradlinig zu interpolieren).

3.4.18 Geg.: Starres Quadratfundament, $b$ = 2,0 m, Einbindetiefe 1,0 m, $V$ = 900 kN, einfache Ausmittigkeit $e$ = 0,25 m. Baugrund: Schluff, sandig: $\gamma$ = 19,5 kN/m³, $E_s$ = 12 MN/m². Ges.: a) gleichmäßige Setzung und b) Schiefstellung des Fundaments.

3.4.19 Unter einem Fundament wird der Grundwasserspiegel infolge einer benachbarten Baumaßnahme um 4 m abgesenkt. Ges.: Setzung des Fundaments infolge dieser Grundwasserabsenkung bei folgendem Baugrund:

a) Sand, $E_m$ = 40 MN/m², b) Schluff, sandig $E_m$ = 6 MN/m². (Die Grenztiefe kann in beiden Fällen in 10 m Tiefe unter Gründungssohle angenommen werden.)

## 3.5 Weitere Beispiele

□ 3.43: Beispiel 26: Gegenseitige Beeinflussung benachbarter Fundamente

***Geg.:*** *Für das mit $V_1$ (= $V_{1,G,k}$) belastete Quadratfundament wurde bei einem Sohldruck von $\sigma_0$ = 236 kN/m² und einer Grenztiefe von $d_s \approx$ 3,8 m eine Setzung von s = 3,2 cm ermittelt. $E_m = E_{s,k}$*

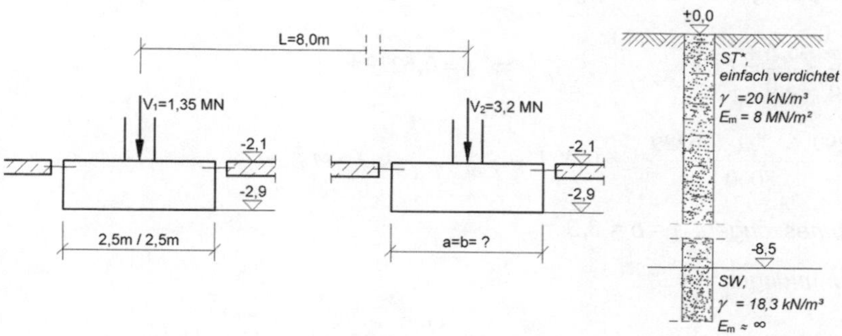


***Ges.:*** *Welche Abmessungen muss das Nachbarfundament erhalten, damit die Bedingung $\frac{\Delta s}{L} \leq \frac{1}{250}$ erfüllt ist?*

***Lösung:***

***Vorbemerkungen:***

- *Da das höher belastete Nachbarfundament größere Abmessungen bekommen muss, reicht seine rechnerische Grenztiefe bis in die Bodenschicht SW ($E_s \approx \infty$). In die Berechnung geht somit die gesamte Schicht ST* ein.*
- *Mit dem Achsabstand der Fundamente von L = 8,0 m ergibt sich für das Nachbarfundament eine zulässige Setzung von $s_{\text{zul}} = 3,2 + \frac{1}{250} \cdot 800 = 6,4 \ cm$*
- *Für die folgende Bemessung sollen allein Setzungskriterien maßgebend sein.*

***Bemessung:***

*Durch Umstellung des Modellgesetzes erhält man:*

$$\sqrt{A_2} = \frac{s_2 \cdot \sigma_{0,1} \cdot \sqrt{A_1} \cdot c_1}{s_1 \cdot \frac{V_2}{A_2} \cdot c_2} = \frac{6,4 \cdot 236,0 \cdot \sqrt{6,25} \cdot 1,0}{3,2 \cdot \frac{3200}{A_2} \cdot 1,0} \quad \Rightarrow \quad A_2 = 7,35 \ m^2; \ a = b = 2,70 \ m$$

*Wegen der noch nicht berücksichtigten Fundamenteigenlast wird gewählt a = b = 3,0 m.*

***Überprüfung der Setzung:***

*Baugrundspannungen:*

□ 3.43: Fortsetzung Beispiel 26: Gegenseitige Beeinflussung benachbarter Fundamente

*Sohlnormalspannung* $\sigma_0 = \frac{3200}{3{,}0^2} + 25 \cdot 0{,}8 = 357{,}6\ kN/m^2$

*Aushubentlastung* $\sigma_a = 20 \cdot 2{,}9 = 58{,}0\ kN/m^2$

*Setzungserzeugende Spannung* $\sigma_1 = \sigma_0 - \sigma_a = 299{,}6\ kN/m^2$

$\frac{a}{b} = 1;\ \frac{z}{b} = \frac{5{,}6}{3{,}0} = 1{,}87$ $\Rightarrow f = 0{,}6229$

$$\Rightarrow s = \frac{299{,}6 \cdot 3{,}0 \cdot 0{,}6229}{8000} = 0{,}069\ m\ > s_{zul} = 6{,}4\ cm\ !$$

*Neue Abmessungen: a = b = 3,3 m*

*Baugrundspannungen:*

*Sohlnormalspannung* $\sigma_0 = \frac{3200}{3{,}3^2} + 25 \cdot 0{,}8 = 313{,}8\ kN/m^2$

*Aushubentlastung* $\sigma_a = 20 \cdot 2{,}9 = 58{,}0\ kN/m^2$

*Setzungserzeugende Spannung* $\sigma_1 = \sigma_0 - \sigma_1 = 255{,}8\ kN/m^2$

$\frac{a}{b} = 1;\ \frac{z}{b} = \frac{5{,}6}{3{,}3} = 1{,}70$ $\Rightarrow f = 0{,}6030$

$$\Rightarrow s = \frac{255{,}8 \cdot 3{,}3 \cdot 0{,}6030}{8000} = 0{,}064\ = s_{zul}$$

*Für das Nachbarfundament sind Abmessungen von a = b = 3,30 m erforderlich.*

□ 3.44: Beispiel 27: Tragfähigkeit unter Berücksichtigung der zulässigen Setzung

**Geg.:** *Das auf der folgenden Seite dargestellte Streifenfundament bei einer zulässigen Setzung von*

***Fall a)*** *$s_{zul}$ = 7,0 cm*

***Fall b)*** *$s_{zul}$ = 3,5 cm*

*Der Anteil der veränderlichen Lasten beträgt maximal 40%*

**Ges.:** *Maximal möglich Belastung ($V_{max}$=$V_k$) des dargestellten Streifenfundaments*

***Lösung:***

***Vorbemerkungen:***

*Da die Berechnung der Sicherheit gegen Kippen (e = 0) und gegen Gleiten (H = 0) entfällt, wird die Bemessung allein nach den Grundbruch- und Setzungskriterien vorgenommen.*

□ 3.44: Fortsetzung Beispiel 27: Tragfähigkeit unter Berücksichtigung der zulässigen Setzung

***Fall a)***

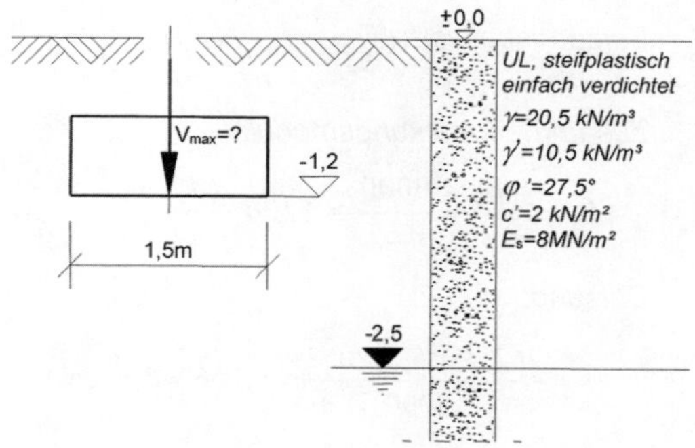


- ***Grundbruchkriterium:***

*Beiwerte:* $N_{c0} = 25\,;\ \nu_c = 1{,}0$

$N_{d0} = 14\,;\ \nu_d = 1{,}0$

$N_{b0} = 7\,;\ \nu_b = 1{,}0$

*Einflusstiefe:*

$$d_s = 1{,}5 \cdot sin\left(45° + \frac{27{,}5°}{2}\right) \cdot e^{1{,}0254 \cdot tan\,27{,}5°}$$

$$= 2{,}19\ \ m$$

*Gewogenes Mittel der Wichte:*

$$\gamma_{2,m} = \frac{1{,}3 \cdot 20{,}5 + 0{,}89 \cdot 10{,}5}{2{,}19} = 16{,}44\ \ kN/m^3$$

*Grundbruchwiderstand:*

$$R_{V,k} = 1{,}5 \cdot (2 \cdot 25 \cdot 1{,}0 + 20{,}5 \cdot 1{,}2 \cdot 14 \cdot 1{,}0 + 16{,}44 \cdot 1{,}5 \cdot 7 \cdot 1{,}0) = 851\ \ kN\ /\ m$$

*Nachweis der Grundbruchsicherheit (Bemessungssituation BS-P):*

$$V_d = V_{G,k} \cdot \gamma_{G,k} + V_{G,k} \cdot \gamma_{G,k} = 0{,}6 \cdot V_k \cdot 1{,}35 + 0{,}4 \cdot V_k \cdot 1{,}50 = 1{,}41 \cdot V_k$$

$$R_{V,d} = \frac{851}{1{,}40} = 601\ \ kN\ /\ m$$

*Bedingungsgleichung:*

$$V_d = 1{,}41 \cdot V_k = R_{V,d} = 601\ \ kN\ /\ m \qquad \Rightarrow V_k = 431\ \ kN\ /\ m$$

- ***Setzungskriterium:***

*Setzungserzeugende Spannung:*

$$\sigma_1 = \frac{431}{1{,}5} - 20{,}5 \cdot 1{,}2 = 262{,}7\ \ kN/m^2$$

*Grenztiefe: starres Fundament;* $\frac{a}{b} = \infty$

| *Kote* | *z* | *d+z* | *$\sigma_ü$* | *$0{,}2\sigma_ü$* | *z/b* | *i* | *$i \cdot \sigma_1$* |
|---|---|---|---|---|---|---|---|
| *m* | *m* | *m* | *kN/m²* | *kN/m²* | *1* | *1* | *kN/m²* |
| *-10,2* | *9,0* | *10,2* | *132,1* | *26,4* | *6,0* | *0,1078* | *28,3* |

*Die Grenztiefe kann bei $d_s \approx 9{,}0$ m angenommen werden.*

□ 3.44: Fortsetzung Beispiel 27: Tragfähigkeit unter Berücksichtigung der zulässigen Setzung

*Setzungsbeiwert:* $\frac{a}{b} = \infty\,;\ \frac{z}{b} = \frac{d_s}{b} = \frac{9{,}0}{1{,}5} = 6{,}0 \qquad \Rightarrow f = 1{,}7058$

*Zusammendrückungsmodul:*

$$E_{s,k} = \frac{E_s}{\kappa} = \frac{8000}{0{,}67} \cong 12000 \quad \frac{kN}{m^2}$$

*Setzung:*

$$s = \frac{262{,}7 \cdot 1{,}5 \cdot 1{,}7058}{12000} = 0{,}056 \,\hat{=}\, 5{,}6 \ cm < \ s_{zul} = 7{,}0 \ cm$$

*Somit bestimmt das Grundbruchkriterium die zulässige Belastung:*

$$V_{max} = V_k = 431 \ kN / m$$

***Fall b)*** *Aus Fall a) ergibt sich* $s_{vorh} = 5{,}6 \ cm \ > \ s_{zul} = 3{,}5 \ cm$.

*Daher muss die zulässige Belastung des Fundaments nach dem Setzungskriterium bestimmt werden.*

*Grenztiefe: Durch die geringere setzungserzeugende Spannung verringert sich auch die Grenztiefe:*

*gewählt:* $\frac{d_s}{b} = 5{,}0\,;\ d_s = 5{,}0 \cdot 1{,}5 = 7{,}5 \ m$

*Setzungsbeiwert:*

$$\frac{a}{b} = \infty\,;\ \frac{z}{b} = \frac{d_s}{b} = \frac{7{,}5}{1{,}5} = 5{,}0 \qquad \Rightarrow f = 1{,}5923$$

*Zulässiger Sohldruck: Durch Umstellung der geschlossenen Formel zur Setzungsberechnung erhält man*

$$\sigma_{1,zul} = \frac{s \cdot E_{s,k}}{b \cdot f} = \frac{0{,}035 \cdot 12000}{1{,}5 \cdot 1{,}5923} = 175{,}8 \quad \frac{kN}{m^2}$$

*Überprüfung der Grenztiefe:*

| *Kote* | *z* | *d+z* | $\sigma_ü$ | $0{,}2\sigma_ü$ | *z/b* | *i* | $i \cdot \sigma_1$ |
|---|---|---|---|---|---|---|---|
| *m* | *m* | *m* | *kN/m²* | *kN/m²* | *1* | *1* | *kN/m²* |
| *-8,7* | *7,5* | *8,7* | *116,4* | *23,3* | *5,0* | *0,1251* | *22,0* |

*Die Grenztiefe liegt geringfügig höher als angenommen.*

*Damit wird der zulässige Sohldruck*

$$\sigma_{0,zul} = \sigma_{1,zul} + \gamma \cdot d = 175{,}8 + 20{,}5 \cdot 1{,}2 \approx 200 \ kN/m^2$$

*und die zulässige Belastung:* $V_{max} = V_k = \sigma_{0,zul} \cdot b = 200 \cdot 1{,}5 = 300 \ kN / m$

□ 3.45: Beispiel 28: Setzung und Schiefstellung eines einfach ausmittig belasteten Fundaments

***Geg.**: Das auf der folgenden Seite dargestellte Quadratfundament*

*Bemessungssituation BS-P;*
$V = V_{G,k} + V_{Q,k} = V_k;$

***Ges.**: Setzung und Schiefstellung*

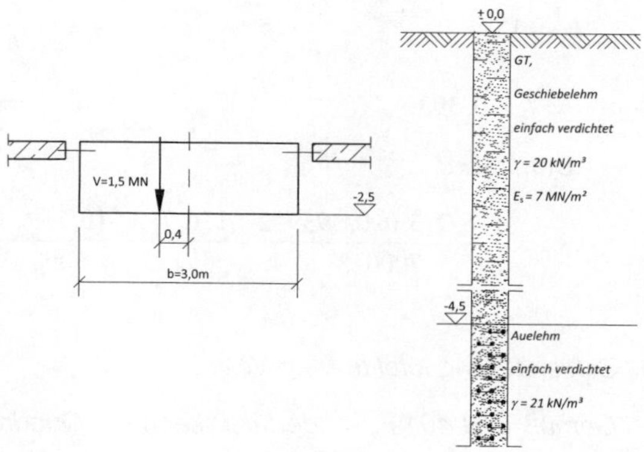


***Lösung:***

*Die angegebenen Werte für V können als charakteristische Werte aus ständigen und regelmäßig auftretenden veränderlichen Einwirkungen betrachtet werden. Die für die Setzungsermittlung maßgebende charakteristische Einwirkung beträgt:*

$$V_d = V_{G,k} \cdot \gamma_{G,k} + V_{G,k} \cdot \gamma_{G,k} = 1500 \cdot 1{,}00 = 1500 \quad kN$$

*Überprüfung der Ausmittigkeit*

$$e^{\mathrm{g}}_{\mathrm{vorh}} 0{,}40 \;\; m \;<\; \frac{3{,}00}{6} = 0{,}50 \;\; m$$

*Baugrundspannungen:*

*Sohlnormalspannung*

$$\sigma_0 = \frac{1500}{3{,}0^2} = 166{,}7 \;\; kN/m^2$$

*Aushubentlastung*

$$\sigma_a = 20 \cdot 2{,}5 = 50 \;\; kN/m^2$$

*Setzungserzeugende Spannung* $\sigma_1 = 166{,}7 - 50{,}0 = 116{,}7 \;\; kN/m^2$

*Grenztiefe:* $\frac{a}{b} = 1{,}0$

| Kote | z | d+z | $\sigma_ü$ | $0{,}2\sigma_ü$ | z/b | i | $i \cdot \sigma_1$ |
|---|---|---|---|---|---|---|---|
| m | m | m | kN/m² | kN/m² | 1 | 1 | kN/m² |
| -6,0 | 3,5 | 6,0 | 121,5 | 24,3 | 1,17 | 0,2035 | 23,7 |

*Die Grenztiefe kann bei $d_s \approx 3{,}5$ m angenommen werden. Sie reicht somit bis in die zweite Schicht.*

*Setzungsermittlung: Gleichmäßiger Setzungsanteil infolge $V_k$*

*Schicht „Geschiebelehm“*

$$\frac{z_1}{b} = \frac{4{,}5 - 2{,}5}{3{,}0} = 0{,}67$$

*Schicht „Auelehm“*

$$\frac{z_2}{b} = \frac{3{,}5}{3{,}0} = 1{,}17$$

□ 3.45: Fortsetzung Beispiel 28: Setzung und Schiefstellung eines einfach ausmittig belasteten Fundaments

*Schicht „Geschiebelehm“*

$$\frac{a}{b} = 1,0$$

$$\Rightarrow f_1 = 0,3939$$

*Schicht „Auelehm“*

$$\frac{a}{b} = 1,0$$

$$\Rightarrow f_2 = 0,5192$$

*Damit wird*

$$s_m = \frac{116,7 \cdot 3,0 \cdot 0,3939 \cdot 2}{7000 \cdot 3} + \frac{116,7 \cdot 3,0(0,5192 - 0,3939) \cdot 2}{5000 \cdot 3} = 0,0131 + 0,0058 \mathrel{\hat{=}} 1,9 \ cm$$

$$(69,3\%) + (30,7\%) = (100\%)$$

*Schiefstellung infolge $M_k = V_k \cdot e$*

*Gemäß DIN 4019 „Sonderfälle“ kann ein Quadratfundament näherungsweise in ein flächengleiches Kreisfundament umgewandelt werden:*

*Ersatzradius* $r_E = \frac{1}{\sqrt{\pi}} \cdot b = 0,564 \cdot 3,0 = 1,70 \ m$

$$e_{vorh} = 0,40 < \frac{r_E}{3} = \frac{1,70}{3} = 0,56 \ m$$

*⇒ Verfahren zulässig. Anderenfalls: Verfahren nach Abschnitt 3.2.4.*

*Der repräsentative Zusammendrückungsmodul wird als gewogenes Mittel aus den oben berechneten Setzungsanteilen berechnet:*

$$E_{s,k} = 0,693 \cdot \frac{7000}{0,67} + 0,307 \cdot \frac{5000}{0,67} = 7240 + 2291 \approx 9530 \ kN/m^2$$

*Damit wird der Verdrehungswinkel*

$$\tan\alpha = \frac{9 \cdot M}{16 \cdot r_E^3 \cdot E_{s,k}} = \frac{9 \cdot 1500 \cdot 0,40}{16 \cdot 1,70^3 \cdot 9530} = 0,0072 (\mathrel{\hat{=}} \alpha = 0,41°)$$

*Setzung und Schiefstellung* $s = 1,90 \pm \frac{300}{2} \cdot 0,0072 = 1,90 \pm 1,08$

⇒ $s_{max}$ = *2,98 cm* $s_{min}$ = *0,82 cm*

□ 3.46: Beispiel 29: Setzung eines mittig belasteten Fundaments

***Geg.:*** *Das auf der nächsten Seite dargestellte Fundament;*

*12 cm Setzung zugelassen*

***Ges.:*** *$V_{zul} = V_{G,k} + V_{Q,k} = V_k$*

*durch Setzungsberechnung*

***Lösung:*** *Annahme: Da für die Schicht GW ein Zusammendrückungsmodul $E_{s,k} \approx \infty$ ausgewiesen wurde, soll die Grenztiefe zunächst bei*

□ 3.46: Fortsetzung Beispiel 29: Setzung eines mittig belasteten Fundaments

$d_s = 7,0 - 3,0 = 4,0 \; m$ *angenommen werden.*

*Diese Annahme wird anschließend überprüft.*

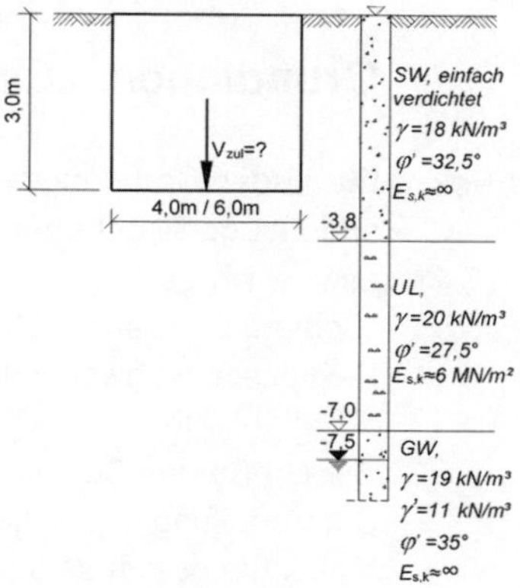


$$\frac{a}{b} = \frac{6,0}{4,0} = 1,5$$

$$\frac{z_1}{b} = \frac{3,8-3,0}{4,0} = 0,2 \qquad \Rightarrow f_1 = 0,1816$$

$$\frac{a}{b} = 1,5$$

$$\frac{z_2}{b} = \frac{d_s}{b} = \frac{4,0}{4,0} = 1,0 \qquad \Rightarrow f_2 = 0,5347$$

*Damit wird*

$$s = \frac{\sigma_1 \cdot b \cdot f_1}{E_{s,k,SW}} + \frac{\sigma_1 \cdot b(f_2 - f_1)}{E_{s,k,UL}}$$

$$0,12 = 0 + \frac{\sigma_1 \cdot 4,0(0,5347 - 0,1816)}{6000}$$

$$\Rightarrow \sigma_1 = \frac{720}{1,4124} = 509,8 \; kN/m^2$$

*zulässiger Sohldruck* $\sigma_{0,\text{zul}} = \sigma_1 + \sigma_a = 509,8 + 18 \cdot 3,0 = 563,8 \; kN/m^2$

*Das ergibt eine zulässige Belastung von*

$$V_{zul} = V_k = \sigma_{0,zul} \cdot a \cdot b = 563,8 \cdot 6,0 \cdot 4,0 = 13530 \quad kN$$

*Nachweis der Grenztiefe:* $\frac{a}{b} = 1,5$

| Kote | z | d+z | $\sigma_ü$ *) | $0,2\sigma_ü$ | z/b | i | $i \cdot \sigma_1$ |
|---|---|---|---|---|---|---|---|
| m | m | m | kN/m² | kN/m² | 1 | 1 | kN/m² |
| -7,0 | 4,0 | 7,0 | 132,4 | 26,5 | 1,0 | 0,2786 | 142,0 |

*) $\sigma_ü = 3,8 \cdot 18 + 3,2 \cdot 20 = 132,4 \; kN/m^2$

***Fazit:*** *Da 0,2* $\sigma_ü$ *<<* $i \cdot \sigma_1$*, ist die Grenztiefe bei z = 4,0 m noch nicht erreicht, so dass die vorausgegangene Annahme zutreffend ist.*

□ 3.47: Beispiel 30: Setzung eines mittig belasteten Fundaments

***Geg.:*** *das System im vorangegangenen Beispiel;*

*Nach Setzungskriterien zulässige Belastung* $V_{zul}$ *= 13.530 kN*

*Der Anteil der veränderlichen Lasten beträgt maximal 40%.*

***Ges.:*** *Nachweis gegen Grundbruch*

***Lösung:*** $V_{zul} = 0,6 \cdot V_{G,k} + 0,4 \cdot V_{Q,k} = V_k$

# 4 Sohldruckverteilung

## 4.1 Grundlagen, „Einfache Annahme“

**Sohldruck** Die in der Gründungssohle infolge der äußeren Belastung wirkenden Sohlspannungen können in Sohlnormalspannungen und Sohlscherspannungen zerlegt werden. Im Folgenden werden nur die Sohlnormalspannungen (der „Sohldruck“) behandelt, weil diese vor allem für die Standsicherheits- und Festigkeitsnachweise des Fundaments benötigt werden.

**SDV** Die Größe des Sohldrucks erhält man aus den Gleichgewichtsbedingungen. Die Verteilung des Sohldrucks („Sohldruckverteilung = SDV“ oder „Sohldruckfigur“) hängt von so vielen Einflüssen ab (siehe Abschnitt 4.2), dass sie nur schwer zu bestimmen ist. Man begnügt sich daher meist mit Näherungen (siehe Abschnitt 4.3).

**Einfache Annahme der SDV** Bei vielen Berechnungen, z. B. beim Nachweis der Tragfähigkeit (siehe Abschnitt 2) und der Setzungen (siehe Abschnitt 3) von Fundamenten genügt es, die Sohldruckverteilung näherungsweise geradlinig begrenzt anzunehmen ("einfache Annahme"). Die Verteilung des Sohldrucks hängt dann - wie seine Größe - nur von den Gleichgewichtsbedingungen ab (□ 4.01).

□ 4.01: Beispiel: Geradlinig begrenzte SDV: Streifenfundament, einfache Ausmittigkeit (bei Rechteckfundament ist $\sigma_{0m} = V/(a \cdot b)$ zu setzen)

<table>
<tr><th rowspan="2"></th><th rowspan="2">$\frac{e_b}{b}$</th><th rowspan="2">Sohldruckverteilung</th><th colspan="2">Randspannung</th></tr>
<tr><th>$\sigma_{01}$</th><th>$\sigma_{02}$</th></tr>
<tr><td>a</td><td>0</td><td>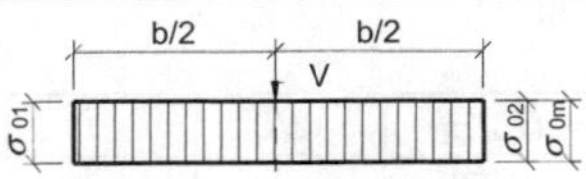</td><td>$\sigma_{0m} = \frac{V}{b}$</td><td>$\sigma_{0m} = \frac{V}{b}$</td></tr>
<tr><td>b</td><td>< 0,167</td><td>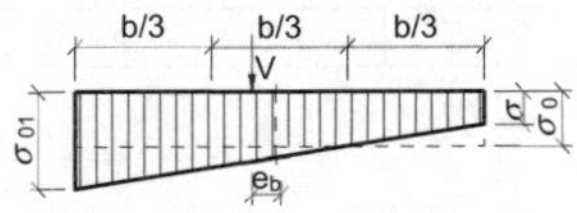</td><td>$\sigma_{0m}\left(1+\frac{6 \cdot e_b}{b}\right)$</td><td>$\sigma_{0m}\left(1-\frac{6 \cdot e_b}{b}\right)$</td></tr>
<tr><td>c</td><td>0,167</td><td>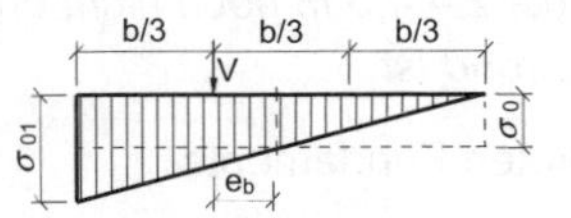</td><td>$2 \cdot \sigma_{0m}$</td><td>-</td></tr>
<tr><td>d</td><td>> 0,167</td><td>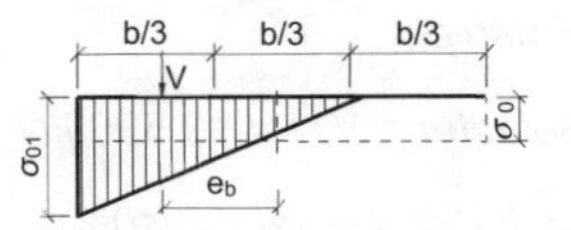</td><td>$\frac{4 \cdot \sigma_{0m}}{3\left(1-\frac{2 \cdot e_b}{b}\right)}$</td><td>-</td></tr>
<tr><td>e</td><td>0,333</td><td>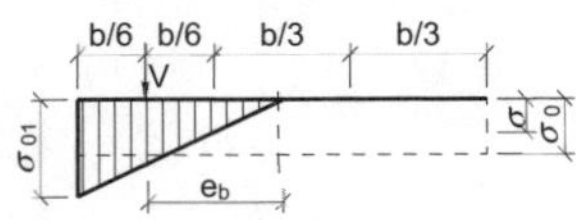</td><td>$4 \cdot \sigma_{0m}$</td><td>-</td></tr>
</table>

⇒ Berechnungsbeispiele □ 4.02 und □ 4.03.

□ 4.02: Beispiel 31: Geradlinig begrenzte SDV: Verschiedene Ausmittigkeiten

***Geg.:*** *Einzelfundament (a = 4,0 m; b = 2,0 m) wird durch eine Vertikallast V = 2 MN beansprucht.*

***Ges.:*** *Geradlinig begrenzte Sohldruckfigur für*

*a) $e_b = 0$; b) $e_b = 0,25$ m; c) $e_b = 0,33$ m; d) $e_b = 0,5$ m; e) $e_b = 0,66$ m;*

***Lösung:***

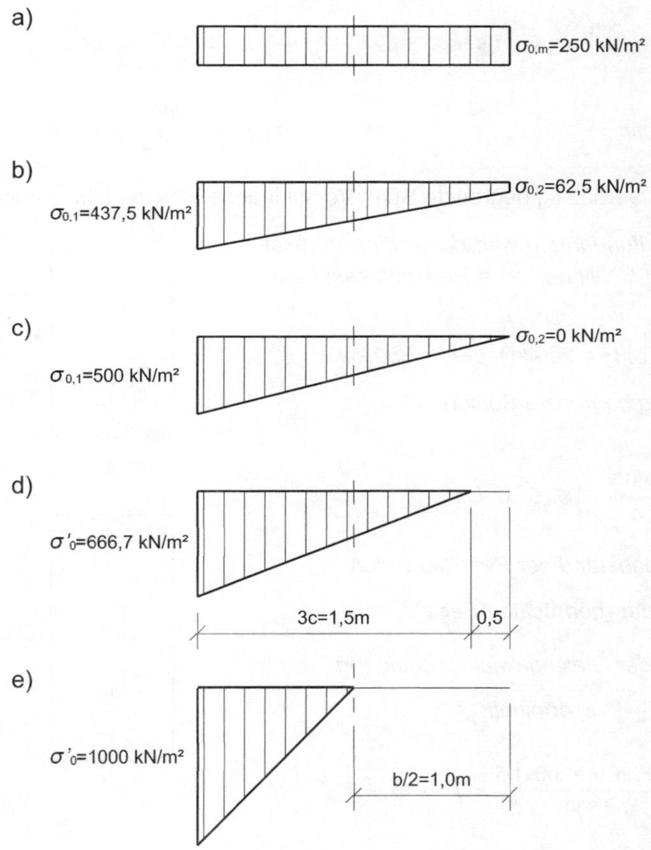


***zu a:*** $\sigma_{0,\mathrm{m}} = \dfrac{2000}{2,0 \cdot 4,0} = 250 \;\; kN/m^2$

***zu b:*** $e_{\mathrm{b}} = 0,25 \;\; m < \dfrac{b}{6}$; $\qquad \sigma_{0,1,2} = \dfrac{2000}{2,0 \cdot 4,0}\left(1 \pm \dfrac{6 \cdot 0,25}{2,0}\right) \Rightarrow$

$\sigma_{0,1} = 437,5 \;\; kN/m^2$; $\qquad \sigma_{0,2} = 62,5 \;\; kN/m^2$

□ 4.02: Fortsetzung Beispiel 31: Geradlinig begrenzte SDV: Verschiedene Ausmittigkeiten

**zu c:** $e_b = 0,3\overline{3}\ m = \frac{b}{6}$

$$\sigma_{0,1,2} = \frac{2000}{2,0 \cdot 4,0}\left(1 \pm \frac{6 \cdot 0,3\overline{3}}{2,0}\right) \Rightarrow \qquad \sigma_{0,1} = 500,0\ kN/m^2;\quad \sigma_{0,2} = 0,0\ kN/m^2$$

**zu d:** $e_b = 0,50\ m \quad \left(\frac{b}{6} < e_b < \frac{b}{3}\right)$

*Randabstand:*

$$c = \frac{b}{2} - e_b = \frac{2,0}{2} - 0,5 = 0,5\ m \qquad \Rightarrow \qquad \sigma_0' = \frac{2 \cdot 2000}{3 \cdot 0,5 \cdot 4,0} = 666,7\ kN/m^2$$

**zu e:** $e_b = 0,6\overline{6}\ m = \frac{b}{3} \qquad \Rightarrow \qquad \sigma_0' = \frac{2 \cdot 2000}{3 \cdot 0,33 \cdot 4,0} = 1000\ kN/m^2$

□ 4.03: Beispiel 32: Geradlinig begrenzte SDV: Verschiedene Horizontalbelastungen

**Geg.:** *Ein Einzelfundament wird durch eine Vertikallast V = 1,5 MN und eine Horizontallast beansprucht.*

*a) H = 0; b) H = 200 kN; c) H = 350 kN.*

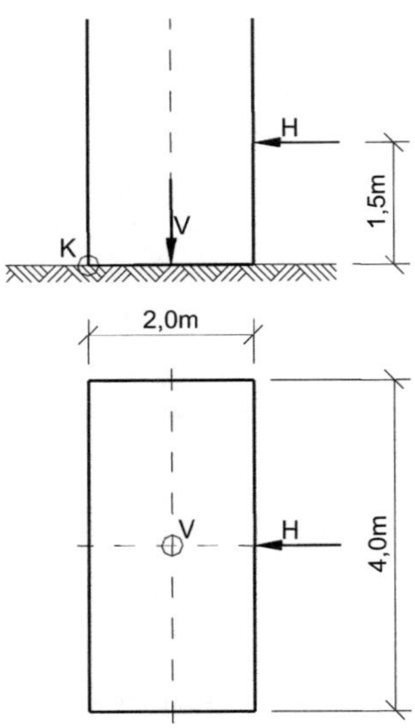


**Ges.:** *Geradlinig begrenzte Sohldruckfigur*

***Lösung: zu a:***

$$\sigma_{0,m} = \frac{1500}{2,0 \cdot 4,0} = 187,5\ kN/m^2$$

**zu b:** *Der Randabstand der Resultierenden $\sum V$ von der „gedrückten Seite" wird aus der Gleichgewichtsbedingung $\sum M_{(K)} = \sum V \cdot c$ ermittelt:*

$$c = \frac{\sum M_{(K)}}{\sum V} = \frac{1500 \cdot 1,0 - 200 \cdot 1,5}{1500} = 0,80\ m$$

*Ausmittigkeit:* $e_b = \frac{b}{2} - c = \frac{2,0}{2} - 0,80 = 0,20\ m < \frac{b}{6}$

*Randspannungen:* $\sigma_{0,1} = 300,0\ kN/m^2\ ;\quad \sigma_{0,2} = 75,0\ kN/m^2$

**zu c:** $c = \frac{1500 \cdot 1,0 - 350 \cdot 1,5}{1500} = 0,65\ m\ ;\quad e_b = \frac{2,0}{2} - 0,65 = 0,35\ m \quad \left(\frac{b}{6} < e_b < \frac{b}{3}\right)$

□ 4.03: Fortsetzung Beispiel 32: Geradlinig begrenzte SDV: Verschiedene Horizontalbelastungen

*Randspannungen:*

$$\sigma_0' = \frac{2 \cdot 1500}{3 \cdot 0,65 \cdot 4,0} = 384,6 \ kN/m^2$$

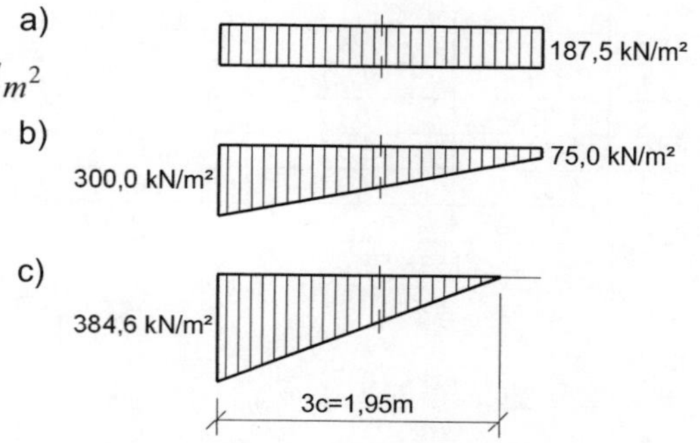


**Unsymmetrische Fundamentflächen** Bei unregelmäßig begrenzten (unsymmetrischen) Fundamentflächen, die möglichst zu vermeiden sind, kann für die Berechnung des Sohldrucks und den Nachweis der Standsicherheit nach Smoltczyk (1976) ein Ersatzrechteck ermittelt werden.

Zahlenbeispiel: □ 4.04.

□ 4.04: Beispiel 33: Ersatzrechteck für eine unregelmäßig begrenzte Fundamentfläche

***Geg.:*** *Die dargestellte unregelmäßige Fundamentfläche*

***Ges.:*** *Umwandlung in ein Ersatzrechteck, um die für rechteckige Fundamentflächen entwickelten Berechnungsverfahren der Standsicherheitsnachweise anwenden zu können.*

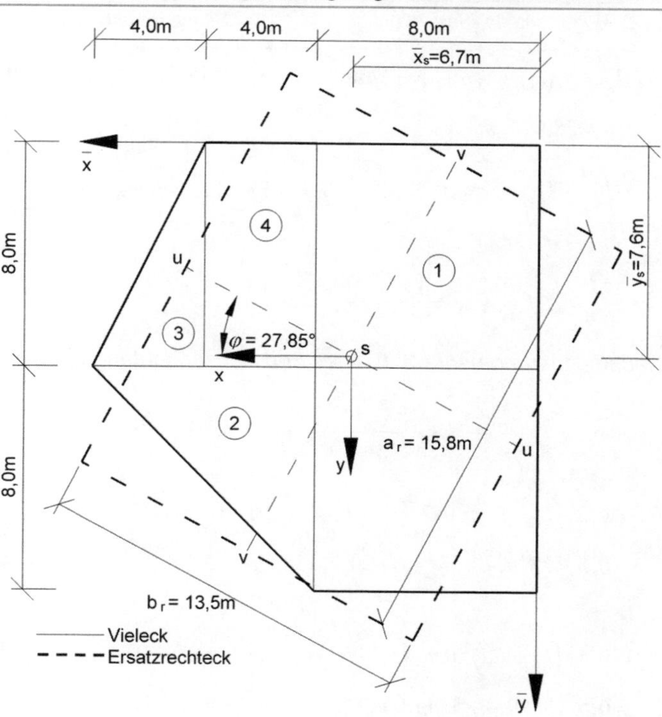


***Lösung:***

*Ermittlung des Flächenschwerpunktes (bezogen auf das Koordinatensystem $\bar{x}$ ; $\bar{y}$ ):*

□ 4.04: Fortsetzung Beispiel 33: Ersatzrechteck für eine unregelmäßig begrenzte Fundamentfläche

| i | $A_i$ | $\bar{y}_i$ | $\bar{y}_i \cdot A_i$ | $\bar{x}_i$ | $\bar{x}_i \cdot A_i$ |
|---|---|---|---|---|---|
| - | m² | m | m³ | m | m³ |
| 1 | 128,0 | 8,00 | 1024,0 | 4,00 | 512,0 |
| 2 | 32,0 | 10,67 | 341,4 | 10,67 | 341,4 |
| 3 | 16,0 | 5,33 | 85,3 | 13,33 | 213,3 |
| 4 | 32,0 | 4,00 | 128,0 | 10,00 | 320,0 |
| Σ | 208,0 | | 1578,7 | | 1386,7 |

$$\bar{y}_s = \frac{\bar{y}_i \cdot A_i}{A_i} = \frac{1578{,}7}{208{,}0} = 7{,}6 \ m$$

$$\bar{x}_s = \frac{\bar{x}_i \cdot A_i}{A_i} = \frac{1386{,}7}{208{,}0} = 6{,}7 \ m$$

*Ermittlung der Flächenmomente 2. Grades:*

| i | $A_i$ | $I_{x_i}$ | $I_{y_i}$ | $I_{xy_i}$ | $x_i$ | $y_i$ | $x_i^2 \cdot A_i$ | $y_i^2 \cdot A_i$ | $x_i \cdot y_i \cdot A_i$ |
|---|---|---|---|---|---|---|---|---|---|
| - | m² | m⁴ | m⁴ | m⁴ | m | m | m⁴ | m⁴ | m⁴ |
| 1 | 128,0 | 2730,7 | 682,7 | 0 | -2,7 | 0,4 | 933,1 | 20,5 | -138,2 |
| 2 | 32,0 | 113,8 | 113,8 | -56,9 | 4,0 | 3,1 | 512,0 | 307,5 | 396,8 |
| 3 | 16,0 | 56,9 | 14,2 | 14,2 | 6,6 | -2,3 | 697,0 | 84,6 | -242,9 |
| 4 | 32,0 | 170,7 | 42,7 | 0 | 3,3 | -3,6 | 348,5 | 414,7 | -380,2 |
| | Eigenanteile (Schwerachsen) | | | | Schwerpunkt | | Steineranteile | | |

$$I_x = \sum\left(I_{x_i} + y_i^2 \cdot A_i\right) = (2730{,}7 + 20{,}5) + (113{,}8 + 307{,}5) + (56{,}9 + 84{,}6) + (170{,}7 + 414{,}7)$$
$$= 3899{,}4 \ m^4$$

$$I_y = \sum\left(I_{y_i} + x_i^2 \cdot A_i\right) = (682{,}7 + 933{,}1) + (113{,}8 + 512{,}0) + (14{,}2 + 697{,}0) + (42{,}7 + 348{,}5)$$
$$= 3344{,}0 \ m^4$$

$$I_{xy} = \sum\left(I_{xy_i} + x_i \cdot y_i \cdot A_i\right) = -407{,}2 \ m^4$$

*Hauptflächenmomente 2. Grades und Achsenrichtungen:*

$$\tan 2\varphi = \frac{2 I_{xy}}{I_y - I_x} = \frac{2\ (-407{,}2)}{3344{,}0 - 3899{,}4} = 1{,}4663 \Rightarrow \ \varphi = 27{,}85°$$

$$I_u = 0{,}5\ \left(I_x + I_y\right) + 0{,}5\ \left(I_x - I_y\right) \cos 2\varphi - I_{xy} \cdot \sin 2\varphi$$
$$= 0{,}5\ (3899{,}4 + 3344{,}0) + 0{,}5\ (3899{,}4 - 3344{,}0) \cdot 0{,}5635 - (-407{,}2)\ 0{,}8261 = 4114{,}6 \ m^4$$

$$I_v = 0{,}5\ \left(I_x + I_y\right) - 0{,}5\ \left(I_x - I_y\right) \cos 2\varphi + I_{xy} \cdot \sin 2\varphi$$
$$= 0{,}5\ (3899{,}4 + 3344{,}0) - 0{,}5\ (3899{,}4 - 3344{,}0) \cdot 0{,}5635 + (-407{,}2)\ 0{,}8261 = 3128{,}8 \ m^4$$

□ 4.04: Fortsetzung Beispiel 33: Ersatzrechteck für eine unregelmäßig begrenzte Fundamentfläche

*Seitenabmessungen der Ersatzfläche $A_E$:*

$$a_E = \sqrt{A\sqrt{\frac{I_u}{I_v}}} = \sqrt{208{,}0\sqrt{\frac{4114{,}6}{3128{,}8}}} = 15{,}4\ m\,;\quad b_E = \frac{A}{a_E} = \frac{208{,}0}{15{,}4} = 13{,}5\ m$$

**Doppelte Ausmittigkeit**

Bei doppelter Ausmittigkeit ist die Lage des Kerns aus □ 2.02 zu entnehmen. Die Normalspannungen unter den Eckpunkten können aus den Gleichungen für die geradlinig begrenzte Sohldruckverteilung und die maximale Eckspannung nach dem Nomogramm von Hülsdünker berechnet werden.

Zahlenbeispiel mit Diagramm von Hülsdünker: □ 4.05.

□ 4.05: Beispiel 34: Geradlinig begrenzte SDV: Einzelfundament, doppelt ausmittig belastet

***Geg.:*** *Das in der Draufsicht dargestellte Fundament wird beansprucht durch*

*$V$ = 1,55 MN*

*$M_x$ = 65 kNm*

*$M_y$ = 950 kNm.*

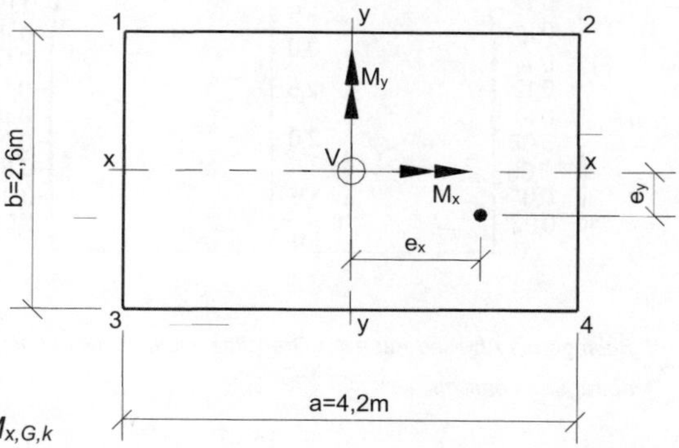


***Ges.:*** *Geradlinig begrenzte Sohldruckfigur.*

***Lösung:*** *$V = V_{G,k}$, $M_y = M_{y,G,k}$, $M_x = M_{x,G,k}$*

$$e_x = \frac{M_y}{V} = \frac{950}{1550} = 0{,}61\ m$$

$$e_y = \frac{M_x}{V} = \frac{65}{1550} = 0{,}04\ m$$

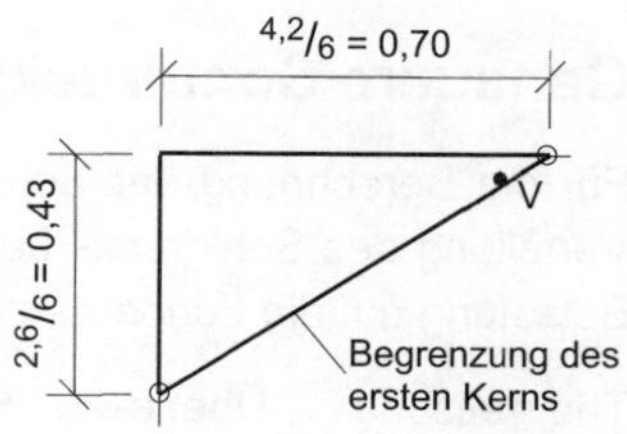


*Die Resultierende steht im ersten Kern.*

*Sohldruck unter den Eckpunkten:*

$$\sigma_0 = \frac{V}{a \cdot b}\left(1 \pm \frac{6 \cdot e_y}{b} \pm \frac{6 \cdot e_x}{a}\right) = \frac{1550}{4{,}2 \cdot 2{,}6}\left(1 \pm \frac{6 \cdot 0{,}04}{2{,}6} \pm \frac{6 \cdot 0{,}61}{4{,}2}\right) = 141{,}9\quad (1 \pm 0{,}09 \pm 0{,}87)$$

$$\sigma_{0,1} = 141{,}9\ (1 - 0{,}09 - 0{,}87) = 5{,}7\ kN/m^2$$

$$\sigma_{0,2} = 141{,}9\ (1 - 0{,}09 + 0{,}87) = 252{,}6\ kN/m^2$$

$$\sigma_{0,3} = 141{,}9\ (1 + 0{,}09 - 0{,}87) = 31{,}2\ kN/m^2$$

$$\sigma_{0,4} = 141{,}9\ (1 + 0{,}09 + 0{,}87) = 278{,}1\ kN/m^2$$

□ 4.05: Fortsetzung Beispiel 34: Geradlinig begrenzte SDV: Einzelfundament, doppelt ausmittig belastet

*Kontrolle von $\sigma_{0,\max}$ mit dem Nomogramm von Hülsdünker (1964):*

$$\delta = \frac{0,61}{4,20} = 0,145\,;\quad \varepsilon = \frac{0,04}{2,60} = 0,015$$

*Nomogramm-Ablesung:* $\mu \approx 1,95$

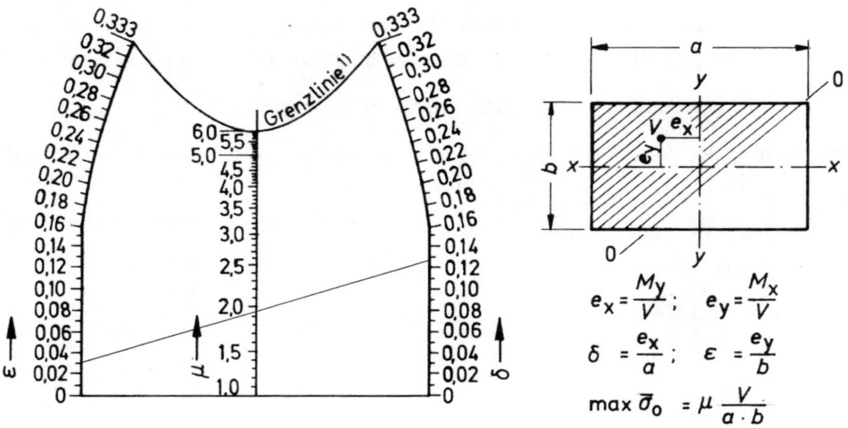


[1] *Solange die Ablesegerade die Grenzlinie nicht schneidet, ist mindestens die halbe Grundfläche an der Lastabtragung beteiligt.*

*Damit wird:* $\sigma_{0,\max} = 1,95 \cdot \frac{1550}{4,2 \cdot 2,6} = 276,8\ kN/m^2$

## 4.2 Genauere Sohldruckverteilung

Für die Berechnung der Schnittkräfte von Fundamenten wird eine genauere Verteilung des Sohldrucks benötigt, weil die Sohldruckfigur hierfür als äußere Belastung auf die Fundamentsohle aufgebracht werden muss.

Theoretische Überlegungen und Messungen zeigen nämlich, dass die Sohldruckverteilung (SDV) in Wirklichkeit nicht geradlinig begrenzt ist. Sie weist vielmehr eine Spannungshäufung am Fundamentrand auf ("sattelförmige" SDV). Daher liefert die "einfache Annahme"

□ 4.06: Beispiel: Biegemomente bei a) rechteckförmiger und b) sattelförmiger SDV

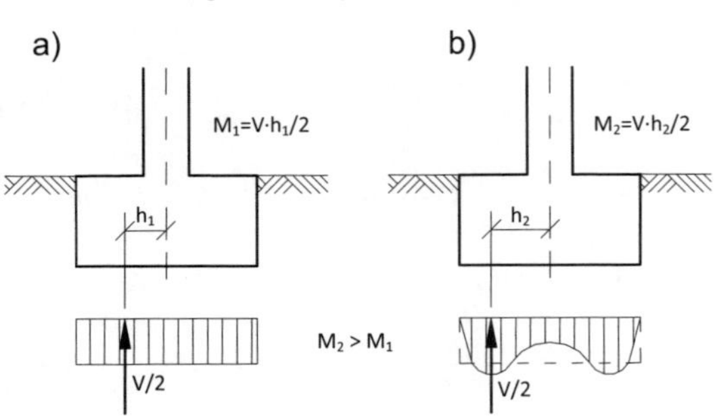

(geradlinig begrenzte SDV) zu geringe Biegemomente und liegt bei der Berechnung der Schnittkräfte "auf der unsicheren Seite" (□ 4.06). Diese Tatsache wird zwar bei der Biegebemessung von Fundamenten unter kleineren Bauwerken meist nicht berücksichtigt, weil sie im Rahmen einer vertretbaren Ungenauigkeit und Unwirtschaftlichkeit liegt. Zur ausreichenden und wirtschaftlichen Bemessung hoch belasteter Gründungen sollte sie aber beachtet werden.

Außer von den Gleichgewichtsbedingungen hängt die genauere Sohldruckverteilung ab von

- der Steifigkeit des Bauwerks (siehe Abschnitt 4.2.1,
- der Art und Größe der Belastung (siehe Abschnitt 4.2.2),
- den Baugrundeigenschaften (siehe Abschnitt 4.2.3) und
- der Form des Fundaments (siehe Abschnitt 4.2.4).

Wegen der Vielzahl dieser Einflussfaktoren und deren gegenseitiger Abhängigkeit ist die Bestimmung der Sohldruckverteilung eines der schwierigsten Probleme der Bodenmechanik und nur näherungsweise möglich.

### 4.2.1 Steifigkeit des Bauwerks

Neben den Gleichgewichtsbedingungen ist der wichtigste Einflussfaktor auf die Sohldruckverteilung die Steifigkeit des Bauwerks. Die Steifigkeit des Gesamtbauwerks ist nur schwer und aufwändig zu erfassen. Daher berücksichtigt man meist nur die Steifigkeit der Gründung allein, was näherungsweise berechtigt ist (König / Sherif 1975).

**Grenzfälle** "Schlaffe" (biegeweiche) und "starre" Gründung sind die theoretischen Grenzfälle der Steifigkeit. Dazwischen liegen die tatsächlich vorkommenden biegsamen Fundamente.

**schlaff** Ein vollkommen schlaffes Fundament ($E \cdot I = 0$) gibt es nicht. Man kann sich vorstellen, dass der Fundamentbeton noch nicht abgebunden ist oder dass die Gründung aus vielen zusammenhanglosen Einzelteilen besteht.

□ 4.07: Beispiel: Schlaffes Fundament: SDV und Setzungsmulde

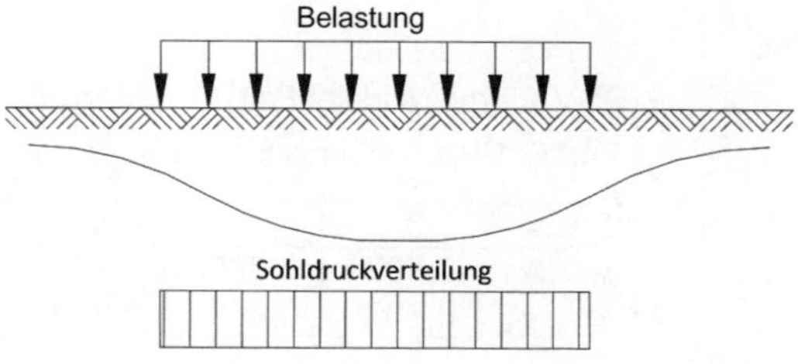


In beiden Fällen können keine Biegemomente übertragen werden. Die Sohldruckverteilung unter einem schlaffen Fundament entspricht daher der Verteilung der äußeren Lasten. Dabei entsteht eine Setzungsmulde, bei der die Mittensetzung größer ist als die Randsetzungen (□ 4.07). Nach dem Erhärten des Betons bzw.

bei einem biegesteifen Verbund der Einzelteile sehen Sohldruckverteilung und Setzungsmulde ganz anders aus.

**starr**

Ein vollkommen starres Fundament kann man sich als Betonklotz mit $E \cdot I = \infty$ vorstellen. Er kann sich nicht durchbiegen, so dass die Setzungen - bei mittiger Belastung - an allen Stellen der Fundamentsohle gleich groß sind.

Setzungsberechnungen (siehe Abschnitt 3) zeigen aber, dass gleich große Setzungen überall unter dem Fundament nur auftreten können, wenn sehr große (theoretisch unendlich große) Randspannungen vorhanden sind (□ 4.08).

□ 4.08: Beispiel: starres Fundament: SDV und Setzungsmulde

Diese theoretische Sohldruckverteilung mit unendlich großen Spannungen am Rand hat Boussinesq (1885) mit der Annahme eines elastisch-isotropen Halbraums mit konstantem Steifemodul $E_s$ berechnet. Die Sohlspannung unter einem starren Streifenfundament ergibt sich danach an der Stelle *y* zu

$$\sigma_{0(y)} = \frac{2V}{\pi\ b\ \sqrt{1-\left(\frac{2y}{b}\right)^2}} = i_\sigma \cdot \sigma_{0,\mathrm{m}} \qquad (4.01)$$

und das Biegemoment an der Stelle *y* zu

$$M_{(\mathrm{y})} = i_M \cdot \left(\frac{b}{2}\right)^2 \cdot \sigma_{0,\mathrm{m}} \qquad (4.02)$$

Hierbei ist $\sigma_{o,m}$ die mittlere Sohlnormalspannung.

Bezeichnungen siehe □ 4.09, Einflusswerte siehe □ 4.10.

□ 4.09: Beispiel: SDV eines mittig belasteten Streifenfundamentes (Boussinesq 1885)

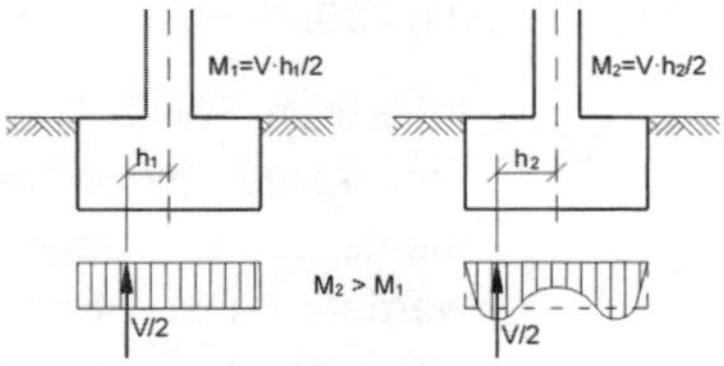


□ 4.10: Einflusswerte für die SDV und die Biegemomente (Boussinesq 1885)

| $2 \cdot y/b$ | 0,0 | 0,2 | 0,4 | 0,6 | 0,8 | 0,9 | 1,0 |
|---|---|---|---|---|---|---|---|
| $i_\sigma$ | 0,637 | 0,650 | 0,694 | 0,797 | 1,058 | 1,460 | $\infty$ |
| $i_M$ | 0,637 | 0,449 | 0,288 | 0,155 | 0,054 | 0,019 | 0,000 |

Für ausmittige Belastung erhält Borowicka (1943) unter den gleichen Voraussetzungen wie Boussinesq die Sohlspannung an der Stelle $y$ nach der Gleichung (□ 4.11)

$$\sigma_{0(y)} = \frac{2V}{\pi \; b \; \sqrt{1-\left(\frac{2y}{b}\right)^2}} \cdot \left(1 + 8\frac{e \cdot y}{b^2}\right) \tag{4.03}$$

□ 4.11: Beispiel: SDV eines ausmittig belasteten Streifenfundamentes (Borowicka 1943)

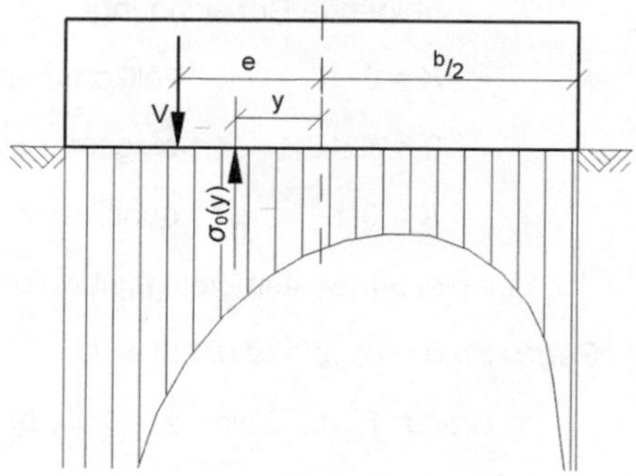


Sohldruckverteilungen für rechteckige und kreisförmige Fundamente: ⇒ Smoltczyk (1990)

Natürlich können unendlich große Spannungen vom Baugrund nicht aufgenommen werden: der Boden weicht - durch örtliches Auftreten des Grundbruchs - am Rand zur Seite hin aus. Aus diesem Grund bauen sich die Spannungen am Rand ab und verlagern sich zur Fundamentmitte hin. Somit entsteht eine sattelförmige Sohldruckverteilung ("korrigierte" oder "elasto-plastische" SDV, □ 4.08 unten), wie sie auch bei Messungen unter tatsächlichen Fundamenten (z. B. Bub 1963) nachgewiesen wurde.

**biegsam**

Während gedrungene Gründungskörper (Einzel- und Streifenfundamente, siehe Abschnitt 5) i.A. als quasi-starr abgenommen werden können, sind Gründungsbalken und -platten (siehe Abschnitt 6) biegsame Gründungen ($0 < E \cdot I < \infty$): Sie drücken nicht nur den Baugrund zusammen, sondern verformen sich auch selbst infolge der Sohlspannungen. Daher spielt bei ihrer Berechnung sowohl die Fundament- als auch die Baugrundsteifigkeit eine Rolle.

**System-steifigkeit**

Das Verhältnis von Fundamentsteifigkeit zur Baugrundsteifigkeit wird durch die Systemsteifigkeit $K$ ausgedrückt. Diese wird für Balken und Rechteckplatten näherungsweise aus der Gleichung

$$K = \frac{E \cdot d^3}{12 \cdot E_s \cdot b^3} \tag{4.04}$$

berechnet. Hierin ist:

$E$ Elastizitätsmodul des Fundaments (□ 4.12)

$E_s$ Steifemodul des Baugrunds (siehe Dörken / Dehne, Teil 1)

$b$ Abmessung des Fundaments in Richtung der untersuchten Biegeachse

$d$ Dicke des Balkens / der Platte

□ 4.12: Rechenwerte des Elastizitätsmoduls a) alte und b) neue Bezeichnung

| | | | | | | | | |
|---|---|---|---|---|---|---|---|---|
| a) | Beton | B 10 | B 15 | B 25 | B 35 | B 45 | B 55 | |
| | E [MN/m²] | 22 000 | 26 000 | 30 000 | 34 000 | 37 000 | 39 000 | |
| b) | Beton | C 20/25 | C 25/30 | C 30/37 | C 35/45 | C 40/50 | C 45/55 | C 50/60 |
| | E [MN/m²] | 29 000 | 30 500 | 32 000 | 33 500 | 35 000 | 36 000 | 37 000 |

Folgende Bezeichnungen sind für die Systemsteifigkeit üblich (□ 4.13):

$K = 0$ : vollkommen schlaff

$0 < K \leq 0{,}1$ : biegsam

$K > 0{,}1$ : quasi starr

□ 4.13: Beispiel 34: Systemsteifigkeit $K$ von Gründungsplatten

***Geg.:*** *Stahlbetonplatte (B25)*

*Breite: 12 m; Dicke: a) 0,2 m; b) 0,5 m; c) 2,0 m*

*Baugrund*

*1) Sand, dicht; $E_s$ = 300 MN/m²*
*2) Ton, weich; $E_s$ = 2 MN/m²*

***Ges.:*** *Systemsteifigkeit für alle Kombinationen*

***Lösung:*** *z.B. Kombination a/1* $K = \frac{30000 \cdot 0{,}2^3}{12 \cdot 300 \cdot 12^3} = 0{,}00004 = 4 \cdot 10^{-5}$

*Zusammenstellung und Beurteilung:*

| *Plattendicke [m]* | *Sand* | *Beurteilung* | *Ton* | *Beurteilung* |
|---|---|---|---|---|
| *0,2* | $4 \cdot 10^{-5}$ | *praktisch schlaff* | $6 \cdot 10^{-3}$ | *biegsam* |
| *0,5* | $6 \cdot 10^{-4}$ | *praktisch schlaff* | *0,25* | *starr* |
| *2,0* | $4 \cdot 10^{-2}$ | *biegsam* | *5,80* | *starr* |

Bei biegsamen Gründungskörpern konzentrieren sich die Sohlspannungen - je nach Steifigkeit des Baugrunds - mehr oder weniger stark unter den Lasteintragungsbereichen (Stützen, Wänden). Je größer die Steifigkeit des Baugrunds ist, desto größer wird auch die Spannungskonzentration.

Bei weichem Baugrund dagegen gleichen sich die Spannungsunterschiede weitgehend aus (□ 4.14). Gedankenmodell: gleichmäßiger Wasserdruck auf

□ 4.14: Beispiel: SDV unter einem Fundament von geringerer Steifigkeit auf a) weichem, b) festem Baugrund

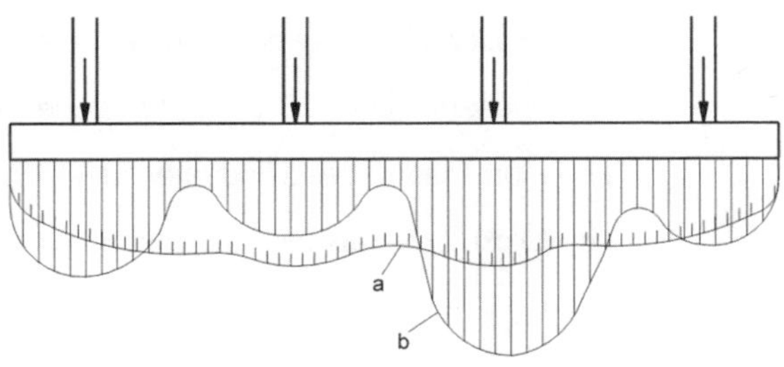

einen Schwimmkörper im Wasser.

Daraus ergeben sich manchmal interessante Wechselwirkungen zwischen Bauwerk und Baugrund: wenn z. B. eine biegsame Platte auf tragfähigem Baugrund liegt, konzentrieren sich die Sohlspannungen unter den Lasteintragungsstellen. Da diese Stellen die Auflager der Platte bilden, hat diese ungleichmäßige SDV eine Verringerung der Biegemomente zur Folge. Aus diesem Grund kann der Plattenquerschnitt vermindert werden, woraus schließlich eine größere Biegsamkeit der Platte resultiert (Széchy 1965). ⇒ DIN 4018.

### 4.2.2 Art und Größe der Belastung

Die SDV hängt - außer von den Gleichgewichtsbedingungen und der Steifigkeit - von der Art und Größe der Belastung ab.

**Art der Belastung**

Unter Art der Belastung wird hier verstanden, ob es sich um eine Flächen-, Linien- oder Einzellast handelt und ob diese mittig oder ausmittig angreift.

Bei einem schlaffen Gründungskörper ist die SDV unter einer Flächenlast spiegelbildlich zu dieser (□ 4.15). Linien- und Einzellasten erzeugen (theoretisch unendlich) große Spannungen, weil keine Lastverteilung möglich ist (□ 4.16). Bei ausmittiger Belastung verschieben sich die Sohlspannungen zur Lastseite hin (□ 4.11).

□ 4.15: Beispiel: SDV unter einer Flächenlast: a) schlaffer, b) starrer Gründungs-körper

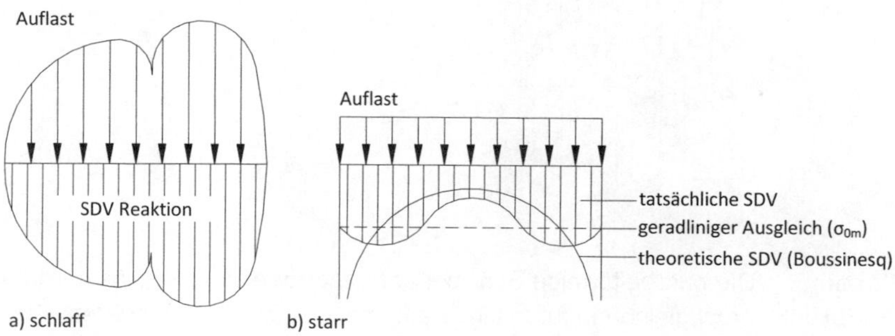


**Größe der Belastung**

Ebenfalls stark hängt die SDV von der Größe der Belastung und damit von dem Verhältnis der vorhandenen Last $V_k$ zur Grundbruchlast $R_{V,k}$ ab (□ 4.17): Unter einem starren Streifenfundament ist die SDV bei kleinen Lasten ausgeprägt sattelförmig (sie ist - von oben gesehen - konvex).

Mit zunehmender Last verlagern sich die Spannungen immer mehr vom Rand zur Mitte hin (am Rand weicht der Boden durch Auftreten von plastischen Bereichen zur Seite aus). Wenn der Grundbruch eintritt, hat die SDV die Form einer Parabel - sie ist von oben gesehen - konkav.

□ 4.16: Beispiel: SDV unter einer Linien- oder Einzellast; schlaffer oder starrer Gründungskörper

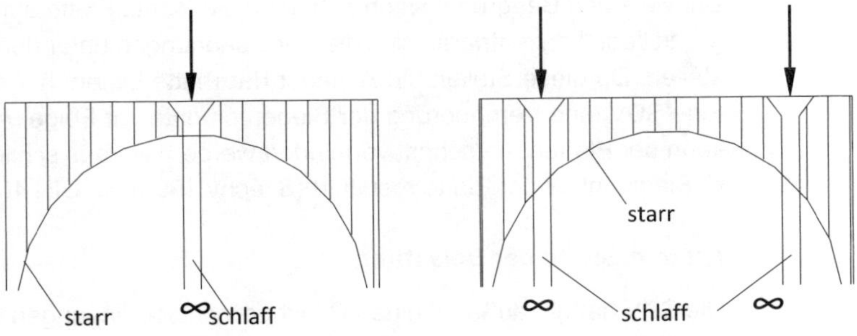


□ 4.17: Beispiel: Abhängigkeit der SDV von der Größe der Last

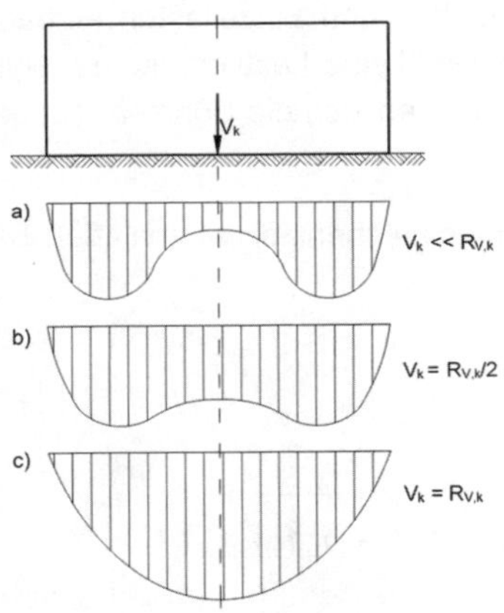


□ 4.18: Beispiel: SDV beim Grundbruch

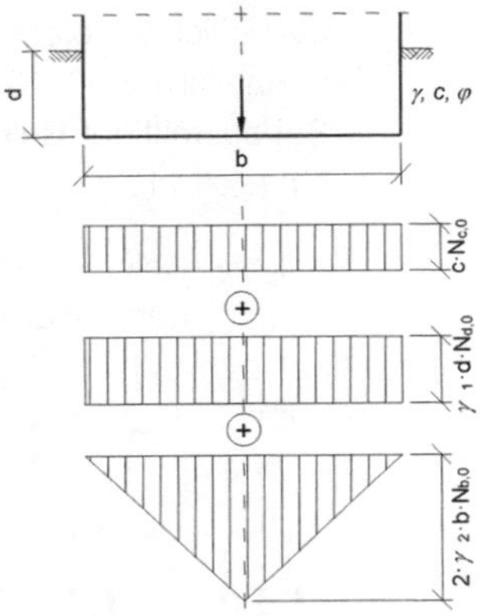


**SDV beim Grundbruch** Die parabelförmige SDV bei der Lastgröße $V_k = R_{V,k}$ lässt sich mit der Grundbruchgleichung für mittige Last (siehe Abschnitt 2) erklären: Die Sohlspannungen aus Kohäsions- und Tiefenanteil sind unabhängig von der Gründungsbreite und deshalb gleichmäßig (rechteckförmig) verteilt. Der Breitenanteil nimmt nach der Grundbruchgleichung linear mit der Gründungsbreite zu. Die Sohldruckfigur aus dem Breitenanteil ist also dreieckförmig (□ 4.18). Rundet man die gesamte Sohldruckfigur aus, so ergibt sich die gleiche Parabel wie in □ 4.17 c.

**SDV nach Schultze** Das genaueste Verfahren zur Ermittlung der SDV starrer Streifenfundamente hat Schultze (Smoltczyk 1990) durch Kombination der SDV nach Boussinesq (für den elastischen Bereich, □ 4.10) und der SDV beim Grundbruch (für den plastischen Bereich □ 4.18) entwickelt (□ 4.19). Die Sohldruckfigur von

Schultze für den elasto-plastischen Bereich wird durch Ergebnisse von Sohldruckmessungen bestätigt.

### 4.2.3 Baugrundeigenschaften

Die Abhängigkeit der SDV von den Baugrundeigenschaften zeigt sich deutlich an den Sohldruckfiguren von Schultze (□ 4.19): bei nichtbindigem Boden hat der Breitenanteil der Sohldruckfigur eine steilere Neigung als bei bindigem Boden, weil der Reibungswinkel und damit der Tragfähigkeitsbeiwert für Reibung größer ist. Bei bindigem Boden hat die Sohldruckfigur (durch den Kohäsionsanteil) eine Randordinate auch in dem Fall, dass die Einbindetiefe Null ist.

□ 4.19: Beispiel: SDV für starre Streifenfundamente nach Schultze (aus Rübener/Stiegler 1982)

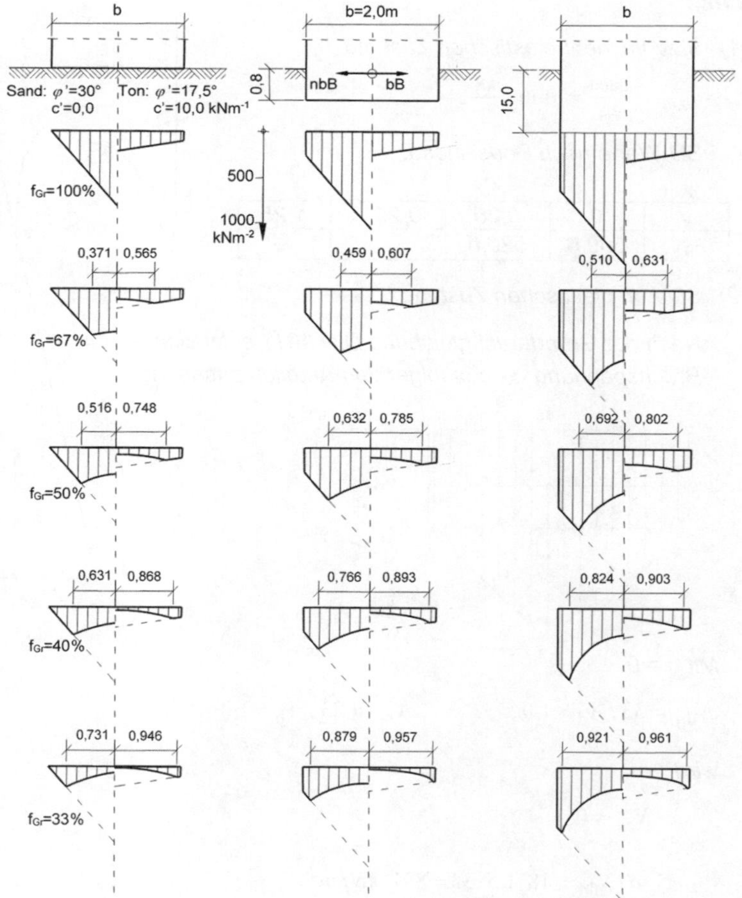

### 4.2.4 Form des Fundaments

Je nach Form des Fundaments (Streifen, Rechteck, Quadrat oder Kreis) ist die SDV axialsymmetrisch oder mehr zentralsymmetrisch.
⇒ Zahlenbeispiel: (□ 4.20).

□ 4.20: Beispiel 35: Sohldruckverteilung für den elasto-plastischen Fall (Schultze)

***Geg.:*** *Mittig belastetes Streifenfundament.*

*Baugrund: Sand; $\gamma$ = 18 kN/m³;*
*$\varphi'$ = 35°.*

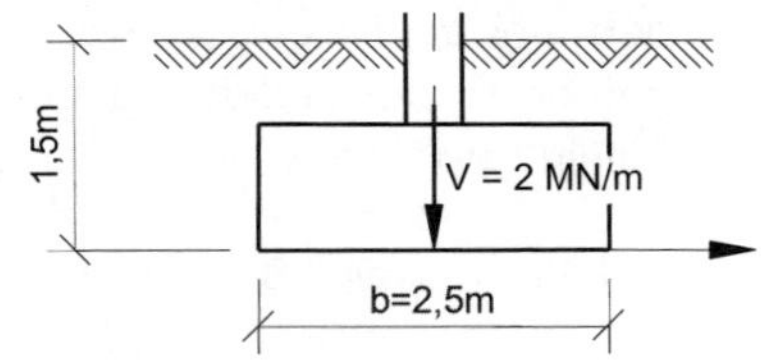


***Ges.:*** *Sohldruckverteilung unter Berücksichtigung des elasto-plastischen Baugrundverhaltens.*

***Lösung:***

*1) SDV im ideal-elastischen Zustand*

$$\sigma_{0,m} = \frac{2000}{2,5} = 800 \quad \frac{kN}{m^2}$$

*SD-Werte nach Boussinesq:*

| *y* | *0* | *0,25* | *0,25* | | *1,25* |
|---|---|---|---|---|---|
| *$\sigma_{0(y)}$* | *509,6* | *520,0* | | | *$\infty$* |

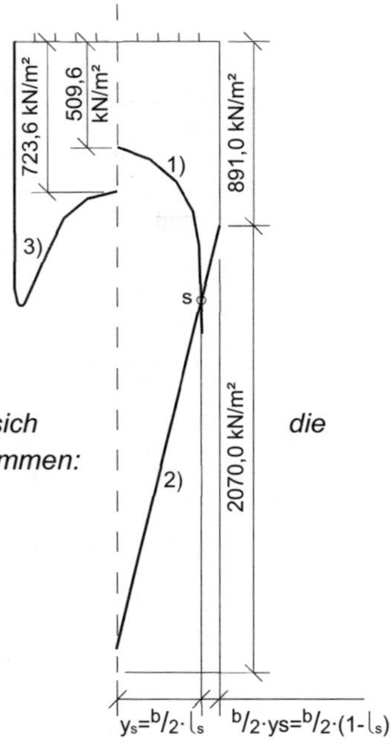


*2) SDV im plastischen Zustand*

*Nach der Grundbruchgleichung DIN 4017 setzt sich* die *Bruchspannung $\sigma_{0f}$ aus folgenden Anteilen zusammen:*

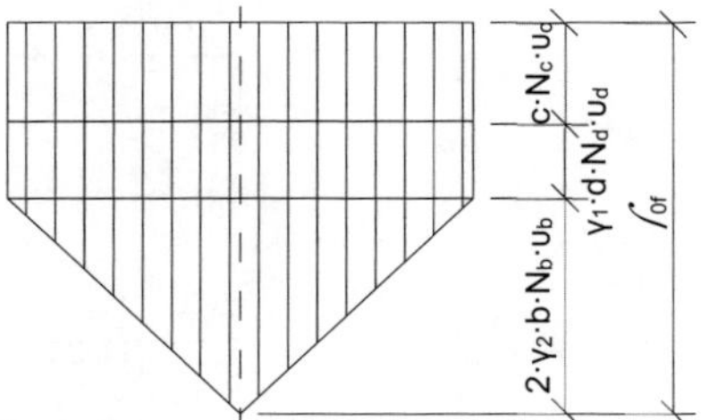


*Mit c = 0*

$N_{d_0} = 33$; $\nu_d = 1{,}0$; $\qquad N_{b_0} = 23$; $\nu_b = 1{,}0$

*wird*

$$c \cdot N_{c_0} = 0$$

$$\gamma_1 \cdot d \cdot N_{d_0} = 18 \cdot 1{,}5 \cdot 33 = 891 \ kN/m^2$$

$$2 \cdot \gamma_2 \cdot b \cdot N_{b_0} = 2 \cdot 18 \cdot 2{,}5 \cdot 23 = 2070 \ kN/m^2$$

□ 4.20: Fortsetzung Beispiel 35: Sohldruckverteilung für den elasto-plastischen Fall (Schultze)

*3) SDV im elasto-plastischen Zustand*

*Durch Gleichsetzen der Beziehungen für den ideal-elastischen und den plastischen Zustand erhält man im Abstand* $y_s = \frac{b}{2} \cdot \xi_s$ *die Schnittstelle S, bei der die (theoretisch) hohen Randspannungen durch das plastische Verhalten des Baugrunds im Bruchzustand begrenzt werden.*

*Um die Gleichgewichtsbedingung* $\sum V = 0$ *zu erfüllen, muss der mittlere Bereich um den Anteil der wegfallenden Randspannungen „aufgefüllt" werden.*

*Dies geschieht analytisch durch Berechnung einer Ersatzlast* $\bar{V}$ *:*

$$\frac{2\bar{V}}{\pi \;\; b \;\; \sqrt{1-\xi_s^2}} = c \cdot N_{c_0} + \gamma_1 \cdot d \cdot N_{d_0} + 2\gamma_2 \cdot b \cdot N_{b_0}(1 - \xi_s). \qquad (a)$$

*Für die weitere Berechnung wird die halbe Fundamentseite betrachtet:*

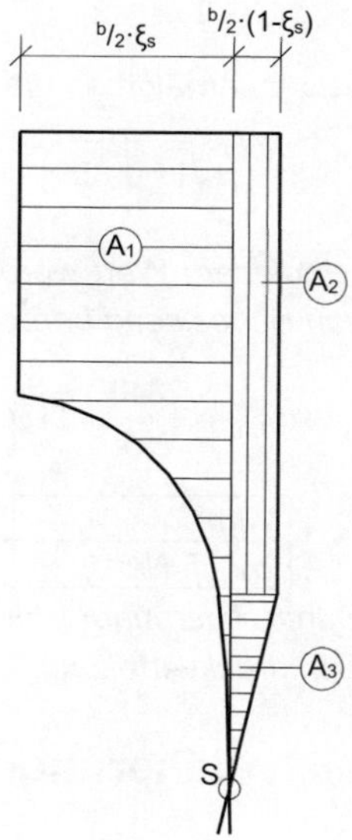


$$\frac{V}{2} = A_1 + A_2 + A_3$$

$$= \frac{\bar{V}}{\pi}\int_0^{\xi_s} \frac{d_\xi}{\sqrt{1-\xi^2}} + \frac{b}{2} \;\; (1-\xi_s) \;\; \left(c \cdot N_{c_0} + \gamma_1 \cdot d \cdot N_{d_0}\right) +$$

$$+ \frac{b^2}{2}(1-\xi_s)^2 \gamma_2 \cdot N_{b_0} \qquad (b)$$

*Mit den Konstanten*

$$B = \frac{b}{2}\left(c \cdot N_{c0} + \gamma_1 \cdot d \cdot N_{d0}\right); \; C = \frac{b^2}{2} \cdot \gamma_2 \cdot N_{b0}$$

*und der Lösung*

$$\int_0^{\xi_s} \frac{d_\xi}{\sqrt{1-\xi^2}} = \arcsin \xi_s$$

*schreibt sich (a):*

$$\frac{\bar{V}}{\pi} = \sqrt{1-\xi_s^2}\left[B + 2C \;\; (1-\xi_s)\right] \qquad (c)$$

*und (b):*

$$\frac{V}{2} = \frac{\bar{V}}{\pi} \cdot \arcsin \xi_s + B \;\; (1-\xi_s) + C \;\; (1-\xi_s)^2 \qquad (d)$$

*(c) in (d):*

$$\frac{V}{2} = B \;\; \left[\sqrt{1-\xi_s^2} \cdot \arcsin \xi_s + (1-\xi_s)\right] + C \;\; \left[2\sqrt{1-\xi_s^2} \cdot \arcsin \xi_s (1-\xi_s) + (1-\xi_s)^2\right] \qquad (e)$$

□ 4.20: Fortsetzung Beispiel 35: Sohldruckverteilung für den elasto-plastischen Fall (Schultze)

*Mit den Zahlen des Beispiels:*

$$B = \frac{2,5}{2}(0 + 18 \cdot 1,5 \cdot 33) = 1113,8\,; \qquad C = \frac{2,5^2}{2} \cdot 18 \cdot 23 = 1293,8$$

*wird (e):*

$$\frac{2000}{2} = 1113,8 \left[\sqrt{1-\xi_s^2} \cdot arcsin\,\xi_s + (1-\xi_s)\right] + 1293,8 \left[2\sqrt{1-\xi_s^2} \cdot arcsin\,\xi_s\,(1-\xi_s) + (1-\xi_s)^2\right]$$

*Mit der Lösung* $\xi_s = 0,82$ *ergibt sich die Schnittstelle S bei:*

$$y_s = \frac{2,5}{2} \cdot 0,82 = 1,025 \;\; m$$

*Aus (c) erhält man die Ersatzlast*

$$\bar{V} = \pi\sqrt{1-0,82^2}\left[1113,8 + 2 \cdot 1293,8 \;\; (1-0,82)\right] = 2840 \;\; kN/m$$

*Mit diesem Wert werden die verbesserten Ordinaten der SDV nach der Gleichung von Boussinesq berechnet und aufgetragen.*

$$\sigma_{0,m} = \frac{2840}{2,5} = 1136 \;\; kN/m$$

| *y [m]* | *0* | *0,25* | *0,50* | *0,75* | *1,00* | *1,025* |
|---|---|---|---|---|---|---|
| $\sigma_{0(y)}$ *[kN/m²]* | *723,6* | *738,4* | *788,4* | *905,4* | *1201,9* | *1293,2* |

*Durch Ausrunden des gebrochenen Linienzugs erhält man in guter Näherung die Sohldruckverteilung.*

## 4.3 Näherungen

Da die Berechnung der elasto-plastischen SDV aufwändig ist, wurden Näherungen vorgeschlagen.

Die Näherungen von Siemonsen und Schäfer (□ 4.21) berücksichtigen zwar die Lastgröße, aber nicht die Baugrundeigenschaften.

Da sich die SDV bei gleicher Lastgröße beträchtlich mit den Baugrundeigenschaften ändert (siehe Abschnitt 4.2.3), schlägt Leonhardt (Betonkalender, verschiedene Jahrgänge) für nichtbindige und bindige Böden zwei verschiedene Sohldruckfiguren für nichtbindigen und bindigen Boden vor, nach denen die Bemessungsmomente für Streifenfundamente berechnet werden können (□ 4.22). Näherungsansätze für die Bemessung: siehe Abschnitt 5.

□ 4.21: Beispiele: Näherung für elasto-plastische SDV von a) Siemonsen und b) Schäfer

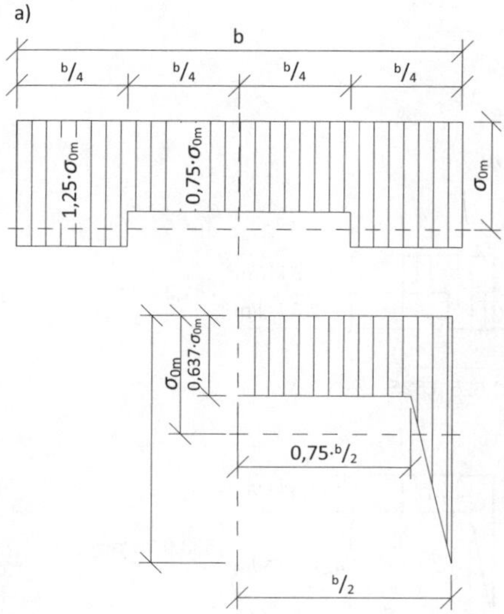


□ 4.22: Biegemomente von Streifenfundamenten (nach Leonhardt) auf
a) nichtbindigem Boden und Fels,
b) bindigem Boden

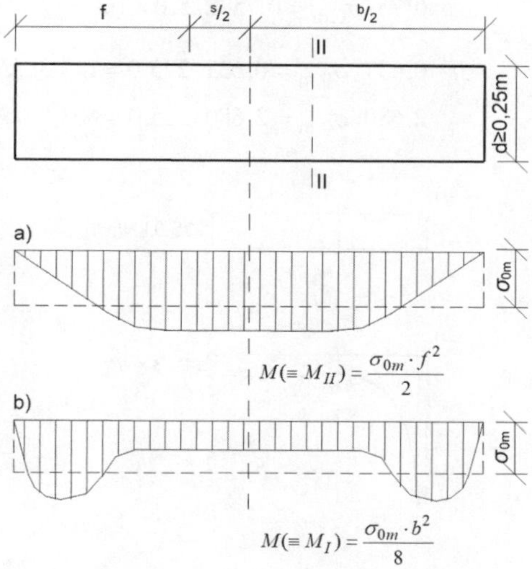


□ 4.23: Beispiel 36: Streifenfundament: Berechnung der Biegemomente für verschiedene Näherungen der SDV

***Geg.**: das mittig belastete Streifenfundament aus Stahlbeton*

***Ges.**: 1. Sohldruckverteilung nach*

*a) einfacher Annahme*

*b) Boussinesq*

*c) Siemonsen*

*d) Schäfer*

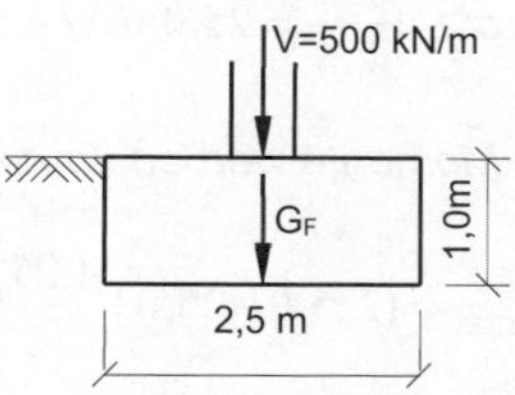


*2. Maximalmomente für die Ansätze a) bis d)*

***Lösung:***

***zu 1: Sohldruckverteilung***

*Fundamenteigenlast:* $G_F = 25 \cdot 2,5 \cdot 1,0 = 62,5 \;\; kN/m$

*a)* $\sigma_{0,m} = \dfrac{500 + 62,5}{2,5} = 225,0 \;\; kN/m^2$

*b)*

| $y$ | [m] | 0 | 0,25 | 0,5 | 0,75 | 1,0 | 1,25 |
|---|---|---|---|---|---|---|---|
| $\frac{2y}{b}$ | [-] | 0 | 0,2 | 0,4 | 0,6 | 0,8 | 1,0 |
| $\sigma_{0(y)}$ | [kN/m²] | 143,3 | 146,3 | 156,2 | 179,3 | 238,1 | $\infty$ |

□ 4.23: Fortsetzung Beispiel 36: Streifenfundament: Berechnung der Biegemomente für verschiedene Näherungen der SDV

*c)* $1{,}25 \cdot \sigma_{0,\mathrm{m}} = 1{,}25 \cdot 225{,}0 = 281{,}3 \ kN/m^2$

$0{,}75 \cdot \sigma_{0,\mathrm{m}} = 0{,}75 \cdot 225{,}0 = 168{,}8 \ kN/m^2$

*d)* $0{,}637 \cdot \sigma_{0,\mathrm{m}} = 0{,}637 \cdot 225{,}0 = 143{,}3 \ kN/m^2$

$2{,}680 \cdot \sigma_{0,\mathrm{m}} = 2{,}680 \cdot 225{,}0 = 603{,}0 \ kN/m^2$

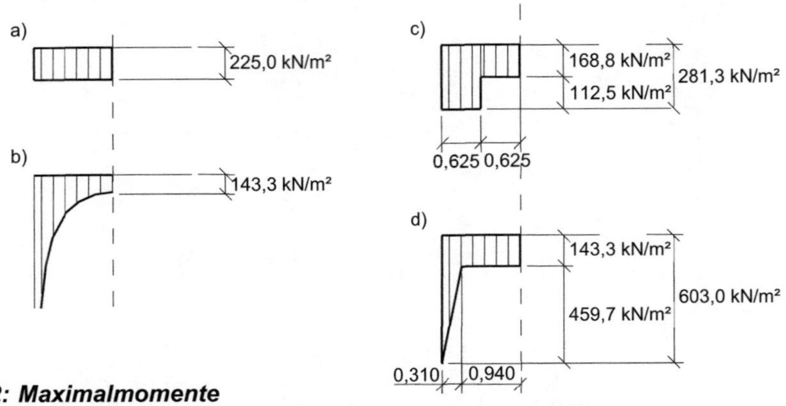


***zu 2: Maximalmomente***

***Anmerkung:*** *Da die Fundamenteigenlast selbst kein Biegemoment erzeugt, verringert sich $\sigma_{0,m}$ um den Anteil:*

$$\sigma_0^g = \frac{62{,}5}{2{,}5} = 25{,}0 \ kN/m^2$$

*Die Momente werden für die Fundamentmitte berechnet.*

*a)* $M_{\max} = (225{,}0 - 25{,}0) \cdot \frac{1{,}25^2}{2} = 156{,}3 \ kNm/m$

*b) An der Stelle y = 0 wird der Tabellenwert $i_M$ = 0,637*

$$\Rightarrow M_{\max} = i_M \cdot \left(\frac{b}{2}\right)^2 \cdot \sigma_{0,\mathrm{m}} = 0{,}637 \cdot 1{,}25^2 (225{,}0 - 25{,}0) = 199{,}1 \ kNm/m$$

*c)* $M_{\max} = (281{,}3 - 25{,}0) \cdot 0{,}625 \cdot \left(0{,}625 + \frac{0{,}625}{2}\right) + (168{,}8 - 25{,}0) \cdot \frac{0{,}625^2}{2} = 178{,}3 \ kNm/m$

*d)* $M_{\max} = (143{,}3 - 25{,}0) \cdot \frac{1{,}25^2}{2} + 459{,}7 \cdot \frac{1}{2} \cdot 0{,}31 \left(0{,}94 + \frac{2 \cdot 0{,}31}{3}\right) = 173{,}9 \ kNm/m$

## 4.4 Kontrollfragen

- Sohlspannungen? Arten?
- Sohldruckverteilungen („Sohldruck")?
- Wie erhält man die Größe des Sohldrucks?
- Sohldruckverteilung / Sohldruckfigur?
- „Einfache Annahme" für die SDV? Wovon hängt sie allein ab?
- Berechnung des Sohldrucks bei unsymmetrischen Fundamentflächen?
- Geradlinig begrenzte SDV bei mittiger / wachsender ausmittiger Belastung? Skizzen mit Ordinaten. Angaben!
- Wann darf mit der „einfachen Annahme" für die SDV gerechnet / nicht gerechnet werden?
- Ersatzrechteck bei unregelmäßig begrenzter Sohl-fläche?
- Geradlinig begrenzte Sohldruckfigur bei doppelter Ausmittigkeit? Möglichkeiten der Berechnung?
- Wie sieht die genauere SDV aus? Von welchen Einflüssen hängt sie ab?
- Welches sind die beiden wichtigsten Einflussfaktoren, die auch bei allen anderen Berechnungsarten eine Rolle spielen?
- Welche Formen der Steifigkeit von Fundamenten werden unterschieden?
- Aus welchen Anteilen setzt sich die Bauwerkssteifigkeit zusammen?
- Gedankenmodelle für ein schlaffes Fundament?
- Zeichnen Sie a) Setzungsmulde, b) SDV für ein mittig belastetes schlaffes / starres Streifenfundament, und erläutern Sie die Zusammenhänge!
- Annahmen und Sohldruckfigur von Boussinesq für ein starres Streifenfundament? Skizze!
- "Korrigierte" SDV nach Boussinesq (elasto -plastische SDV)?
- Biegsamkeit des Fundaments in Abhängigkeit von der Fundamentform und -größe?
- Systemsteifigkeit? Wovon hängt sie ab?
- Was bedeutet K = 0 / K = 0,1?
- Ein 0,8 m dickes und 2 m breites Streifenfundament liegt einmal auf einem weichen, einmal auf einem festen Baugrund. Unterschied der Systemsteifigkeit?
- Spannungskonzentration unter den Wänden bei festem / weichem Baugrund? Skizze!
- Zeichnen Sie die SDV für ein schlaffes und ein starres Fundament unter einer a) Flächenlast, b) Linienlast,

c) bei ausmittiger Belastung.

- Gegeben: Drei 2 Meter breite Streifenfundamente auf Lehm. Fundament 1: Flächenlast; Fundament 2: Linienlast in Fundamentmitte; Fundament 3: 2 Linienlasten jeweils 0,3 m von den Fundamenträndern entfernt. Gesucht: Skizzen der SDV für den Fall a) schlaffes, b) für den Fall starres Fundament.
- Der Einfluss der Lastgröße auf die SDV unter einem starren Streifenfundament ist zeichnerisch darzustellen und zu erläutern.

- Erklären Sie den parabelförmigen Verlauf der SDV beim Grundbruch a) mit Hilfe der Veränderung der elasto-plastischen SDV bei steigender Last, b) mit Hilfe der Grundbruchgleichung für mittige Belastung.
- Zeichnen Sie die SDV unter einem starren Streifen-fundament, und erläutern Sie daran die Grundbruch-gleichung für mittige Belastung.
- Die Abhängigkeit der elasto - plastischen SDV von der Lastgröße und von der Bodenart (Verfahren von Schultze) ist anhand von Skizzen darzustellen und zu erläutern.
- Wie wirkt sich die Bodenart (nichtbindiger Boden / bindiger Boden) auf die SDV unter einem starren Streifenfundament aus?
- Einfluss der Fundamentform?
- Näherungen von Siemonsen und Schäfer für die elasto - plastische SDV?
- Näherung nach Leonhardt für die Berechnung des Bemessungsmoments eines Streifenfundaments? Warum ist sie für nichtbindigen Boden und bindigen Boden unterschiedlich?

## 4.5 Aufgaben

4.5.1 Durch die Bauwerkslast entsteht in der Sohlfuge die ...1.... Ihre Größe kann mit Hilfe der ...2... berechnet werden. Ihre Verteilung hängt vor allem ab von den ...3... und der ...4... , aber auch von ...5,6,7... und ...8... . Die SDV hat einen großen Einfluss auf die ...9... . Daher muss sie für die Berechnung der inneren ...10... bekannt sein.

4.5.2 Geg.: Rechteckquerschnitt $b$ = 9 m, $d$ = 0,5 m. Schluff $E_s$ = 8 MN/m², Beton B 25.

Ges.: a) Systemsteifigkeit $K$ und deren Bezeichnung. b) Wie dick müsste ein "quasi starrer" Querschnitt der gleichen Breite mindestens sein?

4.5..3 Geg.: Rechteckplatte, $b$ = 7 m, Beton B 15, a) $d$ = 20 cm; b) $d$ = 50 cm; c) $d$ = 200 cm. Baugrund: 1) dichter Sand, $E_s$ = 200 MN/m²; 2) weicher Ton, $E_s$ = 2 MN/m².

Ges.: Systemsteifigkeit und Bezeichnung der Steifigkeit für alle angegebenen Kombinationen.

4.5.4 Ein Fundament mit geringer Steifigkeit wird in folgendem Baugrund gegründet: a) dichter Kiessand, b) lockerer Mittelsand, c) weicher Schluff. Bei welchen Baugrundverhältnissen kann man das Fundament als schlaff, starr oder biegsam bezeichnen?

4.5.5 Die maximale Randspannung eines Streifenfundaments bei geradlinig begrenzter SDV und klaffender Fuge beträgt 2 $V$/3 c. Ableitung?

4.5.6 Skizzieren Sie die geradlinig begrenzte SDV, die zur maximal zulässigen Ausmittigkeit nach DIN 1054 gehört, und zwar a) für ständige Last, b) für Gesamtlast.

4.5.7 a) Wie heißt die Gleichung für die Randspannungen ("einfache Annahme") für den Fall, dass die Resultierende im Kern angreift? b) Warum gilt diese Gleichung außerhalb des Kerns nicht?

4.5.8 Bei welchen Berechnungen darf man z. B. eine geradlinig begrenzte Sohlspannungsfigur annehmen?

## 4.6 Weitere Beispiele

□ 4.24: Beispiel 36: Geradlinig begrenzte SDV: Einzelfundament mit Sohlwasserdruck

***Geg.:*** *Stahlbetonfundament*

*(a = b = 2,0 m; d = 1,0 m) unter der quadratischen Stütze einer Seeuferstraße.*

***Ges.:*** *Geradlinig begrenzte Sohldruckfigur.*

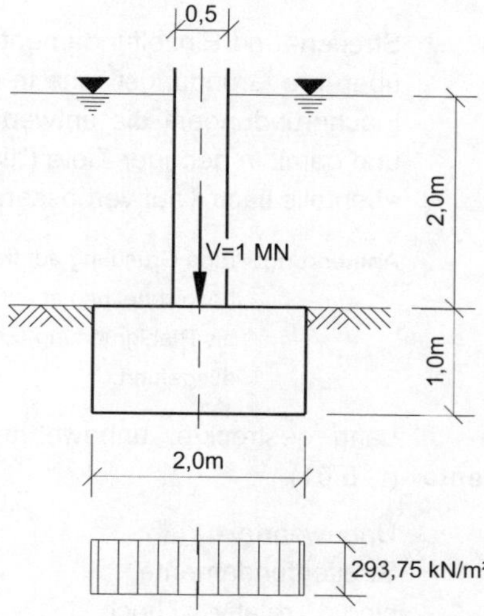


***Lösung:***

*Fundamenteigenlast:*

$$G_F = 25 \cdot 2{,}0^2 \cdot 1{,}0 = 100 \;\; kN$$

*Sohlwasserdruckkraft:*

$$D = \gamma_W \cdot h_W \cdot a \cdot b = 10 \cdot 3{,}0 \cdot 2{,}0^2 = 120 \;\; kN$$

*Auftriebskraft:*

*Gewichtskraft der vom Baukörper verdrängten Wassermenge:*

$$F_A = 10 \;\; \left(2{,}0^2 \cdot 1{,}0 + 0{,}5^2 \cdot 2{,}0\right) = 45 \;\; kN$$

*Die Auftriebskraft ist in diesem Fall nicht gleich der Sohlwasserdruckkraft:*

*Die Differenz entspricht der auf dem Fundament wirkenden Wasserlast $G_W$:*

$$G_W = 10 \;\; \left(2{,}0^2 - 0{,}5^2\right) 2{,}0 = 75 \;\; kN \, .$$

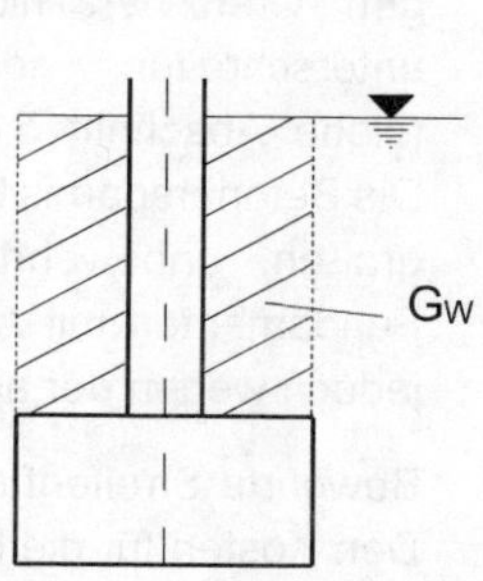


*Somit wird in Höhe der Fundamentsohle:*

$$\sum V = V + G_W + G_F = 1000 + 75 + 100 = 1175 \;\; kN$$

*und*

$$\sigma_{0,m} = \frac{1175}{2{,}0^2} = 293{,}75 \;\; kN/m^2$$

# 5 Streifen- und Einzelfundamente

## 5.1 Grundlagen

**Begriffe**

Streifen- und Einzelfundamente sind Flächengründungen, weil sie ihre Lasten über ihre Gründungsfläche in den Baugrund übertragen. Sie gehören zu den Flachgründungen, die entweder im tragfähigen Baugrund gegründet werden und damit in geringer Tiefe ("flach") unter der Geländeoberfläche liegen oder - ebenfalls flach - auf verbesserten Baugrund gesetzt werden.

**Anmerkung:** Eine Gründung auf tief liegendem tragfähigen Baugrund wird als Tiefgründung bezeichnet und ebenfalls als Flächengründung (z.B. in Form von Brunnen) oder als Pfahlgründung (Lastabtragung über Spitzenwiderstand und Mantelreibung) ausgeführt.

**Streifenfundamente**

Lang gestreckte, unbewehrte oder bewehrte Fundamente unter Wänden (□ 5.01).

□ 5.01: Beispiele: Streifen- und Einzelfundamente: a), b) unbewehrt, c), d), e) bewehrt

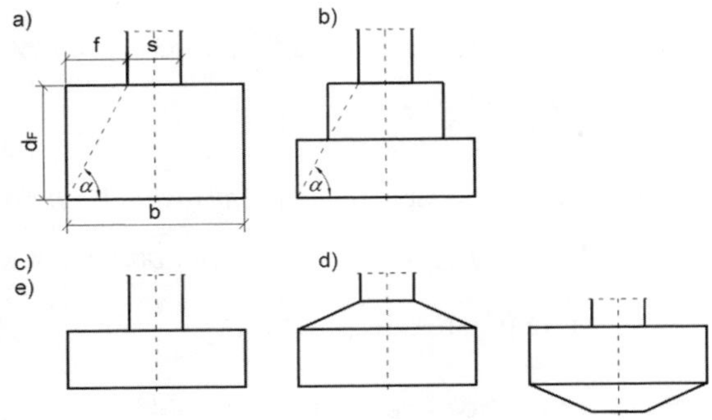


Unbewehrte Streifenfundamente sind relativ hoch (□ 5.01 a), weil das Verhältnis *d/f* wegen der Lastausbreitung im Beton und in Hinblick auf das Krag-moment einen zulässigen Grenzwert nicht unterschreiten darf (siehe Abschnitt 5.4). Die Betonersparnis bei großen, unbewehrten Fundamenten mit Abtreppung (□ 5.01 b) kann beträchtlich sein. Sie werden jedoch wegen der aufwändigen Einschalung selten ausgeführt (Abschnitt 5.4).

Bewehrte Streifenfundamente können wesentlich flacher ausgebildet werden. Den Kosten für die Bewehrung stehen Kosteneinsparungen beim Beton, beim Aushub und auch bei einer evtl. Wasserhaltung gegenüber. Wegen der einfacheren Ausführungen werden fast ausschließlich Rechteckquerschnitte ausgeführt (□ 5.01 c). Durch Abschrägen im oberen Fundamentteil (□ 5.01 d) kann Beton eingespart werden und das Sickerwasser auf dem Fundament besser abfließen. Schrägen im Sohlbereich (□ 5.01 e) wirken sich günstig auf die Zugspannungen, aber ungünstig auf die Grundbruchsicherheit aus.

**Einzelfundamente**

Gedrungene, unbewehrte oder bewehrte Fundamente unter Stützen mit den gleichen Querschnitten (□ 5.01) wie Streifenfundamente (⇒ Abschnitt 5.5).

**Gründungssohle** Aufstandsfläche von Flächengründungen auf dem Baugrund.

**Gründungstiefe** Senkrechter Abstand zwischen Geländeoberfläche bzw. Kellersohle und Gründungssohle.

**Sohlfläche** = Gründungssohle.

**Einbindetiefe** = Gründungstiefe.

**Mindesttiefe** Die Mindestgründungstiefe wird einmal dadurch festgelegt, dass die Gründungssohle frostfrei liegen muss: min $d \geq 0{,}8$ m, je nach Froststrenge des betreffenden Gebiets. Geringere Gründungstiefen sind nur bei Bauwerken untergeordneter Bedeutung (z.B. Einzelgaragen, Schuppen o. ä.) sowie bei Gründungen auf Fels zugelassen.

Zum anderen wird die Mindestgründungstiefe aufgrund der Forderung nach ausreichender Sicherheit gegen Grundbruch (siehe Abschnitt 2) bestimmt. (Daher müssen auch Fundamente in frostfreien Bereichen eine Mindesteinbindetiefe haben.)

**Herstellung** Bei standfestem Baugrund (z.B. bei bindigen Böden mit mindestens steifplastischer Konsistenz) wird die Baugrube bis zur Fundamentoberkante ausgeschachtet, von der Baugrubensohle aus ein Fundamentgraben ausgehoben und gegen "Erdschalung" betoniert. Bei nicht standfestem Baugrund (z.B. bei nichtbindigen oder weichen bindigen Böden) wird die Baugrube bis zur Fundamentunterkante ausgehoben, die Schalung aufgestellt (□ 5.02) und das Fundament betoniert.

□ 5.02: Beispiel: Fundamentschalung

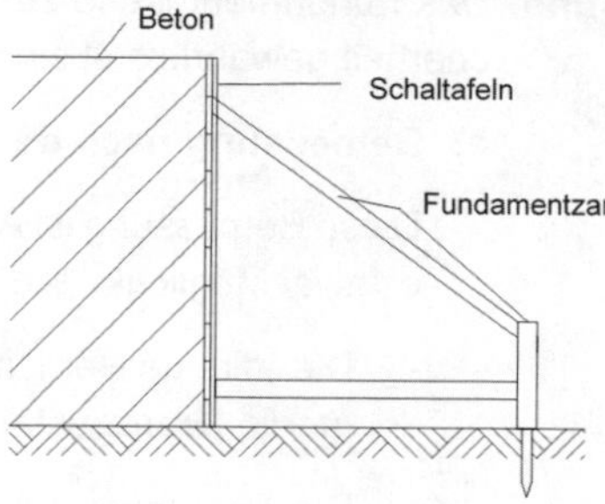


Der Baugrund in der Gründungssohle ist vor der Fundamentherstellung vor allen Einflüssen, die seine Eigenschaften verschlechtern können, zu schützen: Frost, Ausspülen, Aufweichen... Andernfalls sind aufgelockerte nichtbindige Bodenbereiche wieder zu verdichten und aufgeweichte bindige Bodenbereiche auszutauschen.

Bei bindigem Boden wird das Fundament auf eine kapillarbrechende Schicht aus Kiessand gesetzt. Eine Ausgleichsschicht aus Magerbeton verhindert Verschmutzungen des Betons und sichert bei bewehrten Fundamenten die Stahlüberdeckung (□ 5.03).

**Abstand** Um nachteilige gegenseitige Beeinflussungen benachbarter Fundamente gering zu halten, sollte ihr lichter Mindestabstand größer als die dreifache Breite des größeren Fundaments sein. Die Gründungstiefe von Nachbarfundamenten mit unterschiedlicher Gründungstiefe wird nach (□ 5.04) gewählt, damit das tiefer liegende Fundament keine maßgebliche Belastung aus dem höher liegenden erhält.

□ 5.03: Beispiel: Gründung auf bindigem Boden

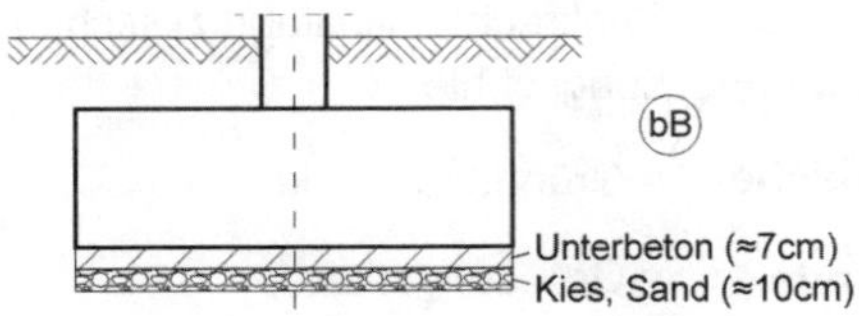


□ 5.04: Beispiel: Fundamente mit unterschiedlicher Gründungstiefe

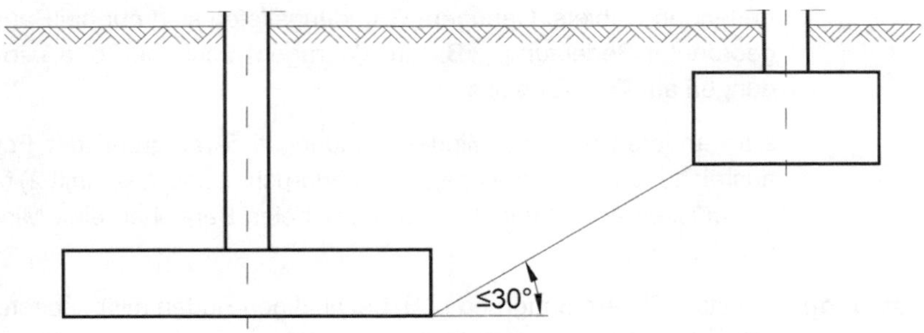


**Äußere und innere Standsicherheit**

Das Fundament ist so zu bemessen, dass die „äußere" und „innere" Standsicherheit gewährleistet sind.

**a) Bemessung nach der äußeren Standsicherheit:**

Diese Bemessung ist Aufgabe des Grundbaus (der Geotechnik). Hierfür gibt es zwei Möglichkeiten:

- Die „direkte Bemessung" (siehe Abschnitt 5.2) mit Hilfe der Nachweise für die Grenzzustände ULS und SLS (siehe Abschnitte 2 und 3).
- Die Bemessung in „einfachen Fällen" (Voraussetzungen hierfür siehe Abschnitt 5.3.2 durch Vergleich des einwirkenden und Bemessungswert des Sohlwiderstands $\sigma_{R,d}$ („Tabellenverfahren", siehe Abschnitt 5.3).

**b) Bemessung nach der inneren Standsicherheit:**

Unter Beachtung der zulässigen Spannungen der verwendeten Baustoffe (Beton und Stahl) sind die Fundamente konstruktiv so zu gestalten, dass die einwirkenden Kräfte und Momente schadlos aufgenommen werden können. Die Nachweise der inneren Standsicherheit (in Handbuch Eurocode 7, Band 1, Abschnitt 6.8 „Bemessung der Bauteile von Flächengründungen" genannt) sind Aufgaben der Statik und des Massivbaus (siehe Abschnitt 5.4 und 5.5).

## 5.2 Direkte Bemessung

**Anwendung** Die „Direkte Bemessung“ von Streifen- und Einzelfundamenten aufgrund der Nachweise für die Grenzzustände ULS und SLS (siehe Abschnitte 2 und 3) wird dann geführt, wenn die Voraussetzungen für „einfache Fälle / Regelfälle“, d.h. das „Tabellenverfahren“ nach Abschnitt 5.3.2 nicht gegeben sind. Sie ist vor allem bei wichtigen und stark belasteten Fundamenten zu empfehlen, weil sie zu wirtschaftlicheren Fundamentabmessungen führt als das „Tabellenverfahren“.

**Probebelastung** Der Zusammenhang zwischen Grundbruchwiderstand und Setzungen wird an einem Last-Setzungs-Diagramm aus einer Fundamentprobebelastung erläutert:

Bei wachsender Belastung eines Fundaments nimmt die Krümmung der Last-Setzungs-Linie immer mehr zu, um schließlich steil oder sogar senkrecht abzufallen. Dies bedeutet, dass jetzt der Grundbruchwiderstand (siehe Abschnitt 2) erreicht ist (□ 5.05).

□ 5.05: Beispiel: Last-Setzungs-Linie

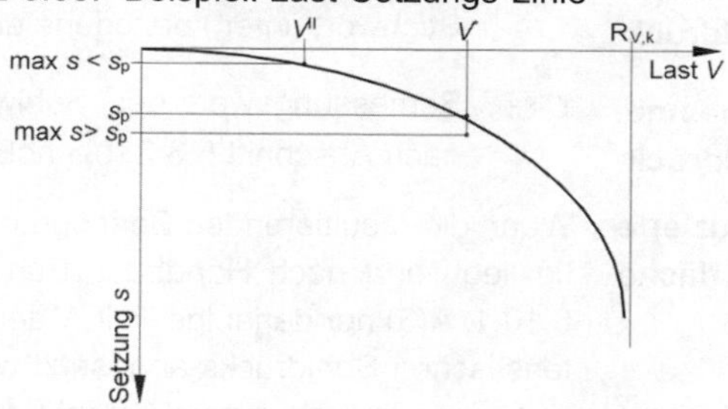


Zur Demonstration der Zusammenhänge wird hier auf das bis 2005 gültige Global-Sicherheitskonzept für die Ermittlung der Grundbruchsicherheit („$V_k < R_{v,k}/\eta_p$“ mit $\eta_p \approx \gamma_{R,v} \cdot (\gamma_G+\gamma_Q)/2$) zurückgegriffen: Durch Einführung der früher geforderten Sicherheit $\eta_p$ gegen diese Bruchlast $V_b = R_{V,k}$ erhält man die mögliche (charakteristische) Maximalbelastung des Fundaments in Hinblick auf den Grundbruchwiderstand $V' = V_b / \eta_p = R_{V,k} / \eta_p$ und die zugehörige Setzung $s_p$ (□ 5.05).

Ob die Belastung V' auch als zulässige Last $V_{zul}$ angesehen werden kann, hängt davon ab, welches Setzungsmaß $s_{max}$ für das Fundament zulässig ist (□ 5.05):

Ist $s_{max} < s_p$, so wird $V_{zul} = V''$. Dann wird die zulässige Last durch die zulässige Setzung und nicht durch die Sicherheit gegen Grundbruch bestimmt.

Ist dagegen $s_{max} > s_p$, so wird $V_{zul} = V'$. In diesem Fall wird die zulässige Last durch die Sicherheit gegen Grundbruch und nicht durch das zulässige Setzungsmaß bestimmt.

Mit den auf diese Weise erhaltenen Fundamentabmessungen werden die übrigen Standsicherheitsnachweise (siehe Abschnitt 1) geführt.

Berechnungsbeispiel: □ 5.31 sowie verschiedene weitere Beispiele in Abschnitt 7.

# 5.3 Vereinfachter Nachweis in Regelfällen („Tabellenverfahren“)

## 5.3.1 Einwirkender Sohldruck und Sohlwiderstand

Als Ersatz für die Nachweise für den Grenzzustand ULS und für den Grenzzustand SLS (Nachweis der Setzungen) (siehe Abschnitte 1 bis 3) kann nach Handbuch Eurocode 7, Band 1: DIN 1054, Abschnitt A 6.10 „Vereinfachter Nachweis in Regelfällen“ in einfachen Fällen (Voraussetzungen hierfür siehe Abschnitt 5.3.2) eine ausreichende Sicherheit gegen Grundbruch und die Gebrauchstauglichkeit der Setzungen als nachgewiesen angesehen werden, wenn folgende Bedingung erfüllt ist:

$$\sigma_{E,d} < \sigma_{R,d} \tag{5.01}$$

Dabei ist

**Einwirkend. Sohldruck** $\sigma_{E,d}$ Bemessungswert der auf die reduzierte Fundamentsohlfläche (siehe Stichwort unten) bezogene einwirkende Sohldruck

**Aufnehmb. Sohldruck** $\sigma_{R,d}$ Bemessungswert des Sohlwiderstandes („Aufnehmbarer Sohldruck“) nach Abschnitt 5.3.3 (bei nbB) bzw. Abschnitt 5.3.4 (bei bB).

**Reduzierte Sohlfläche** Wenn die resultierenden Beanspruchung in der Fundamentsohlfläche ausmittig liegt, darf nach Handbuch Eurocode 7, Band 1: DIN 1054, Abschnitt A 6.10.1, A(3) nur derjenige Teil *A'* der Sohlfläche bei der Ermittlung des charakteristischen Sohldrucks angesetzt werden, für den die Resultierende der Einwirkungen im Schwerpunkt steht („reduzierte Sohlfläche“). Bei Rechteckfundamenten mit den Seitenlängen *b* und *a* und den zugeordneten Ausmittigkeiten $e_x$ und $e_y$ ist das die Fläche *A' = a' · b'* (□ 5.06). Der aufnehmbare Sohldruck ist dann für die kleinere Seite *b'* zu ermitteln.

$$A' = b'_x \cdot b'_y = (b_x - 2 \cdot e_x) \cdot (b_y - 2 \cdot e_y) \tag{5.02}$$

□ 5.06: Ausmittige Belastung und Teilfläche A' (Handbuch Eurocode 7, Band 1: DIN 1054, Abschnitt A 6.10.1, A(3))

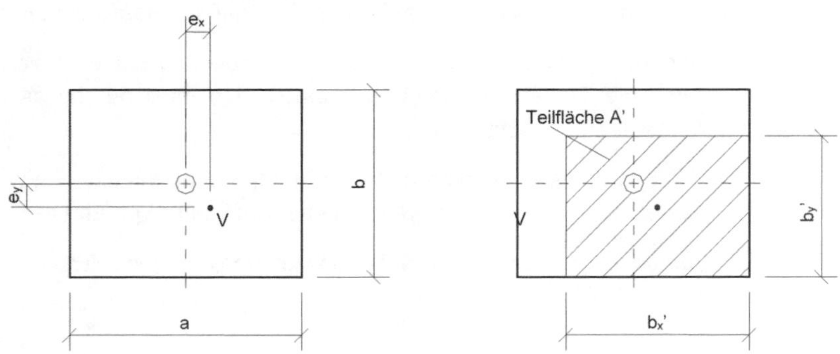

### 5.3.2 Voraussetzungen

Folgende Voraussetzungen müssen nach Handbuch Eurocode 7, Band 1: DIN 1054, Abschnitt A 6.10.1 erfüllt sein, damit die in Abschnitt 5.3.1 beschriebene Gegenüberstellung von einwirkendem Sohldruck und Sohlwiderstand zulässig ist:

**(1) Geländeoberfläche, Schichtgrenzen und Gründungstiefe**

Geländeoberfläche und Schichtgrenzen müssen annähernd waagerecht verlaufen.

Die Sohlfläche der Gründung dauernd genutzter Bauwerke muss nach Handbuch Eurocode 7, Band 1: DIN 1054, Abschnitt A 6.4, A(2) frostsicher sein. Dies bedeutet, dass der Abstand von der dem Frost ausgesetzten Fläche (in der Regel ist das der Außenbereich) bis zur Sohlfläche der Gründung mindestens 0,80 m betragen muss.

**(2) Baugrund**

a) Der Baugrund ist nach Handbuch Eurocode 7, Band 1, Abschnitt 6.4 (1) vor Erosion und Verringerung seiner Festigkeit durch Einwirkungen der Witterung, von strömendem Wasser und des Baubetriebs zu schützen.

b) Der Baugrund muss nach Handbuch Eurocode 7, Band 1: DIN 1054, Abschnitt A 6.10.1, A(1) bis in eine Tiefe unter der Gründungssohle, die der zweifachen Fundamentbreite entspricht ($z \geq 2b$), mindestens aber bis in 2,0 m Tiefe eine ausreichende Festigkeit aufweisen, d. h.

**für nbB:** die Anforderungen der Tabelle □ 5.07 müssen erfüllt sein und

**für bB:** der Boden muss mindestens eine steifplastische Konsistenz ($I_C \geq 0{,}75$) aufweisen.

□ 5.07 Voraussetzungen für die Anwendung der Werte für den Bemessungswert des Sohlwiderstands $\sigma_{R,d}$ nach der Tabelle □ 5.04 (A. 6.1 und A.6.2) bei nichtbindigem Boden (Tabelle A.6.3 aus Handbuch Eurocode 7, Band 1: DIN 1054, Abschnitt A 6.10.2.1)

| Bodengruppe nach DIN 18196 | Ungleichförmigkeitszahl nach DIN 18196 | Mittlere Lagerungsdichte nach DIN 18126 | Mittlerer Verdichtungsgrad nach DIN 18127 | Mittlerer Spitzenwiderstand der Drucksonde |
|---|---|---|---|---|
| | $C_U$ (alt: $U$) | $D$ | $D_{Pr}$ | $q_c$ [MN/m²] |
| SE, GE<br>SU, GU<br>GT | ≤ 3 | ≥ 0,30 | ≥ 95% | ≥ 7,5 |
| SE, SW<br>SI, GE<br>GW, GT<br>SU, GU | > 3 | ≥ 0,45 | ≥ 98 % | ≥ 7,5 |

**(3) Belastung**

a) Das Fundament darf nicht regelmäßig oder überwiegend dynamisch beansprucht werden.

b) In bindigen Schichten darf kein nennenswerter Porenwasserüberdruck entstehen wie er z. B. bei Fertigbauweise auftreten kann.

**Horizontale Kraft**

c) Die Neigung der Resultierenden in der Sohlfläche infolge charakteristischer Beanspruchung muss die Bedingung

$$\tan\delta = \frac{H_k}{V_k} \leq 0{,}2 \tag{5.03}$$

einhalten.

**ULS (EQU): Kippnachweis**

d) Beim Tragfähigkeitsnachweis (ULS) muss der Nachweis der Sicherheit gegen Gleichgewichtsverlust durch Kippen (EQU) in der Sohlfuge um den Drehpunkt D geführt sein (siehe auch Abschnitt 2.4):

$$M_{E,d}^{D} = (\sum M_{G,k,dst}^{D}) \cdot \gamma_{G,dst} + (\sum M_{Q,k,dst}^{D}) \cdot \gamma_{Q} \leq M_{R,d}^{D} = (\sum M_{G,k}^{D}) \cdot \gamma_{G,stb}$$

- $M_{E,d}^{D}$ das Bemessungsmoment $M_{E,d}$ um den Drehpunkt D aus einwirkenden („ungünstigen") ständigen (Index: *G,k*) und veränderlichen Einwirkungen (Index: *Q,k*)
- $\gamma_{G,dst}$ der Teilsicherheitsbeiwert für ungünstige ständige Einwirkungen im Grenzzustand EQU nach Tabelle □ 1.02 (Abschnitt 1);
- $\gamma_{Q}$ der Teilsicherheitsbeiwert für ungünstige veränderliche Einwirkungen im Grenzzustand EQU nach Tabelle □ 1.02 (Abschnitt 1);
- $M_{R,d}^{D}$ das Bemessungsmoment $M_{R,d}$ um den Drehpunkt D aus widerstehenden („haltenden" = „günstigen") ständigen Einwirkungen (Index: *G,k*)
- $\gamma_{G,stb}$ der Teilsicherheitsbeiwert für günstige ständige Einwirkungen im Grenzzustand EQU nach Tabelle □ 1.02 (Abschnitt 1).

**SLS (Lage der Resultierenden):**

**Nachweis Ausmitten**

Beim Gebrauchstauglichkeitsnachweis (SLS) nach Abschnitt 3.1 darf die Ausmittigkeit der Sohldruckresultierenden infolge

(i) ständiger charakteristischer Einwirkungen (*g*) keine klaffende Fuge hervorrufen, d. h.

- bei einfacher (einachsiger) Ausmittigkeit gilt: $e^{g} \leq \frac{b}{6}$ bzw. $e^{g} \leq \frac{a}{6}$

- bei doppelter (zweiachsiger) Ausmittigkeit gilt: $\frac{e_x}{a} + \frac{e_y}{b} \leq \frac{1}{6}$

(ii) aller charakteristischer Einwirkungen (*g* + *p;* ständig und veränderlich) maximal so groß werden, dass die halbe Fundamentfläche noch an der Lastabtragung beteiligt ist, d. h.

- bei einfacher (einachsiger) Ausmittigkeit gilt: $e^{g+p} \leq \frac{b}{3}$ bzw. $e^{g+p} \leq \frac{a}{3}$

- bei doppelter (zweiachsiger) Ausmittigkeit gilt:

$$\left(\frac{e_x}{a}\right)^2 + \left(\frac{e_y}{b}\right)^2 \leq \frac{1}{9}$$

**(4) Sonderbestimmung für nbB:**

**Grundwasser bei nbB** Liegt der Grundwasserspiegel über der Fundamentsohle, so muss die Einbindetiefe $d$ > 0,8 m und $d$ > $b$ $(b')$ sein (siehe Handbuch Eurocode 7, Band 1: DIN 1054, Abschnitt A 6.10.2.2, A(3)).

## 5.3.3 Nichtbindiger Boden (nbB)

### 5.3.3.1 Bemessungswert des Sohlwiderstands

**Tabellen** Nach Handbuch Eurocode 7, Band 1: DIN 1054, Abschnitt A 6.10.1 darf der Bemessungswert des Sohlwiderstands $\sigma_{R,d}$ für Streifenfundamente - unter den in Abschnitt 5.3.2 genannten Voraussetzungen und bei einem Boden mittlerer Festigkeit (siehe Tabelle □ 5.07) sowie bei senkrechter Richtung der Sohldruckbeanspruchung - aus □ 5.08 (Tabellen A.6.1 und A.6.2) in Abhängigkeit von der tatsächlichen Fundamentbreite $b$ bzw. von der reduzierten Fundamentbreite $b'$ (siehe Abschnitt 5.3.1) entnommen werden.

Die Werte der Tabelle □ 5.08 (A.6.1) wurden hierzu nach Grundbruchkriterien für setzungsunempfindliche Bauwerke ermittelt. Die Werte der Tabelle □ 5.08 (A.6.2) wurden dagegen bis 1,0 m Breite nach Grundbruchkriterien, für größere Breiten nach Setzungskriterien für setzungsempfindliche Bauwerke ermittelt.

**Zwischenwerte** Bei den Tabellen □ 5.08 (A.6.1 und A.6.2) dürfen Zwischenwerte geradlinig interpoliert werden.

Wenn bei ausmittiger Belastung die kleinere reduzierte Seitenlänge $b'$ < 0,50 m wird, dürfen die Tabellenwerte hierfür geradlinig extrapoliert werden.

**$d$ > 2,00 m** Ist die Einbindetiefe auf allen Seiten des Gründungskörpers $d$ > 2,00 m, so darf der aufnehmbare Sohldruck nach Handbuch Eurocode 7, Band 1: DIN 1054, Abschnitt A 6.10.1, A(5) um die Spannung erhöht werden, die sich aus der 1,4 fachen Bodenentlastung ergibt, die der Mehrtiefe entspricht, also:

$$\Delta\sigma_0 = 1{,}4 \cdot \Delta d \cdot \gamma \qquad (5.04)$$

Dabei darf der Boden weder vorübergehend noch dauernd entfernt werden, solange die maßgebende charakteristische Beanspruchung vorhanden ist.

□ 5.08 Bemessungswerte („Tabellenwerte“) des Sohlwiderstands $\sigma_{R,d}$ für Streifenfundamente nach Handbuch Eurocode 7, Band 1: DIN 1054, Tabellen A.6.1 bis A.6.2
- Nichtbindiger Boden
- Voraussetzungen: Abschnitt 5.3.2 (DIN 1054: Abschnitt A 6.10.1)

**Tab. A.6.1:** Bemessungswert $\sigma_{R,d}$ auf der Grundlage einer ausreichenden Grundbruchsicherheit („setzungsunempfindlich“)

**„Tabellenwert“ $\sigma_{R,d}^{Tab.}$**

| Kleinste Einbindetiefe des Fundaments [m] | Bemessungswert $\sigma_{R,d}$ kN/m² b bzw. b' | | | | | |
|---|---|---|---|---|---|---|
| | 0,5 m | 1,0 m | 1,5 m | 2,0 m | 2,5 m | 3,0 m |
| 0,5 | 280 | 420 | 560 | 700 | 700 | 700 |
| 1,0 | 380 | 520 | 660 | 800 | 800 | 800 |
| 1,5 | 480 | 620 | 760 | 900 | 900 | 900 |
| 2,0 | 560 | 700 | 840 | 980 | 980 | 980 |
| bei Bauwerken mit Einbindetiefen 0,30 m ≤ d ≤ 0,50 m und mit Fundamentbreiten b bzw. b' ≥ 0,30 m | 210 | | | | | |

**Tab. A.6.2:** Bemessungswert $\sigma_{R,d}$ auf der Grundlage einer ausreichenden Grundbruchsicherheit und einer Begrenzung der Setzungen („setzungsempfindlich“)

**„Tabellenwert“ $\sigma_{R,d}^{Tab.}$**

| Kleinste Einbindetiefe des Fundaments [m] | Bemessungswert $\sigma_{R,d}$ kN/m² *b* bzw. *b'* | | | | | |
|---|---|---|---|---|---|---|
| | 0,5 m | 1,0 m | 1,5 m | 2,0 m | 2,5 m | 3,0 m |
| 0,5 | 280 | 420 | 460 | 390 | 350 | 310 |
| 1,0 | 380 | 520 | 500 | 430 | 380 | 340 |
| 1,5 | 480 | 620 | 550 | 480 | 410 | 360 |
| 2,0 | 560 | 700 | 590 | 500 | 430 | 390 |
| bei Bauwerken mit Einbindetiefen 0,30 m ≤ *d* ≤ 0,50 m und mit Fundamentbreiten *b* bzw. *b'* ≥ 0,30 m | 210 | | | | | |

**Tabellenwert: $\sigma_{R,d}^{Tab.}$**

Der aus den Tabellen □ 5.08 (A.6.1 und A.6.2) entnommene Wert für den Bemessungswert des Sohlwiderstands $\sigma_{R,d}$ wird „Tabellenwert“ genannt und anschließend bei *d* > 2 m nach Gleichung (5.04) erhöht. Alle Erhöhungen (Faktoren $F_{Erhöhung}$) nach Abschnitt 5.3.3.2 und Abminderungen (Faktoren $F_{Abminderung}$ und $F_{H\text{-}Kraft}$) nach Abschnitt 5.3.3.3 werden auf diesen „Tabellenwert“ bezogen.

Der resultierende Bemessungswert des Sohlwiderstands $\sigma_{R,d}$ für „setzungsunempfindliche“ Fundamente nach Tabelle □ 5.08 (A.6.1) wird ermittelt mit

$$\sigma_{R,d}^{A.6.1} = (\sigma_{R,d}^{Tab.A.6.1} + 1{,}4 \cdot \Delta d \cdot \gamma) \cdot (1 + F_{Erhöhung} - F_{Abminderung}) \cdot F_{H-Kraft} \qquad (5.05)$$

Der resultierende Bemessungswert des Sohlwiderstands $\sigma_{R,d}$ für „setzungsempfindliche“ Fundamente nach Tabelle □ 5.08 (A.6.2) ergibt sich zu

$$\sigma_{R,d}^{A.6.2} = Minimalwert\ aus \begin{cases} (\sigma_{R,d}^{Tab.A.6.2} + 1{,}4 \cdot \Delta d \cdot \gamma) \cdot (1 + F_{Erhöhung}) \\ \sigma_{R,d}^{A.6.1} \end{cases} \qquad (5.06)$$

**Zulässige Setzungen**

Für mittige Belastung gilt nach Handbuch Eurocode 7, Band 1: DIN 1054, Abschnitt A 6.10.2.1, A(3):

- Die auf der Grundlage der Tabelle □ 5.08 (A.6.1) bemessenen Fundamente können sich bei Fundamentbreiten bis 1,50 m um etwa 2 cm, bei breiteren Fundamenten ungefähr proportional zur Fundamentbreite stärker setzen.
- Die auf der Grundlage der Tabelle □ 5.08 (A.6.2) bemessenen Fundamente können sich um ein Maß setzen, das bei Fundamentbreiten bis 1,50 m etwa 1 cm, bei breiteren Fundamenten etwa 2 cm nicht übersteigt.

Diese Setzungen beziehen sich nach Handbuch Eurocode 7, Band 1: DIN 1054, Abschnitt A 6.10.1, A(6) auf allein stehende Fundamente mit mittiger Belastung. Sie können sich bei gegenseitiger Beeinflussung benachbarter Fundamente vergrößern.

Bei ausmittig belasteten Fundamenten treten nach Handbuch Eurocode 7, Band 1: DIN 1054, Abschnitt A 6.10.1) Verkantungen auf, die nach Abschnitt 3.2 nachgewiesen werden müssen, sofern sie den Grenzzustand der Gebrauchstauglichkeit wesentlich beeinflussen.

**ULS und SLS**

In Fällen, die durch die Tabellen □ 5.08 (A.6.1 und A.6.2) nicht erfasst werden oder in denen die Voraussetzungen nach Abschnitt 5.3.2 nicht gegeben sind, müssen nach Handbuch Eurocode 7, Band 1: DIN 1054, Abschnitt A 6.10.2.1, A(5) die Grenzzustände ULS und SLS nachgewiesen werden.

### 5.3.3.2 Erhöhungen ($F_{\text{Erhöhung}}$)

Nach Handbuch Eurocode 7, Band 1: DIN 1054, Abschnitt A 6.10.2.2, A(1) bis A(3) kann der Bemessungswert des Sohlwiderstands $\sigma_{R,d}$ nach Abschnitt 5.3.3.1 bei Fundamenten mit einer Breite und Einbindetiefe ≥ 0,50 m wie folgt erhöht und die einzelnen Erhöhungen gegebenenfalls addiert werden:

**a) Rechteck- und Kreisfundamente**

Bei Rechteckfundamenten mit einem Seitenverhältnis $b_x : b_y < 2$ bzw. $b'_x : b'_y < 2$ und bei Kreisfundamenten darf der in Tabelle □ 5.08 (A.6.1 und A.6.2) angegebene Bemessungswert des Sohlwiderstands $\sigma_{R,dI}$ um 20% erhöht werden.

Für die auf der Grundlage des Grundbruchs ermittelten Werte aus Tabelle □ 5.08 (A.6.1) gilt dies aber nur dann, wenn die Einbindetiefe größer ist als $0{,}60 \cdot b$ bzw. $0{,}60 \cdot b'$.

**b) Hohe Baugrundfestigkeit**

Nach Handbuch Eurocode 7, Band 1: DIN 1054, Abschnitt A 6.10.2.2, A(3) darf der in Tabelle □ 5.08 (A.6.1 und A.6.2) angegebene Bemessungswert des Sohlwiderstands $\sigma_{R,d}$ um bis zu 50 % erhöht werden, wenn der Boden bis in die in Abschnitt 5.3.2 unter dem Stichwort „Baugrund" angegebene Tiefe eine hohe Festigkeit aufweist. Dies ist der Fall, wenn eine der in Tabelle □ 5.09 genannten Bedingungen zutrifft.

□ 5.09 Voraussetzungen für die Erhöhung der Werte für den aufnehmbaren Sohldruck $\sigma_{zul}$ bei nichtbindigem Boden (nach DIN 1054: Tabelle A.8)

| Boden-gruppe nach DIN 18196 | Ungleichförmigkeits-zahl nach DIN 18196 | Mittlere Lage-rungsdichte nach DIN 18126 | Mittlerer Ver-dichtungsgrad nach DIN 18127 | Mittlerer Spitzen-widerstand der Drucksonde |
|---|---|---|---|---|
| | $C_U$ (alt: $U$) | $D$ | $D_{Pr}$ | $q_c$ [MN/m²] |
| SE, GE SU, GU GT | $\leq 3$ | $\geq 0{,}50$ | $\geq 98\%$ | $\geq 15$ |
| SE, SW SI, GE GW, GT SU, GU | $> 3$ | $\geq 0{,}65$ | $\geq 100\ \%$ | $\geq 15$ |

### 5.3.3.3 Abminderungen

**Betrifft Tabelle □ 5.08 (A.1):**

**a) Grundwasserspiegel ($F_{Abminderung}$)**

Nach Handbuch Eurocode 7, Band 1: DIN 1054, Abschnitt A 6.10.2.3, A(1) und A(2) gilt der in Tabelle □ 5.08 (A.6.1) angegebene Bemessungswert des Sohlwiderstands $\sigma_{R,d}$ für den Fall, dass der Abstand $d_w$ zwischen Grundwasserspiegel und Gründungssohle mindestens so groß ist wie die maßgebende Fundamentbreite $b$ bzw. $b'$ nach Abschnitt 5.3.1. Ist der Abstand $d_w$ kleiner als die maßgebende Fundamentbreite $b$ bzw. $b'$, so muss der Tabellenwert abgemindert werden, und zwar so:

$$F_{Abminderung} = \frac{d_w}{b(b')} = 1: \quad 0\ \%\ \text{Abminderung} \qquad (5.07)$$

$$F_{Abminderung} = \frac{d_w}{b(b')} = 0: \quad : 40\ \%\ \text{Abminderung} \qquad (5.08)$$

Zwischenwerte dürfen geradlinig eingeschaltet werden (siehe Berechnungsbeispiele).

$$F_{Abminderung} = \left(1 - \frac{d_w}{b}\right) \cdot 40\%: \quad 0 < d_w / b' < 1 \qquad (5.09)$$

Liegt der Grundwasserspiegel über der Gründungssohle, dann reicht die Abminderung der in Tabelle □ 5.08 (A.6.1) angegebenen Werte für den Bemessungswert des Sohlwiderstands $\sigma_{R,d}$ um 40% nach Handbuch Eurocode 7, Band 1: DIN 1054, Abschnitt A 6.10.2.3, A(3) nur dann aus, wenn die Einbindetiefe größer ist als 0,80 m und außerdem noch größer ist als die Fundamentbreite $b$. Wenn diese beiden Voraussetzungen nicht zutreffen, dann müssen die Grenzzustände ULS und SLS nachgewiesen werden.

**b) Waagerechte Beanspruchungen ($F_{H\text{-}Kraft}$)**

Bei Fundamenten, die mit der resultierenden senkrechten Sohldruckbeanspruchung $V_k$ und außerdem auch noch durch eine waagerechte Komponente $H_k$ belastet sind, ist der nach Abschnitt 5.3.3.2 erhöhte bzw. nach dem o. a. Stichwort „Grundwasserspiegel“ verminderte Bemessungswert des Sohlwiderstands $\sigma_{R,d}$ nach Handbuch Eurocode 7, Band 1: DIN 1054, Abschnitt A 6.10.2.4, A(1) wie folgt abzumindern:

- wenn $H_k$ parallel zur langen Fundamentseite angreift und das Seitenverhältnis *a* / *b* bzw. *a'* / *b'* ≥ 2 ist, mit dem Faktor

$$F_{H-Kraft} = \left(1 - \frac{H_k}{V_k}\right) \tag{5.10}$$

- in allen anderen Fällen mit dem Faktor

$$F_{H-Kraft} = \left(1 - \frac{H_k}{V_k}\right)^2 \tag{5.11}$$

**Betrifft Tabelle □ 5.08 (A.6.2):**

**Vergleichsberechnung**

Nach Handbuch Eurocode 7, Band 1: DIN 1054, Abschnitt A 6.10.2.4, A(2) darf der abgelesene und gegebenenfalls nach Abschnitt 5.3.3.2 erhöhte Wert der Tabelle □ 5.08 (A.6.2) beibehalten werden, solange er nicht größer ist als der abgelesene und gegebenenfalls erhöhte und / oder abgeminderte Wert der Tabelle □ 5.08 (A.6.1). Maßgebend ist der kleinere Wert (Vergleichsberechnung: siehe Berechnungsbeispiele).

Berechnungsbeispiele: □ 5.10, □ 5.11, □ 5.12.

□ 5.10: Beispiel 38: Standsicherheitsnachweis nach dem Verfahren „Vereinfachter Nachweis in Regelfällen“ (nichtbindiger Baugrund)

***Geg.:*** *Das dargestellte Streifenfundament eines Bürogebäudes;*

*nur vertikale und mittige einwirkende Kraft ($V = V_{G,k}$)*

*Aufgrund der Hochbaukonstruktion (Stockwerkrahmen) ist das Fundament als setzungs-empfindlich einzustufen.*

***Ges.:*** *Die Standsicherheit ist zu überprüfen.*

***Lösung:*** *Vorbemerkung: Die Gliederung der Berechnung orientiert sich an der des Textteils Abschnitt 5.3. Das gilt auch weitgehend für alle nachfolgenden Beispiele dieses Abschnitts.*

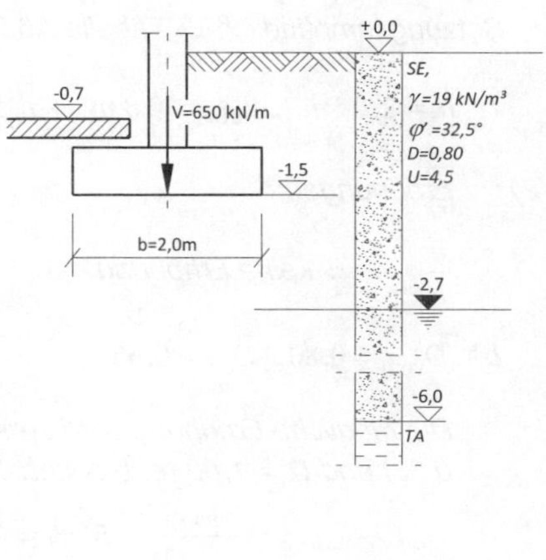

□ 5.10: Fortsetzung Beispiel 38: Standsicherheitsnachweis nach dem Verfahren „Vereinfachter Nachweis in Regelfällen“ (nichtbindiger Baugrund)

*Die gegebenen Werte können als charakteristische Werte betrachtet werden.*

***1. Voraussetzungen für das „Tabellenverfahren“***

*(1) Gründungstiefe (Außenbereich):*

$$d_{\text{vorh}} = 1{,}5\ m > 0{,}8\ m$$

*(2) Baugrund:*

*a) bauseits sicherzustellen*

*b)* $z_{\text{vorh}} = 6{,}0 - 1{,}5 = 4{,}5\ m > 2b = 4{,}0\ m$

*Nichtbindiger Boden:* $D_{\text{vorh}} = 0{,}80 > D_{\text{erf}} = 0{,}45\ (U > 3)$;

*(Hinweis: $U = C_U$)*

*(3) Belastung:*

*a) überwiegend statisch (Bürogebäude)*

*b) entfällt*

*c) H = 0*

*d) e = 0*

*(4) Sonderbestimmung für nbB:*

*Das Grundwasser liegt unterhalb der Fundamentsohle.*

*⇒ Damit sind die Voraussetzungen des „Tabellenverfahrens“ erfüllt.*

***2. Bemessungswert des Sohlwiderstands $\sigma_{R,d}$ (nbB)***

*(1) Tabellenwert:*

*Setzungsempfindlich ⇒ Tabelle A6.2*

$$b = 2{,}0\ \ m,\ \ d_{min} = 0{,}8\,m \Rightarrow \sigma_{R,d}^{(Tab.\ A6.2)} = 414\frac{kN}{m^2}$$ *(interpoliert)*

*(2) Erhöhungen:*

*a)* $\frac{a}{b} = \infty \Rightarrow$ *keine Erhöhung*

*b)* $D_{\text{vorh}} = 0{,}80 > D_{\text{erf}} = 0{,}65$

*Die mögliche Erhöhung wird zwischen den Grenzen D = 0,65 (entspricht: 0 %) und D = 1,00 (entspricht: 50 %) interpoliert:*

$$F_{Erhöhung} = \frac{0{,}80-0{,}65}{1{,}00-0{,}65} \cdot 50\% = 21{,}4\%$$ *Erhöhung*

□ 5.10: Fortsetzung Beispiel 38: Standsicherheitsnachweis nach dem Verfahren „Vereinfachter Nachweis in Regelfällen“ (nichtbindiger Baugrund)

*Damit wird* $\sigma_{R,d}^{(A6.2)} = 414 \cdot (1 + 0 + 0{,}214) = 502 \ kN/m^2$

### 3. Vergleichsrechnung

*(1) Tabellenwert:*

*Setzungsunempfindlich ⇒ Tabelle A6.1*

$$b = 2{,}0 \ m, \quad d_{min} = 0{,}8 \ m \Rightarrow \sigma_{R,d}^{(Tab.\ A6.1)} = 760 \frac{kN}{m^2}$$ *(interpoliert)*

*(2) Erhöhungen:*

*a)* $\frac{a}{b} = \infty \Rightarrow$ *keine Erhöhung*

*b) wie vor: 21,4 % Erhöhung*

*(3) Abminderungen:*

*a)* $\frac{d_w}{b} = \frac{1{,}20}{2{,}00} = 0{,}60 < 1$

$$\Rightarrow F_{Abminderung} = \left(1 - \frac{d_w}{b}\right) \cdot 40\% = (1 - 0{,}60) \cdot 40 = 16\%$$ *Abminderung*

*b) H = 0 ⇒ keine Abminderung.*

*Damit wird* $\sigma_{R,d}^{(A6.1)} = 760 \cdot (1 + 0 + 0{,}214 - 0{,}160) = 801 \ kN/m^2$

### 4. Spannungsnachweis

*Maßgebend ist der kleinere Wert aus beiden Berechnungen:*

$$\sigma_{R,d} = \sigma_{R,d}^{(A6.2)} = 502 \ kN/m^2$$

$$V_d = V_{G,k} \cdot \gamma_G + V_{Q,k} \cdot \gamma_Q = 650 \cdot 1{,}35 = 877{,}5 \ kN/m$$

$$\sigma_{R,d} = 502 \ kN/m^2 > \sigma_{E,d} = \frac{877{,}5}{2{,}0} = 439 \ kN/m^2$$

*Das Fundament ist standsicher. Es ist mit Setzung von ≤ 2 cm zu rechnen.*

□ 5.11: Beispiel 39: Standsicherheitsnachweis nach dem Verfahren „Vereinfachter Nachweis in Regelfällen" (nichtbindiger Baugrund)

**Geg.:** *Das dargestellte Quadratfundament mit einachsig ausmittiger Belastung*

*(V: $V_{G,k}$ =2,7 MN,*
*$V_{Q,k}$ =0,4 MN,*
*H = $H_{G,k}$ = 0,54 MN; statisch)*

*Nachweis EQU ist erfüllt!*

*Die dargestellte Belastung entspricht dem ungünstigsten Zustand.*

*Die Konstruktion ist setzungsunempfindlich.*

*UL: steifplastisch*

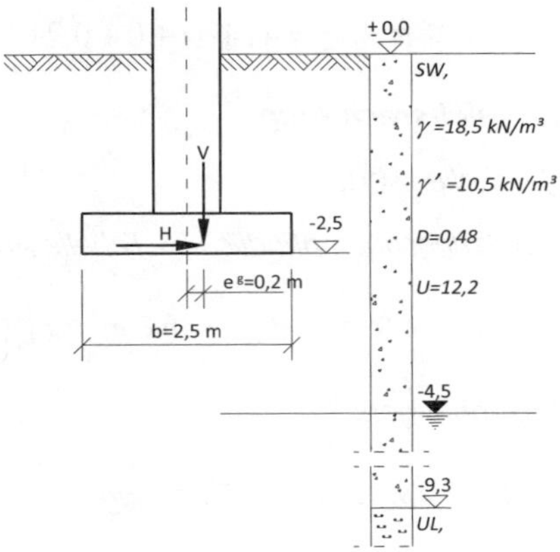


**Ges.:** *Die Standsicherheit ist zu überprüfen.*

***Lösung:***

***1. Voraussetzung für das „Tabellenverfahren"***

*(1) Gründungstiefe (Außenbereich):*

$$d_{\text{vorh}} = 2,5 \ m > 0,8 \ m$$

*(2) Baugrund:*

*a) bauseits sicherzustellen*

*b)* $z_{\text{vorh}} = 9,3 - 2,5 = 6,8 \ m > 2b = 5,0 \ m$

*Nichtbindiger Boden:* $D_{\text{vorh}} = 0,48 > D_{\text{erf}} = 0,45 \ (U > 3)$ *(Hinweis: U = $C_U$)*

*(3) Belastung:*

*a) statisch (s. Aufgabenstellung)*

*b) entfällt*

*c)* $\frac{H_{G,k}}{V_{G,k}} = \frac{540}{2700} = 0,2$ und $\frac{H_{G,k}}{V_{G,k} + V_{Q,k}} = \frac{540}{3100} = 0,17 < 0,2$

*d)* $e^{g+q} = 0,2 \ m < \frac{b}{6} = \frac{2,50}{6} = 0,42 \ m$

*Auch im ungünstigsten Belastungszustand liegt die Resultierende im 1. Kern.*

□ 5.11: Fortsetzung Beispiel 39: Standsicherheitsnachweis nach dem Verfahren „Vereinfachter Nachweis in Regelfällen“ (nichtbindiger Baugrund)

*Nachweis der Sicherheit gegen Gleichgewichtsverlust durch Kippen (EQU) ist erfüllt (siehe Aufgabenstellung):*

*(4) Sonderbestimmung für nbB:*

*Das Grundwasser liegt unterhalb der Fundamentsohle.*

*⇒ Damit sind die Voraussetzungen des „Tabellenverfahrens“ erfüllt.*

**2. Bemessungswert des Sohlwiderstands $\sigma_{R,d}$ (nbB)**

*Tabellenwert: setzungs**un**empfindlich ⇒ Tabelle A6.1*

*Reduzierte Fläche:*

$$2{,}50 - 0 = 2{,}50 \ \ m = a'$$

$$2{,}50 - 2 \cdot 0{,}20 = 2{,}10 \ \ m = b'$$

$$b' = 2{,}0 \ \ m, \ \ d_{min} = 2{,}0 \, m \Rightarrow \sigma_{R,d}^{(Tab.\ A6.1)} = 980 \frac{kN}{m^2}$$

*Da* $d_{\text{vorh}} = 2{,}50 \ \ m > 2{,}00 \ \ m$ *, kann der abgelesene Wert um*

$\Delta \sigma_0 = 1{,}4 \cdot \Delta d \cdot \gamma = 1{,}4 \cdot (2{,}50 - 2{,}00) \cdot 18{,}5 = 12{,}95 \approx 12 \ \ kN / m^2$ *erhöht werden (Abrunden: auf der sicheren Seite!).*

*Damit ergibt sich ein Tabellenwert von* $\sigma_{R,d}^{(A6.1)} = 980 + 12 = 992 \ \ kN / m^2$

*(1) Erhöhung:*

*a)* $\frac{a'}{b'} = \frac{2{,}50}{2{,}10} < 2$

$$d_{\text{vorh}} = 2{,}50 \ \ m > 0{,}6 \cdot b' = 1{,}26 \ \ m$$

*⇒ $F_{Erhöhung}$ = 20% Erhöhung*

*b)* $D_{\text{vorh}} = 0{,}48 < D_{\text{erf}} = 0{,}65 \ \ (U > 3)$ ; *(Hinweis: U = $C_U$; U: alte Bezeichnung)*

*⇒ keine Erhöhung*

*(2) Abminderung:*

*a)* $\frac{d_{\text{W}}}{b'} = \frac{2{,}0}{2{,}1} = 0{,}9524 < 1{,}0$

$F_{Abminderung} = (1 - 0{,}9524) \cdot 40 = 1{,}9\%$ *Abminderung*

*b)* $F_{H-Kraft} = (1 - \frac{H_{G,k}}{V_{G,k}})^2 = (1 - \frac{540}{2700})^2 = 0{,}64$

□ 5.11: Fortsetzung Beispiel 39: Standsicherheitsnachweis nach dem Verfahren „Vereinfachter Nachweis in Regelfällen" (nichtbindiger Baugrund)

*Damit wird* $\sigma_{R,d}^{(A6.1)} = 992 \cdot (1 + 0{,}20 + 0 - 0{,}019) \cdot 0{,}64 = 749{,}8\ kN/m^2$

***3. Spannungsnachweis***

$$V_d = V_{G,k} \cdot \gamma_G + V_{Q,k} \cdot \gamma_Q = 2700 \cdot 1{,}35 + 400 \cdot 1{,}50 = 4245\ kN$$

$$\sigma_{R,d} = 749\ kN/m^2 < \sigma_{E,d} = \frac{4245}{2{,}5 \cdot 2{,}1} = 809\ kN/m^2$$

*Die Fundamentabmessungen sind nicht ausreichend.*

□ 5.12: Beispiel 40: Verfahren „Vereinfachter Nachweis in Regelfällen" (nichtbindiger Baugrund)

***Geg.:*** *Das Einzelfundament unter einem setzungsempfindlichen Wohngebäude;*

*V = $V_{G,k}$;*

*Seitenverhältnis des Fundamentes :* $\frac{a}{b} = 1{,}5$

*SE: D = 0,53, $C_u$ = 4,5*

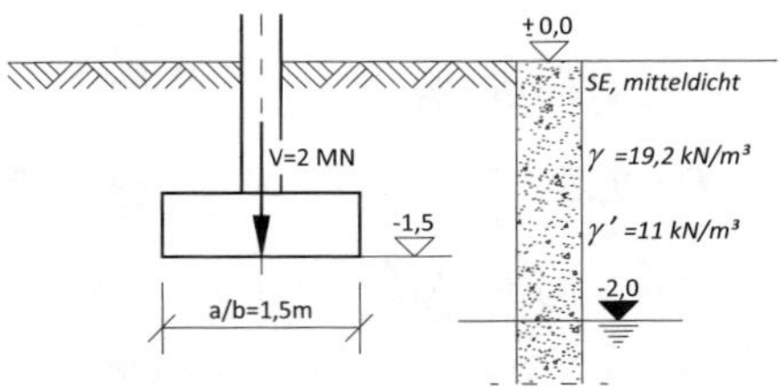


***Ges.:*** *Die erforderlichen Seitenabmessungen*

***Lösung:***

***1. Voraussetzungen für das „Tabellenverfahren"***

*(1) Gründungstiefe (Außenbereich):*

$$d_{\text{vorh}} = 1{,}5\ m > 0{,}8\ m$$

*(2) Baugrund:*

*a) bauseits sicherzustellen*

*b)* $z_{\text{vorh}} > 2b$ *(Schichtgrenze tiefliegend)*

*Nichtbindiger Boden:* $D_{\text{vorh}} = 0{,}53 > D_{\text{erf}} = 0{,}45\ \ (U > 3)$*; (Hinweis: U = $C_U$)*

*(3) Belastung:*

*a) statisch (s. Aufgabenstellung)*

*b) entfällt*

*c) H = 0 ; d) e = 0*

□ 5.12: Fortsetzung Beispiel 40: Verfahren „Vereinfachter Nachweis in Regelfällen" (nichtbindiger Baugrund)

*(4) Sonderbestimmung für nbB:*

*Das Grundwasser liegt unterhalb der Fundamentsohle.*

*⇒ Damit sind die Voraussetzungen des „Tabellenverfahrens" erfüllt.*

***2. Bemessungswert des Sohlwiderstands $\sigma_{R,d}$***

***Anmerkung:** Zur Lösung wird das Verfahren „trial and error" angewendet.*

***gew.:** b = 1,5 m ⇒ a = 1,5 · 1,5 = 2,25 m*

*(1) Tabellenwert:*

*setzungsempfindlich ⇒ Tabelle A6.2*

$$b = 1{,}5\ \ m,\ \ d_{min} = 1{,}5\ m \Rightarrow \sigma_{R,d}^{(Tab.\ A6.2)} = 550\,\frac{kN}{m^2}$$

*(2) Erhöhungen:*

*a)* $\frac{a}{b} = 1{,}5 \ \Rightarrow F_{Erhöhung} =$ *20 % Erhöhung*

*b)* $D_{\text{vorh}} = 0{,}53 < D_{\text{erf}} = 0{,}65\ \ (U > 3)\ \Rightarrow$ *keine Erhöhung.*

*Damit wird* $\sigma_{R,d}^{(A6.2)} = 550 \cdot (1 + 0{,}20 + 0) = 660\ \ kN/m^2$

***3. Vergleichsrechnung***

*(1) Tabellenwert:*

*Setzungsunempfindlich ⇒ Tabelle A6.1*

$$b' = 1{,}5\ \ m,\ \ d_{min} = 1{,}5\ m \Rightarrow \sigma_{R,d}^{(Tab.\ A6.1)} = 760\,\frac{kN}{m^2}$$

*(2) Erhöhungen: siehe oben*

*a)* $\frac{a}{b} = 1{,}5 < 2;\ d = 1{,}5\ \ m > 0{,}6 \cdot 1{,}5 = 0{,}9\ \ m\ \Rightarrow F_{Erhöhung} =$ *20 % Erhöhung*

*b) keine Erhöhung*

*(3) Abminderungen:*

*a)* $\frac{d_{\text{w}}}{b} = \frac{0{,}5}{1{,}5} = 0{,}33 < 1{,}0$

$F_{Abminderung} = \left(1 - \frac{d_w}{b}\right) \cdot 40\% = (1 - 0{,}33) \cdot 40 = 26{,}7\%$ *Abminderung*

*b) H = 0 ⇒ keine Abminderung:* $F_{H-Kraft} = 1{,}0$

*Damit wird* $\sigma_{R,d}^{(A6.1)} = 760 \cdot (1 + 0{,}20 + 0 - 0{,}267) = 709\ \ kN/m^2$

□ 5.12: Fortsetzung Beispiel 40: Verfahren „Vereinfachter Nachweis in Regelfällen“ (nichtbindiger Baugrund)

*Maßgebend ist der kleinere Wert aus beiden Berechnungen:*

$$\sigma_{R,d} = \sigma_{R,d}^{(A6.2)} = 660 \;\; kN/m^2$$

***4. Spannungsnachweis***

$$V_d = V_{G,k} \cdot \gamma_G + V_{Q,k} \cdot \gamma_Q = 2000 \cdot 1{,}35 = 2700 \;\; kN$$

$$\sigma_{R,d} = 660 \;\; kN/m^2 < \sigma_{E,d} = \frac{2700}{1{,}5 \cdot 2{,}25} = 800 \;\; kN/m^2$$

***5. Neubemessung:***

***gew.:*** *b = 1,75 m ⇒ a = 1,5 · 1,75 = 2,60 m*

***6. Tabellenwert:***

$$b' = 1{,}75 \;\; m, \;\; d_{min} = 1{,}5\, m \Rightarrow \sigma_{R,d}^{(Tab.\ A6.2)} = 515 \frac{kN}{m^2}$$

***7. Erhöhungen:***

*a) 20 % Erhöhung*

*b) Keine Erhöhung*

*Damit wird* $\sigma_{R,d}^{(A6.2)} = 515 \cdot (1 + 0{,}20 + 0) = 618 \;\; kN/m^2$

***8. Vergleichsrechnung***

*(1) Tabellenwert:*

*Setzungsunempfindlich ⇒ Tabelle A6.1*

$$b' = 1{,}75 \;\; m, \;\; d_{min} = 1{,}5\, m \Rightarrow \sigma_{R,d}^{(Tab.\ A6.1)} = 830 \frac{kN}{m^2}$$

*(2) Erhöhungen:*

*a)* $\frac{a}{b} = 1{,}5 < 2; \;\; d = 1{,}5 \;\; m > 0{,}6 \cdot 1{,}75 = 1{,}05 \;\; m \;\; \Rightarrow F_{Erhöhung} =$ *20 % Erhöhung*

*b) keine Erhöhung*

*(3) Abminderungen:*

*a)* $\frac{d_w}{b} = \frac{0{,}5}{1{,}75} = 0{,}29 < 1{,}0$

$F_{Abminderung} = \left(1 - \frac{d_w}{b}\right) \cdot 40\% = (1 - 0{,}29) \cdot 40 = 28{,}4\%$ *Abminderung*

*b) H = 0 ⇒ keine Abminderung.*

□ 5.12: Fortsetzung Beispiel 40: Verfahren „Vereinfachter Nachweis in Regelfällen“ (nichtbindiger Baugrund)

*Damit wird* $\sigma_{R,d}^{(A6.1)} = 830 \cdot (1 + 0{,}20 + 0 - 0{,}284) = 760 \; kN/m^2$

*Maßgebend:* $\sigma_{R,d} = \sigma_{R,d}^{(A6.2)} = 618 \; kN/m^2$

***1. Spannungsnachweis:***

$$\sigma_{R,d} = 618 \; kN/m^2 > \sigma_{E,d} = \frac{2700}{1{,}75 \cdot 2{,}60} = 594 \; kN/m^2$$

*Damit betragen die erforderlichen Fundamentabmessungen:*

*b = 1,75 m;* *Es ist mit Setzung bis zu 2 cm zu rechnen.*

## 5.3.4 Bindiger Boden (bB)

### 5.3.4.1 Bemessungswert des Sohlwiderstands $\sigma_{R,d}$

**Tabellen** Nach Handbuch Eurocode 7, Band 1: DIN 1054, Abschnitt A 6.10.3 darf der Bemessungswert des Sohlwiderstands $\sigma_{R,d}$ bei bindigem Baugrund bei senkrechter oder geneigter Sohldruckbeanspruchung unter den in Abschnitt 5.3.2 genannten Voraussetzungen für Streifenfundamente aus Tabelle □ 5.13 (A.6.5 bis A.6.8) entnommen werden. Berücksichtigung einer ausmittigen Belastung: siehe Abschnitt 5.3.1.

**Lößboden** Die Werte in Tabelle □ 5.13 (A.6.5 bis A.6.8) sind nicht bei Bodenarten anwendbar, bei denen ein plötzlicher Zusammenbruch des Korngerüstes möglich ist, wie z. B. bei Lößboden.

**ULS und SLS** In Fällen, die in Tabelle □ 5.13 (A.6.5 bis A.6.8) nicht erfasst sind oder bei denen die Voraussetzungen nach Abschnitt 5.3.2 nicht zutreffen oder deren Breite > 5,0 m ist, müssen die Grenzzustände ULS und SLS nachgewiesen werden.

***d* > 2,00 m** Ist die Einbindetiefe auf allen Seiten des Gründungskörpers d > 2,00 m, so darf der aufnehmbare Sohldruck nach Handbuch Eurocode 7, Band 1: DIN 1054, Abschnitt A 6.10.1, A(5) um die Spannung erhöht werden, die sich aus der Bodenentlastung ergibt, die der Mehrtiefe entspricht (siehe Gleichung 5.04).

Solange die maßgebende charakteristische Beanspruchung vorhanden ist, darf der Boden weder vorübergehend noch dauernd entfernt werden.

**Tabellenwert: $\sigma_{R,d}^{Tab.}$** Der aus den Tabellen A.3 und A.6 (□ 5.13) entnommene Wert für den Bemessungswert des Sohlwiderstands $\sigma_{R,d}$ wird „Tabellenwert“ genannt und anschließend bei *d* > 2 m nach Gleichung (5.04) erhöht. Alle Erhöhungen (Faktoren $F_{Erhöhung}$) nach Abschnitt 5.3.4.2 und Abminderungen (Faktor $F_{Abminderung}$) nach Abschnitt 5.3.4.3 werden auf diesen „Tabellenwert“ bezogen.

Der resultierende Bemessungswert des Sohlwiderstands $\sigma_{R,d}$ bei Bindigem Boden nach □ 5.13 wird ermittelt mit

$$\sigma_{R,d}^{A.6.i} = (\sigma_{R,d}^{Tab.A.6.i} + 1{,}4 \cdot \Delta d \cdot \gamma) \cdot (1 + F_{Erhöhung} - F_{Abminderung}) \quad (5.12)$$

mit:

i = 5 bis 8 nach □ 5.13

□ 5.13 Bemessungswerte des Sohlwiderstands $\sigma_{R,d}$ für Streifenfundamente nach Handbuch Eurocode 7, Band 1: DIN 1054, Tabellen A.6.5 bis A.6.8

- Bindiger Boden
- Voraussetzungen: Abschnitt 5.3.2 (DIN 1054, Abschnitt A 6.10.1)
- Breiten *b* bzw. *b*' von 0,50 m bis 2,00 m

**„Tabellenwert" $\sigma_{R,d}^{Tab.}$**

**Tab. A.6.5:** Bemessungswert des Sohlwiderstands $\sigma_{R,d}$ auf reinem Schluff bei steifer bis halbfester Konsistenz oder einer mittleren einaxialen Druckfestigkeit $q_{u,k}$ > 120 kN/m² (UL nach DIN 18196)

| Kleinste Einbindetiefe des Fundaments [m] | Bemessungswert des Sohlwiderstands $\sigma_{R,d}$ kN/m² |
|---|---|
| 0,5 | 180 |
| 1,0 | 250 |
| 1,5 | 310 |
| 2,0 | 350 |

**Tab. A.6.6:** Bemessungswert des Sohlwiderstands $\sigma_{R,d}$ auf gemischtkörnigem Boden (SU*, ST, ST*, GU*, GT* nach DIN 18196, z.B. Geschiebemergel)

| Kleinste Einbindetiefe des Fundaments [m] | Bemessungswert des Sohlwiderstands $\sigma_{R,d}$ kN/m² Mittlere Konsistenz | | |
|---|---|---|---|
| | steif | halbfest | fest |
| 0,5 | 210 | 310 | 460 |
| 1,0 | 250 | 390 | 530 |
| 1,5 | 310 | 460 | 620 |
| 2,0 | 350 | 520 | 700 |
| Mittlere einaxiale Druckfestigkeit $q_{u,k}$ in kN/m² | 120 bis 300 | 300 bis 700 | > 700 |

**Tab. A.6.7:** Bemessungswert des Sohlwiderstands $\sigma_{R,d}$ auf tonig schluffigem Boden (UM, TL, TM nach DIN 18196)

| Kleinste Einbindetiefe des Fundaments [m] | Bemessungswert des Sohlwiderstands $\sigma_{R,d}$ kN/m² Mittlere Konsistenz | | |
|---|---|---|---|
| | steif | halbfest | fest |
| 0,5 | 170 | 240 | 390 |
| 1,0 | 200 | 290 | 450 |
| 1,5 | 220 | 350 | 500 |
| 2,0 | 250 | 390 | 560 |
| Mittlere einaxiale Druckfestigkeit $q_{u,k}$ in kN/m² | 120 bis 300 | 300 bis 700 | > 700 |

**Tab. A.6.8:** Bemessungswert des Sohlwiderstands $\sigma_{R,d}$ auf Ton-Boden (TA nach DIN 18196)

| Kleinste Einbindetiefe des Fundaments [m] | Bemessungswert des Sohlwiderstands $\sigma_{R,d}$ kN/m² Mittlere Konsistenz | | |
|---|---|---|---|
| | steif | halbfest | fest |
| 0,5 | 130 | 200 | 280 |
| 1,0 | 150 | 250 | 340 |
| 1,5 | 180 | 290 | 380 |
| 2,0 | 210 | 320 | 420 |
| Mittlere einaxiale Druckfestigkeit $q_{u,k}$ in kN/m² | 120 bis 300 | 300 bis 700 | > 700 |

**Setzungen** Die Verwendung der genannten Werte für $\sigma_{zul}$ kann nach Handbuch Eurocode 7, Band 1: DIN 1054, Abschnitt A 6.10.2.1, A(3) bei mittig belasteten Fundamenten zu Setzungen in der Größenordnung von 2 bis 4 cm führen.

Diese Setzungen beziehen sich nach Handbuch Eurocode 7, Band 1: DIN 1054, Abschnitt A 6.10.1, A(6) auf allein stehende Fundamente mit mittiger Belastung. Sie können sich bei gegenseitiger Beeinflussung benachbarter Fundamente vergrößern.

Bei ausmittig belasteten Fundamenten treten Verkantungen auf, die nach Abschnitt 3.2 nachgewiesen werden müssen, sofern sie den Grenzzustand der Gebrauchstauglichkeit wesentlich beeinflussen.

Die für die Anwendung des Bemessungswerts des Sohlwiderstands $\sigma_{R,d}$ nach Tabelle □ 5.13 (A.6.5 bis A.6.8) geforderte Festigkeit des Bodens darf nach Handbuch Eurocode 7, Band 1: DIN 1054, Abschnitt A 6.10.3.1, A(4) als ausreichend angenommen werden, wenn eine der folgenden Bedingungen zutrifft:

- Entweder muss die Zustandsform (Konsistenz) aus Laborversuchen nach DIN EN 1997-2, Abschnitt 5.5.7 oder aus Handversuchen nach DIN EN ISO 14688-1, Abschnitt 5.14
- oder die einaxiale Druckfestigkeit nach DIN EN 1997-2, Abschnitt 5.8.4 bestimmt werden.

Ergeben sich bei mehreren Versuchen unterschiedliche Werte der Zustandsform oder der einaxialen Druckfestigkeit, dann ist jeweils der Mittelwert innerhalb des in Abschnitt 5.3.2 unter dem Stichwort „Baugrund" beschriebenen Bodenbereichs maßgebend.

Wenn Versuche zur Ermittlung der Scherfestigkeit $c_u$ des undränierten Bodens vorliegen, dann darf die einaxiale Druckfestigkeit $q_u$ näherungsweise mit $\varphi_u = 0$ aus dem Ansatz

$$q_{u,k} = 2 \cdot c_{u,k} \tag{5.13}$$

ermittelt werden.

### 5.3.4.2 Erhöhung

Bei Rechteckfundamenten mit einem Seitenverhältnis $b_x : b_y < 2$ bzw. $b'_x : b'_y < 2$ und bei Kreisfundamenten darf der in Tabelle □ 5.13 (A.6.5 bis A.6.8) angegebene bzw. der nach Abschnitt 5.3.4.3 für größere Fundamentbreiten ermittelte Bemessungswert des Sohlwiderstands $\sigma_{R,d}$ nach Handbuch Eurocode 7, Band 1: DIN 1054, Abschnitt A 6.10.3.1, A(1) um 20 % erhöht werden.

### 5.3.4.3 Abminderung

Bei Fundamentbreiten zwischen 2,00 m und 5,00 m muss der in Tabelle □ 5.13 (A.6.5 bis A.6.8) angegebene Bemessungswert des Sohlwiderstands $\sigma_{R,d}$ um 10 % je m zusätzlicher Fundamentbreite nach Handbuch Eurocode 7, Band 1: DIN 1054, Abschnitt A 6.10.3.3, A(1) vermindert werden.

Berechnungsbeispiel: □ 5.14

□ 5.14: Beispiel 41: Ermittlung der zulässigen Belastung nach dem Verfahren „Vereinfachter Nachweis in Regelfällen“ (bindiger Baugrund)

***Geg.:*** *Das dargestellte Streifenfundament unter einer tragenden Mittelwand eines Bürogebäudes; $V = V_{G,k}$*

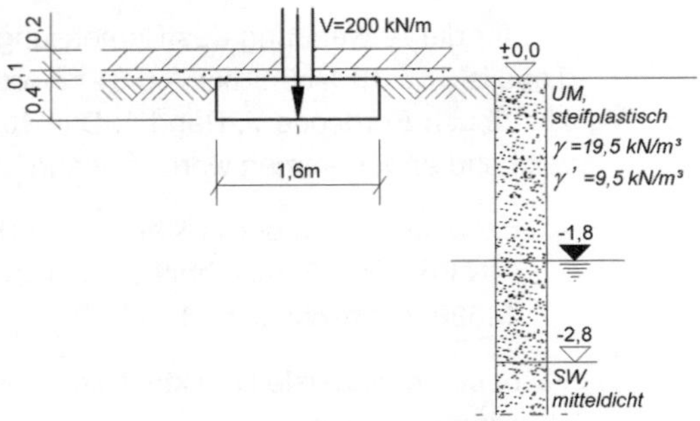


***Ges.:*** *Die Standsicherheit ist zu überprüfen.*

***Lösung:***

***1. Voraussetzungen für das „Tabellenverfahren“***

*(1) Gründungstiefe (Außenbereich):*

*entfällt bei innenliegenden Fundamenten*

*(2) Baugrund:*

*a) bauseits sicherzustellen*

*b)* $z_{\text{vorh}} = 2{,}8 - 0{,}4 = 2{,}4 \; m < 2b = 3{,}2 \; m$ *(!)*

*Da der darunter anstehende Boden SW eine größere Tragfähigkeit als der Gründungsboden UM hat (Vergleich der Tabellenwerte), ist diese Voraussetzung trotzdem erfüllt.*

*Bindiger Boden:*

*Steifplastische Konsistenz* $\Rightarrow I_c \geq 0{,}75$

*(3) Belastung:*

*a) statisch (s. Aufgabenstellung)*

*b) bauseits sicherzustellen (z.B. konventionelle Bauweise)*

*c) H = 0*

*d) e = 0*

*⇒ Damit sind die Voraussetzungen des „Tabellenverfahrens“ erfüllt.*

□ 5.14: Fortsetzung Beispiel 41: Ermittlung der zulässigen Belastung nach dem Verfahren „Vereinfachter Nachweis in Regelfällen“ (bindiger Baugrund)

***1. Bemessungswert des Sohlwiderstands $\sigma_{R,d}$ (bB)***

*(1) Tabellenwert:*

*UM ⇒ Tabelle A6.5*

$$b' = 1{,}6 \quad m, \quad d_{min} = 0{,}4 + 0{,}1 + 0{,}2 = 0{,}7\ m \Rightarrow \sigma_{R,d}^{(Tab.\ A6.5)} = 208\ \frac{kN}{m^2}$$

*(Die Einbindetiefe kann bis OK Kellersohle angenommen werden.)*

*(2) Erhöhungen:*

$\frac{a}{b} = \infty$ ⇒ *keine Erhöhung*

*Damit wird* $\sigma_{R,d}^{(A6.5)} = 208\ kN/m^2$

***2. Spannungsnachweis***

$$V_d = V_{G,k} \cdot \gamma_G + V_{Q,k} \cdot \gamma_Q = 200 \cdot 1{,}35 = 270\ kN/m$$

$$\sigma_{R,d} = 208\ kN/m^2 > \sigma_{E,d} = \frac{270}{1{,}6} = 169\ kN/m^2$$

*Die Fundamentabmessungen sind ausreichend.*
*Es ist mit Setzungen von 2 cm bis 4 cm zu rechnen.*

### 5.3.5 Fels

**Bemessungswert des Sohlwider-stands $\sigma_{R,d}$**

Besteht der Baugrund aus gleichförmigem beständigem Fels in ausreichender Mächtigkeit, so dürfen Fundamente mit der Annahme eines Bemessungswertes des Sohlwiderstands $\sigma_{R,d}$ bemessen werden. Der für quadratische Fundamente maßgebende Bemessungswert des Sohlwiderstands $\sigma_{R,d}$ darf in Abhängigkeit von der einaxialen Druckfestigkeit und vom Kluftabstand des Gebirges nach Handbuch Eurocode 7, Band 1: DIN 1054, A 6.10.4 dem Diagramm in □ 5.15 entnommen werden.

Der Inhalt des Bildes A 6.3 ist nach Handbuch Eurocode 7, Band 1: DIN 1054, A 6.10.4, A(1) modifizierter Teil des informativen Anhangs G aus DIN EN 1997-1. Lokale Erfahrungen haben in der Regel Vorrang.

**Beständiger Fels**

Nach Handbuch Eurocode 7, Band 1: DIN 1054, A 6.10.4 wird Fels als beständig eingestuft, wenn folgende Felseigenschaften gegeben sind:

**Raumausfüllung**: dicht oder porös (nach DIN EN ISO 14689-1, NA.4);

**Kornbindung:** mindestens mäßig (nach DIN EN ISO 14689-1, NA.5);

**in Wasser**: nicht veränderlich (nach DIN EN ISO 14689-1, 2.4.6).

**Nicht beständiger Fels**

Ist aufgrund eines Gehalts an Gips, Anhydrit, Salz oder quellfähigen Tonmineralen mit Quell- und Lösungserscheinungen zu rechnen und liegen die vorgenannten Fels-eigenschaften nicht vor, so sind nach Handbuch Eurocode 7, Band 1: DIN 1054, A 6.10.4, A(1) Einzelbetrachtungen erforderlich.

□ 5.15: Bemessungswerte des Sohlwiderstands $\sigma_{R,d}$ für quadratische Einzelfundamente auf Fels (Bild A6.3 aus Handbuch Eurocode 7, Band 1: DIN 1054, A 6.10.4

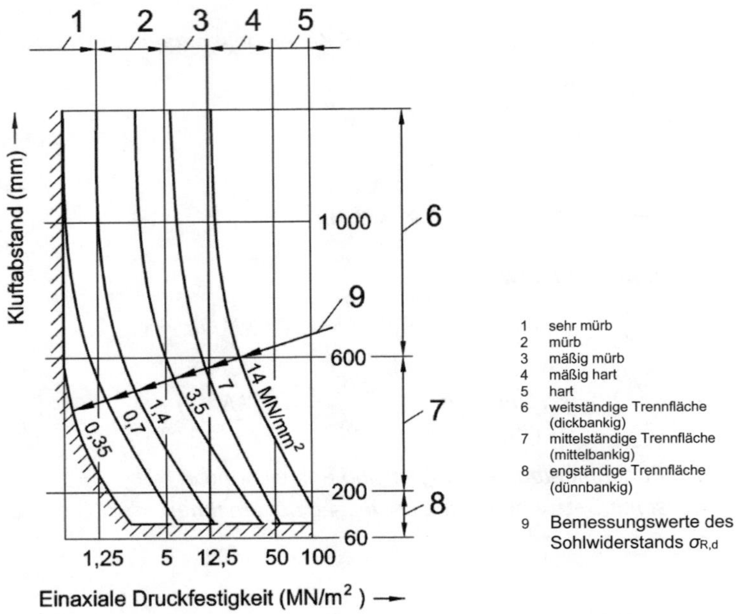


**Bezeichnungen**

Als Orientierungshilfe dient die nicht mehr gültige DIN 1054: 2003-01 und 2005, Abschnitt 7.7.4. Danach wird der Fels nach seiner einaxialen Druckfestigkeit wie folgt bezeichnet:

| | | | | | |
|---|---|---|---|---|---|
| | | $q_{u,k}$ | < | 1,25 MN/m²: | sehr mürb; |
| 1,25 MN/m² | ≤ | $q_{u,k}$ | < | 5,0 MN/m²: | mürb; |
| 5,0 MN/m² | ≤ | $q_{u,k}$ | < | 12,5 MN/m²: | mäßig mürb; |
| 12,5 MN/m² | ≤ | $q_{u,k}$ | < | 50,0 MN/m²: | mäßig hart; |
| | | $q_{u,k}$ | ≥ | 50,0 MN/m²: | hart. |

**Setzungen**

Voraussetzung für den angegebenen aufnehmbaren Sohldruck ist nach Handbuch Eurocode 7, Band 1: DIN 1054, A 6.10.4, A(2), dass im Gebrauchszustand (SLS) Setzungen in der Größenordnung von 0,5 % der kleineren Fundamentbreite zulässig sind. Der aufnehmbare Sohldruck bei anderen Setzungsvorgaben darf geradlinig interpoliert werden.

### 5.3.6 Künstlich hergestellter Baugrund

Nach Handbuch Eurocode 7, Band 1: DIN 1054, A 6.10.5 dürfen die Werte für den aufnehmbaren Sohldruck nach den Abschnitten 5.3.3 bzw. 5.3.4 auch für Fundamente verwendet werden, die auf künstlich hergestelltem Baugrund gegründet werden, wenn folgende Voraussetzung erfüllt sind:

- künstlich hergestellter Baugrund oder Schüttungen müssen die unter Abschnitt 5.3.2 genannten Bedingungen erfüllen und
- bindige Schüttstoffe müssen einen Verdichtungsgrad $D_{Pr} \geq 100$ % Mittelwert, mindestens aber 97% als Untergrenze aufweisen.

## 5.4 Unbewehrte Fundamente

**Anwendung** Bei geringen Bauwerkslasten und tragfähigem Baugrund ist die Fundamentauskragung *a* so gering (□ 5.16, □ 5.17), dass das Fundament unbewehrt bleiben kann. Unbewehrte Streifenfundamente sind daher die typische Gründungsform bei kleineren Hochbauten.

**Bemessung** Bei unbewehrten Fundamenten müssen die auftretenden Biegezugspannungen vom Beton aufgenommen werden. Die zulässige Fundamentbreite *b* ist daher begrenzt und setzt eine entsprechende Fundamenthöhe $d_F$ voraus, die sich aus dem Verhältnis $d_F/a$ ergibt (□ 5.16, □ 5.17).

□ 5.16: Mindestwerte tan $\alpha = d_F/a$ für unbewehrte Fundamente (nach DIN EN 1992-1-1)

| Bemessungswert der Sohldruck-beanspruchung $\sigma_{E,d}$ | in kN/m² | 200 | 300 | 400 | 500 |
|---|---|---|---|---|---|
| Betonfestigkeitsklasse | C12/15 | 1,17 | 1,43 | 1,65 | unz. |
| | C16/20 | 1,07 | 1,31 | 1,52 | 1,70 |
| | C20/25 | 1,00 | 1,22 | 1,41 | 1,58 |
| | C25/30 | un-zulässig | 1,12 | 1,29 | 1,44 |
| | C30/37 | | 1,06 | 1,22 | 1,37 |
| | C35/45 | | 1,01 | 1,17 | 1,30 |

□ 5.17: Beispiel: unbewehrtes Fundament

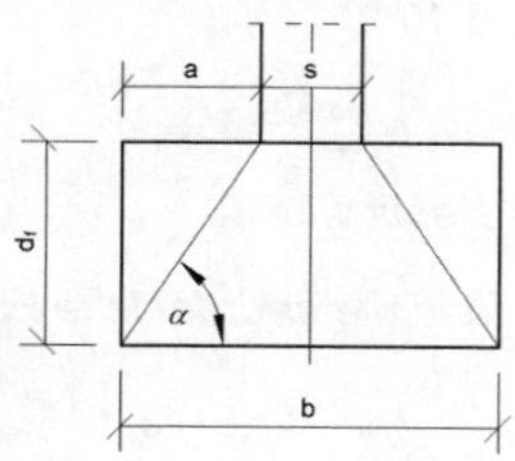


Bei bindigen Böden sollte das Verhältnis $d_F/a$ auch bei geringem Sohldruck nicht kleiner als 1,2 werden. Eine evtl. Fundamentabtreppung darf die durch den Mindestwert gebildete Steigungsgerade nicht schneiden (□ 5.17).

Berechnungsbeispiel: □ 5.18.

□ 5.18: Beispiel 42: Bemessung eines unbewehrten Streifenfundaments

***Geg.:*** *Das dargestellte Streifenfundament. Unter der Außenwand eines Wohnhauses ist ein Fundament (C12/15) geplant.*

$V = V_{G,k}$

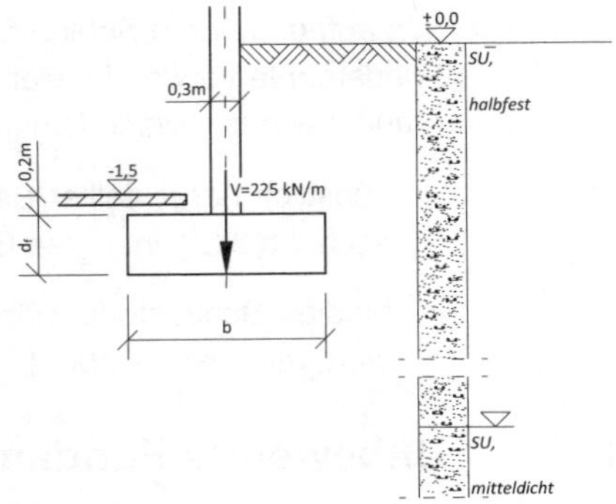


***Ges.:*** *Bemessung als unbewehrtes Fundament*

***Lösung:***

*Vorbemerkungen:*

*Die Voraussetzungen des Verfahrens* „Vereinfachter Nachweis in Regelfällen“ *nach Handbuch Eurocode 7, Band 1: DIN 1054, Abschnitt A 6.10.3 sind erfüllt, selbst wenn sich nachträglich z < 2b ergibt: Der Boden SU ist tragfähiger als der Boden SU = SU* (vgl. Tabellenwerte).*

*Mit den geschätzten Ausgangswerten*

$$b \leq 2{,}0\ m$$

$$d = 0{,}8\ m$$

*erhält man aus Tabelle A 6.6, Handbuch Eurocode 7, Band 1: DIN 1054, Abschnitt A 6.10.3:*

$\sigma_{R,d}^{(A6.4)} = 358\ kN/m^2$, *Erhöhung: entfällt; Abminderung: entfällt*

*Damit wird* $\sigma_{R,d} = 358\ kN/m^2$

*und die erforderliche Fundamentbreite*

$$V_d = V_{G,k} \cdot \gamma_G + V_{Q,k} \cdot \gamma_Q = 225 \cdot 1{,}35 = 304\ kN/m$$

$$\sigma_{R,d} = 358\ kN/m^2 \geq \sigma_{E,d} = \frac{304}{b_{erf}} \Rightarrow b_{erf} \geq \frac{304}{358} = 0{,}85\ m$$

*Wegen der noch nicht berücksichtigten Fundamenteigenlast wird gewählt: b = 0,9 m*

*Mit den Ausgangswerten:* $\sigma_{E,d} \approx 300\ kN/m^2$

*Beton – Festigkeitsklasse C12/15*

*wird der Mindestwert* $\frac{d_f}{a} = 1{,}43$ *und die erforderliche Fundamenthöhe*

$$d_{f,erf} \geq 1{,}43 \cdot a = 1{,}43 \cdot \frac{1}{2} \cdot (1{,}0 - 0{,}3) = 0{,}501\ m$$

□ 5.18: Fortsetzung Beispiel 42: Bemessung eines unbewehrten Streifenfundaments

***gew.:*** *$d_F$ = 0,50 m* $\Rightarrow d = d_f + 0{,}20 = 0{,}50 + 0{,}20 = 0{,}70\ m$

*Spannungsvergleich:*

$$\sigma_{R,d} = 358\ kN/m^2 \geq \sigma_{E,d} = \frac{304 + 23 \cdot 0{,}9 \cdot 0{,}50}{0{,}9} = 350\ kN/m^2$$

**Öffnungen** Im Bereich von Wandöffnungen (Türen o. ä.) muss das Streifenfundament bewehrt werden. ⇒ DIN EN 1992.

**Kreuzungen** Kreuzungsstellen in unbewehrten Streifenfundamenten müssen bewehrt und gepolstert werden (□ 5.19).

□ 5.19: Beispiel: Kreuzung Grundleitung – Streifenfundament: a) Grundriss, b) Schnitt

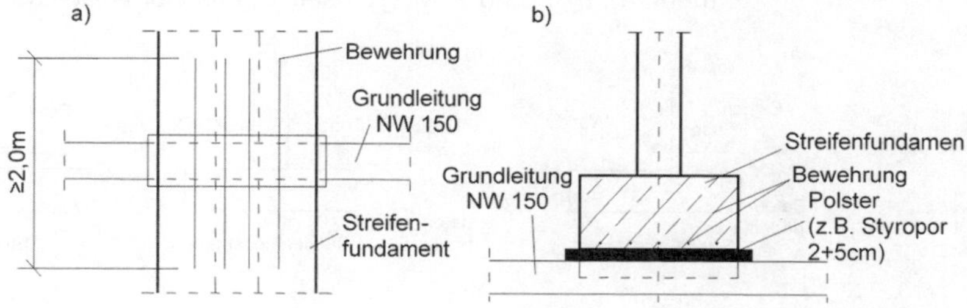


**Anschlüsse** Die Anschlüsse eines unbewehrten Streifenfundaments an eine unbewehrte Betonwand erfolgen über Steckeisen (□ 5.20 a), an eine bewehrte Wand mit Anschlussbewehrung, die unten Winkelhaken erhält (□ 5.20 b).

Beim Anschluss eines Beton(fuß)bodens an ein Streifenfundament muss darauf geachtet werden, dass der Betonboden nicht durchgehend über das Fundament betoniert und anschließend die Wand aufgesetzt wird (□ 5.21 c). Diese Lösung ist zwar ausführungstechnisch einfach, hat aber regelmäßig Risse im Beton(fuß)boden zur Folge. Der Fußboden sollte entweder mit entsprechenden Fugen auf das Fundament aufgelegt (□ 5.21 a) oder nur bis an das Fundament herangeführt werden (□ 5.21 b).

□ 5.20: Beispiel: Anschluss eines unbewehrten Streifenfundamentes an eine a) unbewehrte, b) bewehrte Wand

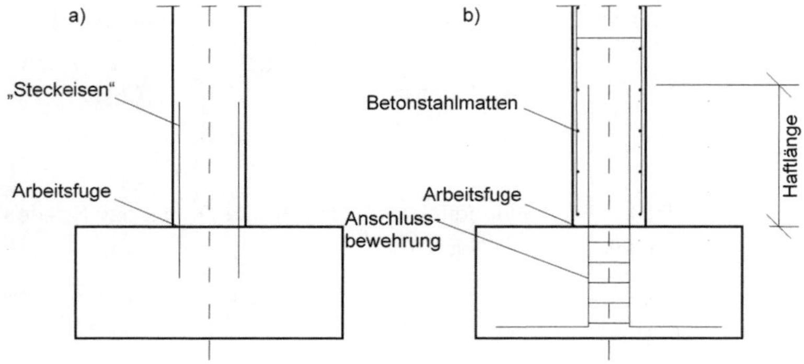


□ 5.21: Beispiel: Anschluss eines Beton(fuß)bodens an ein Streifenfundament: a), b) 1. und 2. Möglichkeit, c) falscher Anschluss

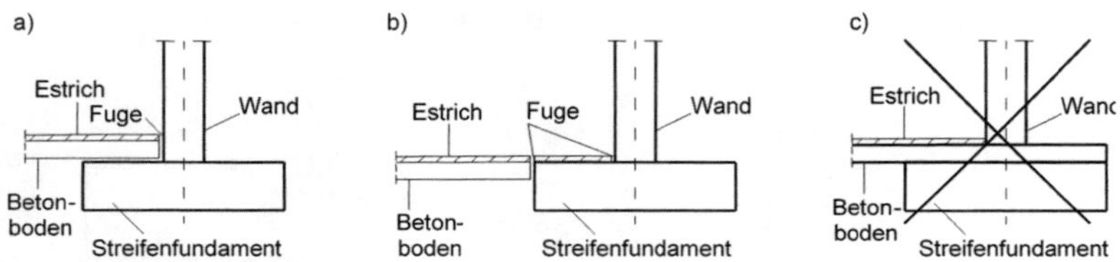


## 5.5 Bewehrte Fundamente

**Anwendung** Wenn unbewehrte Fundamente wegen großer Bauwerkslasten oder aus konstruktiven oder wirtschaftlichen Gründen nicht ausgeführt werden können.

**Bemessung** Die Bemessung nach der äußeren Standsicherheit (siehe Abschnitt 5.1) erfolgt wie in den Ab-schnitten 5.2 und 5.3 beschrieben.

□ 5.22: Verteilung von $M_x$, $\alpha$-Werte (Kintrup 1994)

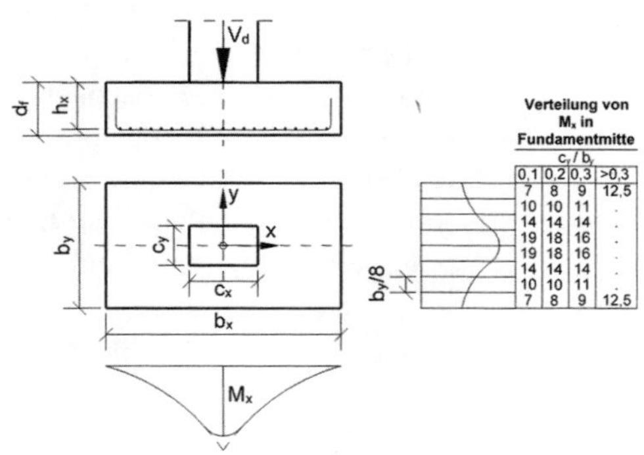


| 0,1 | 0,2 | 0,3 | >0,3 |
|---|---|---|---|
| 7 | 8 | 9 | 12,5 |
| 10 | 10 | 11 | . |
| 14 | 14 | 14 | . |
| 19 | 18 | 16 | . |
| 19 | 18 | 16 | . |
| 14 | 14 | 14 | . |
| 10 | 10 | 11 | . |
| 7 | 8 | 9 | 12,5 |

Die Bemessung nach der inneren Standsicherheit (siehe Abschnitt 5.1) erfolgt bei bewehrten Einzel- und Streifenfundamenten auf Biegung und - wegen ihrer geringen Höhe - auf Schub und Durchstanzen $\Rightarrow$ DIN EN 1992-1-1

Bei der Ermittlung der Schnittgrößen müsste eigentlich die genauere, ungleichmäßige Sohldruckverteilung (siehe Abschnitt 4.2) berücksichtigt werden. Wegen der aufwändigen Ermittlung dieser Verteilung begegnet man diesem Problem jedoch in der Berechnungspraxis meist durch stark vereinfachende Annahmen und einen entsprechend erhöhten Bewehrungsaufwand.

**Einzelfundamente** Anstelle von Hauptmomenten werden die Momente $M_x$ und $M_y$ parallel zu den Fundamentseiten ermittelt (Grasser / Thielen 1991). Dabei wird vereinfachend von einer geradlinig begrenzten Sohldruckfigur ausgegangen (siehe Abschnitt 4.1) und die Vertikalkraft ohne Fundamenteigenlast angesetzt. Die Konzentration der Momente unter der Stütze wird durch Faktoren berücksichtigt (□ 5.22), wobei das Fundament in Streifen von $b/8$ unterteilt wird.

Die Biegebewehrung von Einzel- und Streifenfundamenten sollte ohne Abstufung bis zum Rand verlegt werden.

Neben der Biegebemessung sind zu überprüfen: Sicherheit gegen Durchstanzen und Aufnahme der Schubspannungen.

⇒ Betonkalender (verschiedene Jahrgänge), Schlaich / Schäfer (1991), Schneider

**Streifenfundamente** Die Bewehrung quer zur Wand wird wie in $x$-Richtung bei Einzelfundamenten (siehe oben) berechnet. In Längsrichtung wird eine konstruktive Bewehrung eingelegt.

⇒ Betonkalender (verschiedene Jahrgänge), Schlaich / Schäfer (1991), Schneider.

**Stiefelfundamente** Einseitige Streifenfundamente ("Stiefelfundamente") werden bei einer Grenzbebauung erforderlich. Durch die Ausmittigkeit ent-steht das Moment $V \cdot e$, welches das Fun-dament verdrehen will. In einfachen Fällen und bei geeignetem Bau-grund kann dieses Moment durch das Gegenmoment $R \cdot z$ aus Sohlreibung in Verbindung mit einer bewehrten Fußbodenplatte aufgenommen werden (□ 5.23 a). Andere Möglichkeiten sind, das Moment durch Querwände oder -pfeiler aufzunehmen (□ 5.23 b) oder das Fundament auf Torsion zu bewehren. Biegesteife Ausführung von Wand und Fundament: □ 5.23 c.

□ 5.23: Beispiel: Einseitiges Fundament

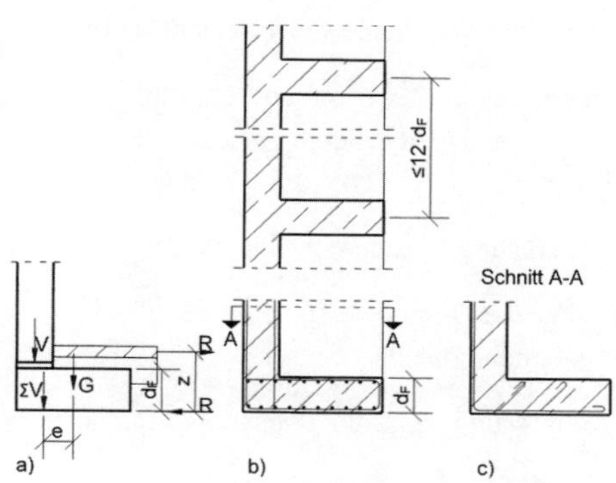


⇒ Kanya (1969), Watermann (1967).

## 5.6 Kontrollfragen

- Welche Aufgabe haben Fundamente?
- Flächengründung? Flachgründung? Flachgründung auf verbessertem Baugrund?
- Tiefgründung? Arten / Lastabtragung von Tiefgründungen? Unterschied Flächengründung Pfahlgrün-dung? Unterschied Flachgründung Tiefgründung? Unterschied Flächengründung Flachgründung?
- Streifenfundament? Einzelfundament?
- Formen von Einzel- und Streifenfundamenten? Skizzen! Vor- und Nachteile?
- Warum sind unbewehrte Fundamente höher als bewehrte?
- Möglichkeit der Betonersparnis bei unbewehrten Fundamenten? Beurteilung?
- Warum sind bewehrte Fundamente u. U. wirtschaftlicher als unbewehrte?
- Abschrägungen bei bewehrten Fundamenten? Beurteilung?
- Gründungssohle? Gründungstiefe?
- Mindesteinbindetiefe? Wovon hängt sie ab?
- Herstellung von Streifen- und Einzelfundamenten bei nichtbindigem / bindigem Baugrund?
- Erdschalung / Fundamentschalung?
- Schutz der Gründungssohle vor Erstellen des Fundaments?
- Vorbereitung der Gründungssohle bei bindigen Böden?
- Lichter Mindestabstand zwischen Fundamenten?
- Was muss bei Fundamenten mit unterschiedlicher Tiefenlage beachtet werden?
- Äußere / innere Standsicherheit von Fundamenten?
- Möglichkeiten der Bemessung nach der äußeren Standsicherheit?
- Bemessung nach der inneren Standsicherheit?
- Wann muss die direkte Bemessung angewendet werden?
- Der Verlauf einer Probebelastung ist zu beschreiben. Skizzen!
- Bemessung mit dem Tabellenverfahren / direkte Bemessung von Streifen- und Einzelfundamenten?
- Der Vorgang der direkten Bemessung eines Fundaments ist zu beschreiben!
- Erläutern Sie mit Hilfe der Last-Setzungs-Linie: Grundbruchlast, aufnehmbare Last in Hinblick auf den Grundbruch / auf die Setzungen!
- Was versteht man unter einem „einfachen Fall“ (dem „Tabellenverfahren“)?
- Welche Bedingung muss beim Tabellenverfahren eingehalten werden?
- Einwirkender / aufnehmbarer Sohldruck?
- Verfahren bei ausmittiger Belastung? Reduzierte Sohlfläche?
- Voraussetzungen für das Tabellenverfahren bezüglich Geländeoberfläche und Schichtgrenzen, Baugrund, Belastung? Frostsicherheit? Porenwasserdruck? Neigung der Resultierenden?
- Das Tabellenverfahren ist nicht anwendbar, was tun?
- Welche Beanspruchung darf nicht vorliegen, wenn das Tabellenverfahren angewendet werden soll?

- Wie groß ist die zulässige Ausmittigkeit / klaffende Fuge beim Tragfähigkeitsnachweise / Gebrauchstaug-lichkeitsnachweise bei a) ständiger Last? b) Gesamtlast?
- Sonderbestimmung für nichtbindigen Boden und Grundwasser?
- Welche Fundamentformen und -größen umfasst das Tabellenverfahren?
- Aufnehmbarer Sohldruck in Abhängigkeit von der Bodenart / der Fundamentbreite / der Einbindetiefe?
- Baugrund: UM. Welche Tabelle ist maßgebend?
- Wogegen müssen die Böden bei der Gründung geschützt werden?
- Wie dick muss die tragfähige Schicht unter einem Fundament beim Tabellenverfahren mindestens sein?
- Wie muss ein nichtbindiger / bindiger Boden beschaffen sein, damit das Tabellenverfahren angewendet werden kann?
- Was ist ein setzungsempfindliches / ein setzungs-unempfindliches Bauwerk?
- Wovon hängt der aufnehmbare Sohldruck bei nichtbindigen Böden ab?
- Was ist ein „Tabellenwert“?
- Warum nimmt $\sigma_{R,d}$ bei Tabelle A.2 mit b und d zu?
- Warum nehmen die Werte der Tabelle A.1 nach anfänglicher Zunahme wieder ab?
- In welchen Fällen dürfen die Tabellenwerte für nicht-bindige Böden erhöht werden?
- In welchen Fällen müssen die Tabellenwerte für nichtbindige Böden herabgesetzt werden?
- Wie wird der aufnehmbare Sohldruck für bindigen Boden beim Tabellenverfahren bestimmt?
- Erhöhung / Abminderung der Tabellenwerte für bindige Böden?
- Welche Setzungen können bei nichtbindigen / bindigen Böden bei der Bemessung nach dem Tabellenverfahren auftreten?
- Aufnehmbarer Sohldruck bei Fels / künstlich hergestelltem Baugrund?
- Anwendung von unbewehrten / bewehrten Fundamenten?
- Bemessung eines unbewehrten Streifenfundaments?
- Bewehrung von unbewehrten Streifenfundamenten im Bereich von Wandöffnungen?
- Zeichnen Sie die Kreuzung einer Grundleitung mit einem unbewehrten Streifenfundament!
- Zeichnen Sie den Anschluss eines unbewehrten Streifenfundaments an eine a) unbewehrte, b) bewehrte Wand!
- Zeichnen Sie den Anschluss eines Beton(fuß)bodens an ein Streifenfundament!
- Bemessung von bewehrten Fundamenten?
- Bemessung von einseitigen Streifenfundamenten (Stiefelfundamenten)?

## 5.7 Aufgaben

5.7.1 Geg.: Streifenfundament, $b$ = 4,5 m, $d$ = 1 m, SW, $C_U = U$ = 12, $D$ = 0,48. Ges.: Bemessungswert des Sohlwiderstands a) für setzungsempfindliches, b) für setzungsunempfindliches Bauwerk nach dem Tabellenverfahren.

5.7.2 Geg.: Streifenfundament, $b$ = 1 m, $d$ = 3 m, SE, $C_U = U$ = 2,8, $D$ = 0,4, $\gamma$ = 18 kN/m³. Ges.: Bemessungswert des Sohlwiderstands für setzungsempfindliches Bauwerk nach dem „Tabellenverfahren“.

5.7.3 Geg.: Streifenfundament, SE, $C_U = U > 3$, $D$ = 0,8, $b$ = 1 m, $d$ = 2,4 m. Ges.: Bemessungswert des Sohlwiderstands?

5.7.4 Wie ist beim „Tabellenverfahren“ die Größe der $H$-Kraft bei bindigen Böden begrenzt?

5.7.5 „Tabellenverfahren“. Wo steht die Last auf der reduzierten Fläche, wenn $e_{vorh} > 0$?

5.7.6 „Tabellenverfahren“ bei bindigem Boden: Wann wird der Bemessungswert des Sohlwiderstands erhöht (e) / abgemindert (a) / unverändert gelassen (u)? a) ausmittige Belastung; b) $b$ = 3 m, $e$ = 0; c) $a/b$ = 1, d) Horizontallast $H < 1/4\ V$, e) Grundwasser $d < b$.

5.7.7 Stützenfundament auf bindigem Baugrund. $V = V_{G,k}$ = 1000 kN, $H$ = = $H_{G,k}$ =200 kN, $e^g$ < b/6. Sind die Voraussetzungen des Tabellenverfahrens bezüglich der Belastung erfüllt?

5.7.8 In welchen Fällen darf der Bemessungswert des Sohlwiderstands beim „Tabellenverfahren“ a) bei nichtbindigen Böden erhöht, / muss sie b) bei bindigen Böden herabgesetzt werden?

5.7.9 Wichtigstes Kriterium für die Setzungsempfindlichkeit eines Bauwerks?

5.7.10 Geg.: Starres Rechteckfundament $a$ = 6,0 m, $b$ = 4,0 m; Gründungstiefe bei - 3,0 m. Baugrund: ± 0,0 bis - 4,6 m: Sand: $\varphi'$ = 32,5°, $\gamma$ = 18,0 kN/m³, $E_m \approx \infty$; - 4,6 bis - 7,0 m: Schluff, $\varphi'$ = 27,5°, $\gamma$ = 20,0 kN/m³, $E_m$ = 6 MN/m²; ab - 7,0 m: Kies-Sand, $\varphi'$ = 35,0°, $\gamma$ = 19,0 kN/m³, $E_m \approx \infty$. Ges.: Zulässige mittige Belastung $V_{zul} = V_{G,k}$, wenn 3 cm Setzung zugelassen werden.

5.7.11 Geg.: Streifenfundament in nichtbindigem Boden, $b$ = 1,8 m; Wandlast $V = V_{G,k}$ = 340 kN/m, Wanddicke 0,3 m. Ges.: Mindesthöhe des unbewehrten Streifenfundaments in B 10.

5.7.12 Geg.: Rechteckfundament unter einem setzungsempfindlichen Bauwerk, $a$ = 4,0 m, $b$ = 3,2 m, Gründungstiefe bei - 1,5 m. Baugrund: SE, □ = 18,0 kN/m3, $D$ = 0,62, $C_U = U$ = 7, Grundwasser bei - 1,8 m. Ges.: Zulässige mittige Vertikallast $V_{zul} = V_{G,k}$ nach dem Tabellenverfahren.

5.7.13 Bei einer Fundamentbemessung nach dem „Tabellenverfahren“ ergab sich die Gleichung $\sigma_{R,d} = 370\ (1 - H/V)^2$.

Ges.: Wie groß darf bei $V = V_{G,k}$ = 1700 kN die Horizontalkraft maximal werden, damit $\sigma_{R,d}$ = 200 kN/m² beträgt?

5.7.14 Geg.: Rechteckfundament unter der Stütze eines setzungsunempfindlichen Bauwerks, $a$ = 2,4 m, $b$ = 1,4 m; Gründungstiefe bei - 1,2 m. Baugrund: ± 0,0 bis - 6,0 m: SW, $\gamma$ = 18,0 kN/m³, $D$ = 0,62, $U$ = 10,0; ab - 6,0 m: UL, steifplastisch. Ges.: Zulässige Belastung $V_{zul}$ nach dem Tabellenverfahren.

5.7.15 Bei dem „Tabellenverfahren“ muss der aus der Tabelle abgelesene zulässige Sohldruck abgemindert werden, wenn im Einflussbereich des Fundaments Grundwasser ansteht. Begründung?

5.7.16 Warum nimmt der Bemessungswert des Sohlwiderstands in den Tabellen der DIN 1054 (□ 5.06) mit der Einbindetiefe zu?

5.7.17 Von welcher Bodenkennzahl hängt der zulässige Sohldruck in den Tabellen des Handbuchs Eurocode 7, Band 1: DIN 1054 bei bindigen Böden ab?

5.7.18 Wie berücksichtigt man bei der Setzungsermittlung die bekannte Tatsache, dass die Berechnungsverfahren zu große Werte liefern?

5.7.19 Geg.: Streifenfundament, $b$ = 3,9 m, Gründungstiefe - 1,5 m. $V$ = 1800 kN/m (mittig, einschließlich Fundament-eigenlast). Baugrund: SE mit ausreichender Lagerungsdichte bis in große Tiefe. Welche Ausmittigkeit ist nach DIN 1054 möglich, wenn $V = V_{G,k}$ eine ständige Last ist?

5.7.20 Warum nimmt der Bemessungswert des Sohlwiderstands in Tabelle 6.1 des Handbuchs Eurocode 7, Band 1: DIN 1054 (□ 5.08) mit der Fundamentbreite zunächst zu und dann wieder ab?

5.7.21 Geg.: Streifenfundament, $V$ = 400 kN/m (einschließlich Fundamenteigenlast), Lastfall 1, setzungsempfindliches Bauwerk, Einbindetiefe 3,5 m. Baugrund (einfach verdichtet): SW, $U$ = 8, $w$ = 0,1, $n$ = 0,35, $\varphi'$ = 35,0°, Grundwasserspiegel in Gründungssohle. Gesucht: a) Fundamentbreite nach dem „Tabellenverfahren" DIN 1054,

b) aufgrund ausreichender Grundbruchsicherheit (Setzungen nicht berücksichtigen).

5.7.22 Geg.: Streifenfundament mit schräger Belastung; Baugrund: Ton. Wie wird die $H$-Kraft bei dem „Tabellenverfahren" berücksichtigt?

5.7.23 „Tabellenverfahren" bei bindigem Baugrund. Geben Sie an, ob die Tabellenwerte in folgenden Fällen erhöht (e), herabgesetzt (h) werden oder unverändert (u) bleiben: a) ausmittige Last, b) Fundamentbreite 2...5 m, c) d > 2 m,

d) $a/b$ < 2, e) Horizontallast, f) Abstand Grundwasser - Fundament < $b$.

5.7.24 Geg.: Streifenfundament unter einem setzungsunempfindlichen Bauwerk, $b$ = 2,4 m, Gründungstiefe bei - 1,0 m; Resultierende (ständige) Last $V$ = 500 kN/m; $H$ = 0; Ausmittigkeit $e$ = 0,5 m. Baugrund: SE bis $z$ = 6 m, $U$ > 3,

$D_{Pr}$ = 99%, kein Auswaschen möglich, $\gamma$ = 18,0 kN/m3; kein Grundwasser. Ges.: Bemessung nach dem „Tabellenverfahren" des Fundaments.

5.7.25 Geg.: Starres Quadratfundament mit $V = = V_{G,k}$ = 500 kN (einschließlich Fundamenteigenlast); Einbindetiefe 3 m; Grundwasserspiegel in Höhe der Gründungssohle. Baugrund: bis - 1 m: mS mit $\varphi'$ = 30°, □ = 17,0 kN/m³; bis - 2 m: S,u mit $\varphi'$ = 27,5°, $\gamma$ = 20,0 kN/m3, c = 0; darunter L (einfach verdichtet) mit $n$ = 0,4, $w$ = 0,22, $\gamma_s$ = 26,7 kN/m³, $\varphi'$ = 22,5°, c' = 5 kN/m², $E_m$ = 8 MN/m². Ges.: a) Fundamentbreite („Tabellenverfahren"), b) Setzung.

5.7.26 Geg.: Rechteckfundament unter einem setzungsempfindlichen Bauwerk, $b$ = 1,5 m, $a$ = 2,0 m; Gründungstiefe bei

- 3,5 m; Baugrund: SE bis $z$ = 8 m, $C_U = U$ = 4, kein Auswaschen möglich, $\gamma_d$ = 15,5 kN/m³, $w$ = 0,1, $n_{max}$ = 0,48, $n_{min}$ = 0,3, kein Grundwasser. Ges.: Bemessungswert des Sohlwiderstands nach Handbuch Eurocode 7, Band 1: DIN 1054.

## 5.8 Weitere Beispiele

Zahlenbeispiele: □ 5.24 bis □ 5.31.

□ 5.24: Beispiel 43: Bemessung eines Mastfundaments nach dem Verfahren „Vereinfachter Nachweis in Regelfällen“

***Geg.:*** *Das Quadratfundament aus Beton ($\gamma$ = 23 kN/m³) unter dem dargestellten Masten; BS-P*

***Ges.:*** *Die erforderlichen Abmessungen des Mastfundamentes*

***Lösung:*** $U = C_U$

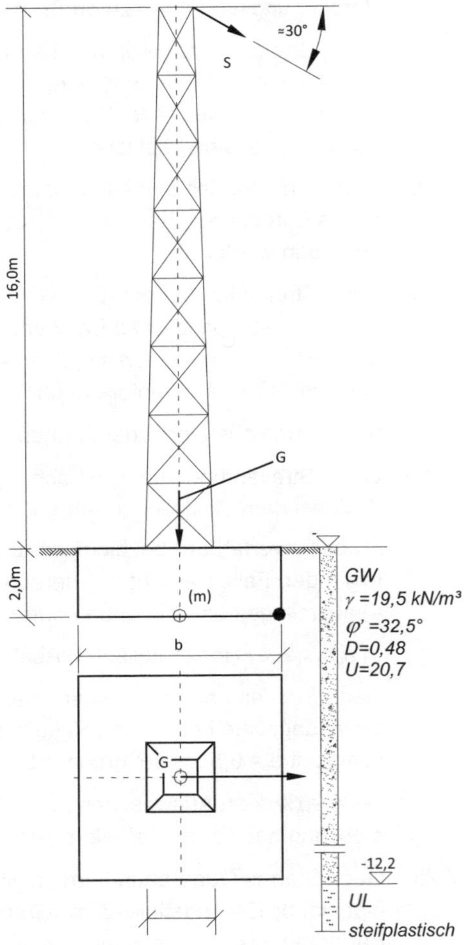


***Vorbemerkung:***

*Als besonderes Kriterium für die Bemessung ist zu beachten, dass verhältnismäßig geringe Horizontallasten das Bauwerk mit einem großen Hebelarm beanspruchen. Vorrangig für die Bemessung ist somit die Begrenzung der Ausmittigkeit.*

*Alle Lasten sind charakteristische Lasten.*

***Lastzusammenstellung***

*Vertikallasten:*

$G = 600\ kN$

$G_F = 23 \cdot 2{,}0 \cdot b^2 = 46{,}0\ b^2$

$S_V^g = 27{,}0\ kN$

$S_V^p = 12{,}5\ kN$

*Horizontallasten:*

$S_H^g = 46{,}8\ kN$

$S_H^p = 21{,}7\ kN$

$E_{p,red} = 0{,}5 \cdot \frac{1}{2} \cdot 19{,}5 \cdot 2{,}0^2 \cdot 3{,}32\ \ b = 64{,}7\ \ b;\quad \left(\alpha = \beta = \delta = 0 \Rightarrow K_{ph} = 3{,}32\right)$

□ 5.24: Fortsetzung Beispiel 43: Bemessung eines Mastfundaments nach dem Verfahren „Vereinfachter Nachweis in Regelfällen"

***1. Voraussetzungen für das „Tabellenverfahren"***

*(1) Belastung: Mindestbreite für die Bedingung* $e^{g} = \frac{b}{6}$:

$$e^{g} = \frac{\sum M_{(m)}}{\sum V} = \frac{46,8 \cdot 18,0 - 64,7b \cdot \frac{2,0}{3}}{600 + 27,0 + 46,0\ b^{2}} \overset{!}{=} \frac{b}{6} \qquad \Rightarrow b_{erf} \approx 3,5\ m$$

*Mindestbreite für die Bedingung* $e^{g+p} = \frac{b}{3}$:

$$e^{g+p} = \frac{46,8 \cdot 18 - 64,7\ b \cdot \frac{2,0}{3} + 21,7 \cdot 18,0}{600 + 27,0 + 46,0\ b^{2} + 12,5} \overset{!}{=} \frac{b}{3}$$

$$\Rightarrow b_{erf} \approx 3,2\ m$$

*gew.: b = 3,5 m*

*Damit wird*

$$e^{g} = 0,58\ m = \frac{b}{6} = \frac{3,50}{6} = 0,58\ m$$

$$e^{g+p} = 0,90 < \frac{b}{3} = \frac{3,50}{3} = 1,17\ m$$

***Kontrolle:*** *Der Nachweis der Sicherheit gegen Gleichgewichtsverlust durch Kippen (EQU) in der Sohlfuge um den Drehpunkt D muss ebenfalls erfüllt sein (siehe auch Abschnitt 2.4): D ist die rechte Außenkante (siehe Systembild)!*

$$M_{E,d}^{D} = (\sum M_{G,k,dst}^{D}) \cdot \gamma_{G,dst} + (\sum M_{Q,k,dst}^{D}) \cdot \gamma_{Q} \leq M_{R,d}^{D} = (\sum M_{G,k}^{D}) \cdot \gamma_{G,stb}$$

$$M_{E,d}^{D} = 46,8 \cdot 18,0 \cdot 1,1 + 21,7 \cdot 18,0 \cdot 1,5 = 1512,5\ kNm$$

$$M_{R,d}^{D} = (600 + 27,0 + 46,0 \cdot 3,5^{2}) \cdot \frac{3,5}{2} \cdot 0,9 = 1875,0\ kNm$$

$$\Rightarrow M_{E,d}^{D} = 1512,5\ kNm < M_{R,d}^{D} = 1875,0\ kNm$$

*Nachweis EQU erfüllt!*

*(2) Gründungstiefe (Außenbereich):*

$$d_{vorh} = 2,0\ m > 0,8\ m$$

*(3) Baugrund:*

*a) bauseits sicherzustellen*

□ 5.24: Fortsetzung Beispiel 43: Bemessung eines Mastfundaments nach dem Verfahren „Vereinfachter Nachweis in Regelfällen“

*(3) Baugrund: (Fortsetzung)*

*b)* $z_{\text{vorh}} = 12{,}2 - 2{,}0 = 10{,}2 \ m$

*Unter der Voraussetzung, dass die erforderliche Fundamentbreite* $b \leq 5{,}1 \ m$ *beträgt, ist o.a. Bedingung erfüllt (*$z_{vorh} \geq 2b$*)*

*Nichtbindiger Boden:* $D_{\text{vorh}} = 0{,}48 > D_{\text{erf}} = 0{,}45 \ (U > 3)$

*(4) Belastung:*

*a) statisch*

*b) entfällt*

*(5) Sonderbestimmung für nbB:*

*Grundwasser unterhalb Fundamentsohle.*

*⇒ Damit sind die Voraussetzungen des „Tabellenverfahrens“ erfüllt.*

**2. *Bemessungswert des Sohlwiderstands*** $\boldsymbol{\sigma_{R,d}}$ ***(nbB)***

*Tabellenwert:* *Setzungsunempfindlich ⇒ Tabelle A.6.1*

*reduzierte Fläche:*

$3{,}5 - 0 = 3{,}5 \ m \mathrel{\hat{=}} a'$

$3{,}5 - 2 \cdot 0{,}90 = 1{,}7 \ m \mathrel{\hat{=}} b'$

$b' = 1{,}7 \ m, \ d_{min} = 2{,}0 \ m \Rightarrow \sigma_{R,d}^{(Tab.\ A6.1)} = 896 \ \frac{kN}{m^2}$ *(interpoliert)*

*(1) Erhöhungen:*

*a)* $\frac{a}{b} = 1{,}0 < 2; \ d_{\text{vorh}} = 2{,}0 \ m > 0{,}6 \cdot 1{,}7 = 1{,}0 \ m \Rightarrow$ *20% Erhöhung*

*b)* $D_{\text{vorh}} = 0{,}48 < D_{\text{erf}} = 0{,}65 \ (U > 3) \Rightarrow$ *keine Erhöhung*

*(2) Abminderungen:*

*a) entfällt (kein Grundwasser im maßgebenden Bereich).*

*b) Abminderungsfaktor (ohne* $E_p$*!)*

$$\left(1 - \frac{46{,}8 + 21{,}7}{600 + 27{,}0 + 12{,}5 + 46{,}0 \cdot 3{,}5^2}\right)^2 = \left(1 - \frac{68{,}5}{1203{,}0}\right)^2 = 0{,}889$$

*Damit wird* $\sigma_{R,d} = 896 \cdot (1 + 0{,}20 + 0 - 0) \cdot 0{,}889 = 955 \ kN/m^2$

□ 5.24: Fortsetzung Beispiel 43: Bemessung eines Mastfundaments nach dem Verfahren „Vereinfachter Nachweis in Regelfällen“

***3. Spannungsnachweis***

$$V_d = V_{G,k} \cdot \gamma_G + V_{Q,k} \cdot \gamma_Q = (600 + 27{,}0 + 46{,}0 \cdot 3{,}5^2) \cdot 1{,}35 + 12{,}5 \cdot 1{,}50 = 1625{,}9\ kN$$

$$\sigma_{R,d} = 955\ kN/m^2 >> \sigma_{E,d} = \frac{1625{,}9}{3{,}5 \cdot 1{,}7} = 273{,}3\ kN/m^2$$

*Anmerkung: Wegen der übergreifenden Bedingung* $e^g = \frac{b}{6}$ *kann die zulässige Spannung nicht besser ausgenutzt werden.*

*Die erforderlichen Fundamentabmessungen betragen: a = b = 3,50 m.*

□ 5.25: Beispiel 44: Fundamentbemessung nach dem Verfahren „Vereinfachter Nachweis in Regelfällen“ (nichtbindiger Baugrund)

***Geg.:*** *Das dargestellte Fundament wird durch die Stütze mit den überwiegend statischen Vertikallasten $V_1$ und $V_2$ (ständige Lasten) sowie mit der Horizontallast H (Verkehrslast) beansprucht.*

*Die Konstruktion kann als setzungsunempfindlich betrachtet werden.*

*Die gegebenen Werte können als charakteristische Werte betrachtet werden.*

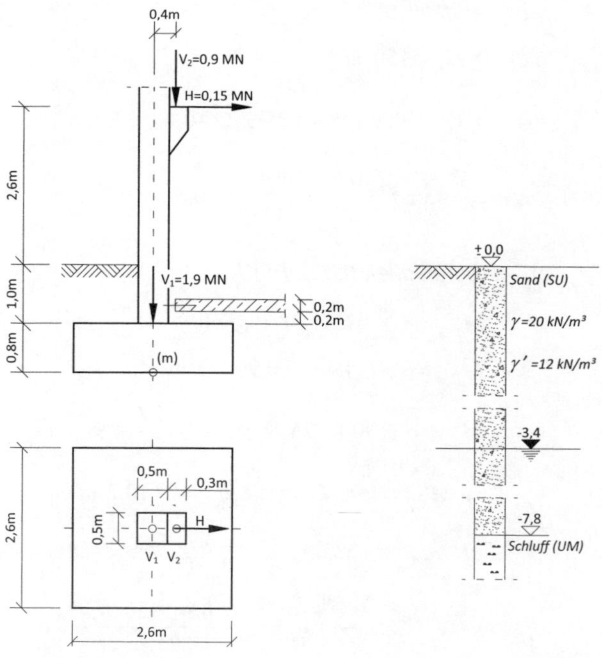


*SU: D 0 075; $C_u$ = 18; UM: Konsistenz: steif*

***Ges.:*** *Es ist zu überprüfen, ob die Fundamentabmessungen ausreichend sind.*

□ 5.25: Fortsetzung Beispiel 44: Fundamentbemessung nach dem Verfahren „Vereinfachter Nachweis in Regelfällen" (nichtbindiger Baugrund)

***Lösung:***

***1. Voraussetzungen für das „Tabellenverfahren"***

*(1) Gründungstiefe (Außenbereich):*

*$d_{vorh}$ = 1,80 m > 0,80 m (frostfrei)*

*(2) Baugrund:*

*a) bauseits sicherzustellen*

*b) $z_{vorh}$ = 6,0 m > 2 · 2,60 = 5,20 m*

*Nichtbindiger Boden: $D_{vorh}$ = 0,75 > $D_{erf}$ = 0,45 (U > 3)*

*(3) Belastung:*

*a) zutreffend*

*b) entfällt*

*c)* $\sum H_k = 150 \; kN$

$$\sum V_k = 1900 + 900 + 25 \cdot 2{,}6^2 \cdot 0{,}8 = 2935 \; kN$$

$$\Rightarrow \quad \tan\delta = \frac{H_k}{V_k} = \frac{150}{2935} = 0{,}05 \leq 0{,}2$$

*c) Tragfähigkeit (ULS: EQU):*

$$M_{E,d}^D = (\sum M_{G,k,dst}^D) \cdot \gamma_{G,dst} + (\sum M_{Q,k,dst}^D) \cdot \gamma_Q \leq M_{R,d}^D = (\sum M_{G,k}^D) \cdot \gamma_{G,stb}$$

$$M_{E,d}^D = 150 \cdot 4{,}4 \cdot 1{,}5 = 990 \; kNm$$

$$M_{R,d}^D = \left[ (1900 + 25 \cdot 2{,}6^2 \cdot 0{,}8) \cdot \frac{2{,}6}{2} + 900 \cdot (\frac{2{,}6}{2} - 0{,}4) \right] \cdot 0{,}9 = 3110{,}2 \; kNm$$

$$\Rightarrow M_{E,d}^D = 990 \; kNm < M_{R,d}^D = 3110{,}2 \; kNm$$

*Gebrauchstauglichkeit (SLS: Zulässige Ausmitte) )*

$$e^{g+p} = \frac{\sum M_{(m)}^{g+p}}{\sum V^{g+p}} = \frac{900 \cdot 0{,}4 + 150 \cdot 4{,}4}{2935} = 0{,}35 \; m \; < \; \frac{2{,}60}{3} = 0{,}87 \; m$$

$$e^{g} = \frac{\sum M_{(m)}^{g}}{\sum V^{g}} = \frac{900 \cdot 0{,}4}{2935} = 0{,}12 \; m < \frac{2{,}60}{6} = 0{,}43 \; m$$

*(4) Sonderbestimmung für nbB:*

□ 5.25: Fortsetzung Beispiel 44: Fundamentbemessung nach dem Verfahren „Vereinfachter Nachweis in Regelfällen“ (nichtbindiger Baugrund)

*Der Grundwasserspiegel liegt unter der Gründungssohle*

*⇒ Damit sind die Voraussetzungen des „Tabellenverfahrens“ erfüllt.*

**2. Bemessungswert des Sohlwiderstands**

*Tabellenwert: Setzungsunempfindlich ⇒ Tabelle A 6.1*

$$b' = 2{,}60 - 2 \cdot 0{,}35 = 1{,}90\ m; \quad d = 1{,}20\ m$$

| d \ b' | 1,0 | 1,2 | 1,5 |
|---|---|---|---|
| 1,5 | 620 | | 760 |
| 1,9 | 684 | 740 | 824 |
| 2,0 | 700 | | 840 |

$$\Rightarrow \sigma_{R,d}^{(Tab.\ A6.1)} = 740\ kN/m^2$$

*(1) Erhöhungen:*

a) $\frac{a'}{b'} = \frac{2{,}60}{1{,}90} = 1{,}37 < 2;\ d = 1{,}2\ m > 0{,}6 \cdot 1{,}9 = 1{,}14\ m$

*⇒ $F_{Erhöhung,\ a)}$ = 0,20 = 20% Erhöhung*

b) *$D_{vorh}$ = 0,75 > $D_{erf}$ = 0,65 (U > 3) ⇒ Erhöhung ist möglich.*

*Der Prozentsatz zwischen den Grenzen $D_{erf}$ = 0,50 ( U < 3) bzw. 0,65 (U > 3) und $D_{max}$ = 1,00 wird linear interpoliert:*

$$F_{Erhöhung,b)} = \frac{(D_{vor\square} - D_{erf}) \cdot 50[\%]}{(D_{erf} - D_{erf})} = \frac{(0{,}75 - 0{,}65) \cdot 50[\%]}{(1{,}00 - 0{,}65)} = +\ 14{,}3\%\ \text{Erhöhung}$$

*(2) Abminderungen:*

a) *$d_w$ = 1,60 m < b' = 1,90 m ⇒ Abminderung.*

$$F_{Abminderung} = \left(1 - \frac{d_W}{b(b')}\right) \cdot 40[\%] = \left(1 - \frac{1{,}60}{1{,}90}\right) \cdot 40[\%] = 6{,}3\%$$

b) *$H_k$ parallel zur kurzen Seite:*

$$F_{H-Kraft} = \left(1 - \frac{\sum H_k}{\sum V_k}\right)^2 = \left(1 - \frac{150}{2935}\right)^2 = 0{,}90$$

**3. Spannungsvergleich:**

$$\sigma_{R,d} = 740 \cdot (1 + 0{,}20 + 0{,}143 - 0{,}063) \cdot 0{,}90 = 852{,}5\ kN/m^2$$

$$V_d = V_{G,k} \cdot \gamma_G + V_{Q,k} \cdot \gamma_Q = 2935 \cdot 1{,}35 = 3962{,}3\ kN$$

$$\sigma_{R,d} = 852{,}5\ kN/m^2 > \sigma_{E,d} = \frac{3962{,}3}{2{,}6 \cdot 1{,}9} = 802{,}1\ kN/m^2$$

*⇒ Die Fundamentabmessungen sind ausreichend.*

□ 5.26: Beispiel 45: Fundamentbemessung nach dem Verfahren „Vereinfachter Nachweis in Regelfällen“ (bindiger Baugrund)

***Geg.:*** *Der dargestellte Gründungskörper einer Stützwand: $R = R_k = R_{G,k} + R_{Q,k}$*

*Die gegebenen Werte können als charakteristische Werte betrachtet werden.*

*UL: steifplastisch*

*SŪ: halbfest*

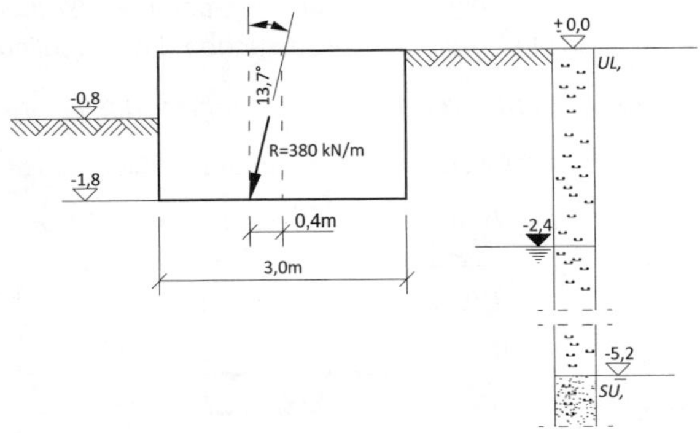


***Ges.:*** *Die Standsicherheit ist zu überprüfen.*

***Lösung:***

***1. Voraussetzung für das „Tabellenverfahren“***

*(1) Gründungstiefe (Außenbereich):*

$$d_{\text{vorh}} = 1{,}0\ m > 0{,}8\ m$$

*(2) Baugrund:*

a) bauseits sicherzustellen

b) $z_{\text{vorh}} = 3{,}4\ m < 2b = 6{,}0\ m$ ;

*Jedoch: Tabellenvergleich: SU mindestens gleichwertig!*

*Bindiger Boden: Steifplastische Konsistenz* $\Rightarrow I_c \geq 0{,}75$

*(3) Belastung:*

*a) statisch (s. Aufgabenstellung)*

*b) bauseits sicherzustellen (z.B. konventionelle Bauweise)*

*c)* $V = 380 \cdot \cos 13{,}7° = 369{,}2\ kN/m$

$$H = 380 \cdot \sin 13{,}7° = 90{,}0\ kN/m$$

$$\Rightarrow \frac{H}{V} = \frac{90{,}0}{369{,}2} = 0{,}24 > 0{,}20!$$

*Somit kann das „Tabellenverfahren“ nicht angewendet werden: Direkter Nachweis für ULS und SLS erforderlich.*

□ 5.27: Beispiel 46: Zulässige Ausmittigkeit nach dem Verfahren „„Vereinfachter Nachweis in Regelfällen" (nichtbindiger Baugrund)

**Geg.:** *Streifenfundament unter einer Gewichtsstützwand*

*Kippnachweis (ULS: EQU) ist erbracht.*

*Belastung:* $V = V_k = 500$ *kN/m*

$H = H_k = 100$ *kN/m*

*Baugrund: bis in größere Tiefe: SE, mitteldicht gelagert.*

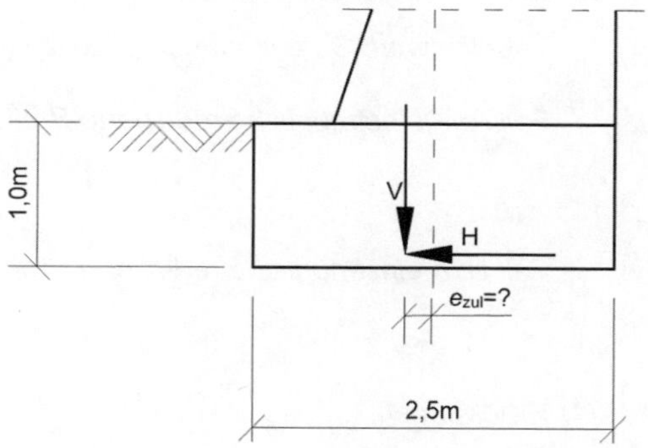


*Fall A: ständige Lasten*
*Fall B: Gesamtlasten zu ermitteln, wobei 70% ständig und 30% veränderlich*

**Ges.:** *Die zulässige Ausmittigkeit*

***Lösung:***

***1. Voraussetzung für das „Tabellenverfahren"***

*(1) Gründungstiefe (Außenbereich):* $d_{\text{vorh}} = 1{,}0\ m > 0{,}8\ m$

*(2) Baugrund:*

*a) bauseits sicherzustellen*

*b)* $z_{\text{vorh}} > 2b$ *bis in größere Tiefe*

*Nichtbindiger Boden: mitteldicht gelagert (s. Aufgabenstellung)*

*(3) Belastung:*

*a) überwiegend statisch (Stützwand)*

*b) entfällt*

*c)* $\frac{H}{V} = \frac{100}{500} = 0{,}20$ *(noch zulässig)*

*d) Fall A:* $e_{\max} = \frac{b}{6} = \frac{2{,}5}{6} = 0{,}42\ m$ ; *Fall B:* $e_{\max} = \frac{b}{3} = \frac{2{,}5}{3} = 0{,}83\ m$

*(4) Sonderbestimmung für nbB:*

*Das Grundwasser liegt unterhalb der Fundamentsohle.*

*⇒ Damit sind die Voraussetzungen für das „Tabellenverfahren" erfüllt.*

□ 5.27: Fortsetzung Beispiel 46: Zulässige Ausmittigkeit nach dem Verfahren „„Vereinfachter Nachweis in Regelfällen“ (nichtbindiger Baugrund)

**2. *Bemessungswert des Sohlwiderstands $\sigma_{R,d}$ (nbB)***

*Tabellenwert: Setzungsunempfindlich (Stützwand) → Tabelle A 6.1*

*Fall A: Kleinstmögliche reduzierte Breite:* $b' = 2{,}50 - 2 \cdot 0{,}42 = 1{,}66 \;\; m$

$$\Rightarrow \sigma_{R,d}^{(Tab.\ A6.1)} = 704 \;\; kN/m^2$$

*Fall B: Kleinstmögliche reduzierte Breite:* $b' = 2{,}50 - 2 \cdot 0{,}83 = 0{,}84 \;\; m$

$$\Rightarrow \sigma_{R,d}^{(Tab.\ A6.1)} = 475 \;\; kN/m^2$$

*(1) Erhöhungen:*

*a)* $\frac{a}{b} = \infty$ $\Rightarrow$ *keine Erhöhung*

*b) nur ausreichend dichte Lagerung* $\Rightarrow$ *keine Erhöhung*

*(3) Abminderungen:*

*a) entfällt (s. Aufgabenstellung)*

*b)* $\left(1 - \frac{100}{500}\right)^2 = 0{,}640$

*Damit wird*

*Fall A:* $\sigma_{R,d} = 704 \cdot 0{,}640 = 450 \;\; kN/m^2$; *Fall B:* $\sigma_{R,d} = 475 \cdot 0{,}640 = 304 \;\; kN/m^2$

**3. *Spannungsnachweis***

*Fall A:* $V_d = V_{G,k} \cdot \gamma_G + V_{Q,k} \cdot \gamma_Q = 500 \cdot 1{,}35 = 675 \;\; kN/m$

$$\sigma_{R,d} = 450 \;\; kN/m^2 > \sigma_{E,d} = \frac{675}{1{,}66} = 407 \;\; kN/m^2$$

*Maßgebend ist somit die Begrenzung der Ausmittigkeit*

$$\left(e = \frac{b}{6}\right) \Rightarrow e_{zul} = 0{,}42 \;\; m$$

*Fall B:* $V_d = V_{G,k} \cdot \gamma_G + V_{Q,k} \cdot \gamma_Q = 0{,}7 \cdot 500 \cdot 1{,}35 + 0{,}3 \cdot 500 \cdot 1{,}50 \approx 698 \;\; kN$

$$\sigma_{R,d} = 304 \;\; kN/m^2 << \sigma_{E,d} = \frac{698}{0{,}84} = 831 \;\; kN/m^2$$

*Maßgebend ist somit eine ausreichende Fundamentbreite b'. Durch Probieren wird ermittelt:* $\Rightarrow e_{zul} = 0{,}45 \;\; m$ $\Rightarrow$ *b' = 1,60 m;*

$$\sigma_{R,d} = 440 \;\; kN/m^2 > \sigma_{E,d} = \frac{698}{1{,}60} \approx 437 \;\; kN/m^2$$

□ 5.28: Beispiel 47: Zulässige Horizontalkraft nach dem Verfahren „Vereinfachter Nachweis in Regelfällen" (nichtbindiger und bindiger Baugrund)

**Geg.:** *Streifenfundament unter einer Gewichtsstützwand*

*Kippnachweis (ULS: EQU) ist erbracht.*

*Belastung:* $V = V_{G,k}$

$H = H_k = 100$ *kN/m*

*Baugrund:*
*Fall A: SW, mitteldicht gelagert*
*Fall B: TA, steifplastisch*

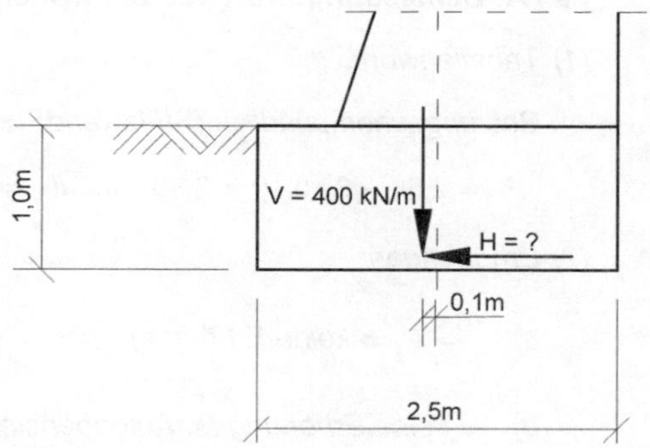


**Ges.:** *Die zulässige Horizontallast in der Gründungssohle ist zu ermitteln.*

***Lösung:***

***Voraussetzungen für das „Tabellenverfahren"***

*(1) Gründungstiefe (Außenbereich):*

$$d_{\text{vorh}} = 1{,}0 \;\; m > 0{,}8 \;\; m$$

*(2) Baugrund:*

*a) bauseits sicherzustellen*

*b)* $z_{\text{vorh}} > 2b$ *(Schichtgrenze tiefliegend)*

*Fall A: ausreichende Lagerungsdichte*
*Fall B: steifplastischer bB* $\Rightarrow I_c \geq 0{,}75$

*(3) Belastung:*

*a) statisch (Stützwand)*
*b) entfällt*
*c) betrifft Fall A und B:*

$$\frac{H}{400} \leq 0{,}2; \text{ d.h. } H_{\max} = 80 \;\; kN$$

*d)* $e_{\text{vorh}} = 0{,}10 \;\; m < \frac{b}{6} = \frac{2{,}50}{6} = 0{,}42 \;\; m$

*(4) Sonderbestimmung für Fall A:*

*Das Grundwasser liegt unterhalb der Fundamentsohle.*

$\Rightarrow$ *Mit der Einschränkung* $H_{\max} = 80 \;\; kN$ *sind die Voraussetzungen des „Tabellenverfahrens" erfüllt.*

□ 5.28: Fortsetzung Beispiel 47: Zulässige Horizontalkraft nach dem Verfahren „Vereinfachter Nachweis in Regelfällen“ (nichtbindiger und bindiger Baugrund)

**2.1 Fall A: Bemessungswert des Sohlwiderstands $\sigma_{R,d}$ (nbB)**

*(1) Tabellenwert:*

*Setzungsunempfindlich (Stützwand) ⇒ Tabelle A 6.1*

$$b' = 2{,}50 - 2 \cdot 0{,}10 = 2{,}30 \ \ m, \ \ d \ = 1{,}0 \ \ m \Rightarrow \sigma_{R,d}^{(Tab.\ A6.1)} = 800 \ \ kN/m^2$$

*(2) Erhöhungen:*

*a)* $\frac{a}{b} = \infty \Rightarrow$ *keine Erhöhung*

*b)* $\Rightarrow$ *keine Erhöhung (s. Aufgabenstellung)*

*(3) Abminderungen:*

*a) entfällt*

*b) mit* $H_{\max} = 80 \ \ kN/m$ *wird*

$$\left(1 - \frac{80}{400}\right)^2 = 0{,}640$$

*Damit wird* $\sigma_{R,d} = 800 \cdot (1 + 0 + 0 - 0) \cdot 0{,}640 = 512 \ \ kN/m^2$

**2.2 Fall B: Bemessungswert des Sohlwiderstands $\sigma_{R,d}$ (bB)**

*(1) Tabellenwert:*

*TA ⇒ Tabelle A 6.8*

$$b' = 2{,}50 - 2 \cdot 0{,}10 = 2{,}30 \ \ m$$

$$b = 2{,}0 \ \ m, \ \ d \ = 1{,}0 \ \ m \Rightarrow \sigma_{R,d}^{(A6.8)} = 210 \ \ kN/m^2$$

$b = 2{,}3 \ \ m \Rightarrow$ *3% Abminderung*

*Das ergibt den „Tabellenwert“* $\sigma_{R,d}^{(A6.8)} = 210 \cdot (1 - 0{,}03) = 203 \ \ kN/m^2$

*(2) Erhöhungen:*

$\frac{a}{b} = \infty$ *keine Erhöhung*

*Damit wird* $\sigma_{R,d} = 203 \ \ kN/m^2$

**3.1 Spannungsnachweis für den Fall A (nbB):**

$$V_d = V_{G,k} \cdot \gamma_G + V_{Q,k} \cdot \gamma_Q = 400 \cdot 1{,}35 = 540 \ \ kN$$

□ 5.28: Fortsetzung Beispiel 47: Zulässige Horizontalkraft nach dem Verfahren „Vereinfachter Nachweis in Regelfällen“ (nichtbindiger und bindiger Baugrund)

$$\sigma_{R,d} = 512 \;\; kN/m^2 > \sigma_{E,d} = \frac{540}{2{,}30} = 235 \;\; kN/m^2$$

*d.h. maßgebend ist die Begrenzung der Horizontallast:* $H_{\text{zul}} = 80 \;\; kN/m.$

***3.2 Spannungsnachweis für den Fall B:***

$$\sigma_{R,d} = 203 \;\; kN/m^2 < \sigma_{E,d} = \frac{540}{2{,}30} = 235 \;\; kN/m^2$$

*d.h. selbst bei* $\frac{H}{V} \leq 0{,}20$ *ist keine ausreichende Sicherheit gegeben.*

□ 5.29: Beispiel 48: Ausmittig belastetes Fundament (nbB)

***Geg.:*** *Das dargestellte Fundament unter einem setzungsunempfindlichen Bauwerk (Bürogebäude)*

$V^g = V_{G,k}$; $V^p = V_{Q,k}$

$H^g = H_{G,k}$; $H^p = H_{Q,k}$; $U = C_U$

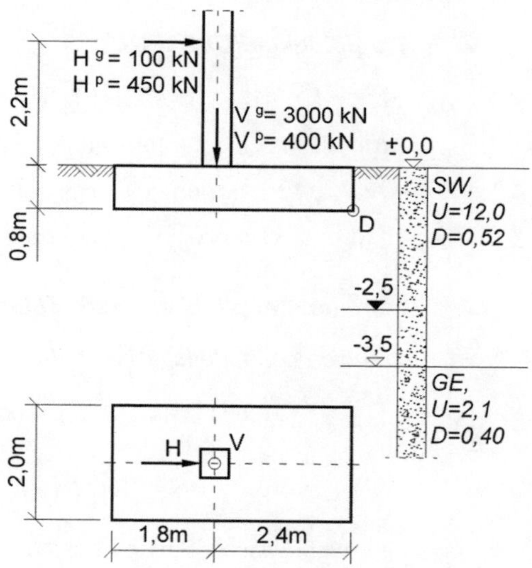


***Ges.:*** *Es ist mit dem „Tabellenverfahren“ zu überprüfen, ob die Abmessungen für die angegebenen statischen Lasten ausreichend sind.*

***Lösung:***

1. ***Voraussetzung für das „Tabellenverfahren“***

   *(1) Gründungstiefe (Außenbereich):*

   $d_{\text{vorh}} = 0{,}8 \;\; m = d_{\text{erf}}$

   *(2) Baugrund:*

   *a) bauseits sicherzustellen*

   *b)* $z_{\text{vorh}} = 2{,}70 \;\; m < 2b < 2 \cdot 2{,}0 = 4{,}0 \;\; m;$

   *jedoch ist der unterlagernde Boden GE gleichwertig.*

□ 5.29: Fortsetzung Beispiel 48: Ausmittig belastetes Fundament (nbB)

*Nichtbindiger Boden:*

*SW:* $D_{\text{vorh}} = 0,52 \; > \; D_{\text{erf}} = 0,45 \;\; (U > 3)$

*GE:* $D_{\text{vorh}} = 0,40 \; > \; D_{\text{erf}} = 0,30 \;\; (U < 3)$

*(3) Belastung:*

*a) statisch (s. Aufgabenstellung)*

*b) entfällt*

*c) Horizontalkraft:*

*Fundamenteigenlast:* $G_F = 2,0 \cdot 4,2 \cdot 0,8 \cdot 25 = 168 \;\; kN$

$$\frac{H}{V} = \frac{100 + 450}{3000 + 400 + 168} = 0,15 < 0,20$$

*d) Ausmittigkeit*

***Tragfähigkeit (ULS: EQU)**:*

$$M_{E,d}^{D} = (\sum M_{G,k,dst}^{D}) \cdot \gamma_{G,dst} + (\sum M_{Q,k,dst}^{D}) \cdot \gamma_{Q} \leq M_{R,d}^{D} = (\sum M_{G,k}^{D}) \cdot \gamma_{G,stb}$$

$$M_{E,d}^{D} = 100 \cdot 3,0 \cdot 1,1 + 450 \cdot 3,0 \cdot 1,5 = 2355 \;\; kNm$$

$$M_{R,d}^{D} = M_{R,d}^{D} = (3000 \cdot 2,4 + 168 \cdot 2,1) \cdot 0,9 = 6797,5 \;\; kNm$$

$$\Rightarrow M_{E,d}^{D} = 2355 \;\; kNm < M_{R,d}^{D} = 6797,5 \;\; kNm$$

***Gebrauchstauglichkeit (SLS: Zulässige Ausmitte)***

*Ständige charakteristische Lasten:*

$$\sum M_{(\text{D})}^{\text{g}} = 3000 \cdot 2,4 + 168 \cdot 2,1 - 100 \cdot 3,0 = 7252,8 \;\; kNm$$

$$\sum V^{\text{g}} = 3000 + 168 = 3168 \;\; kN$$

*Charakteristische Gesamt-Lasten:*

$$\sum M_{(\text{D})}^{\text{g+p}} = 7252,8 + 400 \cdot 2,4 - 450 \cdot 3,0 = 6862,8 \;\; kNm$$

$$\sum V^{\text{g+p}} = 3168 + 400 = 3568 \;\; kN$$

*Damit wird der Randabstand der Resultierenden:*

$$c^{\text{g}} = \frac{7252,8}{3168,0} = 2,29 \;\; m$$

*und die Ausmittigkeit:*

☐ 5.29: Fortsetzung Beispiel 48: Ausmittig belastetes Fundament (nbB)

$$e^{g} = \frac{a}{2} - c^{g} = \frac{4,20}{2} - 2,29 = -0,19\ m,$$ *d.h. links von der Fundamentmitte!*

$$e^{g} = |0,19\ m| < \frac{4,20}{6} = 0,70\ m.$$

*Randabstand:* $c^{g+p} = \frac{6862,8}{3568,0} = 1,92\ m$

*Ausmittigkeit:* $e^{g+p} = \frac{4,20}{2} - 1,92 = 0,18\ m,$

*d.h. rechts von der Fundamentmitte!*

$$e^{g+p} = |0,18\ m| < \frac{4,20}{3} = 1,40\ m$$

*(4) Sonderbestimmung für nbB:*

*Das Grundwasser liegt unterhalb der Fundamentsohle.*

*⇒ Damit sind die Voraussetzungen des „Tabellenverfahrens“ erfüllt.*

**2. Bemessungswert des Sohlwiderstands $\sigma_{R,d}$ (nbB)**

*(1) Tabellenwert: Setzungsunempfindlich ⇒ Tabelle A 6.1*

$$b' = b = 2,0\ m$$

$$a' = 4,20 - 2 \cdot 0,19 = 3,82\ m$$

$$b' = 2,0m,\quad d_{min} = 0,8\ m \Rightarrow \sigma_{R,d}^{(Tab.\ A6.1)} = 760\ \frac{kN}{m^2}$$

*(2) Erhöhungen:*

a) $\frac{a'}{b'} = \frac{3,82}{2,00} < 2;\ d = 0,8 < 0,6 \cdot 2,0 = 1,2\ m$ *⇒ keine Erhöhung*

b) $D_{vorh} = 0,52 < D_{erf} = 0,65\ (U > 3)$ *⇒ keine Erhöhung*

*(3) Abminderungen:*

a) $\frac{d_w}{b} = \frac{1,70}{2,0} = 0,85 < 1 \Rightarrow \left(1 - \frac{d_w}{b}\right) \cdot 40\% = (1 - 0,85) \cdot 40 = 6\%$

*Abminderung*

b) *H wirkt parallel zur längeren Seite!*

$$\frac{a'}{b'} = \frac{3,82}{2,0} < 2 \Rightarrow f = (1 - \frac{H}{V})^2 = (1 - \frac{550}{3568})^2 = 0,715$$

□ 5.29: Fortsetzung Beispiel 48: Ausmittig belastetes Fundament (nbB)

*Damit wird* $\sigma_{R,d} = 760 \cdot (1 + 0 + 0 - 0{,}06) \cdot 0{,}715 = 510 \ kN/m^2$

***3. Spannungsnachweis***

$$V_d = V_{G,k} \cdot \gamma_G + V_{Q,k} \cdot \gamma_Q = (3000 + 168) \cdot 1{,}35 + 400 \cdot 1{,}50 = 4876{,}8 \ kN$$

$$\sigma_{R,d} = 510 \ kN/m^2 < \sigma_{E,d} = \frac{4876{,}8}{2{,}0 \cdot 3{,}82} \approx 638 \ kN/m^2$$

*Die Fundamentabmessungen reichen nicht aus.*

□ 5.30: Beispiel 49: Fundamentbemessung nach dem Verfahren „Vereinfachter Nachweis in Regelfällen" (nichtbindiger Baugrund)

***Geg.:*** *Das Streifenfundament unter einem Verwaltungsgebäude (setzungsempfindliche Konstruktion)*

*$V = V_{G,k}$; $U = C_U$*

*Die gegebenen Werte können als charakteristische Werte betrachtet werden.*

*SE: $C_U = 3{,}7$, $D = 0{,}80$*

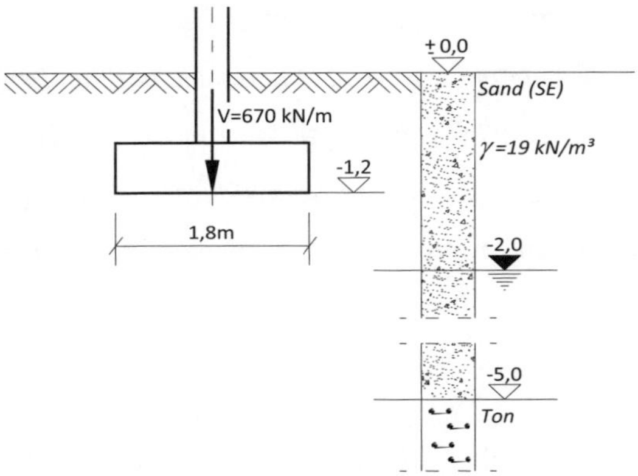


***Ges.:*** *Ist das Streifenfundament ausreichend bemessen?*

***Lösung:***

***1. Voraussetzungen für das „Tabellenverfahren"***

*(1) Gründungstiefe (Außenbereich):*

*$d_{vorh} = 1{,}20$ m > 0,80 m (frostfrei)*

*(2) Baugrund:*

*a) bauseits sicherzustellen*

*b) $z_{vorh} = 3{,}80$ m > 2b = 3,60 m*

*Nichtbindiger Boden: $D_{vorh} = 0{,}80 > D_{erf} = 0{,}45$ (U > 3)*

*(3) Belastung:*

*a) zutreffend*

□ 5.30: Fortsetzung Beispiel 49: Fundamentbemessung nach dem Verfahren „Vereinfachter Nachweis in Regelfällen“ (nichtbindiger Baugrund)

*b) entfällt*

*c) $H_k = 0$*

*d) $e = 0$*

*(1) Sonderbestimmung für nbB:*

*Grundwasser unterhalb Gründungssohle*

*⇒ Voraussetzungen erfüllt.*

**2. Bemessungswert des Sohlwiderstands $\sigma_{R,d}$ (nbB)**

*Tabellenwert:*

*Setzungsempfindlich ⇒ Tabelle A 6.2*

| d \ b | 1,5 | 1,8 | 2,0 |
|---|---|---|---|
| 1,0 | 500 | | 430 |
| 1,2 | 520 | 478 | 450 |
| 1,5 | 550 | | 480 |

$$b = 1{,}8\ m,\quad d = 1{,}2\ m\ \Rightarrow \sigma_{R,d}^{(Tab.\ A6.2)} = 478\ kN/m^2$$

*(1) Erhöhungen:*

*a)* $\frac{a}{b} = \infty \Rightarrow$ *keine Erhöhung*

*b)* $D_{\text{vorh}} = 0{,}80 > D_{\text{erf}} = 0{,}65\ (U > 3)$

$$\frac{0{,}80 - 0{,}65}{1{,}00 - 0{,}65} \cdot 50\% = 21{,}4\%\ \textit{Erhöhung}$$

*Damit wird* $\sigma_{R,d}^{(A6.2)} = 478 \cdot (1 + 0 + 0{,}214) = 580\ kN/m^2$

**3. Vergleichsrechnung**

*(1) Tabellenwert:*

*setzungsunempfindlich ⇒ Tabelle A 6.1*

| d \ b | 1,5 | 1,8 | 2,0 |
|---|---|---|---|
| 1,0 | 660 | | 800 |
| 1,2 | 700 | 784 | 840 |
| 1,5 | 760 | | 900 |

$$b = 1{,}8\ m,\quad d = 1{,}2\ m\ \Rightarrow \sigma_{R,d}^{(Tab.\ A6.1)} = 784\ kN/m^2$$

*(2) Erhöhungen:*

☐ 5.30: Fortsetzung Beispiel 49: Fundamentbemessung nach dem Verfahren „Vereinfachter Nachweis in Regelfällen“ (nichtbindiger Baugrund)

*a)* $\frac{a}{b} = \infty \Rightarrow$ *keine Erhöhung*

*b) wie vor: 21,4% Erhöhung*

*(3) Abminderungen:*

*a)* $\frac{d_{\mathrm{w}}}{b} = \frac{0,80}{1,80} = 0,44 < 1$

$(1-0,44) \cdot 40\% = 22,4\%$ *Abminderung*

*b)* $H = 0$

*Damit wird* $\sigma_{R,d}^{(A6.1)} = 784 \cdot (1+0+0,214-0,224) = 776\ kN/m^2$

***4. Spannungsnachweis***

*Maßgebend ist der kleinere Wert:*

$$\sigma_{R,d} = \sigma_{R,d}^{(A6.2)} = 580\ kN/m^2$$

*Spannungsvergleich:*

$$V_d = V_{G,k} \cdot \gamma_G + V_{Q,k} \cdot \gamma_Q = 670 \cdot 1,35 = 904,5\ kN/m$$

$$\sigma_{R,d} = 580\ kN/m^2 > \sigma_{E,d} = \frac{904,5}{1,8} = 502,5\ kN/m^2$$

*Das Fundament ist ausreichend bemessen.*

☐ 5.31: Beispiel 50: Bemessung a) nach dem Verfahren „Vereinfachter Nachweis in Regelfällen“ (nichtbindiger Baugrund), b) durch direkte Standsicherheitsnachweise

***Geg.:*** *Streifenfundament, setzungsempfindlich*

*Der Anteil der veränderlichen Lasten beträgt maximal 40%.*

*V = V$_k$; U = C$_U$*

*E$_s$ aus Laborversuchen*

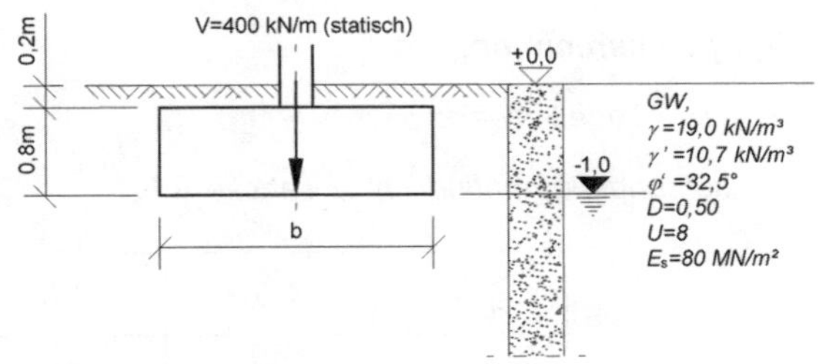


*Die gegebenen Werte können als charakteristische Werte betrachtet werden.*

□ 5.31: Fortsetzung Beispiel 50: Bemessung a) nach dem Verfahren „Vereinfachter Nachweis in Regelfällen“ (nichtbindiger Baugrund), b) durch direkte Standsicherheitsnachweise

***Ges.:*** *Die erforderliche Breite nach*

*a) durch das Tabellenverfahren*

*b) nach Grundbruch- und Setzungskriterium*

***Lösung:***

***zu a)*** *„Tabellenverfahren“*

***1. Voraussetzung für das „Tabellenverfahren“***

*(1) Gründungstiefe (Außenbereich):*

$$d_{\text{vorh}} = 1{,}0\ \ m > 0{,}8\ \ m$$

*(2) Baugrund:*

*a) bauseits sicherzustellen*

*b)* $z_{\text{vorh}} > 2b$ *(Schichtgrenze tiefliegend)*

*Nichtbindiger Boden:* $D_{\text{vorh}} = 0{,}50\ \ >\ \ D_{\text{erf}} = 0{,}45\ \ (U > 3)$

*(3) Belastung:*

*a) statisch (s. Aufgabenstellung)*

*b) entfällt*

*c) H = 0*

*d) e = 0*

*(4) Sonderbestimmung für nbB:*

*Das Grundwasser steht in der Fundamentsohle.*

*⇒ Damit sind die Voraussetzungen für das „Tabellenverfahren“ erfüllt.*

***3. Bemessungswert des Sohlwiderstands*** $\sigma_{R,d}$ ***(nbB)***

*Anmerkung: Zur Lösung wird das Verfahren „trial and error“ angewendet.*

*gew.: b = 1,0 m*

*(1) Tabellenwert:*

*setzungsempfindlich ⇒ Tabelle A 6.2*

$$b = 1{,}0\ \ m,\ \ d = 1{,}0\ \ m\ \ \Rightarrow \sigma_{R,d}^{(Tab.\ A6.2)} = 520\ \ kN/m^2$$

*(2) Erhöhungen:*

□ 5.31: Fortsetzung Beispiel 50: Bemessung a) nach dem Verfahren „Vereinfachter Nachweis in Regelfällen“ (nichtbindiger Baugrund), b) durch direkte Standsicherheitsnachweise

*a)* $\frac{a}{b} = \infty \Rightarrow$ *keine Erhöhung*

*b)* $D_{\text{vorh}} = 0,50 \; < \; D_{\text{erf}} = 0,65 \; (U > 3) \Rightarrow$ *keine Erhöhung*

*Damit wird* $\sigma_{R,d}^{(A6.2)} = 520 \cdot (1+0+0) = 520 \; kN/m^2$

**2. *Vergleichsrechnung***

*(1) Tabellenwert:*

*Setzungsunempfindlich* $\Rightarrow$ *Tabelle A 6.1*

$b = 1,0 \; m, \; d = 1,0 \; m \Rightarrow \sigma_{R,d}^{(A6.1)} = 520 \; kN/m^2$

*(2) Erhöhungen:*

*a)* $\frac{a}{b} = \infty \Rightarrow$ *keine Erhöhung*

*b)* $D_{\text{vorh}} = 0,50 \; < \; D_{\text{erf}} = 0,65 \; (U > 3) \Rightarrow$ *keine Erhöhung*

*(3) Abminderungen:*

*a)* $\frac{d_{\text{w}}}{b} = 0 \Rightarrow$ *40% Abminderung*

*b)* *H = 0* $\Rightarrow$ *keine Abminderung*

*Damit wird* $\sigma_{R,d}^{(A6.1)} = 520 \cdot (1+0+0-0,40) = 312 \; kN/m^2$

*Maßgebend:* $\sigma_{R,d} = \sigma_{R,d}^{(A6.1)} = 312 \; kN/m^2$

**3. *Spannungsnachweis:***

$$V_d = V_{G,k} \cdot \gamma_G + V_{Q,k} \cdot \gamma_Q = 400 \cdot 1,35 = 540 \; kN/m$$

$$\sigma_{R,d} = 312 \; kN/m^2 < \sigma_{E,d} = \frac{540}{1,0} = 540 \; kN/m^2$$

**4. *Neubemessung:***

*Eine Bemessung mit b = 1,50 m ergibt*

$$\sigma_{R,d} = 396 \; kN/m^2 > \sigma_{E,d} = \frac{540}{1,5} = 360 \; kN/m^2 .$$

*Die erforderliche Fundamentbreite beträgt b = 1,50 m.*

□ 5.31: Fortsetzung Beispiel 50: Bemessung a) nach dem Verfahren „Vereinfachter Nachweis in Regelfällen“ (nichtbindiger Baugrund), b) durch direkte Standsicherheitsnachweise

***zu b)*** *Bemessung nach Grundbruch- und Setzungskriterien*

***Grundbruchwiderstand:***

$N_{d0} = 25\,;\quad \nu_d = 1{,}0\,;\quad N_{b0} = 15\,;\quad \nu_b = 1{,}0$

$$R_{V,k} = b \cdot (0 + 19{,}0 \cdot 1{,}0 \cdot 25 \cdot 1{,}0 + 10{,}7 \cdot b \cdot 15 \cdot 1{,}0) = 475{,}0 \cdot b + 160{,}5 \cdot b^2$$

$$V_d = V_{G,k} \cdot \gamma_G + V_{Q,k} \cdot \gamma_Q = 0{,}6 \cdot 400 \cdot 1{,}35 + 0{,}4 \cdot 400 \cdot 1{,}50 = 564 \;\; kN/m$$

*Damit lautet die Ausgangsbedingung*

$$R_{V,d} = \frac{475{,}0 \cdot b + 160{,}5 \cdot b^2}{1{,}40} \geq V_d = 564$$ *mit der brauchbaren Lösung* $b \approx 1{,}20 \;\; m$

***Nachtrag***

*Da das Fundament als setzungsempfindlich eingestuft ist, muss die Größe der Setzung ermittelt werden.*

*Setzungserzeugende Spannung*

$$\sigma_1 = \sigma_0 - \gamma \cdot d = \frac{400}{1{,}2} - 19{,}0 \cdot 1{,}0 = 314{,}3 \;\; kN/m^2$$

*Grenztiefe*

$\frac{a}{b} = \infty$

| Kote | z | d + z | σü | 0,2σü | z/b | i | i·σ1 |
|---|---|---|---|---|---|---|---|
| [m] | [m] | [m] | [kN/m²] | [kN/m²] | 1 | 1 | [kN/m²] |
| -10,6 | 9,6 | 10,6 | 121,7 | 24,3 | 8,0 | 0,0814 | 25,6 |

$d_s \approx 9{,}6 \;\; m$

*Setzungsbeiwert*

$$\frac{a}{b} = \infty;\;\; \frac{z}{b} \mathrel{\hat{=}} \frac{d_s}{b} = \frac{9{,}6}{1{,}2} = 8{,}0 \;\; \rightarrow f = 1{,}8888$$

*Zusammendrückungsmodul: Annahme κ~ 2/3 (0,67; siehe □3.05)*

$$E_{s,k} = \frac{E_s}{\kappa} = \frac{80000 \cdot 3}{2} = 120000 \;\; kN/m^2$$

*Setzung*

$$s = \frac{314{,}3 \cdot 1{,}2 \cdot 1{,}8888}{120000} = 0{,}006 \;\; m \mathrel{\hat{=}} 0{,}6 \;\; cm$$

*Die Setzung liegt innerhalb des in Handbuch Eurocode 7, Band 1: DIN 1054, Abschnitt A 6.10 „Vereinfachter Nachweis in Regelfällen“ angegebenen Bereichs für setzungsempfindliche Bauwerke.*

# 6 Gründungsbalken und Gründungsplatten

## 6.1 Grundlagen

**Norm** DIN 4018.

**Gründungen** Je nach Tiefenlage des tragfähigen Bodens werden Flach- und Tiefgründungen unterschieden.

**Flachgründungen**

Gründungskörper mit geringer Einbindetiefe, welche die Lasten überwiegend in der Gründungssohle in den Baugrund übertragen (z. B. Einzelfundamente, Streifenfundamente, Gründungsbalken (auch Trägerrostfundamente) und Gründungsplatten) und auf natürlichem oder künstlich hergestelltem Baugrund stehen. Flachgründungen sind fast ausnahmslos Flächengründungen.

**Flächengründungen**

Gründungskörper mit geringer oder großer Einbindetiefe, welche die Lasten über eine großflächige Gründungssohle in den Baugrund überträgt. Diese umfasst meistens die gesamte Bauwerksfläche.

**Tiefgründungen**

Tiefgründungen sind vor allem Pfahlgründungen, die ihre Lasten über Spitzendruck und Mantelreibung an den Baugrund abgeben. Tiefgründungen können aber auch Flächengründungen sein, z. B. Pfeilergründungen, Brunnen, Senkkästen.

**Kombinierte Pfahl-Plattengründung (KPP)** Verbundkonstruktion von Fundamentplatten und Pfählen zur Übertragung von Bauwerkslasten in den Baugrund. Sie werden vor allem bei Hochhäusern angewendet (siehe Abschnitt 6.6.3).

**Gründungsbalken** Statt jeweils auf ein Einzelfundament können mehrere Einzelstützen in einer Reihe auf ein gemeinsames Fundament, einen „Gründungsbalken" gestellt werden. Hierdurch werden Schalungsaufwand und Setzungsunterschiede geringer als bei Einzelgründungen. Gründungsbalken sehen zwar wie Streifenfundamente aus, sind aber nicht wie diese in Längsrichtung durch die aufgehende Wand ausgesteift. Daher werden sie nach DIN 4018 als Biegeträger auf mehreren Stützen berechnet und bewehrt.

Im Gegensatz zu üblichen Trägern im Hochbau sind bei Gründungsbalken die Auflager-kräfte (die Stützenlasten) bekannt und die äußere Belas-tung (die Sohldruckverteilung) unbekannt. Letztere ist dann richtig gewählt, wenn sich aus ihr die bekannten Stützenlasten errechnen lassen.

**Gründungsbalken** Wenn Streifen- und Einzelfundamente unter Wänden und Stützen - bedingt durch einen geringen aufnehmbaren Sohldruck – so groß werden, dass kaum noch Zwischenräume vorhanden sind, werden sie wirtschaftlicher auf eine gemeinsame Gründungsplatte gestellt. Dadurch werden auch die Setzungsunterschiede verringert und die Ausführung einer wasserdichten Wanne ermöglicht.

Gründungsplatten werden in beiden Richtungen auf Biegung beansprucht. Sie werden heute meist mit durchgehend gleicher Plattendicke ausgeführt (□ 6.01), obwohl eine geringere Plattendicke in den Feldern und die Anordnung von oben- oder untenliegenden Verstärkungen unter den Lasteintragungen (□ 6.01) sinnvoll wäre. Diese Ausführung ist aber meist zu lohnaufwändig.

□ 6.01: Beispiele: Formen von Gründungsplatten

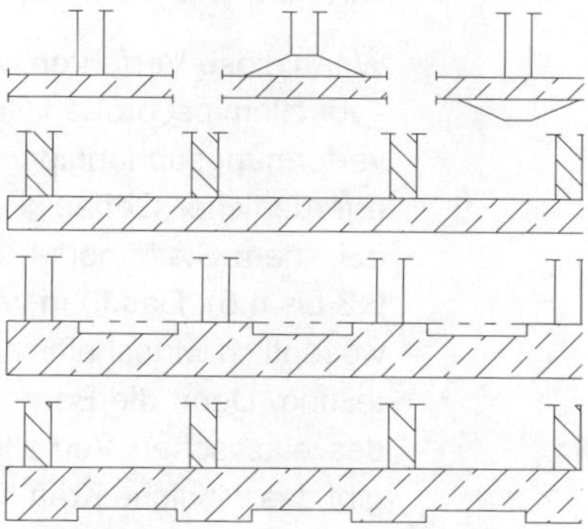

**Berechnung** Für die Berechnung von Gründungsbalken und Gründungsplatten sind neben der Sohldruckverteilung vor allem die Setzungsunterschiede von Bedeutung, da sie zusätzliche Biegebeanspruchungen hervorrufen. Die maßgebende Verteilung des Sohldrucks ergibt sich aus der Forderung, dass die von den Sohlspannungen bewirkte Setzungsmulde mit der Biegelinie des Balkens oder der Platte übereinstimmen muss. Diese Verknüpfung der Formänderung der Gründung und des Baugrunds stellt ein vielfach statisch unbestimmtes Problem dar, das sich nicht mit geschlossenen mathematischen Formeln, sondern nur mit mehr oder weniger starken Vereinfachungen und Annahmen bezüglich der Sohldruckverteilung lösen lässt.

Rechentechnisch ist zwischen Gründungsbalken und -platten kein Unterschied. Ein Gründungsbalken wird mit seiner tatsächlichen Breite, eine Gründungsplatte mit einem Streifen von 1 m Breite, gegebenenfalls in mehreren kritischen Schnitten, berechnet (□ 6.02).

□ 6.02: Beispiel: Rechenmodell Gründungsplatte

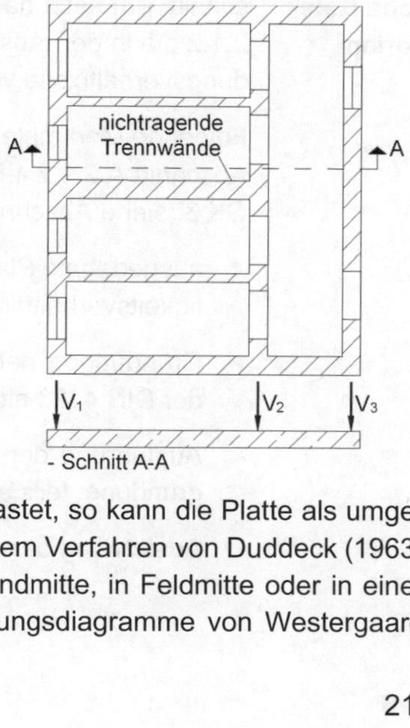


Gründungsplatten gleichen, auch bezüglich ihrer Bewehrung, umgekehrten Massivdecken. Der geeignete Ansatz für ihre Berechnung richtet sich nach der Einleitung der äußeren Lasten: bei einer durch Wände belasteten Platte können die Wände als Auflager betrachtet und der Sohldruck als äußere Last angesetzt werden (Kany 1959). Wird die Platte durch annähernd regelmäßig angeordnete Stützen belastet, so kann die Platte als umgekehrte Pilzdecke betrachtet und z. B. nach dem Verfahren von Duddeck (1963) berechnet werden. Bei Stützenlasten in Randmitte, in Feldmitte oder in einer Ecke der Platte können z. B. die Bemessungsdiagramme von Westergaard

(Schröder 1966) angewendet werden. Bei beliebig belasteter Platte kann nach Smoltczyk (Schröder 1966) gerechnet werden.

**Verfahren**

In der Praxis wird die Sohldruckfigur häufig - ohne Rücksicht auf die verschiedenen Einflüsse auf die Verteilung der Sohldrücke (siehe Abschnitt 4) - einfach angenommen ("vorgegeben"). Dies ist unter bestimmten Voraussetzungen zu vertreten (siehe Abschnitt 6.2).

Wenn diese Verfahrensweise aus Sicherheits- oder Wirtschaftlichkeitsgründen - vor allem bei großen Gründungsplatten - nicht zweckmäßig erscheint, wird mit verformungsabhängigen Sohldruckverteilungen gerechnet, und zwar je nach erforderlicher Genauigkeit und vertretbarem Aufwand nach dem Bettungsmodul-, dem Steifemodul- oder einem kombinierten Verfahren (siehe Abschnitte 6.3 bis 6.5). Das führt, vor allem bei großen Stützenlasten und -abständen, zu wesentlich wirtschaftlicheren Ergebnissen als eine vorgegebene Sohldruckverteilung. Denn die Bemessungsmomente können wegen der Berücksichtigung des elastischen Verhaltens geringgehalten werden. Keines dieser Verfahren gibt das wirkliche Kraft- und Verformungsbild wieder. Bei sachkundiger Anwendung sind diese Verfahren jedoch als Bemessungsgrundlage ausreichend (DIN 4018).

Die Wahl des für den jeweiligen Fall "richtigen" Verfahrens richtet sich nach dem vernünftigen Verhältnis zwischen Rechenaufwand und erzielbarer Genauigkeit. Eine unkritische Anwendung eines der im Folgenden beschriebenen Verfahren kann günstigenfalls zur unwirtschaftlichen Bemessung, in anderen Fällen aber zu unzureichenden Sicherheiten führen.

Gegenüberstellung und Grenzen der verschiedenen Berechnungsverfahren: ⇒ Graßhoff. ⇒ Hahn (1985), Kany (1974), Wölfer (1978), Flächengründungen und Fundamentsetzungen 1959. EWB. ⇒ DIN-Fachbericht 130 (2003)

**Geotechnische Kategorien**

Die Zuordnung einer Gründung zur Geotechnischen Kategorie GK 1 (siehe Abschnitt 1.3) setzt nach Handbuch Eurocode 7, Band 1: DIN 1054, Abschnitt A 2.1.2 die in den Abschnitten 5.3.1 und 5.3.2 genannten Baugrund- und Gründungsverhältnisse voraus.

Folgende Merkmale erfordern nach Handbuch Eurocode 7, Band 1: DIN 1054, Abschnitt A 2.1.2.4 in der Regel die Zuordnung zur Geotechnischen Kategorie GK 3 (siehe Abschnitt 1.3):

- ausgedehnte Plattengründung auf einem Boden mit unterschiedlichen Steifigkeitsverhältnissen im Grundriss;
- Gründungen neben bestehenden Gebäuden, wenn die Voraussetzungen der DIN 4123 nicht zutreffen;
- Ausführung der Gründung eines Bauwerks teils als Flach- oder Flächengründung, teils als Tiefgründung;
- Ausführung der Gründung als Kombinierte Pfahl-Plattengründung (KPP).

## 6.2 Vorgegebene Sohldruckverteilung

**Spannungs-trapez-verfahren**

Die einfache Annahme einer geradlinig begrenzten Sohldruckfigur (siehe Abschnitt 4.1) ist das älteste Berechnungsverfahren. Es wird Spannungstrapezverfahren genannt, weil die Sohldruckfigur im allgemeinen Fall ausmittiger Belastung trapezförmig ist (□ 6.03 a).

□ 6.03: Beispiele: Geradlinig begrenzte SNSV:
a) Spannungstrapezverfahren
b) aufgesetzte Spannungsspitzen

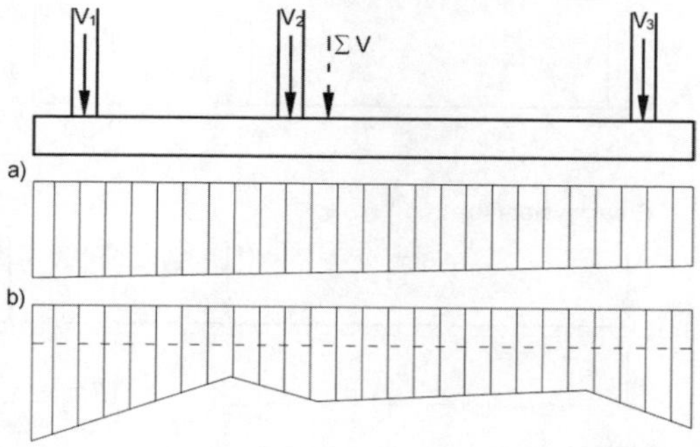


Dieses Verfahren liefert bei leichten Bauwerken mit annähernd gleichmäßiger Lastverteilung hinreichend genaue Ergebnisse und führt im Allgemeinen zu einer Überbemessung. In Hinblick darauf, dass durch das Spannungstrapezverfahren die Zugbereiche u. U. nicht an der richtigen Stelle berechnet werden, wird manchmal versucht, die Sicherheit dadurch zu erhöhen, dass die errechnete Bewehrung oben und unten in die Gründungsplatte einlegt wird.

Auch Gründungsbalken, die durch eine große Konstruktionshöhe möglichst steif gemacht worden sind, können mit einer geradlinig begrenzten Sohldruckfigur bemessen werden. Die große Bauhöhe führt zu einer wesentlich geringeren Schubbewehrung, und die Bewehrung kann aus geraden Stäben und Bügeln bestehen (□ 6.04).

□ 6.04: Beispiel: Konstruktion von Gründungsbalken

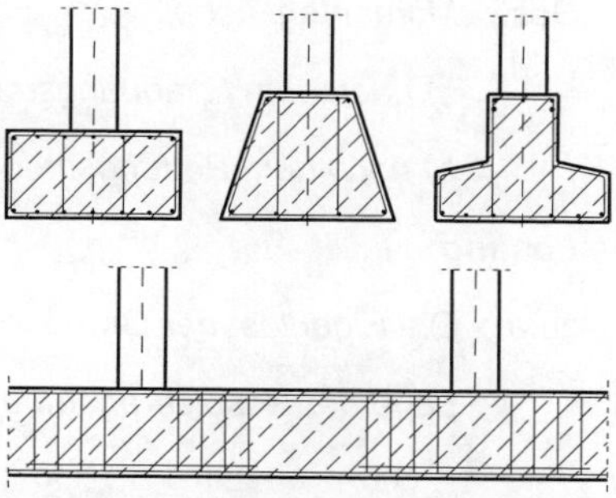

Berechnungsbeispiel: □ 6.05 a

**Spannungs-spitzen**

Zur Berücksichtigung der Spannungskonzentration unter den Wänden und Stützen (siehe Abschnitt 4.2.1) kann eine geradlinig begrenzt angenommene Sohldruckfigur dadurch verbessert werden, dass im Bereich der Lasteintragungsstellen Spannungsspitzen aufgesetzt werden (□ 6.03 b). Dies ist vor allem bei Gründungen zu empfehlen, die im Verhältnis zum Baugrund weich sind (□ 6.06).

Unter sehr biegesteifen Bauwerken kann die korrigierte Sohldruckverteilung von Boussinesq (siehe Abschnitt 4.2.1) angesetzt werden, wenn direkt unter der Gründungssohle eine zusammendrückbare Schicht (Schichtdicke > $b$, $E_s \approx$ konst.) ansteht. Mit abnehmender Dicke dieser Schicht wird die Sohldruckverteilung immer gleichmäßiger.

□ 6.05: Beispiel 51: Berechnung der Momentenfläche für eine Gründungsplatte: a) nach dem Spannungstrapezverfahren b) nach dem Bettungsmodulverfahren

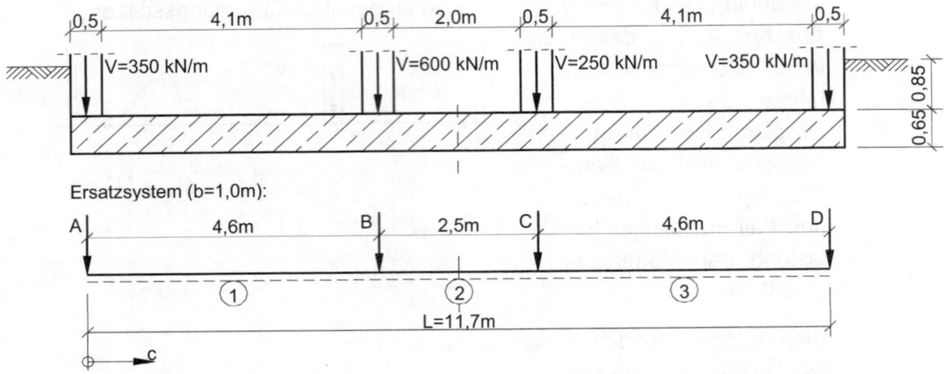


**Geg.:** *Gründungsplatte; Länge 24,5 m; Breite 12,2 m; C 25/ 30*

*Baugrund:* $\pm 0,0$ *bis* $-6,4$: *Geschiebemergel*

$\gamma = 20\ kN/m^3$

$E_{s,k} = 75\ MN/m^2$

*ab* $-6,4$: *Kies*

$E_{s,k} \approx \infty$

**Ges.:** *Momentenfläche*

***a)*** *nach dem Spannungstrapezverfahren*

***b)*** *nach dem Bettungsmodulverfahren*

***Lösung:***

*zu a): Die Eigenlast der Gründungsplatte erzeugt keine Biegemomente.*

*Lage der Resultierenden aus den Wandlasten (bezogen auf das „Auflager" A):*

$$c = \frac{600 \cdot 4,6 + 250 \cdot 7,1 + 350 \cdot 11,7}{350 + 600 + 250 + 350} = 5,57\ m$$

$$\Rightarrow e = \frac{b}{2} - c = \frac{11,7}{2} - 5,57 = 0,28\ m$$

***Sohldruckverteilung:***

$$\sigma_{0,1,2} = \frac{1550}{11,7 \cdot 1,0}\left(1 \pm \frac{6 \cdot 0,28}{11,7}\right) \Rightarrow \sigma_{0,1} = 151,5\ kN/m^2;\ \sigma_{0,2} = 113,5\ kN/m^2$$

*Unter der Annahme einer geradlinigen Sohldruckverteilung erhält man das Spannungstrapez:*

□ 6.05: Fortsetzung Beispiel 51: Berechnung der Momentenfläche für eine Gründungsplatte: a) nach dem Spannungstrapezverfahren b) nach dem Bettungsmodulverfahren

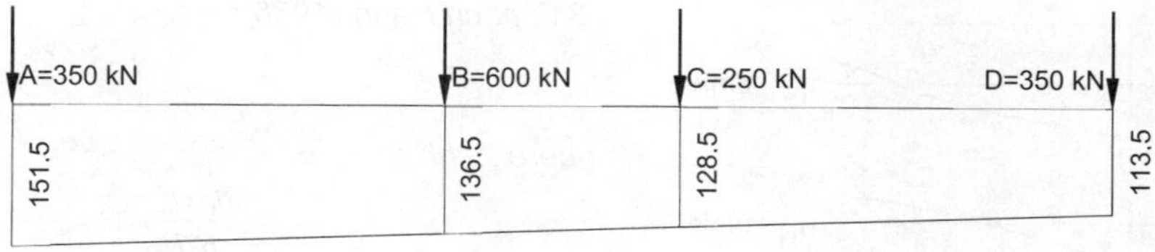


***Ermittlung der Biegemomente:***

*Stützenmomente:*

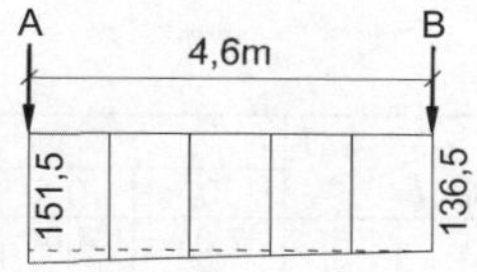


$$M_A = M_D = 0$$

$$M_B = 136{,}5 \cdot \frac{4{,}6^2}{2} + \frac{151{,}5 - 136{,}5}{2} \cdot 4{,}6 \cdot \frac{2 \cdot 4{,}6}{3} - 350 \cdot 4{,}6^2 = -60\ kNm$$

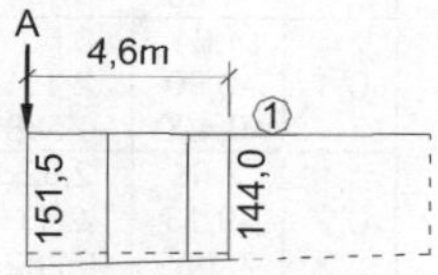


$$M_C = 113{,}5 \cdot \frac{4{,}6^2}{2} + \frac{128{,}5 - 113{,}5}{2} \cdot 4{,}6 \cdot \frac{4{,}6}{3} - 350 \cdot 4{,}6 = -356{,}3\ kNm$$

*Feldmomente (näherungsweise in Feldmitte berechnet):*

$$M_1 = 144{,}0 \cdot \frac{2{,}3^2}{2} + \frac{151{,}5 - 144{,}0}{2} \cdot 2{,}3 \cdot \frac{2 \cdot 2{,}3}{3} - 350 \cdot 2{,}3 = -410{,}9\ kNm$$

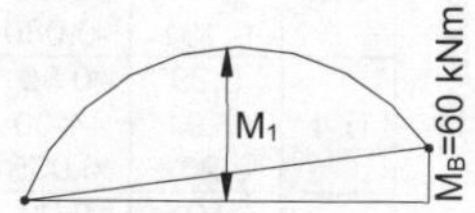


*Das gleiche Ergebnis erhält man durch „Einhängen einer Parabel mit* $\frac{q \cdot l^2}{8}$*:* $M_1 = \frac{0-60}{2} - \frac{144{,}0 \cdot 4{,}6^2}{8} = -410\ kNm$

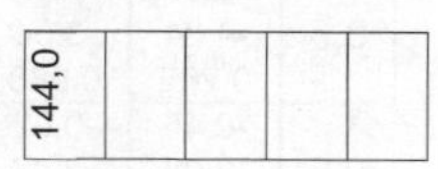


*Die übrigen Feldmomente werden ebenfalls durch „Einhängen“ ermittelt:*

$$M_2 = \frac{-60{,}0 - 356{,}3}{2} - \frac{(136{,}5 + 128{,}5) \cdot 2{,}5^2}{2 \cdot 8} = -311{,}7\ kNm$$

$$M_3 = \frac{-356{,}3 - 0}{2} - \frac{(128{,}5 + 113{,}5) \cdot 4{,}6^2}{2 \cdot 8} = -498{,}2\ kNm$$

*Darstellung der Momentenlinie: siehe letzte Seite des Beispiels.*

□ 6.05: Fortsetzung Beispiel 51: Berechnung der Momentenfläche für eine Gründungsplatte: a) nach dem Spannungstrapezverfahren b) nach dem Bettungsmodulverfahren

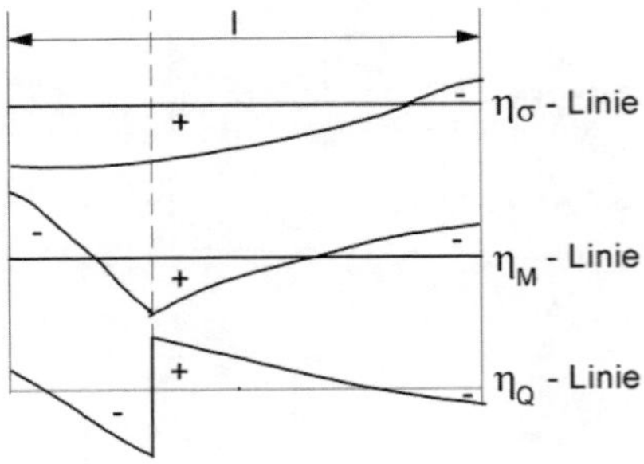


*Werte zum Bettungsmodulverfahren für $\lambda$ = 3,5; nach Hahn (1985):*

*obere Zahl:* $\eta_0$

$$\sigma_0 = \frac{\eta_0 \cdot F}{b \cdot l}$$

*mittlere Zahl:* $100\eta_M$

$$M_0 = \frac{\eta_M \cdot F \cdot l}{100}$$

*untere Zahl:* $\eta_Q$

$$Q_0 = \eta_Q \cdot F$$

| $x_0/l$ \ $x_i/l$ | Zustandslinien bei Laststellung in ↓ (senkrecht ablesen) | | | | | | | | | | |
|---|---|---|---|---|---|---|---|---|---|---|---|
| Einflusszahlen der Punkte → (waagerecht ablesen) | 0 | 0,1 | 0,2 | 0,3 | 0,4 | 0,5 | 0,6 | 0,7 | 0,8 | 0,9 | 1,0 |
| 0 | 7,01<br>0<br>-1,00 | 4,64<br>0<br>0 | 2,66<br>0<br>0 | 1,22<br>0<br>0 | 0,29<br>0<br>0 | -0,23<br>0<br>0 | -0,45<br>0<br>0 | -0,50<br>0<br>0 | -0,44<br>0<br>0 | -0,35<br>0<br>0 | -0,25<br>0<br>0 |
| 0,1 | 4,64<br>-6,90<br>-0,420 | 3,60<br>2,15<br>-0,588 | 2,52<br>1,31<br>0,259 | 1,55<br>0,66<br>0,138 | 0,80<br>0,23<br>0,054 | 0,29<br>-0,03<br>0,003 | -0,02<br>-0,15<br>-0,024 | -0,19<br>-0,20<br>-0,035 | -0,28<br>-0,19<br>-0,036 | -0,32<br>-0,17<br>-0,034 | -0,35<br>-0,14<br>-0,030 |
| 0,2 | 2,66<br>-9,13<br>-0,059 | 2,52<br>-2,11<br>-0,282 | 2,28<br>5,13<br>-0,499 | 1,83<br>2,87<br>0,308 | 1,29<br>1,26<br>0,159 | 0,81<br>0,23<br>0,058 | 0,41<br>-0,33<br>-0,005 | 0,12<br>-0,59<br>-0,038 | -0,10<br>-0,67<br>-0,055 | -0,28<br>-0,66<br>-0,064 | -0,44<br>-0,63<br>-0,070 |
| 0,3 | 1,22<br>-8,65<br>0,131 | 1,55<br>-3,83<br>-0,080 | 1,83<br>1,21<br>-0,292 | 1,93<br>6,90<br>-0,502 | 1,71<br>3,57<br>0,311 | 1,31<br>1,30<br>0,164 | 0,87<br>-0,10<br>0,060 | 0,47<br>-0,86<br>-0,009 | 0,12<br>-1,23<br>-0,054 | -0,19<br>-1,42<br>-0,088 | -0,50<br>-1,56<br>-0,117 |
| 0,4 | 0,29<br>-6,91<br>0,202 | 0,80<br>-4,00<br>0,035 | 1,29<br>-0,89<br>-0,136 | 1,71<br>2,82<br>-0,317 | 1,90<br>7,58<br>-0,507 | 1,72<br>3,66<br>0,316 | 1,33<br>1,01<br>0,170 | 0,87<br>-0,65<br>0,057 | 0,41<br>-1,67<br>-0,028 | -0,02<br>-2,37<br>-0,100 | -0,45<br>-2,98<br>-0,166 |
| 0,5 | -0,23<br>-4,84<br>0,202 | 0,29<br>-3,34<br>0,088 | 0,81<br>-1,69<br>-0,032 | 1,31<br>0,43<br>-0,166 | 1,72<br>3,44<br>-0,323 | 1,91<br>7,72<br>-0,500 | 1,72<br>3,44<br>0,323 | 1,31<br>0,43<br>0,166 | 0,81<br>-1,69<br>0,032 | 0,29<br>-3,34<br>-0,088 | -0,23<br>-4,84<br>-0,202 |
| 0,6 | -0,45<br>-2,98<br>0,166 | -0,02<br>-2,37<br>0,100 | 0,41<br>-1,67<br>0,028 | 0,87<br>-0,65<br>-0,057 | 1,33<br>1,01<br>-0,170 | 1,72<br>3,66<br>-0,316 | 1,90<br>7,58<br>-0,493 | 1,71<br>2,82<br>0,317 | 1,29<br>-0,89<br>0,136 | 0,80<br>-4,00<br>-0,035 | 0,29<br>-6,91<br>-0,202 |
| 0,7 | -0,50<br>-1,56<br>0,117 | -0,19<br>-1,42<br>0,088 | 0,12<br>-1,23<br>0,054 | 0,47<br>-0,86<br>0,009 | 0,87<br>-0,10<br>-0,060 | 1,31<br>1,30<br>-0,164 | 1,71<br>3,57<br>-0,311 | 1,93<br>6,90<br>-0,498 | 1,83<br>1,21<br>0,292 | 1,55<br>-3,83<br>0,080 | 1,22<br>-8,65<br>-0,131 |
| 0,8 | -0,44<br>-0,63<br>0,070 | -0,28<br>-0,66<br>-0,064 | -0,10<br>-0,67<br>0,055 | 0,12<br>-0,59<br>0,038 | 0,41<br>-0,33<br>0,005 | 0,81<br>0,23<br>-0,058 | 1,29<br>1,26<br>-0,159 | 1,83<br>2,87<br>-0,308 | 2,28<br>5,13<br>-0,501 | 2,52<br>-2,11<br>0,282 | 2,66<br>-9,13<br>0,059 |
| 0,9 | -0,35<br>-0,14<br>0,030 | -0,32<br>-0,17<br>0,034 | -0,28<br>-0,19<br>0,036 | -0,19<br>-0,20<br>0,035 | -0,02<br>-0,15<br>0,024 | 0,29<br>-0,03<br>-0,003 | 0,80<br>0,23<br>-0,054 | 1,55<br>0,66<br>-0,138 | 2,52<br>1,31<br>-0,259 | 3,60<br>2,15<br>-0,412 | 4,64<br>-6,90<br>0,420 |
| 1,0 | -0,25<br>0<br>0 | -0,35<br>0<br>0 | -0,44<br>0<br>0 | -0,50<br>0<br>0 | -0,45<br>0<br>0 | -0,23<br>0<br>0 | 0,29<br>0<br>0 | 1,22<br>0<br>0 | 2,66<br>0<br>0 | 4,64<br>0<br>0 | 7,01<br>0<br>1,00 |

***zu b:*** *Mit* $\frac{a}{b} = \frac{24,5}{12,2} = 2,0$

$\frac{z}{b} = \frac{4,9}{12,2} = 0,4$ *(ab –6,4 m: $E_{s,k} \approx \infty$)*

□ 6.05: Fortsetzung Beispiel 51: Berechnung der Momentenfläche für eine Gründungsplatte: a) nach dem Spannungstrapezverfahren b) nach dem Bettungsmodulverfahren

*erhält man für den kennzeichnenden Punkt $f = 0,3203$ und damit den Bettungsmodul*

$$k_s = \frac{E_{s,k}}{b \cdot f} = \frac{75}{12{,}2 \cdot 0{,}3203} \approx 20 \quad \frac{MN}{m^3}$$

*Charakteristische Länge des Systems:*

$$L = \sqrt[4]{\frac{E_b \cdot 4I}{k_s \cdot b}} = \sqrt[4]{\frac{3 \cdot 10^4 \cdot 4 \cdot \frac{0{,}65^3 \cdot 1{,}0}{12}}{20 \cdot 1{,}0}} = 3{,}42 \quad m$$

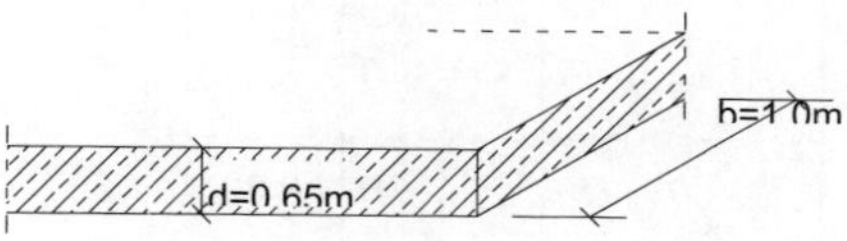


*Das ergibt ein Längenverhältnis von*

$$\lambda = \frac{l}{L} = \frac{11{,}7}{3{,}42} \approx 3{,}5$$

*Die Einflusswerte für die Momentenlinie können im vorliegenden Fall direkt abgelesen werden (anderenfalls Interpolation zwischen zwei Tafeln):*

***Ermittlung der Biegemomente:***

*(1) Unterteilung des Plattenstreifens von der Länge l = 11,7 m in 10 Abschnitte:*

$$\frac{x_i}{l} = 0\ ;\ 0{,}1;\ \ldots 10$$

*(2) Berechnung des Biegemoments für die Last A = 350 kN an der Stelle*

$$x_i = 0 \rightarrow \frac{x_i}{l} = 0:$$

*Aus der Tafel werden in der Spalte $\frac{x_i}{l} = 0$ die Werte 100 $\eta_M$ (mittlere Zahlen) abgelesen und in die Tabelle eingetragen. Das Moment infolge A ergibt sich aus:*

$$M = \frac{100\ \eta_M \cdot A \cdot l}{100}$$

*(3) Berechnung für die Last B = 600 kN an der Stelle $\frac{x_i}{l} = \frac{4{,}6}{11{,}7} \approx 0{,}4$ ; entsprechend für die Lasten C und D.*

*(4) Die M-Linie ergibt sich durch Superposition der jeweiligen $M_i$-Werte:*

□ 6.05: Fortsetzung Beispiel 51: Berechnung der Momentenfläche für eine Gründungsplatte: a) nach dem Spannungstrapezverfahren b) nach dem Bettungsmodulverfahren

| Stelle $\frac{x_i}{l}$ = | | 0 | 0,1 | 0,2 | 0,3 | 0,4 | 0,5 | 0,6 | 0,7 | 0,8 | 0,9 | 1,0 |
|---|---|---|---|---|---|---|---|---|---|---|---|---|
| 6 A= 350 kN | $\frac{100}{\eta_M}$ = | 0 | -6,9 | -9,13 | -8,65 | -6,91 | -4,84 | -2,98 | -1,56 | -0,63 | -0,14 | 0 |
| $\frac{x_i}{l} = 0$ | M = | 0 | -282,6 | -373,8 | | | | | | | | |
| B= 600 kN | $\frac{100}{\eta_M}$ = | 0 | 0,23 | 1,26 | | | | | | | | |
| $\frac{x_i}{l} \approx 0,4$ | M = | 0 | | | | | | | | | | |
| C= 250 kN | $\frac{100}{\eta_M}$ = | 0 | -0,15 | | | | | | | | | |
| $\frac{x_i}{l} \approx 0,6$ | M = | 0 | | | | | | | | | | |
| D= 350 kN | $\frac{100}{\eta_M}$ = | 0 | -0,14 | -0,63 | | | | | | | | |
| $\frac{x_i}{l} = 1,0$ | M = | 0 | | | | | | | | | | |
| $\sum M \approx$ | | 0 | -277 | -321 | -170 | -157 | -54 | -112 | -321 | -386 | -292 | 0 |

***Vergleichende Gegenüberstellung der ermittelten Momentenlinien:***

***zu a:***

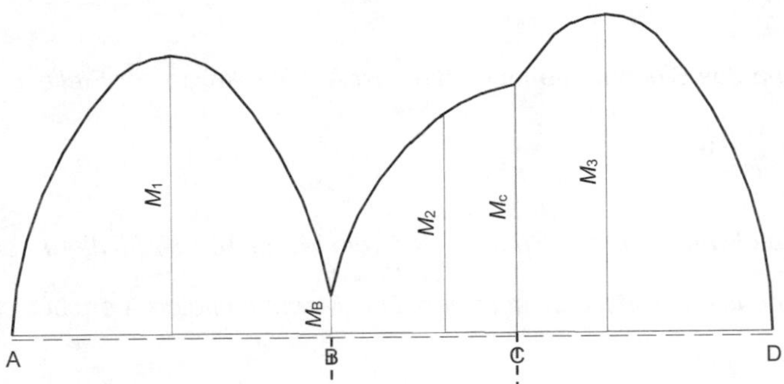


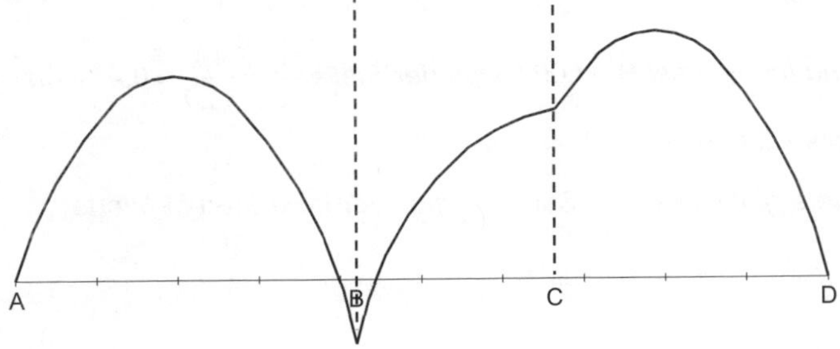


***zu b:***

Ist das Bauwerk einachsig durch Wände ausgesteift, kann die korrigierte Sohldruckfigur nach Boussinesq in Aussteifungsrichtung angenommen und quer zur Aussteifung mit einer verformungsabhängigen SDV (siehe Abschnitte 6.3 bis 6.5) gerechnet werden.

□ 6.06: Beispiel: Berechnungsvorschlag für Gründungsplatten von Tunnelbauwerken (Dienstvorschrift DS 804 der Bundesbahn)

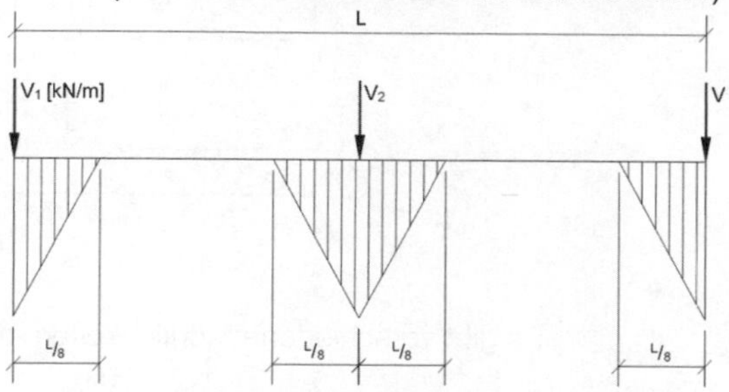


## 6.3 Bettungsmodulverfahren

**Annahme** Das Bettungsmodulverfahren (Federmodell) beruht auf der Annahme, dass die Setzung s an jeder Stelle des Fundaments proportional ist zu dem an der gleichen Stelle vorhandenen Sohldruck (□ 6.07).

□ 6.07: Beispiel: Bettungsmodulverfahren: Proportionalität zwischen Sohlspannungen und Setzungen

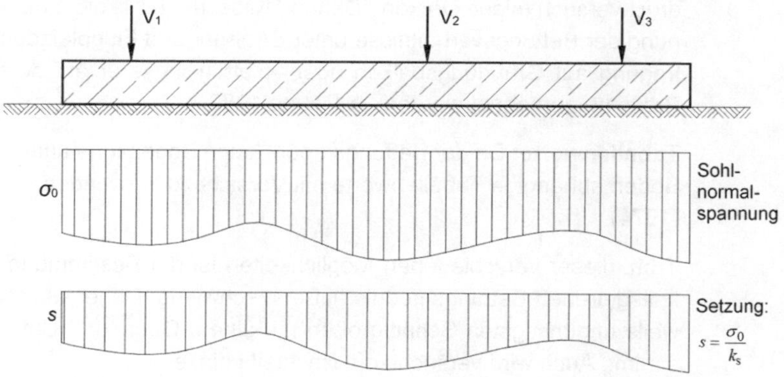


Der Proportionalitätsfaktor $k_s$ (kN/m$^3$)

**Bettungsmodul**

$$k_s = \frac{\sigma_0}{s} \quad bzw. \quad \frac{\sigma_1}{s} \tag{6.01}$$

wird Bettungsmodul genannt. Er stellt eine Federkonstante dar, denn das Fundament wird nach dieser Annahme so behandelt, als sei es in zusammenhanglose Einzelteile zerschnitten, die auf Federn ruhen und sich unabhängig voneinander setzen können (□ 6.08). Dies ist eine sehr starke Vereinfachung, denn in Wirklichkeit wird die Setzung eines Fundamentteils auch durch die Sohlspannungen unter den Nachbarteilen beeinflusst. Außerdem ist die Beziehung zwischen Spannungen und Setzungen tatsächlich nicht linear (siehe Abschnitt 3).

□ 6.08: Beispiel: Setzungsmulde a) nach dem Bettungsmodulverfahren (Federmodell) b) tatsächlich

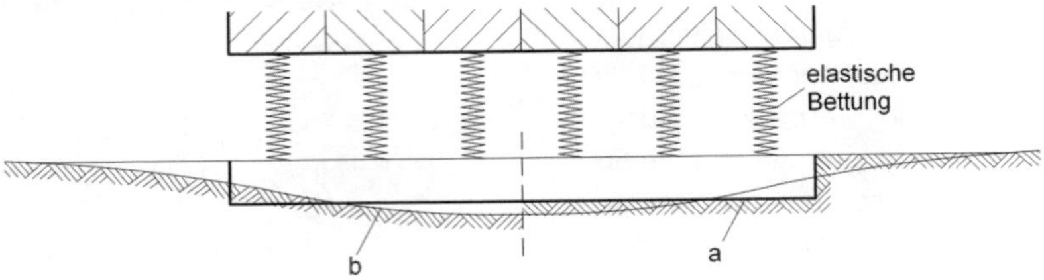


$k_s$

Es gibt verschiedene Möglichkeiten, den Bettungsmodul zu bestimmen:

**Setzungsberechnung:** Da der Bettungsmodul keine Bodenkonstante ist, sondern über die Setzung auch von den Fundamentabmessungen abhängt, wird er am besten aus einer Setzungsberechnung für den kennzeichnenden Punkt des Fundaments bestimmt. Durch Gleichsetzen von Gleichung (6.01) mit der geschlossenen Setzungsformel für mittige Belastung (siehe Abschnitt 3) ergibt sich

$$k_s = \frac{E_{s,k}}{b \cdot f_{s,c}} \qquad (6.02)$$

**Plattendruckversuch:** Die Berechnung des Bettungsmoduls aus dem Plattendruckversuch (siehe Dörken / Dehne / Kliesch, Teil 1) dient nur der Kennzeichnung der Bettungsverhältnisse unter Straßen- und Flugplatzdecken. Zur Übertragung auf Gründungsbalken oder –platten muss er auf deren tatsächliche Breite umgerechnet werden. ⇒ Dehne 1982

**Tabellenwerte:** Da der Bettungsmodul keine Bodenkonstante ist, sind nur vom Boden abhängige Tabellenwerte mit Vorsicht zu verwenden. ⇒ Frisch / Simon (1974)

Trotz dieser verschiedenen Möglichkeiten ist die Bestimmung eines wirklichkeitsgetreuen Bettungsmoduls äußerst schwierig. Daher werden häufig die jeweils ungünstigsten Schnittgrößen mit einem Ober- und Unterwert für $k_s$ bestimmt. Auch wird versucht, die Nachteile dieses Verfahrens z. B. durch Annahme eines veränderlichen Bettungsmoduls unter dem Gründungskörper zu umgehen (□ 6.09). Dabei geht allerdings der Vorzug dieses Verfahrens, seine relativ einfache und übersichtliche Handhabung, verloren.

□ 6.09: Beispiel: Berechnungsbeispiel für einen veränderlichen Bettungsmodul

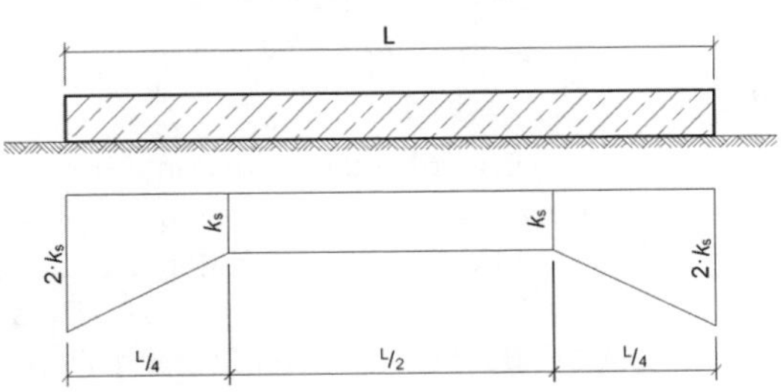

**Anwendung** Obwohl die Voraussetzung des Bettungsmodulverfahrens tatsächlich nicht zutrifft, wird es wegen seiner einfachen Handhabung mit Hilfe von Tabellen und Nomogrammen (siehe unten) und mittels PC-Programmen in der Praxis häufig angewendet. Es liefert auch trotz seiner theoretischen Unzulänglichkeiten bei der Berechnung von langen, biegsamen Gründungsbalken und -platten mit wenigen Lasten sowie bei dünnen, weichen Schichten auf fester Unterlage brauchbare Ergebnisse. Es ist besonders geeignet bei der Berechnung von Kranbahnfundamenten und Fahrbahnplatten von Straßen und Flugpisten. Bei einem starren Gründungskörper (z. B. einem Bauwerk auf sehr nachgiebigem Baugrund) stimmen die Ergebnisse des Spannungstrapezverfahrens („einfache Annahme“, siehe Abschnitt 6.2) mit denen des Bettungsmodulverfahrens überein.

Tabellen für den praktischen Gebrauch des Verfahrens: ⇒ Müllersdorf (1963), Graßhoff (1978), Wölfer (1978), Hahn (1985), Zhang (2012)

Berechnungsbeispiel: □ 6.05 b.

## 6.4 Steifemodulverfahren

Beim Steifemodulverfahren (Halbraummodell) werden die Formänderungen des Baugrunds über den Steifemodul $E_s$ berücksichtigt, der nach der Theorie des elastisch-isotropen Halbraums berechnet wird. Ziel dieses Verfahrens ist, diejenige SDV zu ermitteln, bei der die Biegelinie des Fundaments mit der Setzungsmulde des Baugrunds übereinstimmt (□ 6.10). Streng mathematisch ist diese Forderung nicht lösbar, so dass auch bei diesem Verfahren rechentechnische Vereinfachungen notwendig sind.

□ 6.10: Beispiel: Steifemodulverfahren

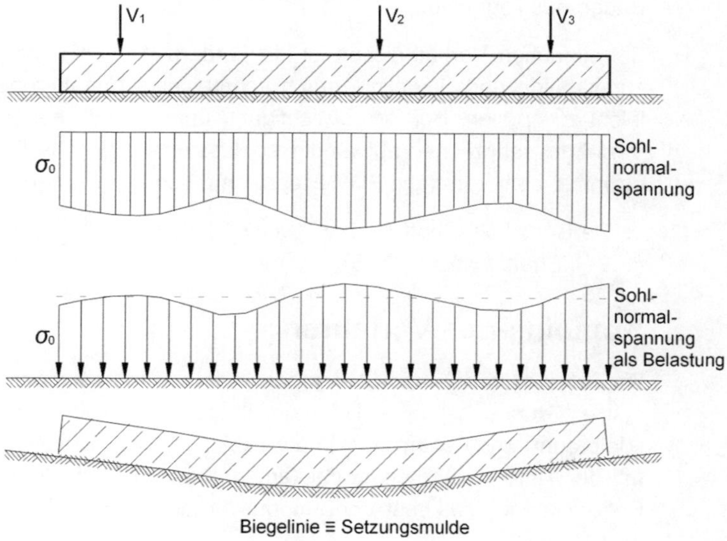

Die Biegelinie kann nach den bekannten Verfahren der Statik und die Setzungen nach Abschnitt 3 errechnet werden. Durch die Setzungsberechnung wird, im Gegensatz zum Bettungsmodulverfahren, die gegenseitige Beeinflussung benachbarter Bereiche unter dem Fundament berücksichtigt. Aus der so ermittelten Spannungsverteilung lassen sich die Schnittkräfte und Bemessungsmomente berechnen (□ 6.11).

□ 6.11: Beispiel: U-Bahn Köln, Berechnung nach dem Steifemodulverfahren:
a) Tunnelbauwerk
b) Sohlspannungsfigur
c) Biegelinie und Setzungsmulde
(Betonkalender 1974)

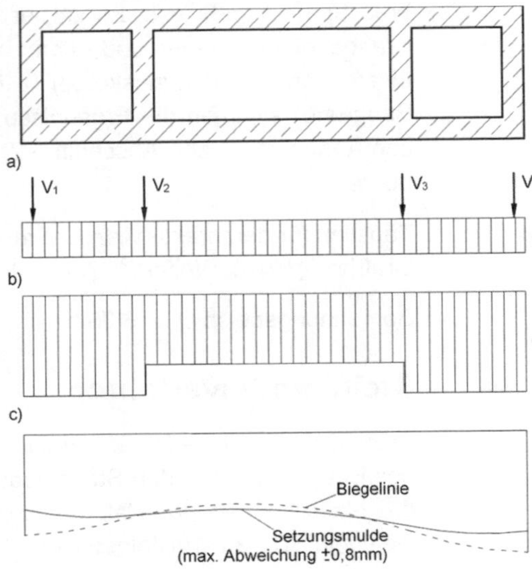


Voraussetzung des Verfahrens ist eine möglichst genaue Bestimmung des Steifemoduls. In einfachen Fällen, insbesondere bei bindigen Böden, kann von einem über die Baugrundtiefe konstanten Steifemodul ausgegangen werden. Aber auch Lösungen für einen mit der Tiefe veränderlichen Steifemodul und für mehrfache Schichtung des Baugrunds liegen vor.

Bei einfachen Verhält-nissen ist die Forderung nach Verträglichkeit von Setzungsmulde und Biegelinie durch schritt-weise Annäherung verhältnismäßig leicht zu erfüllen. Bei Berücksichtigung unterschiedlicher Variablen wird das Verfahren sehr rechen-aufwändig, so dass um-fangreiche Tabellen und Nomogramme, aber vorrangig EDV-Programme benötigt werden.

⇒ De Beer / Graßhoff / Kany (1966), El Kadi (1967), Graßhoff (1978), Kany (1974), Sherif / König (1975).

## 6.5 Kombiniertes Verfahren

Da Bettungsmodul- und Steifemodulverfahren in bestimmten Fällen (z. B. bei starren Gründungskörpern) übereinstimmen, wurde ein kombiniertes Verfahren (Halbraum- und Federmodell) entwickelt (□ 6.12). Voraussetzung ist ein linear mit der Tiefe zunehmender Steifemodul, der aber nicht bei null beginnt. Die Federn können das Last-Verformungsverhalten von Pfählen abbilden.

⇒ Schultze (1970)

# 6.6 Ausführungsbeispiele

## 6.6.1 Gründung auf integrierter Sohlplatte

Bei Hochbauten mit wenigen Geschossen und einem Bemessungswert des Sohlwiderstands $\sigma_{R,d}$ („Aufnehmbarer Sohldruck") von 200...300 kN/m² können Streifen- und Einzelfundamente auf einer "integrierten Sohlplatte" gegründet werden, um den erforderlichen Fundamentaushub zu vermeiden.

□ 6.12: Modell des kombinierten Verfahrens

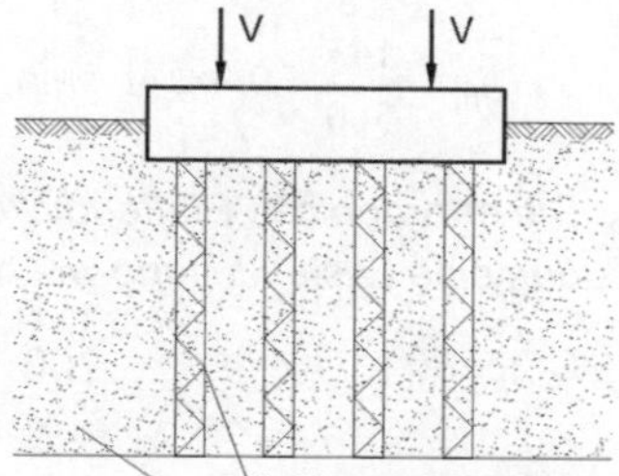


Hierzu wurden u. a. von Lohmeyer (2004), Herzog (1983) und Kelemen (1984) Berechnungsverfahren entwickelt (□ 6.13).

□ 6.13: Beispiel 52: Fundamente mit integrierter Sohlplatte

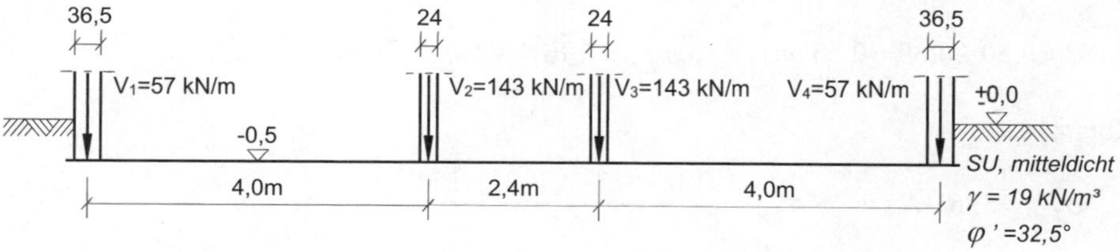


***Geg.:*** *Die oben angegebenen Last- und Bodenverhältnisse*

*Alle Lasten sind charakteristische Lasten.*

***Ges.:*** *Entwurf einer Gründung mit integrierter Sohlplatte (C25/30)*

***Lösung:***

***Vorbemerkung:*** *Die Berechnung soll nach dem Verfahren von Lohmeyer (2004) erfolgen.*

***Mitwirkende Plattenbreite, erforderliche Plattendicke:***

*Die mitwirkende Plattenbreite* $b_m$ *unter den Wänden berechnet sich aus der Wandlast V und dem Bemessungswert des Sohlwiderstands* $\sigma_{R,d}$. *Der Bemessungswert des Sohlwiderstands* $\sigma_{R,d}$ *wird näherungsweise nach Handbuch Eurocode 7, Band 1 (2011): DIN 1054 (2010), Abschnitt A 6.10, Tabelle A 6.2, für setzungsempfindliche Bauwerke (s. Abschnitt 5.2) ermittelt, wobei als Einbindetiefe d der Abstand zwischen Geländeoberkante und Unterkante Bodenplatte angenommen wird.*

*Maßgebend für die Bemessung der integrierten Sohlplatte ist der ungünstigste Belastungszustand:*

*Wandlast* $V_2 = V_3 = 143\ kN/m$

*Wanddicke* $s_2 = s_3 = 24\ cm$

□ 6.13: Fortsetzung Beispiel 52: Fundamente mit integrierter Sohlplatte

*Unter der Voraussetzung, dass der vorhandene Sohldruck (=Bemessungswert des einwirkenden Sohldrucks)* $\sigma_{E,d} < 300\ kN/m^2$ *ist, muss die mitwirkende Breite größer als*

$b_m = \frac{143}{300} = 0{,}48\ m$ *sein;* $\Rightarrow$ *gewählt.:* $b_m = 0{,}70\ m$

*Die erforderliche Plattendicke* $d_P$ *wird unter der Annahme ermittelt, dass unter den Wänden eine Lasteinleitung wie bei einem unbewehrten Fundament erfolgt (s. Abschnitt 5.4):*

*C 25/ 30:* $200\ kN/m^2 < \sigma_{E,d} < 300\ kN/m^2 \Rightarrow \tan\alpha = 1{,}2$

$$\Rightarrow d_{P,erf} = \tan\alpha \cdot \frac{b_m - s}{2} = 1{,}2 \cdot \frac{0{,}70 - 0{,}24}{2} = 0{,}28\ m$$

*gew.:* $d_P = 0{,}30\ m$

***Bemessungswert des Sohlwiderstands*** $\sigma_{R,d}$

$b_m = 0{,}70\ m$

$d = 0{,}50 + 0{,}30 = 0{,}80\ m \quad \Rightarrow \sigma_{R,d} = 396\ kN/m^2$ *(Tabelle A 6.2)*

*Kontrolle:*

$$\sigma_{R,d} = 396\ kN/m^2 > \sigma_{E,d} = \frac{(143 + 0{,}3 \cdot 0{,}7 \cdot 25) \cdot 1{,}35}{0{,}7} = 286\ kN/m^2$$

*Es kann mit den Abmessungen* $b_m = 0{,}70\ m$*;* $d_P = 0{,}30\ m$ *weitergerechnet werden.*

***Aufzunehmende Zugkräfte:***

*Für entstehende Zugkräfte* $F_{ctd}$ *aus unterschiedlichen Setzungen der „Fundamente" gegenüber der „Platte" wird ein Größtwert angesetzt, der auch die ungünstigsten Verhältnisse auffangen kann.*

*Mit* $\sigma_{E,k}$ = *mittlere (charakteristische) Sohlnormalspannung*

$= \frac{\sum V}{B} + \gamma_b \cdot d$

$B$ = *Plattenbreite*

$\mu$ = *Reibungsbeiwert*

$\geq$ *tan* $\varphi'$ *= tan 35°= 0,70 für nichtbindige Böden*

$\geq$ *tan* $\varphi'$ *= tan 15°= 0,26 für bindige Böden*

*wird*

$$F_{ctd} = \sigma_{E,k} \cdot \gamma_c \cdot \mu \cdot \frac{B}{2} = \left(\frac{2 \cdot 143 + 2 \cdot 57}{2 \cdot 4{,}8 + 2{,}4 + 0{,}365} + 0{,}3 \cdot 25\right) \cdot 1{,}0 \cdot 0{,}70 \cdot \frac{12{,}365}{2} = 172{,}5\ kN/m$$

□ 6.13: Fortsetzung Beispiel 52: Fundamente mit integrierter Sohlplatte

*Erforderliche Zugbewehrung: (jeweils zur Hälfte oben und unten angeordnet)*

$$A_{s,erf} = \frac{F_{ctd}}{\frac{f_{yk}}{\gamma_c}} \left[\frac{cm^2}{m}\right]$$

***Sicherheit gegen Grundbruch:***

*Die bei der Plattenbemessung angesetzte Einbindetiefe d = 0,80 m ist für den Grundbruchnachweis nicht zu übernehmen. Entscheidend ist vielmehr die Austrittstelle der Grundbruchscholle, ausgedrückt durch die Länge $L_F$:*

*Unter sinngemäßer Anwendung der in Abschnitt 2.3 genannten Gleichungen zur Berechnung der Länge einer Grundbruchscholle wird*

$$L_F = b_m \cdot \tan\left(45° + \frac{\varphi'}{2}\right) \cdot e^{1,571 \cdot \tan\varphi'} = 0,7 \cdot \tan\left(45° + \frac{32,5°}{2}\right) \cdot e^{1,571 \cdot \tan 32,5°} = 3,48\ m$$

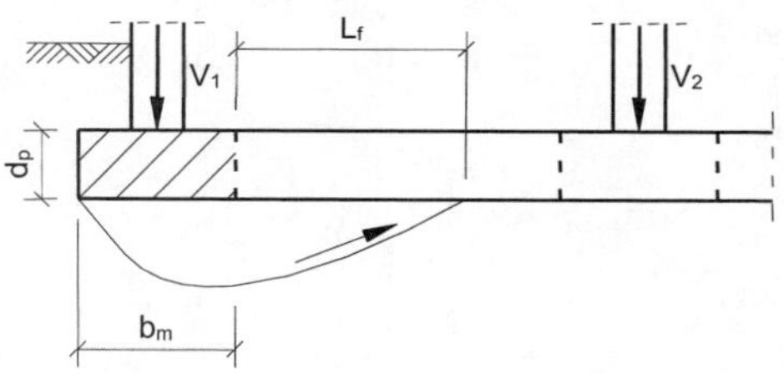


***Fall A:***

*$L_F$ reicht nicht bis zum benachbarten „Fundament“:*

*Stützspannung =* $\gamma_b \cdot d_P$

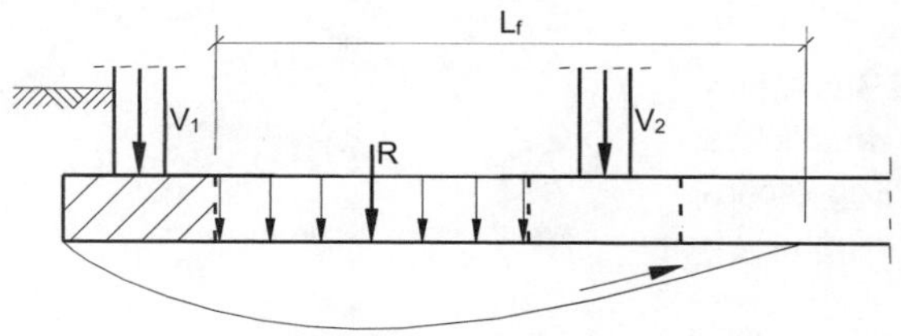


***Fall B:***

*$L_F$ reicht bis zum benachbarten „Fundament“:*

*Stützspannung =* $\frac{R + V_2}{L_F}$

*Damit erreicht z.B. die Grundbruchscholle des „Fundaments“ 2 nicht das „Fundament“ 1, und der (ungünstigere) Fall A wird maßgebend.*

*Stützspannung:* $25 \cdot 0,3 = 7,5\ kN/m^2$

*Beiwerte:* $N_{d0} = 25$ ; $\nu_d = 1,0$ *(„Streifenfundament“)*

$N_{b0} = 15$ ; $\nu_b = 1,0$ *(„Streifenfundament“)*

*Grundbruchwiderstand des „Streifenfundaments“ 2:*

$$R_{V,k} = 0,7 \cdot (0 + 7,5 \cdot 25 \cdot 1,0 + 19 \cdot 0,7 \cdot 15 \cdot 1,0) = 271\ kN/m$$

□ 6.13: Fortsetzung Beispiel 52: Fundamente mit integrierter Sohlplatte

***Spannungsnachweis:***

$$R_{V,d} = \frac{271}{1{,}40} = 193{,}6\ kN/m \geq V_d = (143 + 0{,}3 \cdot 0{,}7 \cdot 25) \cdot 1{,}35 = 200{,}1\ kN/m$$

*Die geringfügige Überschreitung kann hier zugelassen werden, da*

$$d_{\text{P,gew}} = 0{,}30\ m \ > \ d_{\text{P,erf}} = 0{,}28\ m$$

*ist, was zu einer (hier nicht berücksichtigten) Vergrößerung von $b_m$ führt. Anderenfalls müsste die Plattendicke $d_P$ entsprechend vergrößert werden.*

## 6.6.2 Turmgründungen

Türme werden bei kreisförmiger Querschnittsform meist auf einer kreis- oder kreisringförmigen Platte gegründet, die außer den symmetrischen Eigengewichtslasten hohe antimetrische Lasten aus Wind und Erdbeben sowie einseitige Verkehrslasten aufnehmen muss. Wegen ihrer großen Abmessungen werden sie häufig als Schalentragwerk ausgebildet.

□ 6.15: Beispiel: Gründung des Fernsehturms Stuttgart (aus Klöckner, Engelhardt, Schmidt 1982)

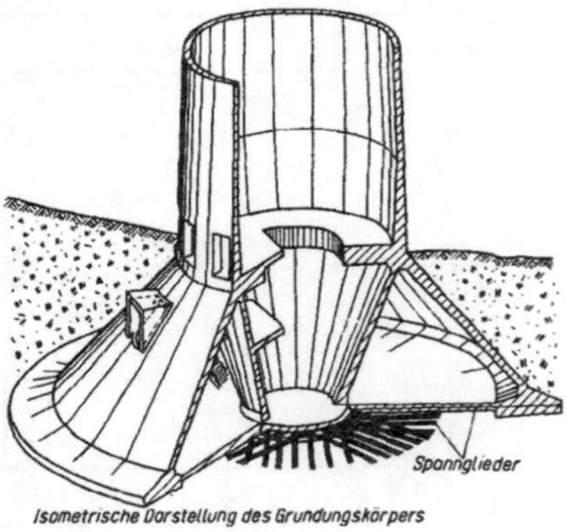


**Fernsehturm Stuttgart** Die antimetrische Beanspruchung wird durch ein räumliches Fachwerk aus zwei Kegelschalen und zwei kreisförmigen Platten aufgenommen (□ 6.15). Die - zur Aufnahme der Spreizkräfte aus der äußeren Kegelschale - vorgespannte Bodenplatte liegt nur im inneren Bereich und mit einem äußeren Kreisring auf dem Boden auf. Hierdurch werden die Sohlspannungen (Sohldruck) aus Eigenlast erhöht, während der Spannungsanteil aus Windlast, bezogen auf den Eigenlastanteil, geringer wird (Leonhardt 1956).

**Fernmeldeturm Hamburg** Der Gründungskörper besteht aus einer Kegelschale, einer Zylinderschale und zwei Kreisplatten (□ 6.16). Ein äußerer Spannring in der Bodenplatte nimmt die Spreizkräfte der äußeren Kegelschale auf (Wetzel 1968).

□ 6.16: Beispiel: Gründung des Fernmeldeturms Hamburg (nach Klöckner, Engelhardt, Schmidt 1982)

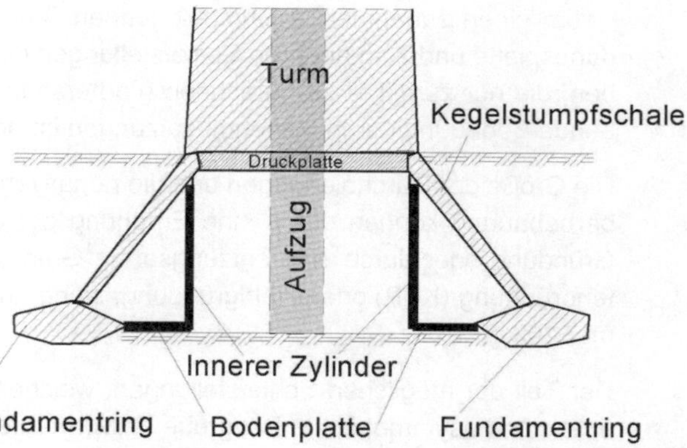


### 6.6.3 Hochhausgründungen

**Grundlagen**

Bei felsigem Baugrund (wie z. B. in New York), der sogar Zugkräfte aufnehmen kann, ist die Gründung eines Hochhauses wesentlich einfacher als bei bindigem Baugrund (wie z. B. beim Frankfurter Ton). Hier rufen hohe Belastungen gro-ße Verformungen des Baugrunds unter dem Hochhaus und in seiner Umgebung hervor. Daher stellte der in den 60er Jahren in Frankfurt /Main einsetzende umfangreiche Hochhausbau zunehmender Bauwerkshöhe und Baugrubentiefe (bis über 20 m beim Messeturm) (□ 6.17) eine große Herausforderung an die Geotechniker dar und erforderte umfangreiche Berechnungen sowie aufwändige Messprogramme zur Kontrolle der Verformungen beim Baugrubenaushub und beim Hochhausbau, vor allem auch im Bereich der Nachbarbebauung. ⇒ Sommer (1976), (1978), (1991), Sommer / Hoffmann (1991).

□ 6.17: Beispiel: Entwicklung des Hochhausbaus in Frankfurt/Main (nach Sommer 1991)

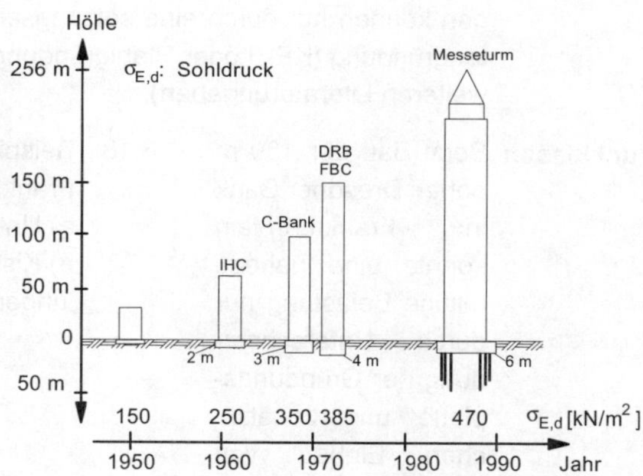


**Plattengründung**

Der größte Teil der Frankfurter Hochhäuser wurde bis Ende der 80er Jahre auf Platten gegründet, deren Dicke mit der Bauwerkshöhe ständig zunahm (□ 6.17).

**Verformungen** Auch die Setzungen der Hochhäuser wurden mit der Belastung immer größer und erreichten mit 20 bis 35 cm (bei den 150 bis 180 m hohen Gebäuden) eine kritische Grenze, weil sie - je nach Steifigkeit des Systems Bauwerk / Gründung - zum einen zunehmende Durchbiegungen (Winkelverdrehungen) der Gründungsplatte und zum anderen Schiefstellungen des Hochhauses zur Folge haben, die nur zum Teil zu berechnen (vorhersagbar) sind, und weil die umgebende Bebauung durch Mitnahmesetzungen immer mehr gefährdet wurde.

Die Größe der Durchbiegungen und die negativen Einwirkungen auf die Nachbarbebauung können durch eine Erhöhung der Steifigkeit von Bauwerk und Gründung oder durch eine setzungsarme Gründung (Kombinierte Pfahl-Plattengründung (KPP) oder Pfahlgründung, siehe unten) begrenzt werden (Sommer 1991).

Der Teil der möglichen Schiefstellungen, welcher durch ausmittige Belastung oder / und asymmetrische Baugrube hervorgerufen wird, kann rechnerisch erfasst und durch konstruktive Maßnahmen (z.B. Druckkissen, siehe unten) reduziert werden.

Zusätzlich können aber - auch bei mittiger Belastung - nicht vorhersehbare Schiefstellungen von Hochhäusern auftreten, weil Baugrundinhomogenitäten durch Bohrungen nicht vollständig erkannt werden können. Setzungsmessungen haben ergeben, dass sie bei einer Gründung im Frankfurter Ton bis zu 20% der mittleren Setzungen betragen können (Sommer 1991). Diese Schiefstellungen können nur durch eine setzungsarme Gründung (Kombinierte Pfahl-Plattengründung [KPP] oder Pfahlgründung) verringert werden (Sommer 1991 mit weiteren Literaturangaben).

**Druckkissen** Beim Bau der 180 m hohen Dresdner Bank in Frankfurt/Main konnte eine nahezu mittige Belastung nur durch Unterschneidung der Gründungsplatte und zusätzlichen Einbau von Druckkissen erreicht werden (□ 6.18), deren Druck so verändert werden musste, dass - zumindest bei der Bauausführung - keine ausmittige Belastung auftrat (Sommer 1991 mit weiteren Literaturangaben).

□ 6.18: Beispiel: Hochhaus Dresdner Bank in Frankfurt/Main (aus Sommer 1991):
a) Unterschneidung der Gründungssohle
b) Kissenkraft zur Korrektur von Schiefstellungen

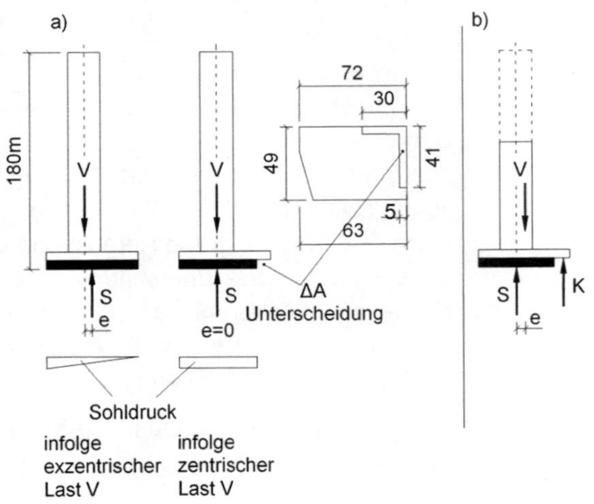

**KPP**

Bei der Kombinierten Pfahl-Plattengründung (KPP) werden die Bauwerkslasten zur Verringerung der Setzungen, wegen der Gefahr einer Schiefstellung und möglicher Mitnahmesetzungen der Nachbarbebauung zum Teil über Bohrpfähle in tiefer liegende, weniger setzungsempfindliche Schichten, zum Teil über die Kontaktspannungen Gründungsplatte / Baugrund in den unter der Platte liegenden Baugrund übertragen. Hierbei werden die Pfähle bis zu ihrem äußeren Bruchwiderstand ($\gamma_b$ = 1) belastet und die Beanspruchung der Gründungsplatte durch die Anordnung der Pfähle vermindert (□ 6.19).

□ 6.19: Beispiel: Kombinierte Pfahl-Plattengründung (aus Sommer 1991)

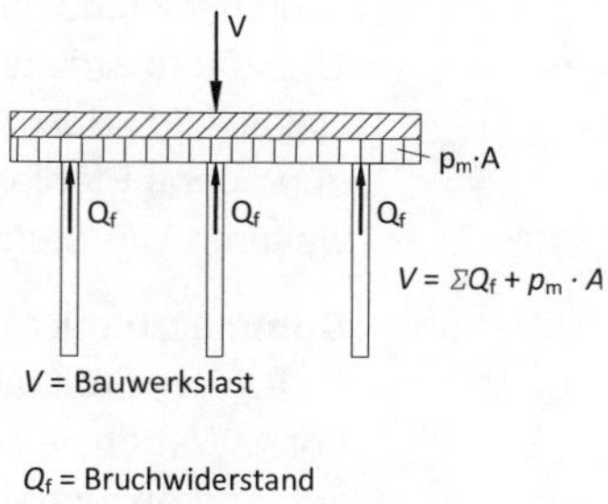


**Torhaus Frankfurt/Main (□ 6.20):** Eröffnung 1984, 117 m hoch. Gründung auf zwei getrennten Platten mit jeweils 42 Bohrpfählen von 90 cm Durchmesser und 20 m Länge. Nach den Messergebnissen betrugen die Lastanteile Pfähle/Platte 85% / 15%. Bei einer Gründungsplatte ohne Pfähle hätten sich rechnerisch Setzungen von ca. 25 cm ergeben. Bei der kombinierten Gründung wurde eine Setzung von 12 cm gemessen (Sommer 1991 mit weiteren Literaturangaben).

□ 6.20: Beispiel: Torhaus Frankfurt/Main mit kombinierter Pfahl-Plattengründung (aus El-Mossallamy 1996)

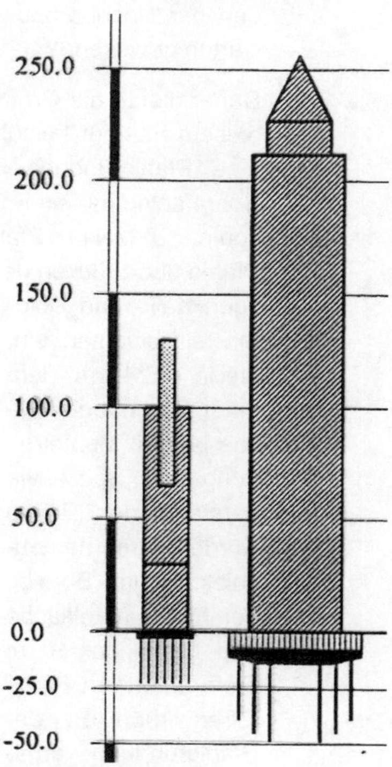


**Messeturm Frankfurt/Main (□ 6.21):** Eröffnung 1990, 256 m hoch (60 Ober- und 2 Untergeschosse). Gründung in 14 m Tiefe unter Geländeoberfläche auf einer in der Mitte 6 m dicken, 58,8 m breiten quadratischen Platte, die sich an den Rändern auf 3 m Dicke verringert, und auf 64 Bohrpfählen von 1,3 m Durchmesser, die in zwei Ringen angeordnet sind. Da Messungen beim Torhaus wesentlich höhere Pfahlkopflasten an den Rändern und Ecken als in der Mitte der Platte ergeben hatten, wurden die Pfähle am Rand kürzer (26,9 m lang) als zur Mitte hin (34,9 m lang) ausgeführt.

Rechnerisch wurde ein Verhältnis der Lastanteile Pfähle / Platte zu 30...50% / 50...70% und eine Setzung der Kombinationsgründung von 15...20 cm erhalten, das ist etwa die Hälfte der Setzungen einer Gründung ohne Pfähle (Sommer 1991 mit weiteren Literaturangaben).

□ 6.21: Beispiel: Messeturm Frankfurt mit kombinierter Pfahl-Plattengründung, aus (Lutz 2002)

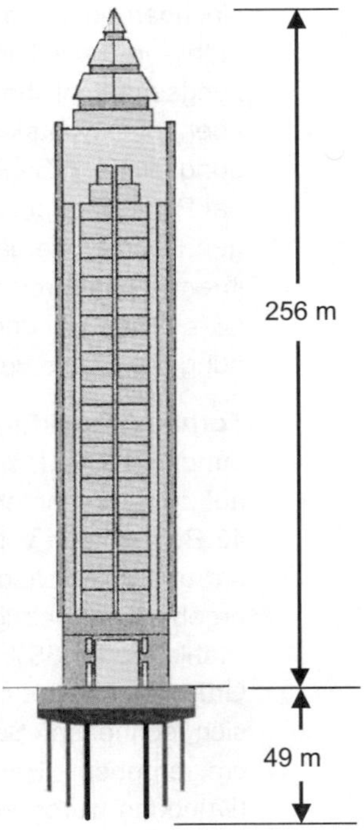


**Commerzbank Frankfurt/Main (□ 6.22):** Eröffnung 1997, 259 m hoch. Wegen des geringen Abstands zur angrenzenden Bebauung (u. a. unmittelbar neben dem bisherigen Commerzbank-Hochhaus von 109 m Höhe, das auf einer Gründungsplatte steht (□ 6.22), kam selbst eine Kombinierte Pfahl-Plattengründung nicht in Frage. Hierbei wäre nämlich eine Setzung von ca. 15 cm - und damit nicht vertretbare Mitnahmesetzungen der Nachbarbauwerke - zu erwarten gewesen.

Daher diente die Gründungsplatte in diesem Fall zur Lastübertragung für eine Pfahlgründung, die aus 111 Bohrpfählen mit einer Gebrauchslast von ca. 20 MN pro Pfahl besteht. Die Pfähle überbrücken den Frankfurter Ton und binden ca. 10 m tief in die mächtigen Kalk- und Dolomitsteinschichten ein, die in ca. 40 m Tiefe unter Geländeoberfläche lagern. Mantelreibung und Spitzenwiderstand der Pfähle wurden durch Zementinjektion im Bereich der Pfahlmantelfläche und bis in ca. 10 m Tiefe unter den Pfahlfüßen erhöht. Bei der Pfahlgründung ergaben sich lediglich Setzungen von wenigen Zentimetern.

□ 6.22: Beispiel: Neubau der Commerzbank Frankfurt/Main mit Pfahlgründung

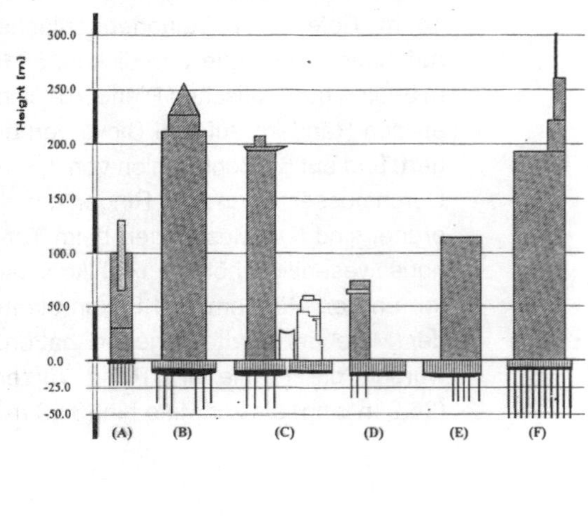

## 6.7 Kontrollfragen

- Norm für Gründungsbalken und Gründungsplatten?
- Arten von Gründungen nach der Tiefe der Lasteinleitung in den Baugrund?
- Unterschied Flachgründung – Flächengründung?
- Möglichkeiten von Flachgründungen / Tiefgründungen?
- Kombinierte Pfahl- Plattengründung (KPP)?
- Unterschied Streifenfundament - Gründungsbalken?
- Wann wird zweckmäßig eine Gründungsplatte aus-geführt?
- Wie wird ein Gründungsbalken (eine Gründungsplatte) statisch beansprucht? Welche Wechselwirkung tritt auf?
- Ausbildungsmöglichkeiten einer Gründungsplatte / eines Gründungsbalkens?
- Wie erhält man die maßgebende Verteilung des Sohldrucks?
- Rechenmodell für eine Gründungsplatte? Geotechnische Kategorie?
- Nach welchem Kriterium erhält man den geeigneten Ansatz für die Berechnung einer Gründungsplatte?
- Nennen Sie die wichtigsten Verfahren zur Berechnung von Gründungsbalken und -platten! Wann wird welches angewendet?
- Möglichkeiten einer vorgegebenen Sohldruckverteilung?
- Das Spannungstrapezverfahren zur Berechnung von Gründungsplatten (-balken) ist zu beschreiben. Wann reicht es aus? Wie kann man es etwas verbessern?
- Aufsetzen von Spannungsspitzen?
- Wann setzt man die korrigierte SDV von Boussinesq bei der Berechnung von Gründungsplatten (-balken) an?
- Welche Verfahren mit verformungsabhängiger SDV gibt es? Unterschied gegenüber den Verfahren mit vorgegebener Sohldruckverteilung?
- Was ist ein Bettungsmodul? Wovon hängt er ab?
- Beschreiben Sie das Bettungsmodulverfahren! Modelvorstellung? Annahmen?
- Warum trifft die Voraussetzung des Bettungsmodul-verfahrens in der Praxis nicht zu? Warum wird es trotzdem häufig angewendet? Wann liefert es zutreffende Ergebnisse?
- Verschiedene Möglichkeiten für die Bestimmung des Bettungsmoduls? Beurteilung?
- Erläutern Sie das Steifemodulverfahren und den Unterschied zum Bettungsmodulverfahren! Welche Modellvorstellung liegt hier zugrunde? Nachteil?
- Was versteht man unter dem kombinierten Verfahren?
- Gründung auf integrierter Sohlplatte? Berechnung?
- Aufnahme der antimetrischen Belastungen bei Turmgründungen? Beispiele?
- Problematik bei Hochhausgründungen im Frankfurter Ton?
- Warum mussten Alternativen zur Plattengründung von Hochhäusern auf Frankfurter Ton gesucht wer-den?
- Konstruktive Möglichkeiten zur Begrenzung von Schiefstellungen bei Hochhausgründungen?
- Beschreiben Sie die Übertragung der Lasten bei einer Kombinierten Pfahl-Plattengründung (KPP) in den Baugrund! (Skizze).
- Beispiele für Kombinierte Pfahl-Plattengründungen! (Skizzen).
- Grenze der Kombinationsgründung? Beispiel?

## 6.8 Aufgaben

6.8.1 Bei der Berechnung eines Gründungsbalkens nach dem Bettungsmodulverfahren ist das Längenverhältnis $\lambda$ eine kennzeichnende Systemgröße. Geg.: a) $\lambda$ = 2,0; b) $\lambda$ = 5,0. Ges.: Welcher Gründungsbalken ist weniger biegsam?

6.8.2 Warum liefert das Bettungsmodulverfahren relativ zutreffende Ergebnisse, obwohl der Bettungsmodul $k_s$ nur sehr ungenau ermittelt werden kann?

6.8.3 Der Bettungsmodul wird vom Gründungsgutachter mit $k_s$ = 10...15 MN/m³ angegeben. Welchen Grenzwert müsste man in die Berechnung einsetzen, um die größten Bemessungsmomente für die Gründungsplatte zu erhalten?

6.8.4 Ein Statiker hat bei der Berechnung einer Gründungsplatte den Zusammendrückungsmodul $E_{s,k}$ des Baugrunds um 50% zu hoch angesetzt. Welchen Einfluss hat dieser Fehler auf das Längenverhältnis $\lambda$ beim Bettungsmodulverfahren?

6.8.5 Geg.: Platte; $b$ = 7,8 m, $a$ = 11,2 m, $d$ = 0,8 m, darauf 4 Stützen mit je 500 kN und 2 Stützen mit je 700 kN. Baugrund: bis 2 m unter Plattensohle Mergel ($E_s$ = 20 MN/m²), darunter bis 7 m unter Plattensohle Sand ($E_s$ = 60 MN/m²), darunter Fels ($E_s = \infty$). Ges.: Bettungsmodul (Platteneigenlast vernachlässigen).

6.8.6 a) Aus welchen Anteilen setzt sich die Bauwerkssteifigkeit zusammen? b) mit welchem Anteil wird meist nur gerechnet?

6.8.7 Geg.: Stahlbetonrechteckfundament (B 25), $b$ = 1,8 m, $a$ = 2,75 m, $d$ = 0,65 m, Gründungstiefe $d$ = 1,2 m; Baugrund: Sand, einfach verdichtet, Feuchtwichte 18 kN/m³, Steifemodul 120 MN/m², ab 5 m unter Gründungssohle: Fels. Ges.: a) Bettungsmodul, b) Bezeichnung der Systemsteifigkeit.

6.8.8 Geg.: Gründungsbalken (B 25), $b$ = 1,5 m, $d$ = 0,7 m. Baugrund: U, s mit $k_s$ = 50 MN/m³. Ges.: Längenverhältnis $\lambda$ für das Bettungsmodulverfahren nach Hahn.

6.8.9 Geg.: Platte als Gründung eines Verkehrstunnels, $b$ = 10 m, 0,6 m dicke Tunnelwände mit $V$ = 160 kN/m an den Plattenrändern. Ges.: Maximalmoment für eine Sohldruckfigur nach □ 6.06, wobei im vorliegenden Fall mit einer dreieckförmigen Spannungsfigur gerechnet werden soll, die bis in Feldmitte reicht.

6.8.10 Die Sohlplatte einer Schiffsschleuse ist zwischen den seitlichen Stützwänden eingehängt (seitliche Fugenbänder). Außenwasserstand (Grundwasser) 6,3 m über Unterkante Platte, Wasserstand in der Schleuse 3,5 m über Unterkante Platte, Betonwichte 24 kN/m³. Ges.: a) Mindest-Sohlwasserdruck, um Biegung in der Platte hervorzurufen, b) max M in der Sohlplatte bei o. a. Wasserständen.

## 6.9 Weitere Beispiele

□ 6.23: Beispiel 53: Momentenfläche für eine Gründungsplatte

**Geg.:**

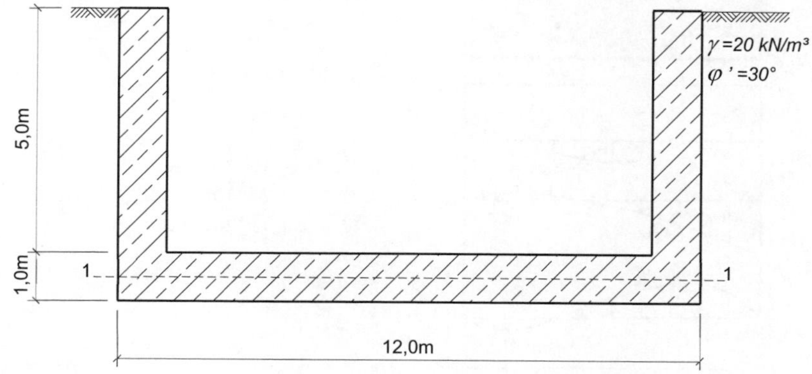


***Ges.:***

*Momentenfläche für die Gründungsplatte infolge des auf die Seitenwände wirkenden Erdruhedrucks.*

*Anmerkung: Die Berechnung soll mit dem Bettungsmodulverfahren für ein Längenverhältnis $\lambda$ = 5,0 geführt werden.*

***Lösung:***

*Der Erdruhedruck wird bis zur Plattenoberkante ermittelt. Der darunter liegende Anteil geht als Normalkraft in die Platte.*

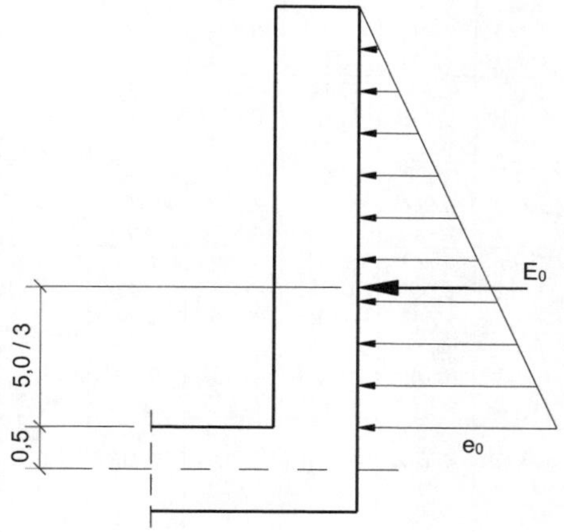


$$K_0 = 1 - \sin\varphi = 1 - 0,50 = 0,50$$

$$e_0 = 20 \cdot 5,0 \cdot 0,50 = 50,0 \;\; kN/m^2$$

$$E_0 = \frac{1}{2} \cdot 50,0 \cdot 5,0 = 125,0 \;\; kN/m$$

$$M_{1-1} = 125,0 \;\; \left(0,5 + \frac{5,0}{3}\right)$$

$$= 270,8 \;\; \frac{kNm}{m}$$

*Statisches System:*

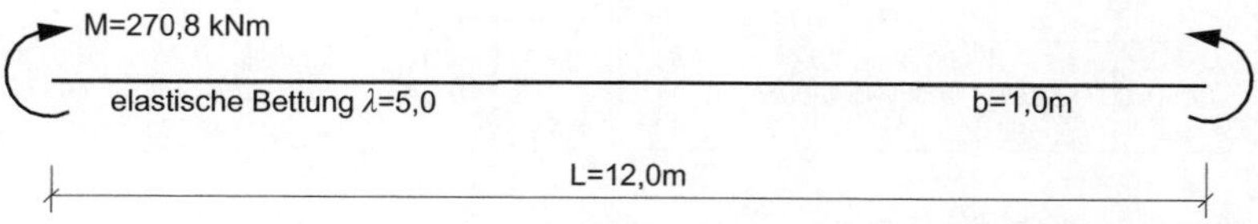

□ 6.23: Fortsetzung Beispiel 53: Momentenfläche für eine Gründungsplatte

*Werte zum Bettungsmodulverfahren für einen Momentangriff am Ende; nach Hahn (1985)*

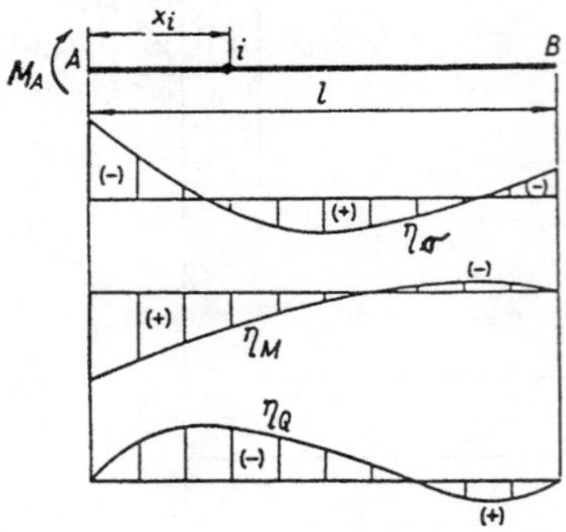


$$\sigma_0 = \frac{\eta_0}{b \cdot l^2} \cdot M_A$$

$$M = \eta_M \cdot M_A$$

$$Q = \frac{\eta_Q}{1} \cdot M_A$$

*Obere Zahl:* $\eta_0$
*Mittlere Zahl:* $\eta_M$
*Untere Zahl:* $\eta_Q$

| $\lambda$ \ $x_i / l$ | 0 | 0,1 | 0,2 | 0,3 | 0,4 | 0,5 | 0,6 | 0,7 | 0,8 | 0,9 | 1,0 |
|---|---|---|---|---|---|---|---|---|---|---|---|
| 0 | -6,0<br>1,000<br>0 | -4,8<br>0,972<br>-0,54 | -3,6<br>0,896<br>-0,96 | -2,4<br>0,784<br>-1,26 | -1,2<br>0,648<br>-1,44 | 0<br>0,500<br>-1,50 | 1,2<br>0,352<br>-1,44 | 2,4<br>0,216<br>-1,26 | 3,6<br>0,104<br>-0,96 | 4,8<br>0,028<br>-0,54 | 6,0<br>0<br>0 |
| 1 | -6,21<br>1,000<br>0 | -4,88<br>0,971<br>-0,55 | -3,59<br>0,894<br>-0,98 | -2,34<br>0,780<br>-1,27 | -1,12<br>0,643<br>-1,45 | 0,08<br>0,495<br>-1,50 | 1,26<br>0,348<br>-1,43 | 2,42<br>0,213<br>-1,25 | 3,58<br>0,102<br>-0,95 | 4,73<br>0,028<br>-0,53 | 5,88<br>0<br>0 |
| 1,5 | -7,03<br>1,000<br>0 | -5,19<br>0,968<br>-0,61 | -3,55<br>0,884<br>-1,05 | -2,09<br>0,764<br>-1,33 | -0,78<br>0,623<br>-1,47 | 0,40<br>0,475<br>-1,49 | 1,49<br>0,330<br>-1,39 | 2,51<br>0,200<br>-1,19 | 3,49<br>0,095<br>-0,89 | 4,45<br>0,026<br>-0,49 | 5,40<br>0<br>0 |
| 2,0 | -9,07<br>1,000<br>0 | -5,95<br>0,960<br>-0,75 | -3,43<br>0,860<br>-1,21 | -1,47<br>0,726<br>-1,45 | 0,04<br>0,576<br>-1,52 | 1,17<br>0,426<br>-1,46 | 2,03<br>0,288<br>-1,29 | 2,71<br>0,170<br>-1,06 | 3,27<br>0,079<br>-0,76 | 3,78<br>0,021<br>-0,40 | 4,28<br>0<br>0 |
| 2,5 | -12,75<br>1,000<br>0 | -7,21<br>0,946<br>-0,99 | -3,13<br>0,819<br>-1,49 | -0,34<br>0,660<br>-1,65 | 1,43<br>0,496<br>-1,59 | 2,42<br>0,346<br>-1,39 | 2,87<br>0,219<br>-1,13 | 2,97<br>0,121<br>-0,83 | 2,88<br>0,053<br>-0,54 | 2,70<br>0,013<br>-0,26 | 2,50<br>0<br>0 |
| 3,0 | -18,00<br>1,000<br>0 | -8,76<br>0,928<br>-1,31 | -2,50<br>0,763<br>-1,85 | 1,30<br>0,573<br>-1,90 | 3,24<br>0,394<br>-1,66 | 3,89<br>0,246<br>-1,29 | 3,74<br>0,136<br>-0,90 | 3,14<br>0,064<br>-0,56 | 2,31<br>0,022<br>-0,28 | 1,42<br>0,004<br>-0,10 | 0,51<br>0<br>0 |
| 3,5 | -24,52<br>1,000<br>0 | -9,75<br>0,904<br>-1,65 | -1,37<br>0,700<br>-2,23 | 3,33<br>0,479<br>-2,11 | 5,13<br>0,290<br>-1,66 | 5,17<br>0,149<br>-1,14 | 4,28<br>0,060<br>-0,66 | 3,02<br>0,014<br>-0,29 | 1,65<br>-0,003<br>-0,06 | 0,30<br>-0,003<br>0,04 | -1,04<br>0<br>0 |
| 4,0 | -32,05<br>1,000<br>0 | -11,40<br>0,878<br>-2,09 | 0,36<br>0,635<br>-2,58 | 5,61<br>0,390<br>-2,24 | 6,82<br>0,198<br>-1,59 | 5,95<br>0,072<br>-0,94 | 4,29<br>0,005<br>-0,43 | 2,54<br>-0,019<br>-0,09 | 0,96<br>-0,018<br>0,09 | -0,45<br>-0,007<br>0,11 | -1,78<br>0<br>0 |
| 4,5 | -40,54<br>1,000<br>0 | -12,03<br>0,851<br>-2,50 | 2,69<br>0,571<br>-2,87 | 8,01<br>0,309<br>-2,27 | 8,15<br>0,124<br>-1,44 | 6,14<br>0,017<br>-0,72 | 3,77<br>-0,027<br>-0,22 | 1,78<br>-0,034<br>0,05 | 0,32<br>-0,022<br>0,153 | -0,79<br>-0,007<br>0,128 | -1,76<br>0<br>0 |
| 5,0 | -50,02<br>1,000<br>0 | -12,08<br>0,823<br>-2,91 | 5,55<br>0,508<br>-3,10 | 10,36<br>0,238<br>-2,23 | 9,05<br>0,067<br>-1,23 | 5,81<br>-0,016<br>-0,48 | 2,89<br>-0,040<br>-0,05 | 0,92<br>-0,035<br>0,13 | -0,20<br>-0,020<br>0,16 | -0,83<br>-0,006<br>0,11 | -1,29<br>0<br>0 |
| 6,0 | -72,00<br>1,000<br>0 | -10,30<br>0,763<br>-3,72 | 12,36<br>0,390<br>-3,37 | 14,30<br>0,123<br>-1,93 | 9,23<br>-0,006<br>-0,74 | 4,06<br>-0,042<br>-0,08 | 0,89<br>-0,037<br>0,15 | -0,43<br>-0,020<br>0,16 | -0,67<br>-0,008<br>0,09 | -0,49<br>-0,002<br>0,03 | -0,20<br>0<br>0 |
| 7,0 | -98,00<br>1,000<br>0 | -3,56<br>0,723<br>-4,33 | 19,71<br>0,285<br>-3,40 | 16,42<br>0,045<br>-1,48 | 7,61<br>-0,037<br>-0,29 | 1,73<br>-0,039<br>0,15 | -0,58<br>-0,020<br>0,18 | -0,88<br>-0,006<br>0,10 | -0,53<br>0<br>0,03 | -0,13<br>0,001<br>-0,01 | 0,24<br>0<br>0 |
| 8,0 | -128,01<br>1,000<br>0 | 1,19<br>0,635<br>-5,16 | 26,59<br>0,196<br>-3,23 | 16,41<br>-0,006<br>-0,98 | 4,91<br>-0,043<br>0,04 | -0,24<br>-0,026<br>0,22 | -1,15<br>-0,008<br>0,13 | -0,68<br>0,001<br>0,04 | -0,20<br>0,002<br>-0,005 | 0,04<br>0,001<br>-0,01 | 0,17<br>0<br>0 |

□ 6.23: Fortsetzung Beispiel 53: Momentenfläche für eine Gründungsplatte

| Stelle $x_i / l$= | | 0 | 0,1 | 0,2 | 0,3 | 0,4 | 0,5 | 0,6 | 0,7 | 0,8 | 0,9 | 1,0 |
|---|---|---|---|---|---|---|---|---|---|---|---|---|
| A | $\eta_M$ = | 1,000 | 0,823 | 0,508 | 0,238 | 0,067 | -0,016 | -0,040 | -0,035 | -0,020 | -0,006 | 0 |
| A | M = $\eta_M \cdot M_A$ | 270,8 | 222,9 | 137,6 | 64,4 | 18,1 | -4,3 | -10,8 | -9,5 | -5,4 | -1,6 | 0 |
| B | M = | 0 | -1,6 | -5,4 | -9,5 | -10,8 | -4,3 | 18,1 | 64,4 | 137,6 | 222,9 | 270,8 |
| $\sum M =$ | | 270,8 | 221,3 | 132,2 | 54,9 | 7,3 | -8,6 | 7,3 | 54,9 | 132,2 | 221,3 | 270,8 |

***Momentenfläche:***

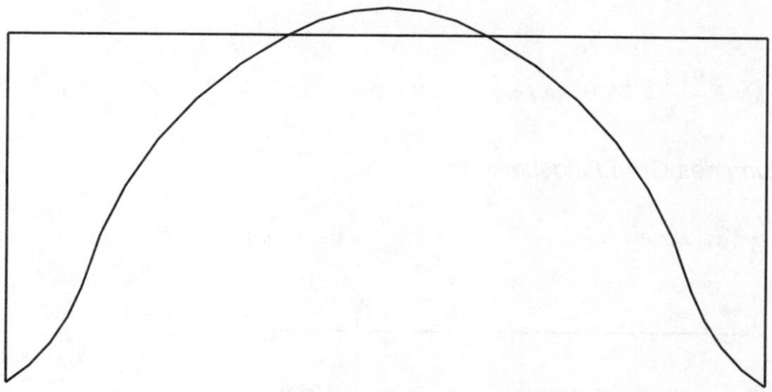

*Anmerkung:* *Für die Bemessung der Platte müsste diese Momentenfläche mit der aus den Vertikallasten superponiert werden.*

□ 6.24: Beispiel 54: Momentenfläche für einen Gründungsbalken

***Geg.:*** *Das dargestellte Stahlbeton-Fundament eines Öltanks;*

*die Eigenlast des Tanks beträgt 6,9 kN.*

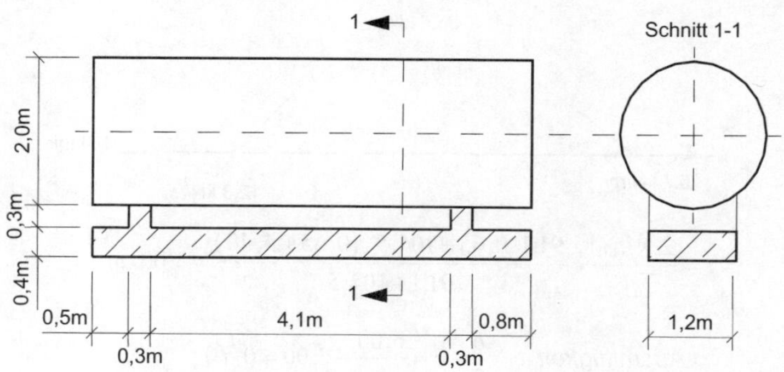


***Geg.:***

*Bemessungsmomente bei voller Füllung*

*($\gamma \approx 10$ kN/m³) mit dem Spannungstrapez-Ver-fahren*

***Lösung:***

*Die Eigenlast des Fundaments soll unberücksichtigt bleiben, da sie kein Biegemoment erzeugt.*

□ 6.24: Fortsetzung Beispiel 54: Momentenfläche für einen Gründungsbalken

*Tankgewicht bei voller Füllung:*

$$G = 6{,}9 + \pi \cdot 1{,}0^2 \cdot 10 \cdot 6{,}0 = 195{,}4 \;\; kN \qquad \Rightarrow g = \frac{195{,}4}{6{,}0} = 32{,}6 \;\; kN/m$$

*Statisches System:*

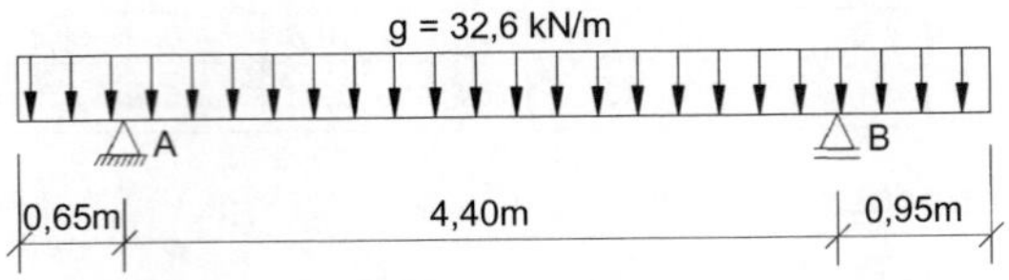


*Auflagerkräfte:*

$$A = 91{,}1 \;\; kN \mathrel{\hat{=}} \frac{91{,}1}{1{,}2} = 75{,}9 \;\; kN/m\,; \qquad B = 104{,}5 \;\; kN \mathrel{\hat{=}} \frac{104{,}5}{1{,}2} = 87{,}1 \;\; kN/m$$

*Beanspruchung des Gründungsbalkens:*

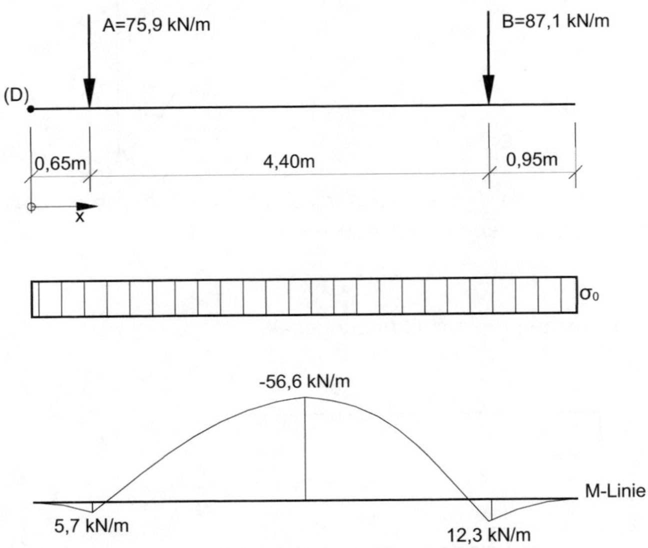


$$c = \frac{\sum M_{(D)}}{\sum V} = \frac{91{,}1 \cdot 0{,}65 + 104{,}5 \;\; (0{,}65 + 4{,}40)}{91{,}1 + 104{,}5} = 3{,}00 \;\; m$$

$\Rightarrow$ *Ausmittigkeit* $e = \frac{b}{2} - c = \frac{6{,}00}{2} - 3{,}00 = 0$ *(!)*

*Sohldruckverteilung:* $\sigma_{0,1} = \sigma_{0,2} = \frac{g}{b} = \frac{32{,}6}{1{,}2} = 27{,}2 \;\; kN/m^2$

*Stelle und Größe des maximalen Feldmoments:*

$$M_{(x)} = 27{,}2 \cdot \frac{x^2}{2} - 75{,}9 \;\; (x - 0{,}65) = 13{,}6x^2 - 75{,}9x + 49{,}34$$

□ 6.24: Fortsetzung Beispiel 54: Momentenfläche für einen Gründungsbalken

$$\frac{dM_{(x)}}{dx} = Q_{(x)} = 27{,}2x - 75{,}9 \overset{!}{=} 0 \qquad \Rightarrow x_0 = 2{,}79\ m$$

$$M_{(x=2{,}79)} = M_{F,max} = 13{,}6 \cdot 2{,}79^2 - 75{,}9 \cdot 2{,}79 + 49{,}34 = -56{,}6\ kNm/m$$

*Stützenmomente:*

$$M_A = 27{,}2 \cdot \frac{0{,}65^2}{2} = 5{,}7\ kNm/m$$

$$M_B = 27{,}2 \cdot \frac{0{,}95^2}{2} = 12{,}3\ kNm/m$$

# 7 Flach gegründete Stützkonstruktionen

## 7.1 Grundlagen

**Stützkonstruktionen** Bauliche Anlagen zur ständigen oder vorübergehenden Sicherung eines Geländesprungs, einer Böschung oder eines Hangs. „Stützkonstruktionen" ist nach Handbuch Eurocode 7, Band 1: DIN 1054 der Oberbegriff für „Stützbauwerke" und „konstruktive Böschungssicherungen" (siehe unten). Im vorliegenden Abschnitt werden nur dauerhafte Sicherungen in Form von flach gegründeten Stützkonstruktionen besprochen. Tief gegründete Stützkonstruktionen und „Vorübergehende Sicherungen“ und: siehe Abschnitt „Baugruben“ in Dörken / Dehne / Kliesch: Grundbau in Beispielen, Teil 3.

**Stützbauwerke, flach gegründet** Gewichtsstützwände (siehe Abschnitt 7.3) oder Winkelstützwände (siehe Abschnitt 7.4), die waagerechte und senkrechte Lasten aufnehmen und in den Baugrund übertragen können. Hierzu gehören auch ausgesteifte bzw. verankerte Wände mit Fußeinbindung, die im vorliegenden Abschnitt nur dann behandelt werden, wenn es sich um ständige Bauwerke handelt.

**Konstruktive Böschungssicherung** Hierbei handelt es sich nach Handbuch Eurocode 7, Band 1: DIN 1054 um eine Stützkonstruktion zur dauernden oder vorübergehenden Sicherung einer Böschung oder eines Hangs, die aus Sicherungselementen und einer Oberflächensicherung besteht. Sie kann nur ihr Eigengewicht, aber nicht weitere waagerechte oder senkrechte Kräfte in den Baugrund übertragen. Im vorliegenden Abschnitt wurden nur konstruktive Böschungssicherungen aufgenommen, wenn es sich um ständige Bauwerke handelt.

**Formen** Gewichtsstützwände (□ 7.01 a) und Winkelstützwände (□ 7.01 b) sind die Grundformen von flach gegründeten Stützbauwerken. Außerdem gibt es zahlreiche Sonderformen (siehe Abschnitt 7.5). Wände für den Baugrubenverbau und Spundwände als bleibende Bauwerke sind ebenfalls Stützbauwerke, aber tief gegründet (siehe hierzu den Abschnitt „Baugruben“ in Dörken / Dehne / Kliesch: Grundbau in Beispielen, Teil 3.)

□ 7.01: Beispiel: Grundformen von Stützwänden mit Berechnungsquerschnitten: a) Gewichtsstützwand, b) Winkelstützwand

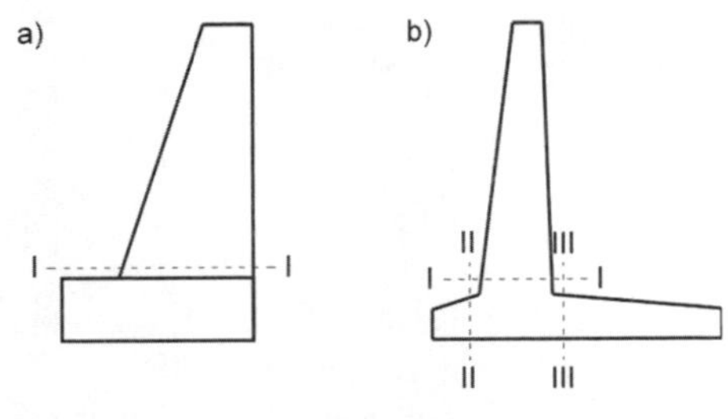


Die Auswahl der für die jeweilige Situation zweckmäßigsten Form erfolgt im Wesentlichen nach folgenden Kriterien:

- Höhe und Form des Geländesprungs, Einschnitt oder Auftrag, bereits bestehende Böschung,
- Art und Größe der Verkehrslasten,

- Scherfestigkeit und Zusammendrückbarkeit des Baugrunds,
- Platzbedarf bei der Herstellung, Abstand von Nachbarbebauung,
- Herstellungskosten,
- Verfügbarkeit des Baumaterials (Kiessand transportnah und preisgünstig: Gewichtsstützwand, sonst Winkelstützwand),
- luftseitige Wandgestaltung und Abdeckung der Wandkrone, Höhenstaffelung im geneigten Gelände, Fugenanordnung und -ausbildung, Einfügung in das Landschaftsbild (Sichtbeton, Natursteinverblendung),
- verfügbare Bauzeit, voraussichtliche Standdauer der Wand.

**Einwirkende Kräfte** Die auf eine Stützwand einwirkenden Kräfte werden am Beispiel einer Uferwand(□ 7.02) beschrieben:

□ 7.02: Beispiel: Äußere (charakteristische) Kräfte bei einer Uferwand

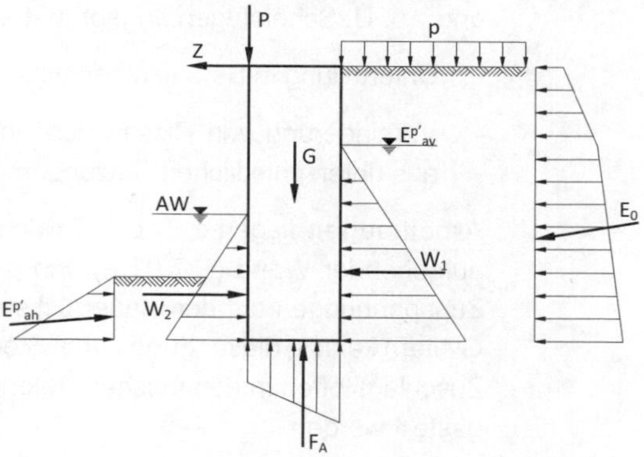


- **Eigenlast *G*:** Bei unbewehrtem Beton mit der Wichte 23 kN/m³, bei Stahlbeton mit 25 kN/m³ zu errechnen.
- **Hydrostatische Wasserdruckkräfte *W*** und
- **Sohlwasserdruck (Auftrieb) $F_A$;** nach DIN 19702 als äußere Lasten gesondert in Rechnung zu stellen.
- **Nutzlasten *p*, *P* bzw. *Z*** (z.B. Verkehrslast, Kranlast bzw. Pollerzug) sind - sofern sie nicht günstig wirken - in voller Höhe in die Rechnung einzuführen, jedoch ohne Schwingbeiwerte und Stoßzahlen.
- **Erddruck $E_a$:** Wenn die notwendigen Verdrehungen der Wand möglich sind, kann mit aktivem Erddruck gerechnet werden. Anderenfalls ist der Erdruhedruck anzusetzen. Die Richtung der Erddruckkraft und damit die Neigung der Resultierenden in der Sohlfuge der Wand wird wesentlich durch die Neigung der Wandrückseite und den Wandreibungswinkel beeinflusst.
- **Erdwiderstand $E_p$:** Die Voraussetzungen für den Ansatz des Erdwiderstands vor der Wand (siehe Abschnitt 1.2) sind selten erfüllt.
- **Widerstandskraft $W_N$ aus den Sohlnormaldrücken:** Die Sohldruckfigur kann in einfachen Fällen (siehe Abschnitt 5.3) geradlinig begrenzt angenommen werden.

- **Widerstandskraft $W_T$ aus den Tangentialspannungen:** setzt sich aus Reibungs- und Kohäsionsanteil zusammen, wobei letzterer nicht in Rechnung gestellt wird (siehe Abschnitt 2.5).

**Statik** Die statische Untersuchung der Stützwand umfasst die

- Festigkeitsuntersuchung in besonderen Querschnitten der Wand (□ 7.01 b) und die
- Standsicherheitsuntersuchung in der Sohlfuge (□ 7.01 a und b), in Arbeitsfugen (□ 7.01 a) sowie im Bereich des umgebenden Erdkörpers (siehe Abschnitte 1 bis 3).

**Beton** Gewichtsstützwände sollten in Hinblick auf Schwind- und Temperaturspannungen in dem massigen Baukörper aus schwindarmem Beton hergestellt und durch Fugen unterteilt werden. Hohe Druck- und Anfangsfestigkeiten sind selten erforderlich.

**Fugen** In Stützwänden werden im Bedarfsfall Arbeitsfugen, Dehnungs-/Setzungsfugen und u. U. Scheinfugen angeordnet zur

- Unterteilung in Betonierabschnitte und zur
- Verhinderung von Rissen aus Schwind- und Temperaturspannungen oder aus unterschiedlichen Setzungen.

**Arbeitsfugen** liegen z.B. bei Gewichtsstützwänden zwischen Fundament und aufgehender Wand (□ 7.01 a). Ein gewisser Verbund (zur Aufnahme von evtl. Zugspannungen auf der Mauerrückseite und zur zusätzlichen Sicherung gegen Gleiten) kann in dieser Fuge durch Steckeisen und / oder Einbringung von groben Zuschlagstoffen in den frischen Beton im Bereich der Fundamentoberkante hergestellt werden.

**Dehnungs-/Setzungsfugen** sollten in Längsrichtung der Wand im Abstand $\leq$ 10 m angeordnet werden. Der Fugenabstand hängt von der Größe der zu erwartenden Bewegungen / Zwängungen ab. Der Fugenabstand muss z. B. verringert werden, wenn das Schwinden des Betons dadurch behindert wird, dass die Wand auf festem Untergrund (z. B. Fels) oder auf ein früher betoniertes Fundament aufgesetzt wird.

Die Bewehrung von Stützwänden aus Stahlbeton sollte möglichst so angeordnet werden, dass sie auch als Netz zur Aufnahme von Schwind- und Temperaturspannungen wirkt und somit keine zusätzlichen Risssicherungsmatten erforderlich sind.

Durch die einfache, ebene Fuge (□ 7.03 a) können Verschiebungen der einzelnen Wandabschnitte in horizontaler Richtung gegeneinander nicht verhindert werden. Auch eingelegte Steckeisen (□ 7.03 b) bringen keine wesentliche Verbesserung. Eine wirksame Verzahnung kann nur durch eine Verzahnung nach dem Nut-Feder-Prinzip (□ 7.03 c) erreicht werden, das jedoch nur bei ausreichend breiten Wänden ausgeführt werden kann. Die bei schmalen Wänden nur mögliche Z-Verzahnung (□ 7.03 d) verhindert bei jedem zweiten Wandabschnitt nicht die gegenseitige Verschiebung.

□ 7.03: Beispiele: a), b) eben, c), d) verzahnt

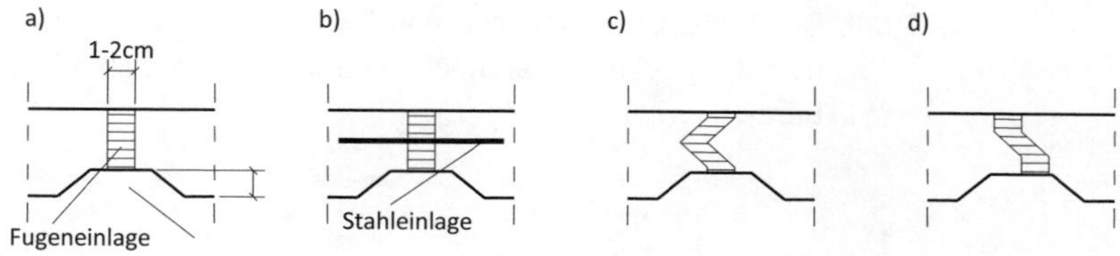


Fugeneinlagen (Dichtungen) sollen ein Auslaufen von Hinterfüllungsmaterial und Wasser verhindern (□ 7.03). Diesem Zweck dienen vor allem Fugenbänder, welche die Fuge von oben bis unten verschließen, jedoch keine wirksame Kippverzahnung ermöglichen.

Da auch bei ordnungsgemäßer Fugenausführung immer gewisse Bewegungen und Auslaufvorgänge möglich sind, wird aus optischen Gründen auf der Luftseite der Wand im Fugenbereich häufig eine Vertiefung (Sichtphase) angeordnet (□ 7.03).

**Scheinfugen** werden nachträglich auf der Luftseite einer Sichtbetonwand einige Zentimeter tief senkrecht in die Mauer eingeschnitten, wenn Schalungsstöße nicht sichtbar sein oder große Flächen in Abschnitte unterteilt werden sollen.

Schäden an Stützwänden sind häufig auf unsachgemäße Hinterfüllung zurückzuführen. Daher sind die Regeln für die Hinterfüllung von Bauwerken (⇒ Dörken / Dehne / Kliesch, Teil 1) genau zu beachten.

**Hinterfüllungen**

Der Hinterfüllungsboden darf nur so stark verdichtet werden, dass keine Nachsetzungen entstehen. Eine zu starke Verdichtung erzeugt den Verdichtungserddruck (siehe Dörken / Dehne / Kliesch, Grundbau in Beispielen, Teil 1), der erheblich größer sein kann als der bei der Berechnung angesetzte aktive Erddruck. Bei Gründungen auf festem Untergrund (z.B. Fels) ist darauf zu achten, dass die Wand die für den aktiven Erddruck erforderliche Bewegung durchführen kann. Dies ist vor allem auch bei dünnen Wänden wichtig, in deren Hinterfüllungsbereich evtl. Frost eindringen kann.

⇒ ZTVE-StB und Merkblatt für die Hinterfüllung von Bauwerken.

**Entwässerung**

Die Rückseite der Stützwand erhält einen Dichtungsanstrich und muss ordnungsgemäß entwässert werden. Eine ausreichende und ständig wirksame Entwässerung ist erforderlich, damit zusätzlich zum Erddruck nicht noch Wasserdruck entsteht. Dieser gefährdet nämlich die Standsicherheit der Wand, wenn er in der statischen Berechnung aus Kostengründen nicht berücksichtigt wurde.

Die Entwässerung umfasst Maßnahmen zur Ableitung des

- Sickerwassers und des
- Oberflächenwassers.

**Sickerwasser** wird hinter der Stützwand nach den in DIN 4095 angegebenen Regeln (siehe Dörken / Dehne / Kliesch, Teil 1, Grundbau in Beispielen, Abschnitt 7) durch eine mineralische Dränschicht oder mittels Dränelementen abgeleitet, die in eine Dränleitung mit ausreichender Vorflut entwässern (□ 7.04).

□ 7.04: Beispiele: Entwässerung von Stützwänden: a) mineralische Dränschicht, b) Dränelemente, c) Hinterfüllungsbereich = Entwässerungsbereich

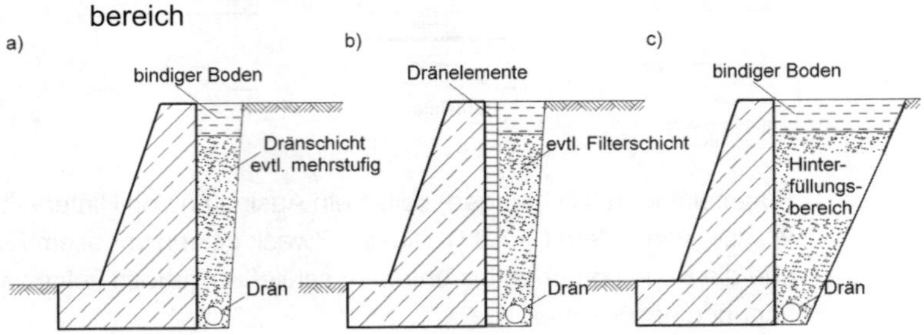


Einbau und Verdichtung einer senkrechten mineralischen Dränschicht sind vor allem bei Mehrstufenfiltern schwierig, weil sie gleichzeitig mit der Hinterfüllung mit Hilfe von Ziehblechen eingebracht werden muss. Sie sollte daher mindestens einen Meter dick sein. Wegen dieser Schwierigkeiten wird häufig der gesamte Hinterfüllungsbereich als Entwässerungsbereich ausgebildet, indem geeigneter grobkörniger Boden eingebaut wird (siehe Dörken / Dehne, Grundbau in Beispielen, Teil 1).

Steinpackungen ohne entsprechende Filterschicht kommen als Hinterfüllung nicht in Frage, weil sie schnell zuschlämmen und dadurch unwirksam werden. Auch beim Einbau von Dränelementen kann - bei feinkörnigem und gemischtkörnigem Boden - eine zusätzliche Filterschicht erforderlich werden (□ 7.04 b).

⇒ ZTVE-StB und Merkblatt für die Hinterfüllung von Bauwerken.

**Oberflächenwasser** darf nicht in größeren Mengen in die Dränschicht, in die Dränelemente bzw. den Entwässerungsbereich gelangen, weil es mit Feinteilen befrachtet ist, welche die Anlage auf Dauer zuschlämmen. Bei kleiner Geländeneigung und geringem Wasseranfall genügt eine Abdeckung der Sickerschicht mit bindigem Boden oder einer Betonmulde. Bei stärkerer Geländeneigung und entsprechend größerem Wasseranfall sollte die Dränschicht hinter der Stützwand mit einem Betongerinne abgedeckt oder das Oberflächenwasser mit einem weiter oberhalb im Gelände liegenden Fanggraben abgeleitet werden (□ 7.05).

**Gestaltung** Stützwände sollten optisch der Umgebung angepasst werden.

**Sichtbeton** stellt hohe Anforderungen an Schalung, Auswahl und Einbau des Betons.

**Natursteinverblendung** erfolgt meist mit örtlich vorkommendem Gestein. Sie wird fast immer nachträglich ausgeführt und an eingelassenen Stahleinlagen im Wandbeton verankert.

□ 7.05: Beispiele: Abfangungen des Oberflächenwassers: a) kleine, b) stärkere Geländeneigung

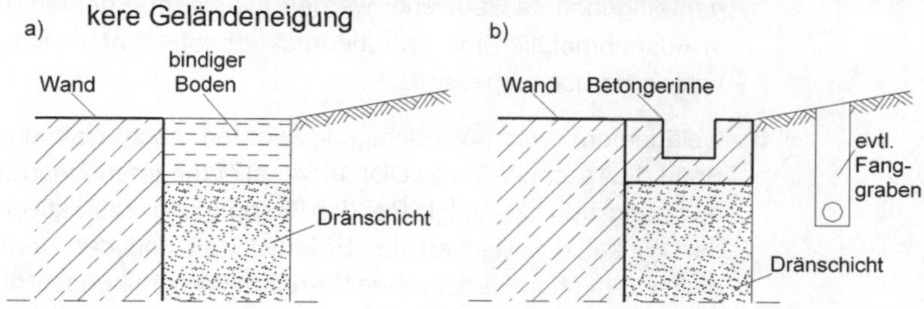


## 7.2 Regelungen des Handbuches zum EC 7

### 7.2.1 Schutzanforderungen

Wenn der Boden vor einem ständigen Stützbauwerk zur Stützung herangezogen wird, ist seine freie Oberfläche nach Handbuch Eurocode 7, Band 1, Abschnitt 9.3.2.2: DIN 1054, A(5) und A(6) möglichst durch Begrünung, Befestigung oder sonstige Maßnahmen gegen Abgraben oder Erosion durch Oberflächenwasser bzw. durch strömendes Wasser zu schützen. Stützbauwerke dürfen keine schädlichen Änderungen im Wasserhaushalt des Untergrunds hervorrufen.

Abgrabungen oder Auskolkungen vor dem Fuß eines Stützbauwerks sind entweder durch Überwachung und Schutzmaßnahmen auszuschließen oder beim Nachweis der Standsicherheit zu berücksichtigen.

### 7.2.2 Geotechnische Kategorien

Nach Handbuch Eurocode 7, Band 1, Abschnitt 2.1: DIN 1054, A 2.1.2 gilt für die Einordnung von Stützbauwerken in geotechnische Kategorien:

**GK 1** Ständige Stützbauwerke bis 2,0 m Höhe bei waagerechtem, unbelastetem Gelände.

**GK 3**

**a)** Dicht angrenzende, verschiebungs- oder setzungsempfindliche Bauwerke.

**b)** Über den Erdruhedruck hinausgehender Erddruck infolge Bergsenkung oder Tektonik.

**c)** Zunahme der Beanspruchung oder der Verschiebungen von Bauteilen mit der Zeit, z. B. bei Ankern infolge ausgeprägter Kriechfähigkeit des Bodens.

**d)** Gespannter Grundwasserspiegel.

### 7.2.3 Einwirkungen

**Erddruck**

**a)** Der charakteristische Erddruck auf Stützbauwerke darf nach Handbuch Eurocode 7, Band 1, Abschnitt 9.5.1: DIN 1054, A (2b) in der Regel als aktiver

Erddruck ermittelt werden. Verformungsarme Stützbauwerke bzw. im Boden eingebettete Bauwerke werden mit einem erhöhten aktiven Erddruck, in Ausnahmefällen mit Erdruhedruck, gegebenenfalls mit einem Verdichtungserddruck bemessen.

**b)** Geländeform und Wandneigung werden nach Handbuch Eurocode 7, Band 1, Abschnitt 9.5.1: DIN 1054, A(7) mit ihren Nennwerten in der Berechnung berücksichtigt. Bei der Bestimmung des aktiven Erddrucks darf der Winkel $\delta_a$ zwischen der Erddruckkraft und der Normalen zur Wand gleich dem charakteristischen Wert des Wandreibungswinkels gesetzt werden, wenn eine ausreichende Relativverschiebung möglich ist und wenn das Gleichgewicht der parallel zur Wand wirkenden Kräfte dies zulässt.

⇒ Handbuch Eurocode 7, Band 1, Abschnitt 9.5.1: DIN 1054 sowie DIN 4085, EAB und EAU.

**Wasserdruck**

Für die Ermittlung des charakteristischen Wasserdrucks werden nach Handbuch Eurocode 7, Band 1, Abschnitt 9.6: DIN 1054 der höchste als auch der niedrigste Wasserstand bestimmt. Beide Wasserstände können bei der Bemessung von Bauwerken oder ihrer Teile zu den maßgebenden Beanspruchungen beitragen.

Der für die Bemessung maßgebende höchste Wasserstand kann nach Handbuch Eurocode 7, Band 1, Abschnitt 9.6: DIN 1054 z. B. sein:

- der höchste Wasserstand, der während der voraussichtlichen Nutzungs- bzw. Lebensdauer des Bauwerks zu erwarten ist,
- der höchste Wasserstand, der in einem bestimmten Zeitraum, z. B. während der Bauzeit, zu erwarten ist,
- der Wasserstand, bei dem das Wasser die Oberkante des Bauwerks überströmen kann,
- der durch eine Entwässerungseinrichtung vorgegebene Grundwasserspiegel,
- ein vertraglich vereinbarter Wasserstand, bei dessen Auftreten das Bauwerk bzw. die Baugrube planmäßig geflutet wird.

Der niedrigste für die Bemessung maßgebende Wasserstand kann nach Handbuch Eurocode 7, Band 1, Abschnitt 9.6: DIN 1054 z. B. sein:

- der niedrigste Wasserstand, der während der voraussichtlichen Nutzungs- bzw. Lebensdauer des Bauwerks zu erwarten ist,
- der niedrigste Wasserstand, der in einem bestimmten Zeitraum, z.B. während der Bauzeit, zu erwarten ist,
- ein vertraglich vereinbarter Wasserstand, der durch eine Grundwasserabsenkung erreicht werden soll.

⇒ Handbuch Eurocode 7, Band 1, Abschnitt 9.6: DIN 1054 sowie DIN 4085, EAB und EAU.

### 7.2.4 Bemessungswerte der Beanspruchungen

**a)** Charakteristische Beanspruchungen, die mit charakteristischen Werten der Einwirkungen in Form von Auflagerkräften, Schnittgrößen oder Spannungen bestimmt wurden, sind nach Handbuch Eurocode 7, Band 1, Abschnitt 9.7.1: DIN 1054, A 9.7.1.3, A(2) durch Multiplikation mit den Teilsicherheitsbeiwerten $\gamma_G$ bzw. $\gamma_Q$ für den Grenzzustand (ULS: GEO-2) nach Tabelle □ 1.01 (siehe Abschnitt 1) in Bemessungswerte der Beanspruchungen umzurechnen, wenn nicht der Fall eines erhöhten aktiven Erddrucks oder eines Erdruhedrucks (siehe folgenden Abschnitt) vorliegt.

**b)** Bei annähernd unnachgiebigen Stützbauwerken, insbesondere bei wandartigen Stützbauwerken mit vorgespannten Verpressankern und bei im Boden eingebetteten Bauwerken, dürfen die Bemessungswerte der Beanspruchungen infolge des Erdruhedrucks aus Bodeneigengewicht nach Handbuch Eurocode 7, Band 1, Abschnitt 9.7.1: DIN 1054, A 9.7.1.3, A(3) mit dem Teilsicherheitsbeiwert $\gamma_{G,E0}$ nach Tabelle □ 1.01 bestimmt werden, wenn der Erdruhedruck in Rechnung gestellt werden soll.

Wenn ein erhöhter aktiver Erddruck angesetzt wird, ist ein Teilsicherheitsbeiwert zu verwenden, der zwischen dem Teilsicherheitsbeiwert $\gamma_{G,E0}$ für Erdruhedruck und dem Teilsicherheitsbeiwert $\gamma_G$ für aktiven Erddruck interpoliert wird.

Für den Erddruck aus veränderlichen Einwirkungen, z. B. aus Nutzlasten, ist der Teilsicherheitsbeiwert $\gamma_Q$ maßgebend, wenn diese über eine großflächige Nutzlast von 10 kN/m² hinausgehen.

**c)** Die Bemessungswerte der Beanspruchungen von Steifen werden aus den charakteristischen Beanspruchungen Handbuch Eurocode 7, Band 1, Abschnitt 9.7.1: DIN 1054, A 9.7.1.3, A(4) durch Multiplikation mit den Teilsicherheitsbeiwerten für die Bemessungssituation BS-P nach Tabelle □ 1.01 ermittelt. Dies gilt auch in dem Fall, dass die Bemessung der übrigen Teile mit den Teilsicherheitsbeiwerten für den Lastfall LF 2 vorgenommen wird.

⇒ Handbuch Eurocode 7, Band 1, Abschnitt 9.7.1: DIN 1054, A 9.7.1.3.

### 7.2.5 Widerstände

**Sohlwiderstände** Bei Stützbauwerken mit einer flächigen Gründungssohle ist nach Handbuch Eurocode 7, Band 1, Abschnitt 9.7.3 der Gleitwiderstand nach Abschnitt 2.5 und der Grundbruchwiderstand nach Abschnitt 2.6 zu ermitteln.

**Fuß-widerstände**

**a)** Nach Handbuch Eurocode 7, Band 1, Abschnitt 9.7.1: DIN 1054, A 9.7.1.4, A(1) wird der charakteristische Erdwiderstand beim Nachweis des Erdwiderlagers für die jeweils gleiche wirksame Einbindetiefe ermittelt. Dabei spielt keine Rolle, ob bei der Ermittlung der Schnittgrößen an einer im Boden eingebundenen Stützwand nach DIN 1054, A 9.7.1.4, A(1a) der seitliche Fußwiderstand in Form von teilmobilisiertem Erdwiderstand oder DIN 1054, A 9.7.1.4, A(1b) als verformungsabhängige Bodenreaktion in die Berechnung eingeführt wird.

**b)** Wenn beim Wasserdruck bzw. beim Erddruck auf der Erdseite der Wand eine mögliche Umströmung des Stützbauwerks nach DIN 1054, A 9.7.1.4, A(6), Anmerkung zu A(6) berücksichtigt wird, ist die Verminderung der Wichte des Bodens und damit die ungünstige Wirkung der Grundwasserströmung auf die Größe des Erdwiderstands auf der Luftseite der Wand zu berücksichtigen.

⇒ Handbuch Eurocode 7, Band 1, Abschnitt 9.7.1: DIN 1054, A 9.7.1.4.

**Bemessungswerte**

**a)** Nach Handbuch Eurocode 7, Band 1, Abschnitt 9.7.1: DIN 1054, A 9.7.1.4, A(2) sind die Bemessungswerte der Bodenwiderstände nach Abschnitt 1.8.4.2 für den Grenzzustand GEO-2 aus den charakteristischen Werten durch Abminderung mit den Teilsicherheitsbeiwerten nach □ 1.02 zu ermitteln

**b)** Lässt sich eine vorübergehende Abgrabung vor dem Fuß einer Stützwand nicht durch Überwachung oder Schutzmaßnahmen ausschließen, dann darf dieser Zustand nach DIN 1054: 2003-01 und 2005, Abschnitt 10.5.4 mit dem entsprechenden Teilsicherheitsbeiwert für den Lastfall LF 2 nach □ 1.02 als Bauzustand nachgewiesen werden.

**c)** Zu den Bemessungswerten der Materialwiderstände siehe Abschnitt 7.2.6.4.

## 7.2.6 Nachweise der Tragfähigkeit

### 7.2.6.1 Nachweise im Grenzzustand GEO-2

**a)** Nach Handbuch Eurocode 7, Band 1, Abschnitt 9.7.3 bis 9.7.6 ist der Nachweis zu erbringen, dass die Grenzzustandsbedingung (Gleichung 1.01 in Abschnitt 1) im Grenzzustand GEO-2 sowohl für das Bauwerk als Ganzes als auch für seine Einzelteile eingehalten wird. Dazu müssen alle Bruchmodelle betrachtet werden, die beim Versagen eines Stützbauwerks eine Rolle spielen können, also vor allem Nachweise der Standsicherheit gegen

- Grundbruch;
- Gleiten;
- Versagen des Erdwiderlagers;
- Aufbruch des Verankerungsbodens vor Ankerplatten und Ankerwänden;
- Versagen der Lastübertragung durch Zugpfähle bzw. Ankerverpresskörper;
- Versinken von Bauteilen;
- Versagen in der tiefen Gleitfuge;
- Versagen des Materials.

**b)** Bei diesen Nachweisen sind nach Handbuch Eurocode 7, Band 1, Abschnitt 9.3 die Lasten aus Eigengewicht nach Abschnitt 1.8.1.2, die Einwirkungen aus Erddruck (siehe Abschnitt 7.2.3) und, wenn vorhanden, die Einwirkungen aus Wasserdruck (siehe Abschnitt 7.2.3), veränderliche statische Einwirkungen nach Abschnitt 1.8.1.2 und dynamische Einwirkungen nach Abschnitt 1.8.1.3 anzusetzen. Die ergänzenden Angaben in den Abschnitten 7.2.6.2 und 7.2.6.5 sind zu beachten.

### 7.2.6.2 Grundbruch und Gleiten

**a)** Bei flach gegründeten Stützbauwerken, z. B. bei Gewichtsstützwänden, ist nach Handbuch Eurocode 7, Band 1, Abschnitt 9.7.3 der Nachweis der Sicherheit gegen Gleiten nach Abschnitt 2.5 und der Nachweis der Sicherheit gegen Grundbruch nach Abschnitt 2.6 unter Berücksichtigung der in Abschnitt 7.2.6.1 genannten Einwirkungen zu führen.

**b)** Diese Angaben gelten nach Handbuch Eurocode 7, Band 1, Abschnitt 9.7.3: DIN 1054, A(3) auch für Raumgitterkonstruktionen und andere aus Einzelteilen zusammengesetzte Stützkörper, z. B. Gabionen (Draht-Schotter-Körbe). Hierbei wird die untere Breite des Stützkörpers wie die Sohlbreite einer massiven Gewichtsstützwand angesetzt.

### 7.2.6.3 Versagen des Erdwiderlagers

**a)** Bei ausgesteiften oder verankerten wandartigen Stützbauwerken, deren Standsicherheit zum Teil durch Erdwiderstandskräfte erreicht wird und bei wandartigen Stützwänden, deren Standsicherheit ausschließlich durch Erdwiderstandskräfte gewährleistet wird, muss nach Handbuch Eurocode 7, Band 1, Abschnitt 9.7.4 nachgewiesen werden, dass die Konstruktion ausreichend tief in den Boden einbindet. Das ist notwendig, damit nicht der Grenzzustand der Tragfähigkeit durch ein überwiegend waagerechtes Verschieben oder Verdrehen der gesamten Stützkonstruktion oder eines Bauteils erreicht wird.

**b)** Der Nachweis einer ausreichenden Sicherheit ist nach Handbuch Eurocode 7, Band 1, Abschnitt 9.7.4: DIN 1054, A(4) dann erbracht, wenn die Grenzzustandsbedingung

$$B_{h,d} \leq R_{Ph;d} = E_{ph,d} \qquad (7.01)$$

erfüllt ist. Hierbei ist:

$B_{h,d}$ der Bemessungswert der Horizontalkomponente der resultierenden Auflagerkraft;

$R_{ph,d}$ der Bemessungswert der Horizontalkomponente des Erdwiderstands nach Abschnitt 7.2.5, Stichwort „Bemessungswerte“.

**c)** Wenn die Schnittgrößen von im Boden frei aufgelagerten oder eingespannten Wänden nach Handbuch Eurocode 7, Band 1: DIN 1054, Abschnitt 9.7.1.4, A(1b) auf der Grundlage eines verformungsabhängigen seitlichen

Fußwiderstands - z. B. mit Hilfe des Bettungsmodulverfahrens – bestimmt werden, dann ist nach Handbuch Eurocode 7, Band 1, Abschnitt 9.7.4: DIN 1054, A(5) nachzuweisen, dass der Bemessungswert der Horizontalkomponente $B_{h,d}$ der resultierenden Auflagerkraft nicht größer ist als der Bemessungswert des Erdwiderstands für den zugehörigen Teil der Einbindetiefe.

**d)** Sofern die Fußverschiebungen einer Wand mit Rücksicht auf die Gebrauchstauglichkeit begrenzt werden müssen, z. B. bei Baugrubenwänden neben Gebäuden oder bei Stützung des Wandfußes in weichem bindigem Boden, wird nach Handbuch Eurocode 7, Band 1, Abschnitt 9.7.4: DIN 1054, A(4) empfohlen, entsprechend Abschnitt 1.5 der Norm den charakteristischen Erdwiderstand mit einem Anpassungsfaktor $\eta$ < 1 abzumindern und den Nachweis der Sicherheit gegen Versagen des Erdwiderlagers mit dem abgeminderten Bemessungswert des Erdwiderstands zu führen:

$$R_{Ph;d} = E_{ph,d} = \eta \cdot \frac{R_{ph;k}}{\gamma_{R,e}} = \eta \cdot \frac{R_{ph;k}}{\gamma_{R,e}} \quad (7.02)$$

**e)** Nach Handbuch Eurocode 7, Band 1: DIN 1054, Abschnitt A 9.7.8 ist nachzuweisen, dass der bei der Ermittlung des Erdwiderstands zugrunde gelegte negative Wandreibungswinkel $\delta_p = \delta_{p,k}$ nach Abschnitt 1.8.2.4 entsprechend der Bedingung

$$V_k = \sum V_{k,i} \geq B_{v,k} \quad (7.03)$$

mit der Gleichgewichtsbedingung $\sum V = 0$ im Einklang steht. Hierbei ist:

$V_k$ die Vertikalkomponente der beteiligten, von oben nach unten gerichteten charakteristischen Einwirkungen;

$B_{v,k}$ die nach oben gerichtete Vertikalkomponente der charakteristischen Auflagerkraft.

### 7.2.6.4 Materialversagen von Bauteilen

**a)** Nach Handbuch Eurocode 7, Band 1, Abschnitt 9.7.8 ist die Sicherheit gegen Materialversagen (Inneres Versagen) für alle Bauteile eines Stützbauwerks nach den dafür geltenden bauartspezifischen Regeln nachzuweisen:

$$E_d \leq R_{M,d} \quad (7.04)$$

**b)** Nach Handbuch Eurocode 7, Band 1: DIN 1054, Abschnitt A 9.7.1.3, A(2) sind die maßgebenden Bemessungswerte $E_d$ der Beanspruchungen nach Abschnitt 7.2.4 aus den charakteristischen Beanspruchungen $E_k$ zu bestimmen, die sich nach DIN 1054, Abschnitt A 9.7.1.3, A(1) als Schnittgrössen oder als Spannungen in den Bemessungsquerschnitten ergeben.

**c)** Nach Handbuch Eurocode 7, Band 1, Abschnitt 9.7.6: DIN 1054, A(6) sind die in den jeweiligen Bauartnormen angegebenen Materialkenngrößen und Teilsicherheitsbeiwerte bei der Ermittlung der Bemessungswerte $R_{M,d}$ der

Bauteilwiderstände maßgebend. Die Korrosion von Bauteilen aus Stahl ist durch Abminderung der Widerstände zu berücksichtigen, wenn sie nicht durch bauliche und betriebliche Maßnahmen vermieden wird.

**d)** Bei aus einzelnen Blöcken oder Fertigelementen gestapelten Stützkonstruktionen ist nach Handbuch Eurocode 7, Band 1, Abschnitt 9.7.6: DIN 1054, A(8) der Nachweis der Sicherheit gegen Gleiten in den waagerechten bzw. geneigten Kontaktflächen in Anlehnung an Abschnitt 2.5 zu führen.

#### 7.2.6.5 Nachweise für die Grenzzustände UPL, HYD und GEO-3

Nach Handbuch Eurocode 7, Band 1, Abschnitt 9.2 ist zu beachten:

**a)** Außer den oben aufgeführten Nachweisen sind noch folgende weitere Standsicherheitsnachweise zu führen, wenn die Voraussetzungen dafür vorliegen:

- Nachweis der Sicherheit gegen Aufschwimmen nach Handbuch Eurocode 7, Band 1, Abschnitt 10.2 (UPL),
- Nachweis der Sicherheit gegen hydraulischen Grundbruch nach Handbuch Eurocode 7, Band 1, Abschnitt 10.3 (HYD),
- Nachweis der Gesamtstandsicherheit nach Handbuch Eurocode 7, Band 1, Abschnitt 11 (GEO-3).

**b)** Bei Gewichtsstützwänden und bei verankerten Stützwänden ist der Nachweis der Gesamtstandsicherheit vor allem dann zu führen, wenn ein Geländebruch möglich ist, z. B. wenn

- die Rückseite der Wand stark zum Erdreich hin geneigt ist,
- das Gelände hinter der Wand ansteigt,
- das Gelände vor der Wand abfällt,
- unterhalb des Wandfußes ein Boden mit geringer Tragfähigkeit ansteht;
- im Bereich des steilen Bereichs der möglichen Gleitflächen besonders große Lasten wirken.

### 7.2.7 Nachweise der Gebrauchstauglichkeit

#### 7.2.7.1 Nachweise auf der Grundlage von Erfahrungen

Nach Handbuch Eurocode 7, Band 1, Abschnitt 9.8: DIN 1054, A 9.8.1.2 gilt für die hier behandelten Stützbauwerke:

**a)** Die in Abschnitt 7.2.6 geforderten Nachweise für die Grenzzustände GEO-2 und GEO-3 sind bei mindestens mitteldicht gelagerten nichtbindigen Böden und bei mindestens steifen bindigen Böden erfahrungsgemäß mit der Erwartung verbunden, dass die eintretenden Verschiebungen und Verformungen vom Stützbauwerk und seiner Umgebung bei den Beanspruchungen für die Bemessungssituation BS-P nach Abschnitt 1.8.3.3 ohne schädliche Auswirkungen aufgenommen werden können. Damit darf auf einen gesonderten Nachweis der Gebrauchstauglichkeit verzichtet werden, wenn keine erhöhten Ansprüche gestellt werden. Dabei kann von den folgenden Erfahrungen ausgegangen werden:

**b)** Bei Stützbauwerken mit Flach- bzw. Flächengründung werden schädliche Verkantungen vermieden, wenn die zulässige Lage der Sohldruckresultierenden nach Abschnitt 3.1.2 eingehalten wird. Unzuträgliche Verschiebungen in der Sohlfuge werden durch die Begrenzung der Bodenreaktion an der Stirnseite des Fundamentkörpers nach 7.6.2 vermieden, unzulässige Setzungen durch die Einhaltung des aufnehmbaren Sohldrucks nach den Abschnitten 5.3.3 bzw. 5.3.4.

**c)** Bei wandartigen Stützbauwerken mit Einbindung in den Untergrund ergibt sich durch den Nachweis nach 7.2.6.3 ein ausreichend großer Abstand zwischen dem mobilisierten und dem charakteristischen Erdwiderstand, so dass eine zusätzliche Abminderung des Bemessungswerts des Erdwiderstands in der Regel nicht erforderlich ist, um die Abhängigkeit vom Bewegungsmaß zu berücksichtigen.

### 7.2.7.2 Rechnerische Nachweise

Diese sind nach Handbuch Eurocode 7, Band 1, Abschnitt 9.8: DIN 1054, A 9.8.1.1 unter folgenden Bedingungen erforderlich:

**a)** Wenn benachbarte Gebäude, Leitungen, andere bauliche Anlagen oder Verkehrsflächen gefährdet sind, z. B.

- durch Setzung bzw. Verkantung einer Gewichtsstützwand,
- durch große Verschiebungen bei geringer Steifigkeit des stützenden Bodens vor einem wandartigen Stützbauwerk oder
- durch Verschiebung und Verkantung eines durch Verpressanker zusammengehaltenen Bodenblocks,

und immer dann, wenn mit einem höheren als dem aktiven Erddruck gerechnet wird.

**b)** Der Nachweis der Gebrauchstauglichkeit ist mit charakteristischen Werten der Einwirkungen zu führen. Maßgebend ist das gleiche statische System wie bei der Ermittlung der Schnittgrößen bzw. der Beanspruchungen im Grenzzustand GEO-2. Veränderliche Einwirkungen sind nur insoweit zu berücksichtigen, wie sie irreversible Verschiebungen oder Verformungen erzeugen.

**c)** Zur Ermittlung der Verschiebung und Verkantung eines durch Verpressanker zusammengehaltenen Bodenblocks: siehe EAB.

**d)** Vor allem bei Stützbauwerken mit ausgeprägter Wechselwirkung zwischen Baugrund und Bauwerk sowie bei Stützbauwerken in weichen Böden wird die Beobachtungsmethode nach Abschnitt 1.6 empfohlen.

## 7.3 Gewichtsstützwände

**Form**

Der günstigste Querschnitt der Stützwand nimmt die angreifenden Kräfte mit dem geringsten Materialverbrauch auf. Je nach den örtlichen Gegebenheiten wird er aus den Grundrechtecken für Fundament und aufgehende Wand dadurch entwickelt, dass Teile dieser Rechtecke abgeschnitten werden, um Beton einzusparen und den Erddruck in eine günstigere Richtung zu drehen (□ 7.06).

□ 7.06: Beispiel: Formen von Gewichtsstützwänden

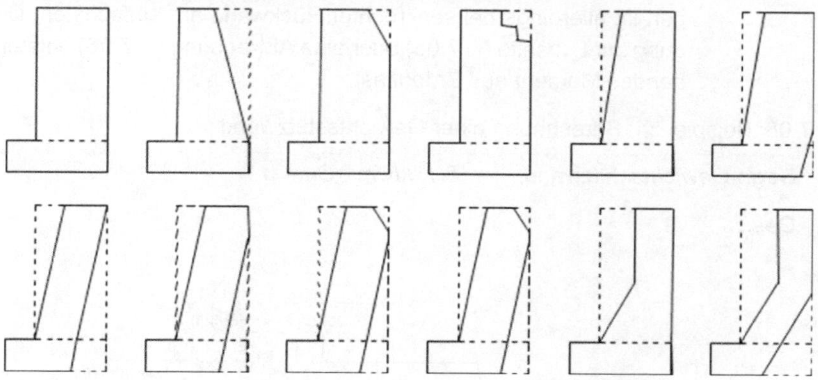

**Stützwirkung**

Die angreifenden Kräfte werden überwiegend durch das Eigengewicht der Wand aufgenommen. Gewichtsstützwände werden aus unbewehrtem oder nur leicht bewehrtem Beton, selten noch aus Mauerwerk mit natürlichen oder künstlichen Steinen erstellt. Da Zugspannungen nicht aufgenommen werden können, muss die resultierende Schnittkraft in jedem Mauerquerschnitt im Innenkern liegen (Stützlinienbedingung).

**Bemessung, Berechnung**

Einfache Formeln zur endgültigen Bemessung der verschiedenen Formen von Gewichtsstützwänden gibt es nicht. Man wählt zunächst die Abmessungen (□ 7.07) nach den im Folgenden beschriebenen Anhaltspunkten und führt dann die erforderlichen Standsicherheitsberechnungen durch (siehe Abschnitte 1 und 2). Gegebenenfalls werden die gewählten Abmessungen verbessert und erneut gerechnet (□ 7.08).

□ 7.07: Beispiel: Bezeichnungen für die Bemessung einer Gewichtsstützwand

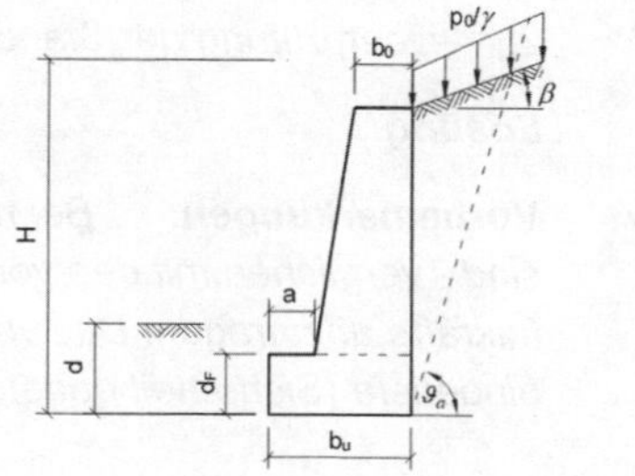


**Obere Breite:** $b_o \geq 0{,}4$ m, je nach Wandhöhe, um den Beton in die Schalung einbringen zu können.

**Neigung der Luftseite:** Der Ansatz des aktiven Erddrucks setzt eine Bewegung der Wand zur Luftseite voraus. Lotrechte Wände sind nach dieser Bewegung daher leicht nach vorn geneigt. Wegen dieses "optischen Kippeffekts" führt man sie daher nur dann aus, wenn es aus funktionstechnischen Gründen erforderlich ist (z.B. bei Uferwänden, an denen Schiffe anlegen). Übliche Neigungen liegen zwischen 3 : 1 und 10 : 1, wobei steilere Neigungen bevorzugt werden.

**Ausbildung der Rückseite:** Durch entsprechende Neigung und Ausbildung der Rückseite kann die Größe des Erddrucks wesentlich beeinflusst werden. Eine Neigung der Rückseite zur Hinterfüllung hin ("Unterschnittene Wand", □ 7.06) verringert den Erddruck (Neigung = Reibungswinkel des Bodens: Erddruck = Null). Die Ausführung von Schalung und Entwässerungseinrichtungen ist allerdings bei senkrechter Rückwand am einfachsten. Durch eine Neigung zur Luftseite (□ 7.06) oder eine Abtreppung (□ 7.06) entsteht ein rückdrehendes Moment aus Erdauflast.

□ 7.08: Beispiel 54: Berechnung einer Gewichtsstützwand

**Geg.:** *Gewichtsstützwand, $\gamma = 18,1$ kN/m²; $C_U = U$*

***Ges.:***

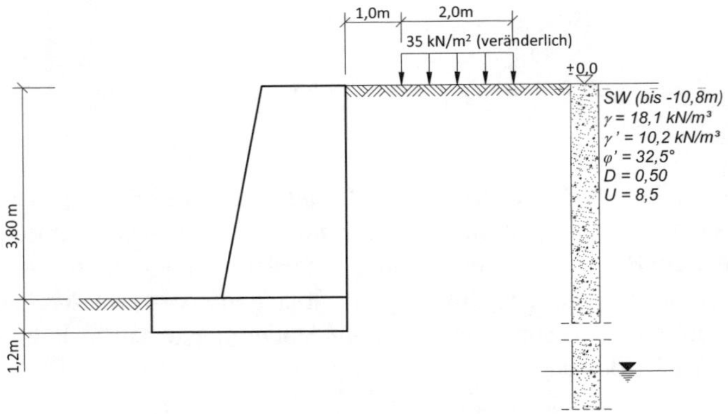


*Bemessung mit dem Verfahren „Vereinfachter Nachweis in Regelfällen" (Tabellenverfahren) nach Handbuch Eurocode 7, Band 1: DIN 1054, Abschnitt A 6.10*

1. *Vergleichsberechnung mit direkten Standsicherheitsnachweisen*
2. *Überprüfung der Standsicherheit in der Arbeitsfuge.*

***Lösung:***

***Vorbemerkungen:*** *Bei nur durch Erddruck beanspruchten Gewichtsstützwänden sind - verglichen mit den vorhandenen Vertikalkräften - verhältnismäßig große Horizontalkräfte abzutragen. Das verlangt von vornherein eine großzügige Festlegung der Einbindetiefe (Sicherheit gegen Gleiten, Grundbruch) sowie der Fundamentbreite.*

☐ 7.08: Fortsetzung Beispiel 54: Berechnung einer Gewichtsstützwand

***1. Bemessung mit dem „Tabellenverfahren":***

***Vorbemessung:***

*$d \geq 1{,}0$ m $\Rightarrow d_{gew.} = 1{,}2$ m*

*$b_0 \geq 0{,}4$ m $\Rightarrow b_{0,gew.} = 0{,}75$ m*

*$b \approx 0{,}3...0{,}5\,h \Rightarrow b_{gew.} = 2{,}0$ m*

*$a \leq 0{,}6\,d_F \Rightarrow a_{gew.} = 0{,}5$ m*

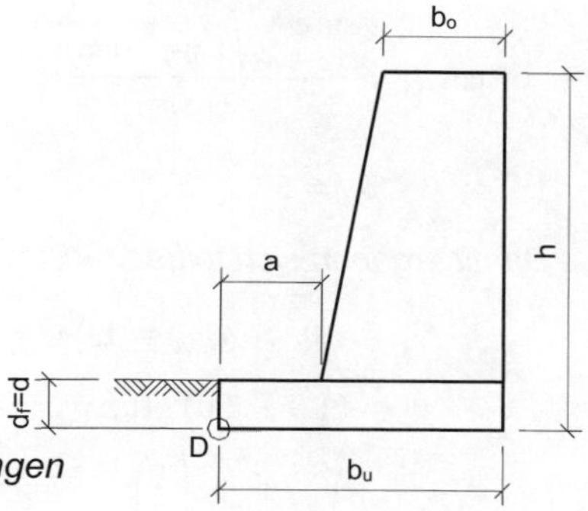


***1.1 Lastermittlung:** charakteristische Einwirkungen*

***Erddruckermittlung:***

$\alpha = 0;\ \beta = 0;\ \varphi' = 32{,}5°;\ \delta_a = \frac{2}{3}\varphi' \Rightarrow K_a^g = 0{,}27$

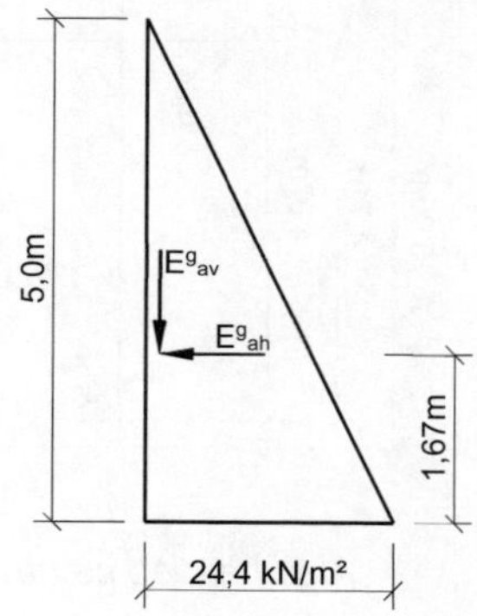


*Aktiver Erddruck infolge Bodeneigenlast g*

$$e_a^g = 18{,}1 \cdot 5{,}0 \cdot 0{,}27 = 24{,}4\ kN/m^2$$

$$E_a^g = 0{,}5 \cdot 24{,}4 \cdot 5{,}0 = 61{,}0\ kN/m$$

$$E_{ah}^g = 61{,}0 \cdot \cos\frac{2}{3} \cdot 32{,}5° = 56{,}7\ kN/m$$

$$E_{av}^g = 61{,}0 \cdot \sin\frac{2}{3} \cdot 32{,}5° = 22{,}6\ kN/m$$

*Aktiver Erddruck infolge Streifenlast p'(veränderlich)*

*Es muss zunächst festgestellt werden, ob es sich um eine „einseitig unbegrenzte" oder um eine „Streifenlast" handelt $\Rightarrow$ Dörken / Dehne / Kliesch, T. 1*

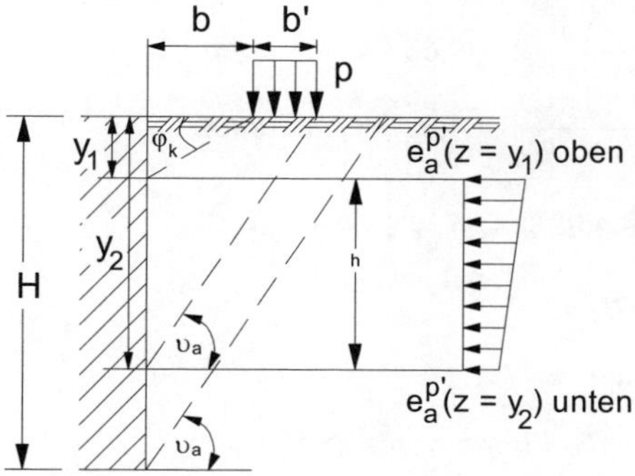


*b = 1,50 m*

*b' = 2,00 m*

*p = p' = 35 kN/ m²*

*H = 5,0 m*

*Mit $\alpha = 0;\ \beta = 0;\ \varphi' = 32{,}5°;\ \delta_a = \frac{2}{3}\varphi'$ ergibt sich für den Gleitflächenwinkel*

□ 7.08: Fortsetzung Beispiel 54: Berechnung einer Gewichtsstützwand

$$\tan\vartheta_a = \frac{\sin\varphi + \sqrt{\frac{\tan\varphi - \tan\beta}{\tan\varphi + \tan\delta_a}}}{\cos\varphi} = \frac{\sin 32,5° + \sqrt{\frac{\tan 32,5° - \tan 0}{\tan 32,5° + \tan\frac{2}{3}\cdot 32,5°}}}{\cos 32,5°} = 1,57$$

$\rightarrow \quad \vartheta_a = 57,5°$

*Damit ergeben sich folgende Schnittpunkte mit der Wandrückseite:*

$$y_1 = 1,0 \cdot \tan\varphi_k = 1,0 \cdot \tan 32,5° = 0,64 \quad m$$

$$y_2 = (1,0 + 2,0) \cdot \tan\vartheta_a = 3,0 \cdot \tan 57,5° = 4,71 \quad m < H = 5,00\,m$$

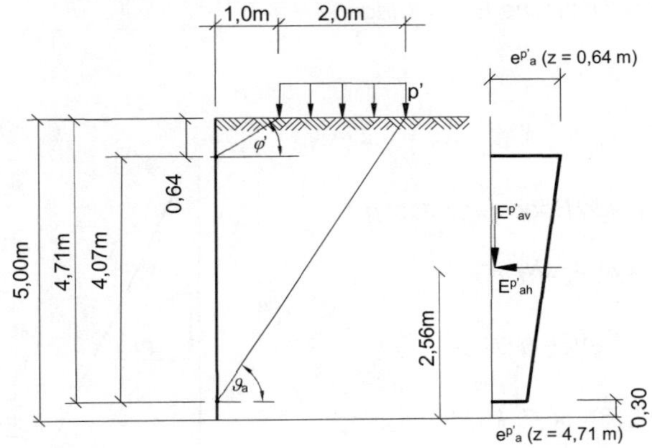


*Also handelt es um eine „Streifenlast":*

$□ = 4,71 - 0,64 = 4,07\,m$

$$K_a^{p'} = \frac{\sin(57,5° - 32,5°)}{\cos\left(57,5° - 32,5° - \frac{2}{3} \cdot 32,5°\right)} = 0,42$$

$e_{a,0}^{p'} = 35 \cdot 2,0 \cdot 0,42 = 29,4\,kN/m^2$ *Ausgangswert*

$e_a^{p'}(z = 0,64\,m) = \frac{29,4}{4,07} \cdot \left(1 + \frac{1,0}{1,0+2,00}\right) = 9,63\,kN/m^2$ *oben*

$e_a^{p'}(z = 4,71\,m) = \frac{29,4}{4,07} \cdot \left(1 - \frac{1,0}{1,0+2,00}\right) = 4,82\,kN/m^2$ *unten*

$$E_a^p = 4,82 \cdot 4,07 + \frac{1}{2} \cdot (9,63 - 4,82) \cdot 4,07 = 19,6 + 9,8$$

$$= \frac{9,63+4,82}{2} \cdot 4,07 = 29,4\,kN/m$$

$E_{ah}^{p'} = 27,3\,kN/m$ ; $E_{av}^{p'} = 10,9 \quad kN/m$

*Angriffspunkt von* $E_{ah}^{p'}$ *(bezogen auf die Fundamentsohle):*

$$y_s^{p'} = 0,30 \quad + \frac{19,6 \cdot \frac{4,07}{2} + 9,8 \cdot \frac{4,07 \cdot 2}{3}}{29,4} = 2,56 \quad m$$

□ 7.08: Fortsetzung Beispiel 54: Berechnung einer Gewichtsstützwand

***Erdwiderstand vor der Stützwand (Handbuch Eurocode 7, Band 1, Abschnitte A 9.5.6 und 9.7.4)***

*Für die Ermittlung des vollmobilisierten charakteristischen Erdwiderstands sind die Nennwerte der Geländeneigung und der Wandneigung sowie die charakteristischen Werte des Reibungswinkels, der Kohäsion und der Wichte des Bodens maßgebend (Handbuch Eurocode 7, Band 1: DIN 1054, Abschnitt A 9.5.6).*

*Der Wandreibungswinkel $\delta_p$ sollte wegen fehlender Relativbewegung zwischen Wand und Boden zu $\delta_p = 0$ festgelegt werden.*

*Im vorliegenden Fall wird davon ausgegangen, dass der Erdwiderstand im zulässigen Maß angesetzt werden kann.*

$\alpha = 0;\ \beta = 0;\ \varphi' = 32{,}5°;\ \delta_p = 0 \Rightarrow K_p^g \left(\hat{=} K_{ph}^g\right) = 3{,}32$

*Aus Handbuch Eurocode 7, Band 1: DIN 1054, Tabelle A 2.3, erhält man den Teilsicherheitsbeiwert $\gamma_{R,e}$ = 1,40 (BS-P).*

*Somit wird*

$$e_{ph}^g = 18{,}1 \cdot 1{,}2 \cdot 3{,}32 = 72{,}1\ kN/m^2$$

$$R_{Ph,k} = E_{ph,k} = \frac{1}{2} \cdot 72{,}1 \cdot 1{,}2 = 43{,}3\ kN/m$$

$$\Rightarrow R_{Ph,d} = \frac{43{,}3}{1{,}40} = 30{,}9\ kN/m$$

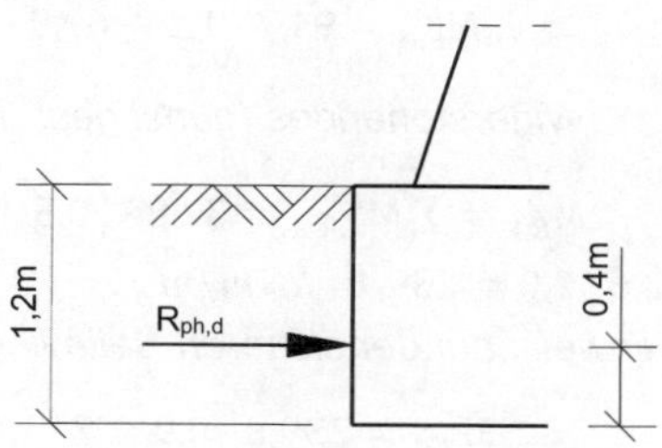


***Eigenlasten der Stützwand (charakteristische Werte):***

$$G_1 = 23 \cdot 0{,}5 \cdot 0{,}75 \cdot 3{,}8 = 32{,}8\ kN/m$$

$$G_2 = 23 \cdot 0{,}75 \cdot 3{,}8 = 65{,}6\ kN/m$$

$$G_3 = 23 \cdot 1{,}2 \cdot 2{,}0 = 55{,}2\ kN/m$$

$$\sum G = 153{,}6\ kN/m$$

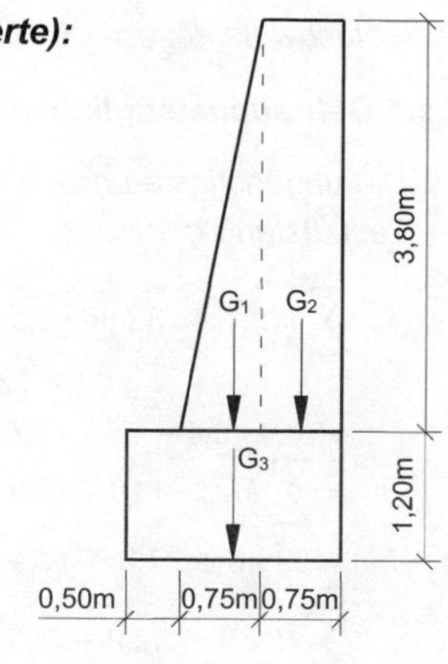


***1.2 Voraussetzung für das Tabellenverfahren***

*(1) Gründungstiefe (Außenbereich)*

$d_{vorh} = 1{,}2\ m > 0{,}8\ m$

*(2) Baugrund:*

*a) bauseits sicherzustellen*

*b)* $z_{vorh} = 5{,}8\ m > 2b = 4{,}0\ m$

*Nichtbindiger Boden:* $D_{vor\square} = 0{,}50 \quad > \quad D_{erf} = 0{,}45 \quad (C_U > 3)$

*(3) Belastung:*

*a) überwiegend statisch (Stützwand)*

*b) entfällt*

□ 7.08: Fortsetzung Beispiel 54: Berechnung einer Gewichtsstützwand

c) $\frac{H}{V} = \frac{E^g_{ah}+E^{p'}_{ah}-R^g_{ph,d}}{G+E^g_{av}+E^{p'}_{av}} = \frac{56{,}7+27{,}3-30{,}9}{153{,}6+22{,}6+10{,}9} = 0{,}28 > 0{,}20 \quad (!)$

*⇒ Damit sind die Voraussetzungen für das „Tabellenverfahren" verletzt: Direkte Standsicherheitsnachweise sind erforderlich.*

**2. Berechnung mit direkten Standsicherheitsnachweisen**

**2.1 Nachweis der Sicherheit gegen Kippen**

**2.1.1 Tragfähigkeitsnachweis (ULS: EQU)**

*Einwirkendes (ungünstiges; „treibendes") Moment $M_{E,k}$ um den Drehpunkt D*

$\sum M^D_{G,k}, dst \quad = 56{,}7 \cdot 1{,}67 = 94{,}7 \quad kNm/m; \quad \gamma_{G,dstb} = 1{,}1$

$\sum M^D_{Q,k,dst} \quad = 27{,}3 \cdot 2{,}56 = 69{,}9 \quad \frac{kNm}{m}; \quad \gamma_Q = 1{,}5$

$\Rightarrow \quad M^D_{E,d} = 94{,}7 \cdot 1{,}1 + 69{,}9 \cdot 1{,}5 = 209{,}0 \quad kNm/m$

*Widerstehendes (günstiges; „haltendes") Moment $M_{R,k}$ um den Drehpunkt D*

$M^D_{R,k} = \sum M^D_{G,k} \quad = 32{,}8 \cdot \left(0{,}5 + \frac{2\cdot 0{,}75}{3}\right) + 65{,}6 \cdot \left(0{,}5 + 0{,}75 + \frac{0{,}75}{2}\right) + 55{,}2 \cdot \frac{2{,}0}{2} +$
$22{,}6 \cdot 2{,}0 = 239{,}8 \quad kNm/m \qquad \gamma_{G,stb} = 0{,}9$

*(Hinweis: auf der sicheren Seite liegend ⇒ ohne Erdwiderstand!)*

$\Rightarrow \quad M^D_{R,d} = 239{,}8 \cdot 0{,}9 = 215{,}8 \quad kNm/m$

*Nachweis:* $M^D_{E,k} = 209{,}0 \quad kNm/m < \quad 215{,}8 \quad kNm/m$ *ist erbracht!*

**2.1.2 Gebrauchstauglichkeit (SLS: zulässige Ausmitte):**

*Die ungünstigste Lastkombination ergibt sich im vorliegenden Fall aus dem Lastzustand g+p:*

$$\sum M^{g+p}_{(D)} = 32{,}8 \cdot \left(0{,}5 + \frac{2 \cdot 0{,}75}{3}\right) + 65{,}6 \cdot \left(0{,}5 + 0{,}75 + \frac{0{,}75}{2}\right) + 55{,}2 \cdot \frac{2{,}0}{2}$$
$$+ (22{,}6 + 10{,}9) \cdot 2{,}0 +$$
$$+30{,}9 \cdot 0{,}4 - 56{,}7 \cdot 1{,}67 - 27{,}3 \cdot 2{,}56$$
$$= \sum M^D_{R,d} + 10{,}9 \cdot 2{,}0 + M^D_{Rph,d} - \sum M^D_{G,k,dst} - \sum M^D_{G,k,dst}$$
$$= 239{,}8 + 21{,}8 + 12{,}4 - 94{,}7 - 69{,}9 = 109{,}4 \quad kNm/m$$

$$\sum V^{g+p} = 32{,}8 + 65{,}6 + 55{,}2 + 22{,}6 + 10{,}9 = 187{,}1 \quad kN/m$$

*Damit ergibt sich ein Randabstand der Resultierenden von*

$$c^{g+p} = \frac{\sum M^{g+p}_{(D)}}{\sum V^{g+p}} = \frac{109{,}4}{187{,}1} = 0{,}58 \quad m$$

□ 7.08: Fortsetzung Beispiel 54: Berechnung einer Gewichtsstützwand

*und eine Ausmittigkeit von*

$$e^{g+p} = \frac{2{,}0}{2} - 0{,}58 = 0{,}42 \quad m \quad < \quad \frac{b}{3} = 0{,}67 \quad m$$

$$\sum M^{g}_{(D)} = 32{,}8\left(0{,}5 + \frac{2 \cdot 0{,}75}{3}\right) + 65{,}6\left(0{,}5 + 0{,}75 + \frac{0{,}75}{2}\right) + 55{,}2\frac{2{,}0}{2}22{,}6 \cdot 2{,}0$$

$$+ 30{,}9 \cdot 0{,}4 - 56{,}7 \cdot 1{,}67 = 157{,}4 \quad kNm/m$$

$$\sum V^{g} = 153{,}6 + 22{,}6 = 176{,}2 \quad kN/m$$

*Damit wird*

$$c^{g} = \frac{157{,}4}{176{,}2} = 0{,}88 \quad m \qquad \Rightarrow \qquad e^{g} = \frac{2{,}0}{2} - 0{,}88 = 0{,}12 \quad m < \frac{b}{6}$$

*Die Sicherheit gegen Kippen ist gegeben. Die Ausmitten sind zulässig*

***2.2 Nachweis der Sicherheit gegen Gleiten***

***2.2.1 Tragfähigkeitsnachweis (GEO-2)***

*Mit dem unter 1. ermittelten Erdwiderstand wird*

$$R_{Ph,d} = \frac{R_{Ph,k}}{\gamma_{R,e}} = \frac{E_{ph,k}}{\gamma_{R,e}} = \frac{43{,}3}{1{,}40} = 30{,}9 \quad kN/m$$

*Die ungünstigste Lastkombination ergibt sich im vorliegenden Fall aus dem Lastzustand g+p.*

*Für die Bemessungssituation BS-P gelten die Teilsicherheitsbeiwerte.*

*$\gamma_G$ = 1,35; $\gamma_Q$ = 1,50; $\gamma_{R,h}$ = 1,10*

*Ermittlung der Bemessungswerte:*

$$H_d = E^{g}_{ah,k} \cdot \gamma_G + E^{p'}_{ah,k} \cdot \gamma_Q = 56{,}7 \cdot 1{,}35 + 27{,}3 \cdot 1{,}50 = 117{,}5 \quad kN/m$$

$$R_{h,d} = (G_k + E^{g}_{aV,k}) \cdot \frac{\tan \varphi_k}{\gamma_{R,h}} = (153{,}6 + 22{,}6) \cdot \frac{\tan 32{,}5°}{1{,}10} = 102{,}0 \quad kN/m$$

$$H_d = 117{,}5 \quad kN/m < R_{h,d} + R_{Ph,d} = 102{,}0 + 30{,}9 = 132{,}9 \quad kN/m$$

***2.2.2 Gebrauchstauglichkeitsnachweis (SLS: zulässige Verschiebung)***

*Der Nachweis der Gebrauchstauglichkeit (SLS) ist nach Handbuch Eurocode 7, Band 1: DIN 1054, Abschnitt A 6.6.6 erbracht, wenn auf der Stirnseite des Fundaments bei der Überprüfung der Sicherheit gegen Gleiten (ULS: GEO-2) keine Bodenreaktion $R_{p,d}$ angesetzt wird*

$$H_d = E^{g}_{ah,k} \cdot \gamma_G + E^{p'}_{ah,k} \cdot \gamma_Q = 56{,}7 \cdot 1{,}35 + 27{,}3 \cdot 1{,}50 = 117{,}5 \quad kN/m$$

□ 7.08: Fortsetzung Beispiel 54: Berechnung einer Gewichtsstützwand

$$R_{h,d} = (G_k + E^g_{aV,k}) \cdot \frac{tan\,\varphi_k}{\gamma_{R,h}} = (153{,}6 + 22{,}6) \cdot \frac{\tan 32{,}5°}{1{,}10} = 102{,}0 \quad kN/m$$

$$H_d = \frac{117{,}5 \quad kN}{m} > R_{h,d} = 102{,}0\, kN/m$$

*Nachweis ist ohne Ansatz des Erdwiderstandes nicht erfüllt!*

*Alternativ ist deshalb folgender Nachweis zu führen und zulässig:*

$$H_d^{SLS} = E^g_{ah,k} \cdot 1{,}0 + E^{p'}_{ah,k} \cdot 1{,}0 = 56{,}7 \cdot 1{,}0 + 27{,}3 \cdot 1{,}0 = 84{,}0 \quad kN/m$$

$$R^{SLS}_{\square,d} = \frac{2}{3} \cdot \left(G_k + E^g_{aV,k}\right) \cdot \frac{tan\,\varphi_k}{1{,}0} = \frac{2}{3} \cdot (153{,}6 + 22{,}6) \cdot \frac{\tan 32{,}5°}{1{,}0} = 74{,}8\, kN/m$$

$$R^{SLS}_{p,d} = \frac{1}{3} \cdot \frac{R_{p,k}}{1{,}0} = \frac{1}{3} \cdot \frac{30{,}9}{1{,}0} = 10{,}3\, kN/m$$

$$H_d^{SLS} = 84{,}0 \quad kN/m < R^{SLS}_{\square,d} + R^{SLS}_{p,d} = 74{,}8 + 10{,}3 = 85{,}1 \quad kN/m$$

*Die Sicherheit gegen Gleiten ist gegeben.*

***2.3 Nachweis der Sicherheit gegen Grundbruch***

*Im GEO-2 muss die Bedingung $V_d \leq R_{V,d}$ erfüllt sein.*

*Für das vorliegende Beispiel wird mit $E_{ph,k}$ = 43,3 kN/m (s. im Beispiel 1.1.2) die ansetzbare Bodenreaktion an der Stirnseite*

$$B_k\left(= E_{p\square,mob,k}\right) = 0{,}5 \cdot 43{,}3 = 21{,}7 \quad kN/m$$

*und*

$$tan\,\delta = \frac{H}{V} = \frac{E^g_{ah} + E^{p'}_{ah} - B_k}{G + E^g_{av} + E^{p'}_{av}} = \frac{56{,}7 + 27{,}3 - 21{,}7}{153{,}6 + 22{,}6 + 10{,}9} = \frac{62{,}3}{187{,}1} = 0{,}333 > 0{,}20 \quad (!)$$

*Reduzierte Breite:*

*Die ungünstigste Lastkombination ergibt sich aus dem Lastzustand g+p (s. auch Abschnitt 2.1.2)*

$$\sum M^{g+p}_{(D)} = 32{,}8 \cdot \left(0{,}5 + \frac{2 \cdot 0{,}75}{3}\right) + 65{,}6 \cdot \left(0{,}5 + 0{,}75 + \frac{0{,}75}{2}\right) + 55{,}2 \cdot \frac{2{,}0}{2}$$
$$+ (22{,}6 + 10{,}9) \cdot 2{,}0 + 21{,}7 \cdot 0{,}4 - 56{,}7 \cdot 1{,}67 - 27{,}3 \cdot 2{,}56$$
$$= \sum M^D_{R,d} + 10{,}9 \cdot 2{,}0 + M^D_{Rph,d}(mob) - \sum M^D_{G,k,dst} - \sum M^D_{G,k,dst}$$
$$= 239{,}8 + 21{,}8 + 8{,}7 - 94{,}7 - 69{,}9 = 105{,}7 \quad kNm/m$$

$$\sum V^{g+p} = 32{,}8 + 65{,}6 + 55{,}2 + 22{,}6 + 10{,}9 = 187{,}1 \quad kN/m$$

□ 7.08: Fortsetzung Beispiel 54: Berechnung einer Gewichtsstützwand

*Damit wird*

$$c^{g+p} = \frac{105{,}7}{187{,}1} = 0{,}56\ m \text{ und}$$

$$e^{g+p} = \frac{2{,}0}{2} - 0{,}56 = 0{,}44\ \ m$$

$$b' = 2{,}0 - 2 \cdot 0{,}44 = 1{,}12\ \ m$$

*Wegen des anstehenden Grundwassers muss die Einflusstiefe der Grundbruchscholle ermittelt werden:*

$$\vartheta_1 = 45° - \frac{32{,}5°}{2} = 28{,}75°$$

$$a = \frac{1 - \tan^2 28{,}75°}{2\frac{56{,}7 + 19{,}4 - 21{,}7}{183{,}9}} = 1{,}1815$$

$$\tan\alpha_2 = 1{,}1815 + \sqrt{1{,}1815^2 - \tan^2 28{,}75°} = 2{,}2279 \quad \Rightarrow \quad \alpha_2 = 65{,}82°$$

$$\vartheta_2 = 65{,}82° - 28{,}75° = 37{,}07° \mathrel{\hat{=}} \alpha_1$$

*Damit wird*

$$d_s = 1{,}12 \cdot \sin 37{,}07° \cdot e^{0{,}6470 \cdot \tan 32{,}5°} = 1{,}02\ \ m\ \ <\ \ 2{,}0\ \ m$$

*was bedeutet, dass das Grundwasser keinen Einfluss hat.*

*Ermittlung der Sicherheit gegen Grundbruch*

*Beiwerte:*

$N_{d0} = 25;\ \nu_d = 1{,}0;$ $\qquad$ $N_{b0} = 15;\ \nu_b = 1{,}0$

*Neigungsbeiwerte für den Fall*

- *H parallel b'*
- $\varphi' \neq 0; c' \geq 0; \delta > 0; \omega = 90°$

*Mit m = 2 (Streifenfundament) wird*

$i_d = (1 - 0{,}333)^2 = 0{,}444;$ $\qquad$ $i_b = (1 - 0{,}333)^{2+1} = 0{,}296$ *Abrunden!*

*Grundbruchwiderstand:*

$$R_{V,k} = 1{,}12 \cdot (0 + 18{,}1 \cdot 1{,}2 \cdot 25 \cdot 1{,}0 \cdot 0{,}444 + 18{,}1 \cdot 1{,}12 \cdot 15 \cdot 1{,}0 \cdot 0{,}296) = 370{,}8\ kN/m$$

*Beanspruchung:*

$$V_d = V_{G,k} \cdot \gamma_G + V_{Q,k} \cdot \gamma_Q = (153{,}6 + 22{,}6) \cdot 1{,}35 + 10{,}9 \cdot 1{,}50 = 254{,}2\ \ kN/m$$

□ 7.08: Fortsetzung Beispiel 54: Berechnung einer Gewichtsstützwand

$$V_d = 254{,}2 \quad kN/m < R_{V,d} = \frac{370{,}8}{1{,}40} = 264{,}9 \quad kN/m$$

*Die Sicherheit gegen Grundbruch ist gegeben.*

*Ausnutzungsgrad*

$$\mu = \frac{254{,}2}{264{,}9} = 96\ \%$$

### *2.4 Setzungsermittlung (ULS)*

*Dieser Nachweis ist bei den vorliegenden Bauwerksund Baugrundverhältnissen nicht erforderlich.*

### *3. Überprüfung der Arbeitsfuge*

*Anmerkung: Dieser Nachweis wird nach den Regeln der Festkörpermechanik geführt.*

### *3.1 Erddruckermittlung*

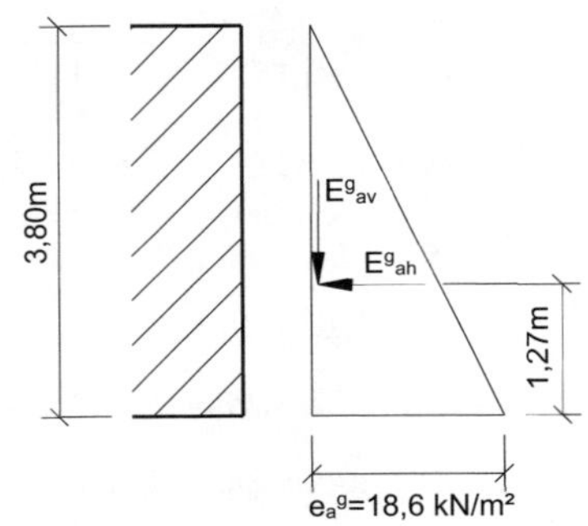


$$e_a^g = 18{,}1 \cdot 3{,}8 \cdot 0{,}27 = 18{,}6 \quad kN/m^2$$

$$E_a^g = \frac{1}{2} \cdot 18{,}6 \cdot 3{,}8 = 35{,}3 \quad kN/m$$

$$E_{ah}^g = 35{,}3 \cdot \cos\frac{2}{3} \cdot 32{,}5° = 32{,}8 \quad kN/m$$

$$E_{av}^g = 35{,}3 \cdot \sin\frac{2}{3} \cdot 32{,}5° = 13{,}0 \quad kN/m$$

$$y_s^g = \frac{3{,}8}{3} = 1{,}27 \quad m$$

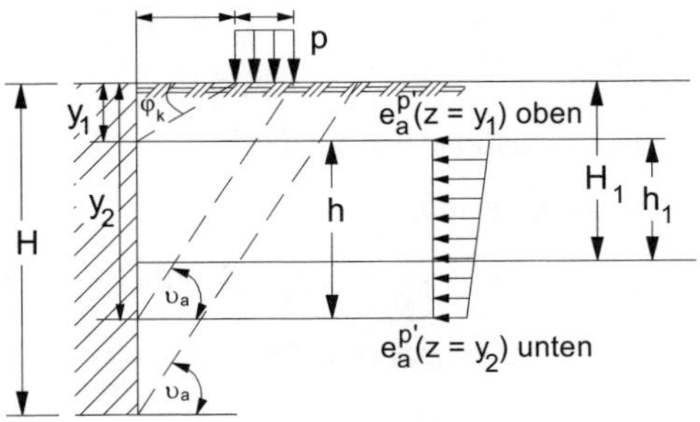


*$H_1$ = 3,80 m*

*$h_1$ = 3,80 – 0,64 = 3,16 m*

$$e_a^{p'}(3{,}80\ m)$$

$$= \frac{4{,}07 - 3{,}16}{4{,}07} \cdot (9{,}63 - 4{,}82) + 4{,}82$$

$$\cong 5{,}90 \quad kN/m^2$$

$$E_a^p = 5{,}90 \cdot 3{,}16 + \frac{1}{2} \cdot (9{,}63 - 5{,}90) \cdot 3{,}16 = 18{,}6 + 5{,}9$$

$$= \frac{9{,}63 + 5{,}90}{2} \cdot 3{,}16 = 24{,}5\ kN/m$$

$$E_{ah}^{p'} = 22{,}8\ kN/m \quad ; \quad E_{av}^{p'} = 9{,}0 \quad kN/m$$

□ 7.08: Fortsetzung Beispiel 54: Berechnung einer Gewichtsstützwand

*Angriffspunkt von $E_{ah}^{p'}$ (bezogen auf die Fundamentsohle):*

$$y_s^{p'}(bezogen\ auf\ Arbeitsfuge) = \frac{18{,}6 \cdot \frac{3{,}16}{2} + 5{,}9 \cdot \frac{3{,}16 \cdot 2}{3}}{24{,}5} = 1{,}71\ \ m$$

***3.2 Sicherheit gegen Kippen***

*Einwirkendes (ungünstiges; „treibendes") Moment $M_{E,k}$*

*um den Drehpunkt D (s. im Beispiel: 2.1.1)*

$\sum M_{G,k'}^{D}, dst \ = 32{,}8 \cdot 1{,}27 = 41{,}7\ \ kNm/m;\qquad \gamma_{G,dstb} = 1{,}1$

$\sum M_{Q,k,dst}^{D} \ = 22{,}8 \cdot 1{,}71 = 39{,}0\ kNm/m;\qquad \gamma_Q = 1{,}5$

$\Rightarrow \quad M_{E,d}^{D} = 41{,}7 \cdot 1{,}1 + 39{,}0 \cdot 1{,}5 = 104{,}4\ \ kNm/m$

*Widerstehendes (günstiges; „haltendes") Moment $M_{R,k}$*

*um den Drehpunkt D*

*Nur ständige Einwirkungen!*

$M_{R,k}^{D} = \sum M_{G,k}^{D} \ = 32{,}8 \cdot \left(\frac{2 \cdot 0{,}75}{3}\right) + 65{,}6 \cdot \left(0{,}75 + \frac{0{,}75}{2}\right) + 13{,}0 \cdot 1{,}50$

$= 109{,}7\ \ kNm/m$

$\gamma_{G,stb} = 0{,}9 \Rightarrow M_{R,d}^{D} = 109{,}7 \cdot 0{,}9 = 98{,}7\ \ kNm/m$

*Nachweis:* $M_{E,k}^{D} = 104{,}4\ \ kNm/m > \ \ 98{,}7\ \ kNm/m$ *ist nicht erbracht!*

$\Rightarrow$ *Maßnahmen erforderlich: D nach links „verschieben": $G_1$ vergrößern (sichere Seite).*

*z.B. um 10 cm*

$$G_1 = 23 \cdot 0{,}5 \cdot 0{,}85 \cdot 3{,}8 = 37{,}1\ \frac{kN}{m}$$

$M_{R,k}^{D} = \sum M_{G,k}^{D} \ = 37{,}1 \cdot \left(\frac{2 \cdot 0{,}85}{3}\right) + 65{,}6 \cdot \left(0{,}85 + \frac{0{,}75}{2}\right) + 13{,}0 \cdot 1{,}60$

$= 122{,}1\ kNm/m$

$\gamma_{G,stb} = 0{,}9 \Rightarrow M_{R,d}^{D} = 122{,}1 \cdot 0{,}9 = 109{,}9\ kNm/m$

*Nachweis:* $M_{E,k}^{D} = 104{,}4\ \ kNm/m < \ \ 109{,}9\ kNm/m$ *ist erbracht!*

***3.3 Sicherheit gegen Gleiten***

*Anmerkung: Dieser Nachweis wird nach den Regeln der Festkörpermechanik geführt.*

□ 7.08: Fortsetzung Beispiel 54: Berechnung einer Gewichtsstützwand

*$\mu$ = tan $\delta_{s,k}$ = 0,75 (Beton/Beton)*

$$R_{h,k} = V_K' \cdot \tan\delta_{s,k} = (32{,}8+65{,}6+13)\cdot 0{,}75 = 83{,}5\ kN/m$$ *Nur ständige Einwirkungen!*

$$R_{h,d} = \frac{R_{h,k}}{\gamma_{R,h}} = \frac{83{,}5}{1{,}10} = 75{,}9\ kN/m$$

$$H_d = H_{G,k}\cdot\gamma_G + H_{Q,k}\cdot\gamma_Q = 32{,}8\cdot 1{,}35 + 18{,}0\cdot 1{,}50 = 71{,}3\ kN/m$$

*Damit wird der Nachweis erbracht:*

$$H_d = 71{,}3\ kN/m < R_{h,d} = 75{,}9\ kN/m$$

**Breite des Talsporns:** $a \leq 0{,}6 \cdot d_F$. Bei größerer Breite muss der Sporn bewehrt werden. Weil die Ausführung eines Talsporns zu erheblicher Materialeinsparung führt, werden Wände ohne Talsporn nur bei geringer Ausmittigkeit der Resultierenden ausgeführt.

**Untere Breite:** Sie ergibt sich häufig von selbst aus der Wandhöhe, wenn die obere Breite, die Breite des Talsporns und die Neigungen der Luft- und Rückseite gewählt wurden. Überschläglich kann für den Trapezquerschnitt mit Talsporn und senkrechter Rückseite angenommen werden:

$$b_u = (0{,}3...0{,}5)\cdot H \qquad (7.05)$$

wobei die größeren Werte für kleinere Reibungswinkel der Hinterfüllung gelten. Die Höhe H ergibt sich nach (□ 7.07). Eine Auflast wird in zusätzliche Geländehöhe umgerechnet. Die endgültige untere Breite ergibt sich aus den Standsicherheitsnachweisen.

**Einbindetiefe an der Luftseite:** $d \geq 0{,}8$ m, je nach Frosttiefe.

**Sohle:** Zur Erhöhung der Sicherheit gegen Gleiten kann die Sohle der Gewichtsstützwand leicht geneigt, abgetreppt oder mit einem hinteren Sporn versehen werden (siehe Abschnitt 2.5).

**Bemessungshilfen:** Für bestimmte Mauer- und Geländeformen, Verkehrslasten und Bodenwerte wurden Bemessungstafeln für Gewichtsstützwände entwickelt (z.B. Vereinigung Schweizerischer Straßenfachmänner, 1966).

**Anwendung** Zur Sicherung eines Geländesprungs, wenn keine Böschung möglich ist oder gewünscht wird.

An Ufern werden Gewichtsstützwände häufig zwischen Spundwänden betoniert, die später bis zur Gewässersohle abgeschnitten werden, und auf Steinschüttungen gesetzt. Die Luftseite wird zum Anlegen von Schiffen möglichst senkrecht ausgeführt (□ 7.09).

□ 7.09: Beispiel: Uferwand

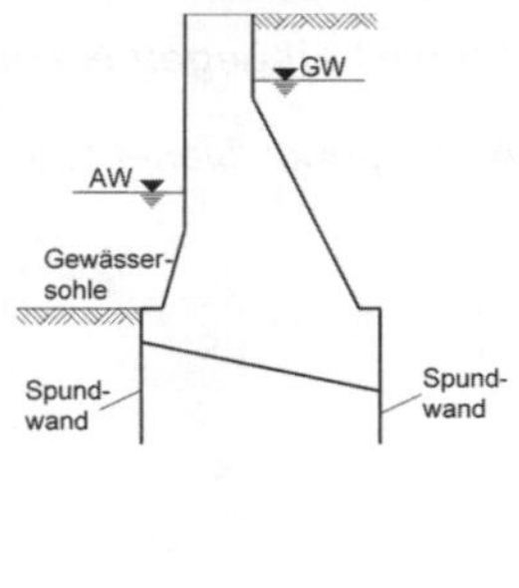

⇒ Empfehlungen des Arbeitsausschusses Ufereinfassungen (EAU).

□ 7.10: Beispiel 55: Sondernachweis bei überwiegend horizontaler Beanspruchung

***Geg.**: Das vorangehende Beispiel einschließlich Bemessung als Gewichtsstützwand*

***Ges.**: Sondernachweis eines überwiegend horizontal beanspruchten Bauwerks*

***Lösung:***

*Vorgegebene Schiefstellung: ⇒ Abschnitt 2.6.4, „Schlanke Baukörper", Formel 2.46*

*Mit* $W = \dfrac{1{,}0 \cdot 2{,}0^2}{6} = 0{,}67 \;\; m^3/m$

$$h_s = \frac{32{,}8\left(1{,}2+\dfrac{3{,}8}{3}\right)+65{,}6\left(1{,}2+\dfrac{3{,}8}{2}\right)+55{,}2\cdot\dfrac{1{,}2}{2}}{32{,}8+65{,}6+55{,}2} = 2{,}07 \;\; m$$

$$A = 2{,}0 \cdot 1{,}0 = 2{,}0 \;\; m^2/m$$

*wird* $\tan\alpha = \dfrac{W}{h_s \cdot A} = \dfrac{0{,}67}{2{,}07 \cdot 2{,}0} = 0{,}161 \;\Rightarrow\; \alpha = 9{,}15°$

*Die vorgegebene Schiefstellung führt zu einer größeren rechnerischen Ausmittigkeit:*

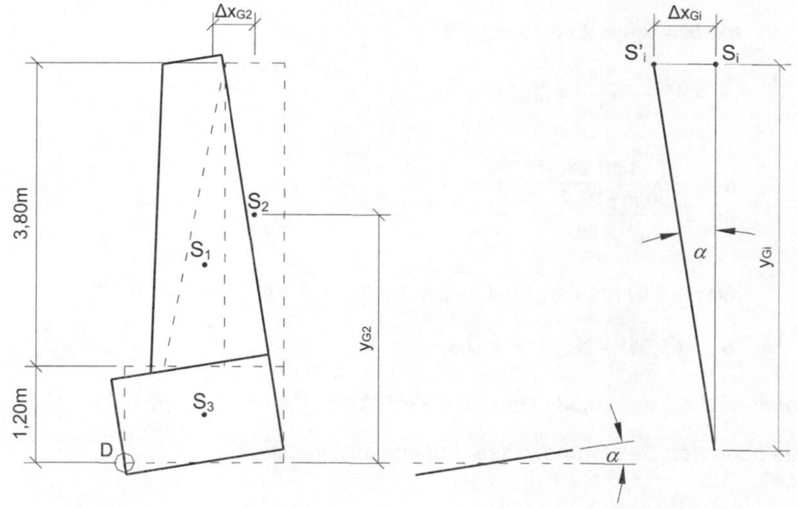


$$\Delta x_{G_1} = \left(1{,}2+\frac{3{,}8}{3}\right)\cdot\tan 9{,}15° = 0{,}40 \;\; m\,; \quad \Delta x_{G_2} = \left(1{,}2+\frac{3{,}8}{2}\right)\cdot\tan 9{,}15° = 0{,}50 \;\; m$$

$$\Delta x_{G_3} = \frac{1{,}2}{2}\cdot\tan 9{,}15° = 0{,}10 \;\; m$$

□ 7.10: Fortsetzung Beispiel 55: Sondernachweis bei überwiegend horizontaler Beanspruchung

*Ausmittigkeit:*

$$\sum M_{(D)}^{g} = 32,8\left(0,5+\frac{2\cdot 0,75}{3}-0,40\right)+65,6\left(0,5+0,75+\frac{0,75}{2}-0,50\right)$$

$$+55,2\left(\frac{2,0}{2}-0,10\right)+22,6\cdot 2,0+21,6\cdot 0,4-56,7\cdot 1,67=102,3\ kNm/m$$

$$\sum V^{g}=176,2\ kN/m \Rightarrow c^{g}=\frac{102,3}{176,2}=0,58\ m$$

$$e^{g}=\frac{b}{2}-c=\frac{2,0}{2}-0,58=0,42\ m$$

$$\sum M_{(D)}^{g+p} = 102,3 + 10,9 \cdot 2,0 - 27,3 \cdot 2,56 = 54,2\ \frac{kNm}{m}$$

$$\sum V^{g+p} = 187,1\ \frac{kN}{m} \Rightarrow c^{g+p} = \frac{54,2}{187,1} = 0,29\ m;\ e^{g+p} = 0,71\ m$$

*Grundbruchnachweis:*

*Zunächst muss geprüft werden, ob das Grundwasser Einfluss hat:*

*Einflusstiefe der Grundbruchscholle:* $d_s = b' \cdot \sin\vartheta_2 \cdot e^{\alpha_1 \cdot \tan\varphi'}$

*mit* $b' = 2,0 - 2 \cdot 0,71 = 0,58\ m$

$$\vartheta_1 = 45° - \frac{32,5°}{2} = 28,75°$$

$$a = \frac{1-\tan^2 28,75°}{2\cdot\frac{56,7+19,4-21,6}{183,9}} = 1,1794$$

$$\tan\alpha_2 = 1,1794+\sqrt{1,1794^2-\tan^2 28,75°} = 2,2234 \Rightarrow \alpha_2 = 65,78°$$

$$\vartheta_2 = 65,78° - 28,75° = 37,03 \mathrel{\hat{=}} \alpha_1$$

*Damit wird* $d_s = 0,58 \cdot \sin 37,03° \cdot e^{0,6463 \cdot \tan 32,5°} = 0,53\ m,$

*was bedeutet: Das Grundwasser hat keinen Einfluss.*

*Beiwerte:* $N_{d0} = 25;\ \nu_d = 1,0;\ N_{b0} = 15;\ \nu_b = 1,0$

*Neigungswerte für den Fall*

- *H parallel b'*
- $\varphi' > 0;\ c' \geq 0;\ \delta_E > 0;\ \omega = 90°$

□ 7.10: Fortsetzung Beispiel 55: Sondernachweis bei überwiegend horizontaler Beanspruchung

$$tan\,\delta = \frac{H}{V} = \frac{E_{ah}^{g}+E_{ah}^{p'}-B_k}{G+E_{av}^{g}+E_{av}^{p'}} = \frac{56{,}7+27{,}3-21{,}7}{153{,}6+22{,}6+10{,}9} = \frac{62{,}3}{187{,}1} = 0{,}333 > 0{,}20 \;\; (!)$$

*Mit m = 2 (Streifenfundament) wird*

$$i_d = (1-0{,}333)^2 = 0{,}444; \qquad i_b = (1-0{,}333)^{2+1} = 0{,}296 \quad \textit{Abrunden!}$$

*Damit wird der Grundbruchwiderstand*

$$R_{V,k} = 0{,}58 \cdot (0 + 18{,}1 \cdot 1{,}2 \cdot 25 \cdot 1{,}0 \cdot 0{,}444 + 18{,}1 \cdot 0{,}58 \cdot 15 \cdot 1{,}0 \cdot 0{,}296) = 166{,}8\; kN/m$$

*Nachweis der Grundbruchsicherheit für BS-T:*

$$V_d = V_{G,k} \cdot \gamma_G + V_{Q,k} \cdot \gamma_Q = (153{,}6 + 22{,}6) \cdot 1{,}20 + 7{,}7 \cdot 1{,}30 = 221\; kN/m$$

*Damit wird* $V_d = 221 \frac{kN}{m} > R_{V,d} = \frac{166{,}8}{1{,}30} = 128{,}3 kN/m$

*so dass die Sicherheit deutlich verfehlt wird: Ausnutzungsgrad* $\mu = \frac{221}{128{,}3} = 172\;\%$

## 7.4 Winkelstützwände

**Form** Bei der Regelausführung (□ 7.11) ist der lotrechte Wandteil in eine Sohlplatte eingespannt, die aus einem längeren rückseitigen und aus einem kurzen luftseitigen Sporn besteht.

**Stütz-wirkung** Die Stützwirkung beruht im Wesentlichen auf der Vergrößerung des Standmoments durch die Erdauflast auf dem rückseitigen Sporn. Der luftseitige Sporn erhöht die Sicherheit gegen Kippen und vermindert die Randspannungen aus der ausmittig angreifenden Resultierenden in der Sohlfuge.

□ 7.11: Regelausführung einer Winkelstützwand

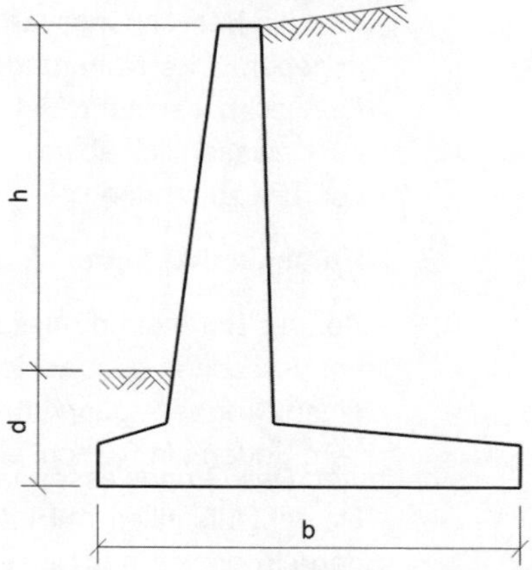


**Bemessung** Wie bei Gewichtsstützwänden gibt es auch für Winkelstützwände keine einfachen Bemessungsformeln. Nach den im folgenden beschriebenen Anhaltspunkten werden die Abmessungen gewählt, die erforderlichen Standsicherheitsberechnungen (siehe Abschnitte 1 und 2) durchgeführt und gegebenenfalls die Abmessungen verbessert und erneut gerechnet (□ 7.17).

**Obere Breite:** $\geq$ 0,3 m in Hinblick auf die Einbringung des Betons in die Schalung.

**Neigung der Luftseite:** Geringer als bei Gewichtsstützwänden: 20 : 1 bis 10 : 1.

**Ausbildung der Rückseite:** Meist lotrechte Wand mit Rücksicht auf Schalung und Entwässerung.

**Sohlplatte:** Ihre Breite ergibt sich aus der Standsicherheitsberechnung, wobei der luftseitige Sporn < *b/3* sein sollte.

Die Dicke der Sohlplatte sollte am Rand ≥ 0,3 m betragen und kann auf die statisch erforderliche Dicke des lotrechten Wandteils anwachsen. Die hierdurch bedingte geringfügige Neigung der Oberfläche der Sohlplatte ist für die Entwässerung der Platte günstig. Wegen des Herstellungsaufwands wird heute jedoch meist darauf verzichtet.

Auch bei Winkelstützwänden kann die Sicherheit gegen Gleiten durch eine geneigte Sohle erhöht werden.

**Berechnung** Eine Winkelstützwand kann kinematisch einwandfrei nach dem Rutschkeilverfahren (□ 7.12) oder näherungsweise mit Hilfe einer fiktiven lotrechten Gleitfläche („Ersatzwand" nach DIN 4085, Bild 6) berechnet werden (□ 7.15). Nach DIN 4085, Abschnitt 6.2.3 liegt die Näherung bei kurzen Spornlänge (Strecke B-C in □ 7.12) auf der sicheren Seite und wird als Berechnungsverfahren vorgegeben. Das Näherungsverfahren führt schneller zum Ziel und liefert nur unwesentlich abweichende Ergebnisse. In bestimmten Fällen ist mit Erdruhedruck zu rechnen.

□ 7.12: Beispiel: Rutschkeil bei einer Winkelstützwand

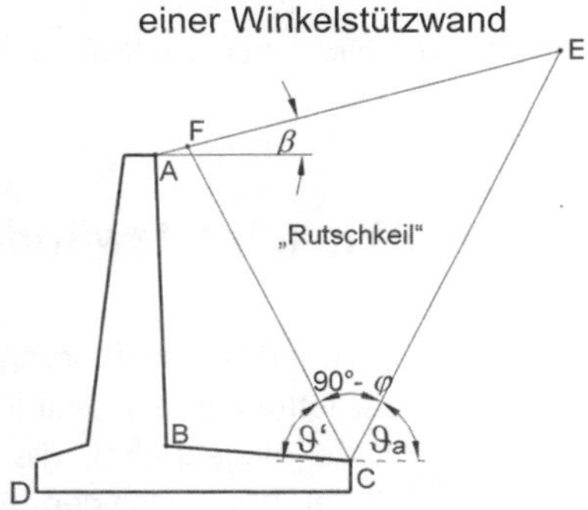


**Rutschkeilverfahren:**

Bei der Berechnung der Regelausführung der Winkelstützwand wird von der bei Versuchen beobachteten Tatsache ausgegangen, dass bei einer geringfügigen Drehbewegung um den hinteren Eckpunkt E der Wand und kohäsionslosem Boden ein Rutschkeil entsteht (□ 7.12).

Da der Rutschkeil im Hinterfüllungsbereich liegt, in dem eine eventuell vorhandene Kohäsion aus Sicherheitsgründen nicht in Rechnung gestellt wird, ist die Annahme kohäsionslosen Bodens (siehe oben) berechtigt.

Der Öffnungswinkel des Rutschkeils hat - unabhängig von der Geländeneigung $\beta$ - immer die Größe 90° - $\varphi$, wobei $\varphi$ der innere Reibungswinkel des Bodens ist. Der Gleitflächenwinkel $\vartheta'$ wird aus □ 7.13 sowie (7.05) erhalten.

Schneidet die wandseitige Gleitfläche FC des Rutschkeils die Geländeoberfläche

(□ 7.14 a), so ergibt sich die Resultierende des Erddrucks auf die Wand aus der Eigenlast des Erdprismas ($G_k$) und dem Erddruck, der unter dem Winkel $\delta_a = \varphi$ gegen das Lot auf die Gleitfläche geneigt ist.

Trifft dagegen die Gleitfläche FC - wie bei kurzem rückseitigen Sporn oder hoher Wand möglich - den lotrechten Wandteil (□ 7.14 b), so setzt sich die Resultierende des Erddrucks auf die Wand zusammen aus der Eigenlast $G_k$ des Erdprismas, dem Erddruck auf den Wandteil (unter dem Wandreibungswinkel $\delta_a$ gegen das Lot auf die Wand geneigt), der sich aus der dreieckförmigen Erddruckfigur ergibt, und dem Erddruck auf den Gleitflächenabschnitt EFC (unter dem Winkel $\delta_a = \varphi$ gegen das Lot auf die Gleitfläche geneigt). Zur Bestimmung wird die Gleitfläche FC bis zum Schnittpunkt mit der Geländeoberfläche verlängert und das Erddruckdreieck FCL ermittelt. Hiervon wirkt nur der trapezförmige Anteil CLK, der den Erddruck $E_{a22}$ ergibt.

□ 7.13: Gleitflächenwinkel $\vartheta'$

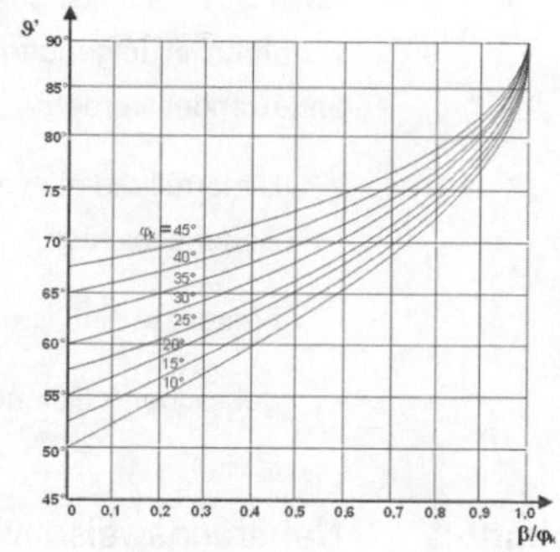


$$\vartheta' = 90° - \vartheta_a(\alpha = 0; \delta_a = \beta) = 90° - \frac{180°}{\pi} arctan\left\{\frac{\cos\varphi_k}{\sin\varphi_k + \sqrt{\frac{\sin(\varphi_k+\beta)}{\sin(\varphi_k-\beta)}}}\right\} \tag{7.05}$$

Wobei $\varphi_k$ und $\beta$ in Bogenmaß einzusetzen sind.

□ 7.14: Beispiele: Rutschkeilverfahren: Wandseitige Gleitfläche schneidet a) die Geländeoberfläche. b) den lotrechten Wandteil

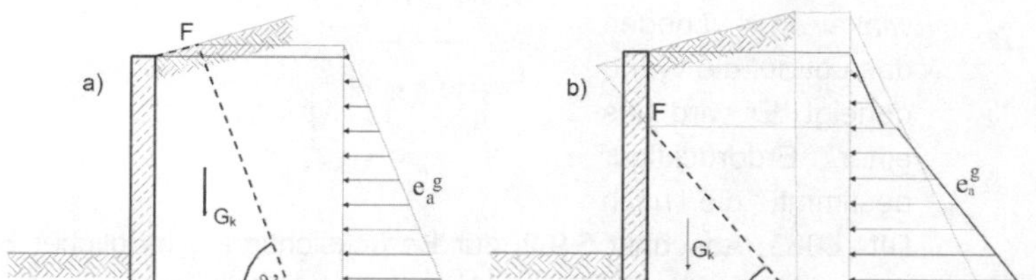


**Verfahren mit fiktiver, lotrechter Gleitfläche (Näherung):**

Die Gleitfläche wird vom Punkt C des rückseitigen Sporns ausgehend vereinfachend lotrecht angenommen (□ 7.15). Die Resultierende wird aus der Eigenlast $G_k$ des Erdprismas und dem Erddruck bestimmt. Dieser ist nach Rankine unter dem Winkel $\delta_\alpha = \beta$ gegen das Lot auf die fiktive, lotrechte Gleitfläche geneigt.

**Anmerkung:**

Nach DIN 4085 soll das Näherungsverfahren in folgenden Fällen nicht angewendet werden:

- Hinterfüllung mit verschiedenen Bodenschichten,
- begrenzte Auflasten,
- gebrochene Geländeoberfläche.

□ 7.15: Beispiel: Winkelstützwand: Verfahren mit fiktiver, lotrechter Gleitfläche (Ersatzwand" nach DIN 4085, Bild 6)

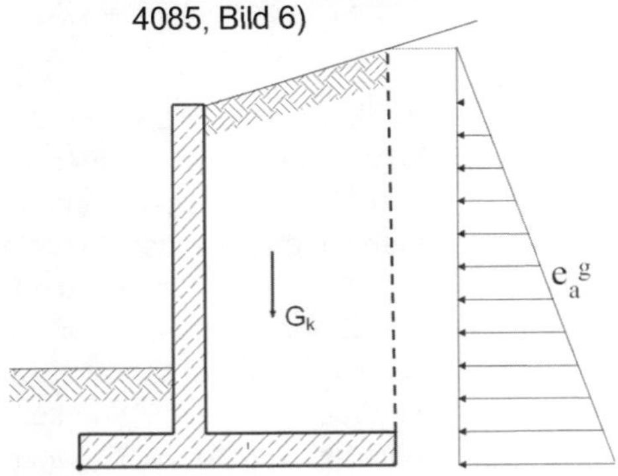


**Schnittkräfte**

Näherungsweise wird für die folgende Beschreibung der Schnittkräfte das Verfahren mit fiktiver, lotrechter Gleitfläche zugrunde gelegt. Die Beanspruchung der Wand wird in drei Schnitten untersucht (□ 7.16), für die folgende Kräfte maßgebend sind:

□ 7.16: Beispiel: Winkelstützwand: Ermittlung von Schnittkräften und Standsicherheit

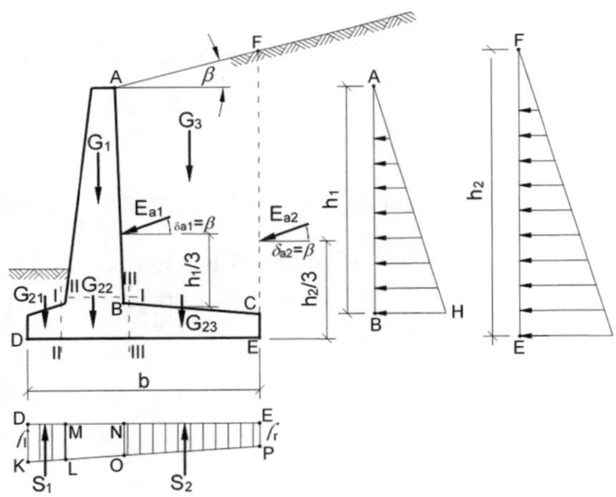


**Schnitt I-I** (am Fuß des lotrechten Wandteils):

Die Eigenlast $G_1$ des lotrechten Wandteils und der Erddruck $E_{a1}$ aus der Erddruckfigur ABH. Dieser Erddruck ist unter dem Wandreibungswinkel $\delta_{a1} = \beta$ gegen das Lot auf die Wand geneigt. Er wird aus einer Erddruckfigur bestimmt, die nach DIN 4085, Abschnitt 5.9.2, zur Berücksichtigung möglicher Erddruckumlagerungen trapezförmig über die Wandhöhe verteilt angenommen wird. Dabei soll die untere Erddruckordinate doppelt so groß sein wie die obere.

**Schnitt II-II** (am Ansatz des luftseitigen Sporns):

Die Eigenlast $G_{21}$ des luftseitigen Sporns und die Kraft $S_1$ aus dem Sohlspannungsanteil DKLM. Die Erdauflast über dem luftseitigen Sporn wird - wie der Erdwiderstand vor der Wand - meist vernachlässigt.

**Schnitt III-III** (am Ansatz des rückseitigen Sporns):

Die Eigenlast $G_3$ des Erdprismas ABCF, die Vertikalkomponente des Erddrucks $E_{a2}$ aus der Erddruckfigur FEI (dieser ist nach Rankine unter dem Winkel $\delta_{a2} = \beta$ gegen das Lot auf die fiktive, lotrechte Gleitfläche CF geneigt), die Eigenlast $G_{23}$ des rückseitigen Sporns und die Kraft $S_2$ aus dem Sohlspannungsanteil NOPE.

□ 7.17: Beispiel 56: Bemessung einer Winkelstützwand

***Geg.:*** *Winkelstützwand, Bodenverhältnisse*

***Ges.:***

1. *Angriffspunkt und Größe der Resultierenden in der Gründungssohle nach dem*
   1.1. *Rutschkeilverfahren*
   1.2. *Verfahren nach DIN 4085, Abschnitt 6.2.3: Näherungsverfahren mit „Ersatzwand“*

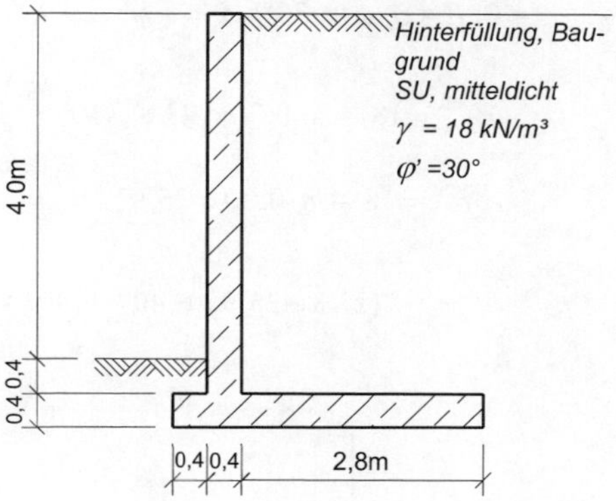


2. *Bemessungsschnittgrößen*
3. *Standsicherheit für den Fall, dass hinter der Stützwand eine unbegrenzte Flächenlast p = 20 kN/m² wirkt.*

***Anmerkung:*** *Auf den Ansatz von Erdwiderstand soll verzichtet werden.*

***Lösung:***

***zu 1.1.:***

***Geometrie des Rutschkeils:***

$$\varphi' = 30°$$

$$\frac{\beta}{\varphi'} = 0 \Rightarrow \vartheta' = 60°\,; \qquad a = \frac{4,40}{\tan 60°} = 2,55 \;\; m\,;\;\; a' = 0,25 \;\; m$$

*Erddruck:*

- *im Rutschkeilbereich*

$\alpha = +30°;\ \beta = 0;\ \varphi' = 30°;\ \delta_a = \varphi' = 30° \Rightarrow K_{a1}^{g} = 0,67$

$$e_{a1}^{g} = 18 \cdot 4,4 \cdot 0,67 = 53,1 \;\; kN/m^2$$

$$E_{a1}^{g} = \frac{1}{2} \cdot 53,1 \cdot 4,4 = 116,8 \;\; kN/m$$

$$\Rightarrow E_{a1H}^{g} = 58,4 \;\; kN/m\,;\;\; E_{a1V}^{g} = 101,2 \;\; kN/m$$

□ 7.17: Fortsetzung Beispiel 56: Bemessung einer Winkelstützwand

*Hebelarme (bezogen auf D):*

$$x_1^g = 3,60 - \frac{4,4}{3 \cdot \tan 60°} = 2,75 \ m, \qquad y_1^g = 0,40 + \frac{4,4}{3} = 1,87 \ m$$

- *hinter der Sohlplatte:*

$\alpha = 0; \beta = 0; \varphi' = 30°; \delta_a = \frac{2}{3}\varphi' \Rightarrow K_{a_2}^g = 0,30$

$$e_{a2}^{oben} = 18 \cdot 4,4 \cdot 0,30 = 23,8 \ kN/m^2$$

$$e_{a2}^{unten} = 18 \cdot 4,8 \cdot 0,30 = 25,9 \ kN/m^2$$

$$E_{a2}^g = \frac{1}{2}(23,8 + 25,9) \cdot 0,40 = 9,9 \ kN/m \Rightarrow E_{a2H}^g = 9,3 \ kN/m; \ E_{a2V}^g = 3,4 \ kN/m$$

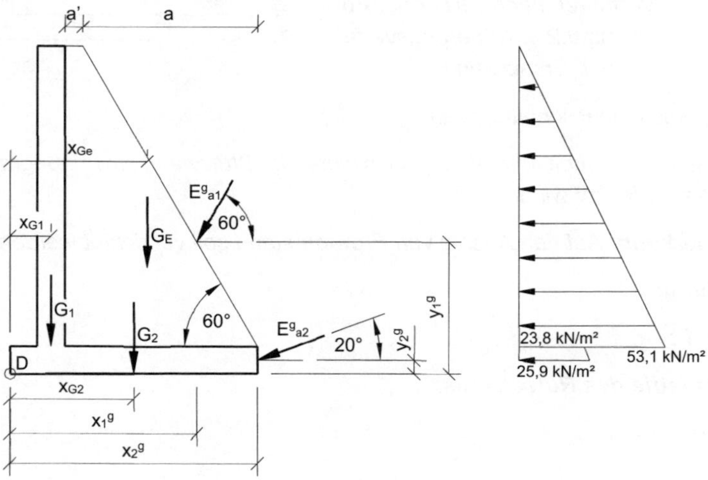


*Hebelarme (bezogen auf D):*

$$x_2^g = 3,60 \ m, \qquad y_2^g \approx \frac{0,40}{2} = 0,20 \ m$$

*Eigenlast der Stützwand:*

$$G_1 = 25 \cdot 0,4 \cdot 4,4 = 44,0 \ kN/m, \qquad G_2 = 25 \cdot 0,4 \cdot 3,6 = 36,0 \ kN/m$$

*Hebelarme (bezogen auf D):*

$$x_{G_1} = 0,4 + \frac{0,4}{2} = 0,60 \ m, \qquad x_{G_2} = \frac{3,60}{2} = 1,80 \ m$$

□ 7.17: Fortsetzung Beispiel 56: Bemessung einer Winkelstützwand

*Erdauflast:*

$$G_E = \frac{1}{2}\,(0,25+2,80)\cdot 4,4\cdot 18 = 120,8\ \ kN/m$$

$$x_{G_E} = 0,80 + \frac{0,25^2+0,25\cdot 2,80+2,80^2}{3\,(0,25+2,80)} = 1,74\ \ m$$

*Angriffspunkt der Resultierenden in der Sohlfuge (bezogen auf D):*

$$\sum M_{(D)} = 101,2\cdot 2,75+3,4\cdot 3,60+44,0\cdot 0,6+36,0\cdot 1,80+120,8\cdot 1,74-$$
$$-58,4\cdot 1,87-9,3\cdot 0,20 = 480,9\ \ kNm/m$$

$$\sum V = 101,2+3,4+44,0+36,0+120,8 = 305,4\ \ kN/m$$

$$\Rightarrow c = \frac{\sum M_{(D)}}{\sum V} = \frac{480,9}{305,4} = 1,58\ \ m$$

*Größe und Neigung der Resultierenden:*

$$\sum H = 58,4+9,3 = 67,7\ \ kN/m$$

$$\Rightarrow R = \sqrt{305,4^2+67,7^2} = 312,8\ \ kN/m$$

$$\tan\delta_E = \frac{\sum H}{\sum V} = \frac{67,7}{305,4} \quad \Rightarrow \delta_s = 12,5°$$

***zu 1.2.: Verfahren nach DIN 4085, Abschnitt 6.2.3: Näherungsverfahren mit „Ersatzwand"***

***Geometrie der Stützwand:***

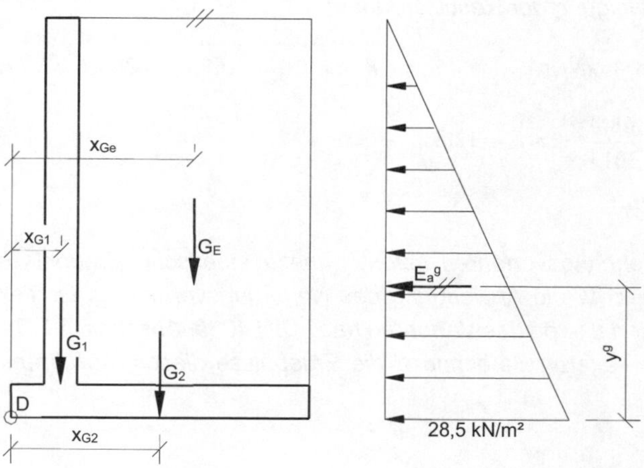

□ 7.17: Fortsetzung Beispiel 56: Bemessung einer Winkelstützwand

*Erddruck:*

$\alpha = 0;\ \beta = 0;\ \varphi' = 30°;\ \delta_a \mathrel{\hat{=}} \beta = 0 \Rightarrow K_a^g = 0{,}33$

$$e_a^g = 18 \cdot 4{,}8 \cdot 0{,}33 = 28{,}5\ \ kN/m^2$$

$$E_a^g \mathrel{\hat{=}} E_{aH}^g = \frac{1}{2} \cdot 28{,}5 \cdot 4{,}8 = 68{,}4\ \ kN/m$$

$$E_{aV}^g = 0$$

*Hebelarm (bezogen auf D):* $y^g = \frac{4{,}8}{3} = 1{,}60\ \ m$

*Eigenlast der Stützwand:*

$G_1 = 44{,}0\ \ kN/m\ ;\ G_2 = 36{,}0\ \ kN/m$ *(s. 1.1.)*

*Hebelarme (bezogen auf D):* $x_{G_1} = 0{,}60\ \ m\ ;\ x_{G_2} = 1{,}80\ \ m$ *(s. 1.1.)*

*Erdauflast:*

$G_E = 4{,}4 \cdot 2{,}8 \cdot 18 = 221{,}8\ \ kN/m$ $\qquad x_{G_E} = 0{,}80 + \frac{2{,}80}{2} = 2{,}20\ \ m$

*Angriffspunkt der Resultierenden:*

$$\sum M_{(D)} = 44{,}0 \cdot 0{,}60 + 36{,}0 \cdot 1{,}80 + 221{,}8 \cdot 2{,}20 - 68{,}4 \cdot 1{,}60 = 469{,}7\ \ kNm/m$$

$\sum V = 44{,}0 + 36{,}0 + 221{,}8 = 301{,}8\ \ kN/m$ $\qquad \Rightarrow c = \frac{469{,}7}{301{,}8} = 1{,}56\ \ m$

*Größe und Neigung der Resultierenden:*

$\sum H = 68{,}4\ \ kN/m$ $\qquad \Rightarrow R = \sqrt{301{,}8^2 + 68{,}4^2} = 309{,}6\ \ kN/m$

$$\tan \delta_E = \frac{68{,}4}{301{,}8} \Rightarrow \delta_s = 12{,}8°$$

***Vergleich:***

*Beide Berechnungsverfahren liefern nahezu identische Ergebnisse. Da die Einschränkungen für die Anwendung des Näherungsverfahrens (s. Text, Abschnitt 7) nicht vorliegen und da das Verfahren nach DIN 4085, Abschnitt 6.2.3 vorgegeben ist, werden der weiteren Berechnung die Ergebnisse dieses Verfahrens zugrunde gelegt.*

□ 7.17: Fortsetzung Beispiel 56: Bemessung einer Winkelstützwand

***zu 2.:***

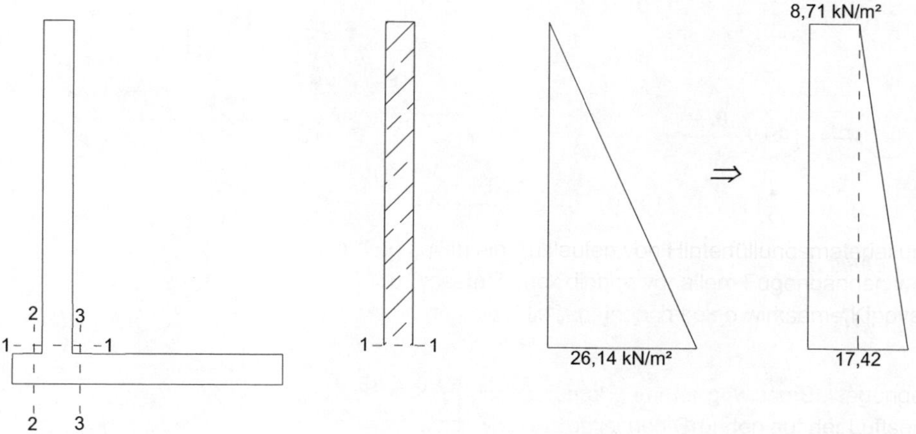


*Schnitt 1-1*

$\alpha = 0;\ \beta = 0;\ \varphi' = 30°;\ \delta_a \mathrel{\hat{=}} \beta = 0 \Rightarrow K_a^g = 0,33$

$$E_a^g \mathrel{\hat{=}} E_{aH}^g = 8,71 \cdot 4,4 + \frac{1}{2} \cdot 8,71 \cdot 4,4 = 38,3 + 19,2 = 57,5 \ \ kN/m$$

$$E_{aV}^g = 0\ ;\ \ \textit{Querkraft} \qquad Q_1 \mathrel{\hat{=}} E_{aH}^g = 57,5 \ \ kN/m$$

$$M_1 = 38,3 \cdot \frac{4,4}{2} + 19,2 \cdot \frac{4,4}{3} = 112,4 \ \ kNm/m$$

*Schnitt 2-2*

*Der Sohldruck wird vereinfachend als geradlinig verteilt angenommen.*

$$e = \frac{b}{2} - c = \frac{3,60}{2} - 1,56 = 0,24 \ \ m < \frac{b}{6}$$

$$\sigma_{0,1,2} = \frac{301,8}{3,60} \pm \frac{301,8 \cdot 0,24 \cdot 6}{3,60^2}$$

$\Rightarrow$

$$\sigma_{0,1} = 117,4 \frac{kN}{m^2}; \qquad \sigma_{0,2} = 50,3 \ \ \frac{kN}{m^2}$$

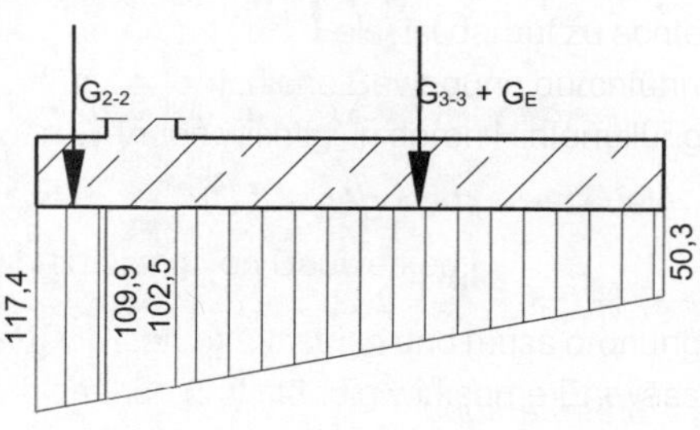


*Die Erdauflast über dem Sporn wird vernachlässigt.*

□ 7.17: Fortsetzung Beispiel 56: Bemessung einer Winkelstützwand

$G_{2-2} = 0,4 \cdot 0,4 \cdot 25 = 4,0 \ kN/m$

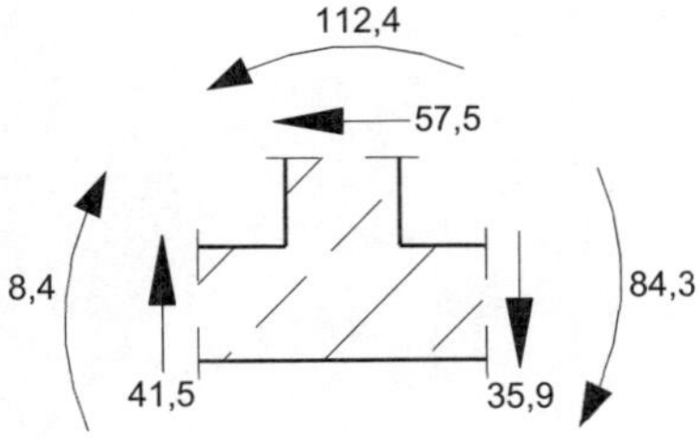


$$Q_2 = \frac{1}{2}(117,4 + 109,9) \cdot 0,4 - 4,0 = 41,5 \ \frac{kN}{m}$$

$$M_2 = 109,9 \cdot \frac{0,4^2}{2} + \frac{1}{2}(117,4 - 109,9) \cdot 0,4 \cdot \frac{2 \cdot 0,4}{3} - 4,0 \cdot \frac{0,4}{2} = 8,4 \ \frac{kNm}{m}$$

*Schnitt 3-3*

$G_{3-3} = 2,8 \cdot 0,4 \cdot 25 = 28,0 \ kN/m$

$$Q_3 = 221,8 + 28,0 - \frac{1}{2}(102,5 + 50,3) \cdot 2,80 = 35,9 \ \frac{kN}{m}$$

$$M_3 = 221,8 \cdot \frac{2,8}{2} + 28,0 \cdot \frac{2,8}{2} - 50,3 \cdot \frac{2,8^2}{2} - \frac{1}{2}(102,5 - 50,3) \cdot 2,8 \cdot \frac{2,8}{3} = 84,3 \ \frac{kNm}{m}$$

***zu 3.:***

*Durch die Verkehrslast kommen folgende Belastungen hinzu:*

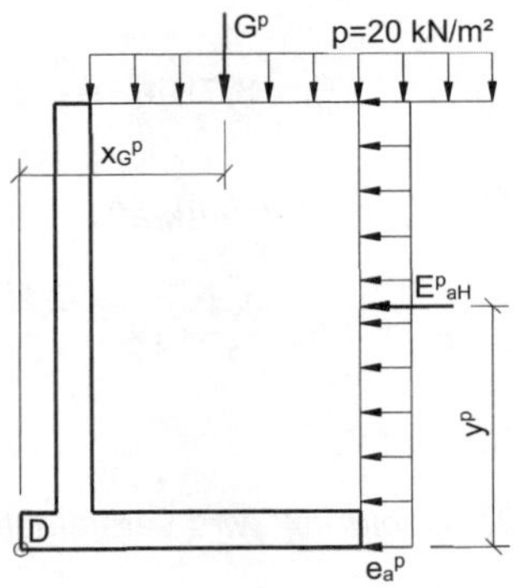


*Auflast auf Sohlplatte*

$G^{p} = 20 \cdot 2,8 = 56,0 \ kN/m$

*Erddruck*

$e_a^p = 20 \cdot 0,33 = 6,6 \ kN/m^2$

$E_a^p = 6,6 \cdot 4,8 = 31,7 \ kN/m$

$E_{aH}^p \hat{=} E_a^p = 31,7 \ kN/m \ ; \ E_{aV}^p = 0$

*Hebelarme (bezogen auf D)*

$x_G^p = 0,8 + \frac{2,8}{2} = 2,20 \ m \ ;$ $\quad y^p = \frac{4,80}{2} = 2,40 \ m$

*Vorbemerkung:*

- *Bei dieser besonderen Aufgabenstellung (Verkehrslast wirkt teilweise günstig!) wird die gesamte Auflast als veränderliche Last betrachtet.*

□ 7.17: Fortsetzung Beispiel 56: Bemessung einer Winkelstützwand

- *Die Standsicherheit muss durch direkte Nachweise überprüft werden, da die Voraussetzungen des „Tabellenverfahrens“ ($\frac{H}{V} \leq 0{,}20$) nicht gegeben sind.*
- *Für jeden Standsicherheitsnachweis muss die jeweils „ungünstigste Lastkombination“ (Handbuch Eurocode 7, Band 1: DIN 1054) überprüft werden.*

***Lösung:***

***3.1 Sicherheit gegen Kippen***

***3.1.1 Nachweis der Tragfähigkeit (ULS: EQU)***

*Einwirkendes (ungünstiges; „treibendes“) Moment $M_{E,k}$ um den Drehpunkt D*

$$\sum M^D_{G,k,dst} = 68{,}4 \cdot 1{,}60 = 109{,}5 \ kNm/m; \ \gamma_{G,dstb} = 1{,}1$$

$$\sum M^D_{Q,k,dst} = 31{,}7 \cdot 2{,}40 = 76{,}1 \ kNm/m; \ \gamma_Q = 1{,}5$$

$$\Rightarrow \quad M^D_{E,d} = 109{,}5 \cdot 1{,}1 + 76{,}1 \cdot 1{,}5 = 234{,}6 \ kNm/m$$

*Widerstehendes (günstiges; „haltendes“) Moment $M_{R,k}$ um den Drehpunkt D*

$$M^D_{R,k} = \sum M^D_{G,k} = 44{,}0 \cdot 0{,}60 + 36{,}0 \cdot 1{,}80 + 221{,}8 \cdot 2{,}20 = 579{,}1 \ kNm/m; \ \gamma_{G,stb} = 0{,}9$$

$$\Rightarrow \quad M^D_{R,d} = 579{,}1 \cdot 0{,}9 = 521{,}1 \ kNm/m$$

*Nachweis:* $M^D_{E,k} = 234{,}6 \ kNm/m < 521{,}1 \ kNm/m$ *ist erbracht*

***3.1.2 Nachweis der Gebrauchstauglichkeit (SLS: zulässige Ausmitte)***

$e^g = 0{,}24 \ m < \frac{b}{6}$ *(s. Aufgabenstellung)*

*Für den zusätzlich zu führenden Nachweis „Gesamtlast“ ergibt sich der ungünstigste Zustand durch Vernachlässigung von $G^p$ und Ansatz von $E^p_a$:*

$$c^{g+p} = \frac{469{,}7 - 31{,}7 \cdot 2{,}40}{301{,}8} = \frac{393{,}6}{301{,}8} = 1{,}30 \ m$$

$$\Rightarrow e^{g+p} = \frac{3{,}60}{2} - 1{,}30 = 0{,}50 \ m < \frac{b}{3}$$

*Der Nachweis der zulässigen Ausmitte ist erbracht.*

□ 7.17: Fortsetzung Beispiel 56: Bemessung einer Winkelstützwand

### 3.2 Sicherheit gegen Gleiten

#### 3.2.1 Nachweis der Tragfähigkeit (GEO-2)

*Ständige Lasten:* $F_{\mathrm{v}}^{\mathrm{g}} = 301{,}8\ kN/m$; $F_{\mathrm{h}}^{\mathrm{g}} = 68{,}4\ kN/m$

*Veränderliche Lasten:* $F_{\mathrm{v}}^{\mathrm{p}} = 0$; $F_{\mathrm{h}}^{\mathrm{p}} = 31{,}7\ kN/m$

$$H_d = H_{G,k} \cdot \gamma_G + H_{Q,k} \cdot \gamma_Q = F_H^g \cdot \gamma_G + F_H^p \cdot \gamma_Q$$
$$= 68{,}4 \cdot 1{,}35 + 31{,}7 \cdot 1{,}50 = 139{,}9\ kN/m$$

$$R_{h,k} = V_K' \cdot \tan\delta_k = F_V \tan\delta_k = (301{,}8 + 0) \cdot \tan 30° = 174{,}2\ kN/m$$

$$R_{h,d} = \frac{R_{h,k}}{\gamma_{R,h}} = \frac{174{,}2}{1{,}10} = 158{,}4\ kN/m$$

*Damit wird*

$$H_d = 139{,}9\ kN/m < R_{h,d} = 158{,}4\ kN/m$$

*so dass Sicherheit gegen Gleiten gegeben ist.*

#### 3.2.2 Nachweis der Gebrauchstauglichkeit (SLS: zulässige Verschiebung)

*Dieser Nachweis muss hier nicht geführt werden, da die Sicherheit gegen Gleiten im SLS **ohne Bodenreaktion** nachgewiesen wurde.*

### 3.3 Sicherheit gegen Grundbruch

*Vorbemerkung: Da einerseits der Grundbruchwiderstand stark von der Ausmittigkeit der Resultierenden abhängt, andererseits die Größe der Einwirkungen von Bedeutung ist, sollen hier im Sinne der „ungünstigsten Lastkombinationen" (Handbuch Eurocode 7, Band 1: DIN 1054) exemplarisch zwei Fälle untersucht werden.*

#### 3.3.1 Lastkombination „$e_{max}$"

*Dieser Zustand ergibt sich aus dem Lastansatz „Gesamtlast" nach 3.1:*

$$e^{\mathrm{g+p}} = 0{,}50\ m;\ \sum V = 301{,}8\ kN/m;\ \sum H = 100{,}1\ kN/m$$

$$b' = 3{,}60 - 2 \cdot 0{,}50 = 2{,}60\ m$$

*Beiwerte:*

$N_{d0} = 18;\ \nu_d = 1{,}0$ $N_{b0} = 10;\ \nu_b = 1{,}0$

*Die Neigungsbeiwerte sind für den Fall*

- *H parallel zur Seite b'*
- $\varphi' > 0;\ c' \geq 0;\ \delta_{\mathrm{E}} > 0;\ \omega = 90°$ *zu ermitteln:*

□ 7.17: Fortsetzung Beispiel 56: Bemessung einer Winkelstützwand

*Mit m = 2 (Streifenfundament) wird*

$$i_{\mathrm{d}} = \left(1 - \frac{100,1}{301,8}\right)^2 = 0,447\,; \qquad i_{\mathrm{b}} = \left(1 - \frac{100,1}{301,8}\right)^{2+1} = 0,298$$

*Grundbruchwiderstand:*

$$R_{V,k} = 2,6 \cdot (0 + 18,0 \cdot 0,8 \cdot 18 \cdot 1,0 \cdot 0,447 + 18 \cdot 2,60 \cdot 10 \cdot 1,0 \cdot 0,298)$$

$$= 664 \quad kN/m$$

*Nachweis der Grundbruchsicherheit (Bemessungssituation BS-P):*

$$V_d = 301,8 \cdot 1,35 + 0 = 407 \quad kN/m\,; \qquad R_{V,d} = \frac{664}{1,40} = 474 \quad kN/m$$

*Damit wird*

$$V_d = 407 \quad kN/m < R_{V,d} = 474 \quad kN/m$$

*so dass Sicherheit gegen Grundbruch gegeben ist.*

***3.3.2 Lastkombination „$V_{max}$"***

*Hier wird der Auflastanteil $G^p$ berücksichtigt.*

$$c^{g+p} = \frac{393,6 + 56,0 \cdot 2,20}{301,8 + 56,0} = \frac{516,8}{357,8} = 1,45 \quad m$$

$$\Rightarrow e^{g+p} = \frac{3,60}{2} - 1,45 = 0,35 \quad m < \frac{b}{3}$$

$$\sum V = 301,8 + 56,0 = 357,8 \quad kN/m\,; \ \sum H = 100,1 \quad kN/m$$

$$b' = 3,60 - 2 \cdot 0,35 = 2,90 \quad m$$

*Beiwerte:*

$$N_{d0} = 18; \ \nu_d = 1,0\,; \qquad N_{b0} = 10; \ \nu_b = 1,0$$

*Die Neigungsbeiwerte sind für den Fall*

- *H parallel zur Seite b'*
- $\varphi' > 0; \ c' \geq 0; \ \delta_{\mathrm{E}} > 0; \ \omega = 90°$

*zu ermitteln:*

*Mit m = 2 (Streifenfundament) wird*

$$i_{\mathrm{d}} = \left(1 - \frac{100,1}{357,8}\right)^2 = 0,519\,; \qquad i_{\mathrm{b}} = \left(1 - \frac{100,1}{357,8}\right)^{2+1} = 0,373$$

□ 7.17: Fortsetzung Beispiel 56: Bemessung einer Winkelstützwand

*Grundbruchwiderstand:*

$$R_{V,k} = 2{,}90 \cdot (0 + 18{,}0 \cdot 0{,}8 \cdot 18 \cdot 1{,}0 \cdot 0{,}519 + 18 \cdot 2{,}90 \cdot 10 \cdot 1{,}0 \cdot 0{,}373) = 955 \quad kN/m$$

*Nachweis der Grundbruchsicherheit:*

$$V_d = 357{,}8 \cdot 1{,}35 + 0 = 483 \quad kN/m; \qquad R_{V,d} = \frac{955}{1{,}40} = 682 \quad kN/m$$

$$R_{n,d} = \frac{955}{1{,}40} = 682 \quad kN/m$$

*Damit wird:* $V_d = 483 \quad kN/m < R_{V,d} = 682 \quad kN/m$

*so dass auch in diesem Fall Sicherheit gegen Grundbruch gegeben ist.*

**Erdruhe-druck** Ist eine geringfügige Drehung der Stützwand - z.B. auf hartem Untergrund (Fels) - nicht möglich, muss mit Erdruhedruck gerechnet werden.

Für die Bemessung der Winkelstützwand (Ermittlung der Baustoff-Festigkeit) wird auch bei normalem Baugrund in der Praxis manchmal verlangt, den Erdruhedruck zugrunde zu legen, weil dieser wirkt, bevor die Drehung eintreten kann. Bei der Berechnung der Standsicherheit wird aber der aktive Erddruck angenommen, wenn die Voraussetzungen dafür gegeben sind.

**Stand-sicherheit** Bei den Standsicherheitsnachweisen (siehe Abschnitte 1 und 2) wird - wenn z.B. das Verfahren mit fiktiver, lotrechter Gleitfläche zugrunde gelegt wird - die Wand mit dem Erdprisma ABCF (□ 7.16) als ein zusammenhängender Block aufgefasst, auf den der Erddruck $E_{a2}$ aus der Erddruckfigur FEI wirkt, der nach Rankine unter dem Winkel $\delta_{a2} = \beta$ gegen das Lot auf die fiktive, lotrechte Gleitfläche geneigt ist.

□ 7.18: Beispiel: Bewehrung einer Winkelstützwand

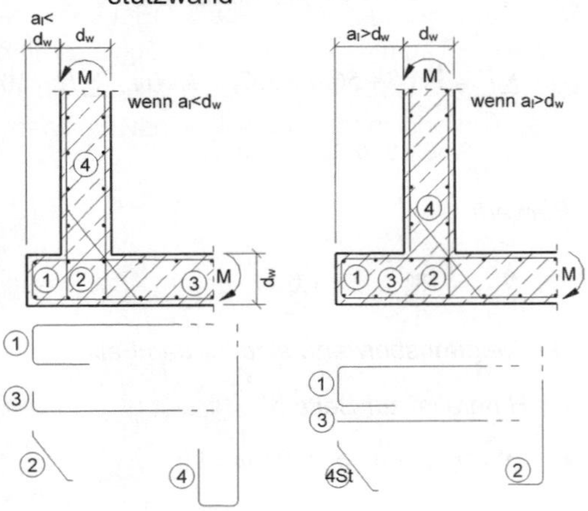


**Bewehrung** Die Winkelstützwand wird nach den Regeln des Stahlbetonbaus bewehrt (□ 7.18).

**Anwendung**

□ 7.19: Beispiel: Winkelstützwand als Brückenwiderlager mit seitlichen Flügeln: a) Schnitt, b) Grundriss

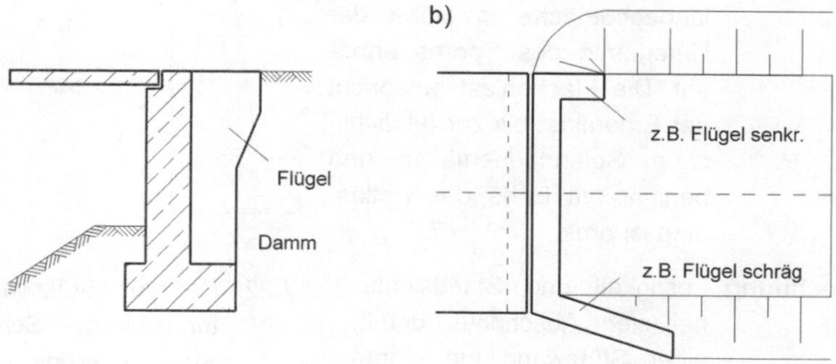


Zur Sicherung eines Geländesprungs, wenn keine Böschung möglich ist oder gewünscht wird. Als Widerlager von Balkenbrücken mit seitlichen Flügeln zur Fassung der anschließenden Dämme ("Flügelwand", □ 7.19).

## 7.5 Sonderformen

### 7.5.1 Stützwand mit Entlastungssporn

**Form**

Eine erhebliche Materialersparnis kann durch Anbringen eines Entlastungssporns auf der Rückseite von Schwergewichts- oder Winkelstützwänden erreicht werden. Nachdem Dauerverankerungen von Wänden möglich geworden sind, ist diese Lösung zwar seltener gewählt worden. Sie ist aber weiterhin empfehlenswert, wenn eine Rückverankerung nicht möglich oder zu aufwändig ist.

Der Erdaushub für diese Wandform ist geringer als für Winkelstützwände. Der Sporn wird im Auftragsquerschnitt auf Erdschalung betoniert (□ 7.20).

□ 7.20: Beispiel: Herstellen einer Stützwand mit Entlastungssporn a) im Abtrag b) im Auftrag

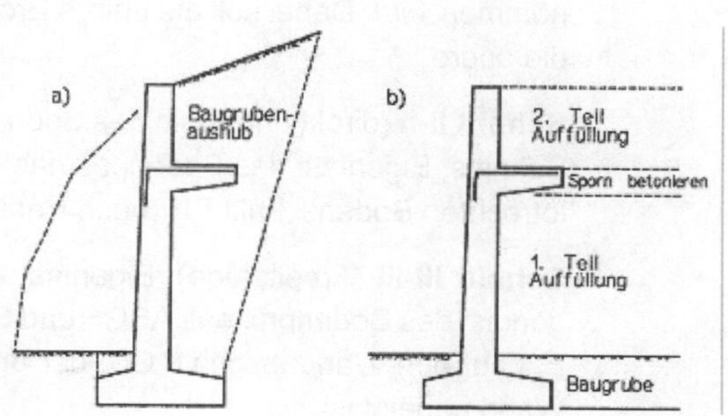


**Stützwirkung**

Die entlastende Wirkung beruht auf dem rückdrehenden Moment, das durch die Erdauflast oberhalb des Sporns erzeugt wird, vor allem aber auch auf der Abschirmung des Erddrucks unterhalb des Sporns. Sie wird wie bei einer einseitig begrenzten Flächenlast (Dörken / Dehne / Kliesch, Teil 1) auf einer gedachten Geländeoberfläche in Höhe der Unterkante des Sporns ermittelt. Die Flächenlast entspricht der Erdauflast bis zur tatsächlichen Geländeoberfläche und beginnt am Ende des Entlastungssporns (□ 7.21).

□ 7.21: Beispiel: Stützwand mit Entlastungssporn: Erddruckabschirmung

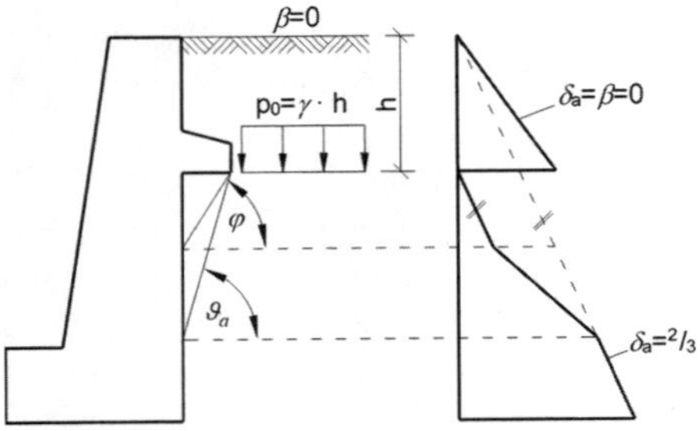


**Berechnung** Festigkeit und Standsicherheit (siehe Abschnitte 1 und 2) einer Stützwand mit einem Entlastungssporn werden in fünf Schnitten untersucht (□ 7.22), für die folgende Kräfte maßgebend sind:

□ 7.22: Beispiel: Stützwand mit Entlastungssporn: Schnittkräfte und Standsicherheit

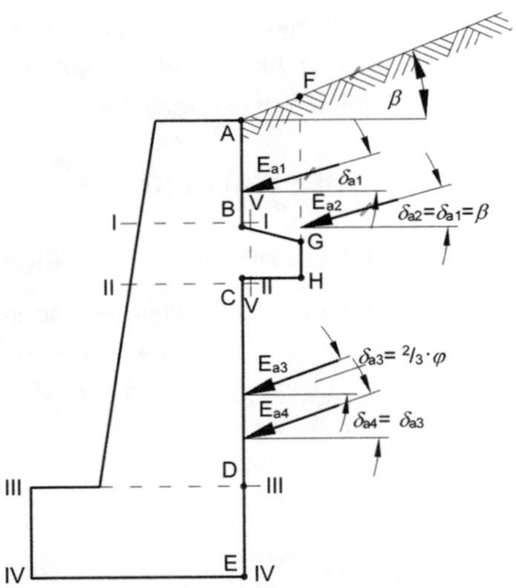


**Schnitt I-I** (direkt oberhalb des Sporns):

Eigenlast der Wand oberhalb dieses Schnitts (unbewehrter Beton: $\gamma = 23$ kN/m$^3$) und aktiver Erddruck $E_{a1}$ auf den Wandabschnitt AB, der unter $\delta_{a1} = \beta$ gegen das Lot auf die Wand geneigt ist. Wie bei einer Winkelstützwand (siehe Abschnitt 7.4) wird dieser Erddruck aus einer Erddruckfigur bestimmt, die nach DIN 4085, Abschnitt 5.9.2, zur Berücksichtigung möglicher Erd-druckumlagerungen trapezförmig über die Wandhöhe AB verteilt angenommen wird. Dabei soll die untere Erd-druckordinate doppelt so groß sein wie die obere.

**Schnitt II-II** (direkt unterhalb des Sporns): Eigenlast der Wand oberhalb dieses Schnitts, Eigenlast des Bodenprismas ABGF, Erddruck $E_{a2}$ auf den gedachten lotrechten Bodenschnitt FH (nach Rankine parallel zur Geländeoberfläche).

**Schnitt III-III** (Arbeitsfuge): Eigenlast der Wand oberhalb dieses Schnitts, Eigenlast des Bodenprismas ABGF und Erddruck $E_{a2}$ wie in Schnitt II-II, Erddruck $E_{a3}$ auf den Wandabschnitt CD, der unter $\delta_{a3} = 2/3 \cdot \varphi$ gegen das Lot auf die Wand geneigt ist.

**Schnitt IV-IV** (Sohlfuge): Eigenlast der gesamten Wand, Eigenlast des Bodenprismas ABGF und Erddruck $E_{a2}$ wie in Schnitt II-II, Erddruck $E_{a4}$ auf den Wandabschnitt CE, der unter $\delta_{a3}$ = 2/3 · $\varphi$ gegen das Lot auf die Wand geneigt ist.

**Schnitt V-V** (am Ansatz des Sporns): Eigenlast des Sporns, Eigenlast des Bodenprismas ABGF, Vertikalkomponente des Erddrucks $E_{a2}$.

**Anwendung** Zur Materialersparnis bei großen Wandhöhen.

### 7.5.2 Stützwand mit Schlepp-Platte

**Form** Auch durch Anbringen einer Schlepp-Platte kann eine erhebliche Materialersparnis erreicht werden. Die Stahlbetonplatte wird auf eine Konsole an der Wand gelegt. Unter der Platte kann ein Hohlraum bleiben. Der anschließende Boden erhält eine Auflagerkraft aus der Konsole und muss standsicher abgeböscht werden (□ 7.23).

□ 7.23: Beispiel: Stützwand mit Schlepp-Platte

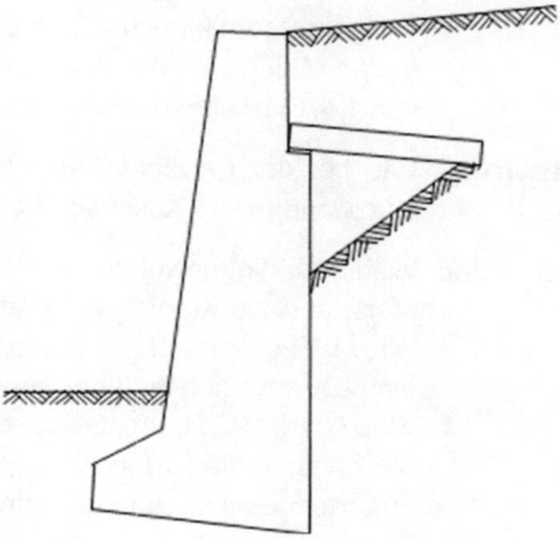

Die Schlepp-Platte kann länger ausgeführt werden als der Entlastungssporn (siehe Abschnitt 7.5.1). Sie hat außerdem den Vorteil, dass sie durch Aufgraben der Hinterfüllung noch nachträglich an Wänden angebracht werden kann, die infolge von eingetretenen Bewegungen oder Schäden entlastet werden müssen. Dies ist bei einem Entlastungssporn jedoch kaum möglich, weil dessen Bewehrung tief in der Mauer verankert werden muss. Das rückdrehende Moment und die Abschirmwirkung einer Schlepp-Platte sind allerdings geringer als beim Entlastungssporn.

**Stützwirkung** Die Abschirmwirkung der Schlepp-Platte ist deshalb geringer als bei dem biegesteif angeschlossenen Entlastungssporn, weil die Platte auf der einen Seite auf dem Baugrund aufgelagert ist. Hierdurch wird ca. die Hälfte der abgefangenen Last des über der Platte lagernden Bodens nach unten weitergeleitet und bewirkt wieder Erddruck auf die Wand. Das rückdrehende Moment aus dem auflagernden Boden wird kleiner, weil nur die wandseitige Auflagerkraft, und zwar mit einem beträchtlich geringeren Hebelarm, wirksam ist.

Statisch meist nicht erfasst wird die Ankerwirkung der Schlepp-Platte infolge der Reibung zwischen Boden und Platte. Zwar wird die entsprechende Reaktionskraft im tiefen liegenden Boden als zusätzlicher Erddruck wieder auf die Wand übertragen, der Hebelarm dieser Erddruckkraft ist aber geringer als der Reibungskraft, so dass ein rückdrehendes Moment übrigbleibt.

**Anwendung** Zur Materialersparnis bei großen Wandhöhen. Zur Sanierung nicht standsicherer Wände.

□ 7.24: Beispiel: Gitterwand

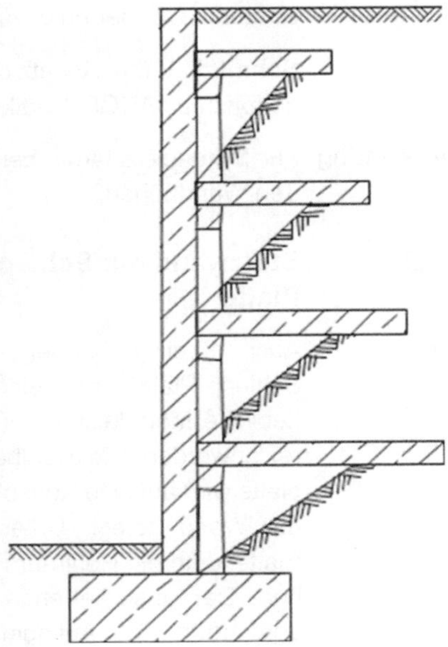

### 7.5.3 Winkelstützwand mit Querschotten

**Form** Bei dieser Stützwand werden zwischen lotrechtem Wandteil und rückseitigem Sporn lotrechte Stahlbetonrippen (Querschotten) in Abständen von 1,5...3 m angeordnet (□ 7.25).

**Stützwirkung** Wie bei der gewöhnlichen Winkelstützwand (siehe Abschnitt 7.4).

**Berechnung** Während die gewöhnliche Winkelstützwand als Kragträger berechnet wird, ist der lotrechte Wandteil hier eine Durchlaufplatte über mehrere Stützen, den Querschotten. Letztere wirken als Auflager für die Zugkräfte aus dem Erddruck. Der lotrechte Wandteil kann auch als dreiseitig gelagerte Platte berechnet werden. Die Ermittlung der Schnittkräfte, die Festigkeitsuntersuchung und Bewehrung erfolgen nach den Regeln des Stahlbetonbaus. Die äußere Standsicherheit wird wie bei einer gewöhnlichen Winkelstützwand berechnet (siehe Abschnitte 1, 2 und 7.4).

□ 7.25: Beispiel: Winkelstützwand mit Querschotten

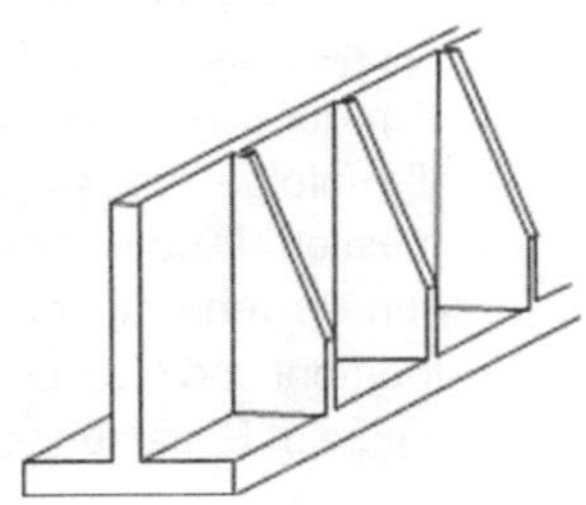

**Anwendung** Zur Sicherung von Geländesprüngen. In geringer Höhe (bis ca. 1,5 m) als Fertigteile, z.B. zur Abstützung von Bahnsteigkanten.

### 7.5.4 Winkelstützwand einseitigem Sporn

**Sporn vorn** Eine Winkelstützwand mit einseitigem Sporn auf der Luftseite der Wand (□ 7.26) wird wie eine Gewichtsstützwand berechnet (siehe Abschnitt 7.3). Die Bemessung erfolgt für das Eckmoment aus dem Erddruck.

**Anwendung** Wenn eine Grundstücksgrenze bei der Abschachtung eines Geländesprungs nicht überschritten werden darf, die Wand aber dicht an der Grenze stehen soll. Als platz-sparende Konstruktion bei Abtragsproblemen an der Grundstücksgrenze oder an einem steileren Hang kann zunächst eine Spundwand gerammt werden, die im Boden bleibt und die Standsicherheit erhöht. Die Spundwand wird auf der Talseite abschnittsweise frei geschachtet und evtl. mit der vorgesetzten Stützwand verbunden.

**Sporn hinten** Eine Winkelstützwand mit einseitigem Sporn auf der Rückseite (□ 7.27) wird wie eine Winkelstützwand berechnet (siehe Abschnitt 7.4).

□ 7.26: Beispiel: Winkelstützwand mit einseitigem Sporn auf der Luftseite

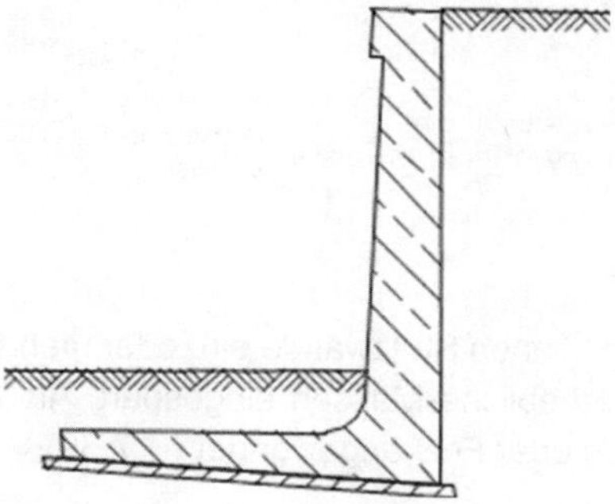

□ 7.27: Beispiel: Winkelstützwand mit einseitigem Sporn auf der Rückseite

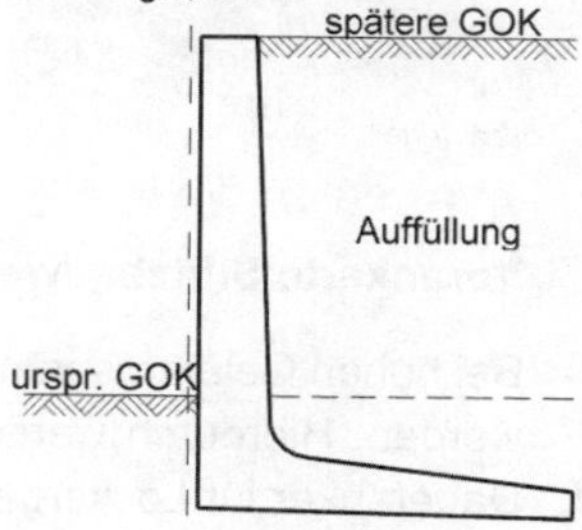


**Anwendung** Bei einer späteren Aufhöhung des Geländes an der Grundstücksgrenze. Sie werden bis zu bestimmten Höhen (aus Gewichtsgründen) auch vorgefertigt und im Garten- und Landschaftsbau eingesetzt (□ 7.28). Vor dem Hinterfüllen werden die einbetonierten Ösen mit Längseisen verbunden, um unterschiedliche Bewegungen zu verhindern.

### 7.5.5 Raumgitterwände

**Form** Stützkonstruktionen, die aus nach dem Blockhausprinzip aufeinander gelegten Stahlbetonfertigteilen bestehen (□ 7.29). Die kastenförmigen Zellen werden mit nichtbindigem Boden gefüllt. Wegen der hohen Stückkosten wird die Wand erst bei größeren Wandflächen wirtschaftlich interessant. Mit Mutterboden bedeckt, können die Nischen der Wandkonstruktion bepflanzt und auf diese Weise die Wände begrünt werden.

□ 7.28: Beispiel: Stuttgarter Mauerscheibe DBGM

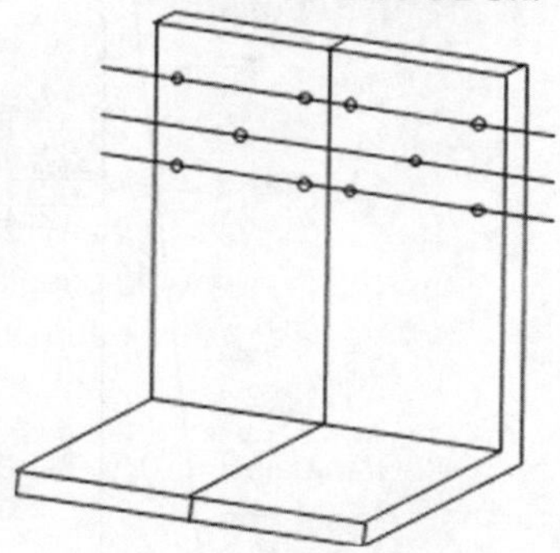

Die Verbundkonstruktion der Raumgitterwände wirkt als Gewichtsstützwand.

**Vorteile** Kurze Bauzeit, unabhängig von der Jahreszeit. Wiederverwendbarkeit: Die Konstruktion kann ohne weiteres abgebaut und an anderer Stelle wiederaufgebaut werden. Praktisch unempfindlich gegen Setzungen des Baugrunds. Problemlose Entwässerung durch die Wand selbst. Gute Einpassung in die Landschaft.

**Anwendung** Als Lärmschutzwände. Zur Abfangung von Geländesprüngen.

□ 7.29: Beispiel: Raumgitterwände a) Krainer Wand b) Evergreen-Wand (aus Rübener / Stiegler 1982)

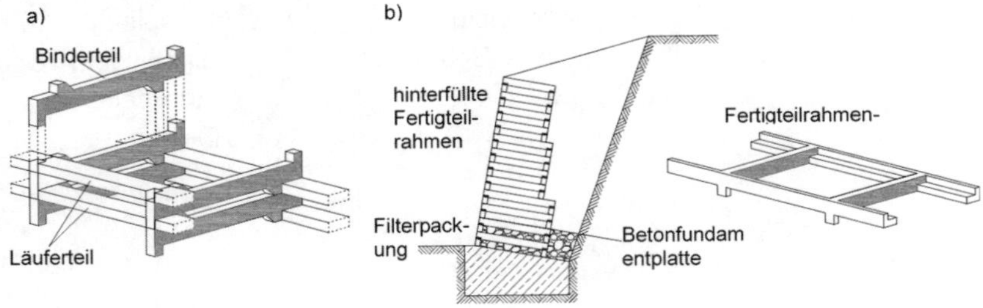


### 7.5.6 Verankerte Stützbauwerke

**Massive Wände**

Bei hohen Geländesprüngen können Stützwände ein- oder mehrfach verankert werden. Hierdurch werden erhebliche Massen eingespart. Als Anker werden Daueranker für Lockergestein oder Fels angewendet (□ 7.30).

**Element-wände**

□ 7.30: Beispiel: Verankerte Stützwand, Hafen Huckingen (aus Rübener/ Stiegler 1982)

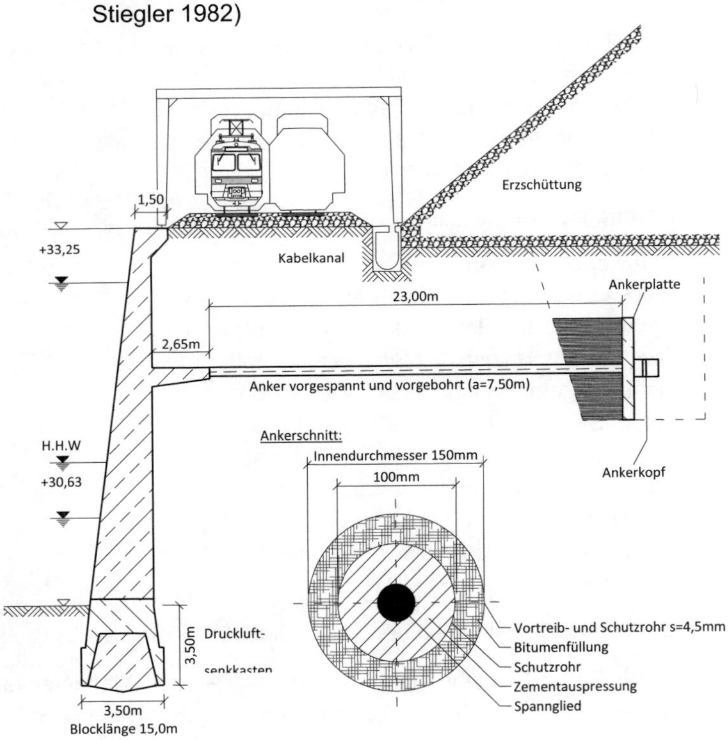


**Anwendung**

Stützwände, die aus einzelnen verankerten Platten (Fertigteilen) bestehen (□ 7.31). Sie können mit dem Aushub fortlaufend von oben nach unten eingebracht werden und erfordern keine zusätzliche Baugrubensicherung.

Zur Materialersparnis bei großen Wandhöhen. Zur Sanierung nicht standsicherer Wände

□ 7.31: Beispiel: Elementwand (aus Rübener/ Stiegler 1982)

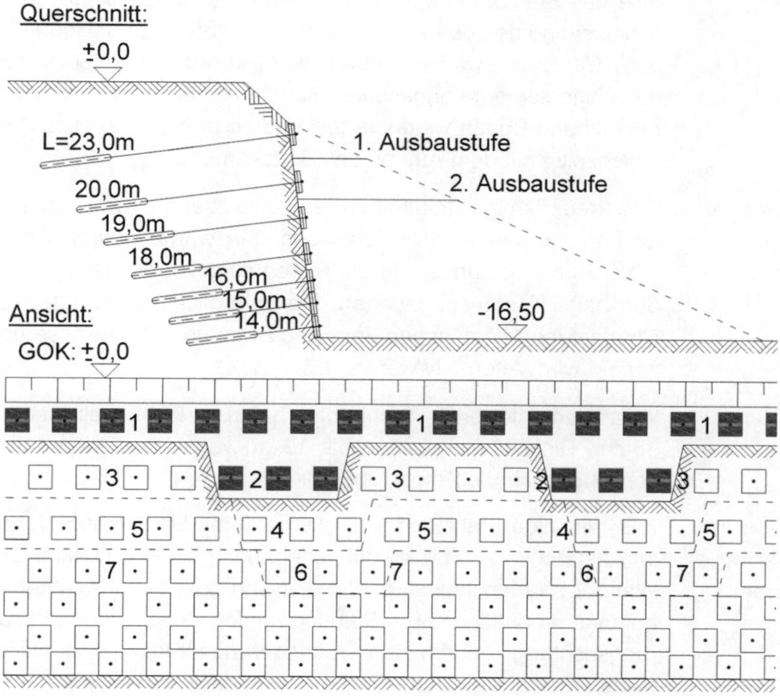


## 7.5.7 Bewehrte Erde - Bodenvernagelung

**Form**

Schlaffe, setzungsunempfindliche Stützbauwerke aus einem Verbund von Boden und Bewehrungsbändern aus Stahl („Bewehrte Erde") oder Mikropfählen („"Bodenvernagelung", siehe Dörken, Dehne, Kliesch, Teil 3). Bewährt haben sich z.B. folgende Abmessungen (□ 7.32 c): Breite des Stützkörpers: *0,6...0,7·H*, Einbindetiefe *0,1 · H* (im ebenen Gelände), *0,2 · H* (im geneigten Gelände).

□ 7.32: Beispiel: Stützbauwerke aus bewehrter Erde (nach Rübener / Stiegler 1982): Wandelemente a) aus Stahlbeton, b) aus Stahl, c) Querschnitt des Verbundbauwerks

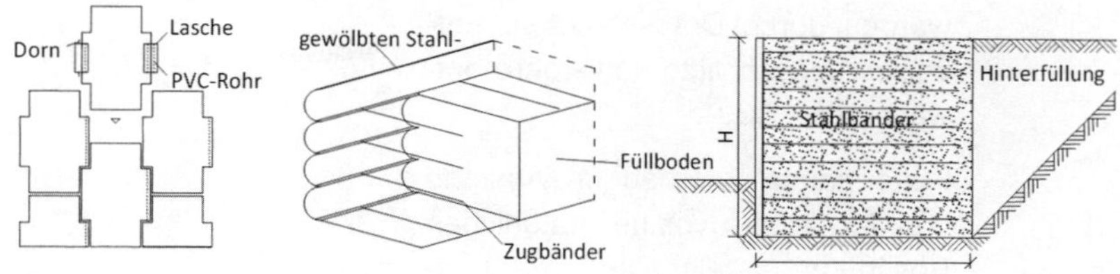

**Aufbau** Beim System Bewehrte Erde werden zwei Lagen von Wandelementen (Fertigteile aus Stahlbeton oder Stahl) werden aufeinander gesetzt und bis zur Anschlusshöhe des oberen Elements mit nichtbindigem Boden hinterfüllt (□ 7.32 a, b). Der Boden wird verdichtet, die Bewehrungsbänder werden verlegt und an die Wandelemente angeschlossen. Dann werden die nächsten Elemente aufgesetzt und Boden weiter verfüllt und verdichtet. Die Hinterfüllung erfolgt also gleichzeitig mit dem Aufbau des Stützkörpers.

**Elemente** Z.B. kreuzförmige Stahlbeton-Fertigteilplatten (1,5 m x 1,5 m, Dicke 18,2 bzw. 26 cm) mit vier Ankeranschlüssen. Sie werden durch Dorne und Buchsen (PVC-Rohr) verbunden. In die Fugen eingelegtes elastisches Material verhindert hohe Kantenspannungen. Die untere Lage ruht auf einem unbewehrten Streifenfundament, neben dem eine Dränung zur Entwässerung des Bauwerks verlegt wird. Alternativ werden als

Wandelemente auch Stahlprofilschalen (z.B. halbelliptische Bleche, Höhe 33 cm, Dicke 3 mm, Länge bis 10 m) verwendet. In der Verbindungsebene schließen sich die Bewehrungsbänder an.

**Bewehrungsbänder** Z.B. verzinkte Stahlbänder (Dicke ca. 3 mm, Breite 60...120 mm). Sie werden im Abstand von 30 bis 40 cm verlegt und mittels verzinkter Schrauben an den Wandelementen befestigt. Die Bewehrungsbänder nehmen Zugspannungen auf und geben diese über Reibung an den Verfüllboden ab, so dass in Bewehrungsrichtung - durch den Überlagerungsdruck - eine anisotrope Kohäsion (Reibungskräfte zwischen Band und Boden) erzeugt wird.

**Berechnung** Zur Bestimmung der äußeren Standsicherheit wird der Stützkörper bis zum Bandende als massiver Block betrachtet und für diesen die üblichen Standsicherheitsnachweise als Gewichtsstützwand (siehe Abschnitte 1 und 2) durchgeführt. Die Ermittlung der Sicherheit gegen Bandbruch und Herausziehen der einzelnen Bänder dient zum Nachweis der inneren Sicherheit.

**Anwendung** Abfangung von Geländesprüngen, Anlage von Terrassen in geneigtem Gelände, Widerlager von Brücken, Ufereinfassungen

□ 7.33: Beispiel: Futtermauer

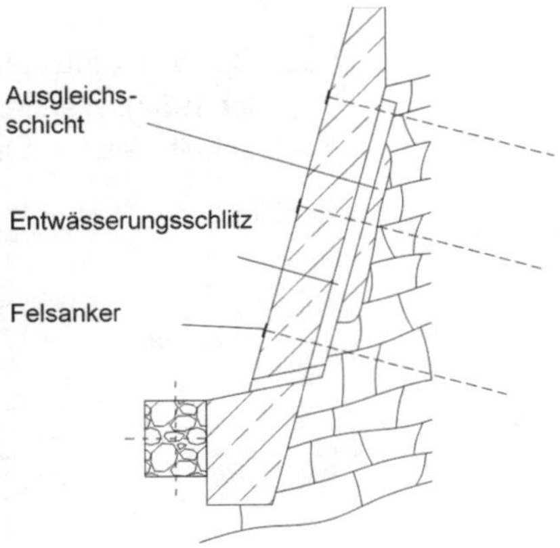


### 7.5.8 Felssicherung

**Futtermauern** Relativ dünne Wände (bei frostschiebendem Boden ≥ 1 m) aus Beton oder Natursteinmauerwerk. Sie werden durch Dränschichten, Entwässerungsschlitze und -rohre entwässert (□ 7.33).

Futtermauern werden im Abstand von 20...50 cm vor der natürlichen Böschung erstellt. Der Zwischenraum wird mit einer Dränschicht (siehe Dörken / Dehne / Kliesch, Teil 1) ausgefüllt und, wenn erforderlich, mit Dauerankern oder Bodennägeln verankert.

**Spritzbeton** Nach Entfernen lockerer Felsteile werden Baustahlgewebematten befestigt und eine mindestens 6 cm dicke Spritzbetonschicht aufgebracht (□ 7.34). Die Schale wird durch Felsnägel oder Spreizdübel verankert und ausreichend entwässert.

□ 7.34: Beispiel: Spritzbetonverkleidung (Graßhoff, Siedeck, Floss, T.1, 1982)

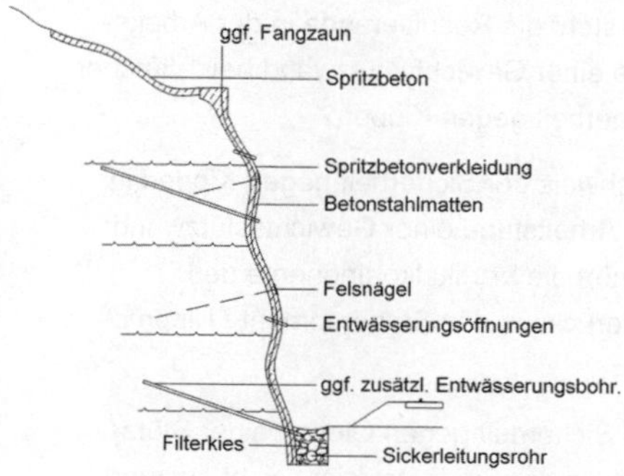


**Anwendung** Zur dauerhaften Verkleidung von Fels, der unter steiler Neigung standfest ist. Felssicherungen haben also keine Stützfunktion, sondern sollen einen bestehenden Standsicherheitszustand gegen äußere Einflüsse (Sonnenbestrahlung, Frost, Regen, Sickerwasser) bewahren.

## 7.6 Kontrollfragen

- Stützkonstruktionen? Stützbauwerke? Konstruktive Böschungssicherungen? Dauerhafte / vorübergehende Sicherungen? Ausgesteifte / verankerte Wände mit / ohne Fußeinbindung?
- Grundformen / Sonderformen von Stützwänden?
- Gesichtspunkte für die Auswahl der Stützwandform?
- Einwirkende Kräfte auf eine Stützwand? Skizze!
- Ansatz von folgenden Einwirkungen: Eigenlast (Wichten von Beton)? Hydrostatische Wasserdruckkräfte und Sohlwasserdruck (Auftrieb)? Nutzlasten? Erddruck / Erdwiderstand / Erdruhedruck? Widerstandskraft aus den Sohlnormaldrücken / Tangentialspannungen?
- Aus welchen Anteilen setzt sich die Tangentialspannung in der Sohlfuge zusammen? Welcher Anteil wird vernachlässigt? Warum?
- In welchen Querschnitten werden Festigkeit und Standsicherheit einer a) Gewichts-, b) Winkelstütz-wand untersucht?
- Welche Standsicherheitsuntersuchungen sind bei einer Stützwand zu führen a) wenn der Bemessungswert der Sohlwiderstands (bzw. aufnehmbare Sohldruck) in einfachen Fällen ermittelt werden kann, b) wenn die Voraussetzungen hierfür nicht erfüllt sind?
- Warum wird der Sohldruck einer Stützwand für Eigenlast und Gesamtlast getrennt ermittelt?
- Warum müssen bei Stützwänden Fugen ausgeführt werden?
- Sohlfuge? Arbeitsfuge? Dehnungs- / Setzungsfuge? Scheinfuge? Lage und Ausbildung im Einzelnen?
- Steckeisen? Fugeneinlagen / Dichtungen / Fugen-bänder / Kippverzahnung? Sichtphase? Ebene Fuge? Verzahnte Fuge? Arten der Verzahnung? Riss-Sicherungsmatte? Verbund in Arbeitsfugen? Lage und Abstand von Fugen?

- Wie erhält man Lage, Durchstoßpunkt und Neigung der Resultierenden aller Kräfte in der Sohlfuge einer Stützwand?
- Wo steht die Resultierende in der Arbeitsfuge einer Gewichtsstützwand bei 1,5facher Sicherheit gegen Kippen?
- Nachweis der Sicherheit gegen Kippen in der Arbeitsfuge einer Gewichtsstützwand: Gehört die Vertikalkomponente des Erddrucks in das Standmoment / Kippmoment?
- Die Sicherheit gegen Gleiten einer Stützwand in der Sohlfuge reicht nicht aus und soll durch Neigung der Sohle erreicht werden: Wie wird die Sohlneigung berechnet / ausgeführt?
- Wichtige Regeln für die Hinterfüllung von Stützbau-werken?
- Warum muss eine Stützwand ausreichend entwässert werden? Gegen welche Wasserarten?
- Möglichkeiten der Entwässerung einer Stützwand gegen Sickerwasser?
- Mineralische Dränschicht? Mehrstufenfilter? Drän-element? Dränleitung? Vorflut? Ziehblech? Hinterfüllungsbereich? Entwässerungsbereich? Grobkör-niger / gemischtkörniger / feinkörniger Boden? Filter-schicht? Fanggraben?
- Warum kommt eine Steinpackung oder Kiesschüttung als Hinterfüllung einer Mauer nicht in Frage, wenn der Baugrund feinsandiger Schluff ist? Wie kann man die Dränschicht in diesem Fall ausbilden?
- Warum darf Oberflächenwasser nicht in die Dränschicht gelangen? Maßnahmen?
- Erläutern Sie die Festlegung eines Mehrschichtenfilters an einem Beispiel!
- Möglichkeiten für die Gestaltung der Luftseite einer Stützwand?
- Schutzanforderungen nach Handbuch Eurocode 7 a) für den Stützboden b) vor Abgrabungen und Auskolkungen vor dem Fuß eines Stützbauwerks?
- Einordnung von Stützbauwerken in geotechnische Kategorien?
- Wie wird der charakteristische Erddruck auf Stütz-bauwerke nach Handbuch Eurocode 7 als aktiver Erddruck / Erdruhedruck / Verdichtungserddruck ermittelt?
- Berücksichtigung von Geländeform / Wandneigung / Wandreibungswinkel nach Handbuch Eurocode 7?
- Ermittlung des charakteristischen Wasserdrucks auf Stützbauwerke nach Handbuch Eurocode 7: höchster / niedrigster Wasserstand?
- Bemessungswerte der Beanspruchungen von Stütz-konstruktionen und ihrer Teile nach Handbuch Euro-code 7?
- Widerstände bei Stützbauwerken nach Handbuch Eurocode 7? Ermittlung ihrer Bemessungswerte?
- Nachweise der Tragfähigkeit im Grenzzustand ULS von Stützbauwerken bzw. ihrer Einzelteile nach Handbuch Eurocode 7? Welche Nachweise der Standsicherheit sind im Einzelnen zu führen?
- Regelungen des Handbuchs Eurocode 7 bezüglich Grundbruch und Gleiten / Versagen des Erdwiderlagers / Materialversagen von Bauteilen von Stützbauwerken?
- Welche Nachweise für die Grenzzustände EQU, UPL, HYD und GEO-3 sowie der Gebrauchstauglichkeit SLS sind bei Stützbauwerken nach Handbuch Eurocode 7 zu führen?
- Erläutern Sie anhand von Skizzen mögliche Formen von Gewichtsstützwänden, die sich aus den Grundrechtecken ableiten lassen!
- Stützwirkung einer Gewichtsstützwand? Stützlinienbedingung?

- Wie geht man bei der Bemessung / Berechnung einer Gewichtsstützwand vor?
- Gesichtspunkte für die Wahl von oberer Breite, Neigung der Luftseite, Ausbildung der Rückseite, Breite des Talsporns, unterer Breite, Einbindetiefe auf der Luftseite, Sohlneigung einer Gewichtsstütz-wand?
- Bemessungstafeln für Gewichtsstützwände?
- Anwendung von Gewichtsstützwänden?
- Bau einer Uferwand? Wo findet man ausführliche Hinweise?
- Regelausführung einer Winkelstützwand? Stützwirkung?
- Wie geht man bei der Bemessung einer Winkel-stützwand vor?
- Gesichtspunkte für die Wahl von oberer Breite, Neigung der Luftseite, Ausbildung der Rückseite, Breite der Sohlplatte, Aufteilung der Sohlplatte in vorderen und hinteren Sporn, Dicke der Sohlplatte und Neigung ihrer Oberfläche, Neigung der gesamten Sohlplatte einer Winkelstützwand?
- Beschreiben Sie die beiden Möglichkeiten der Be-rechnung einer Winkelstützwand: Rutschkeilverfahren und Näherungsverfahren mit fiktiver, lotrechter Gleitfläche (Skizzen mit angreifenden Kräften.) Kinematische Gesichtspunkte? Vergleich der Ergebnisse?
- Wird eine Winkelstützwand für den aktiven Erddruck oder für den Erdruhedruck berechnet?
- Ansatz der Kohäsion?
- Wie wird die Erddruckresultierende einer Winkel-stützwand bestimmt a) bei Annahme einer fiktiven, lotrechten Gleitfläche, b) wenn beim Rutschkeilverfahren die wandseitige Gleitfläche die Geländeober-fläche / den lotrechten Wandteil schneidet?
- Wie ist der Erddruck auf eine fiktive, lotrechte Wand im Boden gerichtet?
- Erläutern Sie die Bestimmung der Schnittkräfte einer Winkelstützwand in den verschiedenen Schnitten!
- Nachweis der Standsicherheit einer Winkelstütz-wand?
- Die Bewehrung einer Winkelstützwand ist zu skizzieren.
- Anwendung von Winkelstützwänden?
- Skizzieren Sie eine Winkelstützwand als Widerlager für eine Balkenbrücke mit anschließendem Erd-damm!
- Stützwand mit Entlastungssporn(en): Form, Stützwirkung, Herstellung? Berechnung?
- Beschreiben Sie die Erddruckabschirmung bei einer Stützwand mit Entlastungssporn!
- Bestimmung der Schnittkräfte in den verschiedenen Schnitten bei einer Stützwand mit Entlastungssporn?
- Skizzieren Sie eine Stützwand mit Schlepp-Platte! Stützwirkung?
- Vor- und Nachteile einer Schlepp-Platte gegenüber einem anbetonierten Sporn?
- Gitterwand?
- Winkelstützwand mit Querschotten? Stützwirkung? Berechnung? Anwendung?
- Stützwand mit einseitigem Sporn vorn / hinten? Berechnung? Anwendung? Herstellung?
- Raumgitterwand? Vorteile / Nachteile / Anwendung?
- Verankerte massive Stützwand? Elementwand? Stützwirkung? Herstellung?
- Bewehrte Erde? Erläutern Sie den Aufbau eines Stützbauwerks aus bewehrter Erde! Wandelemente? Bewehrungsbänder? Berechnung? Anwendung?
- Möglichkeiten der Felssicherung? Aufbau und Herstellung?

## 7.7 Aufgaben

7.7.1 Beim Nachweis der Sicherheit gegen Kippen einer Stützwand stellt man fest, dass in der Sohlfuge für Gesamtlast $b/3 > e > b/6$ ist. Welcher Nachweis gegen Kippen muss jetzt noch geführt werden?

7.7.2 Vor einer Stützwand kann ein reduzierter Erdwiderstand zur Aufnahme der Horizontalkraft angesetzt werden, wenn ...

7.7.3 Eine Gewichtsstützwand hat den in □ 7.01 a) dargestellten Querschnitt. Obere Breite/Höhe des Trapezquerschnitts = 0,4 m/4 m. Hinterfüllung mit horizontaler Oberfläche: Sand, $\gamma = 18$ kN/m³, $\varphi' = 32{,}5°$, $c = 0$, $\delta = 0$. Ges.: Breite $b$ des Trapezquerschnitts, so dass die Sicherheit gegen Kippen in der Arbeitsfuge gerade noch ausreicht.

7.7.4 Geg.: Gewichtsstützwand mit Rechteckquerschnitt, $b = 2{,}8$ m, Gesamthöhe 6 m (freie Standhöhe 5 m, Einbindetiefe auf der Luftseite im Baugrund 1 m), Hinterfüllung mit horizontaler Oberfläche: UL, $w_L = 0{,}25$, $w_P = 0{,}2$, $w = 0{,}21$, $n = 0{,}35$, $\gamma_s = 26{,}7$ kN/m³, $\varphi' = 25°$, $c = 0$, $\delta = 2/3\ \varphi'$. Ges.: Standsicherheit nach dem Verfahren „Aufnehmbarer Sohldruck in einfachen Fällen“ (Der Erdwiderstand vor der Wand darf hier nicht angesetzt werden, weil vor der Wand mit Aufgrabungen zu rechnen ist).

7.7.5 Geg.: Gewichtsstützwand in Form von Grundrechtecken (siehe □ 7.06, 1. Bild); Höhe / Breite des oberen rechteckförmigen Wandteils: 4,7 m / 2,0 m; Hinterfüllung mit horizontaler Oberfläche: $\gamma = 17{,}5$ kN/m³, $c = 0$, $\delta = 0$. Ges.: a) Wie groß muss der Reibungswinkel des Hinterfüllungsmaterials sein, damit in der Arbeitsfuge gerade noch Druckspannungen herrschen (Lösungshilfe: für $\alpha = \beta = \delta = 0$ gilt $K_a = \tan^2 (45° - \varphi'/2)$; b) Sicherheit gegen Gleiten und Kippen in der Arbeitsfuge für $\varphi' = 30°$, $c = 0$, $\delta = 2/3\ \varphi'$.

7.7.6 Geg.: 1,8 m hohe Winkelstützwand mit einseitigem Sporn auf der Rückseite (□ 7.27); Dicke des Winkelquerschnitts 0,25 m. Auflast auf der horizontalen Hinterfüllungsoberfläche 20 kN/m²; Hinterfüllung SE, $\gamma = 17$ kN/m³, $\varphi' = 32{,}5°$, $c = 0$, $\mu = 0{,}6$. Ges.: Länge des einseitigen Sporns auf der Wandrückseite, damit die Sicherheit gegen Gleiten im Lastfall 1 gewährleistet ist. (Einbindetiefe vor der Wand vernachlässigen und mit fiktiver, lotrechter Gleitfläche rechnen.)

7.7.7 Geg.: 5 m hohe Ortbeton-Stützwand mit lotrechter Rückseite. Aus einer Kranbahn wirken auf der horizontalen Hinterfüllungsoberfläche im Abstand von 2,5 m die Linienlast $P_1 = 80$ kN/m und im Abstand von 4,5 m die Linienlast $P_2 = 40$ kN/m. Hinterfüllung: Sand mit $\gamma = 18$ kN/m³, $\varphi' = 35°$. Ges.: Zusätzliche $V$- und $H$-Belastung der Stützwand.

7.7.8 Welche Richtung hat der Erddruck auf eine fiktive, senkrechte Wand im Baugrund (nach Rankine)?

7.7.9 Winkelstützwand, Rutschkeilverfahren. Aus welchen beiden Gründen springt die Erddruckfigur hinter der Sohlplatte zurück?

7.7.10 Eine Futtermauer hat nicht die Aufgabe ... a). ..., sondern soll ... b) ...

7.7.11 Warum ist die erddruckentlastende Wirkung einer Schlepp-Platte geringer als die eines Entlastungssporns?

7.7.12 Geg.: Gewichtsstützwand mit Rechteckquerschnitt, freie Standhöhe 5 m, Einbindetiefe 1 m, Breite 2,8 m. Baugrund und Hinterfüllung UL bis in 8 m Tiefe unter Gründungssohle, darunter GE. Bodenkennzahlen UL: $w_L$ = 0,25, $w_P$ = 0,20, $w$ = 0,21, $n$ = 0,35, $\varphi'$ = 25°, $c'$ = 0, $\gamma_s$ = 26,7 kN/m³, $\delta$ = 2/3 $\varphi'$. Ges.: Zulässiger Sohldruck nach DIN 1054 (Tabellenverfahren).

7.7.13 Geg.: Winkelstützwand mit einseitigem Sporn auf der Luftseite (□ 7.26); Dicke/Höhe des lotrechten, rechteckförmigen Winkelquerschnitts 0,5 m / 3,3 m, Dicke des waagerechten, rechteckförmigen Winkelquerschnitts 0,6 m, untere Wandbreite 1,8 m, Einbindetiefe auf der Luftseite 0,6 m. Hinterfüllung SW, $\gamma$ = 18 kN/m³, $\varphi'$ = 32,5°, $c$ = 0. Ges.: Wie groß darf die Verkehrslast $p$ auf der Hinterfüllung maximal werden, damit noch ausreichende Sicherheit gegen Kippen und Gleiten gegeben ist? (Der Erdwiderstand kann in zulässiger Weise berücksichtigt werden).

7.7.14 Geg.: Stützwand mit Entlastungssporn, senkrechte Rückwand; waagerechte Geländeoberfläche; einseitig begrenzte Flächenlast von 20 kN/m² beginnt 1,5 m hinter der Wand; Unterkante des 0,8 m langen Entlastungssporns: 2,9 m unter Wandoberkante. Hinterfüllung: $\gamma$ = 18 kN/m³, $\varphi'$ = 32,5°, $\delta$ = 2/3 $\varphi'$, $c'$ = 0. Ges.: Größe der Erddrucks bis Unterkante Sporn.

## 7.8 Weitere Beispiele

□ 7.35: Beispiel 57: Erforderliche Breite des erdseitigen Sporns

***Geg.:***

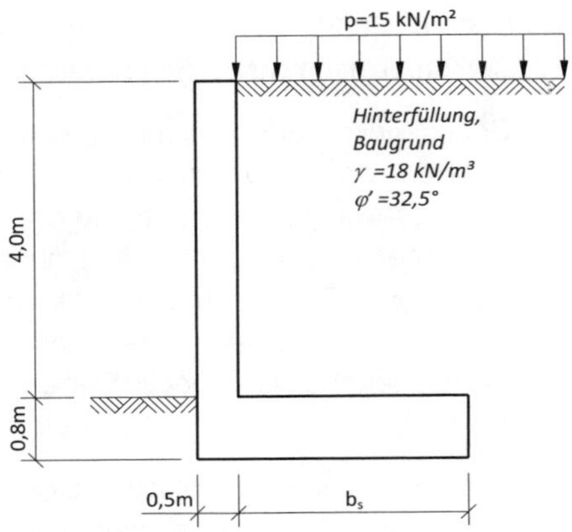


***Ges.:***

*Wie groß muss die Breite $b_S$ des erdseitigen Sporns der Winkelstützwand werden, damit ausreichende Standsicherheit gegeben ist?*

*Auf den Ansatz von Erdwiderstand soll verzichtet werden.*

***Lösung:***

*Vorbemerkung: Im besonderen Fall dieser Aufgabenstellung (Verkehrslast wirkt teilweise günstig!) wird die gesamte Auflast als veränderliche Last betrachtet.*

*Im vorliegenden Fall kann die Stützwand mit dem Näherungsverfahren nach Rankine berechnet werden.*

***Lastermittlung:*** *alle Lasten sind charakteristische Lasten*

*g: ständige Einwirkungen; p: veränderliche Einwirkungen („Verkehrslasten")*

*Erddruck:*

$\alpha = \beta = \delta_a = 0 \Rightarrow K_a \mathrel{\hat{=}} K_{ah} = 0,30$

$$E_a^g = E_{ah}^g = \frac{1}{2} \cdot 18 \cdot 4,8^2 \cdot 0,30 = 62,2 \ \ kN/m \ ;$$

$$E_a^p = E_{ah}^p = 15 \cdot 0,30 \cdot 4,8 = 21,6 \ \ kN/m$$

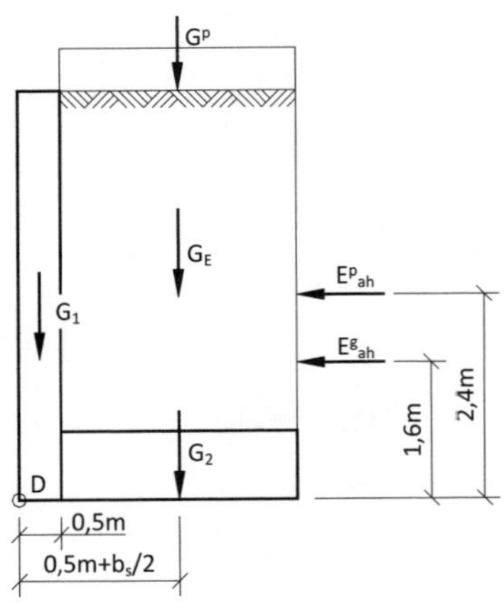


*Wandeigenlast:*

$$G_1 = 25 \cdot 0,5 \cdot 4,8 = 60,0 \ \ kN/m$$

$$G_2 = 25 \cdot 0,8 \cdot b_s = 20,0 \ \ b_s$$

$$G_E = 18 \cdot 4,0 \cdot b_s = 72,0 \ \ b_s$$

$$G^p = 15,0 \ \ b_s$$

*Zusammenstellung:* $\Rightarrow$

□ 7.35: Fortsetzung Beispiel 57: Erforderliche Breite des erdseitigen Sporns

***Standsicherheitsnachweise***

*Da bei Stützwänden erfahrungsgemäß die Sicherheit gegen Kippen ein entscheidendes Kriterium darstellt, soll die erforderliche Breite $b_s$ zunächst aus dieser Untersuchung ermittelt und damit die weitere Überprüfung geführt werden.*

***1. Sicherheit gegen Verdrehung und Kippen***

***Nachweis der Gebrauchstauglichkeit (SLS: Zulässige Ausmitte)***

*Bedingung:* $e^{g+p} \leq \frac{b}{3}$

*Die Last $G^p$ wird – weil günstig wirkend – nicht berücksichtigt.*

$$\sum M_{(D)}^{g+p} = 60{,}0 \cdot 0{,}25 + (20{,}0 + 72{,}0) \cdot b_s \cdot (0{,}5 + \frac{b_s}{2}) - 62{,}2 \cdot 1{,}6 - 21{,}6 \cdot 2{,}4$$

$$\sum M_{(D)}^{g+p} = 46{,}0 \cdot b_s^{\,2} + 46{,}0 \cdot b_s - 136{,}3$$

$$\sum V^{g+p} = 60{,}0 + 20{,}0 b_s + 72{,}0 b_s = 92{,}0 b_s + 60{,}0$$

*Aus der Bedingung*

$$c^{g+p} = \frac{\sum M_{(D)}^{g+p}}{\sum V_{(D)}^{g+p}} \leq \frac{0{,}5 + b_s}{6}$$

*erhält man die Gleichung*

$184{,}0 \cdot b_s^{\,2} + 170{,}0 \cdot b_s - 847{,}8 \leq 0$ *mit der brauchbaren Lösung $b_s$ = 1,75 m.*

*Die von dem Wert $b_s$ abhängigen Größen ergeben sich zu*

$G_2 = 20{,}0 \cdot 1{,}75 = 35{,}0\ kN/m$; $G_E = 72{,}0 \cdot 1{,}75 = 126{,}0\ kN/m$

$G^p = 15{,}0 \cdot 1{,}75 = 26{,}25\ kN/m$

***Kontrolle: Nachweis der Tragfähigkeit (Nachweisverfahren ULS: EQU):***

*Einwirkendes (ungünstiges; „treibendes") Moment $M_{E,k}$ um den Drehpunkt D*

$$\sum M_{G,k,dst}^{D} = 62{,}2 \cdot 1{,}6 = 99{,}6\ kNm/m;\ \gamma_{G,dstb} = 1{,}1$$

$$\sum M_{Q,k,dst}^{D} = 21{,}6 \cdot 2{,}4 = 51{,}9\ kNm/m;\ \gamma_Q = 1{,}5$$

$$\Rightarrow \quad M_{E,d}^{D} = 99{,}6 \cdot 1{,}1 + 51{,}9 \cdot 1{,}5 = 187{,}5\ kNm/m$$

*Widerstehendes (günstiges; „haltendes") Moment $M_{R,k}$ um den Drehpunkt D*

$$M_{R,k}^{D} = \sum M_{G,k}^{D} = 60{,}0 \cdot 0{,}25 + 92{,}0 \cdot 1{,}75 \cdot (0{,}5 + \frac{1{,}75}{2}) = 236{,}3\ kNm/m;\ \gamma_{G,stb} = 0{,}9$$

$$\Rightarrow \quad M_{R,d}^{D} = 236{,}3 \cdot 0{,}9 = 212{,}6\ kNm/m$$

□ 7.35: Fortsetzung Beispiel 57: Erforderliche Breite des erdseitigen Sporns

*Nachweis:* $M_{E,d}^{D} = 187{,}5 \ kNm/m < 212{,}6 \ kNm/m$ *ist erbracht*

***2. Sicherheit gegen Gleiten und Verschiebung***

***2.1 Nachweis der Tragfähigkeit (GEO-2)***

*Die Last $G^p$ wird – weil günstig wirkend – nicht berücksichtigt.*

*Ständige Lasten:* $F_v^g = 60{,}0 + 35{,}0 + 126{,}0 = 221{,}0 \ kN/m$

$F_h^g = 62{,}2 \ kN/m$

*Veränderliche Lasten:* $F_v^p = 0$

$F_h^p = 21{,}6 \ kN/m$

*Bemessungswert der Beanspruchung:*

$$H_d = H_{G,k} \cdot \gamma_G + H_{Q,k} \cdot \gamma_Q = F_h^g \cdot \gamma_G + F_h^p \cdot \gamma_Q = 62{,}2 \cdot 1{,}35 + 21{,}6 \cdot 1{,}50 = 116{,}4 \ kN/m$$

*Bemessungswert des Gleitwiderstands:*

$$R_{h,k} = V_K' \cdot \tan\delta_k = F_V \cdot \tan\delta_k = (221{,}0 + 0) \cdot \tan 32{,}5° = 140{,}8 \ kN/m$$

$$\Rightarrow R_{h,d} = \frac{R_{h,k}}{\gamma_{R,h}} = \frac{140{,}8}{1{,}10} = 128{,}0 \ kN/m$$

*Damit wird* $H_d = 116{,}4 \ kN/m < R_{h,d} = 128{,}0 \ kN/m$ ,

*sodass Sicherheit gegen Gleiten gegeben ist.*

*Da der Nachweis ohne Ansatz des Erdwiderstandes erfolgte, gilt er auch als Gebrauchstauglichkeitsnachweis für zulässige Verschiebungen*

***3. Sicherheit gegen Grundbruch***

*Da dieser Nachweis einerseits von der Ausmittigkeit e und andererseits von der maximal möglichen Vertikallast abhängt, werden zwei getrennte Nachweise geführt („ungünstige Lastkombinationen")*

***3.1 Lastkombination „$e_{max}$"***

*Dieser Zustand ergibt sich bei Vernachlässigung von $G^p$.*

$$\sum M_{(D)}^{g+p} = 60{,}0 \cdot 0{,}25 + (35{,}0 + 126{,}0) \cdot \left(0{,}5 + \frac{1{,}75}{2}\right) - 62{,}2 \cdot 1{,}6 - 21{,}6 \cdot 2{,}4 = 85{,}0 \ kN/m$$

$$\sum V^{g+p} = 221{,}0 \ kN/m \Rightarrow c^{g+p} = \frac{85{,}0}{221{,}0} = 0{,}38 \ m$$

$$\Rightarrow e^{g+p} = \frac{0{,}5 + 1{,}75}{2} - 0{,}38 = 0{,}75 \ m = \frac{2{,}25}{3}$$

□ 7.35: Fortsetzung Beispiel 57: Erforderliche Breite des erdseitigen Sporns

*Die Ausmittigkeit liegt gerade noch im 2. Kern!*

$$b' = 2,25 - 2 \cdot 0,75 = 0,75 \ m$$

*Beiwerte:* $N_{d0} = 25; \ \nu_d = 1,0$; $N_{b0} = 15; \ \nu_b = 1,0$

*Neigungsbeiwerte für den Fall*

- *H parallel zur Seite b'*
- *$\varphi' = 0; c' > 0; \delta > 0; \omega = 90°$*

$$\frac{\sum H}{\sum V} = \frac{62,2 + 21,6}{221,0} = 0,379$$

*Mit m = 2 (Streifenfundament) wird*

$$i_d = (1 - 0,379)^2 = 0,386 \,; \qquad i_b = (1 - 0,379)^{2+1} = 0,239$$

*Grundbruchwiderstand:*

$$R_{V,k} = 0,75 \cdot (0 + 18 \cdot 0,8 \cdot 25 \cdot 1,0 \cdot 0,386 + 18 \cdot 0,75 \cdot 15 \cdot 1,0 \cdot 0,239) = 141 \ kN/m$$

*Nachweis der Grundbruchsicherheit:*

$$V_d = 221,0 \cdot 1,35 + 0 = 298 \ kN/m; \qquad R_{V,d} = \frac{141}{1,40} = 101 \ kN/m$$

*Damit wird:* $V_d = 298 \ kN/m >> R_{V,d} = 101 \ kN/m$ ,

*sodass keine Sicherheit gegen Grundbruch gegeben ist.*

*Fazit: Bereits hier zeigt sich, dass die zuvor ermittelte Breite $b_s$ = 1,75 m nicht ausreicht. Mit einer neu gewählten Breite $b_s$ = 2,30 m ergibt sich für diesen Lastzustand*

$$e^{g+p} = 0,62 \ m < \frac{b}{3}; \ \ b = 1,56 \ m$$

$$\sum V^{g+p} = 271 \ kN/m; \ \ \sum H^{g+p} = 83,8 \ kN/m$$

$$V_d = 367 \ kN/m; \qquad R_{V,k} = 485 \ kN/m$$

*und somit* $V_d = 367 \ kN/m \approx R_{V,d} = 346 \ kN/m$

*Eine geringfügige Vergrößerung auf $b_s$ = 2,40 m ergibt ausreichende Sicherheit gegen Grundbruch (ohne gesonderten Nachweis).*

□ 7.35: Fortsetzung Beispiel 57: Erforderliche Breite des erdseitigen Sporns

***3.2 Lastkombination „$V_{max}$"***

*Diese Berechnung muss nach dem gleichen Muster unter Einbeziehung von*

$$G_p = 15{,}0 \cdot b_s = 15{,}0 \cdot 2{,}40 = 36{,}0 \ kN/m$$

*geführt werden.*

□ 7.36: Beispiel 58: Stützwand mit Schlepp-Platte

***Geg.:*** *Die dargestellte Stützwand aus Beton ist zur Erhöhung der Standsicherheit zusätzlich mit einer sogenannten Schlepp-Platte versehen worden.*

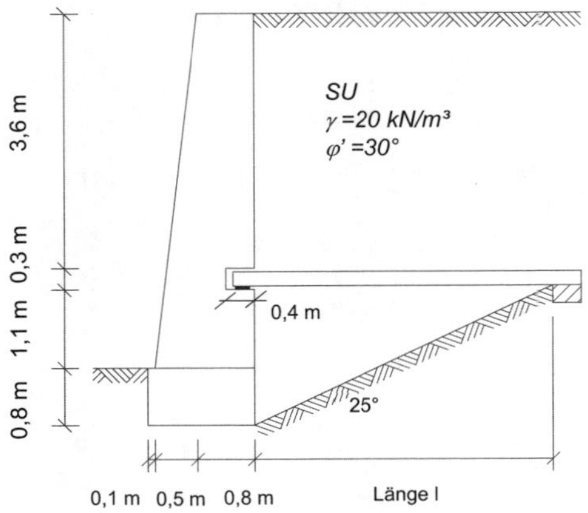


***Ges.:*** *Überprüfung der Sicherheit gegen Kippen und Gleiten.*

***Lösung:*** *Lastermittlung: alle Lasten sind charakteristische*

*Eigenlast Wand*

$$G_1 = 23 \cdot \frac{1}{2} \cdot 0{,}6 \cdot 0{,}5 = 34{,}5 \ \frac{kN}{m}$$

$$G_2 = 23 \cdot 0{,}8 \cdot 5{,}0 = 92{,}0 \ kN/m$$

$$G_3 = 23 \cdot 1{,}5 \cdot 0{,}8 = 27{,}6 \ kN/m$$

*Schlepp-Platte*

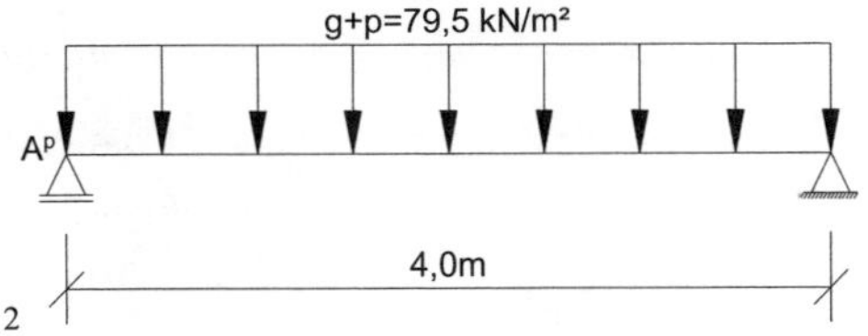


*Länge* $l = \dfrac{0{,}8 + 1{,}1}{\tan 25°} \approx 4{,}0 \ m$

*Eigenlast:* $g = 25 \cdot 0{,}3 = 7{,}5 \ kN/m^2$

*Erdauflast:* $p = 20 \cdot 3{,}6 = 72{,}0 \ kN/m^2$

$$A = B = \frac{1}{2}(72{,}0 + 7{,}5) \cdot 4{,}0 = 159{,}0 \ kN/m$$

*Die Auflagerkraft wird in die Standsicherheitsnachweise einbezogen.*

*Erddruck*

$$\alpha = 0;\ \beta = 0;\ \delta_a = \frac{2}{3}\varphi' \ \Rightarrow K_a = 0{,}30$$

$$\alpha = 0;\ \beta = 0;\ \delta_p = 0 \Rightarrow K_p = 3{,}00$$

□ 7.36: Fortsetzung Beispiel 58: Stützwand mit Schlepp-Platte

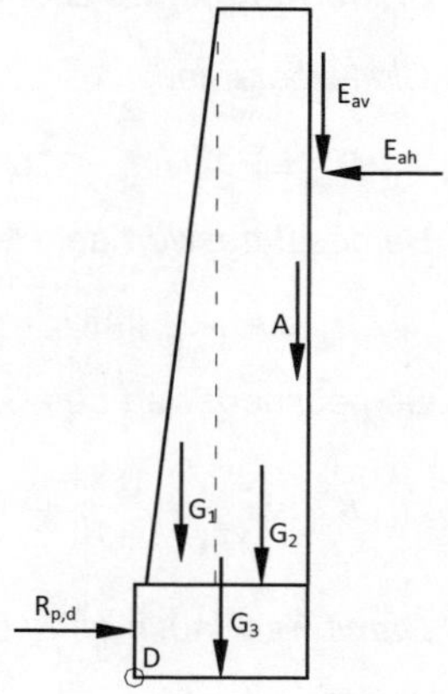


$$E_a = \frac{1}{2} \cdot 20 \cdot 3{,}6^2 \cdot 0{,}30 = 38{,}9 \quad kN/m$$

$$E_{ah} = 36{,}6 \quad kN/m\ ;\ E_{av} = 13{,}3 \quad kN/m$$

*Ansetzbarer Bemessungswert des Erdwiderstandes:*

$$R_{P,d} = \frac{R_{P,k}}{\gamma_{R,e}} = \frac{0{,}5 \cdot 20 \cdot 0{,}8^2 \cdot 3{,}00}{1{,}40} = 13{,}7 \ kN/m$$

***Sicherheit gegen Kippen (SLS)***

1. ***Nachweis der Tragfähigkeit (Nachweisverfahren ULS: EQU):***

*Einwirkendes (ungünstiges; „treibendes“) Moment $M_{E,k}$ um den Drehpunkt D*

$$\sum M^D_{G,k,dst} = 36{,}6 \cdot (0{,}8 + 1{,}1 + 0{,}3 + \frac{3{,}6}{3}) = 124{,}5 \ kNm/m;\ \gamma_{G,dstb} = 1{,}1$$

$$\sum M^D_{Q,k,dst} = 0;\ \gamma_Q = 1{,}5 \ \Rightarrow \qquad M^D_{E,d} = 124{,}5 \cdot 1{,}1 + 0 = 137{,}0 \ kNm/m$$

*Widerstehendes (günstiges; „haltendes“) Moment $M_{R,k}$ um den Drehpunkt D:*

*ohne Berücksichtigung des Erdwiderstands (auf der sicheren Seite!)*

$$M^D_{R,k} = \sum M^D_{G,k}$$

$$= 34{,}5 \cdot (0{,}1 + \frac{2 \cdot 0{,}6}{3}) + 92{,}0 \cdot (0{,}1 + 0{,}6 + \frac{0{,}8}{2}) + 27{,}6 \cdot \frac{1{,}5}{2} + 13{,}3 \cdot 1{,}5 + 159{,}0 \cdot (1{,}5 - \frac{0{,}4}{2})$$

$$= 365{,}8 \ \ kNm/m;\ \gamma_{G,stb} = 0{,}9 \Rightarrow \qquad M^D_{R,d} = 365{,}8 \cdot 0{,}9 = 329{,}2 \ kNm/m$$

$\Rightarrow$ Nachweis: $M^D_{E,d} = 137{,}0 \ kNm/m \ < \ 329{,}2 \ kNm/m$ ist erbracht

2. ***Nachweis der Gebrauchstauglichkeit (SLS: zul. Ausmitten)***

$$\sum M_{(D)} = 34{,}5\left(0{,}1 + \frac{2 \cdot 0{,}6}{3}\right) + 92{,}0\left(0{,}1 + 0{,}6 + \frac{0{,}8}{2}\right)$$

$$+ 27{,}6 \cdot \frac{1{,}5}{2} + 13{,}7 \cdot \frac{0{,}8}{3} + 13{,}3 \cdot 1{,}5$$

$$+ 159{,}0\left(1{,}5 - \frac{0{,}4}{2}\right) - 36{,}6\left(0{,}8 + 1{,}1 + 0{,}3 + \frac{3{,}6}{3}\right)$$

$$= 244{,}9 \ \ kNm$$

$$\sum V = 34{,}5 + 92{,}0 + 27{,}6 + 13{,}3 + 159{,}0 = 326{,}4 \ \ kN/m$$

$$c = \frac{244{,}9}{326{,}4} = 0{,}75 \ \ m \qquad \Rightarrow \qquad e = \frac{1{,}5}{2} - 0{,}75 = 0$$

□ 7.36: Fortsetzung Beispiel 58: Stützwand mit Schlepp-Platte

***Sicherheit gegen Gleiten (ULS: GEO-2) und der zul. Verschiebung (SLS)***

*Gleitwiderstand:*

$$R_{h,k} = V_K' \cdot \tan\delta_k = 326{,}4 \cdot \tan 30° = 188{,}4 \ kN/m$$

*Bemessungswert der Beanspruchung:*

$$H_d = F_h^g \cdot \gamma_G = 36{,}6 \cdot 1{,}35 = 47{,}6 \ kN/m$$

*Bemessungswert des Gleitwiderstands:*

$$R_{h,d} = \frac{R_{h,k}}{\gamma_{R,h}} = \frac{188{,}4}{1{,}10} = 171{,}3 \ kN/m$$

*Damit wird (auch ohne Berücksichtigung des Erdwiderstands)*

$$H_d = 47{,}6 \ kN/m < R_{h,d} = 171{,}3 \ kN/m$$

*und der Gleitnachweis (GEO-2) ist erbracht.*

*Da dieser Nachweis auch ohne Berücksichtigung des Erdwiderstands erbracht wird, ist ebenfalls die Gebrauchstauglichkeit (SLS) nachgewiesen.*

- *Durch die Anordnung einer Schlepp-Platte erhält die Stützwand ausreichende Sicherheit gegen Kippen und Gleiten.*
- *Nachweis der Aufnahme der Horizontalkraft im rechten Auflager:*

*Gleitwiderstand:*

$$R_{h,k} = V_K' \cdot \tan\delta_k = 159{,}0 \cdot \tan 30° = 91{,}8 \ kN/m$$

*Bemessungswert der Beanspruchung:*

$$H_d = F_h^g \cdot \gamma_G = 36{,}6 \cdot 1{,}35 = 47{,}6 \ kN/m$$

*Bemessungswert des Gleitwiderstands:*

$$R_{h,d} = \frac{R_{h,k}}{\gamma_{R,h}} = \frac{91{,}8}{1{,}10} = 83{,}4 \ kN/m$$

*Damit wird*

$$H_d = 47{,}6 \ kN/m < R_{h,d} = 83{,}4 \ kN/m$$

*Auch im rechten Auflager ist die Sicherheit gegen Gleiten (GEO-2 und SLS) gegeben.*

□ 7.37: Beispiel 59: Winkelstützwand als Widerlager einer Brücke

***Geg.:** Das als Winkelstützwand auszubildende Widerlager einer Brücke*

***Ges:.***

*Die erforderliche Mindestbreite $b_E$ des erdseitigen Sohlplattenteils durch direkte Standsicherheitsnachweise (Kippen, Gleiten, Grundbruch)*

*(Berechnungsverfahren: DIN 4085, Näherungsverfahren nach Rankine).*

*Dabei ist die jeweils ungünstigste Lastkombination zu berücksichtigen.*

*Dies muss aus der Berechnung ersichtlich sein.*

*Erdwiderstand soll aus Sicherheitsgründen nicht angesetzt werden.*

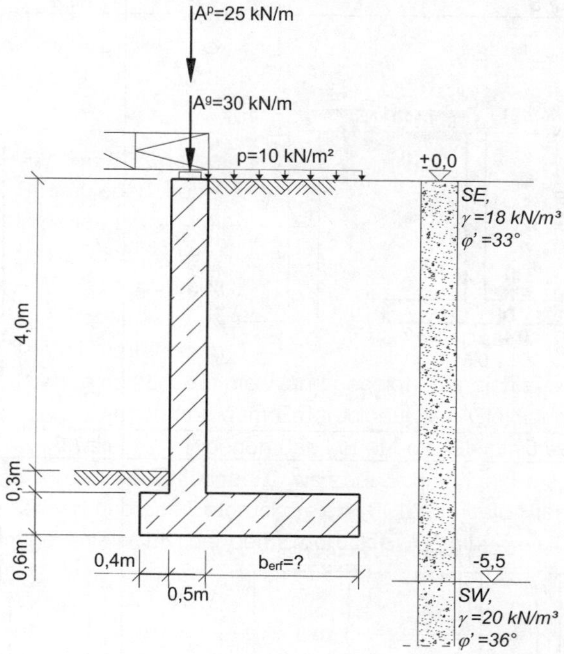


***Lösung:** Berechnung nach Rankine – Verfahren*

***1. Zusammenstellung aller möglichen Lastkombinationen***

*Tabelle: Mögliche Lastkombinationen*

| *Fall 1* | *Fall 2* |
|---|---|
| 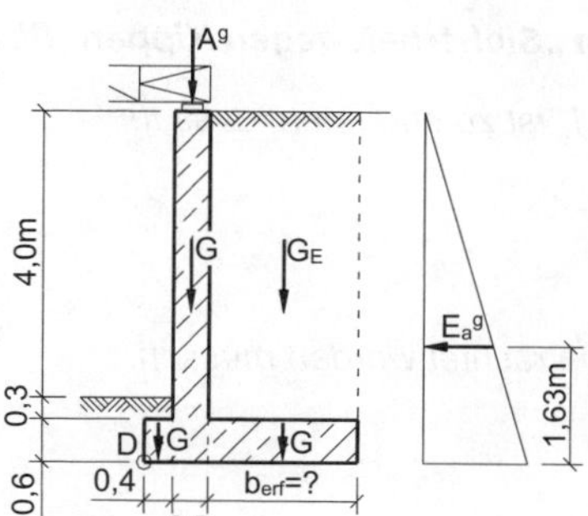 | 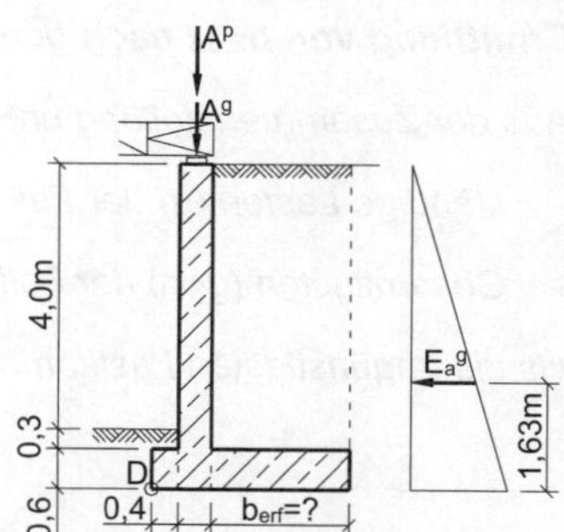 |

□ 7.37: Fortsetzung Beispiel 59: Winkelstützwand als Widerlager einer Brücke

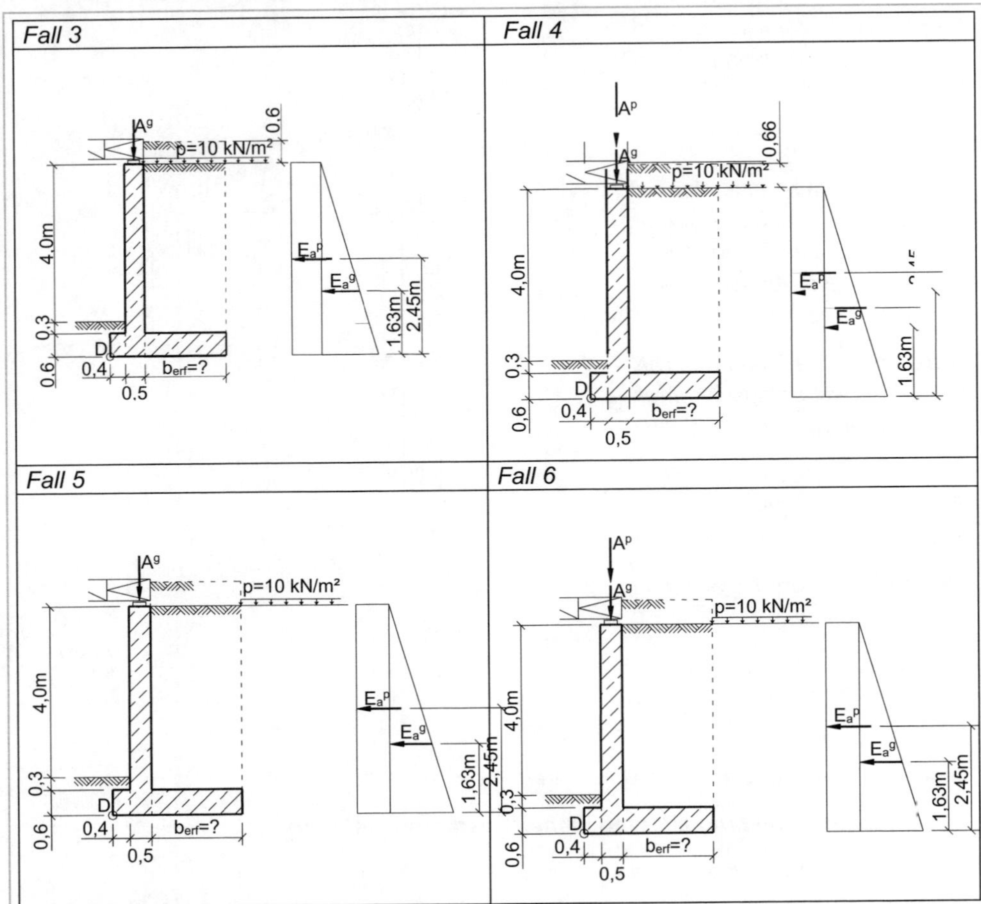


*Fall 7 und Fall 8 siehe nächste Seite*

***2. Ermittlung von $b_{E,erf}$ nach dem Kriterium „Sicherheit gegen Kippen (SLS)"***

*Aus der Zusammenstellung unter Punkt 1.1. ist zu erkennen, dass für*

- *ständige Lasten (g) der Fall 1*
- *Gesamtlasten (g+p) der Fall 5*

*als die ungünstigsten Lastkombinationen betrachtet werden müssen.*

□ 7.37: Fortsetzung Beispiel 59: Winkelstützwand als Widerlager einer Brücke

| *Fall 7* | *Fall 8* |
|---|---|
| 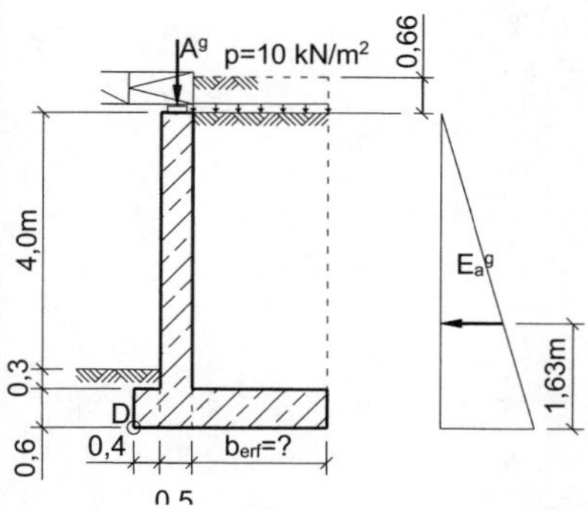  | 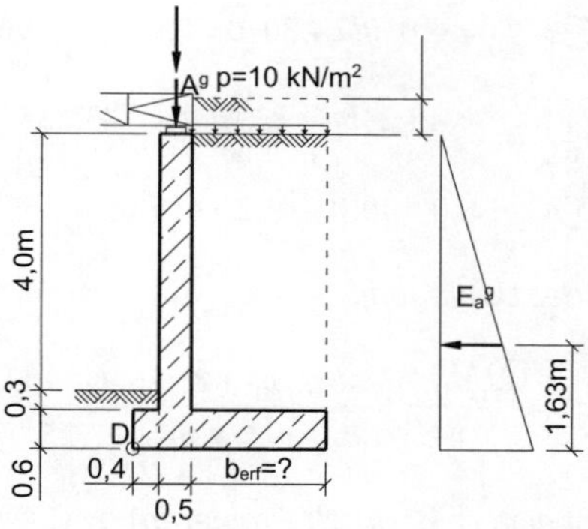  |

***2.1 Lastermittlung:*** *alle Lasten sind charakteristische Lasten!*

*Eigenlasten:*

$$G_1 = 4,9 \cdot 0,5 \cdot 25 = 61,25 \quad kN/m$$

$$G_2 = 0,6 \cdot 0,4 \cdot 25 = 6,0 \quad kN/m$$

$$G_3 = 0,6 \cdot b_E \cdot 25 = 15,0 \quad b_E$$

$$G_E = 4,3 \cdot b_E \cdot 18 = 77,4 \quad b_E$$

*Aktiver Erddruck infolge Bodeneigenlast:*

*$\varphi$ = 33°; $\alpha$ = 0; $\beta$ = 0; $\delta_a$ = 0 (Rankine'scher Sonderfall):*

$\Rightarrow K_a^g = 0,294$ *(int. bzw. Formel)*

$$e_a^g = 18 \cdot 4,9 \cdot 0,294 = 25,93 \quad kN/m^2$$

$$E_a^g \mathrel{\hat=} E_{ah}^g = 25,93 \cdot 4,9 \cdot \frac{1}{2} = 63,53 \quad kN/m$$

*Aktiver Erddruck infolge Verkehrslast:*

$$e_a^p = 10 \cdot 0,294 = 2,94 \quad kN/m^2$$

$$E_a^p \mathrel{\hat=} E_{ah}^p = 2,94 \cdot 4,9 = 14,41 \quad kN/m$$

□ 7.37: Fortsetzung Beispiel 59: Winkelstützwand als Widerlager einer Brücke

**2.2 Sicherheit gegen Kippen: Nachweis der Gebrauchstauglichkeit (SLS)**

*Ständige Einwirkungen*

$$\sum M_{(D)}^{g} = 6,0 \cdot 0,2 + 30 \cdot 0,65 + 61,25 \cdot 0,65 - 63,53 \cdot 1,63 + (77,4 + 15,0) \cdot b_E \cdot \left(0,9 - \frac{b_E}{2}\right)$$

$$= 46,2 \ b_E^2 + 83,16 \ b_E - 43,23$$

$$\sum V^g = 6,0 + 30,0 + 61,25 + 15,0 \ b_E + 77,4 \ b_E = 92,4 \ b_E + 97,25$$

*Aus der Bedingung*

$$c^g = \frac{\sum M_{(D)}^g}{\sum V^g} = \frac{46,2 \ b_E^2 + 83,16 \ b_E - 43,23}{92,4 \ b_E + 97,25} \stackrel{!}{=} \frac{(b_E + 0,9)}{3}$$

*ergibt sich (z.B. durch Probieren) $b_{E,erf}$ = 1,55 m.*

*Ständige und veränderliche Einwirkungen*

$$\sum M_{(D)}^{g+p} = 46,2 \ b_E^2 + 83,16 \ b_E - 43,23 - 14,14 \cdot 2,45 = 46,2 \ b_E^2 + 83,16 b_E - 78,54$$

$$\sum V^{g+p} \mathrel{\hat{=}} \sum V^g$$

*Aus der Bedingung*

$$c^{g+p} = \frac{\sum M_{(D)}^{g+p}}{\sum V^{g+p}} = \frac{46,2 \ b_E^2 + 83,16 \ b_E - 78,54}{92,4 \ b_E + 97,25} \stackrel{!}{=} \frac{(b_E + 0,9)}{6}$$

*ergibt sich $b_{E,erf}$ = 1,08 m*

*Somit ist nach den Kriterien „Sicherheit gegen Kippen" eine Breite von $b_E$ = 1,55 m erforderlich.*

**2.3 Sicherheit gegen Kippen (Kontrolle): Nachweis der Tragfähigkeit (EQU)**

*Einwirkendes (ungünstiges; „treibendes") Moment $M_{E,k}$ um den Drehpunkt D*

$$\sum M_{G,k,dst}^{D} = 63,53 \cdot 1,63 = 103,6 \ kNm/m; \ \gamma_{G,dstb} = 1,1$$

$$\sum M_{Q,k,dst}^{D} = 14,41 \cdot 2,45 = 35,3 \ kNm/m; \ \gamma_Q = 1,5$$

$$\Rightarrow \quad M_{E,d}^{D} = 103,6 \cdot 1,1 + 35,3 \cdot 1,5 = 167,0 \ kNm/m$$

*Widerstehendes (günstiges; „haltendes") Moment $M_{R,k}$ um den Drehpunkt D*

$$M_{R,k}^{D} = \sum M_{G,k}^{D} = 6,0 \cdot 0,2 + 30,0 \cdot 0,65 + 61,25 \cdot 0,65 + (77,4 + 15,0) \cdot 1,55 \cdot (0,9 + \frac{1,55}{2}) = 300,4 \ kNm/m$$

$$\gamma_{G,stb} = 0,9 \quad \Rightarrow \quad M_{R,d}^{D} = 300,4 \cdot 0,9 = 270,3 \ kNm/m$$

□ 7.37: Fortsetzung Beispiel 59: Winkelstützwand als Widerlager einer Brücke

*Nachweis:* $M_{E,d}^{D} = 167{,}0\ kNm/m\ <\ 270{,}3\ kNm/m$ *ist erbracht*

**3. *Sicherheit gegen Gleiten***

*Da bei der Überprüfung der Sicherheit gegen Gleiten die Lastkombination maßgebend ist, bei der die geringsten Vertikalkräfte den größtmöglichen Horizontalkräften gegenüberstehen, ist der Fall 5 als maßgebend zu erkennen.*

*Die Frage ist, ob für den anstehenden Sand mit der unter Punkt 2.2 ermittelten Breite* $b_E$ *= 1,55 m ausreichende Sicherheit gegen Gleiten gegeben ist.*

*Lastzusammenstellung*

$$G_1 = 61{,}25\ kN/m\,; \qquad G_2 = 6{,}0\ kN/m$$

$$G_3 = 15{,}0\ b_E = 15{,}0 \cdot 1{,}55 = 23{,}25\ kN/m$$

$$G_E = 77{,}4\ b_E = 77{,}4 \cdot 1{,}55 = 119{,}97\ kN/m$$

$$A^g = 30{,}0\ kN/m\,; \qquad \sum V^g = 240{,}47\ kN/m$$

$$E_{ah}^{g} = 63{,}53\ kN/m\,; \quad E_{ah}^{p} = 14{,}41\ kN/m$$

$$H_d = H_{G,k} \cdot \gamma_G + H_{Q,k} \cdot \gamma_Q = F_h^g \cdot \gamma_G + F_h^p \cdot \gamma_Q = 63{,}53 \cdot 1{,}35 + 14{,}41 \cdot 1{,}50 = 107{,}4\ kN/m$$

$$R_{h,k} = V_K' \cdot \tan\delta_k = F_V \cdot \tan\delta_k = 240{,}47 \cdot \tan 33° = 156{,}2\ kN/m$$

$$R_{h,d} = \frac{R_{h,k}}{\gamma_{R,h}} = \frac{156{,}2}{1{,}10} = 142{,}0\ kN/m$$

*Damit wird* $\quad H_d = 107{,}4\ kN/m < R_{h,d} = 142{,}0\ kN/m$

*Die Sicherheit gegen Gleiten ist gegeben.*

**4. *Sicherheit gegen Grundbruch***

*Die Sicherheit gegen Grundbruch soll ebenfalls auf der Basis der unter Abschnitt 2. ermittelten Breite* $b_E$ *= 1,55 m überprüft werden. Hierbei sind als ungünstig die Lastkombinationen „*$e_{max}$*" sowie „*$V_{max}$*" anzusetzen.*

*Aus der Zusammenstellung unter Punkt 1. ist zu erkennen:*

*„*$e_{max}$*" entsteht im Fall 5;* *„*$V_{max}$*" entsteht im Fall 4.*

***4.1. Lastkombination „*$e_{max}$*"***

*Überprüfung der Ausmittigkeit* $\quad e^g = \frac{b}{6} = \frac{0{,}4 + 0{,}5 + 1{,}55}{6} = 0{,}41$

*(mit diesem Ansatz wurde unter Abschnitt 2. die Breite* $b_E$ *= 1,55 m ermittelt).*

□ 7.37: Fortsetzung Beispiel 59: Winkelstützwand als Widerlager einer Brücke

*Mit dem unter Abschnitt 2.1. entwickelten Ansatz wird*

$$c^{g+p} = \frac{46,2 \cdot 1,55^2 + 83,16 \cdot 1,55 - 78,54}{92,4 \cdot 1,55 + 97,25} = \frac{161,35}{240,47} = 0,67 \ m$$

$$\Rightarrow e^{g+p} = \frac{0,4 + 0,5 + 1,55}{2} - 0,67 = 0,56 \ m$$

$$b' = 2,45 - 2 \cdot 0,56 = 1,33 \ m$$

$$F^{g}_{h,k} = 63,53 \ kN/m \ ; \qquad F^{p}_{h,k} = 14,41 \ kN/m$$

$$F^{g}_{v,k} = 240,47 \ kN/m \ ; \qquad F^{p}_{v,k} = 0$$

*Da zu erkennen ist, dass auch die Schicht 2 von der Grundbruchscholle betroffen ist, müssen die maßgebenden Bodenkennwerte nach der „Methode des gewogenen Mittels" ermittelt werden.*

*Methode des gewogenen Mittels:*

*Um dieses Iterationsverfahren abzukürzen, wird der Start mit einem Reibungswinkel $\varphi'$ = 35° (nach Augenschein) begonnen:*

*Einflusstiefe $d_{s0}$ für $\varphi_0$ = 35°:*

$$\vartheta_1 = 45° - \frac{\varphi_0}{2} = 45° - \frac{35°}{2} = 27,5°$$

$$a = \frac{1 - \tan^2 \vartheta_1}{2 \cdot \tan \delta_s} = \frac{1 - \tan^2 27,5°}{2 \cdot \frac{77,94}{240,47}} = 1,125$$

$$\tan \alpha_2 = a + \sqrt{a^2 - \tan^2 \vartheta_1} = 1,125 + \sqrt{1,125^2 - 0,271} = 2,125 \ \Rightarrow \alpha_2 = 64,8°$$

$$\vartheta_2 = \alpha_2 - \vartheta_1 = 64,8° - 27,5° = 37,3° \mathrel{\hat{=}} \alpha_1$$

$$\Rightarrow d_{s0} = b' \cdot \sin \vartheta_2 \cdot e^{\alpha_1 \cdot \tan 35°} = 1,33 \cdot \sin 37,3^2 \cdot e^{0,651 \cdot \tan 35°} = 1,27 \ m$$

*Gewogenes Mittel $\overline{\varphi_0}$ aller betroffenen Schichten:*

$$\overline{\varphi_0} = \frac{0,6 \cdot 33° + 0,67 \cdot 36°}{1,27} = 34,6°$$

*Fehlerabweichung:*

$$\Delta_1 = \frac{\varphi_0 - \overline{\varphi_0}}{\varphi_0} = \frac{35° - 34,6°}{35°} \cdot 100 = 1,1\% < 3\%$$

*Die Iteration kann abgebrochen werden.*

□ 7.37: Fortsetzung Beispiel 59: Winkelstützwand als Widerlager einer Brücke

*Rechenwerte:*

*Der für die Grundbruchberechnung maßgebende Reibungswinkel beträgt*

$$\varphi = \frac{35° + 34,6°}{2} \approx 35°$$

*Einflusstiefe der Grundbruchscholle:*

$d_s \approx 1,27\ m$ *(s. vorhergehende Berechnung)*

*Die Wichte des Bodens unterhalb der Fundamentsohle berechnet sich mit dieser Einflusstiefe zu*

$$\gamma_2 = \frac{0,6 \cdot 18 + 0,67 \cdot 20}{1,27} = 19,1\ kN/m^3$$

*Vorwerte zur Grundbruchberechnung:*

$$N_{d0} = 33;\ \nu_d = 1,0;\qquad N_{b0} = 23;\ \nu_b = 1,0$$

*Neigungsbeiwerte für den Fall*

- *H parallel zur Seite b'*
- *$\varphi' = 0$; $c' > 0$; $\delta > 0$; $\omega = 90°$ zu ermitteln:*

$$\tan\delta = \frac{H}{V} = \frac{F_h}{F_V} = \frac{77,94}{240,47} = 0,324;\ \delta > 0$$

*Mit m = 2 (Streifenfundament) wird*

$$i_d = (1 - 0,324)^2 = 0,457;\qquad i_b = (1 - 0,324)^{2+1} = 0,309$$

*Grundbruchwiderstand:*

$$R_{V,k} = 1,33 \cdot (0 + 18 \cdot 0,9 \cdot 33 \cdot 1,0 \cdot 0,457 + 19,1 \cdot 1,33 \cdot 23 \cdot 1,0 \cdot 0,309) = 565\ kN/m$$

*Nachweis der Grundbruchsicherheit:*

$$V_d = 240,47 \cdot 1,35 + 0 = 325\ kN/m;\qquad R_{V,d} = \frac{565}{1,40} = 404\ kN/m$$

*Damit wird*

$$V_d = 325\ kN/m < R_{V,d} = 404\ kN/m$$

*sodass für diese Lastkombination ausreichend Sicherheit gegeben ist.*

□ 7.37: Fortsetzung Beispiel 59: Winkelstützwand als Widerlager einer Brücke

### *4.2 Lastkombination „$V_{max}$“*

*Die Lastkombination „$V_{max}$“ entsteht im Fall 4.*

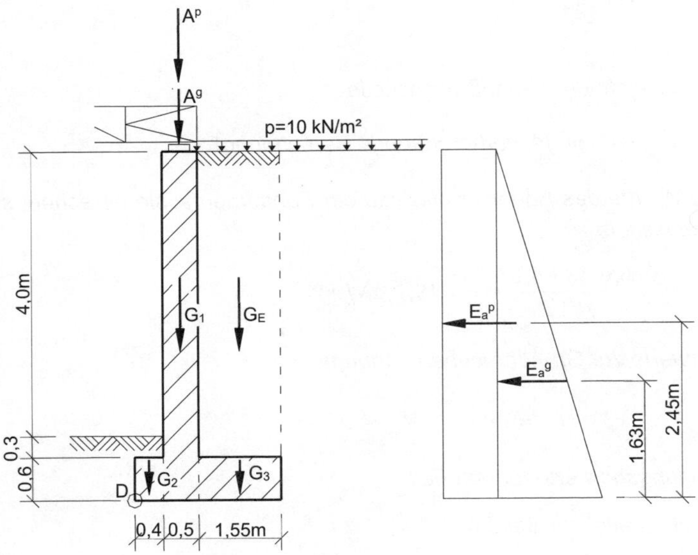


*Lastzusammenstellung*

$$G_1 = 61,25 \;\; kN/m \;; \qquad G_2 = 6,0 \;\; kN/m \;; \qquad G_3 = 23,25 \;\; kN/m$$

$$G_E^{g+p} = 119,97 + 10 \cdot 1,55 = 135,47 \;\; kN/m$$

$$A^g = 30,0 \;\; kN/m \;; \;\; A^p = 25,0 \;\; kN/m$$

$$\sum V = 280,97 \;\; kN/m$$

$$E_{ah}^g = 63,53 \;\; kN/m \;; \;\; E_{ah}^p = 14,41 \;\; kN/m$$

$$\sum H = 77,94 \;\; kN/m$$

*Ermittlung der Ausmittigkeit (SLS: Ständige und veränderliche Einwirkungen)*

$$\sum M_{(D)}^{g+p} = 61,25 \;\left(0,4 + \frac{0,5}{2}\right) + 6,0 \cdot 0,2 + (23,25 + 135,47)\;\left(0,9 + \frac{1,55}{2}\right)$$

$$+ (30,0 + 25,0)\;\left(0,4 + \frac{0,5}{2}\right) - 63,53 \cdot 1,63 - 14,41 \cdot 2,45 = 203,76 \;\; kNm/m$$

$$\sum V^{g+p} = 280,97 \;\; kN/m \qquad \Rightarrow c^{g+p} = \frac{203,76}{280,97} = 0,725 \;\; m$$

□ 7.37: Fortsetzung Beispiel 59: Winkelstützwand als Widerlager einer Brücke

$$e^{g+p} = \frac{b}{2} - c^{g+p} = \frac{2,45}{2} - 0,725 = 0,50 \ m$$

*Berechnungswerte*

$$b' = 2,45 - 2 \cdot 0,50 = 1,45 \ m$$

$$\sum V = 280,97 \ kN/m \, ; \qquad \sum H = 77,94 \ kN/m$$

*Da zu erkennen ist, dass auch die Schicht 2 von der Grundbruchscholle betroffen ist, müssen die maßgebenden Bodenkennwerte nach der „Methode des gewogenen Mittels" bestimmt werden.*

*Methode des gewogenen Mittels:*

*Um dieses Iterationsverfahren abzukürzen, wird der Start mit einem Reibungswinkel $\varphi'$ = 35° (nach Augenschein) begonnen:*

*Einflusstiefe $d_{s0}$ für $\varphi_0$ = 35°:*

$$\vartheta_1 = 45° - \frac{35°}{2} = 27,5° \, ; \qquad a = \frac{1 - \tan^2 27,5°}{2 \cdot \dfrac{77,94}{280,97}} = 1,314$$

$$\tan \alpha_2 = 1,314 + \sqrt{1,314^2 - 0,271} = 2,520 \ \Rightarrow \ \alpha_2 = 68,36°$$

$$\vartheta_2 = 68,36° - 27,5° = 40,86° \mathrel{\hat=} \alpha_1$$

$$\Rightarrow d_{s0} = 1,45 \cdot \sin 40,86^2 \cdot e^{0,713 \cdot \tan 35°} = 1,56 \ m$$

*gewogenes Mittel $\overline{\varphi_0}$ aller betroffenen Schichten:*

$$\overline{\varphi_0} = \frac{0,6 \cdot 33° + 0,96 \cdot 36°}{1,56} = 34,8°$$

*Fehlerabweichung:* $\Delta_1 = \frac{35° - 34,8°}{35°} \cdot 100 = 0,5\% < 3\%$

*Die Iteration kann abgebrochen werden.*

*Rechenwerte:*

*Der für die Grundbruchberechnung maßgebende Reibungswinkel beträgt*

$$\varphi = \frac{35° + 34,8°}{2} \approx 35°$$

*Einflusstiefe der Grundbruchscholle $d_s \approx$ 1,56 m (s. vorhergehende Berechnung).*

*Wichte des Bodens unterhalb der Fundamentsohle:*

□ 7.37: Fortsetzung Beispiel 59: Winkelstützwand als Widerlager einer Brücke

$$\gamma_2 = \frac{0,6 \cdot 18 + 0,96 \cdot 20}{1,56} = 19,2 \ kN/m^3$$

*Vorwerte zur Grundbruchberechnung*

$N_{d0} = 33;\ \nu_d = 1,0$; $\qquad N_{b0} = 23;\ \nu_b = 1,0$

*Neigungsbeiwerte für den Fall*

- *H parallel b'*
- *$\varphi$' = 0; c' > 0; $\delta$ > 0; $\omega$= 90°*

$$\tan\delta = \frac{H}{V} = \frac{F_h}{F_V} = \frac{77,94}{280,97} = 0,277;\ \delta > 0$$

*Mit m = 2 (Streifenfundament) wird*

$i_d = (1-0,277)^2 = 0,523$; $\quad i_b = (1-0,277)^{2+1} = 0,378$

*Grundbruchwiderstand:*

$$R_{V,k} = 1,45 \cdot (0 + 18 \cdot 0,9 \cdot 33 \cdot 1,0 \cdot 0,523 + 19,2 \cdot 1,45 \cdot 23 \cdot 1,0 \cdot 0,378) = 756 \ kN/m$$

*Nachweis der Grundbruchsicherheit:*

$V_d = 240,47 \cdot 1,35 + 40,0 \cdot 1,50 = 385 \ kN/m$; $R_{V,d} = \frac{756}{1,40} = 540 \ kN/m$

*Damit wird* $\quad V_d = 385 \ kN/m < R_{V,d} = 540 \ kN/m$

$N_d = 385 < R_{n,d} = 540 \ kN/m,$

*sodass auch hier ausreichend Sicherheit gegeben ist.*

***5. Zusammenfassung***

*Die erforderliche Mindestbreite beträgt $b_E$ = 1,55 m*

□ 7.38: Beispiel 60: Ausmittige Stütze

*Geg.:* *Gründungskörper unter einem setzungsunempfindlichen Bauwerk*

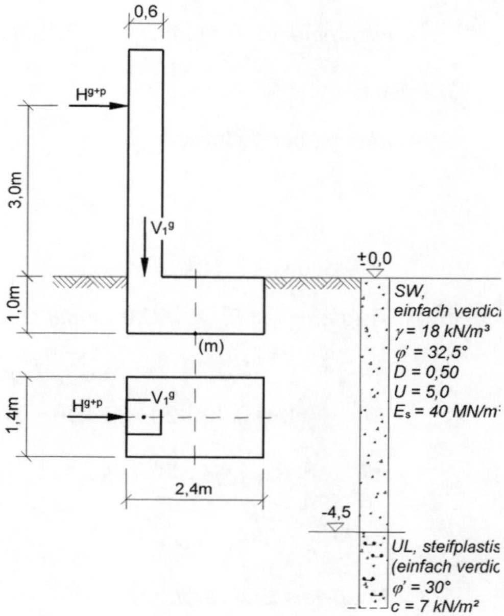


***Belastung:***

*ständige Lasten:*

*Stützenlast* $V_1^g = 500 \ kN$

*Fundamentlast* $V_2^g$

$H^g = 60 \ kN$

*Verkehrslasten:* $H^p = 20 \ kN$

***Ges.:***

*Die Standsicherheit ist zu überprüfen:*

1. *„Tabellenverfahren“ nach Handbuch Eurocode 7*

2. *Direkte Standsicherheitsnachweise*

2.1 *Kippen*

2.2 *Gleiten*

2.3 *Grundbruch*

3. *Unter Vernachlässigung des Verkehrslastanteils ist die Setzung/ Schiefstellung zu ermitteln.*

*Anmerkung: Erddruck und Erdwiderstand brauchen nicht berücksichtigt werden.*

***Lösung:***

***1. „Tabellenverfahren“ (Handbuch Eurocode 7: DIN 1054)***

***1.1 Voraussetzungen für das „Tabellenverfahren“***

*Fundamenteigenlast:*

$$G_F = 25 \cdot 1{,}4 \cdot 2{,}4 \cdot 1{,}0 = 84{,}0 \ kN$$

*(1) Gründungstiefe (Außenbereich):*

$$d_{vorh} = 1{,}0 \ m > 0{,}8 \ m$$

*(2) Baugrund:*

*a) bauseits sicherzustellen*

□ 7.38: Fortsetzung Beispiel 60: Ausmittige Stütze

*b)* $z_{\text{vorh}} = 3{,}5\ m > 2b = 2{,}8\ m$

*Nichtbindiger Boden:* $D_{\text{vorh}} = 0{,}50 > D_{\text{erf}} = 0{,}45 \quad (U > 3)$

*(3) Belastung:*

*a) überwiegend statisch*

*b) entfällt*

*c)* $\frac{H}{V} = \frac{60+20}{500+84} = \frac{80}{584} = 0{,}14 < 0{,}20$

*d) Tragfähigkeit (EQU): Drehpunkt D (rechte Außenkante!)*

$$M_{E,d}^{D} = (\sum M_{G,k,dst}^{D}) \cdot \gamma_{G,dst} + (\sum M_{Q,k,dst}^{D}) \cdot \gamma_{Q} \le M_{R,d}^{D} = (\sum M_{G,k}^{D}) \cdot \gamma_{G,stb}$$

$$M_{E,d}^{D} = 60 \cdot 4{,}0 \cdot 1{,}1 + 20 \cdot 4{,}0 \cdot 1{,}50 = 384\ kNm$$

$$M_{R,d}^{D} = \left[500 \cdot (2{,}4 - \frac{0{,}6}{2}) + 84 \cdot \frac{2{,}4}{2}\right] \cdot 0{,}9 = 1035\ kNm$$

$$\Rightarrow M_{E,d}^{D} = 384\ kNm < M_{R,d}^{D} = 1035\ kNm$$

*Nachweis EQU erbracht.*

*Gebrauchstauglichkeitsnachweis (SLS: Zulässige Ausmitte; ständige Einwirkungen):*

$$e^{\text{g}} = \frac{\sum M_{(\text{m})}}{\sum V} = \frac{500\left(\frac{2{,}4-0{,}6}{2}\right) - 60 \cdot 4{,}0}{500+84} = \frac{210}{584} = 0{,}36\ m < \frac{a}{6} = \frac{2{,}4}{6} = 0{,}40\ m$$

*Gebrauchstauglichkeitsnachweis (SLS: Zulässige Ausmitte; ständige + veränderliche Einwirkungen):*

$$e^{\text{g+p}} = \frac{210 - 20 \cdot 4{,}0}{584} = \frac{130}{584} = 0{,}22\ m < \frac{2{,}4}{3} = 0{,}80\ m$$

*Lastzustand „ständige Last" ist ungünstiger und wird somit weiterverfolgt.*

*(4) Sonderbestimmung für nbB:*

*Das Grundwasser liegt unterhalb der Fundamentsohle.*

*Damit sind die Voraussetzungen des „Tabellenverfahrens" erfüllt.*

***1.2 Bemessungswert des Sohlwiderstandes (nbB)***

*(1) Tabellenwert:*

*Setzungsunempfindlich ⇒ Tabelle A 6.1*

□ 7.38: Fortsetzung Beispiel 60: Ausmittige Stütze

*reduzierte Fläche:*

$$2,40 - 2 \cdot 0,36 = 1,68 \ m \mathrel{\hat{=}} a' ; \quad 1,40 - 0 = 1,40 \ m \mathrel{\hat{=}} b'$$

$$\Rightarrow \sigma_{R,d}^{(Tab.\ A6.1)} = 632 \ kN/m^2$$

*(2) Erhöhungen:*

*a)* $\frac{a'}{b'} = \frac{1,68}{1,40} < 2; \ d_{\text{vorh}} = 1,0 \ m > 0,6b' = 0,84 \ m$ $\Rightarrow$ *20% Erhöhung*

*b)* $D_{\text{vorh}} = 0,50 < D_{\text{erf}} = 0,65 \ (U > 3)$ $\Rightarrow$ *keine Erhöhung (U = $C_U$)*

*(3) Abminderungen: Hinweis: $d_w$: vorh. Abstand Gründungsohle bis Grundwasserstand*

*a)* $\frac{d_{\text{w}}}{b'} = \frac{3,5}{1,40} > 1$ $\Rightarrow$ *keine Abminderung*

*b)* $\left(1 - \frac{H}{V}\right)^2 = \left(1 - \frac{60}{584}\right)^2 = 0,805$

*Damit wird* $\sigma_{R,d} = 632 \cdot (1 + 0,20 + 0 - 0) \cdot 0,805 = 610,5 \ kN / m^2$

***1.3 Spannungsnachweis:***

$$V_d = V_{G,k} \cdot \gamma_G + V_{Q,k} \cdot \gamma_Q = (500 + 84) \cdot 1,35 = 788,4 \ kN$$

$$\sigma_{R,d} = 610,5 \ kN / m^2 > \sigma_{E,d} = \frac{788,4}{1,68 \cdot 1,40} = 335,2 \ kN / m^2$$

*Das Fundament ist ausreichend bemessen. Es ist mit Setzungen von bis zu 2 cm zu rechnen.*

***2. Direkte Standsicherheitsnachweise***

***2.1 Sicherheit gegen Kippen***

*s. Punkt 1:*

*EQU:* $M_{E,d}^D = 384 \ kNm < M_{R,d}^D = 1035 \ kNm$

*SLS: ständige Einwirkungen:* $e^{\text{g}} = 0,36 < \frac{a}{6}$

*Ständige + veränderliche Einwirkungen:* $e^{\text{g+p}} = 0,22 < \frac{a}{6}$

*Die Sicherheit reicht aus.*

□ 7.38: Fortsetzung Beispiel 60: Ausmittige Stütze

**2.2 Sicherheit gegen Gleiten**

**2.2.1 Tragfähigkeitsnachweis (ULS: GEO-2):**

*Ständige Lasten:* ; $F_{\text{v,k}} = 584\ kN$ ; $F_{\text{h,k}} = 60\ kN$

*Veränderliche Lasten:* $F_{\text{v,k}} = 0$ ;

$F_{\text{h,k}} = 20\ kN$

$$H_d = H_{G,k} \cdot \gamma_G + H_{Q,k} \cdot \gamma_Q = F_h^g \cdot \gamma_G + F_h^p \cdot \gamma_Q = 60 \cdot 1{,}35 + 20 \cdot 1{,}50 = 111\ kN$$

$$R_{h,k} = V_K' \cdot \tan\delta_k = F_V \cdot \tan\delta_k = 584 \cdot \tan 32{,}5° = 372\ kN$$

$$R_{h,d} = \frac{R_{h,k}}{\gamma_{R,h}} = \frac{372}{1{,}10} = 338\ kN$$

*Damit wird* $H_d = 111\ kN < R_{h,d} = 338\ kN$. *Ausreichende Sicherheit ist gegeben.*

**2.2.2 Gebrauchstauglichkeitsnachweis (SLS: Zulässige Verschiebung)**

*Dieser Nachweis muss nicht geführt werden bzw. ist erbracht, da der Nachweis 3.2.1 ohne Ansatz von Erdwiderstand erbracht wurde.*

**2.3 Sicherheit gegen Grundbruch (ULS: GEO-2)**

*Aus der Berechnung zu Punkt 1 hat sich ergeben, dass der Zustand „ständige Last" die ungünstigste Lastkombination darstellt.*

$\sum V^g = 584\ kN$ ; $\sum H^g = 60\ kN$ ; *a' = 1,68 m; b' = 1,40 m*

*Zunächst ist zu prüfen, ob die Grundbruchscholle bis in die Schicht UL reicht:*

$$\vartheta_1 = 45° - \frac{32{,}5°}{2} = 28{,}75° \ ; \qquad a = \frac{1 - \tan^2 28{,}75°}{2\frac{60}{584}} = \frac{0{,}6990}{0{,}2055} = 3{,}4015$$

$$\tan\alpha_2 = 3{,}4015 + \sqrt{3{,}4015^2 - \tan^2 28{,}75°} = 6{,}7585 \ \Rightarrow \ \alpha_2 = 81{,}58°$$

$$\vartheta_2 = 81{,}58° - 28{,}75° = 52{,}83° \mathrel{\hat{=}} \alpha_1$$

*Damit wird die Tiefe der Grundbruchscholle*

$$d_s = 1{,}40 \cdot \sin 52{,}83° \cdot e^{0{,}9221 \cdot \tan 32{,}5°} = 2{,}01\ m$$

$\Rightarrow$ *Grundbruchscholle innerhalb der Schicht SW.*

*Beiwerte:*

$$N_{d0} = 25 \ ; \ \nu_d' = 1 + \frac{1{,}40}{1{,}68} \cdot \sin 32{,}5° = 1{,}45 \ ; \quad N_{b0} = 15 \ ; \ \nu_b' = 1 - 0{,}3\frac{1{,}40}{1{,}68} = 0{,}75$$

□ 7.38: Fortsetzung Beispiel 60: Ausmittige Stütze

*Neigungsbeiwerte für den Fall*

- *H parallel a'*
- *φ' = 0; c' > 0; δ > 0; ω= 90°* $\Rightarrow \quad m_a = \dfrac{2+\dfrac{a'}{b'}}{1+\dfrac{a'}{b'}} = \dfrac{2+\dfrac{1,68}{1,40}}{1+\dfrac{1,68}{1,40}} = 1,455$

$$m = 1,455 \cdot 1,0 + 0 = 1,455$$

*Damit wird* $i_d = \left(1 - \dfrac{60}{584}\right)^{1,455} = 0,854\,;$ $\quad i_b = \left(1 - \dfrac{60}{584}\right)^{1,455+1} = 0,766$

*Grundbruchwiderstand:*

$$R_{V,k} = 1,68 \cdot 1,40 \cdot (0 + 18 \cdot 1,0 \cdot 25 \cdot 1,45 \cdot 0,845 + 18 \cdot 1,40 \cdot 15 \cdot 0,75 \cdot 0,766) = 1821 \quad kN$$

*Nachweis der Grundbruchsicherheit:*

$V_d = 584 \cdot 1,35 + 0 = 788 \quad kN$ ; $\quad R_{V,d} = \dfrac{1821}{1,40} = 1300 \quad kN$

*Damit wird*

$V_d = 788 \ kN < R_{V,d} = 1300 \ kN$ *sodass ausreichend Sicherheit vorliegt.*

***3 Setzung/Schiefstellung***

*Ausgangswerte:* $\sum V = 584 \ kN\,;$ $\quad e = 0,36 \ m$

*Baugrundspannungen:*

*Sohlnormalspannung:* $\sigma_0 = \dfrac{584}{1,4 \cdot 2,4} = 173,8 \ kN/m^2$

*Aushubentlastung:* $\sigma_a = 18 \cdot 1,0 = 18,0 \ kN/m^2$

*Setzungserzeugende Spannung:* $\sigma_1 = 173,8 - 18,0 = 155,8 \ kN/m^2$

*Grenztiefe:* $\dfrac{a}{b} = \dfrac{2,4}{1,4} \approx 1,7$

| Kote | z | d+z | $\sigma_ü$ | $0,2\sigma_ü$ | z/b | i | $i \cdot \sigma_1$ |
|---|---|---|---|---|---|---|---|
| m | m | m | kN/m² | kN/m² | 1 | 1 | kN/m² |
| -4,5 | 3,5 | 4,5 | 81,0 | 16,2 | 2,5 | 0,1046 | 16,3 |

*Die Grenztiefe kann bei $d_s \approx 3,5$ m angenommen werden.*

□ 7.38: Fortsetzung Beispiel 60: Ausmittige Stütze

*Gleichmäßiger Setzungsanteil:*

$$\frac{z}{b}=\frac{d_s}{b}=\frac{3,5}{1,4}=2,5$$

$$\frac{a}{b}=1,7 \Rightarrow f=0,7989 \quad \Rightarrow s_m=\frac{155,8\cdot 1,4\cdot 0,7989\cdot 2}{40000\cdot 3}=0,003\ m \mathrel{\hat{=}} 0,3\ cm$$

*Schiefstellung infolge* $M=V\cdot e$:

*Die Ausmittigkeit* $e_x$ *erzeugt ein Moment* $M_y$ *(mit* $\alpha_y$ *und* $f_x$*).*

*Tabellenwert:*

$$n=\frac{a}{b}=\frac{2,4}{1,4}=1,7 \Rightarrow f_x\approx 1,5\ ; \quad b_E=\frac{2}{\sqrt{\pi}}\cdot 1,4=1,53\ m$$

*Verdrehungswinkel:*

$$\tan\alpha_y=\frac{584\cdot 0,36\cdot 2}{1,53^3\cdot 40000\cdot 3}\cdot 1,5=0,0015$$

*Damit ergeben sich die Randsetzungen*

$$s_{max}=0,3+\frac{240}{2}\cdot 0,0015=0,48\ cm\ ; \quad s_{min}=0,3-\frac{240}{2}\cdot 0,0015=0,12\ cm$$

□ 7.39: Beispiel 61: Gewichtsstützwand mit erdseitigem Knick

**Geg.:**

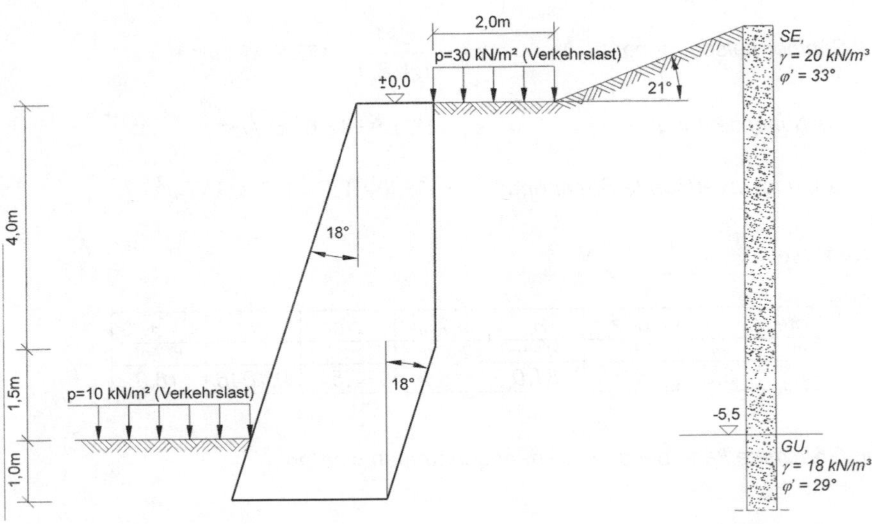

□ 7.39: Fortsetzung Beispiel 61: Gewichtsstützwand mit erdseitigem Knick

***Ges.:*** *Die für die zu bemessende Stützwand anzusetzenden Erddrucklasten sind zu ermitteln.*

***Anmerkung:*** *Erdwiderstand kann im zulässigen Maß angesetzt werden.*

***Lösung:*** *alle Lasten sind charakteristische*

*Anmerkungen:*

- *Bei der Auflast hinter der Stützwand handelt es sich um eine „einseitig begrenzte Flächenlast". Sie beeinflusst – wie die nachfolgende Berechnung und Skizze zeigen – nur den oberen Boden SE im Bereich der senkrechten Wandrückseite.*
- *Die unbegrenzte Flächenlast vor der Stützwand darf als günstig wirkende Verkehrslast nicht berücksichtigt werden.*

***1. Aktiver Erddruck***

*Erddruckbeiwerte (interpoliert oder mit Formel):*

*Boden SE* $\left(\varphi' = 33°; \delta_a = \frac{2}{3}\varphi'\right)$: *α = 0:* $\beta = 0 \Rightarrow K_a^g \approx 0{,}26$

$\beta = 21° \Rightarrow K_a^g \approx 0{,}36$

*α = 18°:* $\beta = 0 \Rightarrow K_a^g \approx 0{,}15$

$\beta = 21° \Rightarrow K_a^g \approx 0{,}20$

*Boden GU* $\left(\varphi' = 29°; \delta_a = \frac{2}{3}\varphi'\right)$ *α = 18°:* $\beta = 0 \Rightarrow K_a^g \approx 0{,}20$

$\beta = 21° \Rightarrow K_a^g \approx 0{,}28$

*Größe und Verteilung der einseitig begrenzten Streifenlast: siehe Teil 1 der Buchreihe Dörken / Dehne/ Kliesch*

*Gleitflächenwinkel:*

$$\tan\vartheta_a = \frac{\sin\varphi + \sqrt{\dfrac{\tan\varphi - \tan\beta}{\tan\varphi + \tan\delta_a}}}{\cos\varphi} = \frac{\sin 33° + \sqrt{\dfrac{\tan 33° - \tan 0°}{\tan 33° + \tan 22°}}}{\cos 33°} = 1{,}586 \Rightarrow \vartheta_a = 57{,}76°$$

□ 7.39: Fortsetzung Beispiel 61: Gewichtsstützwand mit erdseitigem Knick

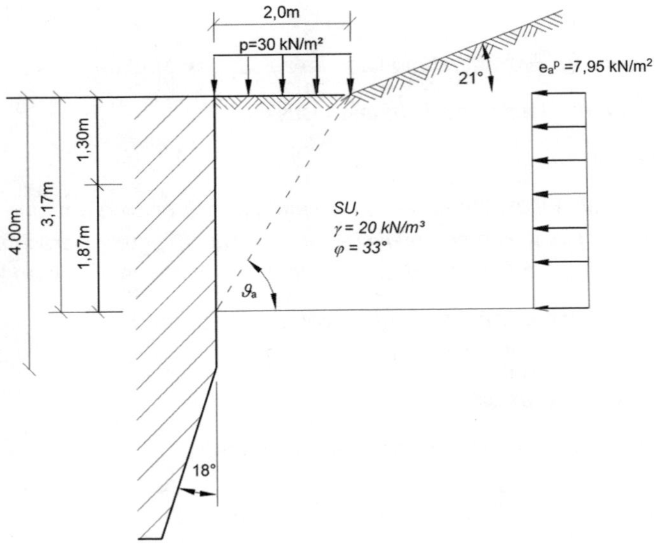


$$(y_1 = \tan 33° \cdot 2{,}00 = 1{,}30\ \ m\,); \qquad y_2 = \tan 57{,}76° \cdot 2{,}00 = 3{,}17\ \ m$$

*Da $y_2$ =3,17 m < 4,00 m ist, war die zuvor getroffene Annahme richtig.*

$$h = 3{,}17 - 0 = 3{,}17\,m$$

$$K_a^{p'} = \frac{sin(57{,}76° - 33°)}{cos\left(57{,}76° - 33° - \frac{2}{3} \cdot 33°\right)} = 0{,}42$$

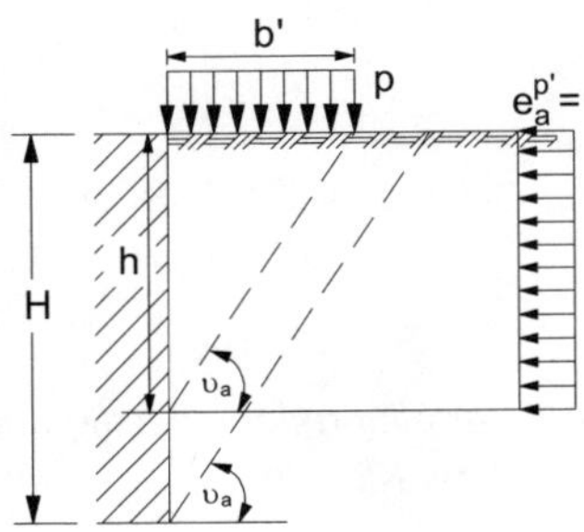


$$e_{a,0}^{p'} = 30 \cdot 2{,}0 \cdot 0{,}42 = 25{,}2\,kN/m$$

*Ausgangswert*

$$e_a^{p'}(z = 0) = \frac{25{,}2}{3{,}17} \cdot \left(1 + \frac{0}{2{,}00}\right) = 7{,}95\,kN/m^2$$

*oben*

$$e_a^{p'}(z = 3{,}17\,m) = \frac{25{,}2}{3{,}17} \cdot \left(1 - \frac{0}{2{,}00}\right) = 7{,}95\,kN/m^2 \text{ unten}$$

*Damit wird:* $\qquad E_a^p = 7{,}95 \cdot 3{,}17 = 25{,}2\,kN/m$

*Erddruck infolge Bodeneigenlast g*

*Für die Berücksichtigung des unregelmäßigen Geländes sowie der unterschiedlich geneigten Wandrückseite werden die in Teil 1 der Buchreihe Dörken / Dehne/ Kliesch, Abschnitt 6 dargestellten Verfahren angewendet.*

□ 7.39: Fortsetzung Beispiel 61: Gewichtsstützwand mit erdseitigem Knick

*Dazu wird die Berechnung in 2 Fälle ($\beta$ = 0°; $\beta$ = 21°) aufgeteilt und deren Ergebnisse anschließend überlagert.*

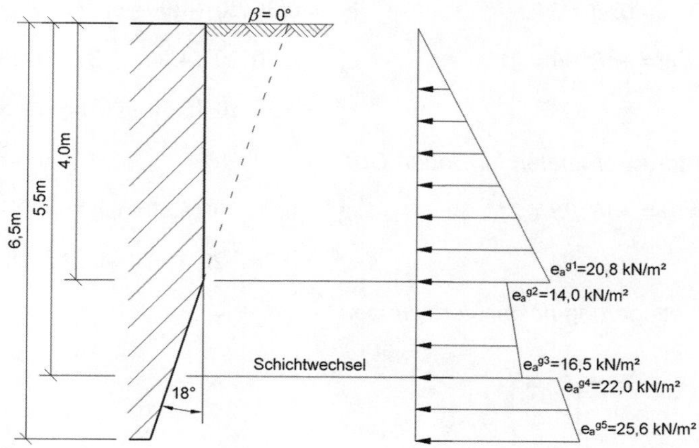


*Fall 1: $\beta$ = 0 Erddruckordinaten für Boden SE:*

$\alpha$ = 0; $\beta$ = 0: $$e_a^{g1} = K_a^g \cdot \gamma \cdot h = 0{,}26 \cdot 20 \cdot 4{,}00 = 20{,}8 \ \frac{kN}{m^2}$$

$\alpha$ = +18°; $\beta$ = 0: $$e_a^{g2} = 0{,}15 \cdot 20 \cdot 4{,}00 = 12{,}0 \ kN/m^2$$

$$e_a^{g3} = 0{,}15 \cdot 20 \cdot 5{,}50 = 16{,}5 \ kN/m^2$$

*Erddruckordinaten für Boden GU:*

$\alpha$ = +18°; $\beta$ = 0: $$e_a^{g4} = 0{,}20 \cdot 20 \cdot 5{,}50 = 22{,}0 \ kN/m^2$$

$$e_a^{g5} = 0{,}20 \ (20 \cdot 5{,}50 + 18 \cdot 1{,}00) = 25{,}6 \ kN/m^2$$

*Fall 2: $\beta$ = 21°*

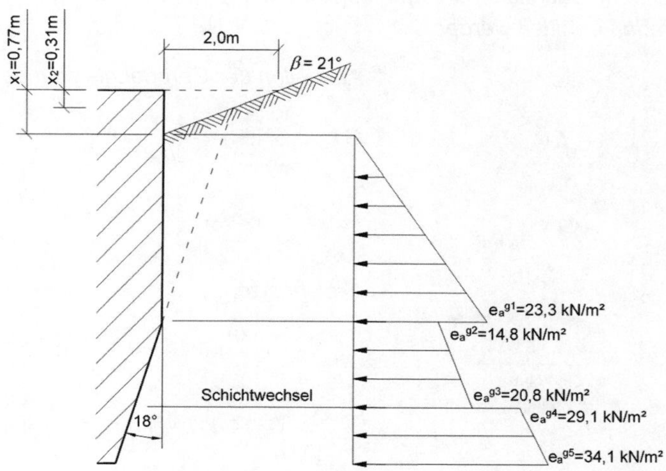

□ 7.39: Fortsetzung Beispiel 61: Gewichtsstützwand mit erdseitigem Knick

*Erddruckordinaten für Boden SE:*

*$\alpha = 0$; $\beta = 21°$:* $e_a^{g1} = 0{,}36 \cdot 20 \cdot (4{,}00 - 0{,}77) = 23{,}3 \ kN/m^2$

*$\alpha = +18°$; $\beta = 21°$:* $e_a^{g2} = 0{,}20 \cdot 20 \cdot (4{,}00 - 0{,}31) = 14{,}8 \ kN/m^2$

$e_a^{g3} = 0{,}20 \cdot 20 \cdot (5{,}50 - 0{,}31) = 20{,}8 kN/m^2$

*Erddruckordinaten für Boden GU:*

*$\alpha = +18°$; $\beta = 21°$:* $e_a^{g4} = 0{,}28 \cdot 20 \cdot (5{,}50 - 0{,}31) = 29{,}1 \ kN/m^2$

$e_a^{g5} = 0{,}28 \left[ 20 \ (5{,}50 - 0{,}31) + 18 \cdot 1{,}00 \right] = 34{,}1 \ kN/m^2$

*Überlagerung beider Verteilungen*

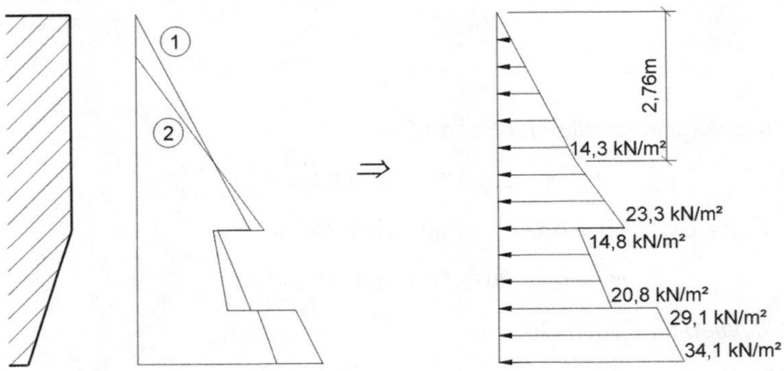


*Der Schnittpunkt des Übergangs von Fall 1 zu Fall 2 kann aus einer maßstäblichen Zeichnung ausreichend genau abgelesen oder mathematisch als Schnittpunkt zweier Geraden ermittelt werden:*

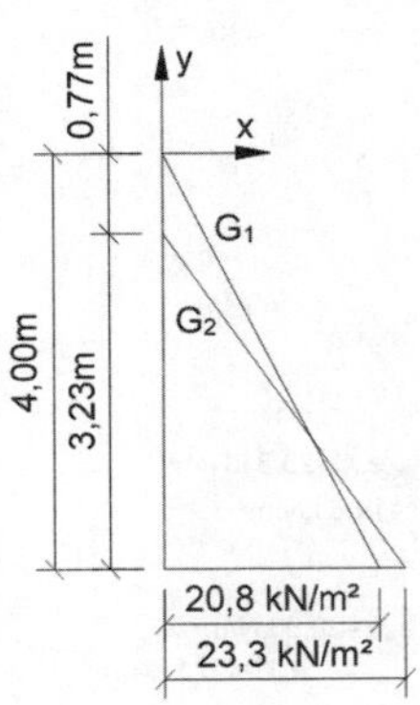


*Aufstellen der Geradengleichungen:*

G1: $$y = -x \cdot \frac{4{,}00}{20{,}8} + 0$$

G2: $$y = -x \cdot \frac{3{,}23}{23{,}3} - 0{,}77$$

*Gleichsetzen:*

$$-x \cdot \frac{4{,}00}{20{,}8} + 0 = -x \cdot \frac{3{,}23}{23{,}3} - 0{,}77$$

$$\Rightarrow x = 14{,}3 \ kN/m^2 \qquad \Rightarrow y = -2{,}76 \ m$$

□ 7.39: Fortsetzung Beispiel 61: Gewichtsstützwand mit erdseitigem Knick

*Zusammenstellung der Erddruckverteilungen:*

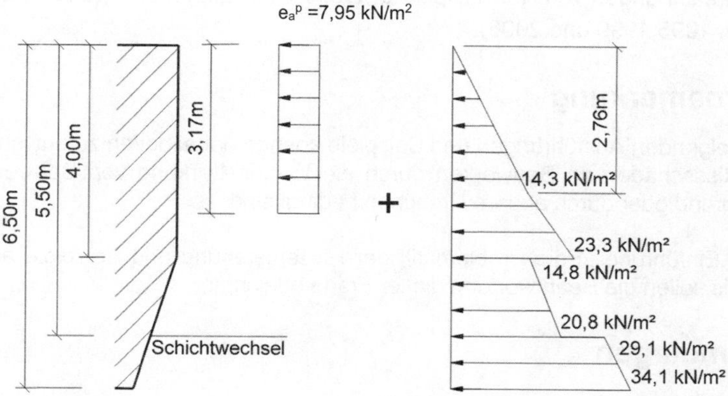


***2. Erdwiderstand vor der Stützwand***

*Anmerkung: Obwohl in der Praxis im vorliegenden Fall vereinfachend und näherungsweise $\alpha$ = 0 angesetzt wird, soll hier aus Demonstrationsgründen mit der tatsächlichen Wandneigung gerechnet werden.*

*Erdwiderstandsbeiwert für den Boden GU:*

$\alpha = -18°;\ \beta = 0°;\ \varphi' = 29°;\ \delta_p = 0 \Rightarrow K_p^g = 2{,}25$

- *Erdwiderstand infolge Bodeneigenlast g:*

$$e_p^g = 18 \cdot 1{,}00 \cdot 2{,}25 = 40{,}5\ kN/m^2 \Rightarrow \quad E_{p,k} = R_{P;k} = \frac{1}{2} \cdot 40{,}5 \cdot 1{,}00 = 20{,}3\ kN/m$$

*Ansetzbarer Bemessungswert:*

$$R_{P,d} = \frac{R_{p,k}}{\gamma_{R,e}} = \frac{20{,}3}{1{,}40} = 14{,}5\ kN/m \Rightarrow$$

$$R_{P,d,h} = 14{,}5 \cdot \cos 18° = 13{,}8\ kN/m; \qquad R_{P,d,V} = 14{,}5 \cdot \sin 18° = 4{,}5\ kN/m$$

- *Erdwiderstand infolge Verkehrslast p: Dieser Erdwiderstand darf – da günstig aber nicht ständig wirkend – nicht angesetzt werden.*

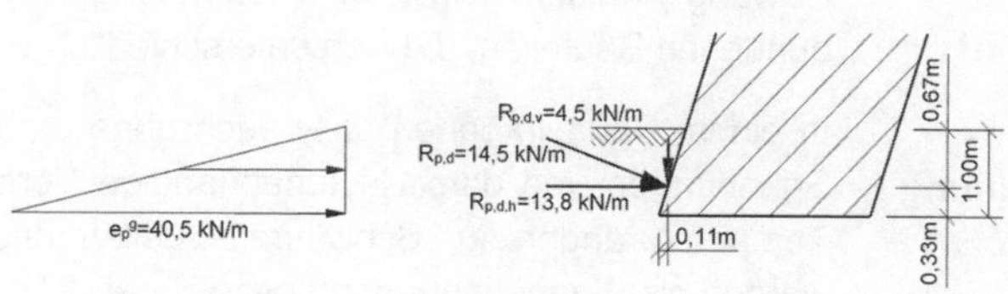

# 8 Risse im Bauwerk

Dieser Abschnitt wurde in wesentlichem Umfang auf Grund von Unterlagen und Zeichnungen von Herrn Dipl.-Ing. Wolf Ackermann erstellt (siehe Ackermann 1995,1999 und 2006).

## 8.1 Vorbemerkung

Die folgenden Ausführungen und Beispiele können dabei helfen zu entscheiden, ob Rissschäden an Bauwerken durch die Wechselwirkung von Bauwerk und Baugrund oder durch andere Ursachen bedingt sind.

Eine Einführung in die Problematik der Rissentstehung und Beispiele aus der Praxis sollen die Beantwortung dieser Frage erleichtern.

## 8.2 Grundlagen

**Riss-entstehung** Spannungen in Bauwerken (Bauteilen) haben Formänderungen zur Folge. Risse entstehen, wenn die Spannungen (Verformungen) so groß werden, dass die Festigkeit (Bruchdehnung) des Baustoffs erreicht wird.

**Statisches System** In Bauteilen, die sich ohne Behinderung verformen können, treten keine Spannungen infolge dieser Formänderungen auf. Beispiel: statisch bestimmt gelagertes Tragwerk. Dieser Fall ist in der Praxis allerdings selten, denn jedes Bauteil ist auf irgendeine Weise mit anderen Bauteilen verbunden, und die Systeme sind geplant oder unbeabsichtigt (□ 8.01) statisch unbestimmt.

□ 8.01: Beispiele: Unbeabsichtigte statische Unbestimmtheit von Tragwerken

- In einer Richtung gespannte Geschoßdecken tragen ihre Last auch quer zur angenommenen Spannrichtung ab.
- Mauerwerks-Wandscheiben als gebäudeaussteifende Elemente verhindern auch die Dehnungen der mit ihnen verbundenen Deckenplatten.
- An den Auflagern von Massivdecken auf Mauerwerk entstehen Einspannmomente.

**Zwang** Bei behinderter Verformung oder Bewegung eines Bauteils durch äußere Kräfte ("Zwang") entstehen (Zwangs-)Spannungen. Dies ist z.B. bei miteinander verbundenen Bauteilen, die sich unterschiedlich verformen, der Fall.

**Eigen-spannung** In einem Bauteil können aber auch ohne die Einwirkung von äußeren Kräften Spannungen und damit lastunabhängige Verformungen entstehen, z.B. durch Temperaturänderung, Schwinden/Quellen und Kriechen. Diese Spannungen werden als Eigenspannungen bezeichnet.

**Relaxation** Zeitabhängiger Abbau der Spannungen durch Dehnung. Eine durch Temperaturdehnung hervorgerufene Anfangsspannung verringert sich z.B. im Laufe der Zeit infolge Relaxation auf einen wesentlich kleineren Endwert. Die Relaxation ist vor allem bei langzeitigen Formänderungen, z.B. bei Schwinden und Kriechen, zu beachten.

**Spannungsarten** Von den verschiedenen Spannungsarten erzeugen vor allem Zug- und Scher- (Schub-) spannungen Risse, weil die Zug- und Scher- (Schub-) festigkeit der Baustoffe - im Vergleich zu ihrer Druckfestigkeit - meist gering ist.

Ein klaffender Riss ist in der Regel auf Zugspannungen senkrecht zur Rissfuge zurückzuführen. Scherspannungen erzeugen Scherbrüche. Dabei wird ein Bauteil in Wirkungsrichtung der Scherkräfte durchtrennt. Zusätzlich können sich die Rissufer gegeneinander verschieben. Der Schubbruch, der bei Biegung mit Querkraft auftritt, wird ebenfalls durch Zugspannungen bewirkt (□ 8.02).

**Rissstellen** In einem homogenen Baustoff müsste sich eigentlich ein Riss dort bilden, wo die größte Spannung auftritt. Infolge von Inhomogenitäten treten aber auch Risse an Stellen mit geringerer Spannung auf.

□ 8.02: Beispiele: Spannungsarten und Rissbildungen

- Zugrisse klaffen häufig, weil die Zugspannung senkrecht zur Querschnittsfläche wirkt.
- Scher- (Schub-)risse entstehen an vorgegebenen Bauteilübergängen oder an Material bedingten Schwachstellen (z.B. Mauerwerksfugen). Sie können aber auch durch räumlich dicht wirkende Scherspannungen in einem homogenen Baustoff ohne vorgegebene Schwachstellen auftreten.

Risse entstehen bevorzugt an Querschnittsänderungen ("Schwachstellen") des Bauteils selbst oder an Übergängen zu anderen Bauteilen. Wenn sich nämlich in einem Bauteil die Querschnittsfläche nicht ändert, bleibt z.B. die Größe der Zugkraft als Produkt aus Zugspannung und Bauteilquerschnittsfläche unverändert. Im Bereich von Querschnittsverengungen (an "Schwach-Stellen") des Bauteils steigt aber die Zugspannung sprunghaft an, weil die gleichbleibende Zugkraft auf eine kleinere Querschnittsfläche wirkt als zuvor, so dass die Zugfestigkeit des Baustoffs erreicht werden kann.

□ 8.03: Beispiel: Rissbildung an einer Fensteröffnung (Ackermann 1995)

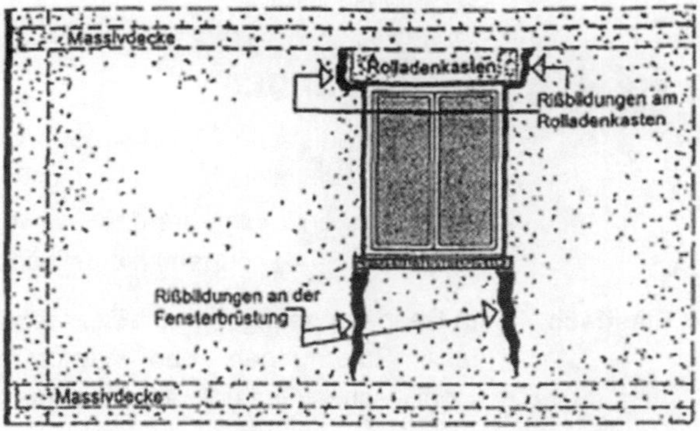

Häufig sind Rissbildungen an Fenster- und Türöffnungen zu beobachten. Zu der Verengung der Wand in Längsrichtung im Bereich der Öffnung kommt oft noch eine Querschnittsreduzierung durch Nischenausbildung im Bereich der Fensterbrüstung hinzu (□ 8.03).

**Ursachen** Da unterschiedliche Ursachen an einer Rissbildung beteiligt sein können, ist es häufig unmöglich, die Einzelursachen anteilmäßig zu ermitteln.

**Grenzwerte** Mit bloßem Auge sichtbare Risse erwecken bei einem Nichtfachmann immer den Eindruck eines "Schadens" im Sinne einer Schädigung oder einer Schwäche des Bauteils oder sogar des ganzen Bauwerks. Aber nicht alle Risse sind als Schäden (Mängel) zu bewerten. In Hinblick auf die Nutzung des Bauwerks und auf Umwelteinflüsse kann erst ab folgenden Rissweiten von Schäden gesprochen werden:

- in trockenen Innenräumen: > 0,3 mm
- im Freien: > 0,2 mm.

**Maßnahmen** Im Stahlbetonbau besteht die Möglichkeit, die Zugspannungen aus lastunabhängigen Spannungen durch einen größeren Stahlquerschnitt aufzunehmen. Dabei ist aber zu beachten, dass die Spannungen als Eigenspannung im Bauteil wirken und an den Übergängen zu anderen Bauteilen ein Riss entsteht.

Da die Aufnahme von Zwangskräften im Bauteil oder Bauwerk selbst immer mit der Entstehung eines kaum kontrollierbaren Eigenspannungszustands und daher mit einem Schadensrisiko verbunden ist, empfiehlt sich die Anordnung von Fugen als bessere konstruktive Maßnahme.

Bewegungsmöglichkeiten in Form von Fugen sind dort anzuordnen, wo sich sonst Risse bilden würden. Eine Fuge ist also ein geplanter Riss.

Bei der Planung von Fugen muss das Verformungsverhalten der zu planenden Konstruktion ermittelt und die Verformungsverträglichkeit überprüft werden. Dabei sind alle Verformungsmöglichkeiten einzubeziehen, die auftreten können: aus äußeren Kräften, aus Temperatur, Schwinden/Quellen und Kriechen.

⇒ Simons (1988)

## 8.3 Verformungen

### 8.3.1 Lastabhängig

Verformungen infolge der das Bauwerk (das Bauteil) beanspruchenden Spannungen (□ 8.04) können im elastischen oder plastischen Bereich liegen.

**Elastisch** Im Beanspruchungsbereich der Gebrauchslasten kann angenommen werden, dass Spannungen und Verformungen linear voneinander abhängen (Hooke'sches Gesetz): Je größer die Spannung, desto größer die Verformung.

**Plastisch** Plastische (bleibende) Verformungen von Tragwerken bilden sich im Gegensatz zu den elastischen nicht mehr zurück, wenn die Beanspruchung nachlässt oder aufhört. Sie können durch Plastifizierung des Baustoffs (□ 8.05) oder in Form von Rissen entstehen.

□ 8.04: Beispiele: Beanspruchungen und Verformungen

| Beanspruchung | Verformung |
|---|---|
| Zugspannung | Dehnung („Längung") |
| Druckspannung | Stauchung (Verkürzung) |
| Biegespannung | Durchbiegung |
| Schubspannung | Verschiebung |
| Torsionsspannung | Verdrehung |

□ 8.05: Beispiele: Plastifizierung von Baustoffen

- Fließen von Stahl beim Erreichen der Fließgrenze.
- Kriechen von Beton unter Langzeit-Druckbelastung (z. B. bei Spannbeton).

**Anmerkung:** Durch plastische Verformungen ändert sich das statische System des Tragwerks, die ursprünglichen Planungs- und Bemessungsgrundlagen treffen nicht mehr zu. Dieser Zusammenhang bildet die Grundlage des Traglastverfahrens: Durch die Überlastung elastisch hochbeanspruchter Bereiche verlagert sich die Last auf andere, bisher weniger beanspruchte Bereiche. Auf diese Weise wird die Traglast des gesamten Tragsystems erhöht.

**Verformungsunverträglichkeit**

Risse infolge lastabhängiger Verformungen von Einzelbauteilen sind auf Grund der Vorschriften über eine ausreichende Sicherheit gegen Versagen des Baustoffs relativ selten. Häufiger treten dagegen Risse infolge der Verformungsunverträglichkeit benachbarter Bauteile auf, wenn die aneinander angrenzenden Bauteile sich infolge ihrer lastabhängigen Verformung gegenseitig beeinträchtigen. Hierbei sind insbesondere folgende Fälle möglich:

- Die Verformung aus der Biegebeanspruchung ist oft um ein Vielfaches größer als aus anderen Beanspruchungsarten.

- Bei biegebeanspruchten Bauteilen mit unterschiedlichen Steifigkeiten ist die elastische Verformung ebenfalls unterschiedlich groß.

**Beispiel**

Ein in die Massivdecke integrierter Plattenbalken soll eine Wand abfangen (□ 8.06 a). Der Plattenbalken biegt sich stark durch. Die Wand wirkt als Scheibe und kann der Balkenbiegung nicht folgen.

Die Überprüfung der Steifigkeiten von Balken und Scheibe zeigt, dass die Scheibe ca. 240mal steifer ist als der Balken (□ 8.06 b).

Wenn die Wand in der Lage ist, sich selbst als Scheibe abzutragen und der Plattenbalken sich zusammen mit der Massivdecke unter Eigengewicht und Gebrauchslast durchbiegt, entsteht zwischen Wand und Massivdecke ein Spalt (□ 8.06 c).

Im anderen Fall folgt die Wand der Deckendurchbiegung und setzt sich auf der Massivdecke ab. Entsprechend dem Verlauf der Hauptspannungen (siehe Abschnitt 8.3.2) bilden sich Risse (□ 8.06 d).

Der Rissverlauf (siehe Abschnitt 8.3) wird weitgehend durch den Wandbaustoff bestimmt. Bei Mauerwerk aus Steinen geringer Festigkeit (z. B. Bimssteine) verlaufen die Risse nicht nur in den Fugen, sondern gehen auch durch die Steine. Bei Mauerwerk aus festen Steinen folgt die Rissbildung vorwiegend dem Fugenverlauf.

□ 8.06: Beispiel: Unterschiedliche Steifigkeiten von Balken und Wandscheibe (Ackermann 1995)

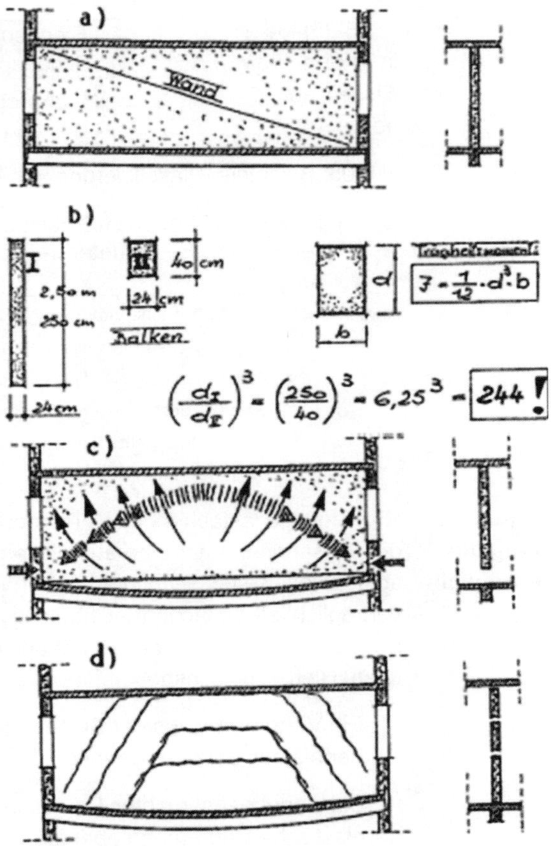


Eine weitere Verformungsunverträglichkeit liegt häufig zwischen Bauwerk und Baugrund vor, wenn die Nachgiebigkeit des Baugrunds wesentlich größer ist als die schadensfreie Biegeverformung der Gründung bzw. des Bauwerks insgesamt.

Beispielsweise hat sich bei dem mehrgeschossigen Gebäude auf wenig tragfähigem Baugrund (□ 8.07) das stärker belastete und breitere Mittelwandfundament stärker als die Außenwandfundamente gesetzt. Hierdurch ist eine Setzungsmulde entstanden (siehe Abschnitt 3), die zu Rissen in den Geschosswänden geführt hat.

## 8.3.2 Lastabhängig

**Arten**

Am häufigsten entstehen Risse an Bauwerken infolge von nachträglich aufgezwungenen Verformungen, die lastunabhängig sind: infolge von Temperaturänderungen, von Schwinden/ Quellen und von Kriechen. Bei einer Behinderung dieser Verformungen entstehen Spannungen, welche häufig die (Bruch-) Festigkeit der Baustoffe erreichen.

Ausdehnungen oder Verkürzungen von Dachdecken, die ohne entsprechende Gleitmöglichkeit auf Wänden aufliegen, führen zu Rissen in den Auflagerwänden (□ 8.08), (□ 8.09).

Fensteröffnungen sind Schwachstellen in Wänden. Hier zeigen sich in Außenwänden häufig Schwindrisse (□ 8.10).

□ 8.08: Beispiel 1: Risse infolge behinderter Temperaturdehnung einer Dachdecke (Pfefferkorn 1980 und 1994)

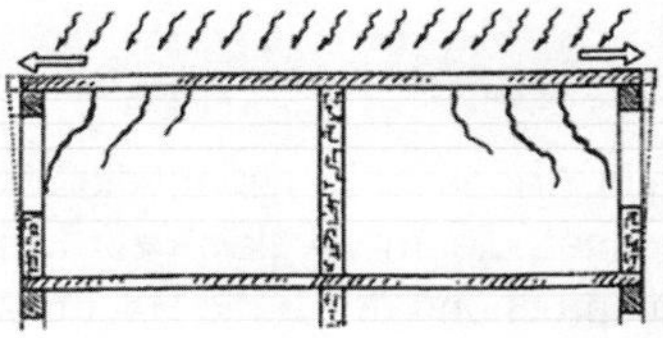

□ 8.07: Beispiel: Setzungsrisse in einem mehrgeschossigen Gebäude (nach Ackermann 1995)

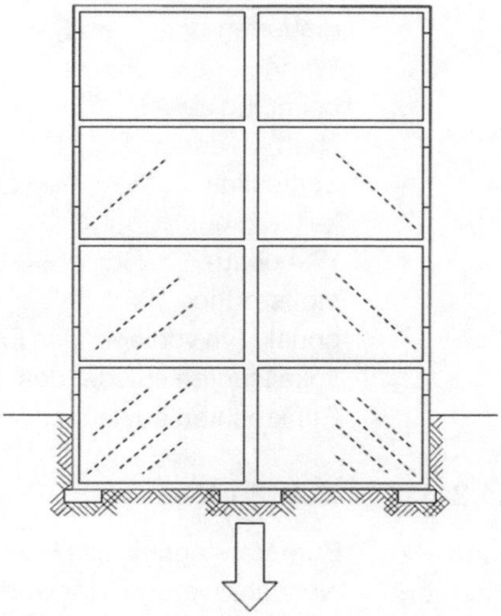

⇒ Cordes (1994), Rybicki (1979)

□ 8.09: Beispiel 2: Risse infolge behinderter Temperaturdehnung einer Dachdecke (Pfefferkorn 1980 und 1994)

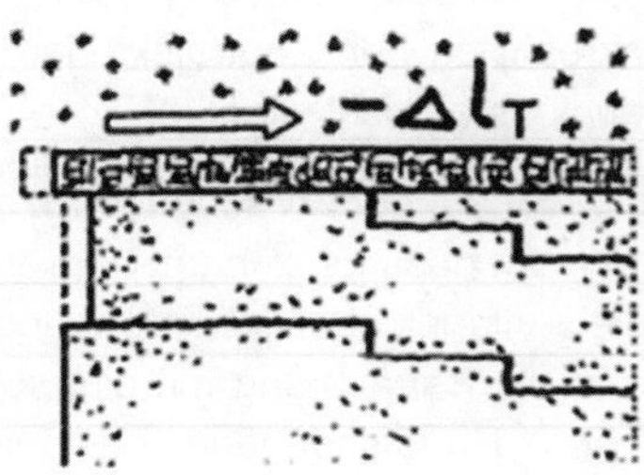


□ 8.10: Beispiel: Schwindrisse an Fensteröffnungen in einer Außenwand (nach Ackermann 1995)

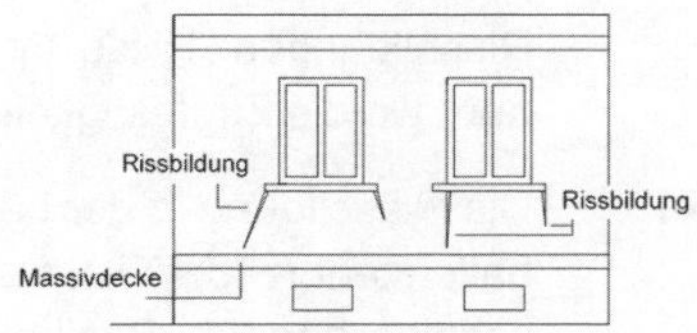


## 8.4 Rissverlauf

### 8.4.1 Orthogonale Risse

**Zug** Wenn in einem Bauteil nur eine Zugkraft wirkt, bildet sich bei Erreichen der Zugfestigkeit ein Riss senkrecht (orthogonal) zur Richtung der Zugspannung (□ 8.11).

**Schwinden** Auch die horizontale Schwindverkürzung in einer gemauerten Wand hat beim Erreichen der Zugfestigkeit des Wandbaustoffs orthogonale (im vorliegenden Fall senkrechte) Risse in der Wand zur Folge. Die Festigkeitsunterschiede des Baustoffs können den Rissverlauf etwas aus der Senkrechten auslenken.

□ 8.11: Beispiel: Orthogonaler Rissverlauf infolge einer Zugspannung (Ackermann 1995)

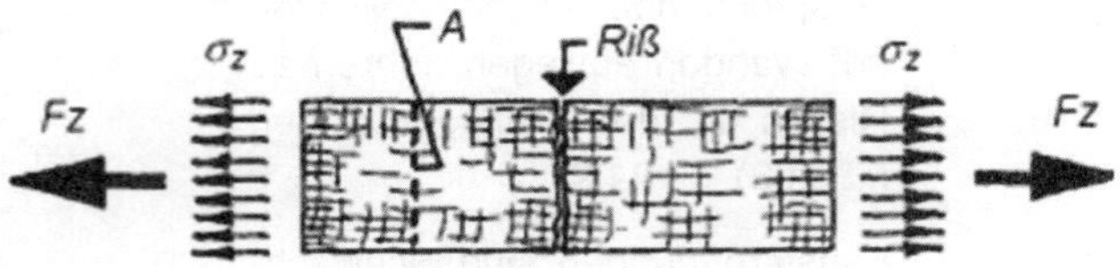


$F_z$ Zugkraft, die die Rissbildung auslöst. $F_z = \sigma_z \cdot A$

$\sigma_z$ Bruch-Zugspannung des Baustoffs, wirkt senkrecht zur Querschnittsfläche

$A$ Querschnittsfläche des Bauteils

## 8.4.2 Schrägrisse

**Wandscheiben** Zum Verständnis des Rissverlaufs in Wandscheiben dient die Scheibentheorie. Nach ihr werden Tragwerke berechnet, die im Vergleich zur Stützweite relativ hoch sind. Hiernach wird die Beanspruchung durch die Hauptspannungen bestimmt, die in jedem Punkt des Tragwerks unter einem bestimmten, veränderlichen Winkel ihren Maximalwert erreichen (□ 8.12).

Bei jedem Tragwerk lassen sich die Hauptspannungen in Abhängigkeit von den Bauteilabmessungen und den Lasteinwirkungen als Spannungstrajektorien darstellen. Diese zeigen den Verlauf der Zug- und Druckspannungen im homogen und isotrop angenommenen Bauteil an (□ 8.13, □ 8.14).

Die Spannungstrajektorien sind der Schlüssel zur Prognose und Analyse von Rissbildungen: Risse treten senkrecht zu den Zugtrajektorien auf, und zwar dort, wo die Zugfestigkeit des Baustoffs erreicht wird.

**Beispiel** Die Rissbildung in der Längswand, die auf der Zwischendecke einer Industriehalle steht (□ 8.15 a), weist darauf hin, dass es sich um eine Mehrfeld-Wandscheibe handelt. Bezieht man die Auflager der Mehrfeld-Wandscheibe - hier Unterzüge der Zwischendecke - in die Betrachtung mit ein, so lässt sich der Rissverlauf deutlich sichtbar den Hauptspannungstrajektorien zuordnen (□ 8.15 b). Die Gewölbeausbildung wird durch die Türöffnung gestört. Von den Türecken aus verlaufen die Risse nach oben. Die Fugen zwischen dem Mauerwerk und den Sturzbalken wirken sich ebenfalls auf den Rissverlauf aus.

Ursache der Rissbildungen ist die Durchbiegung der Decke. Hierdurch wird der Wand in den Feldern das Auflager genommen, so dass sie "versucht", sich durch Gewölbebildung selbst zu tragen. An den Stellen der Wand, an denen die Zugfestigkeit des Wandbaustoffs erreicht ist, kommt es zu Rissen.

Ursachen der Deckendurchbiegung sind Schwindverformungen des Ortbetons. Die Deckenplatte besteht nämlich aus vorgefertigten Elementen mit nachträglich aufgebrachtem Ortbeton (□ 8.15 c). Der Ortbeton verkürzt sich durch Schwinden und Kriechen, so dass sich der Deckenquerschnitt insgesamt verkrümmt (□ 8.15 d).

□ 8.13: Beispiel: Hauptspannungsverlauf in einer a) Einfeld-, b) Mehrfeld-Wandscheibe (Ackermann 1995)

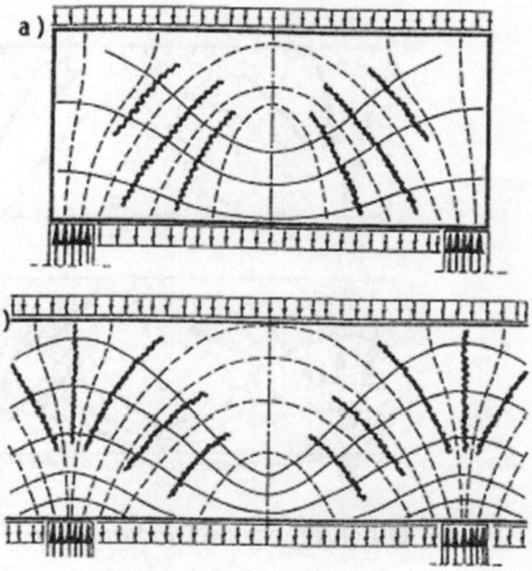


**Hauptspannungstrajektorien:**

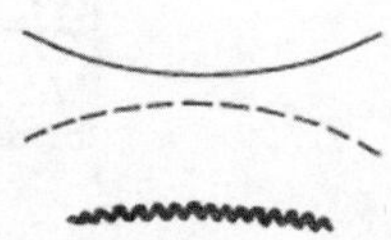

= Zugtrajektorien

= Drucktrajektorien

= Mögliche Rissbildungen (senkr. zu Zugtrajektorien)

□ 8.14: Beispiel: Hauptspannungsverlauf in einer auskragenden Wandscheibe (Ackermann 1995)

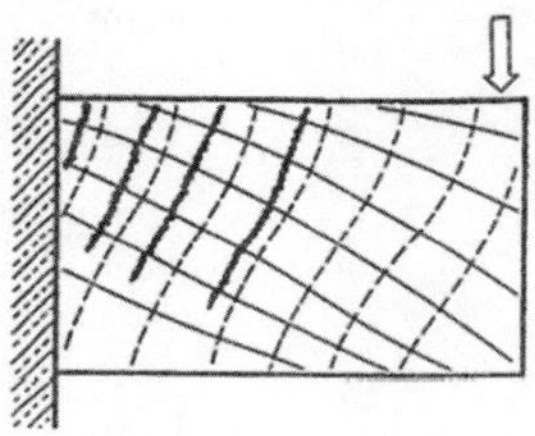

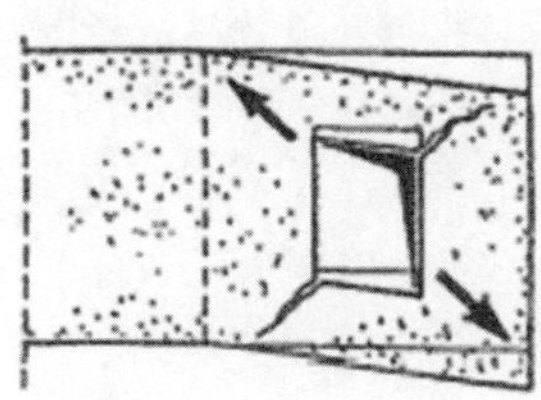

**Hauptspannungs-trajektorien:**

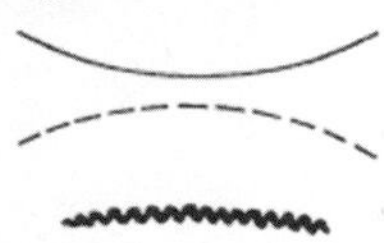

= Zugtrajektorien

= Drucktrajektorien

= Mögliche Rissbildungen (senkr. zu Zugtrajektorien)

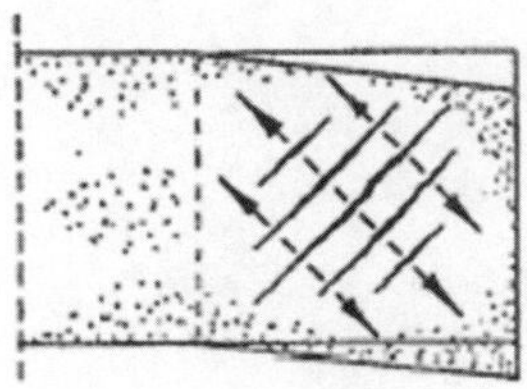

□ 8.15: Beispiel: a) Rissbildung in der Mehrfeldwandscheibe einer Industriehalle, b) Hauptspannungstrajektorien, c) Aufbau und d) Verkrümmung der Decke (Ackermann 1995)

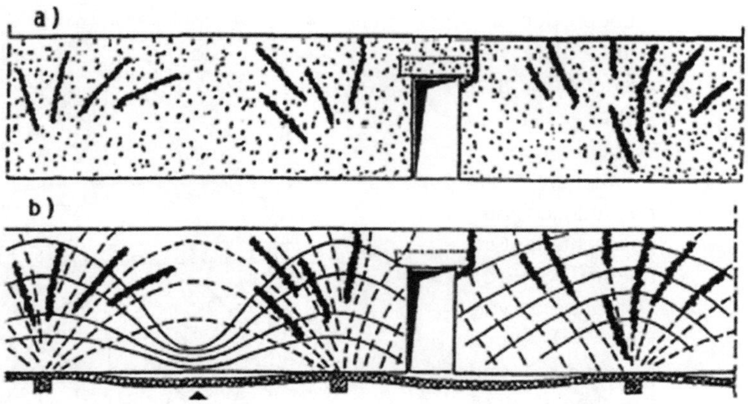


Durchgebogene Deckenplatte

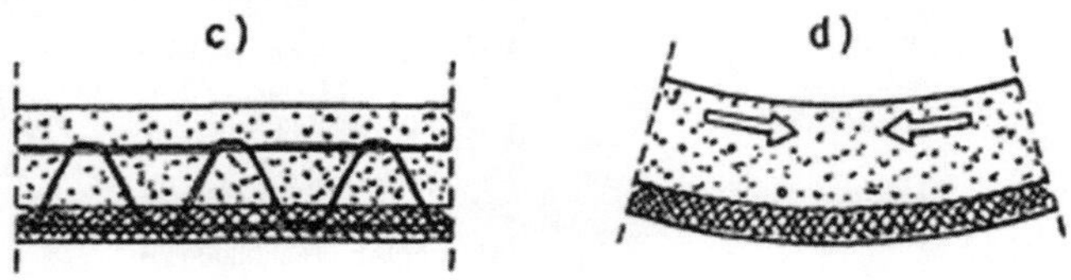


**Hauptspannungstrajektorien:**

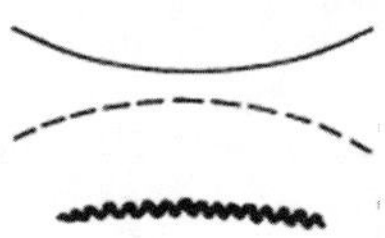

= Zugtrajektorien

= Drucktrajektorien

= Mögliche Rissbildungen (senkr. zu Zugtrajektorien)

## 8.5 Kontrollfragen

- Wie entstehen Risse?
- Abhängigkeit behinderter Formänderungen vom statischen System?
- Beispiele für unbeabsichtigte statische Unbestimmtheit von Tragwerken?
- Zwang? Wann entsteht er?
- Eigenspannungen?
- Relaxation? Wie wirkt sie sich aus?
- Welche Spannungsarten führen vor allem zu Rissen? Warum?
- Welche Spannungen ruft einen klaffenden Riss / eine Verschiebung der Rissufer gegeneinander hervor?
- Wo kann sich ein Riss in einem homogenen Baustoff bilden?
- Schwachstellen, an denen sich vor allem Risse bil-den?
- Wann stellt ein Riss einen Schaden dar?
- Maßnahmen zur Verhinderung von Rissen?
- Lastabhängige und lastunabhängige Verformungen?
- Elastische und plastische Verformungen?
- Beispiele für die Plastifizierung von Baustoffen?
- Grundlage des Traglastverfahrens?
- Verformungsunverträglichkeiten? Beispiele?
- Verformungsunverträglichkeit zwischen Bauwerk und Baugrund?
- Nennen Sie lastunabhängige Verformungen!
- Worauf können Rissbildungen im Bereich von Flach-dächern beruhen?
- Rissbildungen im Bereich von Fensteröffnungen? (Skizze, Ursache?)
- Nennen Sie zwei mögliche Ursachen für einen Orthogonalriss!
- Spannungsverlauf nach der Scheibentheorie?
- Erläutern Sie die Erklärung von Schrägrissen mit Hilfe der Scheibentheorie!
- Hauptspannungen? Spannungstrajektorien?
- Hauptspannungsverlauf in einer Einfeld- / Mehrfeld-wandscheibe in einer auskragenden Wandscheibe?
- Zeichnen Sie mögliche Rissbildungen in einer Wand, die auf einer sich durchbiegenden Decke steht!

## 8.6 Weitere Beispiele

□ 8.16: Beispiel 62: Risse in einem mehrgeschossigen Gebäude durch Schwinden der Mittelwand (Ackermann 1995)

***Situation:*** *aus Ackermann (1995)*

*Das Gebäude steht aber auf sehr tragfähigem Baugrund.*

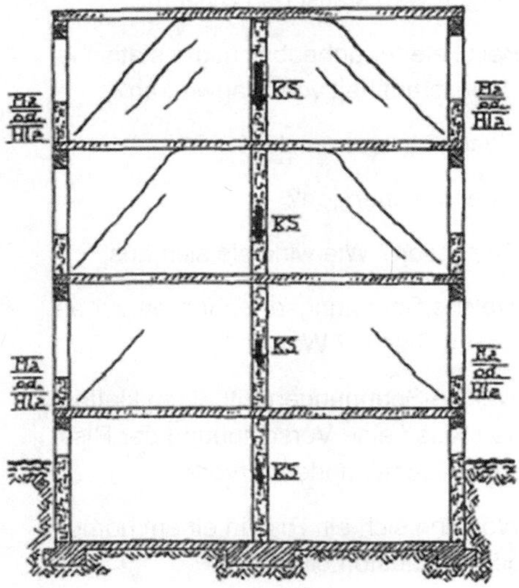


***Beschreibung der Schäden:***

*Der Rissverlauf in den Wänden ist - bis auf die Lage der Risse in unterschiedlichen Geschossen - ganz ähnlich wie in □ 8.07 (Abschnitt 8.3.1).*

***Schadensursache:***

*Man könnte vermuten, dass sich auch das Mittelwandfundament stärker gesetzt hat als die Außenwandfundamente*

*⇒ Setzungsrisse?*

*Nein, denn*

- *Das Gebäude steht aber auf sehr tragfähigem Baugrund.*
- *Rissursache sind hier beträchtliche Verkürzungen der Mittelwand durch Schwinden des KS-Mauerwerks.*

*⇒ Hierdurch werden die Geschossdecken und Wände in Gebäudemitte "heruntergezogen"*

□ 8.17: Beispiel 63: Risse in einem mehrgeschossigen Gebäude infolge von Deckendurchbiegungen (Ackermann 1995)

***Situation:*** *aus Ackermann (1995)*

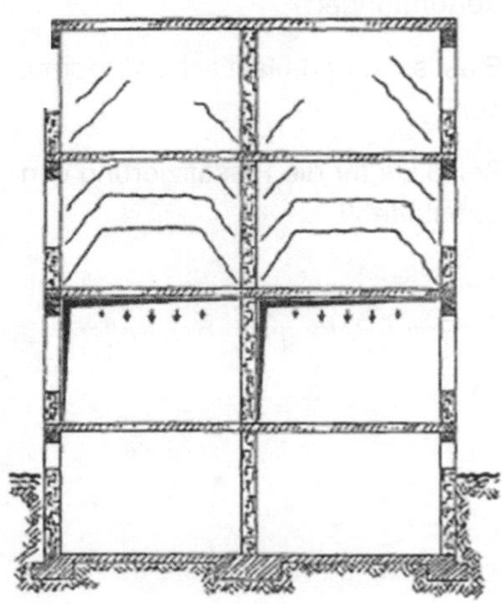

***Beschreibung der Schäden:***

*der Rissverlauf zeigt, dass sich die Geschossdecken durchgebogen haben (□ 8.15).*

***Schadensursache:***

*Infolge mangelnder Festigkeit und Verbundwirkung haben sich die Wände nicht als Scheiben abgetragen, sondern sind der Deckendurchbiegung gefolgt.*

□ 8.18: Beispiel 64: Horizontalrisse in einer durch Erddruck belasteten Kellerwand (Ackermann 1995)

***Situation:*** *aus Ackermann (1995)*

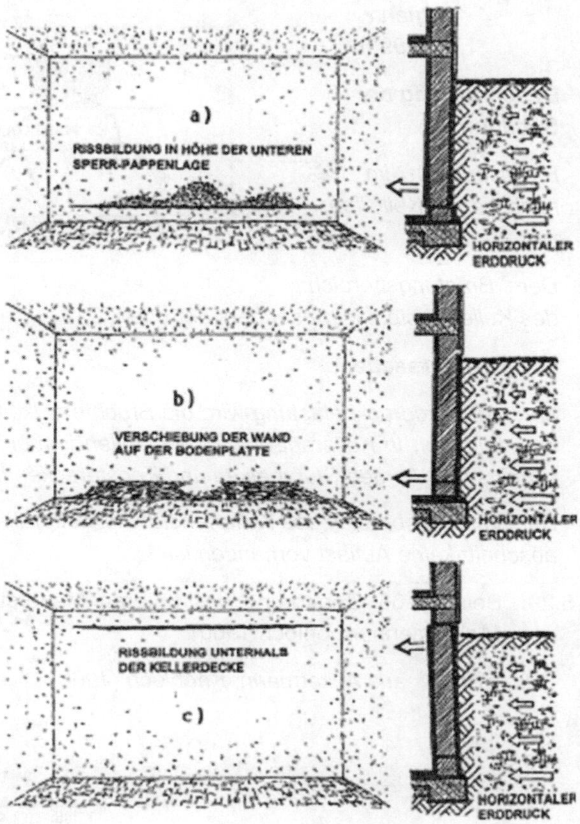


***Beschreibung der Schäden:***

*□ 8.18 a):*

- *oberhalb der ersten Steinschicht ist ein horizontaler Riss ausgebildet;*
- *oberhalb der Pappenlage kann es zu Wanddurchfeuchtungen kommen;*
- *Abscheren der Außenwandabdichtung abgeschert durch Horizontalverschiebung der Wand*
- *Aus dem angrenzenden Boden kann Wasser eindringen.*

*□ 8.18 b):*

- *Horizontalverschiebung der wand unter der ersten Steinschicht, also auf der horizontalen Abdichtung unmittelbar auf der Bodenplatte;*
- *Feuchtigkeitsschäden können auftreten, weil die Wandabdichtung (Hohlkehle) beschädigt ist;*

*□ 8.18 c):*

- *Horizontalriss unterhalb der Kellerdecke zwischen der vorletzten und der letzten Steinschicht;*
- *Beim Betonieren der Kellerdecke geht die obere Steinschicht mit dem Deckenbeton einen guten Haftverbund ein. Die Schwachstelle ist die nächst tiefere Lagerfuge*

***Schadensursache:***

*Lange Kelleraußenwände ohne Aussteifung durch Zwischenwände können durch den Erddruck nach innen verschoben werden. Die Verschiebung erfolgt in der Lagerfuge, in welcher der Reibungswiderstand im Wandquerschnitt überschritten wird.*

□ 8.19: Beispiel 65: Rissbildungen im Bereich eines Kellerfensters (Ackermann 1995)

***Situation:*** *aus Ackermann (1995)*

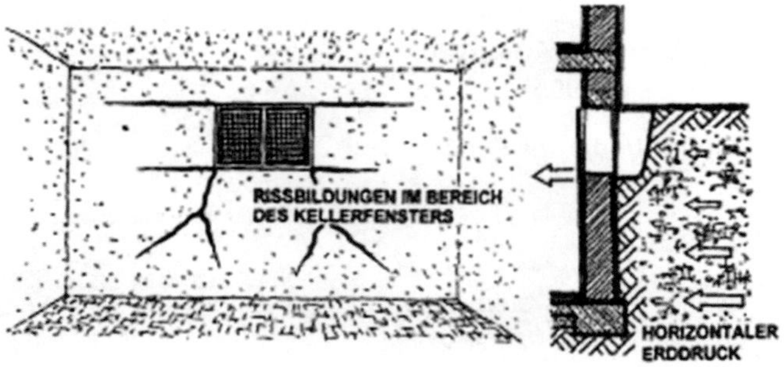


***Beschreibung der Schäden:***

*Rissbildungen im Bereich des Kellerfensters.*

*Der Brüstungsbereich des Kellerfensters ist besonders betroffen.*

***Schadensursache:***

*durch die Erddruckbelastung wird die Bruchfestigkeit des Wandbaustoffs erreicht. Fensteröffnungen in Kelleraußenwänden stellen immer eine Schwächung des Wandquerschnitts dar. An den Sturzbalken und Fensterecken bilden sich Risse.*

*Der Brüstungsbereich des Kellerfensters ist besonders gefährdet, weil in diesem Wandabschnitt keine Auflast vorhanden ist.*

□ 8.20: Beispiel 66: Zerstörung des unteren Mauersteins infolge hoher Schubbelastung (Ackermann, Knobloch 1960)

***Situation:*** *aus Ackermann, Knobloch (1960)*

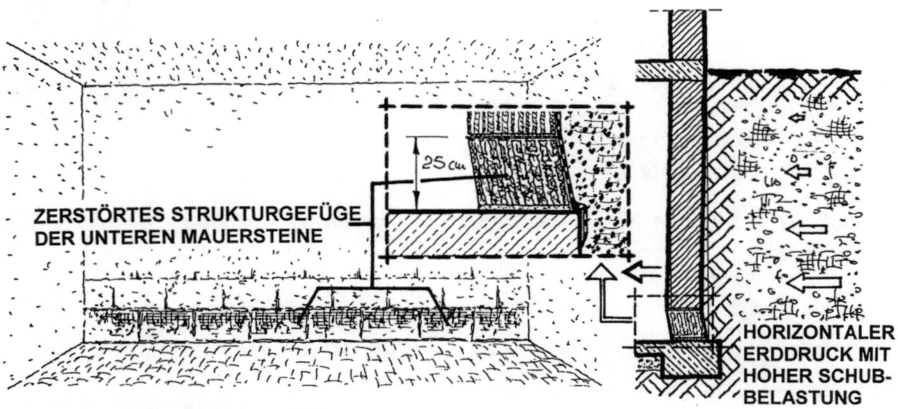


***Beschreibung der Schäden:***

*Zerstörtes Strukturgefüge der unteren Mauersteine*

***Schadensursache:***

*Durch die hohe Schubkraft des horizontalen Erddrucks wird der untere Mauerstein mit großen Scherkräften beansprucht. Bei einer Ausführung des Kelleraußenmauerwerks z. B. aus Hochlochziegeln, mit feingliedrigen Stegsäulen zwischen den Luftkammern, zerstören die Scherkräfte die Steinstruktur.*

□ 8.21: Beispiel 67: Rissbildung in einer Lagerfuge infolge großer Biegebelastung (Ackermann, Knobloch 1960)

***Situation:*** *aus Ackermann, Knobloch (1960)*

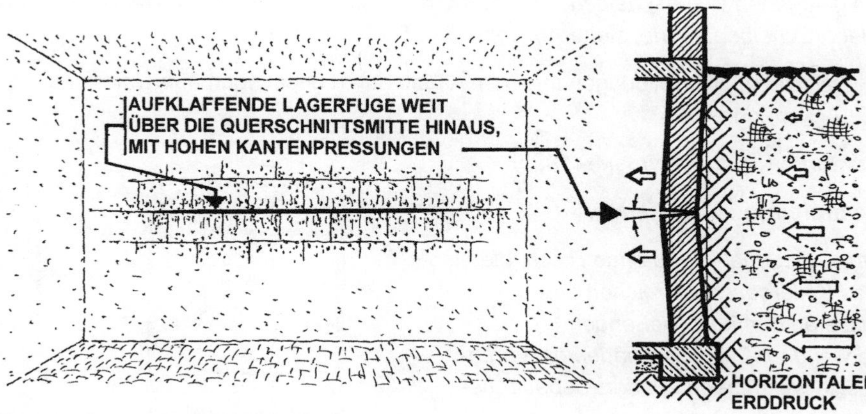


***Beschreibung der Schäden:***

*Aufklaffende Lagerfuge, weit über die Querschnittsmitte hinaus, mit hohen Kantenpressungen.*

***Schadensursache:***

*Zusammen mit der Auflast erzeugt die hohe Biegebeanspruchung aus dem horizontalen Erddruck eine große Ausmittigkeit der Last mit tiefer klaffender Fuge und hohem Druck an der belasteten Kante. Bei diesem Schadensbild ist die Standsicherheit der Wand nicht mehr gewährleistet*

□ 8.22: Beispiel 68: Rissbildungen in einem Altbau durch einen angrenzenden Neubau (Ackermann 1995)

***Situation:*** *aus Ackermann (1995)*

***Beschreibung der Schäden:***

*Schräg, diagonal verlaufende Risse, die bis in das Kellergeschoss reichen sowie Abrisse an den anschließenden Querwänden.*

*Die Rissschäden beschränken sich weitgehend auf den Gebäudebereich neben dem Neubau.*

***Schadensursache:***

*Durch die Last des Neubaus drückt sich die setzungsempfindliche Schicht im Baugrund zusammen. Eine Setzungsmulde entsteht, die bis unter den Altbau reicht (siehe Abschnitt 3).*

□ 8.22: Fortsetzung Beispiel 68: Rissbildungen in einem Altbau durch einen angrenzenden Neubau (Ackermann 1995)

*Durch die ungleichmäßigen Setzungen bilden sich Risse in den in der Nähe des Neubaus gelegenen Wandscheiben. Der Rissverlauf zeigt (□ 8.22), dass eine Kragwirkung vorliegt (Scheibentheorie, siehe Abschnitt 8.4.2).*

□ 8.23: Beispiel 69: Rissbildungen in einem Altbau durch unsachgemäße Unterfangung (Ackermann 1995)

***Situation:*** *aus Ackermann (1995)*

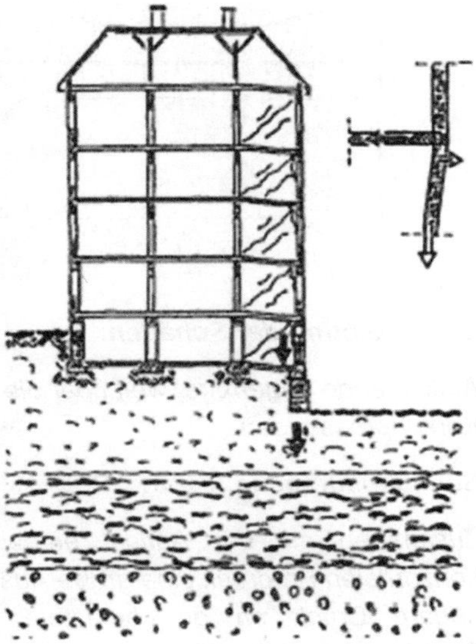

***Beschreibung der Schäden:***

*Schräg, diagonal verlaufende Risse, die bis in das Kellergeschoss reichen sowie Abrisse an den anschließenden Querwänden. Die Rissschäden beschränken sich weitgehend auf den Gebäudebereich neben der Grenzwand.*

***Schadensursache:***

*Ein ähnliches Rissbild wie in Beispiel 68 kann durch eine unsachgemäße Unterfangung der Grenzwand hervorgerufen werden. Die Schrägrisse werden durch die Hauptspannungstrajektorien bei auskragenden Wandscheiben bestimmt (siehe Abschnitt 8.4.2).*

□ 8.24: Beispiel 70: Abriss und Schiefstellung eines Treppenhauserkers infolge nicht ausreichend steifer Baugrubenumschließung (Ackermann 1995)

***Situation:*** *aus Ackermann (1995)*

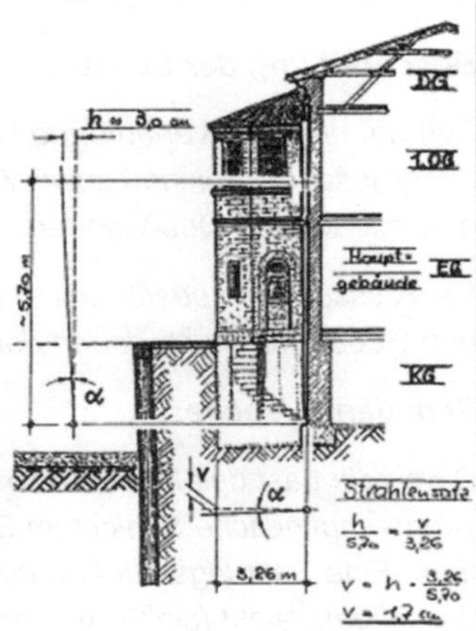


***Beschreibung der Schäden:***

*Schiefstellung des Treppenhauserkers, wobei am Anschluss zum Hauptgebäude ein von unten nach oben immer breiter werdender Riss entstand*

***Schadensursache:***

*Der Aushub einer Baugrube für eine Tiefgarage neben einem Bahnhofsgebäude führte zur Entspannung des Bodens vor den Grundmauern des Treppenhauserkers, weil der Baugrubenverbau nicht steif genug war.*

□ 8.25: Beispiel 71: Schäden an einem Fachwerkhaus infolge von Kanalbauarbeiten: a) Schnitt A-B, b) Grundriss 1.OG, c) Abriss und Schiefstellung (Ackermann 1995)

***Situation:*** *aus Ackermann (1995).*

*Ein Altbaukomplex besteht aus zwei gut ausgesteiften Fachwerkhäusern, die durch ein Treppenhaus verbunden sind (□ 8.25 a, b).*

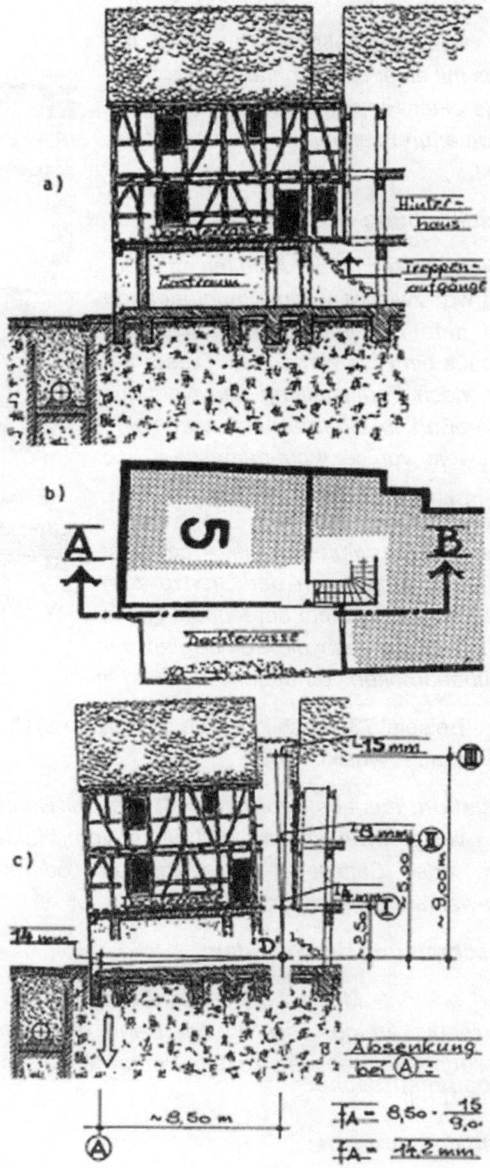


***Beschreibung der Schäden:***

*Durch Kanalverlegung in der Straße hat sich das Vorderhaus zur Straße hin insgesamt schiefgestellt. Hierdurch ist ein senkrechter Riss zwischen Vorder- und Hinterhaus entstanden (□ 8.25 c), der nach oben zu immer breiter wird*

*Rissbreiten:*

*Höhe bei I: ca. 2,5 m; Rissweite 4 mm, Höhe bei II: ca. 5,0 m; Rissweite 8 mm, Höhe bei III: ca. 9,0 m; Rissweite 15 mm.*

*In ca. 5,7 m Höhe im 1. Obergeschoß wurde eine Rissweite von 3 cm gemessen.*

***Schadensursache:***

*Setzung der Außenwand des Vorderhauses, die der Kanalbaugrube zugewandt ist.*

*Das verbindende Treppenhaus bildet die Schwachstelle der Gebäudeaussteifung, weshalb dort ein Riss entstehen kann!*

*Die ermittelten Rissbreiten (Höhe bei I: ca. 2,5 m: Rissweite 4 mm, Höhe bei II: ca. 5,0 m: Rissweite 8 mm, Höhe bei III: ca. 9,0 m: Riss-Seite 15 mm) erlauben eine überschlägliche Abschätzung der Setzung der straßenseitigen Außenwand (□ 8.25 c).*

*Durch den Riss im 1. Obergeschoß konnte hieraus (nach dem Strahlensatz) näherungsweise die Setzung der Grundmauervorderkante zu 1,7 cm ermittelt werden.*

□ 8.26: Beispiel 72: Abriss und Schiefstellung eines nicht unterkellerten Altbauteils infolge Unterfangung für einen angrenzenden Neubau (Ackermann 1995)

***Situation:*** *aus Ackermann (1995).*

*Ein nicht unterkellerter Teil eines Altbaus mit einer Hofdurchfahrt hat sich infolge einer Fundamentunterfangung für einen angrenzenden Neubau schief gestellt.*

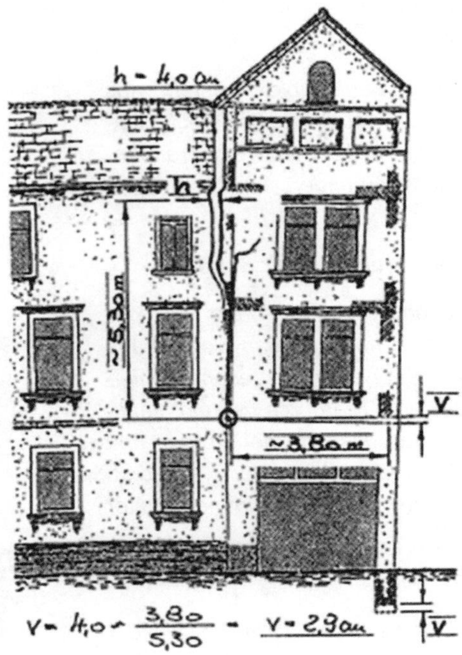


***Beschreibung der Schäden:***

*Schon vor Beginn der Arbeiten am Neubau war zwischen dem Hauptgebäude und dem nichtunterkellerten Teil des Altbaus ein Riss vorhanden. Dieser hat sich nach Fertigstellung des Neubaus vergrößert. Im Obergeschoß wurde eine Rissweite von ca. 4 cm gemessen.*

***Schadensursache:***

*Aus der Rissweite von ca. 4 cm lässt sich die Setzung an der Grenze zum Neubau auf ca. 3 cm berechnen. Hierin ist allerdings auch die vor Beginn der Neubauarbeiten vorhandene Setzung an dieser Stelle enthalten.*

□ 8.27: Beispiel 73: Rissbildung bei Sattellage a) Übersicht, b) Ausschnitte linke Ecke unten (nach Rybicki 1974)

***Situation:*** *aus aus Rybicki (1974). Bei der Beurteilung von Bauwerksrissen wird häufig von „Muldenlage“ oder „Sattellage“ eines Bauwerks oder von Bauwerksteilen gesprochen.*

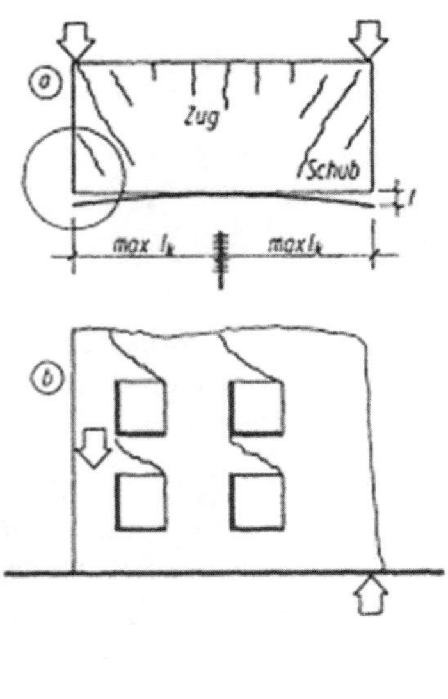


***Beschreibung der Schäden:***

*Man erkennt „Muldenlage“ oder „Sattellage“ eines Bauwerks an der Rissbildung. Denn die oberen Rissenden weisen stets zu dem Bauteil hin, das sich gesetzt hat.*

***Schadensursache:***

*Eine Muldenlage oder „innere Freilage“ des Bauwerks (□ 8.27 a und b) entsteht durch die Ausbildung einer Setzungsmulde infolge Spannungsüberlagerung (siehe Abschnitt 3).*

□ 8.27: Fortsetzung Beispiel 73: Rissbildung bei Sattellage a) Übersicht, b) Ausschnitte linke Ecke unten (nach Rybicki 1974)

*Wenn sich der Baugrund unter den Bauwerksrändern stärker setzt als in den mittleren Bauwerksbereichen, bildet sich eine Sattellage des Bauwerks („äußere Freilage" oder „Kraglage") dadurch aus, dass durch die unterschiedlichen Setzungen innerhalb der Gründungsfläche Teile des Bauwerks ein- oder beidseitig auskragen (siehe auch □ 8.27 a und b).*

□ 8.28: Beispiel 74: Rissbildung bei Setzung der vorderen Hausecke, Sattelachse nicht parallel zur Gebäudeachse (nach Rybicki 1974)

***Situation:*** *aus Rybicki (1974).*

*„Sattellage" eines Bauwerks*

***Beschreibung der Schäden:***

*Man erkennt die „Sattellage" an der Rissbildung. Denn die oberen Rissenden weisen stets zu dem Bauteil hin, das sich gesetzt hat.*

*Die Achsen des Sattels fallen nicht mit den Gebäudeachsen zusammen.*

***Schadensursache:***

*der Baugrund unter der Hausecke hat sich stärker gesetzt als in den mittleren Bauwerksbereichen. Die Hausecke kragt einseitig aus.*

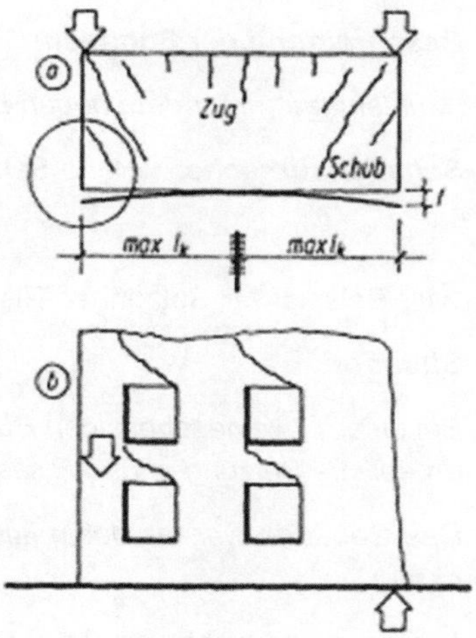


□ 8.29: Beispiel 75: Gleichzeitige Errichtung unterschiedlich schwerer Gebäudeteile (nach Rybicki 1974)

***Situation:*** *aus Rybicki (1974).*

*Gleichzeitige Errichtung eines schweren Baukörpers mit angrenzenden leichteren Baukörpern.*

***Beschreibung der Schäden:***

*Bei gleichzeitiger Errichtung eines schweren Baukörpers mit angrenzenden leichteren Baukörpern gerät das hohe Bauwerk in Muldenlage, die umgebenden niedrigen Bauwerke dagegen in Sattellage.*

***Schadensursache:***

*Größere Setzungen des zentralen Baukörpers.*

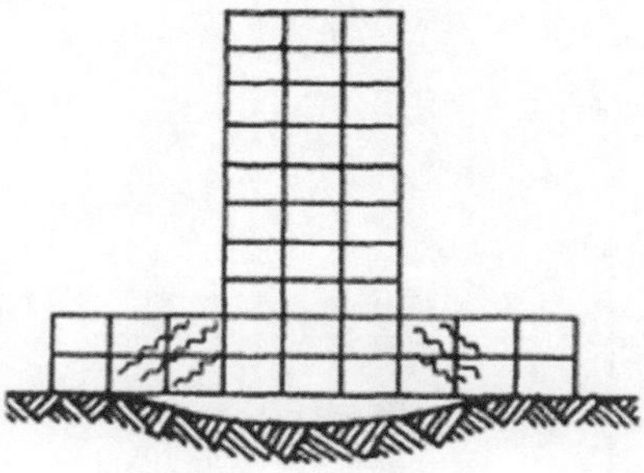

□ 8.30: Beispiel 76: Errichtung etwa gleich schwerer Gebäudeteile zu unterschiedlichen Zeiten (nach Rybicki 1974)

***Situation:***

*aus Rybicki (1974).*

*Etwa gleich schwere Gebäude, die aber zu unterschiedlichen Zeiten errichtet werden (Schließen einer Baulücke).*

***Beschreibung der Schäden:***

*„Muldenlage“ unter dem neuen Bauwerk*

***Schadensursache:*** *Neue Setzungen unter dem neuen Bauwerk*

□ 8.31: Beispiel 77: Setzungen/Risse durch den Einfluss von Bäumen (nach Dörken 1980)

***Situation:***

*Bei einem zweigeschossigen Bürogebäude traten, ca. 20 Jahre nach seiner Errichtung, erhebliche Setzungen und Risse auf, die immer grösser wurden.*

*Das Gebäude war bis dahin jahrzehntelang schadensfrei war. Umbauten mit zusätzlichen*

*Lasten waren nicht vorgenommen worden. Auch andere äußeren Einwirkungen kamen nicht in Frage.*

***Beschreibung der Schäden:***

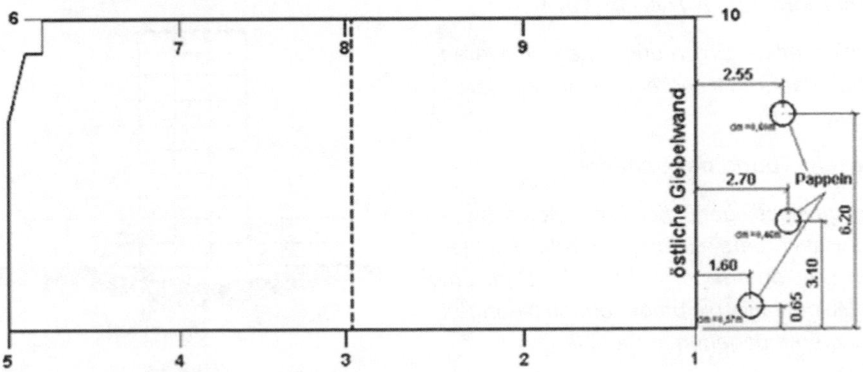


**Lageplan der Meßpunkte**

*Setzungsmessungen ergaben, dass sich das Gebäude z. B. am Messpunkt 1 um ca. 10 cm stärker gesetzt hatte als am Messpunkt 4.*

□ 8.31: Fortsetzung Beispiel 77: Setzungen/Risse durch den Einfluss von Bäumen (nach Dörken 1980)

***Schadensursache:***

*Die üblichen Ursachen für unterschiedliche Setzungen (siehe Abschnitt 3) müssen ausgeschlossen werden. Daher kamen als Ursache nur Bodenschrumpfungen durch Wasserentzug, und zwar durch die im Bereich der östlichen Giebelwand stehenden Pappeln, die inzwischen doppelt so hoch waren als das Gebäude, in Betracht. Für die Bäume als Schadensursache konnten folgende Argumente angeführt werden:*

- *die örtliche Begrenzung der Schäden auf den Einflussbereich der Bäume,*
- *die stetige Zunahme der Schäden in den letzten Jahren mit dem Wachstum der Bäume,*
- *die starke Zunahme der Schäden in den vergangenen, sehr trockenen Sommern.*

*Den endgültigen Beweis brachten:*

- ***Bodenuntersuchungen an Proben aus Schürfgruben**, die an der östlichen Giebelwand niedergebracht wurden. Bei dem stark durchwurzelten und staubtrockenen Boden handelte es sich um einen schluffigen Ton mit Mergeleinschlüssen, der sehr schrumpfempfindlich war. Sein Wassergehalt lag in der Nähe der Schrumpfgrenze (siehe Dörken / Dehne / Kliesch Teil 1, Abschnitt 4),*
- ***Setzungsbeobachtungen über eine längere Zeit**:*

*Setzungen und Hebungen der Messpunkte am Gebäude im Laufe des Jahres (nach Dörken 1980)*

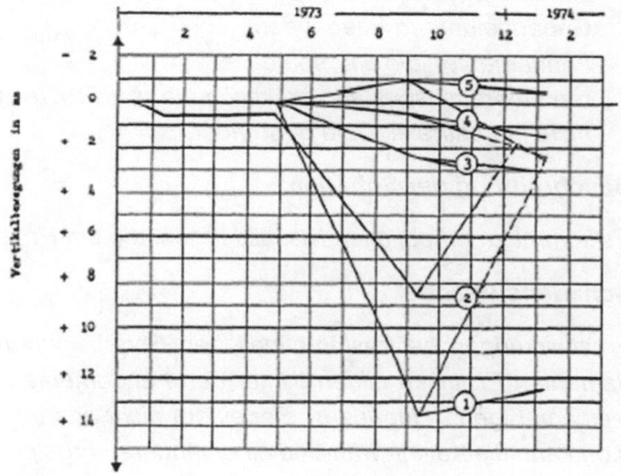


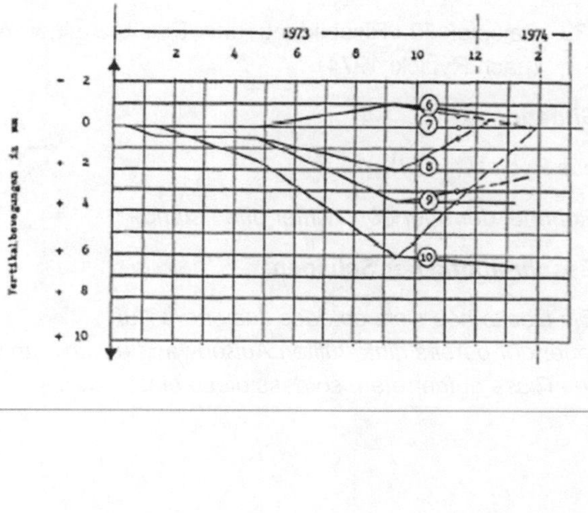

□ 8.31: Fortsetzung Beispiel 77: Setzungen/Risse durch den Einfluss von Bäumen (nach Dörken 1980)

*sie zeigten einen zyklischen Verlauf von Setzungen und Hebungen: Zunahme der Setzungen in der Wachstumsperiode von Mai bis Oktober, Hebungen vor allem in den Monaten September bis Februar.*

□ 8.32: Beispiel 78: Frosthebungen und Rissbildungen bei einem Rohbau (nach Rübener 1985)

***Situation:***

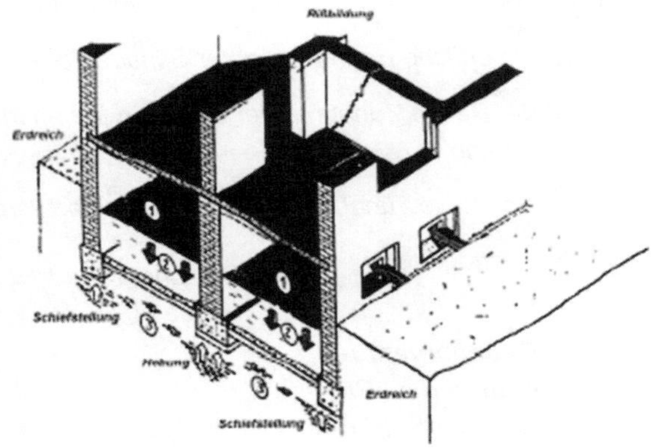


*aus Rübener (1985).*

*Der Boden ist frostempfindlich.*

*a) Die Gründung wurde nicht in frostfreier Tiefe (siehe Abschnitt 5) vorgenommen.*

*b) Der Rohbau wurde im Winter nicht ausreichend vor Frosteinflüssen geschützt. Die im Gebäudeinneren liegenden Fundamente, die im späteren Gebrauchszustand praktisch nie von Frosteinwirkungen betroffen sind, wurden nicht in frostfreier Tiefe gegründet.*

***Beschreibung der Schäden:***

*Es kommt zu erheblichen Rissbildungen, die auf Hebungen zurückzuführen sind.*

***Schadensursache:***

*Frostwirkungen: bei frostempfindlichem Boden können sich durch Kaltluft unter den Fundamenten Eislinsen bilden. Unter den Fundamenten kommt es deshalb zu - auch ungleichmäßigen - Hebungen. Bei einem nicht ausreichend geschützten Rohbau (Fall b, s.o.) kann die Kaltluft während einer längeren Frostperiode durch die offenen Kellerfenster und die Kellerräume (1, 2) in den Baugrund (3) eindringen.*

□ 8.33: Beispiel 79: Rissbildung und Einsturz einer Außenwand durch Frosteinwirkung (nach Rybicki 1974)

***Situation:***

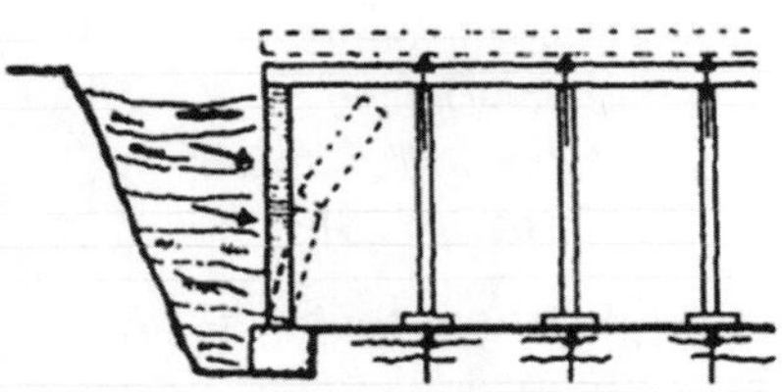

*aus Rybicki (1974).*

*Rohbau, der über den Winter offen stand.*

***Beschreibung der Schäden:***

*Die Decke hob sich, so dass das obere Auflager der bereits hinterfüllten Außenwand unwirksam wurde. In den Kellerwänden waren Risse aufgetreten, so dass diese einstürzten.*

□ 8.33: Fortsetzung Beispiel 79: Rissbildung und Einsturz einer Außenwand durch Frosteinwirkung (nach Rybicki 1974)

**Schadensursache:**

*Frostwirkungen: die "aufgefrorenen" Schalungsstützen hoben die Decke so weit an, dass das obere Auflager der bereits hinterfüllten Außenwand unwirksam wurde. Durch die Erddruckbelastung bildeten sich daraufhin die Risse in der Wand, und es kam schließlich zum Einsturz.*

□ 8.34: Beispiel 80: Unterfangung durch Einfüllen von Beton innen und außen (Ackermann 1999)

**Situation:**

*aus Ackermann (1999).*

*Unterfangung der Grenzwand eines mehrgeschossigen Wohnhauses*

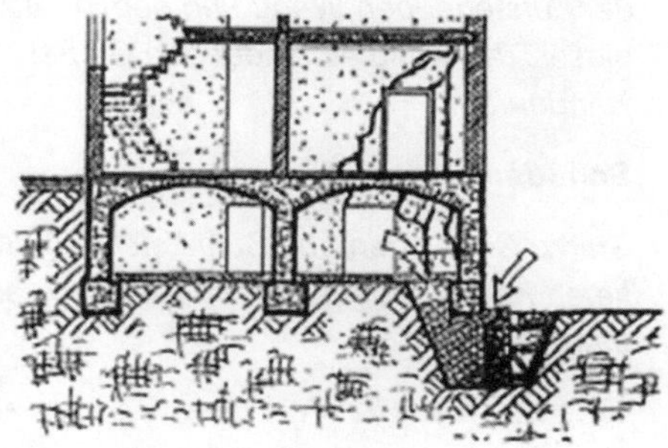

**Beschreibung der Schäden:**

*Der anstehende Kiesboden rutschte bis unter die Bodenplatte nach, so dass der Unterfangungsbeton nicht nur, wie üblich, von außen, sondern auch vom Gebäudeinneren her eingefüllt werden musste. Hierbei sind in der Grenzwand und in den Wänden, welche in diese Grenzwand einbinden, erhebliche Verformungen und Rissbildungen aufgetreten (□ 8.34 a).*

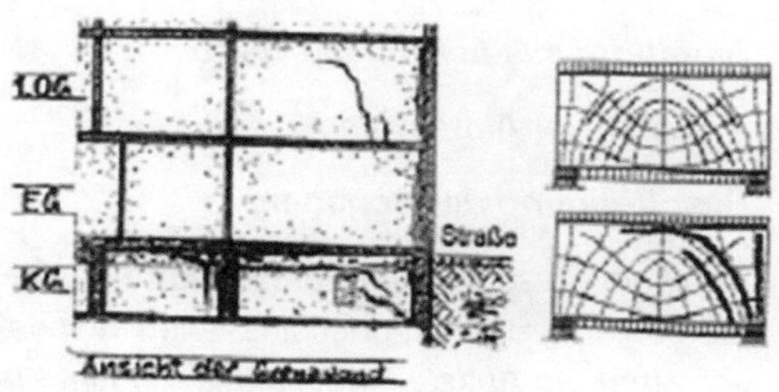


**Schadensursache:**

*Die Regeln der DIN 4123 ("Gebäudesicherung im Bereich von Ausschachtungen, Gründungen und Unterfangungen") wurden nur unzureichend beachtet (Dörken / Dehne / Kliesch, Teil 3). Dies führte zu einer mangelhaften Sicherung.*

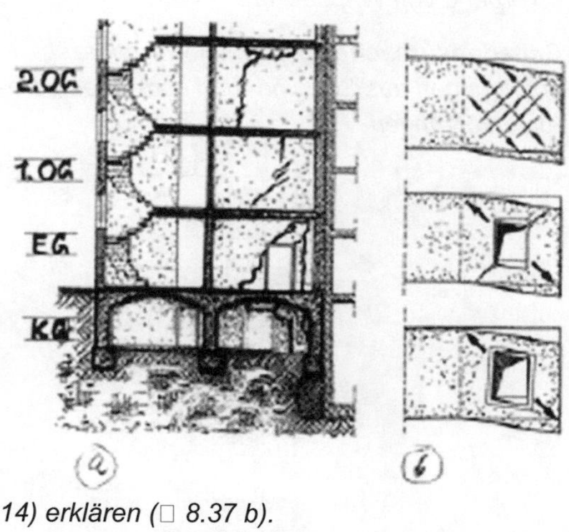


*Der Rissverlauf in der Grenzwand lässt sich mit Hilfe der Spannungstrajektorien für eine Mehrfeldwandscheibe (□ 8.13 b), der Rissverlauf in den einbindenden Wänden mit Hilfe der Spannungstrajektorien für eine auskragende Wandscheibe (□ 8.14) erklären (□ 8.37 b).*

□ 8.35: Beispiel 81: Rissbildungen in einem Einfamilienhaus infolge mangelhafter Bauausführung eines in geringem Abstand verlaufenden Kanalgrabens (Ackermann 1999)

***Situation:***

*aus Ackermann (1999).*

*Bauausführung eines in geringem Abstand verlaufenden Kanalgrabens*

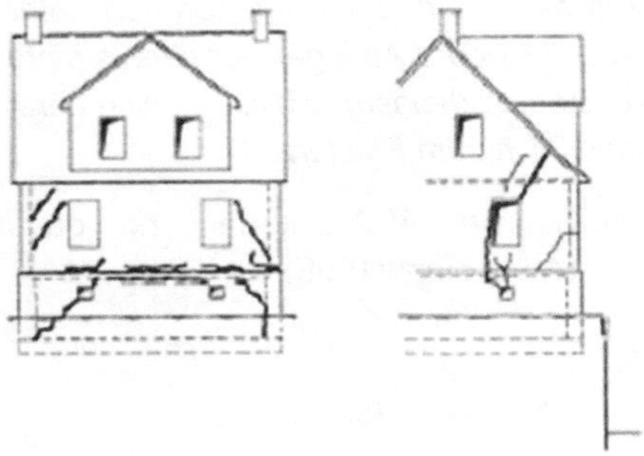

***Beschreibung der Schäden:***

*Es traten erhebliche Rissbildungen in der aufstehenden Wand und den in diese Traufwand einbindenden Giebelwänden auf.*

***Schadensursache:***

*Starke Setzungen und Schiefstellung durch mangelhafte Bauausführung eines 3,6 m tiefen Kanalgrabens, der im Abstand von ca. 80 cm an einem Einfamilienhaus vorbeiführt.*

□ 8.36: Beispiel 82: Vertikaler Riss in einer breiten Außenwand infolge von Schwind-/Temperaturverkürzung (Ackermann 1999)

***Situation:*** *aus Ackermann (1999).*

*Ansicht einer Außenwand*

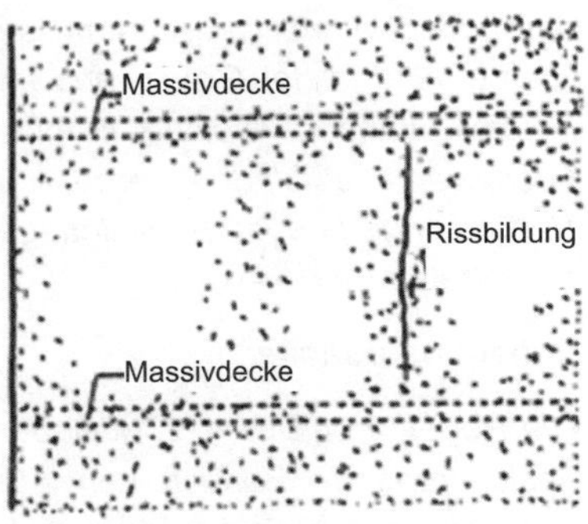


***Beschreibung der Schäden:***

*Vertikale Risse z. B. im Bereich von Fensteröffnungen, in breiteren, geschlossenen Wandabschnitten, an Aussteifungsstützen und im Mauerverband von Wandecken.*

***Schadensursache:*** *Horizontale Zwangszugspannungen aus Schwind- und / oder Temperaturverkürzungen*

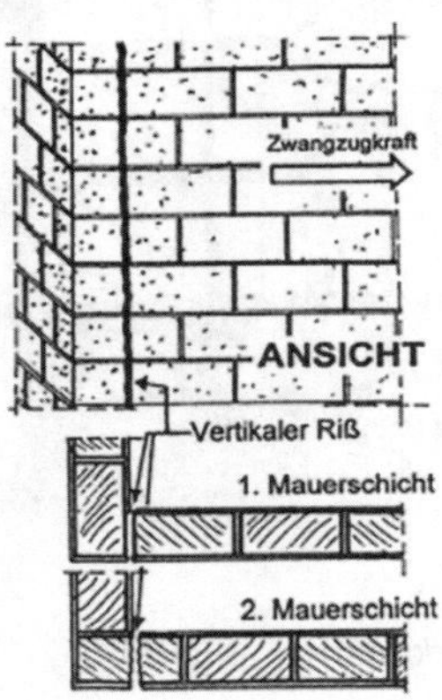


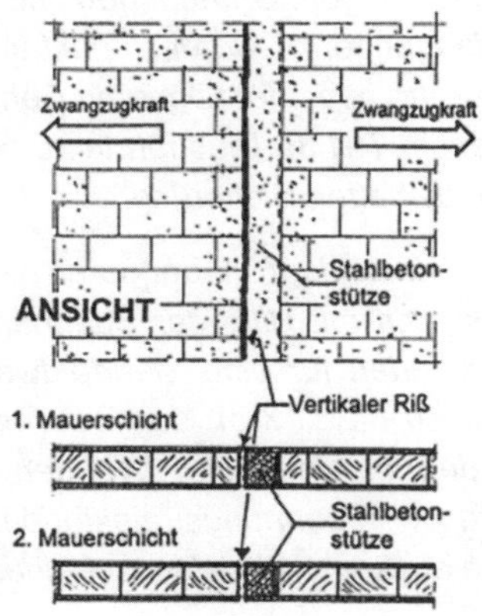

□ 8.37: Beispiel 83: Schräge und horizontale Risse infolge von horizontalen Zwangsspannungen aus Schwinden (Ackermann 1999)

***Situation:*** *aus Ackermann (1999).*

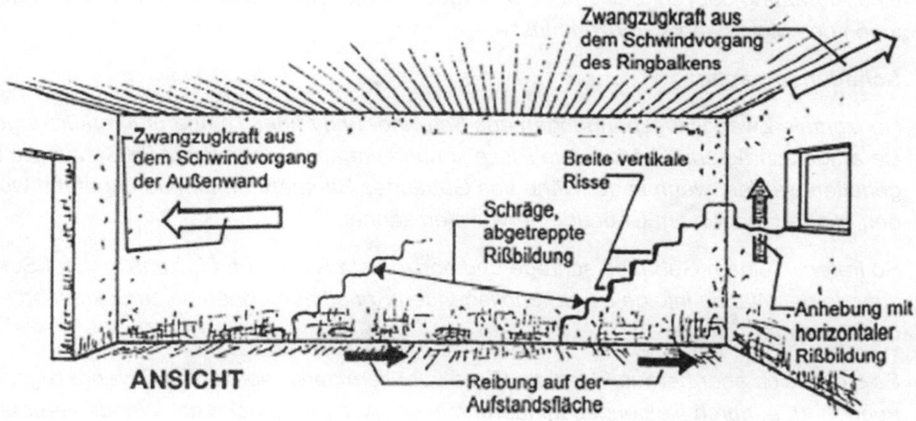


***andere Ansicht:***

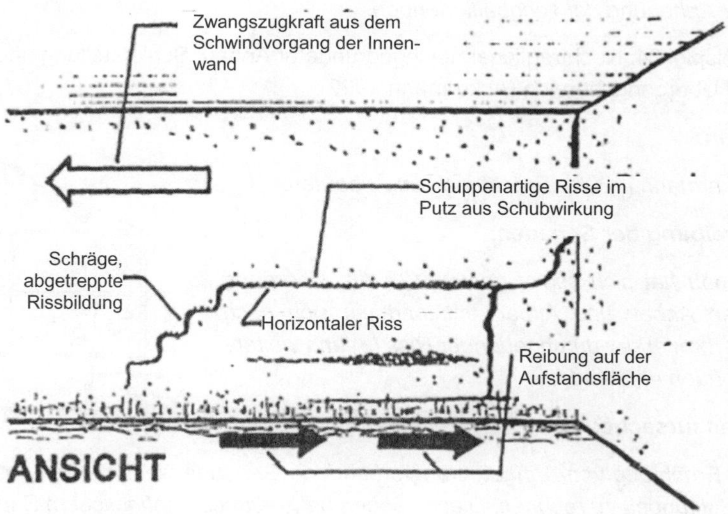


***Beschreibung der Schäden:***

*Es wurden schräge und horizontale Risse festgestellt.*

*Horizontale Verformungen konnten durch größere Rissbreiten in den Stoßfugen und dadurch identifiziert werden, dass sich horizontale Schubrisse, die dem Verlauf einer Lagerfuge folgen, schuppenartige, kurze Risse im Putz zeigten.*

□ 8.37: Fortsetzung Beispiel 83: Schräge und horizontale Risse infolge von horizontalen Zwangsspannungen aus Schwinden (Ackermann 1999)

*Im Bereich der Außenwandecken des auf den Wänden liegenden Ringbalkens wurde eine Anhebung der Ringbalkenenden festgestellt. Hierdurch bildeten sich in den Lagerfugen des Mauerwerks Horizontalrisse.*

***Schadensursache:***

*Horizontale Zwangszugspannungen aus Schwind- und / oder Temperaturverkürzungen. Derartige schräge und horizontale Risse können vor allem dann leicht für Setzungsrisse gehalten werden, wenn in der Nähe des Gebäudes Baumaßnahmen durchgeführt wurden, die Setzungen am Gebäude hervorrufen können.*

*So traten in einem Gebäude schräge und horizontale Risse auf, die zunächst auf Setzungen der Wände infolge einer naheliegenden Kanalbaumaßnahme zurückgeführt worden waren.*

*Es stellte sich aber heraus, dass die Risse vor allem durch horizontale Zwangszugspannungen, u. a. durch Reibungsbehinderung in der Aufstandsfläche der Wände verursacht wurden. Vorwiegend horizontale Schubrisse, die dem Verlauf einer Lagerfuge folgen, zeigten schuppenartige, kurze Risse im Putz, die aus dem horizontalen Verschiebungsversatz entstehen. Die Verkürzung des auf den Wänden liegenden Ringbalkens führte zu einer Anhebung der Ringbalkenenden.*

□ 8.38: Beispiel 84: Nachträglicher, flachgegründeter Anbau: Schiefstellung und Rissbildung im Übergangsbereich (Ackermann 1999)

***Situation:***

*aus Ackermann (1999). Errichtung von Anbauten.*

***Beschreibung der Schäden:***

*Der Anbau hat sich schief gestellt (2). Am Übergang zwischen Anbau und Altbau entstand ein sich nach oben verbreitender durchgehender Riss (3) und weitere Rissschäden entstanden.*

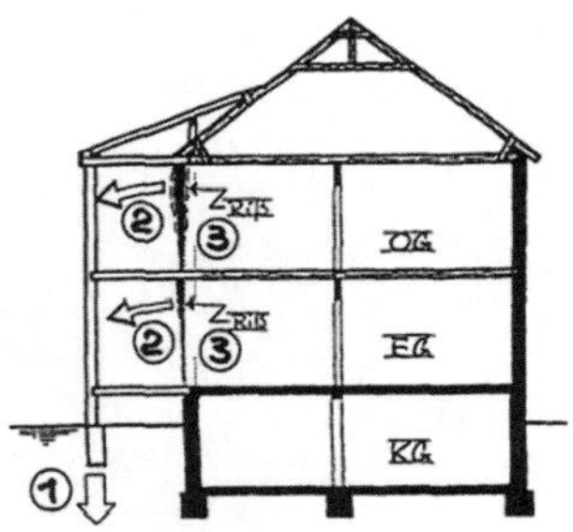


***Schadensursache:***

*Bei der Errichtung von Anbauten an vorhandene Gebäude ist immer mit unterschiedlichen Setzungen zu rechnen. Diese können bei setzungsempfindlichem Baugrund erhebliche Schäden verursachen.*

*Das flach gegründete Fundament (1) eines nachträglichen Anbaus an das Wohnhaus hat sich stark gesetzt, während die Setzungen der in tieferen und damit tragfähigeren Schichten gegründeten Fundamente des Altbaus längst abgeschlossen waren. Hierdurch hat sich der Anbau schief gestellt (2). Da versäumt wurde, zwischen Anbau und Altbau eine durchgehende Bauwerksfuge anzuordnen, war am Übergang zwischen Anbau und Altbau ein sich nach oben verbreitender durchgehender Riss (3) sowie weitere Rissschäden zu erwarten.*

# Anhang A: Symbole und Abkürzungen

(Begriffe, Formeln, Zeichen nach Handbuch Eurocode 7)

| Formelzeichen und Nebenzeichen | Benennung | Einheit (Beispiele) |
|---|---|---|
| $A$ | Sohlfläche des Gründungskörpers | kN/m |
| $a$ | Lastausbreitungsmaß, Achsabstand; größere Fundamentlänge | m |
| $A'$ | rechnerische Sohlfläche; reduzierte Sohlfläche des Gründungskörpers | $m^2$ |
| $a'$ | größere Länge der rechnerischen Grundfläche des ausmittig belasteten Gründungskörpers | m |
| $A_c$ | gedrückter Teil einer Sohlfläche | $m^2$ |
| $A_d$ | Bemessungswert einer außerordentlichen Einwirkung | |
| $a_d$ | Bemessungswert einer geometrischen Angabe | - |
| $A_E$ | Einschnittsfläche | $m^2$ |
| $A_{Ed}$ | Bemessungswert einer Einwirkung infolge von Erdbeben nach DIN EN 1990:2010-12, Tabelle A 1.3 | |
| $A_k$ | Auftriebskraft, -spannung | kN; kN/m; $kN/m^2$ |
| $A_n$ | Querschnittsfläche (netto) | $cm^2$ |
| $a_{nom}$ | Nennwert einer geometrischen Angabe | - |
| $\Delta a$ | Sicherheitszuschlag für die Nennwerte geometrischer Angaben bei speziellen Nachweisen | |
| $B$ | Fundamentbreite | kN/m |
| $b$ | Fundamentbreite, Breite einer Lamelle; kleinere Fundamentlänge | m |

| Formelzeichen und Nebenzeichen | Benennung | Einheit (Beispiele) |
|---|---|---|
| | | |
| $B_B$ | Resultierende Stützkraft aus den Bettungsspannungen im Bodenauflager | kN/m |
| | | |
| $B_{h,d}$ | Bemessungswert der Horizontalkomponenten der resultierenden Auflagerkraft einer Stützwand im Boden/Bodenreaktion | kN/m |
| $B_{h,k}$ | Horizontalkomponente der resultierenden charakteristischen Auflagerkraft einer Stützwand im Boden | kN/m |
| | | |
| $B_k$ | Charakteristischer Wert der seitlichen Bodenreaktion an einem Fundament; resultierende charakteristische Auflagerkraft/Bodenreaktion | kN/m |
| | | |
| $B_{v,k}$ | Vertikalkomponente von $B_k$ | kN/m |
| | | |
| $b_B$ | kürzere Fundamentbreite | m |
| | | |
| $b_L$ | längere Fundamentbreite | m |
| | | |
| $b_B$‘ | Reduzierte Fundamentbreite $b_B$ | m |
| | | |
| $b_L$‘ | Reduzierte Fundamentbreite $b_L$ | m |
| | | |
| b‘ | rechnerische Fundamentbreite; kleinere Länge der rechnerischen Grundfläche des ausmittig belasteten Grundkörpers | M |
| | | |
| $b_x$ | Breite des Grundkörpers in x-Richtung | M |
| | | |
| $b'_x$ | Reduzierte Breite des Grundkörpers in x-Richtung | M |
| | | |
| $b_y$ | Breite des Grundkörpers in y-Richtung | m |
| | | |
| $b'_y$ | Reduzierte Breite des Grundkörpers in y-Richtung | m |
| | | |
| C | Ersatzkraft nach Blum, Kohäsionskraft in einer Gleitfläche eines Gleitkörpers | kN/m |
| | | |
| c | Kohäsion des Bodens, allgemein | kN/m$^2$ |
| | | |
| $C_B$ | Faktor nach Beyer | *) Verhältnisgröße |
| | | |
| $C_C$ | Krümmungszahl | *) Verhältnisgröße |
| | | |
| | | |

| **Formelzeichen und Nebenzeichen** | **Benennung** | **Einheit (Beispiele)** |
|---|---|---|
| | | |
| $c_c$ | Kapillarkohäsion des nichtbindigen Bodens | kN/m$^2$; MN/m$^2$; kN/m$^3$ |
| | | |
| $C_d$ | maßgebendes Kriterium für die Gebrauchstauglichkeit | kN/m |
| | | |
| $C'_k$ | Charakteristischer Wert der Kohäsion des dränierten Bodens (der effektiven Kohäsion) | |
| | | |
| $C_U$ (früher: U) | Ungleichförmigkeitszahl | *) Verhältnisgröße |
| | | |
| $c_u$ | Kohäsion im undränierten Zustand; Scherfestigkeit (Kohäsion) des undränierten Bodens allgemein | kN/m$^2$; MN/m$^2$; kN/m$^3$ |
| | | |
| $c_{u,k}$ | Charakteristischer Wert der Kohäsion (Scherfestigkeit) $c_u$ des undränierten (nicht entwässerten) Bodens | kN/m² |
| | | |
| $c_{u;d}$ | Bemessungswert von $c_u$ | kN/m$^2$; MN/m$^2$; kN/m$^3$ |
| | | |
| $C_{U,F}$ (früher: $U_F$) | Ungleichförmigkeitszahl für den Filter | *) Verhältnisgröße |
| | | |
| c‘ | Wirksame Kohäsion | kN/m$^2$; MN/m$^2$; kN/m$^3$ |
| | | |
| D | Lagerungsdichte | *) Verhältnisgröße |
| | | |
| d | Einbindetiefe; geringste Gründungstiefe unter Gelände bzw. unter Oberkante Kellersohle | m |
| | | |
| $d_F$ | Dicke des Fundaments | |
| | | |
| $d_S$ | Grenztiefe | m |
| | | |
| $D_{Pr}$ | Verdichtungsgrad | *) Verhältnisgröße |
| | | |
| $d_W$ | Abstand zwischen Grundwasserspiegel und Gründungssohle | |
| | | |
| E | Erddruckkraft, Beanspruchung | kN/m |
| | | |
| e | Ordinate des Erddruckes | kn/m$^2$ / m |
| | | |
| e | Porenzahl | *) Verhältnisgröße |
| | | |

| **Formelzeichen und Nebenzeichen** | **Benennung** | **Einheit (Beispiele)** |
|---|---|---|
| $E_a$ | Aktive Erddruckkraft | kN/m |
| $e_a$ | Ordinate des aktiven Erddruckes; Ausmittigkeit der Sohldruckresultierenden in Richtung a | kN/m² |
| $E_{a,d}$ | Bemessungswert der Aktiven Erddruckkraft, -last | kN; kN/m |
| $E_{a,k}$ | Charakteristische Aktive Erddruckkraft, -last | kN; kN/m |
| $E_{ah,k}$ | Horizontalkomponente der charakteristischen aktiven Erdruckkraft $E_{a,k}$ | kN/m |
| $E_{av,k}$ | Vertikalkomponente der charakteristischen aktiven Erddruckkraft $E_{a,k}$ | kN/m |
| $e_b$ | Ausmittigkeit der Sohldruckresultierenden in Richtung b | |
| $E_d$ | Bemessungswert der Beanspruchungen allgemein | kN/m |
| $E_{d,i}$ | Bemessungswert der i-ten Beanspruchung | |
| $E_{dst;d}$ | Bemessungswert der destabilisierenden Beanspruchungen | kN/m |
| $E_{G,d}$ | Bemessungswert der Beanspruchungen aus ständigen Einwirkungen | kN/m |
| $E_{G,k}$ | Charakteristischer Wert der Beanspruchung aus ständigen Einwirkungen; charakteristische Beanspruchung infolge ständiger Einwirkungen allgemein | |
| $E_{ij}$ | Erddruck in einer Schnittfläche | kN/m |
| $E_k$ | Charakteristischer Wert einer Beanspruchung; allgemein | |
| $E_{k,i}$ | i-te charakteristische Beanspruchung | |
| $e_L$, $e_B$ | Ausmittigkeiten von resultierenden bzw. repräsentativen Beanspruchungen in der Fundamentsohle | kN/m² |
| $E_M$ | Beanspruchung (Moment) | kNm/m |

| Formelzeichen und Nebenzeichen | Benennung | Einheit (Beispiele) |
|---|---|---|
| $E_m$ | Zusammendrückungsmodul | |
| $E_p$ | Erdwiderstand (passive Erddruckkraft) | kN/m |
| $E_{p,d}$ | Bemessungswert des Erdwiderstandes (der passiven Erddruckkraft) | kN/m |
| $E_{ph,d}$ | Bemessungswert der Horizontalkomponente des Erdwiderstands (der passiven Erddruck-kraft); Horizontalkomponente von $E_{p,d}$ | kN/m |
| $E_{ph,k}$ | Horizontalkomponente des charakteristischen Erdwiderstands (der passiven Erddruckkraft); Charakteristische Passive Erddrucklast | kN/m |
| $E_{p,k}$ | Charakteristischer Erdwiderstand (passive Erddruckkraft) | kN/m |
| $E_{p,red}$, $e_{p,red}$ | Reduzierter Erdwiderstand | kN/m |
| $e_p$ | Ordinate des Erdwiderstands im Grenzzu-stand | $kN/m^2$ |
| ${}_{min}e$ | Porenzahl bei dichtester Lagerung | *) Verhältnisgröße |
| ${}_{max}e$ | Porenzahl bei lockerster Lagerung | *) Verhältnisgröße |
| (mob) $E_p$ | Mobilisierter Erdwiderstand im Gebrauchszu-stand | kN/m |
| $e_{p,k}$ | Charakteristischer Wert des passiven Erddrucks | $kN/m^2$ |
| $e_{p,mob,k}$ | Mobilisierter Anteil von $e_{p,k}$ | $kN/m^2$ |
| $e_{ph,k}$ | Horizontalkomponente von $e_{p,k}$ | $kN/m^2$ |
| $E_{Q,d}$ | Bemessungswert der Beanspruchung aus veränderlichen Einwirkungen allgemein | kN/m |
| $E_{Q,k}$ | Charakteristischer Wert der Beanspruchung aus veränderlichen Einwirkungen allgemein | kN/m |
| $E_{Q,rep}$ | repräsentativer Wert der Beanspruchung aus veränderlichen Einwirkungen | kN/m |

| **Formelzeichen und Nebenzeichen** | **Benennung** | **Einheit (Beispiele)** |
|---|---|---|
| $e_r$ | Zulässige Ausmittigkeit der charakteristischen Sohldruckresultierenden eines runden Fundamentes | $kN/m^2$ |
| $E_{rep}$ | Repräsentative Beanspruchung | kN/m |
| $E_s$ | Steifemodul | $MN/m^2$ |
| $E_{s,k}$ | Charakteristischer Wert des Steifemoduls | kN/m |
| $E_{stb;d}$ | Bemessungswert der stabilisierenden Beanspruchungen | kN/m |
| $E_V$ | Verbleibende Erdruhedruckkraft unterhalb der Baugrubensohle | kN/m |
| $E_v$ | Verformungsmodul | $MN/m^2$ |
| $e_x$ | Ausmittigkeit der maßgebenden Sohldruckresultierenden in x- Richtung | |
| $e_y$ | Ausmittigkeit der maßgebenden Sohldruckresultierenden in y-Richtung | |
| $E_0$ | Erdruhedruckkraft | kN/m |
| $E_{0,d}$ | Bemessungswert der Erdruhedruckkraft, -last | kN; kN/m |
| $E_{0,k}$ | Charakteristische Erdruhedruckkraft, -last | kN; kN/m |
| $e_0$ | Ordinate des Erdruhedruckes | $KN/m^2$ |
| F | Einwirkung, resultierende Kraft | - / kN/m |
| $F_C$ | Resultierende von Kohäsionskräften | kN/m |
| $f_{c,o,d}$ | Bemessungswert der Festigkeit bei Druckbeanspruchung parallel zur Faserrichtung | $kN/cm^2$ |
| $f_{c,9o,d}$ | Bemessungswert der Festigkeit bei Druckbeanspruchung senkrecht zur Faserrichtung | $kN/cm^2$ |
| $F_d$ | Bemessungswert einer Einwirkung allgemein | kN/m |
| $F_k$ | Charakteristischer Wert einer Einwirkung allgemein | kN/m |

| Formelzeichen und Nebenzeichen | Benennung | Einheit (Beispiele) |
|---|---|---|
| | | |
| $F_{k,i}$ | Charakteristischer Wert der i-ten Einwirkung allgemein | |
| | | |
| $f_{m,d}$ | Bemessungswert der Festigkeit bei Biegebeanspruchung | kN/cm² |
| | | |
| $f_{m,y,d}$ | Bemessungswert der Festigkeit $f_{m,d}$ bei Biegebeanspruchung um die y-Achse | kN/cm² |
| | | |
| $f_{m,z,d}$ | Bemessungswert der Festigkeit $f_{m,d}$ um die y-Achse | kN/cm² |
| | | |
| $f_q$ | Multiplikationsfaktor für veränderliche Lasten | - |
| | | |
| $F_{rep}$ | Repräsentativer Wert einer Einwirkung | kN/m |
| | | |
| $f_s$ | spezifische Strömungskraft; Reibungswiderstand (Drucksonde) | kN/m²; MN/m² |
| | | |
| $F_{s,k}$ | Charakteristische Reibungskräfte im Grenzzustand ULS | kN; kN/m; kN/m² |
| | | |
| $f_{t,k}$ | Charakteristischer Wert der Zugfestigkeit des Stahlzuggliedes | N/mm²; MN/m² |
| | | |
| $F_{t,Q,rep}$ | Charakteristischer bzw. repräsentativer Wert der Zugbeanspruchung eines Pfahls oder einer Pfahlgruppe infolge von ungünstigen veränderlichen Einwirkungen | kN/m |
| | | |
| $F_{tr;d}$ | Bemessungswert der Querbelastung eines Pfahles oder einer Pfahlgruppe | kN/m |
| | | |
| $f_{t,0.1,k}$ | Charakteristischer Wert der Spannung bei 0.1% bleibender Dehnung bei Spannstahl | N/mm²; MN/m² |
| | | |
| $f_{t,0.2,k}$ | Streckgrenze bzw. charakteristischer Wert der Spannung bei 0.2% bleibender Dehnung bei Betonstahl | N/mm²; MN/m² |
| | | |
| fx, $f_y$ | Einflusswerte für die Schiefstellung | |
| | | |
| G | Eigenlast, Index für ständige Einwirkung. Totale Eigenlast einer Lamelle oder eines Gleitkörpers | kN/m |
| | | |
| g | Index zur Kennzeichnung der Eigenwichte des Bodens, Ständige Flächenlast | kN/m² |

| **Formelzeichen und Nebenzeichen** | **Benennung** | **Einheit (Beispiele)** |
|---|---|---|
| | | |
| $G_{dst;d}$ | Bemessungswert der ständigen destabilisierenden Einwirkungen beim Nachweis gegen Aufschwimmen | kN/m |
| | | |
| $G_{dst,k}$ | Charakteristischer Wert ständiger destabilisierender vertikaler Einwirkungen | kN/m |
| | | |
| $G_{E,k}$ | Charakteristische Gewichtskraft des an einer Zugpfahlgruppe angehängten Bodens | kN/m |
| | | |
| $G_k$ | Charakteristischer Wert der ständigen vertikalen Einwirkungen | kN/m |
| | | |
| $G_{k,stb}$ | Charakteristische ständige Einwirkung im Grenzzustand ULS | kN; kN/m; kN/m² |
| | | |
| $G_{stb;d}$ | Bemessungswert der ständigen stabilisierenden vertikalen Einwirkungen beim Nachweis gegen Aufschwimmen | kN/m |
| | | |
| $G_{stb,k}$ | Unterer charakteristischer Wert stabilisierender ständiger vertikaler Einwirkungen des Bauwerks | kN/m |
| | | |
| $G'_{stb;d}$ | Bemessungswert der ständigen stabilisierenden vertikalen Einwirkungen beim Nachweis der Sicherheit gegen Aufschwimmen (mit der Wichte des Bodens unter Auftrieb) | kN/m |
| | | |
| GZ | Grenzzustand (alte Bezeichnung) | - |
| | | |
| GZ 1 | Grenzzustand der Tragfähigkeit (alte Bezeichnung) | - |
| | | |
| GZ 1A | Grenzzustand „Verlust der Lagesicherheit“ (alte Bezeichnung) | |
| | | |
| GZ 1B | Grenzzustand „Versagen von Bauwerken und Bauteilen“ (alte Bezeichnung) | - |
| | | |
| GZ 1C | Grenzzustand „“Verlust der Gesamtstandsicherheit“ (alte Bezeichnung) | - |
| | | |
| GZ 2 | Grenzzustand der Gebrauchstauglichkeit (alte Bezeichnung) | - |
| | | |
| | | |
| | | |

| **Formelzeichen und Nebenzeichen** | **Benennung** | **Einheit (Beispiele)** |
|---|---|---|
| $h$ | Wandhöhe | m |
| $h$ | Wasserspiegelhöhe beim hydraulischen Grundbruch | m |
| $H'$ | Abstand von Geländeoberfläche bis Ende der Erddruckumlagerung | m |
| $h'$ | Höhe des beim Nachweis des hydraulischen Grundbruchs untersuchten Bodenprismas | m |
| $h_c$ | Risstiefe in kohäsivem Boden | m |
| $H_d$ | Bemessungswert von H; Bemessungswert der horizontalen Beanspruchung am Wand- oder Bohrträgerfuß | kN/m |
| $H_{G,k}$ | Ständiger Anteil von $H_k$ | kN/m |
| $H_k$ | Charakteristischer Wert der Horizontallast H; Horizontalkomponente der charakteristischen Sohldruckbeanspruchung | kN/m |
| $h_k$ | kapillare Steighöhe | m |
| $h_n$ | Schichtdicke der Natur | |
| $H_{Q,rep}$ | Veränderlicher und repräsentativer Anteil von H unter Berücksichtigung der Kombinationsregeln | kN/m |
| $H_s$ | Sohlwiderstandskraft | |
| $h_s$ | Ortshöhe der Grundwasseroberfläche über der Gleitlinie; Höhe des Bauwerkschwerpunktes über der Sohle | m |
| $h_u$ | hydrostatische Druckhöhe über der Gleitlinie | m |
| $h_v$ | Probehöhe im Versuch | |
| $h_w$ | Wasserspiegelhöhe | m |
| $h_{w;k}$ | Charakteristischer Wert der Wasserdruckhöhe am Fuß eines auf hydraulischen Grundbruch untersuchten Bodenprismas | m |

| **Formelzeichen und Nebenzeichen** | **Benennung** | **Einheit (Beispiele)** |
|---|---|---|
| $\Delta h$ | Wasserspiegeldifferenz zwischen Grundwasser und Außenwasser | m |
| $\Delta\Delta h$ | Potentialunterschied zwischen zwei Potentiallinien | m |
| $I_c$ | Konsistenzzahl | |
| $i$ | hydraulisches Gefälle; Einflussbeiwerte | *) Verhältnisgröße |
| $i_b$ | Lastneigungsbeiwert für den Einfluss der Fundamentbreite | |
| $i_c$ | Lastneigungsbeiwert für den Einfluss der Kohäsion | |
| $i_d$ | Lastneigungsbeiwert für den Einfluss der Gründungstiefe | |
| $i_{ij}$ | innere Gleitlinie zwischen den Gleitkörpern i und j | - |
| $K$ | Systemsteifigkeit | |
| $k$ | Verhältnis $\delta_d / \varphi_{cv,d}$ | - |
| $k$ | Durchlässigkeitsbeiwert | m/s |
| $k$ | Index zur Kennzeichnung von charakteristischen Werten | - |
| $K_a$ | Beiwert des aktiven Erddruckes | - |
| $k_c$ | Knickbeiwert | |
| $K_p$ | Beiwert des Erdwiderstandes | kN/m² |
| $k_s$ | Kriechmaß; Proportionalitätsfaktor | mm |
| $k_{s,k}$ | Charakteristischer Wert des Bettungsmoduls | MN/m³ |
| $K_0$ | Ruhedruckbeiwert | - |
| $k_0$ | Ruhedruckbeiwert | - |
| $k_{0;\beta}$ | Ruhedruckbeiwert bei unter dem Winkel β ansteigendem Gelände | - |

| Formelzeichen und Nebenzeichen | Benennung | Einheit (Beispiele) |
|---|---|---|
| $L$ | Fundamentlänge, Länge der Zugelemente | m |
| $l$ | Fundamentlänge | m |
| $l, l_s$ | Maße im Gleitflächenbild | m |
| $l_b$ | Das kleinere Rastermaß einer Pfahlgruppe | m |
| $I_C$ | Konsistenzzahl | *) Verhältnisgröße |
| $l_c$ | Länge einer Gleitlinie oder Bogenlänge eines Gleitkreises, soweit die Kohäsion wirkt | m |
| $l_{ef}$ | Knicklänge | m |
| $I_P$ | Plastizitätszahl | *) Verhältnisgröße |
| $\Delta l$ | Länge einer Stromlinie zwischen zwei Potentiallinien | m |
| $l'$ | Rechnerische Fundamentlänge | m |
| $M$ | Biegemoment | kNm/m |
| $m, m_a, m_b$ | Exponenten zur Berechnung der Lastneigungsbeiwerte | - |
| $M_d$ | größtes Bemessungsmoment | kNm |
| $M_k$ | (charakteristisches) Kippmoment | kNm |
| $M_o$ | Oberes Moment | kNm |
| $M_R$ | widerstehendes Moment aus Kräften, die weder in $F_A$ noch in $R_s$ enthalten sind | kNm/m |
| $M_s$ | einwirkendes Moment der in $G_i$ und $P_{vi}$ nicht enthaltenen Einwirkungen um den Mittelpunkt eines Gleitkreises; Standmoment | kNm/m |
| $M_u$ | Unteres Moment | kNm |
| $N$ | Rechtwinklig zu Sohlfläche gerichtete Komponente der Sohldruckresultierenden | kN |
| $n$ | Anzahl von z.B. Pfählen oder Versuchen | - |

| Formelzeichen und Nebenzeichen | Benennung | Einheit (Beispiele) |
|---|---|---|
| | | |
| $n$ | Porenanteil | - |
| | | |
| $N_b$ | Tragfähigkeitsbeiwert für den Einfluss der Gründungsbreite | - |
| | | |
| $N_{b0}$ | Grundwert des Tragfähigkeitsbeiwerts für den Einfluss der Gründungsbreite | - |
| | | |
| $N_c$ | Tragfähigkeitsbeiwert für den Einfluss der Kohäsion | - |
| | | |
| $N_{c0}$ | Grundwert des Tragfähigkeitsbeiwerts für den Einfluss der Kohäsion | - |
| | | |
| $N_d$ | größte Druckkraft; Tragfähigkeitsbeiwert für den Einfluss der seitlichen Auflast | kN; - |
| | | |
| $N_{d0}$ | Grundwert des Tragfähigkeitsbeiwerts für den Einfluss der seitlichen Auflast | - |
| | | |
| $N_{G,k}$ | Ständiger Anteil der charakteristischen Beanspruchung rechtwinklig zur Fundamentsohlfläche | kN |
| | | |
| $N_k$ | Charakteristische Beanspruchung rechtwinklig zur Fundamentsohlfläche | kN |
| | | |
| $N_{Q,k}$ | Veränderlicher Anteil der charakteristischen Beanspruchung rechtwinklig zur Fundamentsohlfläche | kN |
| | | |
| $n_z$ | Anzahl der Zugelemente | - |
| | | |
| $_{max}n$ | Porenanteil bei lockerster Lagerung | *) Verhältnisgröße |
| | | |
| $_{min}n$ | Porenanteil bei dichtester Lagerung | *) Verhältnisgröße |
| | | |
| $N_{10}$ | Anzahl der Rammschläge für 10 cm Eindringung bei Rammsonden | *) Verhältnisgröße |
| | | |
| $N_{10H}$ | Anzahl der Rammschläge für 10 cm Eindringung bei der Leichten Rammsonde DPH; (auch: über Grundwasser) | *) Verhältnisgröße |
| | | |
| $N_{10H}$ | Anzahl der Rammschläge für 10 cm Eindringung bei der Leichten Rammsonde DPH im Grundwasser | *) Verhältnisgröße |
| | | |

| **Formelzeichen und Nebenzeichen** | **Benennung** | **Einheit (Beispiele)** |
|---|---|---|
| | | |
| $N_{10L}$ | Anzahl der Rammschläge für 10 cm Eindringung bei der Leichten Rammsonde DPL; (auch: über Grundwasser) | *) Verhältnisgröße |
| | | |
| $N_{10L}$ | Anzahl der Rammschläge für 10 cm Eindringung bei der Leichten Rammsonde DPL im Grundwasser | *) Verhältnisgröße |
| | | |
| $N_{30}$ | Anzahl der Rammschläge für 30 cm Eindringung beim Standard Penetration Test (SPT) | *) Verhältnisgröße |
| | | |
| p | Großflächige Gleichlast, Last, auf eine Lamelle oder einen Gleitkörper einwirkend | $kN/m^2$ ; kN/m |
| | | |
| Q | Veränderliche Last. Reaktionskraft in Gleitflächen, Index für ungünstige veränderliche Einwirkung. Gleitflächenkraft in einer Gleitfläche eines Gleitkörpers | kN/m |
| | | |
| q | Durchfluss, flächenbezogen | $\frac{m^3}{(s \cdot m^2)}$ |
| | | |
| q | Über p = 10 $kN/m^2$ hinausgehender Anteil von großflächigen. Nicht ständige Flächenlast | $kN/m^2$ |
| | | |
| $q_c$ | Spitzenwiderstand der Drucksonde; mittlerer Spitzenwiderstand der Drucksonde | $kN/m^2$; $MN/m^2$ |
| | | |
| $Q_{dst;d}$ | Bemessungswert der destabilisierenden vertikalen veränderlichen Einwirkungen beim Auftriebsnachweis | kN/m |
| | | |
| $Q_{dst,rep}$ | Charakteristischer bzw. repräsentativer Wert veränderlicher destabilisierender vertikaler Einwirkungen | kN/m |
| | | |
| $Q_{rep}$ | Repräsentativer Wert der veränderlichen Einwirkungen | kN/m |
| | | |
| $q_s$ | Mantelreibung bzw. Pfahlmantelreibung | $kN/m^2$; $MN/m^2$ |
| | | |
| $q_{s;i;k}$ | Charakteristischer Wert der Mantelreibung in der Schicht i | $kN/m^2$; $MN/m^2$ |
| | | |
| $q_u$ | Einaxiale Druckfestigkeit | $kN/m^2$; $MN/m^2$ |
| | | |
| $q_{u,k}$ | Charakteristischer Wert von $q_u$ | $kN/m^2$; $MN/m^2$ |

| Formelzeichen und Nebenzeichen | Benennung | Einheit (Beispiele) |
|---|---|---|
| | | |
| $q'$ | Streifenlast | $kN/m^2$ |
| R | Reichweite nach Sichardt | m |
| R | Widerstand, Resultierende der Widerstände | - / kN/m |
| r | Radius eines runden/kreisförmigen Gründungskörpers | m |
| $R_a$ | Herauszieh-Widerstand eines Ankers | kN |
| $R_{a;d}$ | Bemessungswert von $R_a$ | kN/m; kN |
| $R_{a;k}$ | Charakteristischer Wert von $R_a$ | kN/m; kN |
| $R_{c;cal}$ | berechneter Wert von $R_c$ | kN/m; kN |
| $R_{c;d}$ | Bemessungswert von $R_c$ | kN/m; kN |
| $R_{c;k}$ | Charakteristischer Wert von $R_c$ | kN/m; kN |
| $R_d$ | Bemessungswert des Widerstands gegen eine Einwirkung; allgemein | kN/m; kN |
| $R_{d,i}$ | Bemessungswert des i-ten Widerstands allgemein | - |
| $r_e$ | Zulässige Ausmittigkeit der resultierenden charakteristischen Beanspruchung eines kreisförmigen Grundkörpers | m |
| Red $E_p$, $E_{p,red}$ | Reduzierter Erdwiderstand | kN; kN/m |
| $R_k$ | Charakteristischer Wert der Widerstände allgemein | kN/m; kN |
| $R_{k,i}$ | i-ter charakteristischer Widerstand allgemein | - |
| $R_{M.d}$ | Bemessungswert des Bauteilwiderstands allgemein | - |
| $R_n$; $R_{n,k}$ | Komponente des Grundbruchwiderstands normal zur Sohlfläche | kN |
| $R_{n,k}$ | Normal zur Sohlfläche wirkende Komponente des Grundbruchwiderstandes | kN/m; kN |
| | | |

| Formelzeichen und Nebenzeichen | Benennung | Einheit (Beispiele) |
|---|---|---|
| $R_{p;d}$ | Bemessungswert des Erdwiderstands neben einer Gründung | kN/m; kN |
| $R_{p,k}$ | Charakteristischer Wert des Erdwiderstands neben einer Gründung | kN/m; kN |
| S | Sohldruckresultierende | kN |
| s | Setzung; Bermenbreite; Gesamtsetzung der Eck- oder Randpunkte | cm, mm; m |
| $S_{dst;d}$ | Bemessungswert einer destabilisierenden Strömungskraft im Boden | kN/m; kN |
| $S_{dst;k}$ | Charakteristischer Wert einer destabilisierenden Strömungskraft im Boden | kN/m; kN |
| $s_h$ | Waagerechte Verschiebung | mm |
| $S'_k$ | Charakteristische einwirkende Strömungskraft | kN; kN/m; kN/m² |
| $s_m$ | Setzungsanteil infolge mittlerer Last | m |
| $S_r$ | Sättigungszahl | *) Verhältnisgröße |
| $s_x$ | Setzungsanteil aus dem Moment $M_y = V * e_x$ | m |
| $s_y$ | Setzungsanteil aus dem Moment $M_x = V * e_y$ | m |
| $s_0$ | Sofortsetzung | mm |
| $s_1$ | Konsolidationssetzung | mm |
| $s_2$ | Kriechsetzung (sekundäre Setzung) | mm |
| T | Parallel zur Sohldruckfläche gerichtete Komponente der Sohldruckresultierenden | kN |
| t | Tatsächliche Einbindetiefe von Baugrubensohle bis Unterkante der Wand | m |
| $t_a$ | Zeitpunkt a | - |
| $t_B$ | Von der Bettung erfasste Einbindetiefe | m |

| Formelzeichen und Nebenzeichen | Benennung | Einheit (Beispiele) |
|---|---|---|
| | | |
| $t_b$ | Zeitpunkt b | - |
| | | |
| $T_d$ | Bemessungswert des gesamten Scherwiderstands, der sich um einen Bodenblock entwickelt, in dem eine Zugpfahlgruppe wirkt, oder in einer Fuge zwischen Baugrund und Bauwerk; Bemessungswert der Beanspruchung parallel zur Fundamentsohlfläche | kN/m; kN |
| | | |
| $T_{d,x}$ | Bemessungswert der Beanspruchung parallel zur Fundamentsohle in Richtung x | kN |
| | | |
| $T_{d,y}$ | Bemessungswert der Beanspruchung parallel zur Fundamentsohle in Richtung y | kN |
| | | |
| $T_{G,k}$ | Ständiger Anteil der charakteristischen Beanspruchung parallel zur Fundamentsohle | kN |
| | | |
| $T_k$ | charakteristische Beanspruchung parallel zur Fundamentsohlfläche | kN/m; kN |
| | | |
| $t_n$ | Setzungszeit in der Natur | h |
| | | |
| $T_{Q,k}$ | Veränderlicher Anteil der charakteristischen Beanspruchung parallel zur Fundamentsohlfläche | kN |
| | | |
| $t_v$ | Setzungszeit im Versuch | h |
| | | |
| $t_0$ | Rechnerisch erforderliche Einbindetiefe ab Baugrubensohle bei freier Auflagerung | m |
| | | |
| $\Delta T$ | gedachte Zusatzkraft an einem Gleitkörper parallel zu dessen äußerer Gleitfläche | kN/m; kN |
| | | |
| U | resultierende Porenwasserdruckkraft auf eine Gleitfläche eines Gleitkörpers; Ungleichförmigkeitszahl (alte Bezeichnung) | kN/m; kN; - |
| | | |
| u | Porenwasserdruck auf die Gleitfläche und andere Begrenzungsflächen eines Gleitkörpers | $kN/m^2$ |
| | | |
| $U_{dst;d}$ | Bemessungswert des destabilisierenden gesamten Porenwasserdrucks | kN/m; kN |
| | | |
| $\Delta u$ | Porenwasserüberdruck | $kN/m^2$ |
| | | |
| | | |

| **Formelzeichen und Nebenzeichen** | **Benennung** | **Einheit (Beispiele)** |
|---|---|---|
| $V$ | Verschiebung. Index zur Kennzeichnung der senkrechten Komponente | $kN/m^2$ |
| $V$ | Vertikallast oder Komponente der Einwirkungs-Resultierenden normal zur Fundamentsohlfläche; Vertikalkraftkomponente allgemein | kN/m; kN |
| $v$ | Verschiebung, Verformung | m/s |
| $V_b$ | Rechnerische Bruchlast | kN |
| $V'_d$ | Bemessungswert der wirksamen Vertikallast bzw. Normalkomponente der auf die Fundamentsohle wirkenden Resultierenden | kN/m; kN |
| $V_{dst;d}$ | Bemessungswert einer destabilisierenden vertikalen Einwirkung auf ein Bauwerk | kN/m; kN |
| $V_{dst;k}$ | Charakteristischer Wert einer destabilisierenden vertikalen Einwirkung auf ein Bauwerk | kN/m; kN |
| $V_g$ | Variationskoeffizient | - |
| $V_{G,k}$ | Ständiger Anteil von $V_k$ | kN/m; kN |
| $V_{k,i}$ | Charakteristischer Wert der i-ten vertikalen Beanspruchung an einem Wandfuß | kN/m; kN |
| $V_{Q,rep}$ | Veränderlicher und repräsentativer Anteil von V unter Berücksichtigung von Kombinationsregeln | kN/m; kN |
| $V'_d$ | Bemessungswert der wirksamen Vertikallast bzw. Normalkomponente der auf die Fundamentsohle wirkenden Resultierenden | kN/m; kN |
| $W$ | Widerstandsmoment der Sohlfläche | $m^3$ |
| $w$ | Wassergehalt | *) Verhältnisgröße |
| $W_n$ | Widerstandsmoment (netto) | $cm^3$ |
| $w_L$ | Wassergehalt an der Fließgrenze | *) Verhältnisgröße |
| $w_P$ | Wassergehalt an der Ausrollgrenze | *) Verhältnisgröße |
| $w_s$ | Wassergehalt an der Schrumpfgrenze | *) Verhältnisgröße |

| Formelzeichen und Nebenzeichen | Benennung | Einheit (Beispiele) |
|---|---|---|
| $w_{Pr}$ | optimaler Wassergehalt | *) Verhältnisgröße |
| x | Achslänge des Gründungskörpers in x-Richtung | m |
| $X_d$ | Bemessungswert einer Materialkenngröße | kN/m; kN; kN/m²; MN/m² |
| $x_e$ | Zulässige Ausmittigkeit der resultierenden charakteristischen Beanspruchung in x- Richtung | m |
| $X_k$ | Charakteristischer Wert einer Materialkenngröße | kN/m; kN; kN/m²; MN/m² |
| y | Achse des Gründungskörpers in y-Richtung | m |
| $y_e$ | Zulässige Ausmittigkeit der resultierenden charakteristischen Beanspruchung in y- Richtung | m |
| z | Vertikaler Abstand; Abstand Fundamentsohle zu beliebigem Punkt in der Tiefe | m |
| $Z_d$ | Summe der Bemessungswerte $Z_{d,i}$ der einzelnen Zugkräfte | kN/m; kN |
| $Z_e$ | Höhe der Resultierenden über dem Fußpunkt einer Lastfigur | kN/m; kN |
| | **GRIECHISCHE ZEICHEN** | |
| $\alpha$ | Neigung einer Fundamentsohle gegen die Horizontale; Sohlneigungswinkel | ° |
| $\alpha_a$ | Neigungswinkel der Achse eines kostruktiven elements oder eines Zugglieds gegen die Horizontale | ° |
| $\alpha_r$ | halber Öffnungswinkel eines Gleitkreises | ° |
| $\beta$ | Geländeanstiegswinkel hinter einer Stützwand (aufwärts positiv); Geländeneigungswinkel | ° |

| Formelzeichen und Nebenzeichen | Benennung | Einheit (Beispiele) |
|---|---|---|
| $\beta$ | Neigungswinkel einer Böschung zur Horizontalen | ° |
| $\beta_m$ | mittlerer Böschungswinkel zweier Gleitkörperabschnitte | ° |
| $\beta_w$ | Winkel zwischen der Richtung der Strömung und der Waagerechten in einer durchströmten Böschung | ° |
| $\delta$ | Wand- oder Sohlreibungswinkel; Lastneigungswinkel zur Normalen der Sohlfläche | ° |
| $\delta_a$ | Neigungswinkel bei aktiven Erddruck; Winkel zwischen der Erddruckkraft und der Normalen zu Wand | ° |
| $\delta_C$ | Neigungswinkel der Ersatzkraft nach BLUM | ° |
| $\delta_d$ | Bemessungswert von $\delta$ | ° |
| $\delta_E$ | Neigung der resultierenden Beanspruchung | ° |
| $\delta_0$ | Erddruckneigungswinkel beim Erdruhedruck | ° |
| $\delta_p$ | Neigungswinkel beim passiven Erddruck; Winkel zwischen der Erdwiderstandskraft und der Normalen zur Wand | ° |
| $\delta_s$ | Sohlreibungswinkel | ° |
| $\delta_{s,k}$ | Charakteristischer Wert des Sohlreibungswinkels $\delta_s$ | ° |
| $\varepsilon$ | Neigungswinkel einer Resultierenden F oder einer Last P gegen die Horizontale | ° |
| $\varepsilon_{ij}$ | Winkel zwischen den sich schneidenden äußeren Gleitlinien $\alpha_j$ und $\alpha_j$ | ° |
| $\gamma$ | Wichte des Baustoffs | $kN/m^3$ |

| **Formelzeichen und Nebenzeichen** | **Benennung** | **Einheit (Beispiele)** |
|---|---|---|
| | | |
| $\gamma'$ | Wichte des Bodens unter Auftrieb | kN/m³ |
| | | |
| $\gamma_A$ | Teilsicherheitsbeiwert für den Verpresskörperwiderstand bzw. Verpressanker | - |
| | | |
| $\gamma_a$ | Teilsicherheitsbeiwert für Anker | - |
| | | |
| $\gamma_{a;p}$ | Teilsicherheitsbeiwert für Daueranker | - |
| $\gamma_{a;t}$ | Teilsicherheitsbeiwert für befristet eingesetzte Anker | - |
| | | |
| $\gamma_b$ | Teilsicherheitsbeiwert für den Materialwiderstand bzw. Herauszieh-Widerstand von flexiblen Bewehrungselementen (altes Formelzeichen: $\gamma_B$) | - |
| | | |
| $\gamma_c$ | Teilsicherheitsbeiwert für die Kohäsion | - |
| | | |
| $\gamma_{cu}$ | Teilsicherheitsbeiwert für die Kohäsion im unkonsolidierten Zustand bzw. des undränierten Bodens | - |
| $\gamma_c'$ | Teilsicherheitsbeiwert für die wirksame Kohäsion | - |
| | | |
| $\gamma_d$ | Trockenwichte des Bodens | kN/m³ |
| | | |
| $\gamma_E$ | Teilsicherheitsbeiwert für eine Beanspruchung | - |
| | | |
| $\gamma_{Ep}$ | Teilsicherheitsbeiwert für den Erdwiderstand | - |
| | | |
| $\gamma_{E0,g}$ | Teilsicherheitsbeiwert für ständige Einwirkungen aus Erdruhedruck | - |
| | | |
| $\gamma_F$ | Teilsicherheitsbeiwert für eine Einwirkung | - |
| | | |
| $\gamma_f$ | Teilsicherheitsbeiwert für Einwirkungen, der die Möglichkeit einer ungünstigen Abweichung der Einwirkungen gegenüber den repräsentativen Werten berücksichtigt | - |
| | | |
| $\gamma_G$ | Teilsicherheitsbeiwert für eine ständige Einwirkung | - |

| Formelzeichen und Nebenzeichen | Benennung | Einheit (Beispiele) |
|---|---|---|
| | | |
| $\gamma_{G,Eo}$ | Teilsicherheitsbeiwert für ständige Einwirkungen aus Erdruhedruck | |
| | | |
| $\gamma_{G;dst}$ | Teilsicherheitsbeiwert für eine ständige destabilisierende Einwirkung; Teilsicherheitsbeiwert für ungünstige ständige Einwirkungen im Grenzzustand UPL, HYD | - |
| | | |
| $\gamma_{Gl}$ | Teilsicherheitsbeiwert für den Gleitwiderstand | - |
| | | |
| $\gamma_{G,inf}$ | Teilsicherheitsbeiwert für eine günstig wirkende ständige Einwirkung bei Pfählen | - |
| | | |
| $\gamma_{GQ}$ | Gewichteter Teilsicherheitsbeiwert für Einwirkungen | - |
| | | |
| $\gamma_{Gr}$ | Teilsicherheitsbeiwert für den Grundbruchwiderstand | - |
| | | |
| $\gamma_{G;stb}$ | Teilsicherheitsbeiwert für eine ständige stabilisierende Einwirkung; Teilsicherheitsbeiwert für günstige ständige Einwirkungen im Grenzzustand UPL, HYD | - |
| | | |
| $\gamma_H$ | Teilsicherheitsbeiwert für die Einwirkungen aus Strömungskraft | - |
| | | |
| $\gamma_m$ | Teilsicherheitsbeiwert für eine Bodenkenngröße (Materialeigenschaft) | - |
| | | |
| $\gamma_{m;i}$ | Teilsicherheitsbeiwert für eine Bodeneigenschaft in der Schicht i | - |
| | | |
| $\gamma_Q$ | Teilsicherheitsbeiwert für ungünstige veränderliche Einwirkungen | - |
| | | |
| $\gamma_{Q;dst}$ | Teilsicherheitsbeiwert für eine veränderliche destabilisierende Einwirkung; Teilsicherheitsbeiwert für ungünstige veränderliche Einwirkungen im Grenzzustand UPL, HYD | - |
| | | |
| $\gamma_{Q;stb}$ | Teilsicherheitsbeiwert für eine veränderliche stabilisierende Einwirkung | - |
| | | |
| | | |

| Formelzeichen und Nebenzeichen | Benennung | Einheit (Beispiele) |
|---|---|---|
| | | |
| $\gamma_{qu}$ | Teilsicherheitsbeiwert für die einaxiale Druckfestigkeit | $\gamma_{qu}$ |
| | | |
| $\gamma_R$ | Teilsicherheitsbeiwert für einen Widerstand allgemein | - |
| | | |
| $\gamma_r$ | Wichte des wassergesättigten Bodens | $kN/m^3$ |
| | | |
| $\gamma_{R;d}$ | Teilsicherheitsbeiwert für Unsicherheiten des Widerstandsmodells | - |
| | | |
| $\gamma_{R;e}$ | Teilsicherheitsbeiwert für den Erdwiderstand | - |
| | | |
| $\gamma_{R;h}$ | Teilsicherheitsbeiwert für den Gleitwiderstand | - |
| | | |
| $\gamma_{R;v}$ | Teilsicherheitsbeiwert für den Grundbruchwiderstand | - |
| | | |
| $\gamma_s$ | Kornwichte | $kN/m^3$ |
| | | |
| $\gamma_{S;d}$ | Teilsicherheitsbeiwert für Modellunsicherheiten bei Beanspruchungen | - |
| | | |
| $\gamma_{s;t}$ | Teilsicherheitsbeiwert für den Zugpfahlwiderstand | - |
| | | |
| $\gamma_w$ | Wichte des Wassers | $kN/m^3$ |
| | | |
| $\gamma_\gamma$ | Teilsicherheitsbeiwert für die Wichte | - |
| | | |
| $\gamma_z$ | Teilsicherheitsbeiwert für Zugpfähle | - |
| | | |
| $\gamma_\varphi$ | Teilsicherheitsbeiwert für den Reibungsbeiwert tan φ | - |
| | | |
| $\gamma_{\varphi u}$ | Teilsicherheitsbeiwert für den Reibungsbeiwert tan $\varphi_u$ | - |
| | | |
| $\gamma_{\varphi'}$ | Teilsicherheitsbeiwert für den Reibungswinkel (tanφ‘) | - |
| | | |
| | | |

| Formelzeichen und Nebenzeichen | Benennung | Einheit (Beispiele) |
|---|---|---|
| | | |
| $\gamma_1$ | Wichte des Bodens oberhalb der Gründungssohle | kN/m³ |
| | | |
| $\gamma_2$ | Wichte des Bodens unterhalb des Gründungskörpers | kN/m³ |
| | | |
| $\eta$ | Anpassungsfaktor | - |
| | | |
| $\eta_g$ | Sicherheit gegen Gleiten (alte Bezeichnung) | - |
| | | |
| $\eta_M$ | Modellfaktor zur Anpassung der Teilsicherheitsbeiwerte bei Mikropfählen | - |
| | | |
| $\eta_p$ | Sicherheit gegen Grundbruch (alte Bezeichnung) | - |
| | | |
| $\eta_s$ | Sicherheit gegen Setzung | - |
| | | |
| $\eta_z$ | Anpassungsfaktor bei der Ermittlung des Scher- bzw. Reibungswiderstands aus dem Erddruck, der sich in einer Fuge zwischen Boden und Bauwerk entwickelt | - |
| | | |
| $\varphi$ | Reibungswinkel in einer Gleitlinie eines Gleitkörpers, allgemein | ° |
| | | |
| $\varphi'$ | innerer Reibungswinkel des dränierten (entwässerten) Bodens; Reibungswinkel des dränierten Bodens (effektiver Reibungswinkel) allgemein | ° |
| | | |
| $\varphi'_d$ | Bemessungswert von $\varphi'$ | ° |
| | | |
| $\varphi'_k$ | Charakteristischer Wert des Reibungswinkels $\varphi'$ | ° |
| | | |
| $\varphi_{cv}$ | Reibungswinkel im kritischen Grenzzustand | ° |
| | | |
| $\varphi_{cv;d}$ | Bemessungswert von $\varphi_{cv}$ | ° |
| | | |
| $\varphi_K$ | Charakteristischer Wert des inneren Reibungswinkels $\varphi'$ des dränierten (entwässerten) Bodens | ° |

| **Formelzeichen und Nebenzeichen** | **Benennung** | **Einheit (Beispiele)** |
|---|---|---|
| | | |
| $\varphi_m$ | mittlerer Reibungswinkel längs eines Lamellenschnittes, allgemein | ° |
| | | |
| $(ers)\ \varphi_S$ | Ersatzreibungswinkel für weichen Boden | - |
| | | |
| $\varphi_s$ | Winkel der Gesamtscherfestigkeit eines nicht-bindigen Bodens nach DIN 18137-1 | ° |
| | | |
| $\varphi_u$ | Reibungswinkel des undränierten Bodens allgemein; innerer Reibungswinkel des undränierten (nicht entwässerten) Bodens | ° |
| | | |
| $\varphi_{u,k}$ | Charakteristischer Wert des inneren Reibungswinkels $\varphi_u$ des undränierten (nicht entwässerten) Bodens | ° |
| | | |
| $\varphi'$ | Wirksamer (effektiver) Reibungswinkel | - |
| | | |
| $\varphi'_{Ers}$ | Ersatzreibungswinkel zur Ermittlung des Mindesterddruckes | - |
| | | |
| $\kappa$ | Neigungsbeiwert bei Tragfähigkeitsuntersuchungen (alte Bezeichnung) | - |
| | | |
| $\lambda_b$ | Geländeneigungsbeiwert für den Einfluss der Fundamentbreite | - |
| | | |
| $\lambda_c$ | Geländeneigungsbeiwert für den Einfluss der Kohäsion | - |
| | | |
| $\lambda_d$ | Geländeneigungsbeiwert für den Einfluss der Gründungstiefe | - |
| | | |
| $\mu$ | Korrekturfaktor zur Scherfestigkeitsbestimmung aus Drehflügelsondierungen. Ausnutzungsgrad, Ausnutzungsgrad des Bemessungswiderstands; Reibungswerte | - |
| | | |
| $\mu_{ah}$ | Formbeiwerte für den räumlichen Aktiven Erddruck | - |
| | | |
| $\theta$ | Richtungswinkel von H | ° |

| Formelzeichen und Nebenzeichen | Benennung | Einheit (Beispiele) |
|---|---|---|
| | | |
| $\rho$ | Dichte des feuchten Bodens | t/m³ |
| | | |
| $\rho_d$ | Trockendichte des Bodens | t/m³ |
| | | |
| $\rho_{Pr}$ | Proctordichte | t/m³ |
| | | |
| $\rho_r$ | Dichte des wassergesättigten Bodens | t/m³ |
| | | |
| $\rho_s$ | Korndichte | t/m³ |
| | | |
| $\rho_w$ | Dichte des Wassers | t/m³ |
| | | |
| $\sigma$ | Totale Spannung | kN/m² |
| | | |
| $\sigma'$ | effektive Spannung, wirksame Spannung | kN/m² |
| | | |
| $\sigma_a$ | Spannungen infolge Bodenaushub | kN/m² |
| | | |
| $\sigma_B$ | Bettungsspannungen im Bodenauflager | kN/m² |
| | | |
| $\sigma_{E,d}$ | Bemessungswert des Sohldrucks (Index E für effect – Beanspruchung) | kN/m² |
| | | |
| $\sigma_{h,k}$ | Charakteristische Horizontalspannung im Boden | kN/m² |
| | | |
| $\sigma'_{h;0}$ | Horizontalkomponente des wirksamen Erdruhe-drucks | kN/m² |
| | | |
| $\sigma_{ph}$ | Horizontalkomponente der Bodenreaktionsspannung | kN/m² |
| | | |
| $\sigma_{R,d}$ | Bemessungswert des Sohldruckwiderstandes | kN/m² |
| | | |
| $\sigma_{stb;d}$ | Bemessungswert der stabilisierenden totalen Vertikalspannung | kN/m² |
| | | |
| $\sigma_ü$ | Überlagerungsspannungen | kN/m² |
| | | |

| Formelzeichen und Nebenzeichen | Benennung | Einheit (Beispiele) |
|---|---|---|
| | | |
| $\sigma_v$ | geologische Vorbelastung | kN/m² |
| | | |
| $\sigma_{vorh}$ | Resultierende charakteristische Sohldruckbeanspruchung | kN/m² |
| | | |
| $\sigma(z)$ | Wandnormalspannung in der Tiefe z | $kN/m^2$ |
| | | |
| $\sigma_z$ | Spannungen infolge Bauwerklast | kN/m² |
| | | |
| $\sigma_{zul}$ | Aufnehmbarer Sohldruck | kN/m² |
| | | |
| $\sigma_0$ | Vertikale Sohldruckbeanspruchungen | $kN/m^2$ |
| | | |
| $\sigma_0$ | Sohlnormalspannung | kN/m² |
| | | |
| $\sigma_{0f}$ | Grundbruchspannung | kN/m² |
| | | |
| $\sigma_{0,m}$ | Mittlere Sohlnormalspannung | kN/m² |
| | | |
| $\tau_f$ | Scherfestigkeit | kN/m² |
| | | |
| $\tau_{n,k}$ | Charakteristischer Wert der negativen Mantelreibung | $kN/m^2$ |
| | | |
| $\tau_0$ | Sohlscherspannung | kN/m² |
| | | |
| $\tau(z)$ | Wandschubspannung in der Tiefe z | $kN/m^2$ |
| | | |
| $\vartheta$ | Gleitflächenwinkel | ° |
| | | |
| $\vartheta_a$ | Gleitflächenwinkel für Aktiven Erddruck | ° |
| | | |
| $\vartheta_p$ | Gleitflächenwinkel für Passiven Erddruck | ° |
| | | |
| $\vartheta_1, \vartheta_2, \vartheta_3$ | Gleitflächenwinkel für die Bestimmung des Gleitflächenbildes | ° |
| | | |
| $\upsilon'$ | Gleitflächenwinkel des Rutschkeils bei Winkelstützwänden | ° |

| Formelzeichen und Nebenzeichen | Benennung | Einheit (Beispiele) |
|---|---|---|
| | | |
| $\upsilon_b$ | Formbeiwert für den Einfluss der Fundamentbreite | - |
| $\upsilon_c$ | Formbeiwert für den Einfluss der Kohäsion | - |
| $\upsilon_d$ | Formbeiwert für den Einfluss der Gründungstiefe | - |
| $\omega$ | Winkel zwischen der parallel zur Sohlfläche gerichteten Komponente der Sohldruckresultierenden und der Fundamentlänge a' | ° |
| $\omega_{ph}$ | Beiwerte für den räumlichen Erdwiderstand | - |
| $\omega_R$ | Beiwerte für den Reibungsanteil beim räumlichen Erdwiderstand | - |
| $\omega_K$ | Beiwerte für den Reibungsanteil beim räumlichen Erdwiderstand | - |
| | | |
| $\xi$ | Streuungsfaktor in Abhängigkeit von der Anzahl der untersuchten Pfähle bzw. Bodenprofile | |
| $\xi_b$ | Sohlneigungsbeiwert für den Einfluss der Fundamentbreite | - |
| $\xi_c$ | Sohlneigungsbeiwert für den Einfluss der Kohäsion | - |
| $\xi_d$ | Sohlneigungsbeiwert für den Einfluss der Gründungstiefe | - |
| $\psi$ | Faktor zur Ableitung des repräsentativen Wertes aus dem charakteristischen Wert (Kombinationsbeiwert) | - |
| $\psi_0$ | Kombinationsbeiwert für begleitende veränderliche Einwirkung | |
| $\psi_1$ | Kombinationsbeiwert zum Festlegen des häufigen Werts der veränderlichen Leiteinwirkung | |

| Formelzeichen und Nebenzeichen | Benennung | Einheit (Beispiele) |
|---|---|---|
| $\psi_2$ | Kombinationsbeiwert zum Festlegen des quasi-ständigen Werts der veränderlichen Einwirkung | |

| Abkürzung | Bedeutung |
|---|---|
| ATV | Allgemeine Technische Vertragsbedingungen für Bauleistungen (VOB/C) |
| BmF | Böden mit Fremdanteilen: Böden im Sinne der TL BuB E-StB mit Fremdanteilen ≥10% und ≤ 50% |
| BO | Böden im Sinne der TL BuB E-StB mit Fremdanteilen ≤ 10% |
| BS-A | außergewöhnliche Bemessungssituation (accidential) |
| BS-E | Bemessungssituation bei Erdbeben (earthquake) |
| BS-P | Ständige Bemessungssituation (persistant) |
| BS-T | Vorübergehende Bemessungssituation (transient) |
| DGGT | Deutsche Gesellschaft für Geotechnik e. V. |
| DIN | Deutsches Institut für Normung e. V. |
| EBSB | Empfehlungen für den Bau und die Sicherung von Böschungen |
| EQU | Grenzzustand bei einem Gleichgewichtsverlust des als starrer Körper angesehenen Tragwerks oder des Baugrunds, wobei die Festigkeiten der Baustoffe und des Baugrund für den Widerstand nicht entscheidend sind (equilibrium) |
| FEM | Finite-Elemente-Methode |
| FDM | Finite-Differenzen-Methode |
| FGSV | Forschungsgesellschaft für Straßen- und Verkehrswesen e. V. |
| FSS | Frostschutzschicht |
| GEO-2 | Grenzzustände des Bodens, bei denen das Nachweisverfahren 2 angewendet wird |
| GEO-3 | Grenzzustände des Bodens, bei denen das Nachweisverfahren 3 angewendet wird |

| Abkürzung | Bedeutung |
|---|---|
| GK | Geotechnische Kategorie |
| HYD | Grenzzustand des Versagens, verursacht durch Strömungsgradienten im Boden, z.B. hydraulischer Grundbruch, innere Erosion und Piping (hydraulic) |
| NCI | Nicht widersprechende zusätzliche Angaben, die dem Anwender beim Umgang mit dem Eurocode helfen (en: non-contradictory complemantary information) |
| NDP | National festzulegende Parameter (en: nationally determined parameters) |
| OCR | Vorbelastungsverhältnis (en: over-consolidation ratio) |
| RAS-Q | Richtlinien für die Anlagen von Landstraßen, Teil: Querschnitte |
| RAS-Ew | Richtlinien für die Anlage von Straßen, Teil: Entwässerung |
| RC | Rezyklierte Baustoffe: Böden im Sinne der TL BuB E-StB mit Fremdanteilen ≥10% und ≤ 50% |
| RStO | Richtlinien für die Standardisierung des Oberbaues von Verkehrsflächen |
| SLS | Grenzzustand der Gebrauchstauglichkeit (Serviceability Limit State) |
| STR | Grenzzustand des Versagens oder sehr großer Verformungen des Tragewerks oder seiner Einzelteile, einschließlich des Fundamente, Pfähle, Kellerwände usw., wobei die Festigkeit der Baustoffe für den Widerstand entscheidend ist (structural) |
| TL | Technische Lieferbedingungen |
| TL Geotex-E-StB | Technische Lieferbedingungen für Geotextilien und Geogitter für den Erdbau im Straßenbau |
| TP | Technische Prüfvorschriften |
| TP BF-StB | Technische Prüfvorschriften für Boden und Fels im Straßenbau |
| ULS | Grenzzustand der Tragfähigkeit (Ultimate Limit State) |
| UPL | Grenzzustand des Versagens durch hydraulischen Grundbruch und Aufschwimmen |
| UPL | Grenzzustand bei einem Gleichgewichtsverlust des Bauwerks oder des Baugrunds infolge von Aufschwimmen durch Wasserdruck oder anderen vertikalen Einwirkungen (uplift) |

| **Abkürzung** | **Bedeutung** |
|---|---|
| | |
| VOB/B | Verdingungsordnung für Bauleistungen<br>Teil B: Allgemeine Vertragsbedingungen für die Ausführung von Bauleistungen - DIN 1961 |
| | |
| VOB/C | Verdingungsordnung für Bauleistungen<br>Teil C: Allgemeine Technische Vertragsbedingungen für Bauleistungen (ATV) |
| | |
| ZTV | Zusätzliche Technische Vertragsbedingungen |
| | |
| ZTVA-StB | Zusätzliche Technische Vertragsbedingungen und Richtlinien für Aufgrabungen in Verkehrsflächen |
| | |
| ZTVE-StB | Zusätzliche Technische Vertragsbedingungen und Richtlinien für Erdarbeiten im Straßenbau |
| | |
| ZTVEw-StB | Zusätzliche Technische Vertragsbedingungen und Richtlinien für den Bau von Entwässerungseinrichtungen im Straßenbau |

# Anhang B: Literaturverzeichnis


| | | |
|---|---|---|
| Achmus, M., Rouilli, A. | 2004 | Untersuchung zur Erddruckbeanspruchung von Winkelstützwänden. Bautechnik, Heft 12 |
| Ackermann, W., Knobloch, C. | 2006 | Gemauerte erddruckbelastete Kelleraußenwände sind nicht mehr standsicher. Der Sachverständige. Heft 11 |
| Agatz, A., Lackner, E. | 1977 | Erfahrungen mit Grundbauwerken. 2. Auflage. Springer Verlag. Berlin |
| Arz, P., Schmidt, H. G.,Seitz, J., Semprich, S. | 1994 | Grundbau. Betonkalender, Teil II. Verlag Ernst & Sohn, Berlin |
| Aulbach, B. | 2013 | Hydraulischer Grundbruch – zur erforderlichen Einbindetiefe bei Baugruben in nichtbindigem Baugrund. RWTH Aachen, Dissertation |
| Aulbach, B., Ziegler, M. | 2013 | Hydraulischer Grundbruch – Formel zur Ermittlung der erforderlichen Einbindetiefe. Bautechnik 90 (2013), Heft 10 |
| Aulbach, B., Ziegler, M. | 2015 | Design Tool HYD – Excel-Tool zur Berechnung der Einbindetiefe. ZAI GmbH, Aachen |
| Bahlburg, H., Breitkreuz, C. | 2008 | Grundlagen der Geologie. 3. Auflage. Elsevier: Spektrum Akademischer Verlag, München |
| Baldauf, H., Timm, U. | 1988 | Betonkonstruktionen im Tiefbau. Verlag Ernst & Sohn. Berlin |
| Bartl, U. | 2004 | Zur Mobilisierung des passiven Erddrucks in kohäsionslosem Boden. Technische Universität Dresden, Dissertation 2004. |
| Bauduin, Ch. | 2001 | Ermittlung charakteristischer Werte in Grundbau- Taschenbuch, Teil 1: Geotechnische Grundlage. 6. Auflage. Herausgeber: U. Smoltczyk, Verlag Ernst & Sohn, Berlin |
| Bauernfeind, P., | 1974 | Neue Erkenntnisse aus Sohldruck- und Erddruckmessungen bei der U-Bahn Nürnberg. Bautechnik, Heft 8 |
| Berhane, G. | 2003 | Experimental, Analytical and Numerical Investigations of Excavations in Normally Consolidated Soft Soils. Schriftenreihe Geotechnik, Universität Kassel, Heft 14 (2003). |

| | | |
|---|---|---|
| Betonkalender | versch. Jahrg. | Verlag Ernst & Sohn, Berlin |
| Biedermann, B. | 1984 | Vergleichende Untersuchungen mit Sonden an Schluff (Comparative investigations with sounding methods in silt.) *Forschungsberichte aus Bodenmechanik und Grundbau, Nr 9* (In German). Aachen: Technische Hochschule |
| Biedermann, B. | 1984 | Vergleichende Untersuchungen mit Sonden an Schluff (Comparative investigations with sounding methods in silt.) *Forschungsberichte aus Bodenmechanik und Grundbau, Nr 9* (In German). Aachen: Technische Hochschule |
| Bobe, R., Göbel, C. | 1971 | Grundbaustatik in Lehrprogrammen und Beispielen. Verlagsgesellschaft Rudolf Müller. Köln-Braunsfeld |
| Boetticher, K. | 1983 | Kostenvergleich "Weiße Wanne / schwarze Wanne". Hoch- und Tiefbau. Nr. 2 |
| Boley, C. | 2009 | Handbuch Geotechnik. Der Praxisleitfaden für Alle am Bau Beteiligten. Verlag Vieweg & Teubner. Braunschweig. Wiesbaden. |
| Bond, A. J. | 2011 | A procedure for determining the characteristic value of a geotechnical |
| Bongartz, W. | 1976 | Erste deutsche Stützwand nach dem Bauverfahren „Bewehrte Erde“ bei Raunheim. Straße und Autobahn, Heft 5 |
| Borchert, K.-M., Große, A. | 2010 | Vereinheitlichung der Boden- und Felsklassen für die Normen der VOB Teil C, VOB-Aktuell, Ausgabe 3.2010 |
| Borchert, K.-M., Große, A. | 2016 | Veränderung der Boden- und Felsklassen in der VOB, Teil C (2015). Geotechnik 3 (2016) |
| Breitschaft, G., Hanisch, J | 1978 | Neues Sicherheitskonzept im Bauwesen aufgrund wahrscheinlichkeitstheoretischer Überlegung – Folgerungen für den Grundbau unter Einbeziehung der Probennahme und der Versuchsauswertung, Vorträge der Baugrundtagung in Berlin, Deutsche Gesellschaft für Erd- und Grundbau; Eigenverlag |
| Brinch Hansen, J., Lundgren, H. | 1960 | Hauptprobleme der Bodenmechanik. Springer Verlag Berlin, Göttingen, Heidelberg |
| Cambefort, H. | 1964 | Bohrtechnik. Bauverlag. Wiesbaden |
| Caquot, A., Kérisel, J. | 1967 | Grundlagen der Bodenmechanik. 1. Auflage. Springer Verlag. Berlin |

| | | |
|---|---|---|
| Christow, C. | 1969 | Anwendung der Methode "spezifische Setzung" zur Ermittlung der Setzungen infolge einer Grundwasserabsenkung. Bautechnik, Heft 10 |
| Cordes, R., u.a. | 1994 | Kalksandstein: Planung, Konstruktion, Ausführung. 3. Auflage. Beton-Verlag, Düsseldorf |
| Culmann, K. | 1982 | Die graphische Statik. Abschnitt XIII.1866. Nachdruck von Teilen der 1. Auflage. Schweiz. Gesellschaft für Boden- und Felsmechanik. Zürich |
| Cziesielski, E. | 1997 | Bauwerksabdichtungen. In: Lehrbuch der Hochbaukonstruktionen. Teubner Verlag. Stuttgart |
| Dachroth, W. R. | 1992 | Baugeologie. 2. Auflage. Springer Verlag. Berlin |
| Davidenkoff, R. | 1956 | Angenäherte Ermittlung des Grundwasserzuflusses zu einer in einem durchlässigen Boden ausgehobenen Grube. Mitteilungen d. Bundesanstalt für Wasserbau. Heft 7 |
| Davidenkoff, R., Franke, O. | 1965 | Untersuchung der räumlichen Sickerströmung in eine umspundete Baugrube in offenem Gewässer. Bautechnik. Heft 9 |
| Davidenkoff, R., Franke, O. | 1966 | Untersuchung der räumlichen Sickerströmung in eine umspundete Baugrube im Grundwasser. Bautechnik. Heft 12 |
| Dechert, F. | 1999 | Stand der Berechnungstechnik nach den Vorschlägen zur Anwendung des Teilsicherheitskonzepts in der Geotechnik. Unveröffentlichte Diplomarbeit FH Frankfurt / M. |
| DEGEBO | versch. Jahrg. | Mitteilungen der Deutschen Forschungsgesellschaft für Bodenmechanik (DEGEBO). Berlin |
| Deutler, T. | 1995 | Erläuterungen zu den Anforderungen der neuen ZTVE-StB 94 an den Verdichtungsgrad in Form einer 10 %-Mindestquantile. Straße und Autobahn. Heft 4 |
| DIN Deutsches Institut für Normung e. V. | 1981 | Grundlagen zur Festlegung von Sicherheitsanforderungen für bauliche Anlagen, Beuth Verlag, Berlin, Köln |
| Dörken, W., Dehne, E., Kliesch, K. | 2020 | Grundbau in Beispielen, Teil 1, 7. Auflage. Reguvis Fachmedien - Bundesanzeiger Verlag |
| Dörken, W., Dehne, E., Kliesch, K. | 2020 | Grundbau in Beispielen, Teil 3, 5. Auflage. Reguvis Fachmedien - Bundesanzeiger Verlag |

| | | |
|---|---|---|
| Dörken, W., Dehne, E., Kliesch, K. | 2020 | Grundbau in Beispielen, Teil 2, 7. Auflage. Reguvis Fachmedien - Bundesanzeiger Verlag |
| Dreyer, D. | 1984 | Modellversuche zur Ermittlung der Restdruckhöhe beim hydraulischen Grundbruch. Diplomarbeit FH Frankfurt am Main (unveröffentlicht) |
| Engelmann, H. | 1998 | Einsatz kunststoffmodifizierter Bitumendickbeschichtungen. Tiefbau Ingenieurbau Straßenbau. Heft 5 |
| Engelmann, H. | 1999 | Abdichtungen erdberührter Bauteile. Tiefbau Ingenieurbau Straßenbau. Heft 12 |
| Engelmann, H. | 2001 | Aktuelles über Abdichtungen erdberührter Bauteile. Tiefbau Ingenieurbau Straßenbau. Heft 12 |
| Englert, K., Grauvogl, J., Maurer, M. | 1999 | Handbuch des Baugrund- und Tiefbaurechts. 2. Auflage. Werner Verlag. Düsseldorf |
| Fellin, W., Berghamer, S. und Renk, D. | 2009 | Konfidenzgrenzen der Scherfestigkeit als Grundlage zur Festlegung charakteristischer Scherparameter- Geotechnik 32, Nr. 1 |
| Fischer, K. | 1965 | Beispiele zur Bodenmechanik. Verschiedene Aufsätze mit Berechnungsansätzen. Verlag Ernst & Sohn, Berlin |
| Fischer, L. | 2003 | Charakteristische Werte - ihre Bedeutung und Berechnung. Bauingenieur, Heft 4 |
| Floss, R. | 1969 | Hinterfüllung und Entwässerung von Brückenwiderlagern und Stützmauern. Straße und Autobahn. Heft 12 |
| Floss, R. | 1997 | ZTVE, Zusätzliche Technische Vertragsbedingungen und Richtlinien für Erdarbeiten im Straßenbau. Kommentar mit Kompendium Erd- und Felsbau. Kirschbaum Verlag. Bonn |
| Floss, R. | 2009 | ZTVE, Zusätzliche Technische Vertragsbedingungen und Richtlinien für Erdarbeiten im Straßenbau. Kommentar mit Kompendium Erd- und Felsbau. 4. Auflage Kirschbaum Verlag. Bonn |
| Frank, R. | 1997 | Designer's Guide to EN 1997-1, Eurocode 7: Geotechnical Design Part 1: General Rules. London: Thomas Telford. |
| Frank, R., Bauduin, C., Driscoll, R., Kavvadas, M., Krebs | 2004 | Designer's guide to EN 1997-1, Eurocode 7: Geotechnical design Part 1: Generel rules. London: Thomas Telford |

| | | |
|---|---|---|
| Ovesen, N., Orr, T. and Schuppener, B. | | |
| Franke, D., Arnold, M., Bartl, U., Vogt, L. | 2003 | Erddruckmessungen an der Kelleraußenwand eines mehrgeschossigen Massivbaus. Bauingenieur, Heft 3 |
| Franke, E. | 1974 | Ruhedruck in kohäsionlosen Böden. Bautechnik, Heft 1 |
| Fuchs, B., Haugwitz, H.-G. | 2016 | Aus der Bodenklasse wird der Homogenbereich. Veränderung in den ATV der VOB C und ihre auswoirkungen in technsicher und rechtlicher Hinsicht. www. Baumaschine.de/ Erdbau + Recht-BauPortal 5/ 2016 |
| Fuchs, E. | 1971 | Baugrund und Bodenmechanik. Verlag für Bauwesen. Berlin |
| Fuchs, E. | 1972 | Baugrube und Wasserhaltung. Verlag für Bauwesen. Berlin |
| Germann, J. | 2013 | Die neuen ZTV A-StB – Tagesgeschäft für kommunen.- VSVI Asphaltstraßentag, 23.01.2013 in Friedberg |
| Girnau, G., Klawa, N. | 1973 | Empfehlungen zur Fugengestaltung im unterirdischen Bauen. Die Bautechnik, Heft 10 |
| Goudie, A. | 2002 | Physische Geographie. 4. Auflage. Elsevier: Spektrum Akademischer Verlag, München |
| Grasser, E., Thielen, G. | 1991 | Hilfsmittel zur Berechnung der Schnittgrößen und Formänderungen von Stahlbetontragwerken nach DIN 1045, Ausgabe Juli 1988. 3. Auflage. Deutscher Ausschuß für Stahlbeton. Heft 240, Beuth Verlag, Berlin |
| Groß, H. | 1981 | Korrekte Berechnung des aktiven und passiven Erddruckes mit ebener Gleitfläche. Geotechnik. Heft 4 |
| Große, A., Borchert, K.-M. | 2010 | Vereinheitlichung der Boden- und Felsklasen für die VOB-Normen. GuD Consult GmbH, CG 117/09a |
| Grotzinger, J., Jordan, T. H., Press, F., Siever, R. | 2008 | Allgemeine Geologie. 5. Auflage. Elsevier: Spektrum Akademischer Verlag, München |
| Grube, H. | 1982 | Wasserundurchlässige Bauwerke aus Beton. Elsner Verlagsgesellschaft. Darmstadt |

| | | |
|---|---|---|
| Grunau, E. B. | 1981 | Flächenabdichtungen unter der Erdlinie. Tiefbau Ingenieurbau Straßenbau. Heft 3 |
| Gudehus, G. | 1981 | Bodemechanik. Ferdinand Enke Verlag. Stuttgart |
| Gudehus, G. | 1987 | Sicherheitsnachweise für Grundbauwerke. Geotechnik, Heft 1 |
| Gudehus, G. | 1990 | Erddruckermittlung. In: Grundbautaschenbuch. Teil 1. 4. Auflage. Verlag Ernst & Sohn. Berlin |
| Gudehus, G. | 1998 | Erddruckermittlung. In: Betonkalender. Teil II, Verlag Ernst & Sohn. Berlin |
| Günther, H. | 1988 | Erdruhedruck auf starre Wände. Bauingenieur. Heft 9 |
| Haack, A. u.a. | 1995 | Abdichtungen im Gründungsbereich und auf genutzten Deckenflächen. Verlag Ernst & Sohn. |
| Hansen, B. | 1965 | A Theory of Plasticity. Teknisk Forlag. Copenhagen |
| Henningsen, D. | 1992 | Geologie für Bauingenieure. 2. Auflage. Springer Verlag. Berlin |
| Henningsen, D., Katzung, G. | 2006 | Einführung in die Geologie Deutschlands. 7. Auflage.Elsevier: Spektrum Akademischer Verlag, München |
| Hermann, R. | 1977 | Einführung in die Hydrologie. Teubner Verlag. Stuttgart |
| Herth, W., Arndts, E. | 1994 | Theorie und Praxis der Grundwasserabsenkung. 3. Auflage. Verlag Ernst & Sohn. Berlin |
| Hettler, A., Deuchler, F. | 2000 | Lastfälle, Abdichtungen und konstruktive Lösungen für Wohngebäude bei tiefliegendem Grundwasserspiegel. Bautechnik. Heft 7 |
| Hillmer, K. | 1990 | Dränung zum Schutz baulicher Anlagen. Planung, Bemessung und Ausführung; Kommentar zur DIN 4095 (Ausgabe Juni 1990). Geotechnik. Heft 4 |
| Holschemacher, K. (Hrsg.) | 2008 | Entwurf- und Berechnungstafeln für Bauingenieure, 4. Auflage |
| Hölting, B., Coldewey, W.G. | 2009 | Hydrogeologie. 7. Auflage. Elsevier: Spektrum Akademischer Verlag, München |
| Jenne, G. | 1960 | Praktische Ermittlung des Erddrucklastbildes. Bautechnik. Heft 6 |

| | | |
|---|---|---|
| Jenne, G. | 1987 | Erddruck. Betonkalender. Verlag Ernst und Sohn. Berlin |
| Kalle, U., Zentgraf, J. | 1992 | Historische Entwicklung der Standsicherheitsnachweise von Stützwänden. Geotechnik. Heft 4 |
| Kany, M. | 1997 | Baugrundaufschlüsse: Kommentar zu DIN 4021 bis 4023 und DIN 18 196. Hrsg.: DIN; Beuth Verlag. Berlin |
| Kärcher, K., | 1968 | Erdwiderstand vor schmalen Druckflächen. Bautechnik. Heft 1 |
| Karstedt, J. | 1980 | Ermittlung eines aktiven Erddruckbeiwertes für den räumlichen Erddruckfall bei rolligem Boden. Bauingenieur. Heft 1 |
| Katzenbach, R. und Kinzel, J. | 2001 | Das Vier-Augen-Prinzip bei Baugrundgutachten. Prüfingenieur, 18. April 2001 |
| Kayser, J. | 2012 | VOB-Normen im Umbruch. BAW-Kolloquium „neue Normen und Regelwerke in der Geotechnik“, 8.11.2012, Hannover |
| Kezdi, A. | 1962 | Erddrucktheorien. Springer Verlag. Berlin |
| Kezdi, A., Marko, I. | 1969 | Erdbauten, Standsicherheit und Entwässerung, Werner Verlag. Düsseldorf |
| Kolymbas, D. | 2011 | Geotechnik: Bodenmechanik, Grundbau und Tunnelbau. Springer verlag (3. Auflage) |
| Krahn, J. | 2003 | The limits of limit equilibrium analyses. Canadian Geotechnical Journal, Vol 40 |
| Kudla, W., Floss, R., Trautmann, C. | 1991 | Dynamischer Plattendruckversuch - Schnellprüfverfahren für die Qualitätssicherung von ungebundenen Schichten. Straße und Autobahn. Heft 2. |
| Kühn, G. | 1984 | Der maschinelle Erdbau. Teubner Verlag. Stuttgart |
| Kuntsche, K. | 2016 | Geotechnik. 2. Auflage. Verlag Vieweg & Teubner. Braunschweig. Wiesbaden. |
| Lachmann, H. | 1986 | Kellerwanddicken nach DIN 1053, Teil 2 (Hilfstafeln). Bautechnik. |

| | | |
|---|---|---|
| Lang, H.-J., Huder, J., Amann, P. | 1996 | Bodenmechanik und Grundbau. 6. Auflage. Springer Verlag. Berlin |
| Lehmann, G. | 1981 | Erfahrung bei der Grundwasserversickerung mit Vertikalbrunnen. Tiefbau Ingenieurbau Straßenbau |
| Lohmeyer, G. | 1994 | Weiße Wanne einfach und sicher. 3. Auflage. Beton-Verlag. Düsseldorf |
| Lohmeyer, G. | 2004 | Stahlbetonbau. Teubner-Verlag, Stuttgart |
| Lufsky, K. | 1983 | Bauwerksabdichtung. 4. Auflage. Teubner Verlag. Stuttgart |
| Lutz, B. | 2002 | Beitrag zur Modellierung des Tragverhaltens Kombinierter Pfahl-Plattengründungen (KPP) unter Verwendung geotechnischer<br>Messungen . Technische Universität Darmstadt (Dissertation), Heft 63 |
| Lypp, B., Heyer, D., Birle, E. | 2015 | Untersuchungen zur Überprüfung des Luftporenateils als Verdichtungsanforderung bei feinkörnigen Böden und bindigen Mischböden. Straße und Autobahn 6/ 2015 |
| Mamitza, F. | 1977 | Zur Bemessung der Außenwände des Kellergeschosses. Bautechnik. Heft 7 |
| Matousek, M. und Schneider, J. | 1976 | Untersuchungen zur Struktur des Sicherheitsproblems bei Bauwerken. Bericht Nr. 59 aus dem Institut für Baustatik und Konstruktion, ETH Zürich, Basel und Stuttgart, Birkhäuser Verlag |
| Minnich, H., Stöhr, G. | 1981 | Analytische Lösung des zeichnerischen Culmann-Verfahrens zur Ermittlung des aktiven Erddrucks nach der G0-Methode. Bautechnik. Heft 8 |
| Minnich, H., Stöhr, G. | 1981 | Analytische Lösung des zeichnerischen Culmann-Verfahrens zur Ermittlung des passiven Erddrucks. Bautechnik. Heft 6 |
| Minnich, H., Stöhr, G. | 1982 | Analytische Lösung des zeichnerischen Culmann-Verfahrens zur Ermittlung des aktiven Erddrucks für Linienlasten nach der G0-Methode. Bautechnik. Heft 1 |
| Minnich, H., Stöhr, G. | 1984 | Mathematische Grundlagen der G0-Methode für den allgemeinen Fall der Erddruckermittlung. Bautechnik. Heft 10 |

| | | |
|---|---|---|
| Mitzel, A., Stachurski, W., Suwalski, J. | 1981 | Schäden und Mängel an Mauerwerkskonstruktionen, Verlagsgemeinschaft Rudolf Müller, Köln-Braunsfeld |
| Möller, G. | 2004 | Geotechnik. Teil 1: Bodenmechanik. Werner Verlag. Düsseldorf |
| Möller, G. | 2006 | Geotechnik kompakt - Grundbau. Bauwerk Verlag. Berlin |
| Möller, G. | 2006 | Geotechnik. Grundbau. Verlag Ernst & Sohn. Berlin |
| Möller, G. | 2007 | Geotechnik. Bodenmechanik. Verlag Ernst & Sohn. Berlin |
| Moormann, C. | 2002 | Trag- und Verformungsverhalten tiefer Baugruben in bindigen Böden unter besonderer Berücksichtigung der Baugrund-Tragwerk- und der Baugrund-Grundwasser-Interaktion.- Technische Universität Darmstadt (Dissertation) |
| Mosonyi, E. | 1987 | Ursachen des Versagens - Ingenieurphilosophische Gedanken. Die Wasserwirtschaft, Heft 2 |
| Muhs, H. | 1957 | Die Prüfung des Baugrundes und der Böden. Springer Verlag. Berlin |
| Müller-Kirchenbauer, H., Walz, B., Kilchert, M. | 1979 | Vergleichende Untersuchungen der Berechnungsverfahren zum Nachweis der Sicherheit gegen Gleitflächenbildung bei suspensionsgestützten Erdwänden. Veröffentlichung Grundbauinstitut der TU Berlin. Heft 5 |
| Müller-Rochholz, J. | 2005 | Geokunststoffe im Erd- und Straßenbau. Werner-Verlag, Düsseldorf |
| Murawski, H., Meyer, W. | 2004 | Geologisches Wörterbuch. 11. Auflage. Elsevier: Spektrum Akademischer Verlag, München |
| Muth, W. | 1979 | Bemessung der Dränung zum Schutz erdberührter Bauteile. Deutsche Bauzeitschrift. Heft 7 |
| Muth, W. | 1984 | Dränung mit Geotextilien. Tiefbau Ingenieurbau Straßenbau. Heft 5 |
| Muth, W. | 1997 | Schäden an Dränanlagen. Schadensfreies Bauen. Band 17. Fraunhofer IRB Verlag |
| Muth, W. | 2001 | Schäden an Bauwerksdränungen. Bautechnik. Heft 9 |

| | | |
|---|---|---|
| Noebel, Th. | 1998 | Neue Musterverordnung für Sachverständige des Erd- und Grundbaus. Deutsches Ingenieurblatt, S.8-40 |
| Nold, J. F. | 1977 | Nold Brunnenfilterbuch. Stockstadt/Rhein |
| Oswald, R. | 1998 | Schwachstellen. Deutsche Bauzeitung. Heft 11 |
| Paul, K. F. | 2014 | Bestimmung des Durchlässigkeitsbeiwerts bei erhöhtem bindigen Anteil – erste Untersuchungsergebnisse -. Sächsische Landesstiftung Natur und Umwelt, Seddiner See, Potsdam, 20.-22.11.2014, „Grundwassermonitoring und –probennahme“, Fortbildung 2014 |
| Peck, R. B. | 1969 | Advantages and limitations of the observational method in applied soil mechanics. Geotechnique, 19, No. 1 |
| Pietzsch, W., Rosenheinrich, G. | 1983 | Erdbau. Werner Verlag. Düsseldorf |
| Placzek, D. | 1985 | Vergleichende Untersuchungen beim Einsatz statischer und dynamischer Sonden. Geotechnik. Heft 2 |
| Placzek, D. | 1998 | Schadensfälle auf dem Gebiet des Grundbaus. Beiträge zum 13. Christian Veder Kolloquium „Schadensfälle in der Geotechnik“. Technische Universität Graz. Institut für Bodenmechanik und Grundbau, Mitteilungsheft 16 |
| Pohl, C. | 2011 | Determination of characteristic soil values by statistical methods. Proceedings 3rd International Symposium in Geotechnical Safety and Risk, Munich, Bundesanstalt für Wasserbau, Karlsruhe, Eigenverlag |
| Pohl, R. | 1999 | So wird wirklich abgedichtet. Bautenschutz und Bausanierung. Verlag Rudolf Müller |
| Poremba, H. | 1976 | Stand der Injektionstechnik bei Herstellung chemischer Bodenverfestigungen. Vorträge der Baugrundtagung 1976 in Nürnberg. Deutsche Gesellschaft für Erd- und Grundbau e.V. |
| Pregl, O. | 1999 | Kontinuumsmechanik / Statische Aufgaben. Handbuch der Geotechnik, Band 5. Universität für Bodenkultur, Wien |
| Prinz, H. | 1991 | Abriss der Ingenieurgeologie. 2. Auflage. Enke Verlag. Stuttgart. |
| Prinz, H., Strauß, R. | 2006 | Abriss der Ingenieurgeologie. 3. Auflage. Enke Verlag. Stuttgart. |

| | | |
|---|---|---|
| Prinz, H., Strauß, R. | 2011 | Ingenieurgeologie. Spektrum Akademischer Verlag |
| Radomski, H., Mayer, G. | 1982 | Auftriebssicherung durch Sohlverankerung. Geotechnik. Heft 2 |
| Rappert, C. | 1991 | Grundwasserströmung - Grundwasserhaltung. In: Grundbautaschenbuch. Teil 2. 4. Auflage. Verlag Ernst & Sohn. Berlin |
| Richter, D. | 1993 | Straßen- und Tiefbau. 6. Auflage. Teubner Verlag. Stuttgart |
| Rübener, R. | 1985 | Grundbautechnik für Architekten. 1. Auflage. Werner Verlag. Düsseldorf |
| Rübener, R., Stiegler, W, | 1992 | Einführung in Theorie und Praxis der Grundbautechnik. Teil 3. 2. Auflage. Werner Verlag. Düsseldorf |
| Rübener, R., Stiegler, W. | 1981 | Einführung in Theorie und Praxis der Grundbautechnik. Teil 2. 1. Auflage. Werner Verlag. Düsseldorf |
| Rübener, R., Stiegler, W. | 1992 | Einführung in Theorie und Praxis der Grundbautechnik. Teil 1. 2.Auflage. Werner Verlag. Düsseldorf |
| Szechy, K. | 1963 | Der Grundbau, 1. Band. Springer-Verlag, Wien, New York |
| Szechy, K. | 1965 | Der Grundbau, 2. Band. Springer-Verlag, Wien, New York |
| Schmidt H.G., Seitz, J.M. | 1998 | Grundbau. In: Betonkalender. Teil II. Verlag Ernst & Sohn. Berlin |
| Schmidt, H. | 1966 | Die Culmannsche E-Linie bei Ansatz von Reibung und Kohäsion. Bautechnik. Heft 3 |
| Schmidt, H.G., Seitz, J.M. | 1998 | Grundbau. Betonkalender, Teil II. Verlag Ernst & Sohn. Berlin |
| Schmidt, H.H. | 2006 | Grundlagen der Geotechnik. Verlag Vieweg & Teubner. Braunschweig. Wiesbaden. |
| Schneider, H. R. | 1999 | Determination of characteristic soil properties. In: Proceeding oft he 12th European Conference on Soil Mechanics and Foundation Engeneering, Amsterdam, Balkema, Rotterdam, 1999, Vol. 1, S. 273- 281 |
| Schneider, K.-J. (Hrsg.) | 2016 | Bautabellen für Ingenieure. 22. Auflage (und frühere Auflagen). Bundesanzeiger Verlag. Köln |

| | | |
|---|---|---|
| Scholz, B. | 1999 | Einkapselung eines teerölkontaminierten Geländes mit einer Dichtwand. Tiefbau Ingenieurbau Straßenbau. Heft 1 |
| Schröder, B. (Hrsg.) | 1966 | Grundbautaschenbuch. Band 1. 2. Auflage. Verlag Ernst & Sohn. Berlin |
| Schröder, R. | 2008 | Verdichtung im Asphalt- und Erdbau. Hamm AG, Tischenreuth |
| Schultze, E. | 1955 | Vorlesung Grundbauwerke. Lehrstuhl für Verkehrswasserbau, Grundbau und Bodenmechanik, Technische Hochschule Aachen |
| Schultze, E. | 1967 | Vorlesung Bodenmechanik. 5. Ausgabe. Lehrstuhl für Verkehrswasserbau, Grundbau und Bodenmechanik, Technische Hochschule Aachen |
| Schultze, E., Muhs, H. | 1967 | Bodenuntersuchungen für Ingenieurbauten. 2. Auflage. Springer Verlag. Berlin |
| Schulze, B., Brauns, J., Schwalm, I. | 1991 | Neuartiges Baustellen-Messgerät zur Bestimmung der Fließgrenze von Suspensionen. Geotechnik. Heft 3 |
| Schulze, B., Kühling, G., Tax, M. | 1992 | Neue Zusatzmittel für feststoffreiche Feinstzement-Suspensionen. Bauingenieur. Heft 11 |
| Schuppener, B. | 2012 | Kommentar zum Handbuch Eurocode 7 – Geotechnische Bemessung: Allgemeine Regeln. 1. Auflage, Verlag Ernst & Sohn. Berlin |
| Schuppener, B. und Heibaum, M. | 2011 | Reliability Theory and Safety in German Geotechnical Design, Proceedings 3rd International Symposium on Geotechnical Safety and Risk. Munich, Bundesanstalt für Wasserbau, Karlsruhe, Eigenverlag |
| Schuppener, B. und Ruppert, F. | 2007 | Zusammenführung von europäischen und deutschen Normen – Eurocode 7, DIN 1054 und DIN 4020., Bautechnik, Heft 9 |
| Schuppener, B., Walz, B., Weißenbach, A. und Hock- Berghaus, K. | 1998 | EC7 – A critical review and a proposal for an improvement: a German perspective. Ground Engineering, Vol. 31, No. 10, 1998 |

| | | |
|---|---|---|
| Sichardt, W. | 1927 | Das Fassungsvermögen von Rohrbrunnen und seine Bedeutung für die Grundwasserabsenkung, insbesondere für größere Absenktiefen. Diss. TH Berlin. |
| Smoltczyk, U. | 1992 | Unterfangungen und Unterfahrungen. Grundbautaschenbuch. Teil 2. 4. Auflage. Verlag Ernst & Sohn. Berlin |
| Smoltczyk, U. | 1993 | Studienunterlagen Bodenmechanik und Grundbau. Verlag Paul Daxner. Stuttgart |
| Smoltczyk, U. | 1996 | Hat die europäische Normung in der deutschen Geotechnik eine Chance? Bautechnik. Heft 3 |
| Smoltczyk, U. | 1994a | Nachweis der Grenzzustände in der Geotechnik: Einführung in die Eurocodes ENV 1991-1 und 1997-1. Lehrgang 17992/84.143 der Technischen Akademie Esslingen |
| Smoltczyk, U. | 1994c | Abstimmung der ENV 1991-1 und 1997-1. Geotechnik, Heft 1 |
| Smoltczyk, U. (Hrsg.) | 2001 | Grundbautaschenbuch, Teil 1. 6. Auflage. Verlag Ernst & Sohn. Berlin |
| Smoltczyk, U. (Hrsg.) | 2001 | Grundbautaschenbuch, Teil 2. 6. Auflage. Verlag Ernst & Sohn. Berlin |
| Smoltczyk, U. (Hrsg.) | 2001 | Grundbautaschenbuch, Teil 3. 6. Auflage. Verlag Ernst & Sohn. Berlin |
| Steinfeld, K. | 1951 | Die Entwässerung von Feinböden. Bautechnik. |
| Stiegler, W. | 1979 | Baugrundlehre für Ingenieure. 5. Auflage. Werner Verlag. Düsseldorf |
| Stiegler, W. | 1984 | Erddrucklehre. 2. Auflage. Werner Verlag. Düsseldorf |
| Stiegler, W., Rübener, R. | 1981 | Einführung in Theorie und Praxis der Grundbautechnik, Teil 2. 1. Auflage. Werner Verlag, Düsseldorf |
| Stiegler, W., Rübener, R. | 1992 | Einführung in Theorie und Praxis der Grundbautechnik, Teil 3. 2. Auflage. Werner Verlag, Düsseldorf |
| Stenzel, G., Melzer, K.J. | 1978 | Baugrunderkundung mit Sonden entsprechend DIN 4094 (Soil investigations by penetration testing according to DIN 4094). (In German) Tiefbau 20, S. 155–160, 240–244 |

| | | |
|---|---|---|
| Stocker, M. | 1994 | Vorstellung der ersten europäischen Grundbaunormen. Bemessungsnorm, Schlitzwände, Anker und Bohrpfähle. Vorträge der Baugrundtagung 1994 in Köln. Deutsche Gesellschaft für Geotechnik e.V. |
| Széchy, K. | 1963 | Der Grundbau. Band 1. Springer Verlag, Wien, New York |
| Széchy, K. | 1965 | Der Grundbau. 2. Band. Springer Verlag, Wien, New York |
| Takouk, B. | 2015 | Hydraulischer Grundbruch - Formel zur Ermittlung der erforderlichen Einbindetiefe. Bacherlorthesis (unveröffentlicht) an der Fachhochschule Frankfurt am Main |
| Taylor, D.W. | 1958 | Fundamentals of Soil Mechanics. J. Wiley & Sons. New York. |
| Terzaghi, K., Jelinek, R. | 1954 | Theoretische Bodenmechanik. Springer Verlag. Berlin |
| Terzaghi, K., Peck, R. | 1961 | Die Bodenmechanik in der Baupraxis. Springer Verlag. Berlin |
| Terzaghi, K., Peck, R. B., Mesri, G. | 1996 | Soil Mechanics in engineering practice. Third Edition, John Wiley & Sons |
| Türke, H. | 1999 | Statik im Erdbau. 3. Auflage. Verlag Ernst & Sohn. Berlin |
| Von Becker, P. | 1970 | Erfahrungen mit Einsenkungsmessungen auf Straßenbefestigungen und bei der Erdbaukontrolle. Straße und Verkehr, Nr. 4 |
| Vogt, N., Schuppener,B., Weißenbach, A. | 2006 | Nachweisverfahren des EC 7-1 für geotechnische Bemessungen in Deutschland. Geotechnik, Heft 3, Bautechnik, Heft 9 |
| Von Soos, P. | 1982 | Zur Ermittlung der Bodenkennwerte mit Berücksichtigung von Streuung und Korrelationen. Vorträge der Baugrundtagung 1982, Braunschweig, S. 83-104 |
| Von Wolffersdorff, P.-A. und Mayer, P.-M. | 1996 | Gebrauchstauglichkeitsnachweise für Stützkonstruktionen. Geotechnik 19, Nr. 4, S. 291-300 |
| Voth, B. | 1977 | Tiefbaupraxis, Band 1 bis 3, Bauverlag. Wiesbaden |

| | | |
|---|---|---|
| Voth, B. | 1978 | Boden - Baugrund und Baustoff. 1. Auflage. Bauverlag. Wiesbaden |
| Voth, B. | 1982 | Stichwort Erdarbeiten. 3. Auflage. Bauverlag. Wiesbaden |
| Voth, B. | 1984 | Tiefbaupraxis. 2. Auflage. Bauverlag. Wiesbaden |
| Walthelm, U. | 1988 | Risse in bestehenden Bauwerken (I). Das Bauzentrum, Heft 6 |
| Walz, B., Prager, J. | 1979 | Beitrag zur Lösung von Erddruckproblemen nach der Elementscheibentheorie. Bautechnik. Heft 12 |
| Walz, B., Pulsfort, M. | 1983 | Rechnerische Standsicherheit von suspensionsgestützten Erdwänden. Tiefbau Ingenieurbau Straßenbau. Hefte 1, 2 |
| Watermann, G. | 1976 | Bemessung von Mauerwerk unter Berücksichtigung waagerechter Belastungen. Bautechnik. Heft 11 |
| Weber, J. | 1996 | Weiße Wannen verlangen sehr große Sorgfalt. Deutsches Ingenieurblatt. Juni 1996. |
| Weiß, F. | 1967 | Die Standfestigkeit flüssigkeitsgestützer Erdwände. Bauingenieur-Praxis. Heft 70. Verlag Ernst & Sohn. Berlin |
| Weißenbach, A. | 1962 | Der Erdwiderstand vor schmalen Druckflächen. Bautechnik. Heft 6 |
| Weißenbach, A. | 1983 | Beitrag zur Ermittlung des Erdwiderstands. Bauingenieur. Heft 5 |
| Weißenbach, A. | 1998 | Umsetzung des Teilsicherheitskonzepts im Erd- und Grundbau. Bautechnik. Heft 9 |
| Weißenbach, A. | 2002 | Gelbdruck DIN 1054 „Sicherheitsnachweise im Erd- und Grundbau". Bauingenieur, Heft 4 |
| Weißenbach, A., Gudehus, G. | 2004 | Die neue DIN 1054: 2003-01. Vorträge der Baugrundtagung 2004 in Leipzig. Deutsche Gesellschaft für Geotechnik e.V. |
| Weißenbach, A., Gudehus, G., Schuppener, B. | 1999 | Vorschläge zur Anwendung des Teilsicherheitskonzepts in der Geotechnik. Geotechnik. Sonderheft. |
| Weißenbach, A: | 2007 | Kommentar zu DIN 1054. Verlag Emst & Sohn. Berlin |

| | | |
|---|---|---|
| Wendehorst | 2015 | Bautechnische Zahlentafeln. 35. Auflage (und frühere Auflagen). Teubner Verlag. Stuttgart |
| Wetzel, O.W. (Hrsg.) | 2007 | Wendehorst . Beispiele aus der Baupraxis. Teubner Verlag |
| Wetzel, O.W. (Hrsg.) | 2008 | Wendehorst Bautechnische Zahlentafeln. 31. Auflage. Teubner Verlag |
| Wetzel, O.W. (Hrsg.) | 2009 | Wendehorst . Beispiele aus der Baupraxis. 3. Auflage. Teubner Verlag |
| Weyrauch, F., Schöffel, G. | 2004 | Dimensionierung von Grundwasserabsenkungen – Probleme und Lösungen. Bautechnik 81 (2004), Heft 7 |
| Witt, K.J. (Hrsg.) | 2018 | Grundbau-Taschenbuch, Teil 1: Geotechnische Grundlagen. 7. Auflage. Verlag Ernst & Sohn. Berlin |
| Witt, K.J. (Hrsg.) | 2018 | Grundbau-Taschenbuch, Teil 2: Geotechnische Verfahren. 7. Auflage Verlag Ernst & Sohn. Berlin |
| Witt, K.J. (Hrsg.) | 2018 | Grundbau-Taschenbuch, Teil 3: Gründungen und Geotechnische Bauwerke. 7. Auflage Verlag Ernst & Sohn. Berlin |
| Wittke, K.-H. | 1998 | Stand und Entwicklung der Geotechnik in Deutschland. Geotechnik-Sonderdruck anlässlich der Baugrundtagung in Stuttgart |
| Wittke, W. | 1999 | Editorial Geotechnik, Sonderheft 1999 |
| Wittmann, E. | 1997 | Neufassung der ZTVE-StB. Anmerkungen zur Methode 3 für das Prüfen der Bodenverdichtung. Straße und Autobahn. Heft 9 |
| Wyrobek, M. | 1991 | Das neue Sicherheitskonzept im Bauwesen. Grundlagen, Hinweise, Erläuterungen. Tiefbau - Ingenieurbau - Straßenbau, Heft 10 |
| Ziegler, M. | 2012 | Geotechnische Nachweise nach EC 7 und DIN 1054. Einführung mit Beispielen. 3. Auflage Verlag Ernst & Sohn. Berlin |

# Anhang C: Normenverzeichnis

(E = Entwurf, V = Vornorm)

| DIN | Teil | Ausgabe | Titel |
|---|---|---|---|
| (1045-1) zurückgezo-gen | | 08.2008 | Tragwerke aus Beton, Stahlbeton und Spannbeton - Teil 1: Bemessung und Konstruktion (Berichtigung 2, Ausgabe 2003-06) |
| (1045-1) zurückgezo-gen | | 08.2008 | Tragwerke aus Beton, Stahlbeton und Spannbeton - Teil 1: Bemessung und Konstruktion (Berichtigung 2, Ausgabe 2003-06) |
| 1052 | 10 | 05.2012 | Herstellung und Ausführung von Holzbauwerken - Teil 10: Ergänzende Bestimmungen zu DIN EN 1995-1 und DIN EN 1995-1/ NA |
| (1052) zurückgezo-gen | B1 | 05.2010 | Berichtigung 1 zu DIN 1052: 2008-12 |
| (1054) zurückgezo-gen | | 01.2005 | Baugrund - Sicherheitsnachweise im Erd- und Grundbau |
| (1054) zurückgezo-gen | A1 | 07.2009 | Baugrund - Sicherheitsnachweise im Erd- und Grundbau; Änderung 1 |
| (1054) zurückgezo-gen | B1 | 04.2005 | Berichtigung 1 zu DIN 1054 |
| (1054) zurückgezo-gen | B2 | 04.2007 | Berichtigung 2 zu DIN 1054 |
| (1054) zurückgezo-gen | B3 | 01.2008 | Berichtigung 3 zu DIN 1054 |
| (1054) zurückgezo-gen | B3 | 10.2008 | Berichtigung 4 zu DIN 1054 |
| 1054 | | 12.2010 | Baugrund - Sicherheitsnachweise im Erd- und Grundbau - Ergänzende Regelungen zu DIN EN 1997-1 und DIN EN 1997-1/ NA |

| DIN | Teil | Ausgabe | Titel |
|---|---|---|---|
| 1054 | A1 | 08.2012 | Baugrund - Sicherheitsnachweise im Erd- und Grundbau; Änderung 1 |
| 1054 | A2 | 11.2015 | Baugrund - Sicherheitsnachweise im Erd- und Grundbau; Änderung 2 |
| (1055) zurückgezogen | T1 | 06.2002 | Einwirkungen auf Tragwerke, Teil 1: Wichten und Flächenlasten von Baustoffen, Bauteilen und Lagerstoffen. Reverenznorm ENV 1991-1: 1994 |
| 1055 | T2 | 11.2010 | Einwirkungen auf Tragwerke, Teil 2: Bodenkenngrößen |
| (1055-3) zurückgezogen | T3 | 06.2003 | Einwirkungen auf Tragwerke, Teil 3: Eigen- und Nutzlasten für Hochbauten (E DIN 1055 -3/A1, Ausgaben 2005-05 – Änderung A1) |
| (1055) zurückgezogen | T2 bis T6 | 06.1971 bis 05.1987 | Lastannahmen von Bauten |
| (1080) zurückgezogen | T1 | 06.1976 | Begriffe, Formelzeichen und Einheiten im Bauingenieurwesen; Grundlagen |
| (1080) zurückgezogen | T6 | 03.1980 | Begriffe, Formelzeichen und Einheiten im Bauingenieurwesen; Bodenmechanik und Grundbau |
| 4017 | | 03.2006 | Baugrund - Berechnung des Grundbruchwiderstands von Flachgründungen |
| 4017 | Beiblatt 1 | 11.2006 | Baugrund - Berechnung des Grundbruchwiderstands von Flachgründungen – Beiblatt 1: Berechnungsbeispiele |
| 4018 | | 09.1974 | Baugrund; Berechnung der Sohldruckverteilung unter Flächengründungen |
| 4018 | Beiblatt 1 | 05.1981 | Baugrund; Berechnung der Sohldruckverteilung unter Flächengründungen; Erläuterungen und Berechnungsbeispiele |
| 4019 | | 05.2015 | Baugrund; Setzungsberechnungen |
| 4030 | T1 | 06.2008 | Beurteilung betonangreifender Wässer, Böden und Gase, Teil 1; Grundlagen und Grenzwerte |

| DIN | Teil | Ausgabe | Titel |
|---|---|---|---|
| 4030 | T2 | 06.2008 | Beurteilung betonangreifender Wässer, Böden und Gase, Teil 2; Entnahme und Analyse von Wasser- und Bodenproben |
| 4074 | T1 | 06.2012 | Sortierung von Holz nach der Tragfähigkeit – Teil 1: Nadelschnittholz |
| 4107 | T1 | 10.2010 | Geotechnische Messungen - Teil 1: Grundlagen |
| 4123 | | 04.2013 | Ausschachtungen, Gründungen und Unterfangungen im Bereich bestehender Gebäude |
| EN 206 | | 07.2014 | Beton - Teil 1: Festlegung, Eigenschaften, Herstellung und Konformität; Deutsche Fassung EN 206-1:2013 |
| EN 1990 | | 12.2010 | Eurocode 0: Grundlagen der Tragwerksplanung; Deutsche Fassung EN 1990:2002 + A1:2005 + A1:2005/AC:2010 |
| EN 1990 | NA | 12.2010 | Nationaler Anhang - National festgelegte Parameter – Eurocode 0: Grundlagen der Tragwerksplanung |
| EN 1990 | NA/ A1 | 08.2012 | Nationaler Anhang - National festgelegte Parameter – Eurocode 0: Grundlagen der Tragwerksplanung; Änderung A1 |
| EN 1991 | T1 | 12.2010 | Eurocode 1: Einwirkungen auf Tragwerke - Teil 1-1: Allgemeine Einwirkungen auf Tragwerke - Wichten, Eigengewicht und Nutzlasten im Hochbau; Deutsche Fassung EN 1991-1-1:2002 + AC:2009 |
| EN 1991 | T1/ NA | 12.2010 | Nationaler Anhang - National festgelegte Parameter - Eurocode 1: Einwirkungen auf Tragwerke - Teil 1-1: Allgemeine Einwirkungen auf Tragwerke - Wichten, Eigengewicht und Nutzlasten im Hochbau |
| EN 1991 | T1-1/ NA/ A1 | 05.2015 | Nationaler Anhang - National festgelegte Parameter - Eurocode 1: Einwirkungen auf Tragwerke - Teil 1-1: Allgemeine Einwirkungen auf Tragwerke - Wichten, Eigengewicht und Nutzlasten im Hochbau¸ Änderung A1 |
| EN 1992 | T1-1 | 01.2011 | Eurocode 2: Bemessung und Konstruktion von Stahlbeton- und Spannbetontragwerken - Teil 1-1: Allgemeine Bemessungsregeln und Regeln für den Hochbau; Deutsche Fassung EN 1992-1-1:2004 + AC:2010 |
| EN 1992 | T1-1/ NA | 04.2013 | Nationaler Anhang - National festgelegte Parameter - Eurocode 2: Bemessung und Konstruktion von Stahlbeton- und Spannbetontragwerken - Teil 1-1: Allgemeine Bemessungsregeln und Regeln für den Hochbau |

| DIN | Teil | Ausgabe | Titel |
|---|---|---|---|
| EN 1992 | T1-1/ NA/ A1 | 12.2015 | Nationaler Anhang - National festgelegte Parameter - Eurocode 2: Bemessung und Konstruktion von Stahlbeton- und Spannbetontragwerken - Teil 1-1: Allgemeine Bemessungsregeln und Regeln für den Hochbau; Änderung A1 |
| EN 1993 | T1-1 | 07.2007 | Eurocode 3: Bemessung und Konstruktion von Stahlbauten - Teil 1-1: Allgemeine Bemessungsregeln und Regeln für den Hochbau; Deutsche Fassung EN 1993-1-1:2005 + AC:2009 |
| EN 1993 | T1-1/ NA | 08.2015 | Nationaler Anhang - National festgelegte Parameter - Eurocode 3: Bemessung und Konstruktion von Stahlbauten - Teil 1-1: Allgemeine Bemessungsregeln und Regeln für den Hochbau |
| EN 1993 | T1-1/ NA/A 1 | 07.2014 | Nationaler Anhang - National festgelegte Parameter - Eurocode 3: Bemessung und Konstruktion von Stahlbauten - Teil 1-1: Allgemeine Bemessungsregeln und Regeln für den Hochbau |
| EN 1994 | T1-1 | 12.2010 | Eurocode 4: Bemessung und Konstruktion von Verbundtragwerken aus Stahl und Beton - Teil 1-1: Allgemeine Bemessungsregeln und Anwendungsregeln für den Hochbau; Deutsche Fassung EN 1994-1-1:2004 + AC:2009 |
| EN 1994 | T1-1/ NA | 12.2010 | Nationaler Anhang - National festgelegte Parameter - Eurocode 4: Bemessung und Konstruktion von Verbundtragwerken aus Stahl und Beton - Teil 1-1: Allgemeine Bemessungsregeln und Anwendungsregeln für den Hochbau |
| EN 1995 | T1-1 | 12.2010 | Eurocode 5: Bemessung und Konstruktion von Holzbauten – Teil 1-1: Allgemeines – Allgemeine Regeln und Regeln für den Hochbau; Deutsche Fassung EN 1995-1-1:2004 + AC:2006 + A1:2008 |
| EN 1995 | T1-1/ NA | 08.2013 | Nationaler Anhang – National festgelegte Parameter – Eurocode 5: Bemessung und Konstruktion von Holzbauten – Teil 1-1: Allgemeines – Allgemeine Regeln und Regeln für den Hochbau |
| EN 1996 | T1-1 | 02.2013 | Eurocode 6: Bemessung und Konstruktion von Mauerwerksbauten - Teil 1-1: Allgemeine Regeln für bewehrtes und unbewehrtes Mauerwerk; Deutsche Fassung EN 1996-1-1:2005 + AC:2009 |
| EN 1996 | T1-1/ NA | 05.2012 | Nationaler Anhang - National festgelegte Parameter - Eurocode 6: Bemessung und Konstruktion von Mauerwerksbauten - Teil 1-1: Allgemeine Regeln für bewehrtes und unbewehrtes Mauerwerk |

| DIN | Teil | Ausgabe | Titel |
|---|---|---|---|
| EN 1997 | T1 | 03.2014 | Eurocode 7: Entwurf, Berechnung und Bemessung in der Geotechnik - Teil 1: Allgemeine Regeln; Deutsche Fassung EN 1997-1:2004 + AC:2009 |
| EN 1997 | T1/NA | 12.2010 | Nationaler Anhang – National festgelegte Parameter - Eurocode 7: Entwurf, Berechnung und Bemessung in der Geotechnik - Teil 1: Allgemeine Regeln; Deutsche Fassung EN 1997-1: 2004 |
| EN 15258 | | 05.2009 | Betonfertigteile - Stützwandelemente; Deutsche Fassung EN 15258:2008 |
| Handbuch Eurocode 0 – Grundlagen der Tragwerksplanung | | 11.2011 | **Vom DIN konsolidierte Fassung** |
| Handbuch Eurocode 1 - Einwirkungen | Band 1 | 06.2013 | **Band 1: Grundlagen, Nutz- und Eigenlasten, Brandeinwirkungen, Schnee-, Wind-, Temperaturlasten - Vom DIN konsolidierte Fassung** |
| Handbuch Eurocode 2 - Betonbau | Band 1 | 07.2012 | **Band 1: Allgemeine Regeln - Vom DIN konsolidierte Fassung** |
| Handbuch Eurocode 3 - Stahlbau | Band 2 | 03.2012 | **Band 2:** Der zweite Teil stellt folgende Teile von Eurocode 3 zur Bemessung und Konstruktion von Stahlbauten im konsolidierten Originaltext bereit: **- Vom DIN konsolidierte Fassung** |
| Handbuch Eurocode 7 – Geotechnische Bemessung | Band 1 | 12.2015 | **Band 1: Allgemeine Regeln - Vom DIN autorisierte konsolidierte Fassung** |
| Handbuch Eurocode 7 – Geotechnische Bemessung | Band 2 | 06.2011 | **Band 2: Erkundung und Untersuchung - Vom DIN autorisierte konsolidierte Fassung** |

Anmerkung: Die in diesem Buch angegebenen Normen entsprechen dem Entwicklungsstand bei Abschluss der Manuskriptbearbeitung dieses Buchs. Maßgebend sind die jeweils neuesten Ausgaben der Normen im Beuth-Verlag.

# Anhang D: Empfehlungen, sonstige Regelwerke

| Regelwerk | Verlag | Ausgabe | Titel |
|---|---|---|---|
| ATV-DVWK | Deutsche Vereinigung für Wasserwirtschaft, Abwasser und Abfall e.V. (DWA), Hennef | | Abwassertechnische Vorschriften der Abwassertechnischen Vereinigung e. V. - ATV |
| C Geok E | FGSV-Verlag, Köln | 2005 | Merkblatt über die Anwendung von Geokunststoffen im Erdbau des Straßenbaues mit Checklisten |
| EAB | Ernst & Sohn, Berlin | 2012 | Empfehlungen des Arbeitskreises "Baugruben"– EAB der Deutschen Gesellschaft für Geotechnik e. V. (DGGT), 5. Auflage |
| EAB | Ernst & Sohn, Berlin | 1994 | Empfehlungen des Arbeitskreises "Baugruben"– EAB der Deutschen Gesellschaft für Geotechnik e. V. (DGGT), 3. Auflage |
| EAU | Ernst & Sohn, Berlin | 2012 | Empfehlungen des Arbeitsausschuss „Ufereinfassungen" der Hafenbautechnischen Gesellschaft e. V. und der Deutschen Gesellschaft für Geotechnik e. V. (Hrsg.), 11. Auflage |
| EAG-GTD | Ernst & Sohn, Berlin | 2002 | Empfehlungen zur Anwendung geosynthetischer Tondichtungsbahnen |
| EBGEO | Ernst & Sohn, Berlin | 2011 | **Empfehlungen für den Entwurf und die Berechnung von Erdkörpern mit Bewehrungen aus Geokunststoffen** |
| EBSB | Die Bautechnik, Heft 12 | 1962 | Empfehlungen für den Bau und die Sicherung von Böschungen (EBSB). Arbeitskreis 8 a der Deutschen Gesellschaft für Erd- und Grundbau |
| H GeoMess | FGSV-Verlag, Köln | 2007 | Hinweise zur Anwendung geotechnischer und geophysikalischer Messverfahren im Straßenbau |

| Regelwerk | Verlag | Ausgabe | Titel |
|---|---|---|---|
| MAK | BAWMerkblatt | 2013 | Merkblatt Anwendung von Kornfiltern an Bundeswasserstraßen (MAK) |
| MAK, Änderung A 1 | BAWMerkblatt | 2015 | Merkblatt Anwendung von Kornfiltern an Bundeswasserstraßen (MAK) |
| M ELW | FGSV-Verlag, Köln | 2009 | Merkblatt für die Erhaltung Ländlicher Wege |
| M FDVK E | FGSV Verlag, Köln | 2014 | Merkblatt über flächendeckende dynamische Verfahren zur Prüfung der Verdichtung im Erdbau |
| M Geok E-StB | FGSV Verlag, Köln | 2005 | Merkblatt für die Anwendung von Geokunststoffen im Erdbau des Straßenbaues |
| M GUB | FGSV-Verlag, Köln | 2013 | Merkblatt für geotechnische Untersuchungen und Berechnungen im Straßenbau |
| M GUB UA | FGSV-Verlag, Köln | 2013 | Merkblatt für geotechnische Untersuchungen und Berechnungen im Straßenbau – Ergänzungen für den Um- und Ausbau von Straßen |
| M HMVA | FGSV-Verlag, Köln | 2005 | Merkblatt über die Verwendung von Hausmüllverbrennungsasche im Straßenbau |
| M Ls | FGSV-Verlag, Köln | 2006 | Merkblatt über die Verwendung von Lavaschlacke im Straßen- und Wegebau |
| M RC | FGSV-Verlag, Köln | 2002 | Merkblatt über die Wiederverwertung von mineralischen Baustoffen als Recycling-Baustoffe im Straßenbau |
| M TS E 1 | FGSV Verlag, Köln | 2009 | Merkblatt über Technische Sicherungsmaßnahmen bei Böden und Baustoffen mit umweltrelevanten Inhaltsstoffen im Erdbau |
|  | Deutsche Bauchemie, Frankfurt | 1992 | Merkblatt Bauwerksabdichtungen mit kaltverarbeitbaren, kunststoffmodifizierten Beschichtungsstoffen auf Basis von Bitumenemulsionen |

| Regelwerk | Verlag | Ausgabe | Titel |
|---|---|---|---|
| | FGSV Verlag, Köln | 2006 | Merkblatt für den Entwurf und die Herstellung von Raumgitterwänden und –wällen |
| | FGSV Verlag, Köln | 2012 | Merkblatt über die Verwendung von EPS-Hartschaumstoffen als Leichtbaustoff im Erdbau des Straßenbaus |
| | FGSV Verlag, Köln | 1972 | Merkblatt für die Bodenverdichtung im Straßenbau |
| | FGSV Verlag, Köln | 1979 | Merkblatt für die Untergrundverbesserung durch Tiefenrüttler |
| | FGSV Verlag, Köln | 2003 | Merkblatt für die Verdichtung des Untergrundes und Unterbaues im Straßenbau |
| | FGSV Verlag, Köln | 1992 | Merkblatt für die Verfestigung von Müllverbrennungsasche mit hydraulischen Bindemitteln |
| | FGSV Verlag, Köln | 1988 | Merkblatt für die Verfestigung von Steinkohlenflugasche mit hydraulischen Bindemitteln |
| | FGSV Verlag, Köln | 1994 | Merkblatt für die Verfestigung von Waschbergen aus der Steinkohlengewinnung mit hydraulischen Bindemitteln |
| | FGSV Verlag, Köln | 1991 | Merkblatt für die Verhütung von Frostschäden an Straßen |
| | FGSV Verlag, Köln | 1995 | Merkblatt für die Verwendung von Hüttensand in Frostschutz- und Schottertragschichten |
| | FGSV Verlag, Köln | 1991 | Merkblatt für einfache landschaftsgerechte Sicherungsbauweisen |
| | FGSV Verlag, Köln | 2004 | Merkblatt über Bodenverbesserungen und Bodenverfestigungen mit Bindemitteln |
| | FGSV Verlag, Köln | 1994 | Merkblatt über den Einfluss der Hinterfüllung auf Bauwerke |
| | FGSV Verlag, Köln | 1984 | Merkblatt über die gebirgsschonende Ausführung von Spreng- und Abtragsarbeiten an Felsböschungen |

| Regelwerk | Verlag | Ausgabe | Titel |
|---|---|---|---|
| | FGSV Verlag, Köln | 2000 | Merkblatt über die statistische Auswertung von Prüfergebnissen, Teil 1: Grundlagen der Präzision von Prüfverfahren |
| | FGSV Verlag, Köln | 1978 | Merkblatt über die statistische Auswertung von Prüfergebnissen, Teil 2: von abweichenden Messwerten (Ausreißern) |
| | FGSV Verlag, Köln | 2004 | Merkblatt über die Verwendung von Blähton als Leichtbaustoff im Unterbau und Untergrund von Straßen |
| | FGSV Verlag, Köln | 1980 | Merkblatt über Felsgruppenbeschreibung für bautechnische Zwecke im Straßenbau |
| | FGSV Verlag, Köln | 2010 | Merkblatt über Straßenbau auf wenig tragfähigem Untergrund |
| | FGSV Verlag, Köln | 1992 | Merkblatt zur Felsbeschreibung für den Straßenbau |
| RAP Stra 10 | FGSV Verlag, Köln | 2010 | Richtlinien für die Anerkennung von Prüfstellen für Baustoffe und Baustoffgemische im Straßenbau |
| RAS-Ew | FGSV Verlag, Köln | 2005 | Richtlinie für die Anlage von Straßen, Teil: Entwässerung |
| RAS-LG | FGSV Verlag, Köln | 1983 | Richtlinie für die Anlage von Straßen – Teil: Landschaftsgestaltung (RAS LG) Abschnitt 3: Lebendverbau |
| RAS-Q | FGSV Verlag, Köln | 1996 | Richtlinie für die Anlage von Straßen Teil: Querschnitte |
| RiStWag | FGSV Verlag, Köln | 2002 | Richtlinien für bautechnische Maßnahmen an Straßen in Wasserschutzgebieten |
| RiL 836 | DB Netz AG | 2008 | Erdbauwerke und sonstige geotechnsiche Bauwerke planen, bauen und instand halten |
| RLW | FGSV Verlag, Köln | 2005 | Richtlinie für den ländlichen Wegebau |

| Regelwerk | Verlag | Ausgabe | Titel |
|---|---|---|---|
| RStO | FGSV Verlag, Köln | 2012 | Richtlinien für die Standardisierung des Oberbaues von Verkehrsflächen |
| RuA-StB | FGSV Verlag, Köln | 2001 | Richtlinien für die umweltverträgliche Anwendung von industriellen Nebenprodukten und Recycling-Baustoffen im Straßenbau |
| | Deutsche Bauchemie, Frankfurt | 1999 | Richtlinie für die Planung und Ausführung von Abdichtungen erdberührter Bauteile mit flexiblen Dichtungsschlämmen |
| | Deutsche Bauchemie, Frankfurt | 1997 | Richtlinie für die Planung und Ausführung von Abdichtungen erdberührter Bauteile mit kunststoffmodifizierten Bitumendickschichtungen |
| TL BuB E-StB | FGSV Verlag, Köln | 2009 | Technische Lieferbedingungen für Böden und Baustoffe im Erdbau des Straßenbaus |
| TL Geok E-StB | FGSV Verlag, Köln | 2005 | Technische Lieferbedingungen für Geokunststoffe im Erdbau des Straßenbaues |
| TL Gestein-StB | FGSV Verlag, Köln | 2013 | Technische Lieferbedingungen für Gesteinskörnungen im Straßenbau |
| TL G SoB-StB | FGSV Verlag, Köln | 2007 | Technische Lieferbedingungen für Baustoffgemische und Böden zur Herstellung von Schichten ohne Bindemittel im Straßenbau; Teil: Güteüberwachung |
| TL SoB-StB | FGSV Verlag, Köln | 2007 | Technische Lieferbedingungen für Baustoffgemische und Böden zur Herstellung von Schichten ohne Bindemittel im Straßenbau |
| TP Beton-StB | FGSV Verlag, Köln | 2010 | Technische Prüfvorschriften für Tragschichten mit hydraulischen Bindemitteln und Fahrbahndecken aus Beton |
| TP BF-StB | FGSV Verlag, Köln | 2005 | Technische Prüfvorschriften für Böden und Fels im Straßenbau |

| Regelwerk | Verlag | Ausgabe | Titel |
|---|---|---|---|
| TP BF-StB Teil 7.1 | FGSV Verlag, Köln | 2012 | Technische Prüfvorschriften für Gesteinskörnungen im Straßenbau, Teil B 7.1: Prüfverfahren zur Bestimmung des CBR-Wertes (California bearing ratio) |
| TP BF-StB Teil 8.3 | FGSV Verlag, Köln | 2012 | Technische Prüfvorschriften für Gesteinskörnungen im Straßenbau, Teil 8.3: Dynamischer Plattendruckversuch mit dem Leichten Fallgewicht |
| TP BF-StB Teil 8.4 | FGSV Verlag, Köln | 2009 | Technische Prüfvorschriften für Gesteinskörnungen im Straßenbau, Teil: Dynamischer Plattendruckversuch mit dem Mittelschweren Fallgewicht |
| TP BF-StB, Teil B 11.1 | FGSV Verlag, Köln | 2012 | Technische Prüfvorschriften für Boden und Fels im Straßenbau, Teil B 11.1: Eignungsprüfungen für Bodenverfestigungen mit Bindemitteln (FGSV 591/B 11.1) |
| TP BF-StB, Teil B 11.5 | FGSV Verlag, Köln | 1991 | Technische Prüfvorschriften für Boden und Fels im Straßenbau: Eignungsprüfung bei Bodenverbesserung und Bodenverfestigung mit Feinkalk und Kalkhydrat |
| TP BF-StB, Teil B 15.1 | FGSV Verlag, Köln | 2012 | Technische Prüfvorschriften für Boden und Fels im Straßenbau, Teil B 15.1 - Leichte Rammsondierung DPL-5 und Mittelschwere Rammsondierung DPM-10 |
| TP BF-StB, Teil E 1 | FGSV Verlag, Köln | 1993 | Technische Prüfvorschriften für Boden und Fels im Straßenbau, Teil E 1: Prüfung auf statistischer Grundlage – Stichprobenprüfpläne |
| TP BF-StB, Teil E 2 | FGSV Verlag, Köln | 1994 | Technische Prüfvorschriften für Boden und Fels im Straßenbau, Teil E 1: Flächendeckende dynamische Prüfung der Verdichtung |
| TP BF-StB, Teil E 3 | FGSV Verlag, Köln | 2003 | Technische Prüfvorschriften für Boden und Fels im Straßenbau - Teil E 3: Prüfung der Verdichtung durch Probeverdichtung und Arbeitsanweisung |

| Regelwerk | Verlag | Ausgabe | Titel |
|---|---|---|---|
| TP Eben | FGSV Verlag, Köln | 2007 | Berührende Messungen - Technische Prüfvorschriften für Ebenheitsmessungen auf Fahrbahnoberflächen in Längs- und Querrichtung Teil: Berührende Messungen |
| TP Gestein-StB | FGSV Verlag, Köln | 2015 | Technische Prüfvorschriften für Gesteinskörnungen im Straßenbau |
| ZTVA-StB | FGSV Verlag, Köln | 2012 | Zusätzliche Technische Vertragsbedingungen und Richtlinien für Aufgrabungen in Verkehrsflächen |
| ZTVE-StB | FGSV Verlag, Köln | 2009 | Zusätzliche Technische Vorschriften und Richtlinien für Erdarbeiten im Straßenbau |
| ZTV Ew-StB | FGSV Verlag, Köln | 1991 | Zusätzliche Technische Vertragsbedingungen und Richtlinien für den Bau von Entwässerungseinrichtungen im Straßenbau |
| ZTV La-StB | FGSV Verlag, Köln | 2005 | Zusätzliche Technische Vertragsbedingungen und Richtlinien für Landschaftsbauarbeiten im Straßenbau |
| ZTV LW | FGSV Verlag, Köln | 2007/ 2011 | Zusätzliche Technische Vertragsbedingungen und Richtlinien für die Befestigung ländlicher Wege |
| ZTV Lsw | FGSV Verlag, Köln | 2006 | Zusätzliche Technische Vertragsbedingungen und Richtlinien für die Ausführung von Lärmschutzwänden an Straßen |
| ZTV SoB-StB | FGSV Verlag, Köln | 2004/ 2007 | Zusätzliche Technische Vertragsbedingungen und Richtlinien für den Bau von Schichten ohne Bindemittel im Straßenbau |

Anmerkung: Die in diesem Buch angegebenen Empfehlungen, Vorschriften und Merkblätter entsprechen dem Entwicklungsstand bei Abschluss der Manuskriptbearbeitung dieses Buchs. Maßgebend sind die jeweils neuesten Ausgaben der Regelwerke der angegebenen Verlage.

# Anhang E: Lösungen

## 2 Nachweise der Tragfähigkeit (ULS)

2.8.1 Für SLS ist der Nachweis der Sicherheit gegen Kippen bei ständiger Last. Dabei muss $e \leq b/6$ sein. Zusätzlich ist der Nachweis ULS über einwirkende und widerstehende Momente um den Drehpunkt D( Außenkante) zu führen.

2.8.2 a) Bleibt unberücksichtigt, b) Herabsetzungen des Reibungswinkels auf 2/3 $\varphi'$.

2.8.3 Ständige Last: $e_{zul} = b/6$, $\kappa = 0$. Gesamtlast: $e_{zul} = b/3$, $\kappa = b/2$.

2.8.4 Weil beim Nachweis der Sicherheit (SLS) gegen Kippen für Gesamtlast $e \leq b/3$, für ständige Last $e \leq b/6$ sein muss.

2.8.5 a) mit dem Tangens des Reibungswinkels $\varphi'$ b) mit dem Reibungsbeiwert $\mu$□ z. B. Beton / Beton: $\mu = 0{,}75$.

2.8.6 $x = 0{,}4$ m, $e = 0{,}4$ m.

2.8.7 a) Standmoment dividiert durch Kippmoment, b) ULS: Standmoment dividiert durch Kippmoment, SLS: Begrenzung der Ausmittigkeit.

2.8.8 $b = 1{,}80$ m.

2.8.9 a) keine, b) keine, c) Zunahme, d) Zunahme.

2.8.10 $\Delta V^g \approx 246{,}5$ kN/m.

2.8.11 $d_s = 3{,}3$ m $< d_w = 3{,}4$ m. Keine Änderung der Sicherheit.

2.8.12 $d = 0{,}70$ m.

2.8.13 Logisch: Beide Fundamente haben gleiche Fläche und Einbindetiefe: Das gedrungene Fundament trägt mehr ($a/b < 2$). Rechnerisch: a) $R_{V,d} = 2109$ kN b) $R_{V,d} = 1517$ kN.

2.8.14 Bis auf Kote $\approx$ - 3,8 m.

2.8.15 Bei einfach verdichteten Böden: Anfangsfestigkeit, bei vorbelasteten Böden: Endfestigkeit.

2.8.16 Das Quadratfundament.

2.8.17 $b_{erf} = 2{,}2$ m (aus a)).

2.8.18 $b = 2{,}0$ m, $a = 3{,}0$ m.

2.8.19 257 kN/m.

2.8.20 $e = 0{,}30$ m.

2.8.21 $V_d = 699 > R_{v,d} = 650$ kN/m: keine ausreichende Sicherheit

2.8.22 $R_{V,d} = 608$ kN $> 405$ kN: ausreichende Sicherheit.

# 3 Nachweise der Gebrauchstauglichkeit (SLS)

3.4.1 $E_{s,k} \approx 5{,}6$ MN/m².

3.4.2 Verringerung um ≈ 9 cm.

3.4.3 ≈ 10 Jahre.

3.4.4 Nach ca. 25 Jahren.

3.4.5 $s_2 > 2\ s_1$ (siehe Last-Setzungs-Linie).

3.4.6 Die Setzungskurve fällt bei beiden Böden während der Bauzeit ab, bei b) aber viel stärker als bei a). Am Ende der Bauzeit kommt die Setzung bei a) praktisch zum Stillstand, während sie bei b) noch Monate/Jahre weiter abfällt.

3.4.7 $V_2 \approx 4350$ kN.

3.4.8 ... die Sohlnormalspannung unter dem größeren Fundament kleiner sein als unter dem kleineren. Überschlägliche Berechnung der Sohlnormalspannungen nach dem Modellgesetz.

3.4.9 Anordnung von Fugen.

3.4.10 a) aus dem Kompressionsversuch, b) aus Setzungsmessungen.

3.4.11 $\Delta s \approx 1{,}6$ cm.

3.4.12 Wenn die Setzung infolge $V_{zul}$ größer ist als die zulässige Setzung des Fundaments.

3.4.13 30,8 kN/m².

3.4.14 a) 24 kN/m², b) 38 kN/m², c) 37,3 kN/m², c) 14,4 kN/m².

3.4.15 ca. 24 kN/m².

3.4.16 a) $b_1 = 1{,}6$ m, $b_2 = 1{,}96$ m; b) $b_2 = 2{,}41$ m.

3.4.17 ≈ 1,3 cm.

3.4.18 a) ≈ 1,5 cm, b) Setzungsdifferenz der Fundamentränder: ≈ 1,9 - 1,1 ≈ 0,8 cm.

3.4.19 a) ≈ 0,8 cm, b) 5,3 cm.

# 4 Sohldruckverteilung

4.5.1 1 = Sohldruck, 2 = Gleichgewichtsbedingungen, 3 = Gleichgewichtsbedingungen, 4 = Biegesteifigkeit, 5 = Art der Belastung, 6 = Größe der Belastung, 7 = Form des Fundaments, 8 = Baugrundeigenschaften, 9 = Schnittgrößen des Fundaments, 10 = Standsicherheit

4.5.2 zu a) $K = 0{,}054$, biegsam, zu b) $d = 0{,}62$ m

4.5.3

| Platte d [m] | Sand | Bezeichnung | Ton | Bezeichnung |
|---|---|---|---|---|
| 0,2 | 0,00025 | schlaff | 0,025 | biegsam |
| 0,5 | 0,0039 | biegsam | 0,39 | starr |
| 2,0 | 0,25 | starr | 25 | starr |

4.5.4 a) schlaff, b) biegsam, c) starr

4.5.5 $b' = 3\,c$; $V$ = Inhalt der Sohldruckfigur.

4.5.6 Dreieck a) über ganze, b) über halbe Sohlfläche.

4.5.7 a) $\sigma = V/A \pm M/W$ b) Weil keine Zugspannungen im klaffenden Teil der Sohle übertragen werden können.

4.5.8 Bei dem Verfahren „Aufnehmbarer Sohldruck in einfachen Fällen" („Tabellenverfahren") und bei Standsicherheitsnachweisen.

# 5 Streifen- und Einzelfundamente

5.7.1 a) 340 kN/m², b) 800 kN/m².

5.7.2 718 kN/m².

5.7.3 858,5 kN/m²

5.7.4 $H : V \leq 1 : 5$.

5.7.5 Im Schwerpunkt.

5.7.6 a) (a), b) (a), c) (e), d) (u), e) (u).

5.7.7 ja.

5.7.8 a) Wenn $a/b \leq 2$ und D besonders groß, b) überhaupt nicht.

5.7.9 Statische Unbestimmtheit.

5.7.10 $V_{zul} \approx 6{,}05$ MN.

5.7.11 $d_{erf} = 1{,}2$ m.

5.7.12 $V_{zul} \approx 3{,}92$ MN.

5.7.13 $H_{max} = 450$ kN.

5.7.14 1935 kN.

5.7.15 Gleichung (2.05): In dem im Wasser liegenden Teil der Grundbruchscholle wird $\gamma_2 = \gamma'$.

5.7.16 Weil die Grundbruchsicherheit mit der Einbindetiefe ansteigt.

5.7.17 Von der Konsistenzzahl.

5.7.18 a) mit Hilfe der Grenztiefe und b) durch Verwendung von Korrekturbeiwerten.

5.7.19 $e$ = 0,54 m.

5.7.20 Tabelle A.6.2 gilt für setzungsempfindliche Bauwerke. Weil die Grundbruchsicherheit mit der Breite zunimmt, kann der Sohldruck zunächst ebenfalls zunehmen. Mit zunehmender Breite wachsen aber auch die Setzungen an, so dass der Sohldruck verringert werden muss.

5.7.21 Bei bindigen Böden werden die Tabellenwerte nicht - wie bei nichtbindigen Böden - abgemindert, wenn eine $H$-Kraft wirkt, weil das Verhältnis $H : V$ bei diesen Böden von vornherein begrenzt ist.

5.7.22 a) $b' \leq 2{,}0$ m: u; $b' > 2{,}0$ m: h; b) h; c) e; d) e; e) u; f) u.

5.7.23 Kein Regelfall, weil $e_{vorh} = 0{,}5$ m > $e_{zul} = 0{,}4$ m.

5.7.24 a) $b \approx 1{,}15$ m, b) ≈ 3 cm.

5.7.25 Kein Regelfall, weil Lagerungsdichte mit $D = 0{,}3$ nicht ausreicht.

# 6 Gründungsbalken und Gründungsplatten

6.8.1 Kleines $k_s$: großes $L$; großes $L$: kleines $\lambda$. Kleines $k_s$: weicher Boden: Fall a) weniger biegsam.

6.8.2 $k_s$ steht unter der 4. Wurzel im Nenner.

6.8.3 $k_s$ = 10 MN/m³. Denn: kleines $k_s$: weicher Boden und weniger biegsame Gründung: $M_{max}$.

6.8.4 Fehler + 10,7%.

6.8.5 $k_s \approx 9{,}3$ MN/m³.

6.8.6 a) Gründungskörper und Bauwerk, b) Gründungskörper allein.

6.8.7 a) ≈ 160 MN/m³, b) quasi starr.

6.8.8 $\lambda = 10{,}35$.

6.8.9 $M \approx 250$ kNm/m.

6.8.10 a) 7 kN/m², b) ≈ 335 kNm/m.

# 7 Stützkonstruktionen

7.7.1 Für den Nachweis SLS, dass $e$ für ständige Last ≤ $b/6$ ist. Für den Nachweis ULS: Standmoment dividiert durch Kippmoment

7.7.2 Siehe Abschnitte 1 und 2.

7.7.3 $b$ = 1,51 m.

7.7.4 Das „Tabellenverfahren“ kann nicht angewendet werden, weil $H/V > 0{,}20$ ist.

7.7.5 a) $\varphi' = 37{,}5°$; b) vergleiche Beispiel 7.08, Abschnitt 3: Nachweis der Arbeitsfuge.

7.7.6 Länge des einseitigen Sporns: 1,10 m.

7.7.7 $V \approx 17$ kN/m; $H \approx 40$ kN/m.

7.7.8 Er ist parallel zur Geländeoberfläche.

7.7.9 Der Erddruckbeiwert wird kleiner, weil a) die Wand in diesem Bereich lotrecht ist, b) der Wandreibungswinkel nur noch 2/3 $\varphi$ statt $\varphi$ ist.

7.7.10 a) eine Stützwirkung zu erzeugen, b) die Felswand vor Verwitterung schützen.

7.7.11 Die Schlepp-Platte gibt die Hälfte ihrer Eigenlast und Auflast an den Hinterfüllungsboden ab und erhöht damit den Erddruck auf den unteren Teil der Stützwand.

7.7.12 $\approx 3{,}9$ kN/m².

7.7.13 $\approx 35$ kN/m.

# Anhang F: Register

# Anhang G: Berechnungsbeispiele (Übersicht)

## 2 Nachweise der Tragfähigkeit (ULS)



## 3 Nachweise der Gebrauchstauglichkeit (SLS)



## 4 Sohldruckverteilung

## 5 Streifen – und Einzelfundamente



## 6 Gründungsbalken und Gründungsplatten



## 7 Stützkonstruktionen



## 9 Risse im Bauwerk